简明
市政公用工程
施工手册

吴秋芳　主编

JIANMING SHIZHENG GONGYONG GONGCHENG
SHIGONG SHOUCE

中国电力出版社
CHINA ELECTRIC POWER PRESS

内 容 提 要

本书共分为 11 章，其内容主要包括：施工准备、施工测量、城镇道路工程、城市桥梁工程、城市给水排水工程、城市管道工程、城市轨道交通工程、生活垃圾处理工程、园林绿化工程、海绵城市和施工管理。

本书可作为市政建设的实际工作指导书，也可作为相关施工技术人员参考的图书。

图书在版编目（CIP）数据

简明市政公用工程施工手册/吴秋芳主编. —北京：中国电力出版社，2018.4（2020.4重印）
ISBN 978-7-5198-1321-5

Ⅰ.①简⋯ Ⅱ.①吴⋯ Ⅲ.①市政工程—工程施工—手册
Ⅳ.①TU990.05-62

中国版本图书馆 CIP 数据核字（2017）第 263170 号

出版发行：中国电力出版社
地　　址：北京市东城区北京站西街 19 号（邮政编码 100005）
网　　址：http://www.cepp.sgcc.com.cn
责任编辑：未翠霞（010-63412611）
责任校对：王开云　朱丽芳
装帧设计：王英磊
责任印制：杨晓东

印　　刷：三河市航远印刷有限公司
版　　次：2018 年 4 月第一版
印　　次：2020 年 4 月北京第二次印刷
开　　本：710 毫米×1000 毫米 16 开本
印　　张：37.75
字　　数：723 千字
定　　价：98.00 元

前　言

随着建筑设备施工技术的发展，新材料、新设备不断投入使用，一批新的施工规范和施工技术也相继颁布实施，这就对市政公用工程从业人员的知识要求也越来越广泛。为了使读者能系统地掌握更多先进的市政公用工程施工技术方面的知识，编者根据多年的实践经验，特编写了本书。

《简明市政公用工程施工手册》从施工准备、施工测量讲起，先后介绍了城镇道路工程、城市桥梁工程、城市给水排水工程、城市管道工程、城市轨道交通工程、生活垃圾处理工程、园林绿化工程、海绵城市，最后还详细地介绍了施工管理。

本书具有以下特点：

（1）全面性。内容全面，包括施工准备、施工工艺、质量标准、成品保护、应注意的质量问题等内容。

（2）针对性。针对市政公用工程的特点，运用最有效的施工方法，提高劳动生产率，保证工程质量，安全生产，文明施工。

（3）可操作性。工艺流程严格按照施工工序编写，操作工艺简明扼要，满足材料、机具、人员等资源和施工条件要求，在施工过程中可直接引用。

（4）知识性。在编写中，对新材料、新产品、新技术、新工艺进行了较全面的介绍，淘汰已经落后的、不常用的施工工艺和方法。

本书与其他书籍不同之处在于增加了对施工管理的介绍。如果没有管理的过程，施工现场怎么能有序地进行，怎么能完成一份满意的工作。所以在施工过程中，施工管理起着至关重要的作用。

本书由吴秋芳主编，姬惠颖、王艳、杨鹏、魏文彪、张跃、高海静、葛新丽、吕君、梁燕等人参加了编写，全书由吴秋芳统稿。

本书在编写过程中承蒙有关高等院校、建设主管部门、建设单位、工程咨询单位、设计单位、施工单位等方面的领导和工程技术、管理人员，以及对本书提供宝贵意见和建议的学者、专家的大力支持，在此向他们表示由衷的感谢！书中参考了许多相关教材、规范、图集等文献资料，在此谨向这些文献的作者致以诚挚的敬意。

由于作者水平有限，书中若出现疏漏或不妥之处，敬请读者批评指正，以便改进。

编　者

2018 年 3 月

目　录

第一章

施 工 准 备

第一节 施工准备工作计划的编制

施工准备工作是指为了保证工程顺利开工和施工活动正常进行而事先做好的各项准备工作。它不仅在工程开工前要做，而且开工后也要做，它贯穿于整个工程建设的始终。

一、施工准备工作的意义和要求

1. 施工准备工作的意义

（1）遵循建筑施工程序。

（2）创造工程开工和顺利施工的条件。

（3）降低施工风险。

（4）提高企业综合经济效益。

2. 施工准备工作的要求

（1）建立施工准备责任制。把施工准备工作计划落实到部门和人，明确自己的责任和任务。

（2）建立施工准备检查制度。部门组长和有关负责人要经常监督、检查，发现薄弱环节，不断改善工作。

（3）坚持按基本建设程序办事，严格执行报告制度，落实到个人身上。

二、施工准备工作的重要性

（1）施工准备工作是建筑业企业生产经营管理的重要组成部分。

（2）施工准备工作是基本建设程序施工阶段的重要步骤。

（3）做好施工准备工作，降低施工风险。

（4）做好施工准备工作，提高企业综合经济效益。

三、施工准备工作的内容

施工准备工作的主要内容一般可以归纳为以下几个方面：原始资料的调查研究、施工技术资料准备、资源准备、施工现场准备、季节施工准备。

第二节　施工场地临时设施的准备

一、临时房屋设施

1. 一般要求

（1）结合施工现场具体情况，统筹规划，合理布置。

布点要适应施工生产需要，方便职工工作生活。并且不能占据正式工程位置，留出生产用地和交通道路。尽量靠近已有交通线路，或即将修建的正式或临时交通线路。选址应注意防洪水、泥石流、滑坡等自然灾害，必要时应采取相应的安全防护措施。

（2）认真执行国家严格控制非农业用地的政策，尽量少占或不占农田，充分利用山地、荒地、空地或劣地。

（3）尽量利用施工现场或附近已有的建筑物。

（4）必须搭设的临时建筑，应因地制宜，利用当地材料和旧料，尽量降低费用。

（5）必须符合安全防火要求。

2. 临时房屋设施分类

（1）生产性临时设施。生产性临时设施是直接为生产服务的，如临时加工厂、现场作业棚、机修间等。

（2）物质储存临时设施。物资储存临时设施专为某一项工程服务。要保证施工的正常需要，又不宜储存过多，以免加大仓库面积，积压资金。

（3）行政生活福利临时设施。如办公室、宿舍、食堂、俱乐部、医务室等，都属于行政生活福利临时设施。

二、临时道路

临时道路的路面强度应满足要求。为保证混凝土路面的使用耐久性，应设置防止路面温度收缩及不均匀沉降的变形缝。

临时道路的宽度不得小于 4m，转弯直径不小于 6m，同时应考虑钢筋运输车辆等加长车辆的转弯直径。临时道路离建筑物的距离应满足建筑物开挖及施工要求。

第三节　施工技术资料的准备

一、施工技术资料准备的意义

施工技术资料准备即通常所说的"业内"工作，它是施工准备的核心，指导着现场施工准备工作，对于保证建筑产品质量，实现安全生产，加快工程进度，提高工程经济效益都具有十分重要的意义。

二、施工技术资料准备的内容

1. 熟悉和审查施工图纸

（1）熟悉、审查施工图纸的依据。

1）建设单位和设计单位提供的初步设计或扩大初步设计（技术设计）、施工图设计、建筑总平面、土方竖向设计和城市规划等资料文件。

2）调查、搜集的原始资料。

3）设计、施工验收规范和有关技术规定。

（2）熟悉、审查设计图纸的目的。

1）为了能够按照设计图纸的要求顺利地进行施工，生产出符合设计要求的最终建筑产品（建筑物或构筑物）。

2）为了能够在拟建工程开工之前，便于从事建筑施工技术和经营管理的工程技术人员充分地了解和掌握设计图纸的设计意图、结构与构造特点和技术要求。

3）通过审查发现设计图纸中存在的问题和错误，使其在施工开始之前改正，为拟建工程的施工提供一份准确、齐全的设计图纸。

（3）熟悉、审查设计图纸的内容。

1）审查拟建工程的地点、建筑总平面图同国家、城市或地区规划是否一致，以及建筑物或构筑物的设计功能和使用要求是否符合卫生、防火及美化城市方面的要求。

2）审查设计图纸是否完整、齐全，以及设计图纸和资料是否符合国家有关工程建设的设计、施工方面的方针和政策。

3）审查设计图纸与说明书在内容上是否一致，以及设计图纸与其各组成部分之间有无矛盾和错误。

4）审查建筑总平面图与其他结构图在几何尺寸、坐标、标高、说明等方面是否一致，技术要求是否正确。

5）审查工业项目的生产工艺流程和技术要求，掌握配套投产的先后次序和相互关系，以及设备安装图纸与其相配合的装饰施工图纸在坐标、标高上是否一致，掌握装饰施工质量是否满足设备安装的要求。

6）审查地基处理与基础设计同拟建工程地点的工程水文、地质等条件是否一致，以及建筑物或构筑物与地下建筑物或构筑物、管线之间的关系。

7）明确拟建工程的结构形式和特点，复核主要承重结构的强度、刚度和稳定性是否满足要求，审查设计图纸中的工程复杂、施工难度大和技术要求高的分部分项工程或新结构、新材料、新工艺，检查现有施工技术水平和管理水平

3

能否满足工期和质量要求并采取可行的技术措施加以保证。

8) 明确建设期限、分期分批投产或交付使用的顺序和时间，以及工程所用的主要材料、设备的数量、规格、来源和供货日期；明确建设、设计和施工等单位之间的协作、配合关系，以及建设单位可以提供的施工条件。

（4）熟悉、审查设计图纸的程序。熟悉、审查设计图纸的程序通常分为自审、会审和现场签证等三个阶段。

1) 设计图纸的自审阶段。施工单位收到拟建工程的设计图纸和有关技术文件后，应尽快地组织有关的工程技术人员熟悉和自审图纸，写出自审图纸的记录。自审图纸的记录应包括对设计图纸的疑问和对设计图纸的有关建议。

2) 设计图纸的会审阶段。一般由建设单位主持，由设计单位和施工单位参加，三方进行设计图纸的会审。图纸会审时，首先由设计单位的工程主设人向与会者说明拟建工程的设计依据、意图和功能要求，并对特殊结构、新材料、新工艺和新技术提出设计要求；然后施工单位根据自审记录以及对设计意图的了解，提出对设计图纸的疑问和建议；最后在统一认识的基础上，对所探讨的问题逐一地做好记录，形成"图纸会审纪要"，由建设单位正式行文，参加单位共同会签、盖章，作为与设计文件同时使用的技术文件和指导施工的依据，以及建设单位与施工单位进行工程结算的依据。

3) 设计图纸的现场签证阶段。在拟建工程施工的过程中，如果发现施工的条件与设计图纸的条件不符，或者发现图纸中仍然有错误，或者因为材料的规格、质量不能满足设计要求，或者因为施工单位提出了合理化建议，需要对设计图纸进行及时修订时，应遵循技术核定和设计变更的签证制度，进行图纸的施工现场签证。如果设计变更的内容对拟建工程的规模、投资影响较大时，要报请项目的原批准单位批准。在施工现场的图纸修改、技术核定和设计变更资料，都要有正式的文字记录，归入拟建工程施工档案，作为指导施工、竣工验收和工程结算的依据。

2. 原始资料的调查分析

为了做好施工准备工作，除了要掌握有关拟建工程的书面资料外，还应该进行拟建工程的实地勘测和调查，获得有关数据的第一手资料，这对于拟定一个先进合理、切合实际的施工组织设计是非常必要的，因此应该做好以下几个方面的调查分析。

（1）自然条件的调查分析。建设地区自然条件的调查分析的主要内容有：地区水准点和绝对标高等情况；地质构造、土的性质和类别、地基土的承载力、地震级别和裂度等情况；河流流量和水质、最高洪水和枯水期的水位等情况；地下水位的高低变化情况、含水层的厚度、流向、流量和水质等情况；气温、雨、雪、风和雷电等情况；土的冻结深度和冬雨季的期限等情况。

（2）技术经济条件的调查分析。建设地区技术经济条件调查分析的主要内容有：地方建筑施工企业的状况；施工现场的动迁状况；当地可利用的地方材料状况；国拨材料供应状况；地方能源和交通运输状况；地方劳动力和技术水平状况；当地生活供应、教育和医疗卫生状况；当地消防、治安状况和参加施工单位的力量状况。

3. 编制施工图预算和施工预算

（1）编制施工图预算。施工图预算是技术准备工作的主要组成部分之一，这是按照施工图确定的工程量、施工组织设计所拟定的施工方法、建筑工程预算定额及其取费标准，由施工单位编制的确定建筑安装工程造价的经济文件，它是施工企业签订工程承包合同、工程结算、建设银行拨付工程价款、进行成本核算、加强经营管理等方面工作的重要依据。

（2）编制施工预算。施工预算是根据施工图预算、施工图纸、施工组织设计或施工方案、施工定额等文件进行编制的，它直接受施工图预算的控制。它是施工企业内部控制各项成本支出、考核用工、"两算"对比、签发施工任务单、限额领料、基层进行经济核算的依据。

4. 编制施工组织设计

施工组织设计是施工准备工作的重要组成部分，也是指导施工现场全部生产活动的技术经济文件。建筑施工生产活动的全过程是非常复杂的物质财富再创造的过程，为了正确处理人与物、主体与辅助、工艺与设备、专业与协作、供应与消耗、生产与储存、使用与维修以及它们在空间布置、时间排列之间的关系，必须根据拟建工程的规模、结构特点和建设单位的要求，在原始资料调查分析的基础上，编制出一份能切实指导该工程全部施工活动的科学方案。

施工准备阶段监理工作程序：审查施工组织设计→组织设计技术交底和图纸会审→下达工程开工令→检查落实施工条件→检查承建单位挂质保体系→审查分包单位→测量控制网点移交施工复测→开工项目的设计图纸提供→进场材料的质量检验→进场施工设备的检查→业主提供条件检查→组织人员设备→测量、试验资质→监理审图意见→承建单位审图意见→业主审图意见→汇总交设计单位→四方形成会议纪要。

施工监理工作的总程序：签订委托监理合同→组织项目监理机构→进行监理准备工作→施工准备阶段的监理→召开第一次工地会议、施工→监理交底会→审批《工程动工报审表》→签署审批意见→施工过程监理→组织竣工验收→参加竣工验收→在单位工程验收纪录上签字→签发《竣工移交证书》→监理资料归档→编写监理工作总结→协助建设单位组织施工招投标、评标和优选中标单位→承包单位提交工程保修书→建设单位向政府监督部门审办竣工备案。

第四节　施工现场准备

一、施工现场准备工作的重要性

施工现场是施工的全体参加者为了夺取优质、高速、低耗的目标，而有节奏、均衡、连续地进行战术决战的活动空间。

二、施工现场准备工作的范围

施工现场准备工作由两个方面组成：一是建设单位应完成的施工现场准备工作；二是施工单位应完成的施工现场准备工作。

三、施工现场准备工作的主要内容

（1）做好施工场地的控制网测量。按照设计单位提供的建筑总平面图及给定的永久性经纬坐标控制网和水准控制基桩，进行厂区施工测量，设置厂区的永久性经纬坐标桩，水准基桩和建立厂区工程测量控制网。

（2）搞好"三通一平"。

1）路通：施工现场的道路是组织物资运输的动脉。拟建工程开工前，必须按照施工总平面图的要求，修好施工现场的永久性道路（包括厂区铁路；厂区公路）以及必要的临时性道路，形成完整畅通的运输网络，为建筑材料进场、堆放创造有利条件。

2）水通：水是施工现场的生产和生活不可缺少的。拟建工程开工之前，必须按照施工总平面图的要求，接通施工用水和生活用水的管线，使其尽可能与永久性的给水系统结合起来，做好地面排水系统，为施工创造良好的环境。

3）电通：电是施工现场的主要动力来源。拟建工程开工前，要按照施工组织设计的要求，接通电力和电信设施，做好其他能源（如蒸汽、压缩空气）的供应，确保施工现场动力设备和通信设备的正常运行。

4）平整场地：按照建筑施工总平面图的要求，首先拆除场地上妨碍施工的建筑物或构筑物，然后根据建筑总平面图规定的标高和土方竖向设计图纸，进行挖（填）土方的工程量计算，确定平整场地的施工方案，进行平整场地的工作。

（3）做好施工现场的补充勘探。对施工现场做补充勘探是为了进一步寻找枯井、防空洞、古墓、地下管道、暗沟和枯树根等隐蔽物，以便及时拟订处理隐蔽物的方案，并进行实施，为基础工程施工创造有利条件。

（4）建造临时设施。按照施工总平面图的布置，建造临时设施，为正式开工准备好生产、办公、生活、居住和储存等临时用房。

（5）安装、调试施工机具。按照施工机具需要量计划，组织施工机具进场，根据施工总平面图将施工机具安置在规定的地点或仓库。对于固定的机具要进行就位、搭棚、接电源、保养和调试等工作。对所有施工机具都必须在开工之前进行检查和试运转。

（6）做好建筑构（配）件、制品和材料的储存和堆放。按照建筑材料、构（配）件和制品的需要量计划组织进场，根据施工总平面图规定的地点和指定的方式进行储存和堆放。

（7）及时提供建筑材料的试验申请计划。按照建筑材料的需要量计划，及时提供建筑材料的试验申请计划。如钢材的机械性能和化学成分等试验；混凝土或砂浆的配合比和强度等试验。

（8）做好冬期雨期施工安排。按照施工组织设计的要求，落实冬雨季施工的临时设施和技术措施。

（9）进行新技术项目的试制和试验。按照设计图纸和施工组织设计的要求，认真进行新技术项目的试制和试验。

（10）设置消防、保安设施。按照施工组织设计的要求，根据施工总平面图的布置，建立消防、保安等组织机构和有关的规章制度，布置安排好消防、保安等措施。

第五节　资　源　准　备

一、劳动力组织准备

（1）劳动力准备根据工程情况分基础工程、主体工程、装饰工程三个阶段。

（2）根据工期和分段流水施工计划，确定劳动组织和劳动计划。

（3）所有施工班组均由经验丰富、技术过硬、责任心强的正式工带班，施工人员均为技术熟练的合同工。

（4）劳动力进场前必须进行专门培训及进场教育后持证上岗。

（5）制定劳动力安排计划表。

二、物资准备

（1）制定完善的材料管理制度，对材料的入库、保管及防火、防盗制定出切实可行的管理办法，加强对材料的验收，包括质量与数量的验收。

（2）根据工程进度的实际情况，对建筑材料分批组织进场。

（3）现场材料严格按照施工平面布置图的位置堆放，以减少二次搬运，便于排水与装卸。做到堆放整齐，并插好标牌，以便于识别、清点、使用。

（4）根据安全防护及劳动保护的要求，制订出安全防护用品需用量计划。

（5）组织安排施工机具的分批进场及安装就位。

（6）组织施工机具的调试及维修保养。

（7）确定施工机具的需用量。

第六节　季节性施工准备

一、季节性施工准备的必要性

做好季节性施工准备工作，以保证按期、保质、安全地完成施工任务，取得较好的技术经济效果。

二、季节性施工准备的内容

1. 冬期的施工准备

（1）合理安排施工进度计划，尽量安排能保证施工质量且费用增加不多的项目在冬期施工。

（2）进行冬期施工的项目，在入冬前编制冬期施工方案。

（3）组织人员培训。

（4）与当地的气象台保持联系。

（5）安排专人测量施工期间的室外气温、暖棚内气温、砂浆温度、混凝土的温度并做好记录。

2. 雨期的施工准备

（1）合理安排雨期施工。

（2）加强施工管理，做好安全教育。

（3）做好现场排水工作。

（4）做好道路维护。

（5）做好物资的储存。

（6）做好机具设备的防护。

3. 夏季的施工准备

（1）编制夏季施工项目的施工方案。

（2）现场防雷装置的准备。

（3）施工人员防暑降温工作的准备。

第二章

施 工 测 量

第一节 路 基 测 量

一、中线测量

中线测量就是根据道路控制桩或在道路两旁布设的导线控制点将道路中线恢复，故又称为恢复中线。从道路的踏勘到开始施工这段时间里，常有一部分桩点变位或丢失，为了保证道路中线位置准确，在道路施工测量中，首要任务就是恢复道路中线，即复核原有中桩，把丢失损坏的中桩复原，恢复中线的测量方法与中线测量相同。

根据道路控制桩恢复中线：在控制桩上架设经纬仪，用经纬仪拨角度或定方向，用钢尺量距离。利用路线控制桩恢复中线通常采用的方法有偏角法和支距法两种。现在，全站仪已普遍使用，工程测量的效率更高，效果更好。

随着道路建设的发展，对勘测设计和施工测量的精度提出了更高的要求。道路中线都是用交点坐标和曲线元素来标定的。无论是勘测设计还是施工测量都可直接根据这些坐标将中线放样到实地。现在几乎所有的施工单位都有测距仪或全站仪，因此这种方法得到了广泛的应用，成为中线测量的主要手段。

在实际工作中，有时将这两种手段结合起来使用，即先用导线控制点放出道路主要控制桩，再在路线主要控制桩上进行其余中桩的加密，以实现测量仪器和测量手段的合理应用。

经校正恢复的中桩，施工中很难保全。因此，应在施工前根据施工现场的条件，选择不受施工干扰、便于使用、易于保存桩位的地方，测设施工控制桩。若采用以下这三种方法在道路施工中均可根据实际情况互相配合使用。但无论使用哪种方法测设控制桩，都要绘出示意图、注明有关数据并做好记录，以便查用。

1. 平行线法

平行线法是在路线边 1m 以外，以中线桩为准测设两排平行于中线的施工控制桩，如图 2-1 所示。该法适用于地势平坦、直线段较长的路段。控制桩间距一般取 10~20m，桩上应标注被移桩的桩号和移设的距离，用以控制中桩位置和高程。

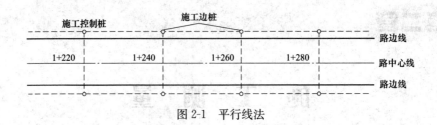

图 2-1　平行线法

2. 延长线法

延长线法在中线延长线上测设方向控制桩。当转角很小时，可在中线的垂直方向测设控制桩，如图 2-2 所示。此法适用于地势起伏大、直线段较短的路段。

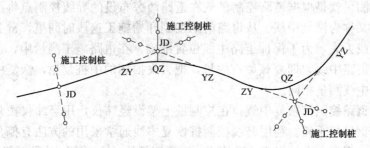

图 2-2　延长线法

3. 交会法

交会法是在中线的一侧或两侧选择适当位置设置控制桩或选择永久地物，如电杆、房屋的墙角等，作为控制点，如图 2-3 所示。此法适用于地势较开阔、便于距离交会的路段。

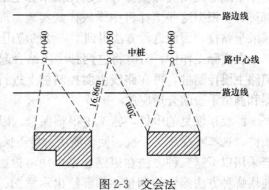

图 2-3　交会法

二、高程放样测量

恢复中线，只是完成了施工测量的第一步，接下来还要进行高程的测量与放样。

道路经过勘测设计以后，往往要经过一段时间才能施工，在这段时间内现场可能出现局部的变化。为了核实土石方工程量，需要复测并加密纵、横断面。因此，施工前应对纵、横断面进行复测与加密。

高程测量采用的基本方法是水准测量和电磁波三角测量。高程测量放样的依据是勘测设计单位在沿线布设的水准点，这些水准点在使用前需复核。为便于施工和控制精度，在人工结构物附近、高填深挖地段、工程量集中及地形复杂地段需要增加一些水准点，随着路基的不断填筑和开挖，还需要调整水准点的位置，以便于施工放样。增设或调整水准点必须采用附合或闭合水准（或三角高程）路线测量，才能满足精度要求。

在道路路线纵坡变化处的竖曲线，其放样方法如图 2-4 所示。

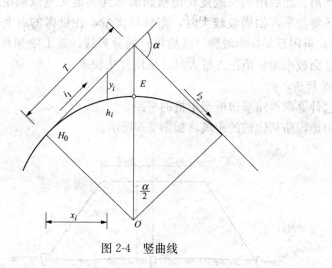

图 2-4　竖曲线

竖曲线各元素按式（2-1）和式（2-2）计算：

$$\begin{cases} T = R \times \dfrac{i_1 - i_2}{2} \\[2mm] E = \dfrac{T^2}{2R} \end{cases} \tag{2-1}$$

$$\begin{cases} Y_i = \dfrac{x_i^2}{2R} \\[2mm] H_i = H_0 + x_i \pm y_i \end{cases} \tag{2-2}$$

式中　R——竖曲线半径；

i_1、i_2——相邻纵坡度，上坡为正，下坡为负；

T、E——竖曲线切线长和外距；

H_i——竖曲线上任一点高程；

H_0——竖曲线起点（或终点）的高程；

x_i——竖曲线上任一点距竖曲线起点（或终点）的水平距离，i 取 i_1 或 i_2；

y_i——竖曲线上任一点距切线的纵距，凸曲线取"$-$"，凹曲线取"$+$"。

一般将竖曲线分成两半，从两头往中间计算。

三、路基边桩放样测量

路基边桩的测设就是在地面上将每一个横断面的路基边坡线与地面的交点用木桩标定出来。边桩的位置由它至中桩的距离来确定。

1. 图解法

从横断面设计图上量出或从路基设计表中查取坡脚点（或坡顶点）与中桩的水平距离，然后用钢尺或皮尺沿横断面方向实地丈量以确定边桩的位置。丈量时尺子要拉平，如横坡较大时，需分段丈量，在量得的点上固定坡脚桩（或坡顶桩），再用石灰标出坡脚（或坡顶）的分界线。施工中如有破坏，应及时补测。在地面较平坦、填挖方量大时，采用此法较多。

2. 解析法

通过计算求得路基边桩至中桩的平距。

平坦地段路基边桩的距离，如图 2-5 所示。

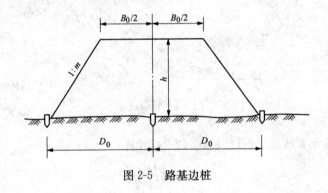

图 2-5　路基边桩

边桩的距离按式（2-3）计算：

$$D_0 = \frac{B_0}{2} + mh \qquad (2-3)$$

式中　B_0——路基设计宽度；

　　　m——边坡的设计坡率；

　　　h——路基中心填土高度或挖土深度。

路堑边桩至中桩的距离，如图 2-6 所示。

边桩至中桩的距离按式（2-4）计算：

$$D_0 = \frac{B_0}{2} + s + mh \qquad (2-4)$$

式中　s——路堑边沟顶宽。

若断面位于曲线上有设计加宽时，按上述方法求出 D_0 值后，还应在曲线加

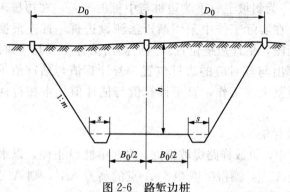

图 2-6 路堑边桩

宽一侧的 D_0 值中计入加宽值。根据算得的 D_0 值，沿横断面方向丈量，定出路基边桩。在倾斜地段，计算时应考虑地面横向坡度的影响。

路堤边桩至中桩的距离如图 2-7（a）所示，其值按式（2-5）计算：

$$\begin{cases} \text{斜坡上侧 } D_{上} = \dfrac{B_0}{2} + m(h_{中} - h_{上}) \\[3mm] \text{斜坡下侧 } D_{下} = \dfrac{B_0}{2} + m(h_{中} + h_{下}) \end{cases} \tag{2-5}$$

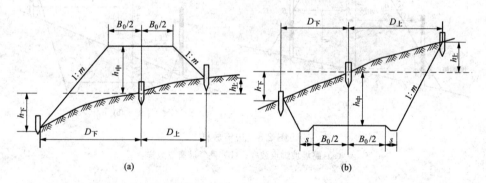

(a)   (b)

图 2-7 路堤边桩

(a) 路堤边桩至中桩的距离；(b) 路堑边桩至中桩的距离

路堑边桩至中桩的距离如图 2-7（b）所示，其值按式（2-6）计算：

$$\begin{cases} \text{斜坡上侧 } D_{上} = \dfrac{B_0}{2} + s + m(h_{中} + h_{上}) \\[3mm] \text{斜坡下侧 } D_{下} = \dfrac{B_0}{2} + s + m(h_{中} - h_{下}) \end{cases} \tag{2-6}$$

式（2-5）和式（2-6）中，B_0、s、m 为已知，$h_{中}$ 为中桩的填挖高度，也为已知，$h_上$、$h_下$为斜坡上、下侧边桩与中桩的高差，在边桩未定出之前则为未知数。因此，在实际工作中采用渐近法测设边桩。首先根据地面实际情况参照路基横断面图，估计边桩位置。然后测出估计位置与中桩地面间的高差，按此高差可推算出与其对应的边桩位置。若计算值与估计值不等，则重新估计边桩位置。重复上述工作，直至计算值与估计值基本相符便可确定边桩的位置。

3. 坡脚尺放样法

图 2-8（a）中，欲放样路堤坡脚桩，先在中桩 O 下侧，以水平距离 $B_0/2+mH$ 在地面上定 A 点，测得中桩 O 与 A 点的高差 AA'，则 A' 点在尺上的位置可确定，在 A' 点放坡脚尺（$1:m$）定出下侧坡脚点。

在中桩 O 上侧，以水平距离 $B_0/2+m(H-h)$ 在地面上定 B 点，h 为取定高度，要使 B' 点高于坡脚桩，测出 B 点与中桩 O 的高差，BB' 等于 h 减去 B、O 两点高差，则 B' 点在尺上位置可确定，在 B' 点放坡脚尺（$1:m$）定出上侧坡脚点。

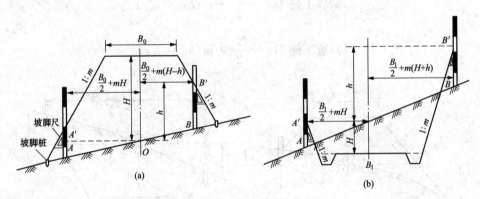

图 2-8　边坡放样
(a) 路堤坡脚点放样；(b) 路堑坡脚点放样

图 2-8（b）中，欲放路堑坡顶桩，按上述方法也可定出坡顶桩的位置。

如果填土高度很高，为保证路基稳定，路基边坡设计成变坡，如图 2-9（a）所示时，边桩的放样则比较麻烦，但仍然可采用"渐近法"或"坡脚尺放样法"。

图 2-9（b）所示的挖方路基边坡有变坡时，边桩的计算比较复杂，此时更多地要依靠横断面设计图或路基设计表。式（2-3）～式（2-6）也可按照几何原理导出。

坡脚或开口桩位确定后，把沿线道路两侧的各桩位连接起来，撒上白灰线条，便完成了路基放样工作。

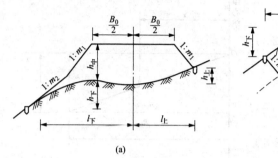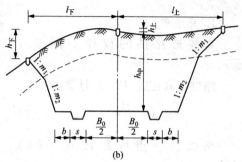

图 2-9　边桩的计算示意图

(a) 有变坡路堤坡脚点放样；(b) 有变坡路堑坡顶点放样

第二节　路面基层测量

一、路面基层中桩和边桩的测量

根据道路两侧的施工控制桩，按照施工控制桩钉桩的记录和设计路面宽度，推算出施工控制桩距路面边线（侧石内侧边线）和路面中心的距离，然后自施工控制桩沿横断面方向分别量出中线至路面边线的距离，即可钉出路面边桩和道路中桩，如图 2-10 所示。同时可按路面设计宽度尺寸复测路面边桩到路中线的距离，对边桩和中桩进行校核。上面是定中桩和边桩的常用方法，使用全站仪则一次便可确定所需桩位。

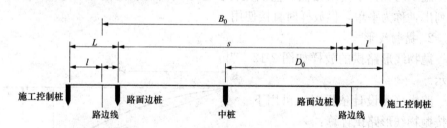

图 2-10　中桩和边桩的测设

B_0—路基设计宽度；l—施工控制桩距路边线的距离；s—路面设计宽度；

L—施工控制桩到路面边桩的距离；D_0—施工控制桩到中桩的距离

在公路路面施工中，有时不放中桩而直接根据设计图上边桩的坐标放出路面边桩。

二、路拱放样测量

1. 直线形

直线形路拱的放样如图 2-11 所示。

路拱矢高按式（2-7）计算：

$$h = \frac{B_0}{2}i \qquad (2-7)$$

路拱任一点纵距按式（2-8）计算：

$$y = xi \qquad (2-8)$$

式中　B_0——路面宽度；

　　　　h——路拱矢高（为路拱中心高出路面边缘的高度）；

　　　　i——设计路面横坡度（%）；

　　　　x——横距；

　　　　y——纵距，O 为原点（一般取路面中心点）。

图 2-11　直线形路拱的放样

直线形路拱放样步骤如下：

（1）计算中桩填挖值，即中桩桩顶实测高程与路面各层设计高程之差。

（2）计算路面边线桩填挖值，即边线桩桩顶实测高程与路面基层设计高程之差。

（3）根据计算结果，分别在中、边桩上标定挂线，即得到路面基层的横向坡度。如果路面较宽，可在中间加点。

施工时，为了使用方便，应预先将各桩号断面的填挖值计算好，以表格形式列出，称为平单，供放样时直接使用。

2. 抛物线形

抛物线形路拱的放样如图 2-12 所示。

路拱（无设计依据时）可用下式按抛物线形路拱计算：

$$y = \frac{4h}{B_0^2}x^2 \qquad (2-9)$$

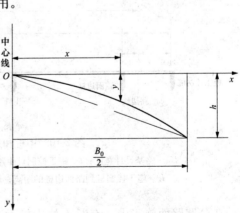

抛物线形路拱放样步骤如下：

（1）根据施工需要、精度要求选定横距 x 值，并按路拱公式 (2-9) 计算出相应的纵距 y 值。

图 2-12　抛物线形路拱的放样

（2）在边桩上定出路面基层中心设计标高，并在路两侧挂线，此线就是基层路面中心高程线。

（3）自路中心向左、右分别量取 x 值，自路中心标高水平线向下量取相应的 y 值，就可得到横断面方向路面结构层的高程控制点。

施工时，可采用"平砖"法控制路拱形状。即在边桩上依路中心高程挂线后，按路拱曲线大样图所注的尺寸［见图 2-13（a）］，以及路面结构大样图［见图 2-13（b）］，在路中心两侧一定距离处［见图 2-13（c）］，在距路中心 150cm、300cm 和 450cm 处分别向下量 5.8cm、8.2cm、11.3cm，放置平砖，并使平砖顶面正处在拱面高度，铺撒碎石时，以平砖为标志就可找出设计的拱形。实施施工中使用更多的是路拱样板，随时可检测路拱误差。

在曲线部分测设路面边桩和下平砖时，应根据设计图样做好内侧路面加宽和外侧路拱超高的测设工作。

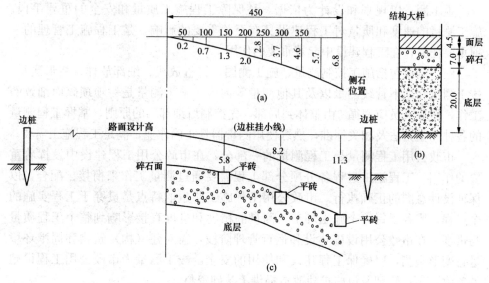

图 2-13　路拱样板放样
(a) 侧石位置；(b) 结构大样；(c) 路面设计高

由于抛物线形路拱的坡度其拱顶部分过于平缓，不利于排水。边缘部分过于陡峭，不利于行车。为改善此种情况，可采用变方抛物线计算，以适应各种宽度。常用的有改进的二次抛物线形、半立方抛物线形、改进的三次抛物线形几种计算方式。

改进的二次抛物线形路拱采用式（2-10）计算：

$$y = \frac{2h}{B_0^2}x^2 + \frac{h}{B_0}x \tag{2-10}$$

半立方抛物线形路拱采用式（2-11）计算：

$$y = h\left(\frac{2x}{B_0}\right)^{\frac{3}{2}}$$

(2-11)

改进的三次抛物线形路拱采用式（2-12）计算：

$$y = \frac{4h}{B_0^3}x^3 + \frac{h}{B_0}x$$

(2-12)

在一般道路设计图样上均绘有路拱大样图和给定的路拱计算公式。

第三节　垃圾场施工测量

一、施工测量的基本概念

1. 作用与内容

施工测量以规划和设计为依据，是保障工程施工质量和安全的重要手段。施工测量的速度和质量对工程建设具有至关重要的影响，是工程施工管理的一项重要任务，在工程建设中起着重要的作用。

施工测量包括施工控制测量、施工测图、钉桩放线、细部放样、变形测量、竣工测量和地下管线测量以及其他测量等内容。施工测量是一项琐碎而细致的工作，作业人员应遵循"由整体到局部，先控制后细部"的原则，掌握工程测量的各种测量方法及相关标准，熟练使用测量器具正确作业，满足工程施工需要。

市政公用工程测量是工程测量的一部分，在市政公用工程建设中发挥着重要的作用。工程施工过程各分项分部工程需要通过测量工作来衔接、配合，以保证设计意图的正确执行。市政公用工程施工测量的特点是贯穿于工程实施的全过程，服务于每一个施工环节，测量的精度和进度直接影响到整个工程质量与进度。在市政公用设施建设和运行管理阶段，需对建（构）筑物和周围环境进行变形观测，以确保工程建设和使用的安全。竣工测量为市政公用工程设施的验收、运行管理及设施扩建改造提供了基础资料。

2. 准备工作

（1）施工测量前，应依据施工组织设计和施工方案，编制施工测量方案。

（2）对仪器进行必要的检校，保证仪器满足规定的精度要求。所使用的仪器必须在检定周期之内，应具有足够的稳定性和精度，适于放线工作的需要。

（3）测量作业前、后均应采用不同数据采集人核对的方法，分别核对从图纸上采集的数据、实测数据的计算过程与计算结果，并据以判定测量成果的有效性。

3. 基本规定

（1）综合性的市政基础设施工程中，使用不同的设计文件时，施工控制网测设后，应进行相关的道路、桥梁、管道与各类构筑物的平面控制网联测，并绘制点位布置图，标注必要的点位数据。

（2）应核对工程占地、拆迁范围，应在现场施工范围边线（征地线）布测标志桩（拨地钉桩），并标出占地范围内地下管线等构筑物的位置。根据已建立的平面、高程控制网进行施工布桩、放线测量。当工程规模较大或分期建设时，应设辅助平面测量基线与高程控制桩，以方便工程施工和验收使用。

（3）施工过程应根据分部（项）工程要求布设测桩，中桩、中心桩等控制桩的恢复与校测应按施工需要及时进行，发现桩位偏移或丢失应及时补测、钉桩。

（4）每个关键部位的控制桩均应绘制桩位平面位置图，标出控制桩的编号，注明与桩的相应数据。一个工程的定位桩和与其相应结构的距离宜保持一致。不能保持一致时，必须在桩位上予以准确清晰的标明。

4. 作业要求

（1）从事施工测量的作业人员，应经专业培训，考核合格，持证上岗。

（2）施工测量用的控制桩要注意保护，经常校测，保持准确。雨后、春融期或受到碰撞、遭遇损害，应及时校测。

（3）测量记录应按规定填写并按编号顺序保存。测量记录应做到表头完整、字迹清楚、规整，严禁擦改、涂改，必要时可斜线划掉改正，但不得转抄。

（4）应建立测量复核制度。

二、常用仪器及测量方法

市政公用工程常用的施工测量仪器主要有：全站仪、光学水准仪、激光准直（铅直）仪、GPS-RTK 及其配套器具。

1. 全站仪

（1）全站仪是一种采用红外线自动数字显示距离和角度的测量仪器，主要由接收筒、发射筒、照准头、振荡器、混频器、控制箱、电池、反射棱镜及专用三脚架等组成。全站仪主要应用于施工平面控制网的测量以及施工过程中点间水平距离、水平角度的测量。在没有条件使用水准仪进行水准测量时，还可考虑利用全站仪进行精密三角高程测量以代替水准测量。在特定条件下，市政公用工程施工选用全站仪进行三角高程测量和三维坐标的测量。

全站仪在测站上一经观测，必要的观测数据如斜距、天顶距（竖直角）、水平角等均能自动显示，而且几乎是同一瞬间内得到平距、高差、点的坐标和高程。如果通过传输接口把全站仪野外采集的数据终端与计算机、绘图机连接起来，配以数据处理软件和绘图软件，即可实现测图的自动化。

（2）测回法测量应用举例：采用导线法建立控制网时，水平方向观测可采用测回法进行。设 C 为测站点，A、B 为观测目标，如图 2-14 所示。

用测回法观测 CA 与 CB 两方向之间的水平角 β，操作程序应符合下列规定。

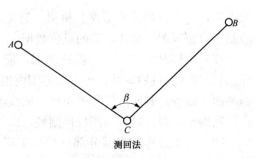

图 2-14　测回法示意

1）在测站点 C 安置全站仪，在 A、B 两点竖立测杆或测钎等，作为目标标志。

2）将仪器置于盘左位置，转动照准部，先瞄准左目标 A，读取水平度盘读数 a_L，记入水平角观测手簿相应栏内。松开照准部制动螺旋，顺时针转动照准部，瞄准右目标 B，读取水平度盘读数 b_L，记入观测表中相应栏内。以上称为上半测回，盘左位置的水平角（也称上半测回角值）β_L 为：$\beta_L = b_L - a_L$。

3）松开照准部制动螺旋，倒转望远镜成盘右位置，先瞄准右目标 B，读取水平度盘读数 b_R，记入表格相应栏内。松开照准部制动螺旋，逆时针转动照准部，瞄准左目标 A，读取水平度盘读数 a_R，记入观测表中相应栏内。以上称为下半测回，盘右位置的水平角（也称下半测回角值）β_R 为：$\beta_R = b_R - a_R$。上半测回和下半测回构成一测回。

4）对于 J_2 精度的全站仪，如果上、下两半测回角值之差不大于 $\pm 12''$，认为观测合格。此时，可取上、下两半测回角值的平均值作为一测回角值 β。

5）方向观测法各项限差应符合表 2-1 要求。

表 2-1　　　　　　　　　　方向观测法各项限差　　　　　　　　　　("）

全站仪型号	光学测微器两次	半测回归零差	一测回内同一方向值	重合读数差比较差各测回较差
DJ$_1$	1	6	9	6
DJ$_2$	3	8	13	9
DJ$_6$		18		24

2. 光学水准仪

（1）光学水准仪主要由目镜、物镜、水准管、制动螺旋、微动螺旋、校正螺钉、脚螺旋及专用三脚架等部分组成，现场施工多用来测量构筑物标高和高程，适用于施工控制测量的控制网水准基准点的测设及施工过程中的高程测量。

（2）测量应用举例：在进行施工测量时，经常要在地面上和空间设置一些给定高程的点，如图 2-15 所示。设 B 为待测点，其设计高程为 H_B，A 为水准点，已知其高程为 H_A。

为了将设计高程 H_B 测定于 B，安置水准仪于 A、B 之间，先在 A 点立尺，读得后视尺读数为 a，然后在 B 点立尺。为了使 B 点的标高等于设计高程 H_B，

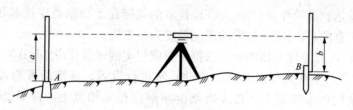

图 2-15 高程测设示意

升高或降低 B 点上所立之尺，使前视尺之读数等于 b。b 可按下式计算：

$$b = H_A + a - H_B$$

所测出的高程可用木桩固定下来，或将设计高程标志在墙壁上。即当前视尺读数等于 b 时，沿尺底在桩测或墙上画线。当高程测设的精度要求较高时，可在木桩的顶面旋入螺钉作为测标，拧入或退出螺钉，调整测标顶端达到所要求的高程。

3. 激光准直（铅直）仪

（1）激光准直（铅直）仪主要由发射、接收与附件三大部分组成，现场施工测量用于角度坐标测量和定向准直测量，适用于长距离、大直径以及高耸构筑物控制测量的平面坐标的传递、同心度找正测量。

（2）测量应用举例：将激光准直（铅直）仪置于索（水）塔的塔身（钢架）底座中心点上，调整水准管使气泡居中，严格整平后，进行望远镜调焦，使激光光斑直径最小。这时向上射出激光束反映在相应平台的接收靶上，即可测出塔身各层平台的中心是否同心。若不同心，即说明平台有偏移，这时可以根据激光束来测量出相应平台的偏移数值，然后及时进行纠偏。

4. GPS-RTK 仪器

（1）全球定位 GPS（Global Position System）技术系统的原理。通过空间部分、地面控制部分与用户接收端之间的实时差分解算出待测点位的三维空间坐标。实时动态测量即 RTK（Real Time Kinematic）技术，随着 GPS 技术的发展，RTK 技术逐渐成为工程测量的通用技术，在市政公用工程也得到充分应用。

GPS-RTK 系统由基准站、若干个流动站及无线电通信系统三部分组成。基准站包括 GPS 接收机、GPS 天线、无线电通信发射系统、供 GPS 接收机和无线电台使用的电源（车用蓄电瓶）及基准站控制器等部分。流动站由 GPS 接收机、GPS 天线、无线电通信接听系统、供 GPS 接收机和无线电使用的电源及流动站控制器等部分组成。

现在的 GPS-RTK 作业已经能代替大部分的传统外业测量。GPS-RTK 仪器的适用范围很广，在一些地形复杂的市政公用工程中可通过 GPS-RTK 结合全站仪联合测量达到高效作业目的。RTK 技术的关键在于数据处理技术和数据传输技术，需注意的是：RTK 技术的观测精度为厘米级。

（2）RTK 测绘地形图的野外数据采集应用实例（以 Trimble5700 为例）。

1）作业前，首先要对基准（流动）站进行设置。基准站可架设在已知点上，也可架设在未知点上。首先将基准站架设在未知点上，将 GPS 接收机与 GPS 天线连接好，电台主机与电台天线连接好，电台与 GPS 接收机连接好。GPS 天线与无线电发射天线最好相距 3m 开外，最后用电缆将电台和电瓶连接起来。连接手簿（基准站控制器）与基准站主机，进行基准（流动）站设置。

2）设置完成后退回主菜单，在主菜单中选择：测量→测量形式→测量点，然后输入要测点的名称或点号，在方法中根据实际情况选择观测控制点、地形点、快速点或校正点。在观测次数处，根据需要，可以在选项中选择测量时间，等到流动站初始化完成、RTK 由"浮动"变为"固定"后按下测量键即可开始测量，进行坐标采集。

3）由于 GPS 测量的是 WGS-84 坐标，而实际工程施工时，需要的是平面坐标，所以在进行正式测量前，必须进行坐标转换，即点校正。首先应到已知点上采集 WGS-84 坐标，再进行点校正。一般来说，需要在已知平面坐标的三个以上已知控制点上测得 WGS-84 坐标记入手簿，然后在控制器的测量子菜单中选择"点校正"，进行坐标转换。

三、场区控制测量

此处以垃圾填埋场工程为主，简要介绍市政公用工程场（厂）站的施工控制测量要点。

1. 特点与规定

（1）市政公用工程现场可分为场区和沿线两种形式，施工控制测量应依据工程特点和实际需要，在施工现场范围内建立测量控制网，选择若干有控制意义的点（称为控制点），按一定的规律和要求构成网状几何图形（称为控制网）。控制网分为平面控制网和高程控制网，场区控制网按类型分为方格网、边角网和控制导线等。

（2）设定场区控制点位置的工作，称为场区控制测量。测定场区控制点平面位置（X、Y）的工作，称为场区平面控制测量，测定场区控制点高程（H）的工作，称为场区高程控制测量。

（3）在设计总平面图上，场区的平面位置是用施工坐标系统的坐标来表示的。坐标轴的方向与场区主轴线的方向相平行，坐标原点应虚设在总平面图西南角上，使所有构筑物坐标皆为正值。施工坐标系统与测量坐标系统之间关系的数据由设计给出。有的场（厂）区建筑物因受地形限制，不同区域建筑物的轴线方向不相同，因而要布设相应区域的不同施工坐标系统。

测量坐标系统，是平面直角坐标。一般有国家坐标系统、城市坐标系统等。若总平面图上的设计是采用测量坐标系统进行的，则测量坐标系统即为施工坐标系统。

（4）当施工控制网与测量控制网发生联系时，应进行坐标换算，以便统一坐标系，如图 2-16 所示。

两坐标系的旋向相同，设 A 为施工坐标系（$AO'B$）的纵轴 OA 在测量坐标系（XOY）内的方位角，坐标系原点 O' 在测量系内的坐标值，则 P 点在两坐标系统内的坐标 X，Y 和 A，B 的关系式为：

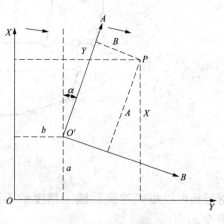

$$X = a + A\cos\alpha \pm B\sin\alpha$$
$$Y = b + A\sin\alpha \pm B\cos\alpha$$

以及

$$A = (X - a)\cos\alpha + (Y - b)\sin\alpha$$
$$B = (X - a)\sin\alpha + (Y - b)\cos\alpha$$

图 2-16　坐标系转换

2. 场（厂）区平面控制网

（1）控制网类型选择。应根据场区建（构）筑物的特点及设计要求选择控制网类型。一般情况下，建筑方格网，多用于场地平整的大型场区控制。三角测量控制网，多用于建筑场地在山区的施工控制网。导线测量控制网，可视构筑物定位的需要灵活布设网点，便于控制点的使用和保存。导线测量多用于扩建或改建的施工区，新建区也可采用导线测量法建网。

（2）准备工作。

1）根据施工方案和场区构筑物特点及设计要求的施测精度，编制工程测量方案。

2）办理桩点交接手续，桩点应包括：各种基准点、基准线的数据及依据、精度等级，施工单位应进行现场踏勘、复核。

3）开工前应对基准点、基准线和高程进行内业、外业复核。复核过程中发现不符或与相邻工程矛盾时，应向建设单位提出，进行查询，并取得准确结果。

（3）作业程序。以导线测量控制网为例简介控制测量作业程序。

1）导线控制网。对于一般场区，通常采用导线法在地面上测定一条附和在已知控制点（一般采用大地控制点或 GPS 控制点）坐标上的主导线，作为首级控制导线，如图 2-17 所示，再根据施工顺序和需求布设加密导线。

2）加密导线。以主导线上的已知点作为起算点，用导线网来进行加密。加

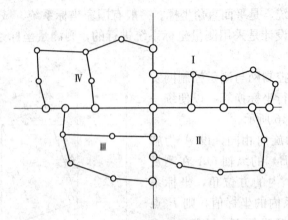

图 2-17　导线控制网

密导线可以按照建筑物施工精度的不同要求或按照不同的开工时间，来分期测设。

3）导线布设原则。

①根据构筑物本身的重要性和工程施工系统性适当地选择导线线路，各条导线应均匀分布于整个场区，每个环形控制面积应尽可能均匀。

②各条导线尽可能布成直伸导线，导线网应构成互相联系的环形，构成严密平差图形。

4）测量步骤。

①选点与标桩埋设。对于新建和扩建的场区，导线应根据总平面图布设，改建区应沿已有道路布网。点位应选在人行道旁或设计中的净空地带。所选之点要便于使用、安全和能长期保存。导线点选定之后，应及时埋设标桩。

②角度观测。角度观测采用测回法进行。各级导线的测回数及测量限差与方格网角度观测要求相同，参照表 2-2 的规定。

表 2-2　　　　　　　　　测回数及测量限差的规定

等级	仪器类别	测角中误差 /（″）	测回数	半测回归零差 /（″）	一测回中 2c 变动范围/（″）	各测回方向较差 /（″）
I	J_1	±4	2	6	8	5
	J_2	±4	4	8	12	8
II	J_2	±8，±10	2	8	12	8

③边长测量。一般采用全站仪光电测距法测量导线边长，边长测量的各项要求及限差，与方格网边长测量要求相同，参照各级导线技术指标中边长的规定，见表 2-3。

表 2-3 各级导线技术指标

等级	导线长度/km	平均边长/km	测角中误差/(")	测距中误差/mm	测距相对中误差	测回数			方位角闭合差/(")	导线全长相对闭合差
						1"级仪器	2"级仪器	6"级仪器		
一级	4	0.5	5	15	1/30 000	—	2	4	$10\sqrt{n}$	≤1/15 000
二级	2.4	0.25	8	15	1/14 000	—	1	3	$16\sqrt{n}$	≤1/10 000
三级	1.2	0.1	12	15	1/700	—	1	2	$24\sqrt{n}$	≤1/5000

注 1. 表中 n 为测站数。

2. 当测区测图的最大比例尺为 1∶1000 时，一、二、三级导线的导线长度，平均边长可适当放长，但最大长度不应大于表中规定相应长度的 2 倍。

④导线的起算数据。在扩建、改建厂区，新导线应附和在已有施工控制网上（将已有控制点作为起算点）；原有的施工控制网点已被破坏或依照设计要求既有控制点不能满足布网要求，则应根据大地测量控制网点或主要建筑物轴线确定起算数据。新建厂区的导线网起算数据应根据大地测量控制点测定。

⑤导线网的平差。一级导线网采用严密平差法。二级导线可以采用分别平差法。关于导线网平差方法的选择，必须全面考虑导线的形状、长度和精度要求等因素，导线构成环形，应采用环形平差。附和在已知点上的导线，由于已知点较多，可以采用结点平差法。对于具有 2～3 个结点的导线，则采用等权代替法。只有一个结点的导线，可以按照等权平均值的原理进行平差计算。

（4）主要技术要求。

1）坐标系统应与工程设计所采用的坐标系统相同。当利用原有的平面控制网时，应进行复测，其精度应符合需要。投影所引起的长度变形，不应超过 1/40 000。

2）当原有控制网不能满足需要时，应在原控制网的基础上适当加密控制点。控制网的等级和精度应符合下列规定。

①场地大于 1km² 或重要工业区，宜建立相当于一级导线精度的平面控制网。

②场地小于 1km² 或一般性建筑区，应根据需要建立相当于二、三级导线精度的平面控制网。

3）导线测量的主要技术指标见表 2-3。

4）施工现场的平面控制点有效期不宜超过一年，特殊情况下可适当延长有效期，但应经过控制校核。

3. 场区高程控制网

（1）测量等级与方法。

1）场区高程控制网系采用水准测量的方法建立，大型场区的高程控制网应分两级布设。首级为Ⅲ等水准，其下用Ⅳ等水准加密。小型场区可用Ⅳ等水准一次布设。水准网的绝对高程应从附近的高级水准点引测（被引用的水准点应经过检查），联系于网中一点，作为推算高程的依据。

2）为保证水准网能得到可靠的起算依据和检查水准点的稳定性，应在场地适当地点建立高程控制基点组，其点数不得少于3个，点间距离以50～100m为宜，高差应用Ⅰ等水准测定。每隔一定时间，或发现有变动的可能时，应将全区水准网与高程控制基点组进行联测，以查明水准点高程是否变动。如经检测证实个别点有较大的变化，应及时求得新的高程值。

3）各级水准点标桩要求坚固稳定。Ⅳ等水准点可利用平面控制点，点间距离随平面控制点而定。Ⅲ等水准点一般应单独埋设，点间距离一般以600m为宜，可在400～800m变动。Ⅲ等水准点一般距离厂房或高大建筑物应不小于25m、距振动影响范围以外应不小于5m、距回填土边线应不小于15m。水准基点组应采用深埋水准标桩。

4）Ⅱ、Ⅲ、Ⅳ等水准测量的仪器应符合表2-4中的要求。

表2-4 水准仪技术要求

水准等级	望远镜放大倍率不小于	水准管分化值不大于	备注
Ⅱ	40	12″/2mm	
Ⅲ	24～30	15″/2mm	有符合水准器的为30″/2mm
Ⅳ	20	25″/2mm	

5）应在水准点埋设两周后进行水准点的观测，且应在成像清晰、稳定时进行，作业中应遵守下列规定。

①Ⅱ等水准视线长度50m，Ⅲ等水准视线长度65m，Ⅳ等水准视线长度80m为宜。

②Ⅱ等水准测站前后视距离之差不得大于1m，Ⅲ等不得大于2m，Ⅳ等不得大于4m。

③Ⅱ等水准两点间前后视累计差不得大于3m，Ⅲ等不得大于5m，Ⅳ等不得大于10m。

④Ⅱ等水准视线距地面的高度不应小于0.5m，Ⅲ、Ⅳ等不得小于0.3m。

（2）观测程序。

1）选点与标桩埋设。水准点的间距，宜小于1km。水准点距离建（构）筑物不宜小于25m。距离填土边线不宜小于15m。建（构）筑物高程控制的水准点，可单独埋设在建（构）筑物的平面控制网的标桩上，也可利用场地附近的水准点，其间距宜在200m左右。

施工中使用的临时水准点与栓点，宜引测至现场既有建（构）筑物上，引测点的精度不得低于原有水准点的等级要求。

2）水准观测。Ⅲ等水准测量宜采用钢瓦水准尺，Ⅳ等水准测量所使用的水准尺为红黑两面的水准尺。其观测方法宜采用中丝测高法，三丝读数。具体方法如下。

Ⅳ等水准测量：视线长度不超过 100m。每一测站上，按下列顺序进行观测。

①后视水准尺的黑面，读下丝、上丝和中丝读数。

②后视水准尺的红面，读中丝读数。

③前视水准尺的黑面，读下丝、上丝和中丝。

④前视水准尺的红面，读中丝读数。

以上的观测顺序为"后→后→前→前"，在后视和前视读数时，均先读黑面再读红面，读黑面时读三丝读数，读红面时只读中丝读数。

Ⅲ等水准测量：视线长度不超过 75m。观测顺序应为"后→前→前→后"。

①后视水准尺的黑面，读下丝、上丝和中丝读数。

②前视水准尺的黑面，读下丝、上丝和中丝读数。

③前视水准尺的红面，读中丝读数。

④后视水准尺的红面，读中丝读数。

3）水准测量的限差。水准测量的关键技术要求即是水准测量的限差要求，不符合限差要求的水准测量成果不得使用。

Ⅱ、Ⅲ、Ⅳ等水准测量均应进行往返测，或单程双线观测，其测量结果应符合表 2-5 的规定。

表 2-5　　　　　　　　　　　　水准测量结果限差表

等级	往返测附合或闭合水准线路允许闭合差/mm	
	每千米少于 15 站	每千米多于 15 站
Ⅱ	$4\sqrt{R}$ 或 $1\sqrt{n}$	$5\sqrt{R}$ 或 $1.2\sqrt{n}$
Ⅲ	$12\sqrt{R}$ 或 $3\sqrt{n}$	$15\sqrt{R}$ 或 $3.5\sqrt{n}$
Ⅳ	$20\sqrt{R}$ 或 $5\sqrt{n}$	$25\sqrt{R}$ 或 $6\sqrt{n}$

4）水准测量的平差。水准网的平差，根据水准路线布设的情况，可采用各种不同的方法。附合在已知点上构成结点的水准网，采用结点平差法。若水准网只具有 2～3 个结点，路线比较简单，则采用等权代替法。作为厂区高程控制的水准网，一般都构成环形，而且网中只具有唯一的高程起算点，因而多采用多边形图解平差法。这种方法全部计算都在图上进行，可迅速求得平差结果。

（3）主要技术要求。

1）场区高程控制网应布设成附合环线、路线或闭合环线。高程测量的精度，不宜低于Ⅲ等水准的精度。

2）施工现场的高程控制点有效期不宜超过半年，如有特殊情况可适当延长有效期，但应经过控制校核。

3）矩形建（构）筑物应据其轴线平面图进行施工各阶段放线。圆形建（构）筑物应据其圆心施放轴线、外轮廓线。

四、竣工图编绘与实测

此处以垃圾填埋场工程为主，简要介绍市政公用工程场（厂）站竣工图测绘与实测要点。

1. 竣工图编绘

（1）市政公用工程特点。市政公用工程因其固有特点，施工过程中常会因现场情况变化而致使设计变更，导致构筑物的竣工位置与设计位置存在偏差。市政公用工程如地下隧道或地下管线工程竣工投入运行后，为了安全运行、方便维修及日后改扩建，需要其保存完整竣工资料。因此，市政公用工程竣工测量是十分重要的。

（2）工程竣工测量特点。

1）市政公用工程竣工图编绘具有边竣工、边编绘，分部编绘竣工图，实测竣工图等特点。需要在施工过程中收集一切有关的资料，加以整理，及时进行编绘。

2）工程开工前应考虑和统筹安排竣工测量。

3）测图方法应灵活，在传统测绘方法基础上引用新型的测图技术。以实测现状图为主，以资料收集为辅，并有编制、测绘相结合的特点。

（3）竣工图编绘基本要求。

1）市政公用工程竣工图应包括与施工图（及设计变更）相对应的全部图纸及根据工程竣工情况需要补充的图纸。

2）各专业竣工图应符合规范标准以及合同文件规定。

3）竣工总图编绘完成后，应经原设计及施工单位技术负责人审核、会签。

2. 编绘竣工图的方法和步骤

（1）准备工作。

1）决定竣工图的比例尺。应根据工程规模大小和构筑物密集程度，参照下列规定确定竣工图的比例尺。

①小区内为1/500或1/1000。

②小区外为1/1000～1/5000。

2）绘制竣工图。竣工测量应按规范规定补设控制网。受条件制约无法补设测量控制网时，可考虑以施工有效的测量控制网点为依据进行测量，但应在条件允许的范围内对重复利用的施工控制网点进行校核。控制点被破坏时，应在保证施测细部点的精度下进行恢复。对已有的资料应进行实地检测、校核，其允许偏差应符合国家现行有关施工验收规范的规定。

竣工图的绘制成图一般采用外业测量记录，经过数据传输处理后，利用专业的成图软件进行成图处理，再通过绘图仪进行打印出图。为了能长期保存竣工资料，竣工图应采用质量较好的图纸。现今逐渐采用一次成图的大幅面打印图纸代替了晒图。竣工图的允许误差不得大于图上±0.2mm。

（2）竣工图的编绘。

1）绘制竣工图的依据。

①设计总平面图、单位工程平面图、纵横断面图和设计变更资料。

②控制测量资料、施工检查测量及竣工测量资料。

2）根据设计资料展点成图。凡按设计坐标定位施工的工程，应以测量定位资料为依据，按设计坐标（或相对尺寸）和标高编绘。建筑物和构筑物的拐角、起止点、转折点应根据坐标数据展点成图。对建筑物和构筑物的附属部分，如无设计坐标，可用相对尺寸绘制。若原设计变更，则应根据设计变更资料编绘。

3）根据竣工测量资料或施工检查测量资料展点成图。在市政公用工程施工过程中，在每一个单位（体）工程完成后，应该进行竣工测量，并提出其竣工测量成果。

对凡有竣工测量资料的工程，若竣工测量成果与设计值之间相差未超过规定的定位允许偏差时，按设计值编绘。否则应按竣工测量资料编绘。

4）展绘竣工时的位置要求。根据上述资料编绘成图时，对于构筑物应采用不同线体绘出该工程的竣工位置，并应在图上注明工程名称、坐标和标高及有关说明。对于各种地上、地下管线，应用各种不同颜色的线体绘出其中心位置，注明转折点及井位的坐标、高程及有关位置。在没有设计变更的情况下，实测的建（构）筑物竣工位置应与设计原图的位置重合，但坐标及标高数据与设计值比较会有微小出入。

在图上按坐标展绘某工程竣工位置时，和竣工图的精度要求相同，允许误差均不得大于图上±0.2mm。

（3）凡属下列情况之一者，必须进行现场实测编绘竣工图。

1）由于未能及时提出建筑物或构筑物的设计坐标，而在现场指定施工位置的工程。

2）设计图上只标明工程与地物的相对尺寸而无法推算坐标和标高。

3）由于设计多次变更，而无法查对设计资料。

4）竣工现场的竖向布置、围墙和绿化情况，施工后尚保留的大型临时设施。

为了进行实测工作，应尽量在经济和技术可行的前提下，利用大地测量控制点，并且首级控制资料应经控制点附合。此外，也可以利用施工期间使用的平面控制点和水准点进行施测。如原有控制点不够使用时，应补测控制点。

构筑物的竣工位置应根据控制点采用双极坐标法进行测量，即由两个已知控制点或条件点测出一个位置点的坐标位置。实测坐标与标高的精度应不低于建筑物和构筑物的定位精度。外业实测时，必须在现场绘出草图，并编好唯一点号顺序记录，最后根据实测成果和草图，在室内进行展绘，成为完整的竣工图。当平面布置改变超过图上面积 1/3 时，不宜在原施工图上修改和补充，应重新绘制竣工。

（4）竣工图最终绘制。

1）分类竣工图的编绘。对于大型企业和较复杂的工程，如将场区地上、地下所有建筑物和构筑物都绘在一张总平面图上，将会使图面线条密集，不易辨认。为了使图面清晰醒目，便于使用，可根据工程的密集与复杂程度，按工程性质分类编绘竣工图。

2）综合竣工图。综合竣工图即全场性的总体竣工图，包括地上地下一切建（构）筑物和竖向布置及绿化情况等。如地上地下管线及运输线路密集，一般只编绘主要的。

3）场区、道路、建构筑物工程竣工的编绘。

①场区道路工程竣工测量包括中心线位置、高程、横断面形式、附属构筑物和地下管线的实际位置（坐标）、高程。

②新建地下管线竣工测量应在覆土前进行。当不能在覆土前施测时，应在覆土前设置管线待测点并将设置的位置准确地引到地面上，做好栓点。新建管线应按有关规定完成地下管线探查记录表。

③场区建（构）筑物竣工测量，如渗滤液处理设施和泵房等，对矩形建（构）筑物应注明两点以上坐标，圆形建（构）筑物应注明中心坐标及接地外半径。建（构）筑物室内地坪标高。构筑物间连接管线及各线交叉点的坐标和标高。

④应将场区设计或合同规定的永久观测坐标及其初始观测成果，随竣工资料一并移交建设单位。

⑤竣工测量采集的数据应符合有关规范关于数据入库的要求。

⑥测绘结果应在竣工图中标明。

（5）随工程竣工相继进行的编绘。市政公用工程上道工序的成品会被下道工序隐蔽，或工程未验收已投入使用，工程持续时间长，过程变化因素多，必须随着分项、分部工程的竣工，及时编绘工程平面图，并由专人汇总各单位工程平面图编绘竣工图。

这种办法可及时利用当时竣工测量成果进行编绘，如发现问题，能及时到现场实测查对。同时由于边竣工、边编绘竣工图，可以考核和反映施工进度。

（6）竣工图的图面内容和图例。竣工图的图面内容和图例，一般应与设计图取得一致。图例不足时，可补充编制，但必须加图例说明。

（7）竣工图的附件。为了全面反映竣工成果，便于运行管理、维修和日后改扩建，下列与竣工图有关的一切资料，应分类装订成册，作为竣工图的附件保存。

1）地下管线、地下隧道竣工纵断面图。

2）道路、桥梁、水工构筑物竣工纵断面图。工程竣工以后，应进行公路路面（沿中心线）水准测量，以编绘竣工纵断面图。

3）建筑场地及其附近的测量控制点布置图及坐标与高程一览表。

4）建筑物或构筑物沉降及变形观测资料。

5）工程定位、检查及竣工测量的资料。

6）设计变更文件。

7）建设场地原始地形图。

第三章

城 镇 道 路 工 程

第一节 城镇道路工程施工基础知识

一、城镇道路分类

城市道路是建在城市范围内,供车辆及行人通行并具备一定技术条件和设施的道路。城市道路按其在城市道路系统中的地位、交通功能、对沿线建筑物的服务功能分为快速路、主干路、次干路和支路。

1. 快速路

快速路是指为较高车速的远距离交通而设置的重要城市道路,又称城市快速路。完全为交通功能服务,是解决城市大容量、长距离、快速交通的主要道路。快速路对向车道之间要设中间带以分隔对向交通,当有非机动车通行时,应加设两侧分隔带。快速路的进出口应采用全控制或部分控制。

快速路与交通量较小的次干道相交时,可以采用平面交叉。快速路与高速公路、快速路、主干路相交时,必须采用立体交叉。快速路与支路不能直接相交。快速路在过路行人集中地点应设置过街人行天桥或地道。

在快速路两侧不应设置吸引大量车流、人流的公共建筑物的进出口,对两侧一般建筑物的进出口应加以控制。

2. 主干路

主干路是指在城市道路网中起骨架作用的道路。以交通功能为主,为连接城市各主要分区的干路,主要用于联系城市的主要工业区、住宅区、港口、车站等客货运中心,负担城市的主要客货交通,是城市内部的交通大动脉。

自行车交通量大时,宜采用机动车与非机动车分隔的形式。如三幅路或四幅路。主干路两侧不应设置吸引大量车流、人流的公共建筑物进出口。

3. 次干路

次干路是指城市中数量较多的一般的交通道路,是城市区域性的交通干道,为区域交通集散服务,同时具有服务功能。主要用来配合主干路组成道路网,起广泛连接城市各部分与集散交通的作用。

4. 支路

支路是指城市道路网中干路以外联系次干路或者供区域内部使用的道路,

用以解决局部地区交通，以服务功能为主。除应当满足商业、工业、文教等区域特点的使用要求外，还要满足群众的使用要求，支路上不易通行过境交通。

表 3-1 　　　　　　　　城市道路分类、路面等级和面层材料

城市道路分类	路面等级	面层材料	使用年限/年
快速路、主干路	高级路面	水泥混凝土	30
		沥青混凝土、沥青碎石、天然石材	15
次干路、支路	次高级路面	沥青贯入式碎石	10
		沥青表面处治	8

二、城镇路面分类

按路面的力学特性将路面分为柔性路面、刚性路面、半刚性路面。按路面材料可将路面分为沥青路面、水泥混凝土路面、其他路面。

1. 按路面力学特性分类

（1）柔性路面。柔性路面是指刚度较小、抗弯拉强度较低，主要靠抗压、抗剪强度来承受车辆荷载作用的路面。

用各种基层、垫层（水泥混凝土基层除外）与各种沥青面层、碎（砾）石面层、块石面层所组成的路面结构都属于柔性路面。

柔性路面的主要特点包括：

1）刚度小。

2）在车辆荷载的作用下产生的弯沉变形较大。

3）车辆荷载通过路面各结构层向下传递到路基的压应力较大，因而对路面基层和路基的强度和稳定性要求较高。

（2）刚性路面。刚性路面是指面层板体刚度较大，抗弯拉强度较高的路面。

素混凝土路面、钢筋混凝土路面、碾压混凝土路面、钢纤维混凝土路面等都属于刚性路面。

刚性路面的主要特点包括：

1）面板的弹性模量及力学强度大大高于基层和地基的相应模量和强度。

2）抗弯拉强度远小于抗压强度，为其 $1/7 \sim 1/6$。

3）断裂时的相对拉伸变形很小。

（3）半刚性路面。半刚性路面是指用石灰、水泥等无机结合料处置的稳定土或稳定粒料及含有水硬性结合料的工业废渣作基层的路面结构。这类基层完工初期具有柔软的工作特性，但是随着时间的延长，其强度逐步提高，板体性增加，刚度增大，所以称为半刚性基层。

半刚性路面设计理论及方法是采用双圆均布与水平垂直荷载作用下的多层弹性连续理论，以设计弯沉值为整体路面刚度的设计指标。对半刚性材料的基

层，底基层应进行层底拉应力计算。半刚性基层可以使用当地材料，成型工艺也相对比较简单，由于半刚性基层具有一系列良好的性能，其成为我国高级道路的主要类型之一。

2. 按路面材料分类

(1) 沥青路面。沥青路面是指在柔性基层、半刚性基层上，铺筑一定厚度的沥青混合料面层的路面结构。沥青面层分为沥青混凝土、沥青混合料（包括沥青混凝土混合料及沥青碎石混合料）、乳化沥青碎石、沥青灌入式、沥青表面处置等类型。

(2) 水泥混凝土路面。水泥混凝土路面是指以水泥混凝土面板和基（垫）层组成的路面，又称为刚性路面。路面种类有普通混凝土路面、钢筋混凝土路面、碾压式混凝土路面、钢（化学纤维）纤维混凝土路面、连续配筋混凝土路面等。

(3) 其他路面。其他路面主要是指在柔性基层上用有一定塑性的细粒土稳定各种骨料的中低级路面。路面种类有普通水泥混凝土预制块路面、连锁型路面砖路面、石料砌块路面、级配碎石路面及水（泥）结级配碎石路面等。

三、城镇道路施工特点

城市道路施工与公路施工相比，虽然工作量与工程量相对较少，但是涉及面广，与道路上的其他公用设施、地下建筑及临街构筑物的建设要有完美的配合，否则容易出现中途停工或返工等浪费现象。

1. 要求严格的施工组织管理

充分做好准备工作，包括施工管理及组织计划、施工中实行流水作业、严格施工管理、加强质量保证体系、健全岗位责任制，每道工序都要严格把关，前一道工序未经验收不得进行下一道工序。

2. 施工耗材多

道路施工除了面对众多的沿线居民外，还涉及规划、公交、公安、供电、通信、供水、供热、燃气、消防、环保、环卫、照明、绿化和街道办事处等部门及有关企、事业单位，因此必须要加强协作、配合工作，以取得各单位部门的支持和谅解，使施工得以顺利进行，避免出现大量耗费人力、物力和时间的"扯皮"现象。

3. 城市交通拥挤、车辆及行人多

要多采用半幅通车、半幅施工的方案，尽量不断路施工，必要时可封锁交通断路施工，但务必做好交通疏导工作，协商安排车辆绕道行驶的路线和落实交通管理措施。为了减少扰民和保证车辆正常行驶，可以在夜间组织连续作业，快速施工。

4. 拆迁建筑物多

在老城区改造工程中此问题表现尤为突出，由于新设计的道路路线是从老城区通过的，因此，凡是影响修建道路的房屋都需要拆迁，这样，需要拆迁大量房屋，同时，还要拆除供电线路、通信线路、树木和各种管道等。

5. 地下管线多

在地下除了供水管线、污水管线、雨水管线以外，还有通信电缆、天然气管线、供电管线、热力管线、路灯管线等。在施工过程中，往往出现管线之间互相干扰的情况，只要其中有一种管线出了问题，这段路基就无法施工，只有所有的管线全部埋设完毕，才能够继续进行路基的施工。

6. 配套工程多

由于在路基下面有很多管线，在路基施工中，所有管线都需要很好地配合，若有一种管线配合不好或者有一种管线没有埋设进去，就要进行重新埋设或者返修，这样就会破坏掉已经建成的路面，不但会给国家造成经济上的损失，而且又影响城市的交通和路面美观。

7. 施工场地布置难

由于城市道路的施工场地都比较狭窄，所以，给施工场地的布置造成一定的困难，运入施工工地的建筑材料，无场地大量存放，只能使用一部分进一部分。如果路基施工是在城市郊区，施工条件会稍微方便一些。

8. 施工用土、弃土难

由于城市道路的两旁都有建筑物，因此，不允许随便取土、弃土，在城市道路路基施工的过程中，若遇到杂填土、污泥等还必须换成好土，这就要到距施工现场几千米以外的郊区去找土或者看附近是否有建筑工地、市政工程工地是否有挖出的剩余好土。另外，城市的环境卫生要求是严格的，不允许随便倾倒垃圾土，这就要求必须将垃圾土运到距施工现场几千米以外的垃圾场，同时，因施工场地狭窄，必须做到随时挖出垃圾土随时清理干净，避免影响交通。

9. 施工测量难

由于城市道路上的市政设施多、临街建筑物多，道路施工测量常常在不中断交通的情况下进行，测量仪器无法安设，汽车、人流、建筑物、构筑物等各种障碍物影响了施工测量人员的视线，因此，增加了测量工作的难度。

10. 路基压实难

由于城市道路大部分都是当年就要修成高级路面，同时，路基下面管道多、隐蔽工程多，回填压实困难，再加上路基的压实标准要求高，这就增加了压实工作的难度。

11. 临时排水难

在城市中要将一条土路改建成一条沥青路，原来这条土路上如果没有正规的污水管道，只有各家各户自己埋设的临时污水管道，按照设计图样要求需要铺设正规的污水管道。在路槽开挖后，临街各单位、各家各户埋设的临时污水管道被挖断，污水一直外流，因无正规的污水井，污水无法流走，因此，在未修好正规的污水管道之前，临时排放污水就很困难。

四、城镇道路施工原则和程序

1. 城市道路的施工总原则

城市道路的施工应按以下总原则进行：

（1）充分做好施工前的准备工作。

（2）加强施工技术管理工作。

（3）积极采用新技术，加速实现施工现代化。

（4）加强与其他单位的配合施工。

（5）确保安全生产，注意文明施工。

（6）竣工场清。

2. 城市道路的施工程序

城市道路工程施工一般应按以下程序进行。

（1）先地下后地上。

（2）先深后浅。

（3）先道路土建工程后安装工程。

（4）先道路建筑物工程后绿化工程。

五、城镇道路工程施工准备

道路工程的施工过程，可分为准备、施工、竣工验收三个阶段。其中，施工准备工作是工程顺利实施的基础和保证。施工准备工作的好坏，直接影响到工程的进度、质量和承包商的经济效益，必须认真对待。施工准备工作的内容主要有：熟悉设计文件、编制施工组织设计、施工现场准备等。设计文件是组织工程施工的主要依据。

1. 熟悉设计文件

熟悉、审核施工图样是领会设计意图，明确工程内容，分析工程特点的重要环节，通常要注意以下 9 个方面。

（1）核对设计计算的假定及采用的处理方法是否符合实际情况，施工是否有足够的稳定性，对保证安全施工有无影响。

（2）核对设计是否符合施工条件，如有必要采用特殊施工方法及特定技术措施时，技术上和设备条件上有无困难。

（3）结合生产工艺及使用上的特点，核对有哪些技术要求，施工能否满足设计规定的质量标准。

（4）核对有无特殊的材料要求，这些材料的品种、规格、数量能否解决。

（5）核对图样说明有无矛盾，规定是否明确，是否齐全。

（6）核对图样主要尺寸、位置、标高有无错误。

（7）核对土建与设备安装有无矛盾，施工时如何交叉衔接。

（8）通过熟悉图样确定与施工有关的准备工作项目。

（9）通过熟悉图样明确场外制备工程项目。

在有关施工人员熟悉图样、充分准备的基础上，由建设单位负责人召集设计、监理、施工、科研人员参加图样会审会议。设计人员应向承包商作图样交底，讲清设计意图和对施工的主要要求。施工人员要对图样及有关问题提出咨询，最终由设计单位吸收图纸会审中提出的合理化建议，按照程序进行变更设计或作补充设计。

2. 编制施工组织设计

要根据核实的工程量、工地条件、工期要求及本单位的施工设备情况，制定实施性施工组织设计，报监理工程师审批。同时，根据施工组织设计的要求，组织施工队伍，合理部署施工力量，做好后勤物资供应工作。

3. 施工现场准备

路基施工前，现场的准备工作主要包括以下 8 个方面。

（1）恢复路线。从路线勘察到工程施工，其时间通常要一年左右，在这段时间里原钉的桩志可能有部分丢失，有的可能会发生移动。因此，监理工程师向承包商交桩后，承包商必须按设计图表对路线进行复测，把决定路线位置的各测点加以恢复。其内容包括：导线、中线的复测和固定，水准点的复测和增设，横断面的检查与补测。

（2）划定路界。此项工作一般由建设单位（业主）完成。个别地段尚未划定的，要马上报告监理工程师，并会同业主尽快解决。

（3）路基放样。路基施工前，应根据中线桩和设计图表在实地定出路基的几何轮廓形状，作为施工的依据。

（4）清理场地。施工前，应清除施工现场内所有阻碍施工的障碍物。主要内容有以下 3 个方面。

1）房屋及其他构造物的拆除。

2）清除树木和灌木丛。

3）施工场地的排水。

（5）临时工程。主要包括"三通一平"，"三通"指水通、电通、路通，"一平"指场地平整。临时工程的建设对于保证施工的正常进行及确保施工安全，是非常必要的。临时工程的施工要与正式工程一样进行周密的考虑。但是由于它只要求在施工期内达到预期的目的就行了，所以在确保安全、满足使用要求的前提下，要尽可能简化。临时工程的建筑施工，要依照施工组织设计所确定的总体布置和施工方案进行。

（6）试验路段。高等级公路以及在特殊地区或者采用新技术、新工艺、新材料进行路基施工时，要采用不同的施工方案做试验路段，从中选出路基施工的最佳方案指导全线施工。

（7）自检质量保证体系。为了保证公路工程的施工质量，承包商必须有高度的质量意识，使所建工程经得起监理的抽检及政府质监部门的检查，因此，必须建立自检质量保证体系。其主要负责人是由承包商、有关的技术质量检查人员、施工设备及检测仪器等组成。

（8）开工报告。以上各项工作准备就绪后，就可向监理工程师提出工程的开工报告。开工报告的内容包括以下 6 项。

1）施工组织设计（监理审批）。

2）施工放样合格（监理审批）。

3）材料报验合格（监理审批）。

4）机械设备报验合格。

5）必需的流动资金已落实。

6）自检质量保证体系已建立。

一旦监理工程师同意，签发开工令，承包商即可正式开工。

4. 导线、中线的复测和固定

（1）导线复测。导线复测是指把控制路线中线的各导线点在地面上重新钉出。要采用红外线测距仪或其他满足测量精度的仪器，其测量精度要满足设计要求。复测导线时，必须和相邻施工段的导线闭合。对有碍施工的导线点，在施工前应设护桩加以固定。

（2）中线复测。中线复测是指把标定路线平面位置的各点在地面上重新钉出，有时还要在平曲线上以及地形有突变或土石方成分有变化等处增钉加桩，并复核路线的长度。如果发现丈量错误或者需要局部改线，都应做断链处理，相应调整纵坡，设置断链桩，注明前后里程关系及长（或短）模距离。

（3）加钉护桩。加钉护桩是指以所需要固定的控制点桩为中心，沿两条大致互相垂直的方向，将桩点移到路基施工范围以外，在每条方向线上，相距一定距离处，钉上两个带钉木桩，桩上标出相应的桩号和量出的距离，同时绘草图，并记入记录簿内，以备查用。

第二节　城镇道路工程结构与材料

一、沥青路面结构组成与材料

1. 结构组成

（1）基本原则。

1）城镇沥青路面道路结构由面层、基层和路基组成，层间结合必须紧密稳定，以保证结构的整体性和应力传递的连续性。大部分道路结构组成是多层次的，但层数不宜过多。

2）行车载荷和自然因素对路面的影响随深度的增加而逐渐减弱，因而对路面材料的强度、刚度和稳定性的要求也随深度的增加而逐渐降低。各结构层的材料回弹模量应自上而下递减，基层材料与面层材料的回弹模量比应大于或等于 0.3。土基回弹模量与基层（或底基层）的回弹模量比宜为 0.08~0.4。

3）按使用要求、受力状况、土基支承条件和自然因素影响程度的不同，在路基顶面采用不同规格和要求的材料分别铺设基层和面层等结构层。

4）面层、基层的结构类型及厚度应与交通量相适应。交通量大、轴载重时，应采用高级路面面层与强度较高的结合料稳定类材料基层。

5）基层的结构类型可分为柔性基层、半刚性基层。在半刚性基层上铺筑面层时，城市主干路、快速路应适当加厚面层或采取其他措施以减轻反射裂缝。

（2）路基。

1）路基分类。根据材料不同，路基可分为土方路基、石方路基、特殊土路基。路基断面形式有：

路堤——路基顶面高于原地面的填方路基。

路堑——全部由地面开挖出的路基（又分全路堑、半路堑、半山峒三种形式）。

半填、半挖——横断面一侧为挖方，另一侧为填方的路基。

2）路基填料。高液限黏土、高液限粉土及含有机质细粒土，不适于做路基填料。因条件限制而必须采用上述土做填料时，应掺加石灰或水泥等结合料进行改善。

地下水位高时，宜提高路基顶面标高。在设计标高受限制，未能达到中湿状态的路基临界高度时，应选用粗粒土或低剂量石灰或水泥稳定细粒土做路基填料。同时应采取在边沟下设置排水渗沟等降低地下水位的措施。

岩石或填石路基顶面应铺设整平层。整平层可采用未筛分碎石和石屑或低剂量水泥稳定粒料，其厚度视路基顶面不平整程度而定，一般为 100~150mm。

（3）基层。

1) 基层是路面结构中的承重层，主要承受车辆荷载的竖向力，并把面层下传的应力扩散到路基。基层可分为基层和底基层，两类基层结构性能、施工或排水要求不同，厚度也不同。

2) 应根据道路交通等级和路基抗冲刷能力来选择基层材料。湿润和多雨地区，宜采用排水基层。未设垫层且路基填料为细粒土、黏土质砂或级配不良砂（承受特重或重交通），或者为细粒土（承受中等交通）时，应设置底基层。底基层可采用级配粒料、水泥稳定粒料或石灰粉煤灰稳定粒料等。

3) 常用的基层材料。

①无机结合料稳定粒料。无机结合料稳定粒料基层属于半刚性基层，包括石灰稳定土类基层、石灰粉煤灰稳定砂砾基层、石灰粉煤灰钢渣稳定土类基层、水泥稳定土类基层等，其强度高，整体性好，适用于交通量大、轴载重的道路。所用的工业废渣（粉煤灰、钢渣等）应性能稳定、无风化、无腐蚀。

②嵌锁型和级配型材料。级配砂砾及级配砾石基层属于柔性基层，可用作城市次干路及其以下道路基层。为防止冻胀和湿软，天然砂砾应质地坚硬，含泥量不应大于砂质量（粒径小于 5mm）的 10%，砾石颗粒中细长及扁平颗粒的含量不应超过 20%。级配砾石用作次干路及其以下道路底基层时，级配中最大粒径宜小于 53mm，用作基层时最大粒径不应大于 37.5mm。

（4）面层。

1) 高级沥青路面面层分类。可划分为磨耗层、面层上层、面层下层，或称为上（表）面层、中面层、下（底）面层。

2) 沥青路面面层类型。

①热拌沥青混合料面层。热拌沥青混合料（HMA），包括 SMA（沥青玛碲脂碎石混合料）和 OGFC（大空隙开级配排水式沥青磨耗层）等嵌挤型热拌沥青混合料，适用于各种等级道路的面层，其种类应按骨料公称最大粒径、矿料级配、孔隙率划分。

②冷拌沥青混合料面层。冷拌沥青混合料适用于支路及其以下道路的面层、支路的表面层，以及各级沥青路面的基层、连接层或整平层。冷拌改性沥青混合料可用于沥青路面的坑槽冷补。

③温拌沥青混合料面层。温拌沥青混合料是通过在混合料拌制过程中添加合成沸石产生发泡润滑作用、拌和温度 120～130℃ 条件下生产的沥青混合料，与热拌沥青混合料的适用范围相同。

④沥青贯入式面层。沥青贯入式面层宜用作城市次干路以下道路面层，其主石料层厚度应依据碎石的粒径确定，厚度不宜超过 100mm。

⑤沥青表面处治面层。沥青表面处治面层主要起防水层、磨耗层、防滑层或改善碎（砾）石路面的作用，其骨料最大粒径应与处治层厚度相匹配。

2. 结构层与性能要求

(1) 路基结构。

1) 路基既为车辆在道路上行驶提供基础条件，也是道路的支撑结构物，对路面的使用性能有重要影响。路基应稳定、密实、均质，对路面结构提供均匀的支承，即路基在环境和荷载作用下不产生不均匀变形。

2) 主要性能指标。

①整体稳定性。在地表上开挖或填筑路基，必然会改变原地层（土层或岩层）的受力状态。原先处于稳定状态的地层，有可能由于填筑或开挖而引起不平衡，导致路基失稳。软土地层上填筑高路堤产生的填土附加荷载如超出了软土地基的承载力，就会造成路堤沉陷。在山坡上开挖深路堑使上侧坡体失去支承，有可能造成坡体坍塌破坏。在不稳定的地层上填筑或开挖路基会加剧滑坡或坍塌。因此，必须保证路基在不利的环境（地质、水文或气候）条件下具有足够的整体稳定性，以发挥路基在道路结构中的强力承载作用。

②变形量控制。基层及其下承的路基，在自重和车辆荷载作用下会产生变形，如地基软弱填土过分疏松或潮湿时，所产生的沉陷或固结、不均匀变形，会导致路面出现过量的变形和应力增大，促使路面过早破坏并影响汽车行驶舒适性。因此，必须尽量控制路基、地基的变形量，才能给路面以坚实的支承。

(2) 基层结构。

1) 基层是路面结构中的承重层，主要承受车辆荷载的竖向力，并把面层下传的应力扩散到路基。且为面层施工提供稳定而坚实的工作面，控制或减少路基不均匀冻胀或沉降变形对面层产生的不利影响。基层受自然因素的影响虽不如面层强烈，但面层下的基层应有足够的水稳定性，以防基层湿软后变形大，导致面层损坏。

2) 主要性能指标。

①应满足结构强度、扩散荷载的能力以及水稳性和抗冻性的要求。

②不透水性好。底基层顶面宜铺设沥青封层或防水土工织物。为防止地下渗水影响路基，排水基层下应设置由水泥稳定粒料或密级配粒料组成的不透水底基层。

(3) 面层结构。

1) 面层直接承受行车的作用，用以改善汽车的行驶条件，提高道路服务水平（包括舒适性和经济性），以满足汽车运输的要求。

2) 面层直接同行车和大气相接触，承受行车荷载引起的竖向力、水平力和冲击力的作用，同时又受降水的侵蚀作用和温度变化的影响。

3) 路面使用指标。

①承载能力。当车辆荷载作用在路面上，使路面结构内产生应力和应变，

如果路面结构整体或某一结构层的强度或抗变形能力不足以抵抗这些应力和应变时，路面便出现开裂或变形（沉陷、车辙等），降低其服务水平。路面结构暴露在大气中，受到温度和湿度的周期性影响，也会使其承载能力下降。路面在长期使用中会出现疲劳损坏和塑性累积变形，需要维修养护，但频繁维修养护势必会干扰正常的交通运营。为此，路面必须满足设计年限的使用需要，具有足够抗疲劳破坏和塑性变形的能力，即具备相当高的强度和刚度。

②平整度。平整的路表面可减小车轮对路面的冲击力，行车产生附加的振动小不会造成车辆颠簸，能提高行车速度和舒适性，不增加运行费用。依靠先进的施工机具、精细的施工工艺、严格的施工质量控制及经常、及时的维修养护，可实现路面的高平整度。为减缓路面平整度的衰变速率，应重视路面结构及面层材料的强度和抗变形能力。

③温度稳定性。路面材料特别是表面层材料，长期受到水文、温度、大气因素的作用，材料强度会下降，材料性状会变化，如沥青面层老化、弹性、黏性、塑性逐渐丧失，最终路况恶化，导致车辆运行质量下降。为此，路面必须保持较高的稳定性，即具有较低的温度、湿度敏感度。

④抗滑能力。光滑的路表面使车轮缺乏足够的附着力，汽车在雨雪天行驶或紧急制动或转弯时，车轮易产生空转或溜滑危险，极有可能造成交通事故。因此，路表面应平整、密实、粗糙、耐磨，具有较大的摩擦系数和较强的抗滑能力。路面抗滑能力强，可缩短汽车的制动距离，降低发生交通安全事故的频率。

⑤透水性。一般情况下，城镇道路路面应具有不透水性，以防止水分渗入道路结构层和土基，致使路面的使用功能丧失。

⑥噪声量。城市道路使用过程中产生的交通噪声，会使人们出行感到不舒适，也会使居民生活质量下降。城市区域应尽量使用低噪声路面，为营造静谧的社会环境创造条件。

近年我国城市开始修筑降噪排水路面，以提高城市道路的使用功能和减少城市交通噪声。降噪排水路面的面层结构组合一般为：上面（磨耗层）层采用OGFC沥青混合料，中面层、下（底）面层等采用密级配沥青混合料。这种组合既满足沥青路面强度高、高低温性能好和平整密实等路用功能，又实现了城市道路排水降噪功能。

二、水泥混凝土路面构造特点与材料

水泥混凝土路面结构的组成包括路基、垫层、基层以及面层。

1. 构造特点

(1) 垫层构造。在温度和湿度状况不良的环境下，水泥混凝土道路应设置垫层，以改善路面的使用性能。

1）在季节性冰冻地区，道路结构设计总厚度小于最小防冻厚度要求时，根据路基干湿类型和路基填料的特点设置垫层。其差值即是垫层的厚度。水文地质条件不良的土质路堑，路基土湿度较大时，宜设置排水垫层。路基可能产生不均匀沉降或不均匀变形时，宜加设半刚性垫层。

2）垫层的宽度应与路基宽度相同，其最小厚度为150mm。

3）防冻垫层和排水垫层宜采用砂、砂砾等颗粒材料。半刚性垫层宜采用低剂量水泥、石灰等无机结合稳定粒料或土类材料。

（2）基层构造。

1）水泥混凝土道路基层作用：防止或减轻由于唧泥产生板底脱空和错台等病害。与垫层共同作用，可控制或减少路基不均匀冻胀或体积变形对混凝土面层产生的不利影响。为混凝土面层提供稳定而坚实基础，并改善接缝的传荷能力。

2）基层材料的选用原则：根据道路交通等级和路基抗冲刷能力来选择基层材料。特重交通道路宜选用贫混凝土、碾压混凝土或沥青混凝土。重交通道路宜选用水泥稳定粒料或沥青稳定碎石。中、轻交通道路宜选择水泥或石灰粉煤灰稳定粒料或级配粒料。湿润和多雨地区，繁重交通路段宜采用排水基层。

3）基层的宽度应根据混凝土面层施工方式的不同，比混凝土面层每侧至少宽300mm（小型机具施工时）或500mm（轨模式摊铺机施工时）或650mm（滑模式摊铺机施工时）。

4）各类基层结构性能、施工或排水要求不同，厚度也不同。

5）为防止下渗水影响路基，排水基层下应设置由水泥稳定粒料或密级配粒料组成的不透水底基层，底基层顶面宜铺设沥青封层或防水土工织物。

6）碾压混凝土基层应设置与混凝土面层相对应的接缝。

（3）面层构造。

1）面层混凝土通常分为普通（素）混凝土、钢筋混凝土、连续配筋混凝土、预应力混凝土等。目前，我国多采用普通（素）混凝土。水泥混凝土面层应具有足够的强度、耐久性（抗冻性）、表面抗滑、耐磨、平整。

2）混凝土面层在温度变化影响下会产生胀缩。为防止胀缩作用导致裂缝或翘曲，混凝土面层设有垂直相交的纵向和横向接缝，形成一块块矩形板。一般相邻的接缝对齐，不错缝。每块矩形板的板长按面层类型、厚度并由应力计算确定。

3）纵向接缝是根据路面宽度和施工铺筑宽度设置。一次铺筑宽度小于路面宽度时，应设置带拉杆的平缝形式的纵向施工缝。一次铺筑宽度大于4.5m时，应设置带拉杆的假缝形式的纵向缩缝，纵缝应与线路中线平行。

横向接缝可分为横向缩缝、胀缝和横向施工缝。横向施工缝尽可能选在缩缝或胀缝处。快速路、主干路的横向缩缝应加设传力杆。在邻近桥梁或其他固定构筑物处、板厚改变处、小半径平曲线等处，应设置胀缝。

4）对于特重及重交通等级的混凝土路面，横向胀缝、缩缝均设置传力杆。在自由边处，承受繁重交通的胀缝、施工缝，小于90°的面层角隅，下穿市政管线路段，以及雨水口和地下设施的检查井周围，应配筋补强。

混凝土既是刚性材料，又属于脆性材料。因此，混凝土路面板的构造，以最大限度发挥其刚性特点为目的，使路面能承受车轮荷载，保证行车平顺。同时又要克服其脆性的弱点，防止在车载和自然因素作用下发生开裂、破坏，最大限度提高其耐久性，延长服务周期。

5）混凝土面层应具有较大的粗糙度，即应具备较高的抗滑性能，以提高行车的安全性。因此可采用刻槽、压槽、拉槽或拉毛等方法形成一定的构造深度。

2. 主要原材料选择

（1）重交通以上等级道路、城市快速路、主干路应采用42.5级以上的道路硅酸盐水泥或硅酸盐水泥、普通硅酸盐水泥。其他道路可采用矿渣水泥，其强度等级不宜低于32.5级。

（2）粗骨料应采用质地坚硬、耐久、洁净的碎石、砾石、破碎砾石，技术指标应符合规范要求，粗骨料宜使用人工级配，粗骨料的最大公称粒径，碎砾石不得大于26.5mm，碎石不得大于31.5mm，砾石不宜大于19.0mm。钢纤维混凝土粗骨料最大粒径不宜大于19.0mm。

（3）宜采用质地坚硬，细度模数在2.5以上，符合级配规定的洁净粗砂、中砂，技术指标应符合规范要求。使用机制砂时，还应检验砂浆磨光值，其值宜大于35，不宜使用抗磨性较差的水成岩类机制砂。海砂不得直接用于混凝土面层。淡化海砂不应用于城市快速路、主干路、次干路，可用于支路。

（4）外加剂应符合《混凝土外加剂》（GB 8076—2008）的有关规定，并有合格证。使用外加剂应经掺配试验，确认符合《混凝土外加剂应用技术规范》（GB 50119—2013）的有关规定方可使用。

（5）钢筋的品种、规格、成分，应符合设计和现行国家标准规定，具有生产厂的牌号、炉号，检验报告和合格证，并经复试（含见证取样）合格。钢筋不得有锈蚀、裂纹、断伤和刻痕等缺陷。传力杆（拉杆）、滑动套材质、规格应符合规定。

（6）胀缝板宜用厚20mm，水稳定性好，具有一定柔性的板材制作，且应经防腐处理。填缝材料宜用树脂类、橡胶类、聚氯乙烯胶泥类、改性沥青类填缝材料，并宜加入耐老化剂。

三、沥青混合料组成与材料

1. 材料组成

（1）沥青混合料是一种复合材料，主要由沥青、粗骨料、细骨料、矿粉组成，有的还加入聚合物和木纤维素拌和而成。这些不同质量和数量的材料混合形成不同的结构，并具有不同的力学性质。

（2）沥青混合料结构是材料单一结构和相互联系结构的概念的总和，包括沥青结构、矿物骨架结构及沥青-矿粉分散系统结构等。沥青混合料的结构取决于下列因素：矿物骨架结构、沥青的结构、矿物材料与沥青相互作用的特点、沥青混合料的密实度及其毛细孔隙结构的特点。

（3）沥青混合料的力学强度，主要由矿物颗粒之间的内摩阻力和嵌挤力，以及沥青胶结料及其与矿料之间的黏结力所构成。

2. 基本分类

（1）按材料组成及结构分为连续级配、间断级配。

（2）按矿料级配组成及空隙率大小分为密级配、半开级配、开级配。

（3）按公称最大粒径的大小可分为特粗式（公称最大粒径等于或大于37.5mm）、粗粒式（公称最大粒径26.5mm或31.5mm）、中粒式（公称最大粒径16mm或19mm）、细粒式（公称最大粒径9.5mm或13.2mm）、砂粒式（公称最大粒径小于等于4.75mm）。

（4）按生产工艺分为热拌沥青混合料、冷拌沥青混合料、再生沥青混合料等。

3. 结构类型

沥青混合料可分为按嵌挤原则构成和按密实级配原则构成两大结构类型。

（1）按嵌挤原则构成的沥青混合料的结构强度，是以矿物质颗粒之间的嵌挤力和内摩擦阻力为主、沥青结合料的黏结作用为辅构成的。特点是以较粗的、颗粒尺寸均匀的矿物质颗粒构成骨架，沥青结合料填充其空隙，黏结成整体。这类沥青混合料的结构强度受自然因素（温度）的影响较小。

（2）按密实级配原则构成的沥青混合料的结构强度，是以沥青与矿料之间的黏结力为主，矿物质颗粒间的嵌挤力和内摩阻力为辅构成的。这类沥青混合料的结构强度受温度的影响较大，其结构组成通常有下列三种形式。

1）悬浮-密实结构。由次级骨料填充前级骨料（较次级骨料粒径稍大）空隙的沥青混凝土具有很大的密度，但由于前级骨料被次级骨料和沥青胶浆分隔，不能直接互相嵌锁形成骨架，因此该结构具有较大的黏聚力 c，但内摩擦角 φ 较小，高温稳定性较差。通常按最佳级配原理进行设计。AC 型沥青混合料是这种结构典型代表。

2）骨架空隙结构。粗骨料所占比例大，细骨料很少甚至没有。粗骨料可互相嵌锁形成骨架，嵌挤能力强。但细骨料过少不易填充粗骨料之间形成的较大的空隙。该结构内摩擦角 φ 较高，但黏聚力 c 也较低。沥青碎石混合料（AM）和 OGFC 排水沥青混合料是这种结构的典型代表。

3）骨架密实结构。较多数量的断级配粗骨料形成空间骨架，发挥嵌挤锁结作用，同时由适当数量的细骨料和沥青填充骨架间的空隙形成既嵌紧又密实的结构。该结构不仅内摩擦角 φ 较高，黏聚力 c 也较高，是综合以上两种结构优点的结构。沥青玛蹄脂混合料（简称 SMA）是这种结构典型代表。

三种结构的沥青混合料由于密度 ρ、空隙率 W、矿料间隙率 VMA 不同，使它们在稳定性和路用性能上也有显著差别。它们的典型结构组成如图 3-1 所示。

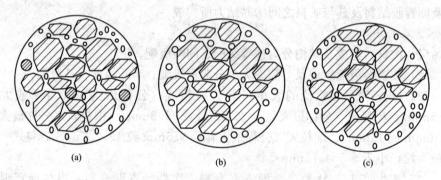

图 3-1　沥青混合料的结构组成示意图
(a) 悬浮密实结构；(b) 骨架空隙结构；(c) 骨架密实结构

4. 主要材料

（1）沥青。《城镇道路工程施工与质量验收规范》（CJJ 1—2008）规定：城镇道路面层宜优先采用 A 级沥青，不宜使用煤沥青。其主要技术性能如下。

1）黏结性。沥青材料在外力作用下，沥青粒子产生相互位移的抵抗变形的能力即沥青的黏度。常用的是条件黏度，《公路沥青路面施工技术规范》（JTG F 40—2004）也列入了 60℃动力黏度（绝对黏度）作为道路石油沥青的选择性指标。对高等级道路，夏季高温持续时间长、重载交通、停车场等行车速度慢的路段，尤其是汽车荷载剪应力大的结构层，宜采用稠度大（针入度小）的沥青。对冬季寒冷地区、交通量小的道路宜选用稠度小的沥青。当需要满足高、低温性能要求时，应优先考虑高温性能的要求。

2）感温性。感温性是指沥青材料的黏度随温度变化的感应性。表征指标之一是软化点，即沥青在特定试验条件下达到一定黏度时的条件温度。软化点高，意味着等黏温度也高，因此软化点可作为反应感温性的指标。

《公路沥青路面施工技术规范》（JTG F 40—2004）增加了针入度指数（PI）

这一指标，它是应用针入度和软化点的试验结果来表征沥青感温性的一项指标。对日温差、年温差大的地区宜选用针入度指数大的沥青。高等级道路、夏季高温持续时间长的地区、重载交通、停车站、有信号灯控制的交叉路口、车速较慢的路段或部位需选用软化点高的沥青。反之，则用软化点较小的沥青。

3）耐久性。沥青材料在生产、使用过程中，受到热、光、水、氧气和交通荷载等外界因素的作用而逐渐变硬变脆，改变原有的黏度和低温性能，这种变化称为沥青的老化。沥青应有足够的抗老化性能即耐久性，使沥青路面具有较长的使用年限。我国相关规范规定，采用薄膜烘箱加热试验，测老化后沥青的质量变化、残留针入度比、残留延度（10℃或5℃）等来反映其抗老化性。通过水煮法试验，测定沥青和骨料的黏附性，反映其抗水损害能力，等级越高，黏附性越好。

4）塑性。是指沥青材料在外力作用下发生变形而不被破坏的能力，即反映沥青抵抗开裂的能力。不同标号的沥青延度有明显的区别，从而反映出它们的低温性能，一般认为，低温延度越大，抗开裂性能越好。在冬季低温或高、低温差大的地区，要求采用低温延度大的沥青。

5）安全性。制定沥青加热熔化时的安全温度界限，使沥青安全使用有保障。有关规范规定，通过闪点试验测定沥青加热点闪火的温度——闪点，确定它的安全使用范围。沥青越软（标号高），闪点越小。如沥青标号110～160号，闪点不小于230℃，标号90号不小于245℃。

（2）粗骨料。

1）粗骨料应洁净、干燥、表面粗糙。质量技术要求应符合《城镇道路工程施工与质量验收规范》（CJJ 1—2008）有关规定。

2）每种粗骨料的粒径规格（即级配）应符合工程设计的要求。

3）粗骨料应具有较大的表观相对密度，较小的压碎值、洛杉矶磨耗损失、吸水率针片状颗粒含量以及水洗法小于0.075mm颗粒含量和软石含量。如城市快速路、主干路表面层粗骨料压碎值不大于26%，吸水率不大于2.0%等。

4）城市快速路、主干路的表面层（或磨耗层）的粗骨料的磨光值PSV应不少于36～42（雨量气候分区中干旱区—潮湿区），以满足沥青路面耐磨的要求。

5）粗骨料与沥青的黏附性应有较大值，城市快速路、主干路的骨料对沥青的黏附性应大于或等于4级，次干路及以下道路应大于或等于3级。

（3）细骨料。

1）细骨料应洁净、干燥、无风化、无杂质，质量技术要求应符合《城镇道路工程施工与质量验收规范》（CJJ 1—2008）有关规定。

2）热拌密级配沥青混合料中天然砂用量不宜超过骨料总量的20%，SMA、

OGFC 不宜使用天然砂。

（4）矿粉。

1）应采用石灰岩等憎水性石料磨成，且应洁净、干燥，不含泥土成分，外观无团粒结块。

2）城市快速路、主干路的沥青面层不宜采用粉煤灰作填料。

3）沥青混合料用矿粉质量要求应符合 CJJ 1—2008 有关规定。

（5）纤维稳定剂。

1）木质素纤维技术要求应符合 CJJ 1—2008 有关规定。

2）不宜使用石棉纤维。

3）纤维稳定剂应在 250℃高温条件下不变质。

四、沥青路面材料的再生应用

沥青路面材料的再生应用主要涉及沥青路面材料再生机理、再生剂的技术要求、再生沥青混合料配合比的确定因素及厂拌生产工艺。

1. 再生机理、技术与意义

（1）再生机理。

1）沥青路面材料在沥青混合料拌制、运输、施工和沥青路面使用过程中，由于加热和各种自然因素的作用，沥青逐渐老化，胶体结构改变，导致沥青针入度减小、黏度增大，延度降低，反映沥青流变性质的复合流动度降低，沥青的非牛顿性质更为显著。沥青的老化削弱了沥青与骨料颗粒的黏结力，造成沥青路面的硬化，进而使路面粒料脱落、松散，降低了道路耐久性。

2）沥青路面材料的再生，关键在于沥青的再生。沥青的再生是沥青老化的逆过程。在已老化的旧沥青中，加入某种组分的低黏度油料（即再生剂），或者加入适当稠度的沥青材料，经过科学合理的工艺，调配出具有适宜黏度并符合路用性能要求的再生沥青。再生沥青比旧沥青复合流动度有较大提高，流变性质大为改善。

（2）再生技术。沥青路面材料再生技术是将需要翻修或者废弃的旧沥青混凝土路面，经过翻挖、回收、破碎、筛分，再添加适量的新骨料、新沥青，重新拌和成为具有良好路用性能的再生沥青混合料，用于铺筑路面面层或基层的整套工艺技术。

（3）再生意义。沥青路面材料再生利用，能够节约大量的沥青和砂石材料，节省工程投资。同时，有利于处理废料，节约能源，保护环境，因而具有显著的经济效益和社会效益。

2. 再生剂技术要求与选择

（1）再生剂作用。

1）当沥青路面中的旧沥青的黏度高于106Pa·s或针入度小于40（0.1mm）

时，应在旧沥青中加入低黏度的胶结料——再生剂，调节过高的黏度并使脆硬的旧沥青混合料软化，便于充分分散，和新料均匀混合。

2）再生剂还能渗入旧沥青中，使其已凝聚的沥青质重新熔解分散，调节沥青的胶体结构，改善沥青流变性质。

3）再生剂主要采用低黏度石油系的矿物油，如精制润滑油时的抽出油、润滑油、机油和重油等，为节省成本，工程上可用上述各种油料的废料。

（2）技术要求。

1）具有软化与渗透能力，即具备适当的黏度。

2）具有良好的流变性质，复合流动度接近1，显现牛顿液体性质。

3）具有溶解分散沥青质的能力，即应富含芳香酚。可以再生效果系数 K——再生沥青的延度与原（旧）沥青延度的比值表征旧沥青添加再生剂后恢复原沥青性能的能力。

4）具有较高的表面张力。

5）必须具有良好的耐热化和耐候性（以试验薄膜烘箱试验前后黏度比衡量）。

（3）技术指标。

1）根据我国目前研究成果，再生剂的推荐是：25℃黏度 0.01～20Pa·s。25℃复合流动度大于 0.90。芳香酚含量大于 30%。25℃表面张力大于 36×10^{-3} N/m。薄膜烘箱试验黏度比（$\eta_{前}/\eta_{后}$）小于 3。

2）日本的再生剂质量标准还要求：不含有毒物质。根据施工性能和旧料物理性能恢复的能力确定 60℃黏度。应有足够高的闪点（施工安全性）。规定了薄膜烘箱试验后的黏度比和质量变化（保证再生路面的耐久性）。

3. 再生材料生产与应用

（1）再生混合料配合比。

1）再生沥青混合料配合比设计可采用普通热拌沥青混合料的设计方法，包括骨料级配、混合料的各种物理力学性能指标的确定。经验表明：再生沥青混合料的配合比设计，应考虑旧路面材料的品质，即回收沥青的老化程度，旧料中沥青的含量和骨料级配，必须在旧料配合比、骨料级配、再生沥青性能等方面调配平衡。

2）再生剂选择与用量的确定应考虑旧沥青的黏度、再生沥青的黏度、再生剂的黏度等因素。

3）再生沥青混合料中旧料含量：如直接用于路面面层，交通量较大，则旧料含量取低值，占 30%～40%。交通量不大时用高值，旧料含量占 50%～80%。

（2）生产工艺。

1）再生沥青混合料生产可根据再生方式、再生场地、使用机械设备不同而分为热拌、冷拌再生技术，人工、机械拌和，现场再生、厂拌再生等。采用间歇式拌和机拌制时，旧料含量一般不超过 30%，采用滚筒式拌和机拌制时，旧料含量可达 40%～80%。

2) 目前再生沥青混合料最佳沥青用量的确定方法采用马歇尔试验方法，技术标准原则上参照热拌沥青混合料的技术标准。由于再生沥青混合料组成的复杂性，个别指标可适当放宽或不予要求，并根据试验结果和经验确定。

3) 再生沥青混合料性能试验指标有：空隙率、矿料间隙率、饱和度、马歇尔稳定度、流值等。

4) 再生沥青混合料的检测项目有车辙试验动稳定度、残留马歇尔稳定度、冻融劈裂抗拉强度比等，其技术标准参考热拌沥青混合料标准。

（3）旧料使用。再生混合料用于路面下层时，在保证再生混合料质量的基础上宜尽可能多地使用旧料。

五、不同形式挡土墙的结构特点

1. 常见挡土墙的结构形式及特点

在城市道路桥梁工程中常见的挡土墙有现浇钢筋混凝土结构挡土墙、装配式钢筋混凝土结构挡土墙、砌体结构挡土墙和加筋土挡土墙。按照挡土墙结构形式及结构特点，可分为重力式、衡重式、悬臂式、扶壁式、柱板式、锚杆式、自立式、加筋土等不同挡土墙。其结构形式及结构特点简述见表 3-2。

表 3-2　　　　　　　　　挡土墙结构形式及分类

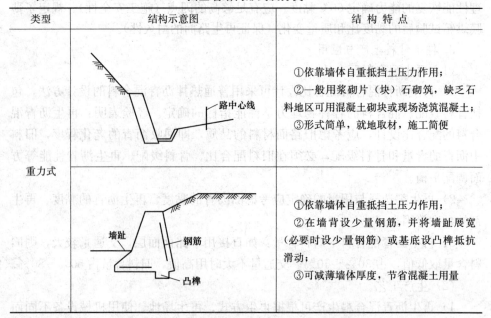

类型	结构示意图	结 构 特 点
重力式		①依靠墙体自重抵挡土压力作用； ②一般用浆砌片（块）石砌筑，缺乏石料地区可用混凝土砌块或现场浇筑混凝土； ③形式简单，就地取材，施工简便
		①依靠墙体自重抵挡土压力作用； ②在墙背设少量钢筋，并将墙趾展宽（必要时设少量钢筋）或基底设凸榫抵抗滑动； ③可减薄墙体厚度，节省混凝土用量

续表

类型	结构示意图	结构特点
衡重式	上墙　衡重台　下墙	①上墙利用衡重台上填土的下压作用和全墙重心的后移增加墙体稳定； ②墙胸坡陡，下墙倾斜，可降低墙高，减少基础开挖
钢筋混凝土悬臂式	立壁　钢筋　墙趾板　墙踵板	①采用钢筋混凝土材料，由立壁、墙趾板、墙踵板三部分组成； ②墙高时，立壁下部弯矩大，配筋多，不经济
钢筋混凝土扶壁式	墙面板　扶壁　墙趾板　墙踵板	①沿墙长，隔相当距离加筑肋板（扶壁），使墙面与墙踵板连接； ②比悬臂式受力条件好，在高墙时较悬臂式经济
带卸荷板的柱板式	挡板　立杆　拉杆　卸荷板底梁　牛腿　基座	①由立柱、底梁、拉杆、挡板和基座组成，借卸荷板上的土重平衡全墙； ②基础开挖较悬臂式少； ③可预制拼装，快速施工
锚杆式	肋柱　岩层分界线　锚杆　岩石　预制挡板	①由肋柱、挡板和锚杆组成，靠锚杆固定在岩体内拉住肋柱； ②锚头为楔缝式或砂浆锚杆
自立式（尾杆式）	立柱　预制挡板　拉杆(尾杆)　锚锭块	①由拉杆、挡板、立柱、锚锭块组成，靠填土本身和拉杆、锚定块形成整体稳定； ②结构轻便、工程量节省，可以预制、拼装、施工快速、便捷； ③基础处理简单，有利于地基软弱处进行填土施工，但分层碾压需慎重，土也要有一定选择

续表

类型	结构示意图	结 构 特 点
加筋土	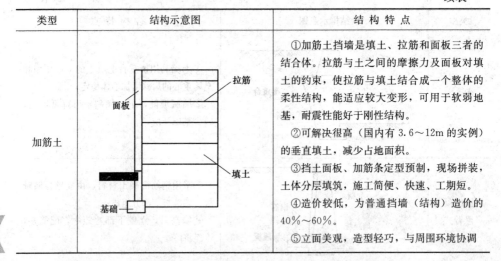	①加筋土挡墙是填土、拉筋和面板三者的结合体。拉筋与土之间的摩擦力及面板对填土的约束，使拉筋与填土结合成一个整体的柔性结构，能适应较大变形，可用于软弱地基，耐震性能好于刚性结构。 ②可解决很高（国内有 3.6~12m 的实例）的垂直填土，减少占地面积。 ③挡土面板、加筋条定型预制，现场拼装，土体分层填筑，施工简便、快速、工期短。 ④造价较低，为普通挡墙（结构）造价的 40%~60%。 ⑤立面美观，造型轻巧，与周围环境协调

（1）重力式挡土墙依靠墙体的自重抵抗墙后土体的侧向推力（土压力），以维持土体稳定，多用料石或混凝土预制块砌筑，或用混凝土浇筑，是目前城镇道路常用的一种挡土墙形式。

（2）衡重式挡土墙的墙背在上下墙间设衡重台，利用衡重台上的填土重量使全墙重心后移增加墙体的稳定性。

（3）悬臂式挡土墙由底板及固定在底板上的悬臂式直墙构成，主要依靠底板上的填土重量维持挡土构筑物的稳定。

（4）扶壁式挡土墙由底板及固定在底板上的直墙和扶壁构成，主要依靠底板上的填土重量维持挡土构筑物的稳定。

（5）带卸荷板的柱板式挡土墙是借卸荷板上部填土的重力平衡土体侧压力的挡土构筑物。

（6）锚杆式挡土墙是利用板肋式、格构式或排桩式墙身结构挡土，依靠固定在岩石或可靠地基上的锚杆维持稳定的挡土建筑物。

（7）自立式挡土墙是利用板桩挡土，依靠填土本身、拉杆及固定在可靠地基上的锚锭块维持整体稳定的挡土建筑物。

（8）加筋土挡土墙是利用较薄的墙身结构挡土，依靠墙后布置的土工合成材料减少土压力以维持稳定的挡土建筑物。

挡土墙基础地基承载力必须符合设计要求，并经检测验收合格后方可进行后续工序施工。施工中应按设计规定施作挡土墙的排水系统、泄水孔、反滤层和结构变形缝。挡土墙投入使用时，应进行墙体变形观测，确认合格要求。

2. 挡土墙结构受力

挡土墙结构会受到土体的侧压力作用，该力的总值会随结构与土相对位移和方向而变化，侧压力的分布会随结构施工程序及变形过程特性而变化。挡土墙结构承受的土压力有：静止土压力、主动土压力和被动土压力。

　　静止土压力如图 3-2（a）所示，若刚性的挡土墙保持原位静止不动，墙背土层在未受任何干扰时，作用在墙上水平的压应力称为静止土压力。其合力为 $E_0(\mathrm{kN/m})$、强度为 $P_0(\mathrm{kPa})$。

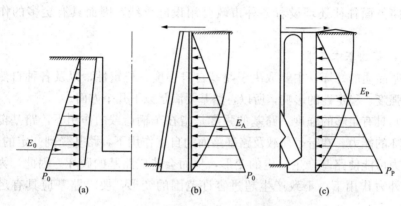

图 3-2　土压力的三种形式
(a) 静止土压力；(b) 主动土压力；(c) 被动土压力

　　主动土压力如图 3-2（b）所示，若刚性挡土墙在填土压力作用下，背离填土一侧移动，这时作用在墙上的土压力将由静止压力逐渐减小，当墙后土体达到极限平衡，土体开始剪裂，并产生连续滑动面，使土体下滑。这时土压力减到最小值，称为主动土压力。合力和强度分别用 $E_a(\mathrm{kN/m})$ 和 $P_a(\mathrm{kPa})$ 表示。

　　被动土压力如图 3-2（c）所示，若刚性挡土墙在外力作用下，向填土一侧移动，这时作用在墙上的土压力将由静止压力逐渐增大，当墙后土体达到极限平衡，土体开始剪裂，出现连续滑动面，墙后土体向上挤出隆起，这时土压力增到最大值，称为被动土压力。

　　三种土压力中，主动土压力最小。静止土压力其次。被动土压力最大，位移也最大。

第三节　路基工程施工

一、路基工程概述

　　路基是道路的主体和路面的基础，必须具有足够的强度和整体稳定性。路基施工质量的好坏，直接影响路面的使用效果。因此，提高路基的强度和稳定性，保证路基施工质量，是关系到道路施工质量的关键。

1. 路基的作用

路基是按照路线的位置及一定技术要求填筑或开挖出来，作为路面基础的带状构筑物。道路的路面靠路基支撑着，有了坚实牢固的路基，就能保证路面的稳固，不至于在车辆作用和自然因素的影响下，发生松软、变形、沉陷、坍塌。道路的破坏往往是由路基被破坏造成的。因此，路基是整个道路的基础。城市道路下面往往还埋设着各种市政公用设施管线，因而具有更多的作用及功能。

2. 路基的基本要求

路基品质的好坏，主要取决于路基自身强度、稳定性，以及各种自然因素对路基强度、稳定性的影响，所以，路基要满足以下几个方面。

(1) 具有足够的强度。路基的强度是指在车辆荷载的作用下，路基抵抗变形和破坏的能力。在行车荷载及路基路面的自重作用下，路基受到一定的压力，这些压力可能使路基产生一定的变形，从而会造成路基的破坏。因此，为保证路基在外力作用下，不致产生超过容许范围的变形，要求路基应具有足够的强度。

(2) 具有足够的整体稳定性。通常路基是直接在地面上填筑或挖去了一部分修建而成的。建成后的路基，改变了原地面的自然平衡状态，有可能挖方路基两侧边坡因失去支撑而滑移或者填方路基因自重作用而滑移，使路基失去整体稳定性。为防止路基结构在车辆荷载及自然因素作用下不致发生不允许的变形或破坏，必须因地制宜地采取一定的措施来保证路基整体结构的稳定性。

(3) 具有足够的水温稳定性。路基的水温稳定性主要是指路基在水和温度的作用下保持其强度的能力。路基在地面水及地下水的作用下，强度将发生显著降低。特别是季节性冰冻地区，由于水温状况的变化，路基会发生周期性冻融作用，形成冻胀与翻浆，使路基强度急剧下降。因此，对于路基，不但要求有足够的强度，而且还要保证在最不利的水温状况下，强度不致显著降低，必然要求路基具有一定的水温稳定性。

3. 路基工程的特点

路基工程的特点是路线长，通过的地带类型多，技术条件复杂，受环境因素影响很大（气候、地形、水文地质条件等）。除了一般的施工技术外，还要考虑边坡稳定、软土压实、挡土墙和其他人工结构物等。此外，路基工程的土石方数量大，劳动力和机械用量多，施工工期长。在城市道路中，除征地拆迁外，碰到的隐蔽工程多，如给水、煤气、电缆、污水、热力管线等，都需要与有关部门相互协调。

二、路基用土的工程性质

1. 土分类

按照土的工程分类方法将土分为四大类，即巨粒土、粗粒土、细粒土和特殊土，如图 3-3 所示。

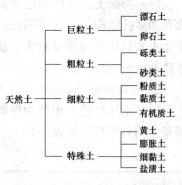

图 3-3 土分类总系统图

（1）巨粒土。巨粒土有很高的强度及稳定性，是填筑路基的很好材料。对于漂石土，在砌边坡时，应正确选用边坡值，以保证路基稳定。对于卵石土，填筑时要保证有足够的密实度。

（2）粗粒土。砾类土由于粒径较大，内摩擦力也大，因而强度和稳定性都能满足要求。级配良好的砾类土混合料，密实程度好。对于级配不良的砾类土混合料，填筑时要保证密实度，防止由于空隙大而造成路基积水、不均匀沉陷或表面松散等。

砂类土可以分为砂、砂土和砂性土三种。砂和砂土无塑性，透水性强，毛细作用小，具有较大的内摩擦系数，强度和水稳定性均较好。但由于黏性小，易于松散，压实困难，需用振动法才能压实。为克服这一缺点，可添加一些黏质土，以改善其使用质量。

砂性土既含有一定数量的粗颗粒，使路基具有足够的强度和水稳性，又含有一定数量的细颗粒，使其具有一定的黏性，不致过分松散。通常遇水不膨胀、干得快，干时扬尘少，有足够的黏结性，容易被压实。所以，砂性土是修筑路基的良好材料。

（3）细粒土。细粒土包含较多的粉土粒，干时稍有黏性，但易被压碎，扬尘多，浸水时很快被湿透。

粉质土的毛细作用强烈，毛细上升高度一般可达 0.9～1.5m，在季节性冰冻地区，水分积聚现象严重，容易造成严重的冬期冻胀，春融期间出现翻浆，又称为翻浆土。如果遇粉质土，特别是在水文条件不良时，要采取一定的措施，改善其工程性质。

黏质土透水性很差，黏聚力大，因而干时坚硬，不易挖掘。它具有较大的可塑性、黏结性、膨胀性，毛细现象也很显著，用来填筑路基比粉质土好，但不如砂性土。浸水后黏质土能较长时间保持水分，因此承载能力小。对于黏质土，如果在适当的含水量时加以充分压实和有良好的排水设施，筑成的路基也能获得较好的稳定性。

有机质土（如泥炭、腐殖土等）不应作路基填料，如果遇有机质土均应在设计和施工上采取适当措施。

（4）特殊土。特殊土包括黄土、膨胀土、红黏土和盐渍土，其中黄土属于大孔和多孔结构，具有湿陷性。膨胀土受水浸湿会发生膨胀，失水则收缩。红黏土失水后体积收缩量较大。盐渍土潮湿时承载力很低。所以，特殊土也不应作路基填料。

2. 路基粒组划分

路基土按粒径大小分为巨粒组、粗粒组、细粒组，路基粒组划分见表 3-3。路基土的分类符号见表 3-4。

表 3-3　　　　　　　　　　　　路基粒组划分表　　　　　　　　（mm）

粒径	200	60	20	5	2	0.5	0.25	0.075	0.002
巨粒组				粗粒组					细粒组
漂石（块石）	卵石（小块石）	砾（角砾）			砂			粉粒	黏粒
		粗	中	细	粗	中	细		

表 3-4　　　　　　　　　　　路基土的分类符号

特征	土　类				
	巨粒土	粗粒土		细粒土	有机土
成分	B（漂石）	G（砾）		F（细粒土）	C（黏质土）	O（有机土）
	C_b（卵石）	S（砂）			M（粉质土）	
级配或土性	W（良好级配）			V（很高液限）	
	P（不良级配）	P_U（均匀级配）		H（高液限） I（中液限）	
		P_g（间断级配）		L（低液限）	

3. 路基土的具体分类

（1）按分类体系图分类。按分类体系图可将路基土分为巨粒土、粗粒土、细粒土和特殊土四大类，下面将对各种路基土进行详细分类。

1）巨粒土。其分类情况见表 3-5。

2）粗粒土。根据其颗粒的级配组成，分为良好级配和不良级配，不良级配又可分为均匀级配和间断级配，其分类情况见表 3-6。

3）细粒土、有机土。细粒土和有机土可按液限 w_L 划分为四种，即很高液限土（V）：$w_L \geqslant 70$；高液限土（H）：$50 \leqslant w_L < 70$；中液限土（I）：$30 \leqslant w_L < 50$；低液限土（L）：$w_L < 30$，如图 3-4 所示。其具体分类见表 3-7。

表 3-5 巨粒土分类

土组			组符号	<60mm 颗粒含量（%）	>60mm 颗粒含量（%）
巨粒组	含土石（巨粒组颗粒含量>50%）	不含土漂石	B	<5	
		不含土卵石	C_b		
		微含土漂石	$B-S_1$	≥5，<15	
		微含土卵石	C_b-S_1		
		含土漂石	$B+S_1$	≥15，<50	
		含土卵石	C_b+S_1		
	含土石（巨粒组颗粒含量>5%，<50%）	微含土漂石	S_1-B		>5，≤15
		微含土卵石	S_1-C_b		
		含土漂石	S_1+B		>15，≤50
		含土卵石	S_1+C_b		

表 3-6 粗土粒分类

土组			试验室鉴别		细颗粒含量（%）	液限
			组符号	亚组符号		
粗粒土	砾类土	砾	G	GW	<5	
				GP		
		微含细粒土砾	G-F	GW-F	≥5，<15	
				GP-F		
		含细粒土砾	GF	GFL	≥15，<50	<30
				FI		≥30，<50
				GFH		≥50，<70
				GFV		≥70
	砂类土	砂	S	SW	<5	
				SP		
		微含细粒土砂	S-F	SW-F	≥5，<15	
				SP-F		
		含细粒土砂	SF	SFL	≥15，<50	<30
				SFI		≥30，<50
				SFH		≥50，<70
				SFV		≥70

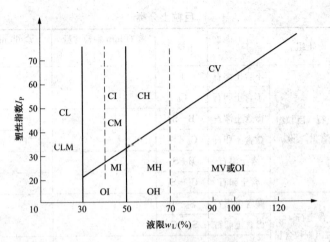

图 3-4　细粒土和有机土的液限 w_L

表 3-7　　　　　　　　　　　**细粒土与有机土分类表**

土组			试验室鉴别		液限	名称
			组符号	亚组符号		
细粒土（细粒组颗粒含量≥50%）	不含粗粒土的细粒土	粉质土	F	M	ML	<30	低液限粉质土
				MI	30≤，<50	中液限粉质土
				MH	50≤，<70	高液限粉质土
				MV	≥70	很高液限粉质土
		黏质土		C	CLM	<30	粉质低液限黏质土
					CIM	30≤，<50	粉质中液限黏质土
				CL	<30	低液限黏质土
				CI	30≤，<50	中液限黏质土
				CH	50≤，<70	高液限黏质土
				CV	≥70	很高液限黏质土
	含粗粒土的细粒土	微含砾（砂）土	F-G（S）	M-G（S）	ML-G（S）	<30	微含砾（砂）低液限粉质土
				MI-G（S）	30≤，<50	微含砾（砂）中液限粉质土
				MH-G（S）	50≤，<70	微含砾（砂）高液限粉质土
				MV-G（S）	≥70	微含砾（砂）很高液限粉质土
				C-G（S）	CL-G（S）	<30	微含砾（砂）低液限黏质土
					CI-G（S）	30≤，50	微含砾（砂）中液限黏质土
				CH-G（S）	50≤，<70	微含砾（砂）高液限黏质土
				CV-G（S）	≥70	微含砾（砂）很高液限黏质土

土组				试验室鉴别		液限	名称
				组符号	亚组符号		
细粒土（细粒组颗粒含量≥50%）	含粗粒土的细粒土	含砾（砂）土	FG（S）	M-G（S）	MLG（S）	<30	含砾（砂）低液限粉质土
					MIG（S）	30≤，<50	含砾（砂）中液限黏质土
					MHG（S）	50≤，<70	含砾（砂）高液限黏质土
					MVG（S）	≥70	含砾（砂）很高液限粉质土
				C-G（S）	CLG（S）	<30	含砾（砂）低液限黏质土
					CIG（S）	30≤，<50	含砾（砂）中液限黏质土
					CHG（S）	50≤，<70	含砾（砂）高液限黏质土
					CVG（S）	≥70	含砾（砂）很高液限黏质土
有机土	有机质土	土组符号后缀以 O					
	泥炭	P_t					

4）特殊土。特殊土有黄土、盐碱土、膨胀土、红黏土四种。

（2）按施工开挖难易程度分类。

在施工管理中，常对路基土按施工开挖的难易程度分类，见表 3-8。

表 3-8   路基土按施工难易程度分类

分级	分类	土质名称	开挖方法
I	松土	砂土、种植土、中密实的砂性土及黏性土、松散的黏性土、含有直径 30mm 以下的树根或灌木根的泥土	用脚蹬锹，一下到底
II	普通土	水分较大的黏土、密度的砂性土及黏性土、半干硬的黄土、含有直径 30mm 以上的树根的泥炭土石质土（不包括碎石土及漂石土）	部分须用镐刨松，再用锹挖或连蹬数次方能挖动
III	硬土	硬黏土、密实的硬黄土、含土较多的碎石土及漂石土、风化成块的岩石	必须全部用镐刨松后才能锹挖

三、路基施工程序

1. 施工项目

城市道路路基工程包括路基（路床）本身及有关的土（石）方、沿线的涵洞、挡土墙、路肩、边坡、排水管线等项目。

2. 施工特点

(1) 城市道路路基工程施工处于露天作业，受自然条件影响大。在工程施工区域内的专业类型多、结构物多、各专业管线纵横交错。专业之间及社会之间配合工作多、干扰多，导致施工变化多。

(2) 路基施工以机械作业为主，人工配合为辅。人工配合土方作业时，必须设专人指挥。采用流水或分段平行作业方式。

3. 施工程序

路基建筑具有线性工程的特性，是在狭长的线形地带内的露天作业。按照路基设计的各项要求，以最经济的方式，按质、按量、按时地在地面上修筑起路基并不容易，需要做好以下工作。

(1) 施工前的准备工作。施工单位在施工前的准备内容有很多，它们既应该统一安排，又要交错进行。

1) 开工前约请设计人员进行现场测量交底，按设计图认清实地水准基点、导线桩和栓桩做好"点之记"。对位于施工范围内的测量标志，必须要采取措施妥善保护，以免由于施工不慎而受损坏。

2) 核实施工范围内对施工有影响和需征地拆迁的各种建筑物和构筑物的确切位置、结构和数量，需拆迁的各种公用设施的杆、线、管道和附属设备的情况、类别和数量，以及树木、农作物等的数量和情况，进行清点、丈量。

3) 复测原地面、纵横断面与设计图进行比较，并核对土方数量。弄清沿线缺土、弃土、余土、借土的地段和数量，便于土方平衡调度。

4) 查明沿线附近下水道的管径、流向或可供排水的沟渠情况和以往暴雨后的积水情况，便于考虑施工期间的排水措施。

5) 了解施工现场的给水、供电、电信设备及场内外运输路线等情况。

6) 绘制总平面图或局部段落平面图，以备施工申请临时占地。

7) 施工单位进行施工准备工作时要符合下面几个方面的规定。

①复核地下隐蔽设施的位置和标高，并在图样上注明，以备施工交底。

②对外露的检查井、消防栓、人防通气孔等应在图样上标明，以备核对，避免埋没或堵塞。

③文物古迹、测量标志必须加以保护，园林绿地和公用设施等应避免污染损坏。

④注意施工时的环境保护。

8) 施工期间尽可能维护交通运输，必须中断交通时要事先申报有关部门，做好断行绕行准备，必要时还应修建辅道，便于维持交通。

9) 路基用地范围内的树木、灌木丛等要在施工前砍伐或移植清理，砍伐的树木要移置于路基用地之外，进行妥善处理。路基范围内的树根全部挖除并将坑穴填平夯实。填方高度大于 1m 的其他公路允许保留树根但是根部露出地面不得超过 20cm。取土坑范围内的树根也应全部挖除。

10）在填方和借方地段的原地面要进行表面清理，清理深度要按照种植土厚度决定，清出的种植土应集中堆放。填方地段在清理完地表面后，应整平压实到规定要求，才可进行填方作业。

（2）修建人工构筑物。小型人工构筑物包括涵洞、小桥、挡土墙和道路下面的管线、井、室等，这些工程通常与路基施工同时进行，但是要求人工构筑物先行完工，以利于路基工程不受干扰地全线进展。

此外，在城市道路建设时还往往要埋设各种管线，这些地下管线，分别布置在不同的位置与高程上，按照"先地下、后地上、先深后浅"的建设原则，在路基施工时要及时地埋设好这些地下管线。

（3）路基土石方工程。路基土石方工程主要包括填筑路堤、开挖路堑、路基压实、路基修整、特殊路基土的处理、石方路基爆破、路基施工排水、修建排水沟、路基防护与加固工程等。

4. 路基施工要点

（1）填土路基。当原地面标高低于设计路基标高时，需要填筑土方（即填方路基）。

1）排除原地面积水，清除树根、杂草、淤泥等。应妥善处理坟坑、井穴、树根坑的坑槽，分层填实至原地面高。

2）填方段内应事先找平，当地面坡度陡于 1∶5 时，需修成台阶形式，每层台阶高度不宜大于 300mm，宽度不应小于 1.0m。

3）根据测量中心线桩和下坡脚桩，分层填土、压实。

4）碾压前检查铺筑土层的宽度与厚度，合格后即可碾压，碾压"先轻后重"，最后碾压应采用不小于 12t 级的压路机。

5）填方高度内的管涵顶面填土 500mm 以上才能用压路机碾压。

6）路基填方高度应按设计标高增加预沉量值。填土至最后一层时，应按设计断面、高程控制填土厚度并及时碾压修整。

（2）挖土路基。当路基设计标高低于原地面标高时，需要挖土成型——挖方路基。

1）路基施工前，应将现况地面上积水排除、疏干，将树根坑、粪坑等部位进行技术处理。

2）根据测量中线和边桩开挖。

3）挖土时应自上向下分层开挖，严禁掏洞开挖。机械开挖时，必须避开构筑物、管线，在距管道边 1m 范围内应采用人工开挖。在距直埋缆线 2m 范围内必须采用人工开挖。挖方段不得超挖，应留有碾压到设计标高的压实量。

4）压路机不小于 12t 级，碾压应自路两边向路中心进行，直至表面无明显轮迹为止。

5）碾压时，应视土的干湿程度而采取洒水或换土、晾晒等措施。

6）过街雨水支管沟槽及检查井周围应用石灰土或石灰粉煤灰砂砾填实。

（3）石方路基。

1）修筑填石路堤应进行地表清理，先码砌边部，然后逐层水平填筑石料，确保边坡稳定。

2）先修筑试验段，以确定松铺厚度、压实机具组合、压实遍数及沉降差等施工参数。

3）填石路堤宜选用 12t 以上的振动压路机、25t 以上轮胎压路机或 2.5t 的夯锤压（夯）实。

4）路基范围内管线、构筑物四周的沟槽宜回填土料。

5. 质量检查与验收

检验与验收项目：主控项目为压实度和弯沉值（0.01mm）。一般项目有路基允许偏差和路床、路堤边坡等要求。土质路基压实度应符合表 3-9 的规定。

表 3-9 土质路基压实度

填挖类型	路床顶面以下深度 /cm	路基最小压实度（%）			
		快速路	主干路	次干路	支路
填方	0～80	95	95	93	90
	80～150	93	93	90	90
	＞150	90	90	90	87
零填或挖方	0～30	95	95	93	90
	30～80	94	93	90	90

四、路基地上排水施工

路基排水施工的目的就是要有效地排除施工期间由于降水或附近地带流入地基的地面水和施工用水，而这些水都属于应排除的地面水。经常采用的路基地面排水设施有边沟、截水沟、排水沟、跌水和急流槽等。这些排水设施可以起到迅速排除路基范围内的地面水，防止路基范围以外的地面水流入路基的作用。

1. 边沟的设置和施工要点

（1）边沟的设置。在挖方路段和高度小于边沟深度的填方地段均应设置边沟，其作用是用来汇集和排除路面、路肩及边坡流水而在路堑两侧设置的纵向水沟。路堤靠山一侧的坡脚应设置不渗水的边沟。为了防止边沟漫溢或冲刷，在平原区和重丘山岭区，边沟应分段设置出水口，一般地区边沟长度不超过

500m，多雨地区梯形边沟每段长度不应超过 300m，三角形边沟不应超过 200m。

（2）边沟的施工要点。边沟布置在挖方路段的边坡坡脚和填土高度小于边沟深度的填方边坡坡脚，用以汇集和排除降落在坡面和路面上的地表水。边沟断面一般为梯形，边沟内侧坡度按土质类型取 1∶1.0～1∶1.5。在较浅的岩石挖方路段，可采用矩形边沟，其内侧沟壁用浆砌片石砌成直立状。矩形和梯形边沟的深度一般取 0.4～0.5m，底宽不应小于 0.4m，挖方路段边沟的外侧沟壁坡度与路堑下部边坡坡度相同。边沟的纵坡与路线纵坡保持一致，纵坡为最小值时应缩短边沟出水口间距。

边沟施工时，其平面位置、断面尺寸、坡度、标高及所用材料应符合设计文件和施工技术规范要求。修筑边沟时要注意线形的美观，直线顺直，曲线圆滑，无突然转弯等现象，纵坡顺适，沟底平整，排水畅通，无冲刷和阻水现象，表面平整美观。

（3）边沟的加固施工。通常，边沟的纵坡与路线纵坡相同，但不宜小于 0.2%～0.5%，以免水流阻滞和使边沟淤塞。土质边沟纵坡大于 3% 时要采用浆砌片石、水泥混凝土预制块等进行加固。采用浆砌片石铺砌时，片石要坚固稳定，砂浆配合比符合设计要求，砌筑时片石间应咬扣紧密，砌缝砂浆饱满、密实，勾缝应平顺，无脱落且缝宽一致，沟身无漏水现象。采用干砌片石铺筑时，应选用有平整面的片石，砌筑时片石间应咬扣紧密、错缝，砌缝用小石子嵌紧，禁止贴砌、叠砌和浮塞。采用抹面加固土质边沟时，抹面应平整压光。当边沟纵坡超过 7% 时，由于水流速度变大而冲刷严重，可采用跌水或急流槽的形式缓冲水流。

2. 截水沟的设置和施工要点

（1）截水沟的设置。截水沟也称为天沟，在无弃土堆的情况下，截水沟的边缘离开挖方路基坡顶的距离视土质而定，以不影响边坡稳定为原则。例如，一般土质至少应离开 5m，对黄土地区不应小于 10m 并应进行防渗加固。截水沟挖出的土，可在路堑与截水沟之间修成土台并进行夯实，台顶应筑成 2% 倾向截水沟的横坡。

路基上方有弃土堆时，截水沟应离开弃土堆脚 1～5m，弃土堆坡脚离开路基挖方坡顶不应小于 10m，弃土堆顶部应设 2% 倾向截水沟的横坡。

山坡上路堤的截水沟离开路堤坡脚至少 2.0m，并用挖截水沟的土填在路堤与截水沟之间，修筑向沟倾斜坡度为 2% 的护坡道或土台，使路堤内侧地面水流入截水沟排出。

（2）截水沟的施工要点。当路堑边坡上侧流向路基的地表径流流量较大，或是路堤上侧倾向路基的地面坡度大于 1∶2 时，应在路堑或路堤上方设置截水沟，以拦截流向路基的地面径流。在坡面汇流长度大的山坡上，要根据具体情

63

况设置两道以上大致平行的截水沟。边坡稳定性差或有可能形成滑坡的路段，要考虑在边坡周界外设置截水沟，以降低水对坡面的渗透和冲刷等不利影响。截水沟应设置在路堑边坡顶 5m 以上或路堤坡脚 2m 以外，并结合地形和地质条件顺等高线合理布置，使拦截的坡面水顺畅地流向自然沟谷或排水渠道。截水沟长度一般应为 200~500m。通常采用梯形断面，沟壁坡度为 1∶1.0~1∶1.5，断面尺寸可按设计径流量计算确定，但是底宽和沟深不应小于 0.5m。

截水沟的施工要求与边沟基本相同。在地质不良、透水性较大、土质松软、裂缝多及沟底纵坡较大的地段，为防止水流下渗和冲刷，要对截水沟进行严密的防渗加固及处理。

3. 排水沟的设置和施工要点

排水沟就是将边沟、截水沟等沟槽及路基附近低洼处汇集的水引向路基以外的水沟。排水沟的横断面一般为梯形。

（1）排水沟的设置。排水沟的线形要求平顺，尽可能采用直线形，转弯处应做成弧线，其半径不应小于 10m，排水沟长度根据实际需要而定，通常不应超过 500m。

排水沟沿路线布设时，要离路基尽可能远一些，距路基坡脚应不小于 3~4m。当水流的流速大于容许冲刷流速时，沟底、沟壁应采取排水沟表面加固措施。

（2）排水沟的施工要点。由边沟出水口、路面拦水堤或开口式缘石泄水口通过路堤边坡上的急流槽排放到坡脚的水流，要汇集到路堤坡脚外 1~2m 处的排水沟内，再排到桥涵或自然水道中。深挖路堑或高填路堤设边坡平台时，若坡面径流量大，可设置平台排水沟，以减小坡面冲刷。排水沟的断面形式和尺寸以及施工要求等与截水沟基本相同。

4. 跌水和急流槽的设置和施工要点

跌水是指在陡坡或深沟地段设置的沟底为阶梯形、水流呈瀑布跌落式通过的沟槽。急流槽是指在陡坡或深沟地段设置的坡度较陡、水流不离开槽底的沟槽。

（1）跌水和急流槽的设置。

1）跌水与急流槽必须用浆砌圬工结构，跌水的台阶高度可根据地形、地质等条件决定，多级台阶的各级高度可以不同，其高度与长度之比应与原地面坡度相适应。

2）急流槽的纵坡不应超过 1∶1.5，同时应与天然地面坡度相配合。当急流槽较长时，槽底可用几个纵坡，通常是上段较陡，向下逐渐放缓。

3）当急流槽很长时，就分段砌筑，每段长度应为 5~10m，接头用防水材料填塞，密实无空隙。混凝土预制块急流槽，分段长度应为 2.5~5.0m，接头采用榫接。

4）急流槽的砌筑应使自然水流与涵洞进、出口之间形成一个过渡段，基础应嵌入地面以下，基底要求砌筑光滑平台并设置端护墙。路堤边坡急流槽的修筑，应能为水流入排水沟提供一个顺畅通道，路缘石开口及流水进入路堤边坡急流槽的过渡段应连接圆顺。

（2）跌水和急流槽的施工要点。在路堤、路堑坡面或从坡面平台上向下竖向排水，或者在截水沟和排水沟纵坡较大时，应设急流槽。构筑急流槽后使水流与涵洞进出口之间形成一个过渡段，可减轻水流的冲刷。急流槽可由浆砌片石或水泥混凝土铺筑成矩形或梯形断面。浆砌片石急流槽的底厚 0.2～0.4m，施工时做成粗糙面，壁厚 0.3～0.4m，底宽至少 0.25m，砌缝应不超过 0.04m，槽顶与两侧斜坡面齐平，槽底每隔 5m 设一凸榫，嵌入坡面土体内 0.3～0.5m，以防止槽身顺坡面下滑。

在陡坡或深沟地段的排水沟，为避免其出口下游的桥涵、自然水道或者农田受到冲刷，可设置跌水。跌水可带消力池，也可不带，按坡度和坡长不同可设成单级或多级跌水。不带消力池的跌水，台阶高度应小于 0.6m，高度与长度之比，要与原地面坡度相协调。带消力池的跌水，单级跌水墙的高度为 1m 左右，消力槛的高度应为 0.5m，消力池台面设 2%～3% 的外倾纵坡，消力槛顶宽不应小于 0.4m，槛底设泄水孔。跌水的槽身结构与急流槽相同。

五、路基地下排水施工

明沟、暗沟、渗沟、渗井等都是较为常用的路基地下排水设施，这些排水设施的作用是用来汇集、拦截、排除及疏通地下水。路基施工中，若地下水严重影响路基稳定时，应立即要求设计部门提供地下排水设计。当地下水对路基、路面强度或边坡稳定影响较小时，施工单位可根据具体情况采取适当措施进行处理。

1. 排水沟的设置和施工要点

（1）排水沟的设置。排水沟也称明沟。当地下水位较高时，潜水层埋藏不深，可以采用排水沟截留地下水及降低地下水位，兼排地表水，但在寒冷地区不应用于排除地下水。明沟施工简单，造价低廉，比较常见的横断面形式有矩形和梯形，如图 3-5 所示。

明沟的沟底宽度一般不应小于 0.6m，沟底应埋入不透水层内，沟壁最下一排渗水孔（或裂缝）的底部应高出沟底不小于 0.3m。当明沟设在路基旁侧时，应沿路线方向布置，设在低洼地带或天然沟谷处时，应顺山坡的沟谷走向布置。

（2）排水沟的施工要点。当明沟采用混凝土浇筑或浆砌片石砌筑时，要在沟壁与含水地层接触面的高度处，设置一排或多排向沟中倾斜的渗水孔。沟壁外侧应填以粗粒透水材料或土工合成材料作反滤层。沿沟槽每隔 10～15m 或当

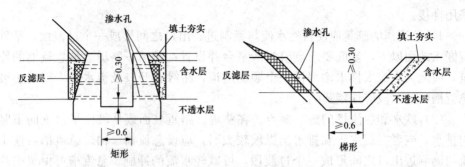

图 3-5 矩形和梯形排水沟横断面（单位：m）

沟槽通过软硬岩层分界处时，要设置伸缩缝或沉降缝。

当基坑（槽）采用明沟排水时要注意以下 6 个方面。

1）如果在基坑范围内有大量积水，挖土前先将积水排除，当基坑挖至设计深度，应在基坑内四周挖排水沟及集水井，排除渗入之水。

2）集水井应有足够的深度和容积，集水井到排水沟之间应保持 1m 以上的距离。由基坑和集水井所排出的水，应尽量引向离基坑较远的地点。

3）当需用排水泵时，应根据施工条件、渗水量、扬程及吸程要求选择。路基土壤的透水量参考表 3-10 进行计算。

表 3-10 各类土每平方米的透水量 （m³/h）

土的种类	透水量	土的种类	透水量
细砂	0.16	砾石	20
粗砂	0.3~3	有裂缝的石灰岩	0.4
中砂	0.24		

4）按照估计水量，求出所需水泵的型号和数量。

5）用离心泵进行排水工作，应使吸水高度不超过 6m，若基坑过深时，为符合要求可将抽水泵安设于悬挂的或其他的平台上。

6）当基坑水头很大而坑底又是细砂或粉砂土时，应当按照现场情况及施工条件采用其他特殊施工方法，例如，井点排水法，灌注水下混凝土法，以免产生流沙现象。

新建道路处于地下水位高的路段，水面距土基碾压面小于 0.6m 时，施工前可沿路基两侧先开挖边沟，以降低地下水位。边沟的开挖应深入到含水层下 0.3m。

2. 暗沟的设置和施工要点

（1）暗沟的设置。暗沟是一种把地下水流引排到路基范围以外的沟渠。它具有隔断、截流和排出路基范围以内或流向路基的泉水、地下集中水流和降低地下水的作用。从求力特性上来讲，它属于紊流。暗沟的横断面通常为矩形，各部位尺寸的大小，应按照排出水量和地形、地质条件来确定。暗沟的底宽一般为 0.4m 左右，深度要满足使用要求，纵坡应大于 0.5%，出水口应加大纵坡，并高出地表排水沟常水位 0.2m 以上。位于寒冷地区的暗沟，要作防冻保温处理或将暗沟设在冻结深度以下。暗沟出口处也应进行防冻保温处理，坡度宜大于 5%。

　　暗沟的设置要按照当地材料、土质等条件选用暗沟的类型，例如，多孔管暗沟、乱石暗沟、无砂管暗沟、瓦管暗河等。纵向暗沟平行于道路中线设置，可根据道路宽度决定设置一条或两条，横向暗沟应与道路中线成 45°～ 90°角，间距为 10～20m。图 3-6 所示的是与道路中线成 90°角的横向暗沟平面布置。

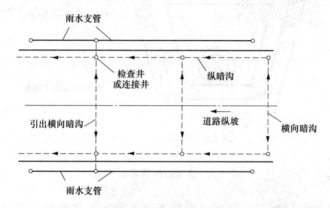

图 3-6　与道路中线成 90°角的横向暗沟平面布置

　　图 3-7 所示的是与道路中线成 45°角的横向暗沟平面布置。暗沟应设置土工织物或粒料反滤层，地下水的流量要按照含水层的宽度和长度、水流有无压力、层流或紊流、补给情况以及暗沟的位置等因素进行计算。

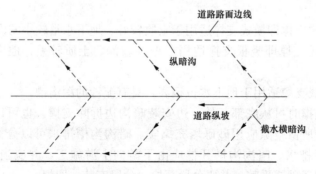

图 3-7　与道路中线成 45°角的横向暗沟平面布置

当地下水位较高、潜水层埋藏较浅时，可采用暗沟截流地下水及降低地下水位，沟底应埋入不透水层内。沟壁最下一排渗水孔（或裂缝）的底部应高出沟底不小于 0.2m。当暗沟设在路基旁侧时，应沿路线方向布置，设在低洼地带或天然沟谷时，应顺山坡的沟谷走向布置。

（2）暗沟的施工要点。若在城市区域内或者城市的近郊区，道路下设置暗沟的处理方法是用大孔隙的填料，如粒径 0.5～7.0cm 的砾石和 0.5cm 以下的粗砂，把豆石混凝土滤水管或缸管包住（见图 3-8）。

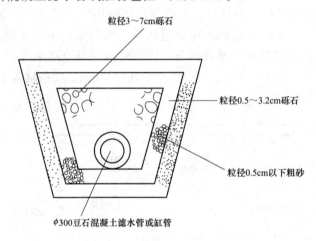

图 3-8 路基暗沟横断面构造

若在城市的郊区或者远郊区，道路下面设置暗沟的处理方法是用片石砌筑排水孔道，孔道上盖石盖板，外面做反滤层，反滤层的上面反铺双层草皮，草皮的上面用黏土夯实，黏土厚度不得小于 50cm。

暗沟沟槽不应采用大放坡，应挖直立沟加支撑来支承。支撑形式可根据土质、地下水情况、槽深、开挖方法及地面荷载等因素而定。通常有以下几种情况。

1）水平式支撑即横式支撑适用于土质较好、地下水量较小的沟槽。

2）垂直式支撑即竖板支撑适用于挖沟较深、土质较差、地下水量较多的沟槽。

3）板桩式支撑适用于地下水位很高，且有流沙的深沟槽。

在拆除支撑时可从底部开始，边安装暗沟边拆除支撑，也可以待安装回填后拔除。沟壁所留空隙应用砂砾填充捣实。暗沟沟槽排水可以分为明沟集水井排水和深水泵排水。暗沟沟槽开挖应由下游向上游施工，并应当随挖随支撑，随抽水。暗沟基础应平整，并要分段开挖，分段安装、回填。

暗沟采用混凝土浇筑或浆砌片石砌筑时，要在沟壁与含水层接触面的高度处，设置一排或多排向沟中倾斜的渗水孔。沟壁外侧应填以粗粒透水材料或土工合成材料作反滤层。沿沟槽每隔 10～15m 或当沟槽通过软硬岩层分界处时，要设置伸缩缝或沉降缝。

3. 渗沟的设置和施工要点

(1) 渗沟的设置。渗沟主要用于吸收、汇集、引排路基土体的地下水，以达到疏干路基土的目的。渗沟分为填石渗沟、管式渗沟、洞式渗沟等，如图 3-9 所示。当地下水流量较大时，可在渗沟的底部增设排水管孔。

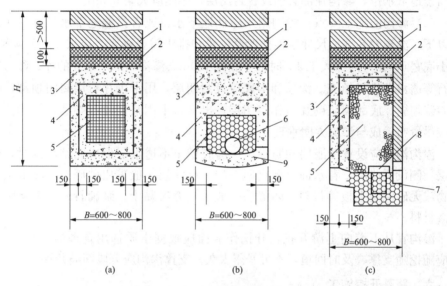

图 3-9 渗沟的构造

(a) 填石渗沟；(b) 管式渗沟；(c) 洞式渗沟

1—黏土夯实；2—双层反铺草皮或铺土工布；3—粗砂；4—石屑；5—碎石；
6—带渗水孔的混凝土预制管或其他管材；7—浆砌片石洞壁；8—盖板；9—10 号混凝土

渗沟各部位的尺寸要按照埋设位置及排水需要等情况确定。渗沟的平面布置，当用作降低地下水位时，应尽量靠近路基，用作拦截地下水时，要尽量与地下水流方向垂直。沟宽应不小于 0.6m，沟的设置长度视实际需要确定，一般间隔 100～300m 设横向排水管。渗沟的顶部应设封闭层，可以采用 M5 砂浆砌片石或水泥混凝土。

1) 填石渗沟。填石渗沟的纵坡不宜小于 1%，出水口底面标高应高出渗沟外最高水位 0.2m。用于填沟的石料应洁净、坚硬、不易风化。砂宜采用中砂（严禁用粉砂、细砂），泥量应小于 2%。渗水材料的顶面不得低于原地下水位。当用于排除层间水时，渗沟底部应埋置在最下面的不透水层内。冰冻地区的渗沟埋置深度不得小于当地最小冻结深度。

2）管式渗沟。管式渗沟长度大于 100m 时，应在其末端设置疏通井，并设横向渗水管，分段排除地下水。渗水孔应在管壁上交错布置，间距不宜大于 0.2m，渗沟顶标高应高于地下水位。管的渗水孔径为 1.5～2.0cm，管壁可采用渗水土工织物形成反滤层。管节宜用承插式柔性接头连接。

3）洞式渗沟。洞式渗沟是适用于地下水流量较大的地段的一种渗沟，它是在填石渗沟的下面设置排水孔，排水孔的上面由盖板覆盖。洞式渗沟填料顶面宜高于地下水位，渗沟顶部必须设置封闭层，厚度应大于 0.5m。

（2）渗沟的施工要点。渗沟用来降低地下水位或者拦截地下水，设置在地面以下。渗沟的各部位尺寸应根据埋设位置和排水需要确定，应采用槽形断面，最小底宽 0.6m，沟深大于 3m 时最小底宽 1.0m。渗沟内部用坚硬的碎、卵石或片石等透水性材料填充。沟顶和沟底应设封闭层，用干砌片石层封闭顶部，并用砂浆勾缝。底部用浆砌片石作封闭层，出水口采用浆砌片石端墙式结构。渗沟应尽量布置成与渗流方向垂直。

渗沟沟壁应设置反滤层和防渗层。沟底挖至不透水层形成完整渗沟时，迎水层一侧设反滤层，背水面一侧设防渗层。反滤层一般采用砂砾石、渗水土工织物或无砂混凝土板等材料，防渗层一般采用夯实黏土、浆砌石或土工薄膜等防渗材料。

渗沟宜从下游向上游开挖，开挖作业面应根据土质选用合理的支撑形式，并应随挖随支撑、及时回填，不可暴露太久。支撑渗沟应分段间隔开挖。

六、路基开挖施工

1. 土质路堑

路基挖土又称路堑开挖。路堑开挖是指当路基的设计标高低于自然地面时，将路基设计标高以上的天然土体挖掉，并运到填方路段或其他地点的施工活动。在进行路堑开挖时，应根据施工现场收集的资料，结合断面的土层分布、地形条件、施工方法以及土方的利用和废弃情况综合考虑。遵循挖、装、运、卸、填各道工序相互配合的原则，选择最佳的切实可行的施工方案。在一般情况下，路堑开挖可采用横挖法、纵挖法和混合式开挖法等。

（1）横挖法。横挖法如图 3-10、图 3-11 所示，是从路堑的一端或两端按照整个设计横断面的全宽延路中线逐步向前开挖，此种开挖方法适用于短而深的路堑。掘进时逐段成型向前推进，运土由相反方向送出。当路堑的设计深度较深时，可将路堑分成几个台阶，以便增加作业面，容纳更多的施工开挖机械，加快施工进度，这种开挖方法称为多层横挖法。

无论是单层开挖还是多层开挖，各施工层都有单独的出土通道和临时排水

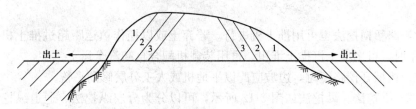

图 3-10　全断面开挖

的出路。在施工过程中，要做到合理安排，防止相互干扰、影响工作效率或发生事故。多层开挖的台阶高度，应以能够提高工作效率和确保安全而定，如图 3-11 所示。

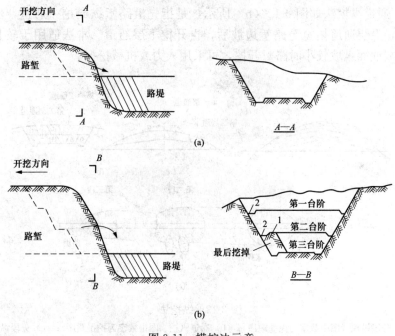

图 3-11　横挖法示意

（a）单层横挖法示意；（b）多层横挖法示意

1—第二阶出土通道；2—临时排水沟

1）用人力按横挖法挖路堑时，可在不同高度分几个台阶开挖，其深度视工作与安全而定，一般为 1.5～2.0m。无论是自两端一次横挖到路基标高还是分台阶横挖，均要设单独的运土通道及临时排水沟。

2）用机械按横挖法挖路堑且弃土（或以挖作填）运距较远时，应用挖掘机配合自卸汽车进行。每层台阶高度可增加到 3～4m，其余要求与人力开挖路堑相同。

3）路堑横挖法也可用推土机进行。若弃土或以挖作填运距超过推土机的经济运距时，可用推土机推土堆积，再用装载机配合自卸汽车运土。

4）机械开挖路堑时，边坡应配以平地机或人工分层修刮平整。

（2）纵挖法。纵挖法如图 3-12 所示，可以分为分层纵挖法、通道纵挖法和分段纵挖法。

1）分层纵挖法如图 3-12（a）所示，是指沿路堑全宽以深度不大的纵向分层挖掘前进，这种施工方法适用于较长的路堑开挖。在进行开挖施工时，挖掘的地表面要向外倾斜，使排水方便，不易形成积水。若采用分层纵挖法挖掘的路堑长度较短（不超过 100m），开挖的深度不大于 3m，地面坡度较陡时，应采用推土机作业。当路堑长度较长时（超过 100m），应采用铲运机作业。

2）通道纵挖法如图 3-12（b）所示，是指先沿路堑纵向挖一通道，然后开挖两旁，上层通道拓宽至路堑边坡后，再开挖下层通道。本法适用于较长、较深、两端地面纵坡较小时路堑开挖，可采用人力或机械挖掘。

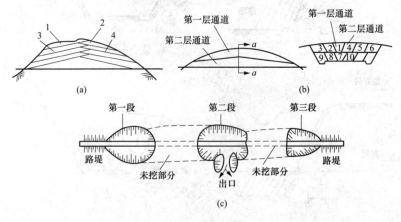

图 3-12　纵挖法

（a）分层纵挖（图中数字为挖掘顺序）；（b）通道纵挖（图中数字为挖掘顺序）；（c）分段纵挖

3）分段纵挖法如图 3-12（c）所示，是指沿路堑纵向选择一个或几个适应处，将较薄一侧堑壁横向挖穿，使路堑分成两段或数段，各段再进行纵向开挖。这种施工方法适用于路堑过长，弃土运距过远的傍山路堑，其一侧堑壁不厚的路堑开挖。

（3）混合式开挖法。混合式开挖法如图 3-13 所示，是指将横挖法、通道纵挖法混合使用，即先顺路堑挖通道，然后沿横向坡面挖掘，以增加开挖坡面。每一开挖坡面要容纳一个施工组或一台机械。在较大的挖土地段，还可沿横向再挖沟，以装置传动设备或布置运土车辆。

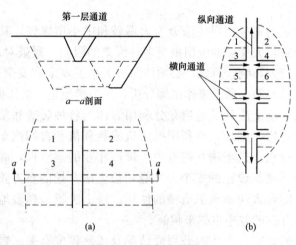

图 3-13 混合式开挖法

(a) 横断面和平面图；(b) 平面纵横坡道示意

（图中数字表示工作面号数）

土方工程开挖施工应符合下列规定。

1）可作为路基填料的土方，应分类开挖分类使用。非适用材料应按设计要求或作为弃方按规定处理。

2）土方开挖应自上而下进行，不得乱挖超挖，严禁掏底开挖。

3）开挖过程中，应采取措施保证边坡稳定。开挖至边坡线前，应预留一定宽度，预留的宽度应保证刷坡过程中设计边坡线外的土层不受到扰动。

4）路基开挖中，基于实际情况，如需修改设计边坡坡度、截水沟和边沟的位置及尺寸时，应及时按规定报批。边坡上稳定的孤石应保留。

5）开挖至零填、路堑路床部分后，应尽快进行路床施工。如不能及时进行，宜在设计路床顶标高以上预留至少 300mm 厚的保护层。

6）应采取临时排水措施，确保施工作业面不积水。

7）挖方路基路床顶面终止标高，应考虑因压实而产生的下沉量，其值通过试验确定。

2. 石质路堑

石质路堑的开挖一般应根据岩石的类别、风化程度、施工条件及工程量的大小等合理选择爆破法、松土法或破碎法施工。

（1）爆破法。爆破法是指利用炸药爆炸的能量将土石炸碎以利挖运，或者借助爆炸能量将土石移到预定位置。用这种方法开挖石质路堑具有工效高、人工消耗少、速度快、施工成本低等优点。对于岩质坚硬，不可用人工或机械开挖的石质路堑,一般采用爆破法开挖。爆破后用机械清渣,是非常有效的路堑开挖方法。

按照炸药用量的多少,爆破法分为大爆破和中小型爆破,其中使用频率最高的是中小型爆破,大爆破的应用则受多种因素的限制。爆破对山体破坏较大,对周围环境也有较大影响,所以,必须按照有关施工规定和安全规程进行作业,严格按照设计文件实施。通常要作试爆分析,作为指导施工的依据。

(2)松土法。松土法开挖是指充分利用岩体的各种裂缝和结构面,先用推土机牵引松土器将岩体翻松,再利用推土机或装载机和自卸汽车配合将翻松的岩块搬运到指定地点。松土法开挖避免了爆破作业的危险性,而且有利于挖方边坡的稳定和附近建筑设施的安全,凡能用松土法开挖的石方路堑,尽量不采用爆破法施工。随着大功率施工机械的使用,松土法越来越多地应用于石质路堑的开挖,而且开挖的效率也越来越高。

松土法开挖的效率与岩体的破裂面情况及风化程度有关。岩体破碎岩石分隔成较大块体时,松开效率较高。当岩体已裂成小石块或呈粒状时,松土只能劈成沟槽,效率较低。砂岩、石灰岩、页岩等沉积岩有沉积层面,是比较容易松开的岩石,而且沉积层越薄越容易松开。片麻石、石英岩、片岩等变质岩,松开的难易程度要视其破裂面发育程度而定。花岗岩、玄武岩、安山岩等岩浆岩不呈层状或带状,松开比较困难。

(3)破碎法。破碎法开挖是指利用破碎机凿碎岩块,然后进行挖运等作业。此方法是将凿子安装在挖掘机上,利用活塞的冲击作用使凿子产生冲击力凿碎岩石,其破碎岩石的能力取决于活塞的大小。

破碎法主要用于岩体裂缝较多、岩块体积小、抗压强度低于100MPa的岩石,由于开挖效率不高,只能用于前述两种方法不能使用的局部场合,作为爆破法和松土法的辅助作业方式。

七、路基压实施工

1. 一般土路基的压实

路基压实施工的要点包括选择压实机具、确定压实度,确定填料的含水量,采用正确方法压实,检查路基压实质量等。

(1)选择压实机具。为了保证路基压实度的要求,一般采用机械压实,选择压实机具应综合考虑路基土性质、工程量的大小、施工条件和工期气候条件以及压实机具的效率等。常用压实机械的技术特性见表3-11。

填方路基的压实填筑路堤要求分层铺筑,分层碾压密实,各种土质适宜的碾压机械见表3-12。

(2)确定路基压实度。粉煤灰路堤压实度标准见表3-13。

表 3-11 常用压实机械的技术特性

机具类型	适用范围	最佳压实厚度/cm		压实遍数	
		黏质土	非黏质土	黏质土	非黏质土
人工夯	黏质或非黏质土	10	10	3～4	2～3
拖式光面碾	黏质或非黏质土	15～25	15～25	8～12	3～5
5t 自行光面碾	黏质或非黏质土	10～15	10～15	10～12	6～9
拖式中型羊足碾	黏质土	15～20	—	10～12	—
拖式光面碾	黏质或非黏质土	20～30	—	8～10	—
拖式光面碾	黏质或非黏质土	30～40	35～40	6～8	2～3
拖式光面碾	黏质或非黏质土	80～120	120～150	2～4	2～4
拖式光面碾	黏质或非黏质土	—	35～40	—	2～3
拖式光面碾	黏质或非黏质土	20	20	6～8	6～8

表 3-12 各种土质适宜的碾压机械

机械名称 \ 土的类型	细粒土	砂粒土	砾类土	巨粒土	适用情况
6～8t 光轮压路机	A	A	A	A	预压整平
12～18t 光轮压路机	A	A	A	A	常用加压
25～30t 轮胎压路机	A	A	A	A	常用加压
羊足碾	A	CB	C	C	须光轮压路机配合使用
振动压路机	B	A	A	A	常用
手扶式振动压路机	B	A	A	C	用于狭窄地
振动平板夯	B	A	A	BC	用于狭窄地
夯锤	A	A	A	A	夯击影响深度最大
推土机、铲运机	A	A	A	A	用于推平土层和预压
振动冲击夯	A	A	A	C	用于狭窄地

注 表中 A 代表适用；B 代表无适当机械时可用；C 代表不适用。

（3）确定填料的含水量。铺土前应做标准击实试验确定填料的最佳含水量和最大干密度。碾压应在接近最佳含水量时迅速进行，一般控制在最佳含水量误差 2% 以内压实。当含水量过大须翻松、晾干或掺灰处理。对过干土可以均匀加水使其达到最佳含水量，需要的加水量可按下式计算。加水宜在前一天均匀喷洒于土堆或取土坑表面，使其渗入土中。喷洒后要适当拌和均匀，以防止干湿不均。

表 3-13   **粉煤灰路堤压实度标准**

填挖类型		路床顶面以下深度/m	压实度（%）			注意事项
			高速公路一级公路	二级公路	三、四级公路	
路堤	上路床	0～0.30	≥96	≥95	≥94	特别干旱或潮湿地区的压实度标准可降低1%～2%
	下路床	0.30～0.80	≥96	≥95	≥94	
	上路堤	0.80～1.50	≥94	≥94	≥93	
	下路堤	＞1.50	≥93	≥92	≥90	
零填及挖方路基		0～0.30	≥96	≥95	≥94	
		0.30～0.80	≥96	≥95		

$$m = (w - w_0)Q/(1 + w_0)$$

式中 m——所需加水量，kg；

        w_0——土原来的含水量（以小数计）；

        w——土的压实最佳含水量（以小数计）；

        Q——需要加水的土的总质量，kg。

（4）采用正确方法压实。道路土基填方，要特别控制压实松铺土厚度，不应使其大于 30cm。宜做试验路段，并按试验结果确定松铺土厚度。

机械填筑整平压实，可用铲运机、推土机配合自卸汽车推运土料填筑路堤，分层填土，且自中线向两边设置 2%～4%的横向坡度，及时碾压。雨期施工更应注意设置较大横坡和随铺随压，保证当班填铺的土层达到规定压实度。

经检查填土松铺厚度、平整度及含水量，符合要求后进行碾压。压路机碾压路基时，应遵循先轻后重、先稳后振、先低后高、先慢后快以及轮迹重叠等原则，根据现场压实度试验提供的松铺厚度和控制压实遍数进行压实。若控制压实遍数超过 10 遍，应考虑减少填土层厚，经检验合格后，方可转入下一道工序，以防止填土层底部达不到规定压实度。

采用振动压路机碾压时，第一遍应不振动静压，然后由慢到快、由弱到强进行压实。各种压路机开始碾压时，均应慢速，最快不要超过 4km/h。碾压直线段由边到中，小半径曲线段由内侧向外侧，纵向进退进行。碾压轮迹重叠 1/3以上，纵、横向碾压接头必须重叠，并压至填土层表面平整，无松散、发裂，无明显轮迹即可取样检验压实度。

（5）检查路基压实质量。压实度 K 是工地实测干密度 γ 与室内标准击实试验得到的最大干密度 γ_0 之比，其值按下式计算：

$$K = \gamma/\gamma_0 \times 100\%$$

2. 路堑及其他部位填土的压实

(1) 路堑压实。路堑、零填路基的路床表面 30cm 内的土质必须符合规范对土质的要求，否则要换填符合要求的土。土质合格的也要经过压实，检验压实度。

(2) 桥涵及其他构筑物处填土的压实。桥涵及其他构筑物处填土压实见表 3-14。

表 3-14   桥涵及其他构筑物处填土压实

项 目	内 容
桥涵两侧	填土底部与桥台基础距离应不小于 2m，桥台顶部距翼墙端部不小于桥台高度加 2m。拱桥的桥台填土顶部宽度应不小于台高的 3~4 倍。涵洞顶部填土每侧不小于 2 倍的孔径。桥涵两侧、挡土墙后背及修建在路基范围内的其他构筑物周边，宜采用砂类土、砾石类土等透水性能好的填料填筑。也可采用粉煤灰、石灰土填筑，并要分层对称填筑。主干路松铺厚度应不大于 15cm，其他等级道路松铺厚度宜小于 20cm。桥台填土宜与锥坡填土同时进行
挡土墙填土	挡土墙的填料、分层应与桥涵填土相同，填土层顶部应做成向外倾斜的横坡。设有泄水孔的挡土墙，孔周反滤层施工应与填土同步进行
收水井周边、管沟填土	宜采用细粒土或粗中砂回填。细粒土松铺厚度宜为 15cm 左右，中粗砂宜为 20cm 一层。填料中不得含有大于 5cm 的石块、砖碴。填筑时，在井和管沟两边应对称进行
检查井周填土	检查井周 40cm 范围内，不宜采用细粒土回填，而应采用砂、砂砾土或石灰土回填。砂、砂砾土的松铺厚度不宜大于 20cm，石灰土的松铺厚度宜为 15cm 左右。填筑应沿井室中心对称进行

3. 填石路基的压实

填石（土石）路堤应采用 18t 以上的重型振动压路机或 25t 以上的轮胎压路机碾压。水中填石高出水面 50cm 左右宜先用 2.5t 以上的夯锤先夯击，再用振动压路机碾压。场地狭窄处，半填路段的砂砾料，宜采用手扶振动压路机或振动夯，分层（每层 15~20cm）压（夯）实。

(1) 路基压实前，应用大型推土机将石料摊铺平整，个别不平处，应人工配合用石屑进行调平碾压。

(2) 填石（土石）路基压实，应按先两侧后中间的方法进行，压实路线应纵向平行，碾压行进速度、压轮重叠宽度与土路基压实相同，经反复碾压至无下沉、顶面无明显高低差为止。

(3) 当采用重锤夯击时，以落锤锤击不下沉且发生弹跳为度。下一锤位置应与原夯击面重叠 40~50cm，相邻区段应重叠 1~1.5m。

4. 高填方路堤的压实

高填方路堤的施工除要满足一般路堤的施工技术要求外，还要注意基底的承载力、路堤的沉降和路堤稳定性。当路基松软虽经碾压仍不能满足设计要求的承载强度和回弹模量时，必须进行加固处理。

八、路基的季节性施工

雨期、冬期路基的施工应预先掌握好气温变化资料，及时做好防雨、防冻的工作。在施工现场及周围采取有效的措施，并制定相应的雨期、冬期路基施工技术措施。

（1）冬、雨期施工应根据季节特点和施工段的地质地形条件，制订合理的施工方案。

（2）冬、雨期施工应做好临时排水，并与永久排水设施衔接顺畅。

（3）冬、雨期施工应加强安全管理，制订安全预案，加强气象信息的收集工作，避免灾害和事故发生。

（4）冬、雨期施工前必须做好各项准备工作。

1. 雨期施工

（1）雨期施工前的准备工作。

1）对选择的雨期施工地段应进行详细的现场调查研究，据实编制实施性的雨期施工组织设计。认真按照批准的施工组织计划执行，施工单位的一切施工活动，要按照计划进行组织安排。

2）修建施工便道，并保持晴雨畅通。施工住地、库房、车辆机具停放场地、生产设施都应设置在最高洪水位以上地点或高地上，为确保大型机械及大批量的物资进出，正式施工前，必须要解决好施工便道问题。石料来源充足的地方，最好在施工便道表面铺上碎石、卵石或者碎石土，并注意加强日常维护，保证交通运输的安全畅通。同时应注意除施工车辆外，严格控制其他车辆在施工现场通行。

3）住地、库房、车辆机具停放场地和生产设施等都应在最高洪水位以上地点或高地上。同时，还要做好防洪抢险准备，制定有效的雨期施工的安全技术措施，并对施工人员进行专项安全教育确保雨期安全施工。

4）修建临时排水设施，保证雨期作业的场地不被洪水淹没并能及时排除地面水。在暴雨前后，还要检查现场临时设施，如果有不安全因素，要及时进行修理加固或立即排除，要提前做好施工人员安全撤离的准备工作。

5）雨期施工应根据当地气象预报及施工所在地地质情况、物资供应、施工能力等，同时还要储备足够的工程材料和生活物资。

（2）雨期开挖路堑的施工要点。

1）土质路堑开挖前，应在路堑边坡坡顶2m以外开挖截水沟并接通出水口。

2) 开挖土质路堑宜分层开挖，每挖一层均应设置排水纵横坡。挖方边坡不宜一次挖到设计标高，应沿坡面留 30cm 厚的覆盖层，待雨期过后再整修到设计坡度。以挖作填的挖方应随挖随运随填。

3) 土质路堑挖至设计标高以上 30～50cm 时应停止开挖，并在两侧挖排水沟。待雨期过后再挖到路床设计标高后压实。

4) 土的强度低于规定值时应按设计要求进行处理。

5) 雨期开挖岩石路堑，炮眼应尽量水平设置。边坡应按设计坡度自上而下层层刷坡，坡度应符合设计要求。

(3) 雨期填筑路堤的施工要点。

1) 雨期填筑路堤，低洼地带应在主汛期前填土至汛期水位以上，且做好路基表面、边坡与排水防护冲刷措施。填方应避开主汛期施工。

2) 雨期填筑路堤，在填筑前，应在填方坡脚以外挖掘排水沟，将流水引至附近桥涵处或预留的桥涵缺口处，保持场地不积水，如原地面松软，应采取换填等措施进行处理。如果是在斜坡地带修筑路堤，还应在其上方开挖一条截水沟，将水截住排走，以免冲毁已筑好的路堤。

3) 雨期填筑路堤，要特别注意填料选择。要选用透水性好的碎石、卵石、砂砾、石方碎渣和砂类土等作为填料。利用挖方作填方时，如果土质过湿，要将其风干后再用。含水量符合要求时，应随挖随填，及时压实。对于含水量过大无法晾干的黏性土，因雨期常常降水，达到压实最佳含水量有困难，不得用作雨期施工填料。

4) 雨期土质路堤施工，主要是抓紧晴好天气，讲究操作方法，采取在雨后较短时间内能填上一层。必须做到随挖、随运、随铺、随压实。应分层填筑，每一层的表面应做成 2%～4% 的排水横坡，当天填筑的土层应当天（或雨前）完成压实。填土过程中遇雨，应对已摊铺的虚土及时碾压。

5) 雨期填筑路堤需借土时，取土坑距离填方坡脚不宜小于 3m。平原区路基纵向取土时，取土坑深度一般不宜大于 1m。

2. 冬期施工

在反复冻融地区，昼夜平均温度连续 10 天以上在 -3℃ 以下时进行的路基施工称为冬期路基施工。当昼夜平均温度虽然上升到 -3℃ 以上，但冻土未完全融化时，也应按冬期施工处理。

(1) 冬期施工前的准备工作。

1) 对冬期施工项目应按次序排列，编制实施性的施工组织设计。

2) 冬期施工项目在冰冻前应进行现场放样，保护好控制桩并树立明显的标志，防止被冰雪掩埋。

3) 在冰冻之前，应清除路基范围内的全部树根、草皮和杂物。修通现场的施工便道。

4) 在冰冻之前，应挖好坡地上填方的台阶，清除石方挖方的表面覆盖层、裸露岩体。

5) 维修保养冬期施工需用的车辆、机具设备，充分备足冬期施工的工程材料。

6) 准备施工队伍的生活设施、取暖照明设备、燃料和其他越冬所需的物质。

(2) 冬期挖方路堑的施工要点。

1) 冬季开挖路堑，每日开工时，应先开挖向阳处，气温回升后再开挖背阴处。开挖遇水应做临时排水沟及时排水。

2) 冬季开挖路堑必须从上向下开挖，严禁从下向上掏空挖"神仙土"，以防发生安全事故。

3) 开挖冻土应根据冻土深度、机械设备情况，可采用人工破碎或冲击机械、正铲挖掘机等设备进行破碎。

4) 开挖冻土，如采用机械或人工刨除表面冻层，挖到设计标高应立即碾压成型。如当日达不到设计标高，下班前应将操作面刨松或覆盖，防止冻结。当冻土层破开挖到未冻土后，应连续作业，分层开挖，中间停顿时间较长时，应在表面覆雪保温，避免重复被冻。

5) 挖方边坡不应一次挖到设计线，应预留 30cm 厚台阶，待到正常施工季节再削去预留台阶，整理达到设计边坡。

6) 路堑挖至路床面以上 1m 时，挖好临时排水沟后，应停止开挖并在表面覆以雪或松土，待到正常施工时，再挖去其余部分。

7) 冬季施工开挖路堑的弃土要远离路堑边坡坡顶堆放。弃土堆高度一般不应大于 3m。弃土堆坡脚到路堑边坡顶的距离一般不得小于 3m，深路堑或松软地带应保持 5m 以上。弃土堆应摊开整平，严禁把弃土堆于路堑边坡顶上。

(3) 冬期填方路堤的施工要点。

1) 当室外平均气温高于 −5℃时，填土高度不受限制。低于 −5℃时，则不得超过表 3-15 所列数值。

表 3-15　　　　　　　　　冬期施工的填土高度

温度范围/℃	填土高度/m	温度范围/℃	填土高度/m
−5～−10	4.5	−16～−20	2.5
−11～−15	3.5		

2) 用砂、砂砾、石块填筑路基时，填土高度不受气温条件的限制。

3) 在填土之前，要清除地面的积雪、冰块，并按照工程需要及设计要求，决定是否刨出冻层，再水平分层填土压实。

4）填土后立即铺筑高级路面或次高级路面的路基，严禁用冻土填筑。在填筑冻土的路段，当年不得铺筑高级路面或者次高级路面，必须经春融后，并将路槽以下 60cm 进行灰土处理加固后，方可铺筑路面。在铺筑之前，要检验填土的密实度，符合土质路基最低压实度后才可以铺筑。

5）城市快速路、主干路的路基不应用含有冻土块的土料填筑。次干路以下道路填土材料中冻土块含量应小于 15%，冻土块粒径不应大于 10cm。冻土必须与好土掺匀，严禁集中使用。

6）季节性冰冻地区春融期施工的冻土，还要根据地区特点，做好冻融土的开挖、风干及碾压工作，同时要注意防止受到雨水浸泡，加强路基排水。

7）冬期施工的路堤填料，要选用未冻结的砂类土、碎、卵石土，开挖石方的石块、石碴等透水性良好的土。禁止用含水量过大的黏性土。

8）冬期填筑路堤，要按照横断面全宽平填，每层松铺厚度应按正常施工减少 20%～30%，并且最大松铺厚度要不大于 30cm。压实度不得低于正常施工时的要求。当天填的土必须当天完成碾压。

9）当路堤高距路床底面 1m 时，要碾压密实后停止填筑。在上面铺一层雪或松土保温待冬期过后整理复压，再分层填至设计标高。

10）在挖填方交界处，填土在 1m 以下的路堤都不能在冬期填筑。

11）冬期施工取土坑要远离填方坡脚。若条件限制需要在路堤附近取土时，取土坑内侧到填方坡脚的距离要大于正常施工护坡道的 1.5 倍。

12）冬期填筑的路堤，每层每侧应当宽于填层设计宽度，压实宽度不得小于设计宽度，待冬期过后修整边坡削去多余部分并拍打密实或加固。

（4）冬期施工开挖路堑表层冻土施工方法的选择。

1）人工破冻法。当冰冻层较薄，破冻面积不大时采用。可用日光曝晒法、火烧法、热水开冻法、水针开冻法、蒸汽放热解冻法和电热法等方法胀开或融化冰冻层，并辅以人工撬挖。

2）机械破冻法。当冻土层在 1m 以下时，可选用专用破冰机械如冻土犁、冻土劈、冻土锯和冻土铲等，予以破碎清除。

3）冻土爆破法。采用垂直炮孔爆破冻土时，其炮孔深度通常为冻土层厚度的 0.7～0.8 倍，当冻土深度达 1m 以上时可用此法炸开冻土层。冻土爆破的一次爆破量，应根据挖运能力和气候条件确定。爆破后的冻土应及时清除，以免再次冻结。冻土爆破应当采用具有抗冻和抗水性能的炸药，如采用其他炸药时，应采取防冻、防水措施。冻土应当采用垂直炮孔爆破。当地形较陡且具有两个临空面时，可采用水平炮孔爆破。其炮孔间距和排距应根据炸药性能、炮孔直径和起爆方法等确定，堵塞长度一般不小于炮孔深度的 0.33 倍。

第四节 路面基层施工

一、路面基层概述

路面基层是路面工程的组成部分,是路面面层下的结构层,主要用于扩散和分布荷载。路面基层可由单层、双层或多层材料组成。路面的基层材料按照所用材料的结合状态分为整体性材料和松散性材料两大类。按照其物理学性质分为刚性材料和塑性材料。砂、碎石、级配砂砾等均属于松散的塑性材料。用水泥等胶结材料,把这些松散的材料胶结起来就属于整体性刚性体。此外,用石灰、粉煤灰等胶结材料处理松散体后,使其成为缓凝性的混合料,用这些混合料修筑的道路基层,称为半刚性基层,又称为无机结合料稳定类基层。

基层的材料与施工质量是影响路面使用性能和使用寿命的最关键因素。

1. 路面基层的分类

(1) 级配碎石基层。级配碎石基层是指粗、细碎石骨料和石屑各占一定比例的混合料,当其颗粒组成符合密实级配时,经拌和、摊铺、碾压成型及养护后,其抗压强度、稳定性和密实度要符合规定的要求。其特点是:强度较高、稳定性较好,适用于各级公路和城市道路的基层和底基层。当混合料改为粗、细砾石和砂而成为级配砾石时,其特点是强度低、稳定性较差。

(2) 石灰稳定土类基层。

1) 石灰稳定土有良好的板体性,但其水稳性、抗冻性以及早期强度不如水泥稳定土。石灰土的强度随龄期增长,并与养护温度密切相关,温度低于5℃时强度几乎不增长。

2) 石灰稳定土的干缩和温缩特性十分明显,且都会导致裂缝。与水泥土一样,由于其收缩裂缝严重,强度未充分形成时表面会遇水软化,容易产生唧浆冲刷等损坏,石灰土已被严格禁止用于高等级路面的基层,只能用作高级路面的底基层。

(3) 水泥稳定土基层。

1) 水泥稳定土有良好的板体性,其水稳性和抗冻性都比石灰稳定土好。水泥稳定土的初期强度高,其强度随龄期增长。水泥稳定土在暴露条件下容易干缩,低温时会冷缩,而导致裂缝。

2) 水泥稳定细粒土(简称水泥土)的干缩系数、干缩应变以及温缩系数都明显大于水泥稳定粒料,水泥土产生的收缩裂缝会比水泥稳定粒料的裂缝严重得多。水泥土强度没有充分形成时,表面遇水会软化,导致沥青面层龟裂破坏。水泥土的抗冲刷能力低,当水泥土表面遇水后,容易产生唧浆冲刷,导致路面裂缝、下陷,并逐渐扩展。为此,水泥土只用作高级路面的底基层。

（4）石灰工业废渣稳定土基层。

1）石灰工业废渣稳定土中，应用最多、最广的是石灰粉煤灰类的稳定土（粒料），简称二灰稳定土（粒料），其特性在石灰工业废渣稳定土中具有典型性。

2）二灰稳定土有良好的力学性能、板体性、水稳性和一定的抗冻性，其抗冻性能比石灰土高很多。

3）二灰稳定土早期强度较低，但随龄期增长并与养护温度密切相关，温度低于4℃时强度几乎不增长。二灰中的粉煤灰用量越多，早期强度越低，3个月龄期的强度增长幅度就越大。

4）二灰稳定土也具有明显的收缩特性，但小于水泥土和石灰土，也被禁止用于高等级路面的基层，而只能做底基层。二灰稳定粒料可用于高等级路面的基层与底基层。

2. 路面基层的技术要求

（1）足够的强度和刚度。基层必须可以承受车辆荷载的反复作用，即在预定设计标准轴载反复作用下，基层产生的残余形变不会太多，更不会产生剪切破坏或疲劳弯拉破坏。基层要满足上述的技术要求，除了必需的厚度之外，主要取决于基层材料本身的强度。材料的强度包括以下两个方面。

1）材料的强度是石料颗粒本身的硬度或强度，可用骨料压碎值或骨料磨耗值表示。

2）材料的强度是材料整体（混合料）的强度和刚度，如回弹模量、承载比、抗压强度、抗剪切强度、抗弯拉强度。

基层的刚度（回弹模量）必须与面层的刚度相匹配。若面层和基层的刚度差别过大，会使面层由于过大的拉应力或拉应变而过早开裂破坏。所以，在高等级道路上，无论是沥青面层还是混凝土面层，都要选用结合料稳定的材料做基层，最好是用水泥或石灰粉煤灰等稳定的粒料。

（2）有足够的水稳性和冰冻稳定性。进入路面结构层的水（包括气态水）可使含土较多、土的塑性指数较大的基层或底基层材料的含水量增加及强度降低，从而导致路面过早损坏。如果是在冰冻地区，此种水造成的危害就会更大。所以，要用水稳性好的材料做路面的基层和底基层。就各种基层材料的水稳性而言，水泥粒料的水稳性最好，石灰粉煤灰粒料次之，细土含量多且塑性指数大的级配碎石和级配砾石的水稳性最差。

（3）有足够的抗冲刷能力。为使高等级道路上路面基层的抗冲刷性能增强，在采用水泥稳定粒料基层时，粒料的级配要依照基层施工规范中规定的级配范围而定，同时限制骨料中小于0.075mm的颗粒含量不能超过5%～7%。在采用石灰粉煤灰粒料基层时，混合料中粒料的比例应是80%～85%，同时粒料要具有良好的级配，且其中不含小于 0.075mm 的颗粒。在采用石灰稳定级配粒料土或石灰土稳定级配粒料时，混合料中粒料的比例要接近 85％。

（4）收缩性小。对于高等级道路基层，特别是半刚性基层，还应该要求其收缩性小。半刚性材料的收缩性包括以下两个方面。

1）由于水分减少而产生干缩的程度。

2）由于温度降低而产生的收缩。

（5）有足够的平整度。基层的平整度直接影响面层的使用质量和寿命，平整度对较厚沥青混凝土面层的影响虽不如对薄沥青面层的影响那么大，但是基层的不平整会引起沥青混凝土面层厚薄不匀，使沥青面层在使用过程中的平整度降低较快，并导致沥青混凝土面层产生一些薄弱面，成为路面使用期间产生温度收缩裂缝的起点。

（6）与面层结合良好。面层与基层间的良好结合，对于沥青面层的使用质量是非常重要的，可减少面层底面由于车辆荷载引起的拉应力和拉应变，通常情况下可减小 50％以上，有时甚至可减小到 1/4，还可明显减小由温度变化引起的沥青面层内的拉应力及拉应变。基层与面层良好结合还可以使薄沥青面层不产生滑动、推移等破坏。为此，基层表面应该稳定并且具有一定的粗糙度，表面还应该结构均匀，无松散颗粒。

3. 路面基层施工的一般要求

（1）石灰稳定类材料应在冬期开始前 30～45d 完成施工，水泥稳定类材料应在冬期开始前 15～30d 完成施工。

（2）高填土路基与软土路基应在沉降值符合设计规定且沉降稳定后，方可施工路面基层。

（3）稳定土类路面基层材料配合比中，石灰、水泥等稳定剂计量应以稳定剂质量占全部土（粒料）的干质量百分率表示。

（4）基层材料的摊铺宽度应为设计宽度两侧加施工必要附加宽度。

（5）基层施工中严禁用贴薄层方法整平修补表面。

（6）用沥青混合料、沥青贯入式、水泥混凝土做路面基层时，其施工应分别符合相关规定。

二、砂石基层施工

天然级配的砂石作为道路的基层（或垫层）具有很多优点，就其原材料的来源来说，可以就地取材，造价低廉，在施工方面也简单易行。同时，天然级配的砂石中，含土量少，水稳性也好，适合于作城市道路的底基层或垫层。

1. 砂石基层原材料的要求

组成的砂石级配要符合规范规定，颗粒应坚硬，最大粒径应小于 0.7 倍砂石基层厚度，最大也不应大于 100mm，粒径 5mm 以下颗粒含量不得大于 30％

（体积分数），细长及扁平颗粒的含量不应超过 20%，含泥量不应大于砂质量的 10%。

2. 施工前准备

在进行砂石基层施工之前，首先应对运输的道路进行检查，需要进行修整的部位要进行修整，对于已经遗失或松动的测桩，要进行补钉。对于原路基应进行测量、修整，使路基的质量达到所规定的要求。

3. 摊铺

砂石基层摊铺厚度应按设计厚度乘以松铺系数，但是每层的厚度不应超过 30cm。松铺系数应通过试验确定，人工摊铺混合料时，其松铺系数为 1.40～1.50。平地机摊铺混合料时，其松铺系数为 1.25～1.35。在摊铺砂石料时，应均匀一致，无粗细颗粒分离现象。对于在摊铺时所发生的砂窝及梅花现象，应当及时处理，挖出换填合格的砂石料。

4. 洒水碾压

砂石摊铺至少有一个碾压段长度（30～50m）后，才能开始泼水，洒水量应使全部砂石湿润，但是不得使路基积水。当砂石层的厚度小于 10cm 时，可以预先在砂石料堆上泼水。泼水后待表面稍干即可以进行碾压，在碾压过程中，要随时补水，以保持湿润。在冬期施工时，应根据施工环境的最低温度，泼洒防冻剂，防冻剂的掺量和浓度应经试验确定，并应做到随泼洒随碾压。当泼洒盐水时，盐水的浓度和冰点见表 3-16。

表 3-16　　　　　　　　　不同浓度盐水溶液冰点

溶液密度/（g/cm³）15℃时	食盐含量/g		冰点/℃
	在 100g 溶液内	在 100g 水内	
1.04	5.6	5.9	−3.5
1.06	8.3	9.0	−5.0
1.09	12.2	14.0	−8.5
1.10	13.6	15.7	−10.0
1.14	18.8	23.1	−15.0
1.17	22.4	29.0	−20.0

注　溶液浓度应用相对密度控制。

碾压由路边向路中线逐次碾压，路边先碾压 3～4 遍，先轻后重。采用 12t 以上压路机进行，初始碾速应为 25～30m/min。砂石初步稳定后，碾速应控制在 30～40m/min。碾压深度不大于 5mm，在碾压成活后，砂石表面应平整、坚实，如果发现有粗、细骨料集中的部位，应挖出，换填合格材料重新进行碾压成活，砂石碾压成活后，要派专人泼水养护。

三、碎石基层施工

碎石基层是利用加工轧制的碎石，按嵌挤原理摊铺压实而成的一种路面基层。碎石基层的强度主要依靠碎石之间的嵌挤锁结作用，嵌挤力的大小取决于石料的强度、形状、尺寸均匀性和施工时候的碾压程度。碎石基层按施工方法及灌缝材料的不同，分为填隙碎石基层、级配碎石基层和泥结碎石基层。

1. 碎石基层原材料的要求

轧制碎石的原材料应用质地坚硬的破碎花岗石或石灰石，软硬不同的碎石料不得掺和使用。碎石料应为多棱角块体，碎石中不应有黏土块、植物根叶、腐殖质等有害物质，并且应符合下列要求。

(1) 碎石料的规格为 30～70mm，嵌缝料为 15～25mm。

(2) 碎石料的抗压强度不应小于 80MPa。

(3) 碎石料的含泥量应小于 2%。

(4) 碎石料的软弱颗粒含量应小于 5%。

(5) 扁平细长（1：2）的碎石含量应小于 20%。

2. 填隙碎石基层施工

(1) 施工流程图。填隙碎石基层图如图 3-14 所示。

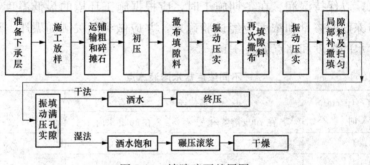

图 3-14　填隙碎石基层图

填隙碎石基层施工中，在初步压实的粗碎石上，需要多次撒铺嵌缝料，并要分层碾压，直到全部孔隙被填满为止。填缝料不应在粗碎石表面自成一层，表面要看见粗碎石。在碾压过程中不能有任何蠕动现象。

(2) 施工要求。

1) 准备下承层。要求填隙碎石结构层下面的底基层和土基，坚实、平整，无松散或软弱地点，压实度、平整度、控制标高都要符合规范规定的要求。

2) 施工放样。在下承层上恢复中线。平曲线段每 10～15m 设一桩，直线段每 15～20m 设一桩，并在路外侧设指示桩，同时要进行高程测量，在两侧指示桩上标出基层边缘的设计标高。

3）备料。按照结构层的宽度、厚度及松铺系数（1.20～1.0）计算粗碎石的用量，填隙料的用量是粗碎石重量的30%～40%。

4）运输与摊铺粗碎石。将材料运输到下承层上时要注意堆放距离，然后用机具将粗碎石均匀地摊铺在预定的宽度上，并检验松铺厚度。

5）撒铺填隙料和碾压。从施工工艺上包括干法施工（也称干压碎石）与湿法施工。

①干法施工（也称干压碎石）。

a. 初压，用8t两轮压路机碾压3～4遍，保证粗碎石稳定就位。在直线段上，碾压从两侧路肩开始，逐渐错轮向路中心进行。在有超高路段上，碾压以内侧路肩逐渐错轮向外侧路肩进行。错轮时，每次重叠1/2轮宽。经第一次碾压后，要再次找平。初压终了时，表面要平整，路拱及坡度要符合要求。

b. 撒铺填隙料，用石屑撒布机或者与其相类似的设备将干填隙料均匀地撒铺在已压稳的粗碎石层上，松铺厚度为2～3cm。

c. 碾压，用振动压路机慢速碾压，将全部填隙料振入粗碎石间的孔隙中。

d. 再次撒铺填隙料，用石屑撒布机或者与其相类似的设备将干填隙料再次撒铺在粗碎石层上，松铺厚度为2.0～2.5cm。用人工或机械扫匀。

e. 再次碾压，用振动压路机碾压，碾压过程中，对局部填隙料不足之处，要进行人工找补，将局部多余的填料扫除，使填隙料不应在粗碎石表面局部地自成一层。表层必须能见粗碎石。

f. 如果设计厚度超过一层铺筑厚度，需在其上再铺一层时，要扫除一部分填隙料，然后在其上摊铺第二层粗碎石及填隙料。

②湿法施工（水结碎石）。

a. 湿法施工开始的工序与干法施工相同。

b. 粗碎石层表面孔隙全部填满后，立即用洒水车洒水，直到饱和为止。

c. 用18～21t三轮压路机跟在洒水车后面进行碾压。在碾压过程中，将湿填隙料继续扫入出现的孔隙中。洒水和碾压要一直进行到细骨料及水形成粉浆为止。

d. 碾压完成的路段要留待一段时间，让水分蒸发。结构层变干后，表面多余的细料，要扫除干净。

填隙碎石施工完毕后，表面粗碎石间的孔隙既要填满、填隙料又不能覆盖粗骨料而自成一层，表面应看得见粗碎石。碾压后基层的固体体积率应不小于85%，底基层的固体体积率应不小于83%。填隙碎石基层未洒透层沥青或未铺封层时，禁止开放交通。

3. 级配碎石基层路拌法施工

级配碎石的施工方法有路拌法和厂拌法两种，城市道路施工中一般采用厂拌法。

（1）工艺流程。级配碎石基层路拌法施工工艺流程图如图 3-15 所示。

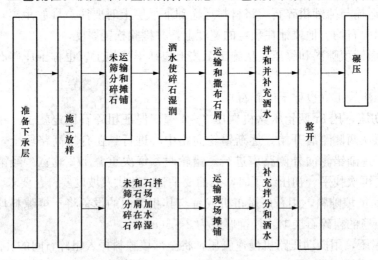

图 3-15　级配碎石基层路拌法施工工艺流程图

（2）准备工作。准备工作包括准备下承层、清底放样、准备施工机具等。准备下承层主要包括以下两个方面。

1）下承层不应做成槽式断面。

2）准备下承层，有关要求同水泥稳定土。

（3）施工放样。在底基层或路床上恢复道路中线，直线段每 20m 设一中桩，平曲线段每 10～15m 测放一中桩，平曲线段每 10m 设高程桩，并测设路基边桩，标示出基层面设计高程。摊铺机作业时，每 4～6m 放置测墩，并依据钢丝绳或铝合金导梁及摊铺厚度测设墩顶标高，控制设计标高。

（4）备料。按照试验进行配比，把碎石屑等原材料运至搅拌站内，不同粒级碎石和石屑等细骨料应隔离，分别堆放。

4. 泥结碎石基层

泥结碎石是指以碎石为骨料，经碾压后灌浆，依靠碎石的嵌锁和黏土的黏结作用而形成的结构层。其强度与稳定性主要取决于碎石的嵌锁作用，黏土的黏结作用只起辅助作用。泥结碎石仅适用于低等级路面的基层或垫层。施工方法主要有灌浆法和拌和法，但灌浆法修筑效果较好，其工序如下。

（1）准备工作。准备工作包括准备下承层及排水设施、施工放样、布置料堆、拌制泥浆等。泥浆通常按水与土为 0.8∶1～1∶1 的体积比配制。过稠、过稀、不均匀，均将影响施工质量。

（2）碎石摊铺和初碾压。

摊铺碎石时采用的松铺系数通常设为 1.20~1.30。摊铺力求表面平整，并具有规定的路拱。初压时用 8t 双轮压路机碾压 3~4 遍，使粗碎石稳定就位。

在直线路段，由两侧向路中心碾压，在超高路段，由内侧向外侧，逐渐错轮进行碾压。每次重叠 1/3 轮宽。初压终了时，表面要平整，并具有规定的路拱和纵坡。

（3）灌浆及带浆碾压。若碎石过干，可先洒水润湿，以利于泥浆一次灌透。泥浆浇灌到相当面积后，即可撒 5~15mm 嵌缝料（用量为 1~1.5m³/100m³）。用中型压路机进行带浆碾压，使泥浆能充分灌满碎石缝隙，次日即进行必要的填补和修整工作。

（4）最终碾压。待表面已干，内部泥浆尚属半湿状态时，可进行最终碾压，一般碾压 1~2 遍后撒铺薄层（3~5mm）石屑并扫匀，然后进行碾压，使碎石缝隙内泥浆能翻到表面上与所撒石屑黏结成整体。接缝处及路段衔接处，均应妥善处理，保证平整密合。

四、石灰石类基层施工

按照土中单个颗粒粒径的大小和组成，将土分成细粒土、中粒土及粗粒土三种。

在粉碎的或原来松散的土（包括细粒土、中粒土和粗粒土）中，加入足量的石灰和水，经过拌和、碾压、养护后得到的强度符合规定要求的混合料，称为石灰稳定土；用石灰稳定细粒土得到的强度符合要求的混合料，称为石灰土；用石灰稳定天然砂砾土或级配砂砾得到的强度符合要求的混合料，称为石灰砂砾土；用石灰稳定碎石土或级配碎石得到的强度符合要求的混合料，称为石灰碎石土。

1. 石灰土基层原材料的要求

（1）土。石灰土所用的土以就地取土为宜，通常具有黏性的砂性土、粉砂土、黏性土均可使用，以黏土、粉质黏土为最佳，土的塑性指数越高，土的颗粒越细，土与石灰的作用就越充分，石灰稳定土的效果就越好。但实际上塑性指数很高的黏土所形成的团块，施工时不易粉碎，会影响到石灰土的强度和稳定性。

通常塑性指数在 10~15 之间的粉质黏土、黏土，由于易于粉碎，便于碾压成型，铺筑效果较好，最应选用。塑性指数小于 10 的砂质粉土和砂土在用石灰稳定时，应采用适当的措施或用水泥稳定。塑性指数偏大的黏性土，应加强粉碎，粉碎后土块的最大尺寸应不大于 15mm。除此之外，土中的有机物含量应小于 10%。若使用特殊类型的土壤，如旧路的级配砾石、砂石或杂填土等应先进行试验。

（2）石灰。石灰应用Ⅰ~Ⅲ级的新灰、磨细生石灰，可以不消解直接使用。

用块灰时要在使用前 2～3d 进行消解，自来水应尽量采用射水管，使水均匀喷入灰堆内部，每插一处停 2～3min 再换一位置进行插入，这样使灰内有足够水量进行充分粉化，未能消解的生石灰块应筛除，消解石灰的粒径不应大于 10mm，对储存较久或经过雨期的消解石灰应先经过试验，根据活性氧化物的含量，决定能否使用和使用办法。

（3）水。凡是能饮用的水及不含油等杂质的清洁中性水（pH 值为 6～8）均可使用。水是石灰上的重要组成部分，它能使石灰与土发生物理化学作用，以满足石灰土形成强度的需要。由于石灰土在强度的形成过程中需要大量的水分，因此，石灰土养护期间，应定时洒水，使石灰土保持湿润状态。凡饮用水（含牲畜饮用水）均可用于石灰土的消解、拌和及养护。

（4）掺合料。当利用级配砾石、砂石、碎砖等材料时，其最大粒径不应超过 0.6 倍分层厚，且不应大于 10cm，掺入量应根据试验决定。

2. 石灰稳定土施工要求

石灰稳定土使用范围广，适用于各级路面的基层及垫层，还可用来处理软土地基及道路翻浆等病害。

（1）石灰土层应在春末和夏季气温较高的季节组织施工。施工期的最低气温应在 5℃ 以上，并在第一次冰冻（−5～−3℃）到来之前 1～1.5 个月完成。使其至少有 1 个月处在 0℃ 以上气温下进行化学反应，并于冰冻前达到一定的强度。要避免在雨期进行石灰土结构层的施工。

（2）石灰稳定土结构层应用 12t 以上的压路机碾压。用 12～15t 三轮压路机碾压时，每层的压实厚度不应超过 15cm。用 18～20t 三轮压路机和振动压路机碾压时，每层的压实厚度不应超过 20cm。对于石灰稳定土，采用能量大的振动压路机碾压时，或对于石灰土，采用振动羊足碾与三轮压路机配合碾压时，每层的压实厚度可以根据试验适当增加。压实厚度超过规定时，应分层铺筑，每层的最小压实厚度为 10cm，下层应稍厚。对于石灰土，要采用先轻型、后重型压路机碾压。

（3）石灰稳定土层上未铺封层或面层时，禁止开放交通。当施工中断，临时开放交通时，应采取保护措施，不使基层表面遭破坏。

（4）石灰稳定土层应在当天碾压完成，碾压完成后必须保湿养护，不使稳定土层表面干燥，也不应过分潮湿。

（5）石灰稳定土基层施工时，严禁用薄层贴补的办法进行找平。

（6）在采用石灰土做基层时，必须采取措施防止表面水透入基层，同时应经历一个月以上的温暖和热的气候来养护。

3. 石灰稳定土基层施工流程

（1）材料与拌和。

1）石灰、水泥、土、骨料拌和用水等原材料应进行检验，符合要求后方可使用，并按照规范要求进行材料配比设计。

2）城区施工应采用厂拌（异地集中拌和）方式，不得使用路拌方式。以保证配合比准确且达到文明施工要求。

3）应根据原材料含水量变化、骨料的颗粒组成变化，及时调整拌和用水量。

4）稳定土拌和前，应先筛除骨料中不符合要求的粗颗粒。

5）宜用强制式拌和机进行拌和，拌和应均匀。

（2）运输与摊铺。

1）拌成的稳定土类混合料应及时运送到铺筑现场。水泥稳定土材料自搅拌至摊铺完成，不应超过 3h。

2）运输中应采取防止水分蒸发和防扬尘措施。

3）宜在春末和气温较高季节施工，施工最低气温为 5℃。

4）厂拌石灰土类混合料摊铺时路床应湿润。

5）雨期施工应防止石灰、水泥和混合料淋雨。降雨时应停止施工，已摊铺的应尽快碾压密实。

（3）压实与养护。

1）压实系数应经试验确定。

2）摊铺好的石灰稳定土应当天碾压成活，碾压时的含水量宜在最佳含水量的±2%范围内。水泥稳定土宜在水泥初凝前碾压成活。

3）直线和不设超高的平曲线段，应由两侧向中心碾压。设超高的平曲线段，应由内侧向外侧碾压。纵、横接缝（槎）均应设直槎。

4）纵向接缝宜设在路中线处，横向接缝应尽量减少。

5）压实成活后应立即洒水（或覆盖）养护，保持湿润，直至上部结构施工为止。

6）养护期应封闭交通。

4. 石灰粉煤灰稳定砂砾（碎石）基层（也可称二灰混合料）

（1）材料与拌和。

1）对石灰、粉煤灰等原材料应进行质量检验，符合要求后方可使用。

2）按规范要求进行混合料配合比设计，使其符合设计与检验标准的要求。

3）采用厂拌（异地集中拌和）方式，强制式拌和机拌制，配料应准确，拌和应均匀。

4）拌和时应先将石灰、粉煤灰拌和均匀，再加入砂砾（碎石）和水均匀拌和。

5）混合料含水量宜略大于最佳含水量。混合料含水量应视气候条件适当调整，使运到施工现场的混合料含水量接近最佳含水量。

（2）运输与摊铺。

1）运送混合料应覆盖，防止水分蒸发和遗撒、扬尘。

2）应在春末和夏季组织施工，施工期的日最低气温应在5℃以上。

3）根据试验确定的松铺系数控制虚铺厚度。

（3）压实与养护。

1）每层最大压实厚度为200mm，且不宜小于100mm。

2）碾压时采用先轻型、后重型压路机碾压。

3）禁止用薄层贴补的方法进行找平。

4）混合料的养护采用湿养，始终保持表面潮湿，也可采用沥青乳液和沥青下封层进行养护，养护期视季节而定，常温下不宜小于7d。

五、水泥稳定碎石基层施工

在粉碎过的土或原来松散的土（包括各种粗、中、细粒土）中，掺入足量的水泥和水，经过拌和得到的混合料再压实和养护后，当其抗压强度符合规定的要求时，称为水泥稳定土。

水泥稳定土既包括用水泥稳定各种细粒土，也包括用水泥稳定各种中粒土和粗粒土。用水泥稳定细粒土得到的强度符合要求的混合料，简称水泥土、水泥砂或水泥石屑。用水泥稳定中粒土和粗粒土得到的强度符合要求的混合料，简称水泥碎石、水泥砂砾。

水泥碎石、水泥砂砾适用于城市快速路和主干路的基层材料。

1. 水泥稳定碎石（砂砾）基层原材料的要求

（1）水泥。可选用初凝时间大于3h、终凝时间不小于6h的32.5级、42.5级普通硅酸盐水泥，矿渣硅酸盐水泥、火山灰硅酸盐水泥。考虑到施工因素，工艺过程不应使用快硬水泥，水泥的质量要求应符合技术规范规定。水泥应具备出厂合格证和生产日期，经复验合格后方可使用。储存期超过3个月或受潮的水泥，应进行性能试验，合格后才能使用。

（2）砂砾。在砂砾骨料中，砂料含量应为30%～35%。砾料含量为65%～70%。骨料中土的含量应小于2%，硫酸盐含量应不超过0.25%。砾料强度应在4级以上，砾石干密度以实测为宜，可掺干松密度为1.70～1.75t/m³砂砾料，颗粒最大粒径应小于30mm，级配要求见表3-17。

表3-17　　　　　　　　　　砂砾料级配筛分要求（方孔筛）

级配标准	筛孔/mm	37.5	26.5	16.0	9.5	4.75	0.6	0.075
	通过量(%)	—	100	90～100	60～80	30～50	10～20	0～2

（3）水。是指饮用水及不含油等有机物杂质的中性水（pH＝6～8）。

2. 施工前准备

在水泥稳定碎石（砂砾）基层施工之前，应按照有关检验标准对下承层进行复验，凡是不符合规范要求的路段，均应修整到符合规范要求的标准，对于已经遗失或松动的测桩，应进行补钉，对下承层应进行测量、整修（其中包括配套工程、地下管线、雨水口和支管等均已竣工验收合格），下承层的表面应达到平整、坚实，路拱应符合要求，无软弱和松散的地方。另外，当路肩用料与水泥稳定碎石（砂砾）用料不同时，应采取培肩措施，先将两侧路肩培好。

第四章

城市桥梁工程

第一节 城市桥梁工程施工基础知识

一、城市桥梁的分类

桥梁的种类繁多，它们都是人们在长期的生产活动中，通过反复实践和不断总结逐渐发展创造起来的。桥梁的分类方法有很多种，可以按桥梁的主要承重结构体系分类、按上部构造使用的材料分类、按用途分类、按桥梁的长度和跨径大小分类、按跨越障碍的性质分类、按上部结构的行车道位置分类等。

1. 按桥梁的主要承重结构体系分类

（1）梁式桥。梁式桥是一种在竖向荷载作用下无水平反力的结构，梁作为承重结构是以它的抗弯能力来承受荷载的。梁分为简支梁、悬臂梁、固端梁和连续梁等，如图4-1所示。

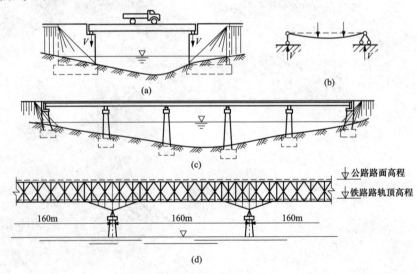

图 4-1 梁式桥
(a) 简支梁；(b) 受力情况；(c) 连续梁；(d) 悬臂梁

（2）拱式桥。拱式桥是我国较常见的一种桥梁形式，其式样非常多，数量也非常大。拱式桥的主要承重结构是拱圈或拱肋。这种结构在竖向荷载作用下，桥墩或桥台除要承受压力和弯矩外还要承受水平推力。同时，水平推力也将显著抵消荷载所引起的在拱圈（或拱肋）内的弯矩作用。因此，与同跨径的梁相比，拱的弯矩和变形要小得多，但其下部结构和地基必须经受住很大的水平推力，如图 4-2 所示。

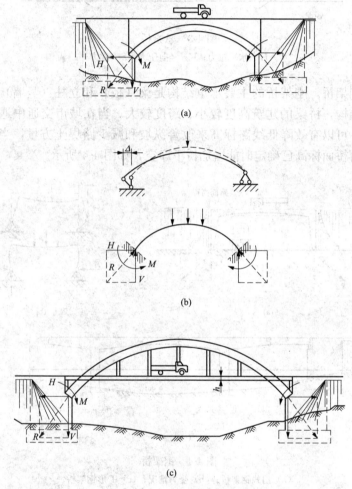

图 4-2 拱式桥
（a）混凝土拱桥；（b）受力情况；（c）大跨度钢拱桥

（3）悬索桥。传统的悬索桥均用悬挂在两边塔架上的强大缆索作为主要承重结构。在竖向荷载作用下，通过吊杆使缆索承受很大的拉力，通常都需要在两岸桥台的后方修筑非常巨大的锚碇结构，如图 4-3 所示。悬索桥也是具有水平反力（拉力）的结构。悬索桥的跨越能力在各类桥型中是最大的，但结构的刚度差，整个悬索桥的发展历史也是争取刚度的历史。

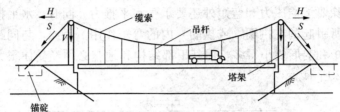

图 4-3　悬索桥

H—水平拉力；V—竖向压力；S—索力

（4）刚架桥。刚架桥的主要承重结构是梁（板）和立柱（竖墙）结合在一起的刚架结构，桥梁的建筑高度较小、跨度较大。当在城市交通中遇到线路立体交叉时，可以有效降低线路标高来改善纵坡和减少路堤土方量，当需要跨越通航河流而桥面标高已确定时能增加桥下净空，如图 4-4 所示。

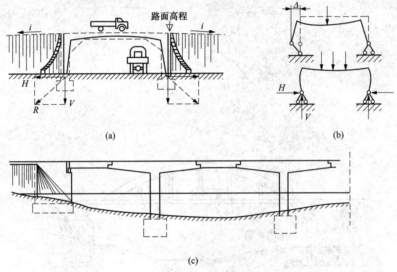

(a)　　　　　　　　　(b)

(c)

图 4-4　钢架桥

(a) 门式钢架桥；(b) 受力情况；(c) T 形钢架桥

刚架桥的结构特点是上部结构和下部结构刚性结成整体，在竖向荷载作用下，梁部主要受弯，柱脚则要承受弯矩、轴力和水平推力。这种桥的受力状态介于梁桥和拱桥之间。刚架桥主要有 T 形刚构桥、斜腿刚构桥、门式刚架桥三种形式。

（5）组合体系桥。组合体系桥是由梁、拱、吊索三种体系相组合而成的桥梁，其中应用最多的是系杆拱桥［见图 4-5（a）］和斜拉桥［见图 4-5（b）］。系杆拱桥由拱圈、主梁和吊杆组成，其中拱圈和主梁是主要的承重结构，两者相互配合共同受力可减小水平推力，吊杆可减少梁中弯矩。斜拉桥由主梁、索塔和斜拉索组成，既发挥了高强材料的作用，又减小了主梁高度，使质量减轻而获得很大的跨越能力，是跨径仅次于吊桥的桥型。这两种组合体系桥型造型优美，结构合理，跨径较大，目前使用非常广泛。

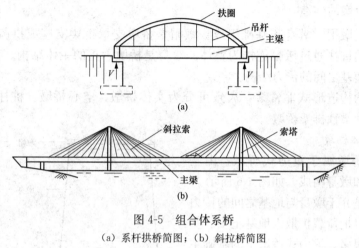

图 4-5　组合体系桥

(a) 系杆拱桥简图；(b) 斜拉桥简图

V—支座反力

2. 其他分类方式

(1) 按桥梁多孔跨径总长或单孔跨径的长度，可分为特大桥、大桥、中桥、小桥。具体分类见表 4-1。

表 4-1　　　　　　　桥梁按多孔跨径总长或单孔跨径分类

桥梁分类	多孔跨径总长 L/m	单孔跨径 L_0/m
特大桥	$L>1000$	$L_0>150$
大桥	$1000 \geqslant L \geqslant 100$	$150 \geqslant L_0 \geqslant 40$
中桥	$100 > L > 30$	$40 > L_0 \geqslant 20$
小桥	$30 \geqslant L \geqslant 8$	$20 > L_0 \geqslant 5$

注　1. 单孔跨径是指标准跨径。梁式桥、板式桥以两桥墩中线之间桥中心线长度或桥墩中线与桥台台背前缘线之间桥中心线长度为标准跨径，拱式桥以净跨径为标准跨径。

　　2. 梁式桥、板式桥的多孔跨径总长为多孔标准跨径的总长。拱式桥为两岸桥台起拱线间的距离。其他形式的桥梁为桥面系的行车道长度。

(2) 按用途划分，有公路桥、铁路桥、公铁两用桥、农用桥、人行桥、运水桥（渡槽）及其他专用桥梁（如通过管路、电缆等）。

(3) 按主要承重结构所用的材料来分，有圬工桥、钢筋混凝土桥、预应力混凝土桥、钢桥、钢-混凝土结合梁桥和木桥等。

（4）按跨越障碍的性质来分，有跨河桥、跨线桥（立体交叉桥）、高架桥和栈桥。

（5）按上部结构的行车道位置分为上承式（桥面结构布置在主要承重结构之上）桥、下承式桥、中承式桥。

二、桥墩的构造

桥墩由墩帽、墩身和基础组成。墩帽是桥墩支承桥梁支座或拱脚的部分。桩柱式墩的桩柱通过墩帽连接为整体。墩身是桥墩承重的主体结构。基础是介于墩身与地基之间的传力结构。

桥墩的构造形式非常多，大致可分为实体桥墩、空心桥墩、桩柱式桥墩、轻型桥墩及柔性排架桥墩。

1. 实体桥墩

实体桥墩属于重力式桥墩，由基础、墩帽和墩身构成，如图 4-6 所示。

基础是介于墩身与地基之间的传力结构，可以把荷载扩散入地基土中。基础的种类很多，重力式桥墩下的基础主要采用设置在天然地基上的刚性扩大基础。它一般采用片石混凝土或用浆砌块石砌筑而成。基础的平面尺寸较墩身底截面尺寸略大，四周放大的尺寸每边为 0.25~0.75m。基础可以做成单层的，也可以做成 2~3 层台阶式的。基础的埋置深度，除岩石地基外，应在天然地面或河底以下不少于 1m。

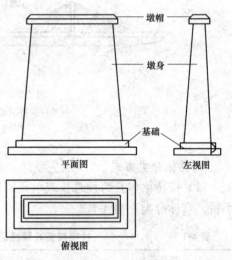

图 4-6　实体桥墩组成

墩帽是桥墩顶端的传力部分，它通过支座承托着上部结构，并将相邻两孔桥上的恒载和活载传到墩身上，因此墩帽的强度要求较高，一般都用 C20 以上的混凝土做成。除此以外，在一些桥面较宽、墩身较高的桥梁中，为了节省墩身及基础的圬工体积，常常利用挑出的悬臂或托盘来缩短墩身横向的长度。悬臂式或托盘式墩帽一般采用 C20 或 C25 钢筋混凝土。墩帽长度和宽度根据上部结构的形式和尺寸、支座的布置方式等确定。在支座下面，墩帽内应设置钢筋网，对墩帽集中受荷处予以加强。

墩身是桥墩的主体。墩身平面可以做成圆端形或尖端形，在有强烈流水或大量漂浮物的河道上，桥墩的迎水面应做成破冰棱体。

2. 空心桥墩

空心桥墩是指在一些高大桥墩的建筑中，将墩身内部做成空腔体，从而减小圬工体积，节约材料，减轻自重，减少软弱地基的负荷。这种桥墩只是自重较实体桥墩轻，在外形上与实体桥墩并无大的差别。

3. 桩柱式桥墩

桩柱式桥墩是由分离的两根或多根立柱（或桩柱）所组成的。墩身沿桥横向常由 1～4 根立柱组成，柱身为 0.6～1.5m 的大直径圆柱。当墩身高度大于6～7m 时，应设横系梁。其特点是外形美观，圬工体积小，适用性较广，并可与桩基配合使用，因此，目前在较宽较大的城市桥和立交桥中应用广泛。

4. 轻型桥墩

城市桥梁对下部结构的造型美观比一般公路桥梁有更高的要求。国内外近几年来涌现出了各种造型的轻型桥墩，各种造型的轻型桥墩如图 4-7 所示。

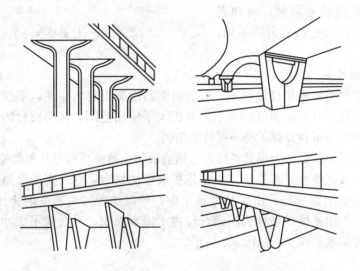

图 4-7　各种造型的轻型桥墩

5. 柔性排架桩墩

柔性排架桩墩是由单排桩或双排桩组成的桥墩。一排桩的桩数一般与上部结构的主梁数目相等。将各桩顶连在一起的盖梁可用混凝土制作。这种桥墩所用的桩尺寸较小，它按柔性结构设计，可以通过一些构造措施，将上部结构传来的水平力传递到全桥的各个柔性墩台或相邻的刚性墩台上，以减少单个柔性墩所受到的水平力，从而达到减小桩墩截面的目的。

三、桥台的构造

桥台是指在岸边或桥孔尽端介于桥梁与路堤连接处的支撑结构物。它起着支承上部结构和连接两岸道路，同时还要挡住桥台背后填土的作用。桥台具有多种形式，主要分为重力式桥台和轻型桥台。

1. 重力式桥台

重力式桥台是依靠自重来保持桥台稳定的刚性实体，它适于用石料砌筑，要求地基土质良好。重力式桥台的平面形状有 U 形（见图 4-8）、T 形以及山形等。U 形桥台的整体性好，施工方便，但是台背易积水，故在台后填土中应设盲沟排水，以免发生土的冻胀。在土质地基上，翼墙同前墙相会合处应设置隔缝，将两者分开砌筑，以避免两者沉降不均，产生破坏。

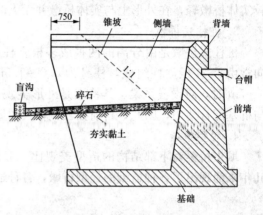

图 4-8 U 形桥台

2. 轻型桥台

轻型桥台的体积和自重较小，一般由钢筋混凝土材料建造，不仅节省了材料，而且降低了对地基强度的要求，并扩大了应用范围。轻型桥台的出现为在软土地基上修建桥台开辟了经济可行的途径。

常用的轻型桥台分为埋置式桥台、钢筋混凝土薄壁桥台等几种类型。

（1）埋置式桥台是埋置于路堤锥体护坡中的桥台，它仅露出台帽以上的部分以支承桥梁上部结构，由于是埋置土中，所以这种桥台所受的土压力很小，稳定性好。但因锥体护坡伸入河道，侵占了泄水面积，易受到水流冲刷，因此要十分重视护坡的保护，如图 4-9 所示。

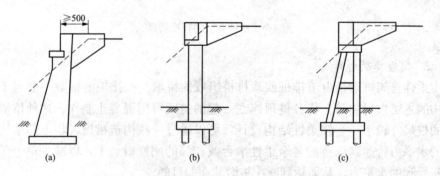

图 4-9 埋置式桥台
(a) 重力式；(b) 桩柱式；(c) 框架式

（2）薄壁桥台是以 L 形薄壁墙做成的桥台。这种桥台有前墙和扶壁，前墙是主要承重部分，扶壁设于前墙背面，支撑于墙底板上。扶壁有若干道，其作

用是增加前墙的刚度。台帽置于前墙顶部。底板上方的填土有助于保持桥台的
稳定，如图 4-10 所示。

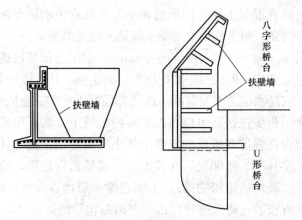

图 4-10　钢筋混凝土薄壁桥台

四、桥面的构造

桥面构造通常包括桥面铺装、防水和排水设备、伸缩装置、人行道、栏杆
或护栏和灯柱等构造，如图 4-11 所示。这些设施尽管对桥梁的主体承载力影响
不大，但其构造及质量直接影响桥梁的使用性能。桥面构造敞露对大气影响十
分敏感，且多是地方标志建筑，对美观的要求也很高。

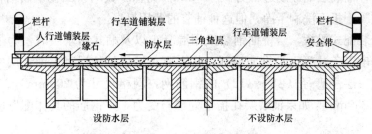

图 4-11　桥面构造横截面

1. 桥面铺装

钢筋混凝土和预应力混凝土梁桥的桥面铺装，目前采用的形式有以下几种。

（1）对位于非冰冻地区的桥梁需作适当的防水时，可在桥面板上铺筑 80～
100mm 厚的防水混凝土作为铺装层。防水混凝土的强度等级一般不低于桥面板
混凝土的强度等级，为了延长桥面的使用年限，宜在上面铺筑 30～60mm 厚的
沥青混凝土作为可修补的磨耗层。

（2）在非严寒地区的小跨径桥上，多采用沥青混凝土或普通水泥混凝土铺

装，通常桥面内可不做专门的防水层，而直接在桥面上铺筑 50~80mm 的沥青混凝土或普通水泥混凝土铺装层。为了防滑或减弱光线的反射，最好将混凝土做成粗糙表面。沥青混凝土铺装层质量较小，维修养护也较方便，在铺筑后几个小时就能通车营运。桥上的沥青混凝土铺装可做成单层式的（50~80mm）或双层式的（底层 40~50mm，面层 30~40mm）。混凝土铺装层造价低，耐磨性能好，适合于重载交通，但其养护期比沥青混凝土长，日后修补也较麻烦。

（3）具有贴式防水层的水泥混凝土或沥青混凝土铺装。在防水程度要求高，或在桥面板位于结构受拉区而可能出现裂纹的桥梁上，需采用柔性的贴式防水层。贴式防水层设在强度等级低的混凝土排水三角垫层上面，其做法是：先在垫层上用水泥砂浆抹平，待硬化后在其上涂一层热沥青底层，随即贴上一层油毛毡（或麻袋布、玻璃纤维织物等），上面再涂一层沥青胶砂，贴一层油毛毡，最后再涂一层沥青胶砂。通常这种所谓"三油两毡"的防水层，其厚度为 10~20mm。为了保护贴式防水层不致因铺筑和翻修路面而受到损坏，在防水层上需用厚约 40mm、强度等级不低于 C20 的细骨料混凝土作为保护层。等它达到足够强度后再铺筑沥青混凝土或水泥混凝土路面铺装。由于这种防水层的造价高，施工也麻烦、费时，故应根据建桥地区的气候条件、桥梁的重要性等，在技术和经济上经充分考虑后再采用。

此外，国外也曾使用环氧树脂涂层来达到抗磨耗、防水和减小桥梁恒载的目的。这种铺装层的厚度通常为 3~10mm。为保证其与桥面板牢固结合，涂抹前应将混凝土板面洗刷干净，但这种铺装的费用昂贵。

对于装配式梁桥，当桥面铺装采用混凝土以及贴式防水层时，为了加强接缝处的强度以免混凝土沿纵向裂开，就需要在接缝处的混凝土铺装层内或保护层内设置一层小直径（$\phi 8 \sim \phi 12$）的钢筋网，网格尺寸为 200mm×200mm 或 250mm×250mm。如果铺装层在接缝处参与受力，则钢筋的具体配置应由计算确定。

2. 桥面排水设施

桥面排水包括纵横坡排水和泄水管排水。

（1）桥面纵横坡。桥面的纵坡可以使雨水纵向流动，纵坡坡度大小一般不超过 3%~4%。桥面的横坡是桥面横向排水的措施，横坡坡度大小一般为 1.5%~2%。横坡形成的方式有三种：利用墩台顶部形成横坡；利用三角垫层形成横坡；利用梁体行车道板的倾斜形成横坡。

（2）泄水管。当桥面纵坡坡度大于 2%、桥长小于 50m 时，桥面可以不设泄水管。当桥面纵坡坡度大于 2%、桥长大于 50m 时，桥面需要设置泄水管，且应每隔 12~15m 设置一个。当桥面纵坡坡度小于 2% 时，应每隔 6~8m 设置一个泄水管。

泄水管宜设置在行车道边缘，距离缘石100～500mm，可以沿行车道两侧对称布置，也可交错布置。

城市桥梁宜设置封闭式排水系统，使流入泄水管的雨水汇集入排水管，再流入地面排水设施或河流中。

泄水管也可布置在人行道下面。桥面水通过设在缘石或人行道构件侧面的进水孔流入泄水孔，并在泄水孔的三个周边设置相应的聚水槽，起到聚水、导流和拦截作用。为防止大块垃圾进入堵塞泄水道，在进水的入口处设置金属栅门。常用的泄水管有金属泄水管和钢筋混凝土泄水管等。

3. 桥梁伸缩装置

桥梁伸缩装置用于设置桥梁伸缩缝，其主要用途是满足桥梁上部结构的变形。传统的伸缩装置有梳齿板式伸缩装置、板式橡胶伸缩装置。随着科技的发展，各种各样的新型伸缩装置不断涌现，其中使用得较多的有异形钢单缝式伸缩装置、模数式伸缩装置、改性沥青填充型伸缩装置等，特别是各种型号的异型钢单缝式伸缩装置、模数式伸缩装置，在公路桥梁建设中应用广泛，日渐成为伸缩装置的主流。

桥梁伸缩装置在桥梁结构中直接承受车轮荷载的反复冲击作用，而且长期暴露在大气中，使用环境条件比较恶劣，属于桥梁结构中最易受到破坏的部分。因此，桥梁伸缩装置必须具备良好的平整度和足够的承载力，防水、防尘，经久耐用，而且便于更换。

（1）梳齿板式伸缩装置。梳齿板式伸缩装置由两块梳齿钢板组合而成，主要结构包括梳齿钢板、锚栓、排水槽等。在梳齿钢板下加橡胶止水带便形成防水型伸缩缝。一般适用于伸缩量不大于300mm的桥梁工程。此种伸缩装置耐久性好，但造价较高。

（2）板式橡胶伸缩装置。板式橡胶伸缩装置是我国使用得较早的一种伸缩装置，它依靠橡胶的剪切变形来适应桥面的伸缩位移，适用于伸缩量小于60mm的桥梁工程。这种伸缩装置由若干块与加劲钢板组合的橡胶板横向拼接组成（每块1m），分段组装，采用螺栓连接。板式橡胶伸缩装置具有结构简单、施工方便、造价低廉、容易更换等优点。但其耐久性不是很好，容易损坏，损坏后会造成桥头跳车。

目前还有一类组合式橡胶伸缩装置，该类伸缩装置由橡胶和钢托板组合而成，适用于伸缩量不大于120mm的桥梁工程。

板式橡胶伸缩装置和组合式橡胶伸缩装置不宜用于高速公路和一级公路以上的桥梁工程。

（3）模数式伸缩装置。随着桥梁跨径的增大，伸缩量也随之增大，为适应此种情况，目前出现了一种由异型钢梁和橡胶密封带组合而成的模数式伸缩装置。模数式伸缩装置中的钢梁承担车辆荷载，橡胶条提供伸缩量。该伸缩装置具有防水性好、平整度高、伸缩量大、耐久性好等优点，目前使用得非常广泛，有取代板式橡胶伸缩装置的趋势。

模数式伸缩装置有很多型号，其中，GQF-MZL 型、GQF-C 型桥梁伸缩装置是该类伸缩装置中使用较广泛的两种。GQF-MZL 型伸缩装置是由边梁、中梁、横梁、位移控制系统、橡胶密封带等部分组成的系列伸缩装置。该伸缩装置的承重结构和位移控制系统分开，两者受力时互不干扰，分工明确，既能保证受力时安全，又能达到位移均匀。GQF-MZL 型伸缩装置对弯桥、坡桥、斜桥、宽桥适应能力强，可满足各种桥梁结构使用要求，适用于伸缩量 80～1200mm 的大中型桥梁。GQF-C 型伸缩装置是单缝式伸缩装置，由一条橡胶密封条、一组钢质边梁及锚固件组成，具有与桥面接合平顺、结构简单、密封止水、伸缩灵活、行车平稳、使用寿命长的特点，适用于伸缩量不大于 80mm 的各种桥梁。

（4）改性沥青填充型伸缩装置。改性沥青填充型伸缩装置是由橡胶、沥青等为主的高分子聚合物与碎石拌和后，填充于桥梁伸缩缝槽口内而形成的一种无缝伸缩装置。该伸缩装置与前后的桥面或路面铺装形成连续体，桥面平整无缝，构造简单，施工方便快速，防水可靠，较适合于伸缩量小于 50mm 的中小型桥梁。

4. 人行道

人行道用路缘石或护栏及其他类似设施加以分隔。人行道的结构多种多样，宽度可取 0.75m 或 1m。宽度大于 1m 时应按 0.5m 的倍数递增。若桥梁两侧无人行道，则应设安全带，宽度为 0.50～0.75m，高度应不小于 0.25m。

人行道按施工方法的不同，分为就地浇筑式、装配现浇混合式及预制装配式三种。就地浇筑式现已很少使用，装配现浇混合式和预制装配式在桥梁中使用较多。装配现浇混合式人行道部分构件预制，部分构件现浇，施工灵活方便。预制装配式人行道是将人行道做成预制块件，然后进行安装。按预制块件的形式可分为整体式和分块式两种。预制装配式人行道具有构件标准化、拼装简单化等优点。

5. 栏杆

栏杆设置于桥梁两边或中央分隔带处，主要设置于城市桥梁，既防止行人和非机动车辆掉入桥下，又兼具装饰性，通常不具有防止失控车辆越出桥外的功能。

栏杆由立柱、扶手、栏杆板（柱）等组成，制作材料常用混凝土、钢筋混凝土、花岗石、金属或金属与混凝土。

第二节 城市桥梁施工准备

一、施工技术准备

施工准备工作的基本任务是为桥梁工程的施工准备必要的技术和物资条件，统筹安排施工力量和施工现场布置。技术准备是施工准备的核心。任何技术上的差错和隐患都可能危及人身安全和造成质量事故，带来财产、生命和经济的巨大损失，因此做好技术准备工作至关重要。

1. 熟悉、审查设计图和有关的设计资料

施工单位在收到拟建工程的设计图和有关技术文件后，应尽快组织工程技术人员熟悉、研究所有技术文件和图样，从而能够发现设计图中存在的问题和错误，使其在施工开始之前改正，为拟建工程的施工提供一份准确、齐全的设计图纸，顺利地进行施工，建造出符合设计要求的桥梁工程。

（1）审查内容包括以下几个方面。

1）审查设计是否符合国家有关方针、政策，设计图纸是否齐全，图样本身及相互之间有无错误和矛盾，图样和说明书是否一致。

2）掌握设计内容及技术条件、弄清工程规模、结构形式和特点，了解生产工艺流程及生产单位的要求，各个单位工程配套投产的先后次序和相互关系，掌握设备数量及其交付日期。

3）熟悉土层、地质、水文等勘查资料，审查地基处理和基础设计，审查建筑物与地下构筑物、管线之间的关系，熟悉建设地区的规划资料等。

4）明确建设期限、分批分期建设及投产的要求。

（2）审查时的依据有以下几种。

1）设计、施工验收规范和有关技术规定（应是最新相关国家或行业规范，并与设计文件相协调）。

2）调查、搜集的原始资料。

3）业主单位和设计单位提供的初步设计、施工图设计、总平面图等资料文件。

（3）审查施工图样和有关设计资料的程序通常分为自审、会审和现场签证三个阶段。

1）自审阶段。施工单位收到拟建工程的设计图和有关技术文件后，应尽快组织有关的工程技术人员熟悉和自审图样，写出自审图样记录。

2）会审阶段。由监理单位主持，由业主单位、设计单位和施工单位参加，三方进行设计图样的会审。会审时，首先由设计单位的工程主设计师向与会者说明相关设计事宜。然后施工单位根据自审记录以及对设计意图的了解，提出对设计图样的疑问和建议。最后在统一认识的基础上，对所探讨的问题逐一地做好记录，形成"图纸会审纪要"，由施工单位正式行文，参加单位共同会签、盖章，作为与设计文件同时使用的技术文件的指导施工的依据，和业主单位与施工单位进行工程结算的依据。

3）现场签证阶段。在拟建工程施工的过程中，如果发现施工的条件与设计图的条件不符，或者发现图样中仍然有错误，或者因为材料的规格、质量不能满足设计要求，或者因为施工单位提出了合理化建议，需要对设计图样进行及时修订时，应遵循技术核定和设计变更的签证制度，进行图样的施工现场签证。在施工现场的图纸修改、技术核定和设计变更资料都要有正式的文字记录，归入拟建工程施工档案，作为指导施工、竣工验收和工程结算的依据。

2. 现场签证易出现的问题及措施

（1）签证不及时。特别是对于那些隐蔽工程，发生时没有及时办理签证，到竣工决算时再履行补签手续，容易引起建设单位和施工单位的纠纷，工程审计人员也无法核准工程量。

（2）签证不全。施工单位为了虚增工程量，对那些因变更而减少的分项工程故意漏签。

（3）签证失真。对于那些隐蔽工程签证不真实，施工单位利用其隐蔽性，多计工程量。有的签证是因施工单位利用建设单位的现场管理人员对工程造价方面的有关规定不了解，故意诱导其误签。再有就是签证要素不全。现场签证一般需要业主、监理、施工单位三方共同签字，现场签证的内容也应该具体明确、便于计量。但审计发现，有的现场签证存在缺少一方甚至两方的签字，签证内容也往往存在较多缺项，给工程审计工作带来一定的困难。

针对上述问题，应当采取的措施有以下几个方面。

1）建设单位的基建管理队伍要配备专业的造价控制管理人员，对现场签证实施有效的控制和审查。

2）健全现场签证制度和相关责任追究制度。现场签证项目要及时全面，做到一事一签，及时处理，防止遗漏。现场签证内容要明确真实，实测实量，要素齐全。

3）进一步增强建设、监理、施工单位的相关人员的责任意识和道德修养，实事求是地做好现场签证，确保工程建设项目的现场签证制度化、规范化。

3. 原始资料的调查分析

对拟建工程进行实地勘察，进一步获得有关原始数据的第一手资料，对于正确选择施工方案、制定技术措施、合理安排施工顺序和施工进度计划是非常必要的。因此应该做好以下几个方面的调查分析。

（1）自然条件的调查分析。工程所在地区自然条件的调查分析的主要内容有：地区水准点和绝对标高等情况；地质构造、土的性质和类别、地基土的承载力；地震级别和烈度等情况；河流流量和水质、最高洪水和枯水期的水位等情况；地下水位的高低变化以及含水层的厚度、流向和水质等情况；气温、雨、雪、风和雷电等情况；土的冻结深度和冬雨期的期限等情况。

（2）技术经济条件的调查分析。建设地区技术经济条件的调查分析的主要内容有：地方建筑施工企业的状况；施工现场的征地拆迁状况；当地可利用的地方材料状况；地方能源和交通运输状况；地方劳动力和技术水平状况；当地生活供应和医疗卫生状况；当地消除、治安状况和参加施工单位的力量状况。

4. 施工前的技术交底

技术交底一般由建设单位（业主）主持，设计师、工程监理和施工单位（承包商）参加，交底时应全部到达施工现场。先由设计单位说明工程的设计依据、思路和施工工艺要求，并对特殊结构、新材料、新工艺和新技术提出设计要求，进行技术交底。然后由施工单位根据研究图样的记录以及对设计意图的理解，提出对设计图的疑问、建议和变更。最后在统一认识的基础上，对所探讨的问题逐一做好记录，即"设计技术交底纪要"，由建设单位正式行文，参加单位共同会签盖章，作为与设计文件同时使用的技术文件和指导施工的依据，以及建设单位与施工单位进行工程结算的依据。

5. 编制施工组织设计

施工组织设计是施工准备工作的重要组成部分，也是指导工程施工中全部生产活动的基本技术经济文件。编制施工组织设计的目的在于全面、合理、有计划地组织施工，从而具体实现设计意图，优质高效地完成施工任务。

施工组织设计的内容，要结合工程对象的实际，一般包括以下基本内容。

（1）施工概况。施工概况包括拟建设工程的性质、内容、建设地点、地质气象条件、施工条件、建设总期限，建筑面积、使用的期限、资源条件、建设单位的要求等。

（2）施工方案选择。根据工程情况，综合人力、材料、机械设备、资金、施工方法等条件，全面安排施工顺序，仔细研究拟建工程可能采用的施工方案，从中选优。

（3）施工进度计划。施工进度计划反映了最佳施工方案在时间上的安排，采用先进的计划理论和计算方法，综合平衡进度计划，使工期、成本、资源等通过优化调整达到既定目标。在此基础上，编制相应的人力和时间安排计划、资源需要计划、施工准备计划。

107

（4）主要技术经济指标。技术经济指标用以衡量施工组织的水平，它是对施工组织设计文件的技术经济效益的全面评价。

（5）施工平面图。施工平面图是施工方案和进度在空间上的全面安排，它把投入的各项资源、材料、构件、机械、运输、工人的生产和生活活动场地及各种临时工程设施合理地布置在施工现场，使整个现场能有组织地进行文明施工。

6. 编制施工预算

施工预算是根据施工图、施工组织设计或施工方案、施工定额等文件进行编制的。施工预算是施工企业内部控制各项成本支出、考核用工、签发施工任务单、限额领料以及基层进行经济核算的依据，也是制定分包合同时确定分包价格的依据。

二、施工物资准备

施工物资如钢材、木材、水泥、砂石、施工设备、各种小型生产工具等是保证施工顺利进行的物质基础，这些物资的准备工作必须在工程开工之前完成。依照各种物资的计划需要量，分别落实货源，安排运输和储备，使其满足连续施工的要求。

物资准备工作主要包括建筑材料的准备、构件的加工准备、施工安装机具的准备。

1. 建筑材料的准备

分析施工预算，依照施工进度计划要求，按材料名称、规格、使用时间、材料储备定额和消耗定额进行汇总，编制出材料需要量计划，据此计划组织备料，确定仓库、堆场面积和组织运输。

2. 构件的加工准备

依据施工预算提供的构件名称、规格、质量和消耗量，确定加工方案和供应渠道，以及储存地点和方式，编制出其需要量计划，据此计划组织运输，确定堆场面积等。

3. 施工安装机具的准备

依据采用的施工方案安排施工进度，确定施工机械的类型、数量和进场时间，安排好施工机具的供应办法和进场后的存放地点及存货方式，编制施工安装机具的需要量计划，据此计划组织运输，确定堆场面积等。

4. 物质准备工作的程序

（1）依据施工预算、施工进度的安排和分项工程施工方法，计算施工过程中材料、生产工具等物资的需要量，拟订各种物资需要量计划。

（2）依据各种物资需要量计划，寻找、对比货源，确定加工、供应地点及供应方式，签订物资供应合同。

（3）依据各种物资的需要量计划和合同，结合地区交通运输状况，拟订运输计划和运输方案。

（4）按照施工总平面图的要求，监督、组织物资在规定的时间里进场，在指定好的地点，按照规定好的方式进行储存或堆放。

三、劳动组织准备

劳动组织准备是指在工地的领导机构确定之后，按照开工日期和劳动力需要量计划，组织劳动力进场，并且要进行安全、防火和文明施工等方面的教育，并安排好职工的生活。

1. 建立组织机构

建立组织机构应遵循的原则有以下几种。

（1）根据工程项目的规模、结构特点确定机构中各职能部门的设置。

（2）人员的配备应力求精干，以适应任务的需要。

（3）坚持合理分工与密切协作相结合，分工明确，责权具体，以便于指挥和管理。

2. 设置施工班组

施工班组的建立，应注意以下几点。

（1）认真考虑专业和工种之间的合理配置，技工和普（通）工的比例应满足合理的劳动组织。

（2）符合流水作业生产方式的要求。

（3）要制订出工程的劳动力需要量计划。

3. 组织劳动力进场

进场后应对工人进行技术、安全操作规程以及消防、文明施工等方面的培训教育。

4. 向施工班组、工人进行施工组织设计、计划和技术交底

在单位工程或分项工程开工之前，应将工程的设计内容、施工组织设计、施工计划和施工技术等要求，详尽地向施工班组和工人进行交底，以保证工程严格地按照设计图、施工组织设计、安全操作规程和施工验收规范等要求进行施工。新技术、新材料、新结构和新工艺的实施方案和保证措施要落实。图纸会审中所确定的有关部位的设计变更和技术核定等事项，有关部位的设计变更和技术措施等事项必须贯彻执行。

每个班组、工人接受施工组织设计、计划和技术交底后，要组织其成员认真地进行分析研究，弄清关键部位、质量标准、安全措施和操作要领。

四、施工现场准备

施工现场的准备工作，主要是为了给拟建工程的施工创造有利的施工条件

和物资保证，从而实现优质、高速、低消耗的目标。

1. 施工控制网测量

按照勘测设计单位提供的桥位总平面图和测图控制网中所设置的基线桩、水准标高以及重要标志的保护桩等资料，进行三角控制网的复测，并根据桥梁结构的精度要求和施工方案补充加密施工所需要的各种标桩，建立满足施工要求的平面和高程施工测量控制网。

2. 搞好"三通一平"

"三通一平"是指水通、电通、路通和场地平整。为了满足混凝土蒸汽养护及寒冷地区采暖的需要，还要考虑暖气供热的要求。

（1）水通。为了保证施工现场的生产和生活正常运行，拟建工程开工之前，必须按照施工总平面图的要求，接通施工用水和生活用水的管线，使其尽可能与永久性的给水系统结合起来，做好地面排水系统。

（2）电通。为了确保施工现场动力设备和通信设备的正常运行，拟建工程开工前，要按照施工组织设计的要求，接通电力和电信设施，如果无法接通外界电源，应提前做好发电设备的进场。

（3）路通。为了给建筑材料进场、堆放创造有利条件，拟建工程开工前，必须按照施工总平面图的要求，修好施工现场必要的临时性道路，形成完整畅通的运输网络。

（4）场地平整。按照施工需求，首先应拆除施工红线范围内的建筑物或构筑物，然后根据施工图规定的标高，进行挖（填）土方的工程量计算，确定场地平整的施工方案，进行场地平整工作。

3. 补充勘探

桥梁工程在初步设计时所依据的地质钻探资料往往因钻孔较少、孔位过远而不能满足施工的需要，因此必须对有些地质情况不甚明了的墩位进行补充钻探，为了进一步寻找施工场地范围内的枯井、防空洞、古墓、地下管道、暗沟和枯树根等隐蔽物，以便及时拟定处理隐蔽物的方案，为基础工程的施工创造有利条件。

4. 建造临时设施

按照施工总平面图的布置，建造所有生产、办公、生活、居住和储存等临时用房，以及临时便道、码头、混凝土搅拌站、构件预制场地等。

5. 安装、调试施工机具

按照施工机具拟订计划，组织施工机具进场，根据施工总平面图将施工机具安置在规定的地点或仓库。对于固定的机具要进行就位、搭棚、接电源、保养和调试等工作。对所有施工机具都必须在开工之前进行检查和试运转，保证机具设备处于完好状态。

6. 储存和堆放建筑构（配）件、制品和材料

按照材料的需要量计划，及时提出材料的试验申请计划，如混凝土和砂浆的配合比和强度、钢材的机械性能等试验，并组织材料进场，根据施工总平面图规定的地点和指定的方式进行储存和堆放。

第三节　模板工程施工

一、模板的分类

模板控制着构件的形状和尺寸，还影响混凝土工程进度及工程造价。模板在整个钢筋混凝土工程中所占比例较大，材料和劳动力消耗均比较多，因此，合理选择模板的材料、形式，对加快钢筋混凝土工程施工和降低造价有显著的效果。

1. 按材料分类

模板工程的材料种类很多，按所用的材料不同，分为木模板、钢木模板、胶合板模板、钢竹模板、钢模板、塑料模板、玻璃钢模板、铝合金模板等。模板材料的选用要根据建筑物的结构形状、工期要求、工程费用和当地材料来源、施工条件、施工方法等因地制宜地进行。

（1）木模板。木模板的树种可按各地区实际情况选用，取材灵活，制作容易，一般多为松木和杉木。由于木模板木材消耗量大、重复使用率低，为节约木材，模板和支撑最好由加工厂或木工棚加工成基本元件拼板，然后在现场，拼接出所需要的形状和尺寸。

拼板由一些板条用拼条钉拼而成，板条厚度一般为 25～50mm，宽度不宜超过 200mm。拼条的间距取决于新浇混凝土的侧压力和板条的厚度，多为 400～500mm。

（2）组合钢模板。组合钢模板是一种工具式模板，它由具有一定模数的很少类型的模板、角模、支撑件和连接件组成，用它可以拼出多种尺寸的几何形状，以适应各种结构类型，如梁、板、基础等施工的需要，可在现场直接组装拼成大模板，也可以预拼装成大块模板或构件模板用起重机吊运安装。

组合钢模板的优点包括：节约木材；混凝土成型质量好；轻便灵活、拆装方便，可用人力装拆；板块小、质量轻，存放、修理、运输方便；使用周转次数多，每套钢模可重复使用 50～100 次以上；每次摊销费比木模低。

（3）覆面胶合板。模板覆面胶合板是在胶合板表面经涂层或覆膜处理后制成的。模板用的竹胶合板通常主要由竹材采用酚醛树脂热压胶合而成。模板用的竹胶合板的长度为 1830～3000mm、宽度为 915～1500mm、厚度为 9～

111

18mm。通常长度方向是宽度方向的 2 倍左右，常用竹胶合板厚度为 12mm 和 15mm 两种。

覆面胶合板的优点有：表面平整光滑，加工灵活，每次使用前不必刷脱膜剂，用加设密封条和覆贴胶带纸等方法封堵拼缝；比木模板高效省力，可降低施工费用；比组合钢模板板块尺寸大、模板拼缝少、拼装效率高；浇筑的混凝土表面平整光滑，能减少其表面气泡，有效提高表面质量。

模板用的木胶合板通常由 5、7、9 等奇数层单板，厚 1.5～4.0mm，按相邻层的纹理方向相互垂直，经热压固化而胶合成型。

（4）塑料模板。塑料模板是以改性聚丙烯或增强聚乙烯为主要原料，采用注塑成型工艺制成的。塑料模板质轻、坚固、耐冲击、不易被腐蚀，施工简便，周转次数多，脱模后混凝土表面光滑，可节约木材、钢材，降低成本，但一次投资费用大。其常用类型有定型组合式模板，类似于组合钢模板。

（5）玻璃钢模板。玻璃钢模板以中碱玻璃丝布为增强材料、不饱和聚酯树脂为胶结材料，采用薄壁加肋的构造形式，用阴模逐层黏结成型。它与塑料模板相比，具有刚度大、模具制作方便、尺寸灵活、周转次数多等优点。

（6）充气橡胶管内模。现在桥梁工程上更多地采用充气橡胶管来代替木制内模，因为它更容易架设和拆除。在浇筑混凝土之前要事先用定位钢筋或压块将橡胶管的位置加以固定，以防止其上浮和偏位。泄气抽出橡胶管的时间长短与混凝土的强度和气温有关，也要根据试验来确定。

2. 按施工方法分类

（1）拼装式模板。拼装式模板是由各种尺寸的标准模板利用销钉连接，与拉杆和加劲构件等组成墩身所需的形状，可适应各种形式墩台的需要。拼装式模板的加工地点是在工厂内，因此具有板面平整、尺寸准确、质量较轻、体积小、运输方便等优点。

为了加快模板的装拆速度，在立模前宜将小块标准模板组装成若干大小相同的板扇，板扇大小按照墩台表面形状和吊装能力确定。墩台板扇分块，大块板扇的接长和加高可在立柱和横肋的接头处用接头板固定，并用销钉锁紧。

（2）整体吊装模板。整体吊装模板是将墩台模板水平分成若干段，每段模板组成一个整体，在地面拼装后吊装就位。其特点有：可将高空作业改为平地操作，施工安全。模板刚性较强，可少设或不设拉筋。利用外框架可作简易脚手，从而不需设置施工脚手。结构简单、装拆方便。其分段高度应视墩台尺寸、模板数量、浇筑混凝土的能力而定，一般宜为 2～4m。

（3）滑升模板。滑升模板适用于较高的墩台施工，常用的是液压滑升模板。滑升模板主要由模板、围圈、支撑杆、千斤顶、提升架、操作平台和吊架等构成，支撑杆和提升设备承受施工全部荷载。模板宽度应根据墩台形状和安装能力而定，一般设 0.5%～1.0% 的锥坡，高度宜采用 100～120cm。

（4）翻升模板。翻升模板是一种特殊钢模板，由三层模板组成一个基本单元，并配有随模板升高的混凝土接料平台即工作平台。当浇筑完上层模板的混凝土后，将最下层模板拆除翻上来并成为第四层模板。以此类推，循环施工。翻升模板能够用于有坡度的桥墩。

3. 支架的分类

在就地浇筑混凝土时往往需要搭设简易支架（脚手架）来支承模板、浇捣的钢筋混凝土及其他施工荷载的重量。构件吊装时，有时需要搭设简易支架作为临时支承结构。有时为了方便施工操作也要搭设简易支架。

（1）立柱式支架。立柱式支架常用于陆地或不通航河道以及桥墩不高的小跨径桥梁施工。其构造简单，常为钢管支架，排架由枕木或桩、立柱和盖梁组成。支架通常由排架和纵梁等构件组成。排架间距不小于 3m，一般为 4m。

陆地现浇桥梁，应在整平的地基上铺设碎石层或砂砾石层，在其上浇筑混凝土作为支架的基础。钢管排架纵、横向密排，下设槽钢支承钢管，常称之为满堂支架。钢管间距依桥高及现浇梁自重、施工荷载的大小而定，通常为 0.4～0.8m。钢管由扣件接长或搭接，上端用可调节的顶托固定纵、横龙骨，形成立柱式支架。搭设钢管支架要设置纵、横向水平加劲杆，桥较高时还需加剪刀撑，水平加劲杆与剪刀撑均需用扣件与立柱钢管连成整体。水中支架则需先设置基础和排架桩，钢管支架在排架上设置。

（2）梁式支架。根据跨径不同，梁可采用工字钢、钢板梁或钢桁梁。一般工字钢用于跨径小于 10m 的情况，钢板梁用于跨径小于 20m 的情况，钢桁梁用于跨径大于 20m 的情况。

（3）梁-柱式支架。梁-柱式支架用于桥梁较高、跨径较大或必须在支架下设孔通航或排洪的情况。梁支承在桥墩台以及临时支柱或临时墩上，形成多跨的梁-柱式支架。

4. 拱架的分类

拱架是常用于拱桥主拱圈混凝土和石拱桥、混凝土预制块等圬工拱桥施工的支架。

（1）按结构分类。拱架按结构分有支柱式、撑架式、桁式、扇形拱架等。

1）支柱式拱架。支柱式拱架一般可分为上下两部分，上部由斜梁、立柱、斜撑和拉杆组成拱架，下部由立柱和横向联系组成支架，上下部之间设置砂筒等卸落设备。拱架支柱间距小，结构简单且稳定性好，但立柱数目很多，适于设在干岸河滩和流速小、不受洪水威胁、不通航的河道上的不太高、跨度不大的拱桥。

2）撑架式拱架。撑架式拱架是实际施工中采用较多的一种形式。拱架的上部与满布立柱式拱架相同，其下部是用少数框架式支架加斜撑来代替众多数目的立柱，支点间距可较大，对于较大跨径且桥墩较高的拱桥施工时，可节省材料，而且能在桥孔下留出适当的空间，减小洪水及漂流物的威胁，并在一定程度上满足通航的要求。

3）桁式拱架。通常用贝雷梁或万能杆件拼装组成。一般拱架在横向可由若干组拱片组成，各组拱片横向联结成整体，以便拱架能适应施工荷载产生的变形。

4）扇形拱架。扇形拱架是从桥中的一个基础上设置斜杆，并连成整体的扇形，用来支承砌筑的施工荷载。扇形拱架比撑架式拱架复杂，但支点间距可以比撑架式拱架更大些，尤其适合在拱度很大时采用。

（2）按材料分类。拱架按材料分有钢拱架、组合式拱架、土牛拱胎和木拱架。目前常采用钢拱架或钢木组合拱架。

1）钢拱架。钢拱架一般用常备构件拼装，宜在多跨拱桥中选用。一次投资大，但可多次周转使用。钢拱架常采用桁架式，由单片拱形桁架构成。拱片之间的距离可为 0.4～1.9m。由于钢拱架本身具有很大的重量，且多用在大跨径拱桥的建造上，故在安装时，还需借助临时墩和起吊设备，将它分为若干节段后再拼装而成。施工完毕后，借助临时墩逐段将它拆除。

2）组合式拱架。组合式拱架常在木支架上把钢梁用作斜梁，可以加大支架的间距，在钢架上可设置变高的横木形成拱度，并用以支承模板。

3）土牛拱胎。土牛拱胎是在缺乏钢木地区，先在桥下用土或砂、卵石填筑一个土胎，然后在上面砌筑拱圈，待拱圈完成后将填土清除。

4）木拱架。木拱架的加工、制作简单，架设方便，但材料消耗较多，在当前已很少用。

二、模板与支架的设计、制作、安装与拆除

1. 模板、支架和拱架的设计与验算

（1）模板、支架和拱架应结构简单、制造与装拆方便，应具有足够的承载能力、刚度和稳定性，并应根据工程结构形式、设计跨径、荷载、地基类别、施工方法、施工设备和材料供应等条件及有关标准进行施工设计。施工设计应包括下列内容。

1）工程概况和工程结构简图。

2）结构设计的依据和设计计算书。

3）总装图和细部构造图。

4）制作、安装的质量及精度要求。

5）安装、拆除时的安全技术措施及注意事项。

6）材料的性能要求及材料数量表。

7）设计说明书和使用说明书。

（2）钢模板和钢支架的设计应符合《钢结构设计规范》（GB 50017—2003）的规定，采用冷弯薄壁型钢时应符合《冷弯薄壁型钢结构技术规范》（GB 50018—2002）的规定。采用定型组合钢模板时应符合《组合钢模板技术规范》（GB/T 50214—2013）的规定。木模板和木支架的设计应符合《木结构设计规范》（GB 50005—2003）的规定。

采用定型钢管脚手架作为支架材料时，支架的设计应分别符合《建筑施工碗扣式钢管脚手架安全技术规范》（JGJ 166—2008）、《建筑施工门式钢管脚手架安全技术规范》（JGJ 128—2010）或《建筑施工扣件式钢管脚手架安全技术规范》（JGJ 130—2011）的规定。采用滑模应遵守《滑动模板工程技术规范》（GB 50113—2005）的规定。采用其他材料的模板和支架的设计应符合其相应的专门技术规定。

（3）设计模板、支架和拱架时应按表4-2进行荷载组合。

表 4-2　　　　　　　　　　　设计模板、支架和拱架的荷载组合表

模板构件名称	荷 载 组 合	
	计算强度用	验算刚度用
梁、板和拱的底模及支承板、拱架、支架等	①+②+③+④+⑦+⑧	①+②+⑦+⑧
缘石、人行道、栏杆、柱、梁板、拱等的侧模板	④+⑤	⑤
基础、墩台等厚大结构物的侧模板	⑤+⑥	⑤

注　表中代号意思如下：
①模板、拱架和支架自重。
②新浇筑混凝土、钢筋混凝土或圬工、砌体的自重力。
③施工人员及施工材料机具等行走运输或堆放的荷载。
④振捣混凝土时的荷载。
⑤新浇筑混凝土对侧面模板的压力。
⑥倾倒混凝土时产生的水平向冲击荷载。
⑦设于水中的支架所承受的水流压力、波浪力、流冰压力、船只及其他漂浮物的撞击力。
⑧其他可能产生的荷载，如风雪荷载、冬期施工保温设施荷载等。

（4）验算模板、支架和拱架的抗倾覆稳定时，各施工阶段的稳定系数均不得小于1.3。

（5）验算模板、支架和拱架的刚度时，其变形值不得超过下列规定。

1）结构表面外露的模板挠度为模板构件跨度的1/400。

2）结构表面隐蔽的模板挠度为模板构件跨度的1/250。

3）拱架和支架受载后挠曲的杆件，其弹性挠度为相应结构跨度的1/400。

4）钢模板的面板变形值为 1.5mm。

（6）模板、支架和拱架的设计中应设施工预拱度。施工预拱度应考虑下列因素。

1）设计文件规定的结构预拱度。

2）支架和拱架承受全部施工荷载引起的弹性变形。

3）受载后由于杆件接头处的挤压和卸落设备压缩而产生的非弹性变形。

（7）设计预应力混凝土结构模板时，应考虑施加预应力后构件的弹性压缩、上拱及支座螺栓或预埋件的位移等。

（8）支架立柱在排架平面内应设水平横撑。立柱高度在 5m 以内时，水平撑不得少于两道，立柱高于 5m 时，水平撑间距不得大于 2m，并应在两横撑之间加双向剪刀撑。在排架平面外应设斜撑，斜撑与水平交角宜为 45°。

（9）支架的地基与基础设计应符合所在地现行地标的规定，并应对地基承载力进行计算。

2. 模板、支架和拱架的制作与安装

（1）支架和拱架搭设之前，应按《钢管满堂支架预压技术规程》（JGJ/T 194—2009）要求，预压地基合格并形成记录。

（2）支架立柱必须落在有足够承载力的地基上，立柱底端必须放置垫板或混凝土垫块。支架地基严禁被水浸泡，冬期施工必须采取防止冻胀的措施。

（3）支架通行孔的两边应加护桩，夜间应设警示灯。施工中易受漂流物冲撞的河中支架应设牢固的防护设施。

（4）在安设支架、拱架过程中，应随安装随架设临时支撑。采用多层支架时，支架的横垫板应水平，立柱应铅直，上下层立柱应在同一中心线上。

（5）支架或拱架不得与施工脚手架、便桥相连。

（6）钢管满堂支架搭设完毕后，应按《钢管满堂支架预压技术规程》（JGJ/T 194—2009）要求，预压支架合格并形成记录。

（7）支架、拱架安装完毕，经检验合格后方可安装模板。安装模板应与钢筋工序配合进行，妨碍绑扎钢筋的模板，应待钢筋工序结束后再安装。安装墩、台模板时，其底部应与基础预埋件连接牢固，上部应采用拉杆固定。模板在安装过程中，必须设置防倾覆设施。

（8）模板与混凝土接触面应平整、接缝严密。组合钢模板的制作、安装应符合现行国家标准《组合钢模板技术规范》（GB/T 50214—2013）的规定。钢框胶合板模板的组配面板宜采用错缝布置。高分子合成材料面板、硬塑料或玻璃钢模板，应与边肋及加强肋连接牢固。

（9）当采用充气胶囊作空心构件芯模时，其安装应符合下列规定。

1）胶囊在使用前应经检查确认无漏气。

2）从浇筑混凝土到胶囊放气止，应保持气压稳定。

3）使用胶囊内模时，应采用定位箍筋与模板连接固定，防止上浮和偏移。

4）胶囊放气时间应经试验确定，以混凝土强度达到能保持构件不变形为度。

（10）浇筑混凝土和砌筑前，应对模板、支架和拱架进行检查和验收，合格后方可施工。

（11）模板工程及支撑体系施工属于危险性较大的分部分项工程，施工前应编制专项方案。超过一定规模的还应对专项施工方案进行专家论证。

3. 模板、支架和拱架的拆除

（1）模板、支架和拱架拆除应符合下列规定。

1）非承重侧模应在混凝土强度能保证结构棱角不损坏时方可拆除，混凝土强度宜为 2.5mPa 及以上。

2）芯模和预留孔道内模应在混凝土抗压强度能保证结构表面不发生塌陷和裂缝时，方可拔出。

3）钢筋混凝土结构的承重模板、支架，应在混凝土强度能承受其自重荷载及其他可能的叠加荷载时，方可拆除。

（2）浆砌石、混凝土砌块拱桥拱架的卸落应遵守下列规定。

1）浆砌石、混凝土砌块拱桥应在砂浆强度达到设计要求强度后卸落拱架，设计未规定时，砂浆强度应达到设计标准值的 80％以上。

2）跨径小于 10m 的拱桥宜在拱上结构全部完成后卸落拱架。中等跨径实腹式拱桥宜在护拱完成后卸落拱架。大跨径空腹式拱桥宜在腹拱横墙完成（未砌腹拱圈）后卸落拱架。

3）在裸拱状态卸落拱架时，应对主拱进行强度及稳定性验算并采取必要的稳定措施。

（3）模板、支架和拱架拆除应遵循先支后拆、后支先拆的原则。支架和拱架应按几个循环卸落，卸落量宜由小渐大。每一循环中，在横向应同时卸落、在纵向应对称均衡卸落。简支梁、连续梁结构的模板应从跨中向支座方向依次循环卸落。悬臂梁结构的模板宜从悬臂端开始顺序卸落。

（4）预应力混凝土结构的侧模应在预应力张拉前拆除。底模应在结构建立预应力后拆除。

第四节 明挖基础施工

一、基坑围堰

围堰是一种临时性的挡水结构物。在河岸或水中修筑墩台时，为防止河水由基坑顶面浸入基坑，需要修筑围堰。基坑开挖之前，在基础范围的四周修筑挡水堤坝，将水挡住，然后排除围堰内的水，如排水较困难，也可在围堰内进行水下挖土，挖至预定标高后先灌注水下封底混凝土，再将水抽干，然后继续修筑基础。使基坑开挖在无水的情况下进行，基础完工后拆除围堰。围堰所用的材料和形式应根据当地水文、地质条件，材料来源及基础形式而定。

在水中修筑的围堰种类很多，有土围堰、土袋围堰、钢板桩围堰、钢筋混凝土板桩围堰等。

1. 一般规定

(1) 围堰高度应高出施工期间可能出现的最高水位（包括浪高）0.5~0.7m。

(2) 围堰外形一般有圆形、圆端形（上、下游为半圆形，中间为矩形）、矩形、带三角的矩形等。围堰外形直接影响堰体的受力情况，必须考虑堰体结构的承载力和稳定性。围堰外形还应考虑水域的水深，以及因围堰施工造成河流断面被压缩后，流速增大引起水流对围堰、河床的集中冲刷和对航道、导流的影响。

(3) 堰内平面尺寸应满足基础施工的需要。

(4) 围堰要求防水严密，减少渗漏。

(5) 堰体外坡面有受冲刷危险时，应在外坡面设置防冲刷设施。

2. 各类围堰适用范围

各类围堰适用范围见表 4-3。

表 4-3　　　　　　　　　　　围堰类型及适用条件

围堰类型		适 用 条 件
土石围堰	土围堰	水深≤1.5m，流速≤0.5m/s，河边浅滩，河床渗水性较小
	土袋围堰	水深≤3.0m，流速≤1.5m/s，河床渗水性较小，或淤泥较浅
	木桩竹条土围堰	水深1.5~7m，流速≤2.0m/s，河床渗水性较小，能打桩，盛产竹木地区
	竹篱土围堰	水深1.5~7m，流速≤2.0m/s，河床渗水性较小，能打桩，盛产竹木地区
	竹、铅丝笼围堰	水深4m以内，河床难以打桩，流速较大
	堆石土围堰	河床渗水性很小，流速≤3.0m/s，石块能就地取材
板桩围堰	钢板桩围堰	深水或深基坑，流速较大的砂类土、黏性土、碎石土及风化岩等坚硬河床。防水性能好，整体刚度较强
	钢筋混凝土板桩围堰	深水或深基坑，流速较大的砂类土、黏性土、碎石土河床。除用于挡水防水外还可作为基础结构的一部分，也可采取拔除周转使用，能节约大量木材
钢套筒围堰		流速≤2.0m/s，覆盖层较薄，平坦的岩石河床，埋置不深的水中基础，也可用于修建桩基承台
双壁围堰		大型河流的深水基础，覆盖层较薄、平坦的岩石河床

3. 土围堰的施工要点

(1) 水深 1.5m 以内、水流流速 0.5m/s 以内，河床土质渗水较小时，可筑土围堰。当堰外边坡设有防护措施时，流速范围可略超过 0.5m/s 的规定。

(2) 堰顶宽度可为 1~2m。当采用机械挖基时，应视机械的种类确定，但不宜小于 3m。堰外边坡迎水流冲刷的一侧，边坡坡度宜为 1:3~1:2，背水冲刷的一侧的边坡坡度可在 1:2 之内，堰内边坡宜为 1:1.5~1:1，内坡脚与基坑的距离根据河床土质及基坑开挖深度而定，但不得小于 1m。

(3) 筑堰材料宜用黏性土或砂夹黏土填出水面之后应进行夯实。采用筑堰土料的原则是不渗水、易压实，遇水不致泡软成泥浆，因此，纯黏土并不是好的筑堰土料。砂土渗水量大，黏聚力小，易发生管涌、翻砂，不能用于填筑土围堰。

(4) 在筑堰之前，必须将堰底以下河床底以上的树根、石块及杂物清除干净。否则不易夯压并易形成渗水孔道。填筑围堰自上游开始筑至下游合龙，这样做的目的是减小围堰填筑过程中的水流冲刷，易于填筑牢固。

(5) 因筑堰引起流速增大使堰外坡面有可能受到冲刷时，可在外坡面加铺草皮、柴排、片石或土袋等加以防护。当缺黏质土时也可用河砂填筑，必要时加设黏性土芯墙。

4. 土袋围堰的施工要点

(1) 水深在 3m 以内，流速在 1.5m/s 以内，河床土质渗水性较小时，可筑土袋围堰。

(2) 围堰两侧用草袋、麻袋、玻璃纤维袋或无纺布袋装土堆码。围堰中心部分可填筑黏土及黏性土芯墙。堰外边坡为 1:1~1:0.5，堰内边坡为 1:0.5~1:0.2，坡脚与基坑顶边缘的距离和堰顶的宽度同土围堰的规定。土袋中以装不渗水的黏性土为宜，装土量宜为土袋容量的 1/2~2/3。袋口应缝口。

(3) 土袋围堰的袋与袋之间的空隙易造成漏水通道，防治方法可根据水深、水流速度和河床允许压缩等因素决定，包括：

1) 堆码内外两层土袋，在其中间填筑防水黏土，厚 0.5~1.0m，此法防水性较好，但堰身较厚。

2) 不分内外层，在每层堆码间的空隙填以松散黏土层。此法堰身较薄，防水性较差。

(4) 堰底河床处理及堆码方向同土围堰的规定。

(5) 堆码的土袋的上下层和内外层应相互错缝，尽量堆码密实平整。

(6) 在筑堰之前，必须将堰底下河床底上的树根、石块及杂物清除干净。

5. 钢板桩围堰的施工要点

(1) 钢板桩围堰适用于各类土的深水基坑。

（2）钢板桩的尺寸和力学性能应符合规定要求。经过整修或焊接后的钢板桩，应用同类型的钢板桩进行锁口试验、检查。

（3）钢板桩堆存、搬运、起吊时，应防止因自重而引起的锁口损坏及变形。

（4）若起吊能力许可，宜在打桩之前，将2～3块钢板桩拼为一组并夹牢。

（5）施打钢板桩时，应注意如下事项。

1）在施打钢板桩前，应在围堰上下游一定距离及两岸陆地设置经纬仪观测点，用以控制围堰长、短边方向的钢板桩的施打定位。

2）施打前，钢板桩的锁口应用止水材料捻缝，以防漏水。锁口内填防水填充材料，是为增强围堰的防水性能。

3）施打钢板桩必须备有导向设备，以保证钢板桩的正确位置。

4）施打顺序按施工组织设计进行，一般由上游分两头向下游合龙。施打时宜先将钢板桩逐根或逐组施打到稳定深度，然后依次施打至设计深度。当可以保证垂直度时，也可一次打到设计深度。

5）钢板桩可用锤击、射水、振动等方法下沉，但射水下沉办法不宜在黏土中使用。

6）接长的钢板桩，其相邻两钢板桩的接头位置应上下错开。

7）同一围堰内使用不同类型的钢板桩时，宜将两种不同类型的钢板桩的各半块拼焊成一块异形钢板桩以便连接。

8）施打时，应随时检查其位置是否正确，桩身是否垂直，不符合要求时应立即纠正或拔起重新施打。

（6）拔桩前，宜向堰内灌水使内外水位持平并从下游侧开始拔桩。拔桩时宜用射水、锤击等松动措施，并应尽可能采用振动拔桩法。

（7）拔出来的钢板桩应进行检修涂油，堆码保存。

6. 钢筋混凝土板桩围堰的施工要点

（1）钢筋混凝土板桩适用于黏性土、砂类土及碎石土类河床，用于基坑挡土与防水，施工后可不废除，作为构筑物的一部分。

（2）钢筋混凝土板桩断面应根据设计图确定，并符合设计要求。板桩两侧带有公母榫头，打入时，公榫头在前，母榫头在后，以便打下一板桩时，易于合榫。

（3）板桩桩尖角度视土质坚硬程度而定。沉入砂砾层的板桩桩头，应增设加劲钢筋或钢板。

（4）钢筋混凝土板桩的制作，应用刚度较大的模板，榫口接缝应顺直、密合。如用中心射水下沉，板桩预制时，应留射水通道。

（5）钢筋混凝土板桩的下沉必须有导向夹板，使板桩顺直无错牙。在打完板桩后，用高压水冲洗干净，在双母榫内灌以防水砂浆，以防漏水。

（6）目前的钢筋混凝土板桩，用空心板桩的较多，可节约制桩材料，桩较轻，故打桩锤也可较轻，还可利用空心孔道射水加快下沉。空心多为圆形，用钢管做芯模，待混凝土初凝后，将钢管转动以减小黏结力，达到一定强度后可将钢管由桩头用卷扬机拔出。

（7）钢筋混凝土桩的榫口以半圆形的较好，在预制吊装时榫口不易损坏。

7. 套箱围堰施工要求

（1）无底套箱用木板、钢板或钢丝网水泥制作，内设木、钢支撑。套箱可制成整体式或装配式。

（2）制作中应防止套箱接缝漏水。

（3）下沉套箱前，同样应清理河床。若套箱设置在岩层上时，应整平岩面。当岩面有坡度时，套箱底的倾斜度应与岩面相同，以增加稳定性并减少渗漏。

8. 双壁钢围堰施工要求

（1）双壁钢围堰应作专门设计，其承载力、刚度、稳定性、锚锭系统及使用期等应满足施工要求。

（2）双壁钢围堰应按设计要求在工厂制作，其分节分块的大小应按工地吊装、移运能力确定。

（3）双壁钢围堰各节、块拼焊时，应按预先安排的顺序对称进行。拼焊后应进行焊接质量检验及水密性试验。

（4）钢围堰浮运定位时，应对浮运、就位和灌水着床时的稳定性进行验算。尽量安排在能保证浮运顺利进行的低水位或水流平稳时进行，宜在白昼无风或小风时浮运。在水深或水急处浮运时，可在围堰两侧设导向船。围堰下沉前初步锚锭于墩位上游处。在浮运、下沉过程中，围堰露出水面的高度不应小于1m。

（5）就位前应对所有缆绳、锚链、锚锭和导向设备进行检查调整，以使围堰落床工作顺利进行，并注意水位涨落对锚锭的影响。

（6）锚锭体系的锚绳规格、长度应相差不大。锚绳受力应均匀。边锚的预拉力要适当，避免导向船和钢围堰摆动过大或折断锚绳。

（7）准确定位后，应向堰体壁腔内迅速、对称、均衡地灌水，使围堰落床。

（8）落床后应随时观测水域内流速增大而造成的河床局部冲刷，必要时可在冲刷段用卵石、碎石垫填整平，以改变河床上的粒径，减小冲刷深度，增加围堰稳定性。

（9）钢围堰着床后，应加强对冲刷和偏斜情况的检查，发现问题及时调整。

（10）钢围堰浇筑水下封底混凝土之前，应按照设计要求进行清基，并由潜水员逐片检查合格后方可封底。

（11）钢围堰着床后的允许偏差应符合设计要求。当作为承台模板用时，其误差应符合模板的施工要求。

二、基坑开挖

基坑开挖是一个临时性工程，安全储备相对小些。但不同地区有不同的地质条件，多种复杂因素交互影响，也应当引起高度重视。在软土和地下水位较高的地区开挖基坑，如果方法选择不合理，很容易产生土体滑移、基坑失稳、桩体变位、坑底降起，支撑结构严重漏水和漏土，对周边建筑物、地下设施及管线的安全会造成很大威胁。

基坑开挖的主要工作包括：挖掘、出土、支护、排水、防水、清底以及回填等。上述环节都是紧密联系的，其中的某一环节失效将会导致整个工程的失败，处理十分困难，造成的经济损失影响往往会十分严重。

1. 一般规定

（1）基坑顶面应设置防止地面水流入基坑的设施，基坑顶有动荷载时，坑顶边与动荷载间应留有不小于 1m 宽的护道，如动荷载过大宜增宽护道。

（2）应根据设计要求进行支护的情况有：基坑坑壁坡度不易稳定并有地下水影响，或放坡开挖场地受到限制，或放坡开挖工程量大时。设计无要求时，施工单位应结合实际情况选择适宜的支护方案。

（3）基坑尺寸应满足施工要求。当基坑为渗水的土质基底，坑底尺寸应根据排水要求和基础模板设计所需基坑大小而定。一般基底比基础的平面尺寸增宽 0.5～1.0m。当不设模板时，可按基础底的尺寸开挖基坑。

（4）基坑坑壁坡度应按地质条件、基坑深度、施工方法等确定。当为无水基坑且土层构造均匀时，基坑坑壁坡度见表 4-4 的规定。

表 4-4 基坑坑壁坡度

坑壁土类	坑壁坡度（高：宽）		
	坡顶无荷载	坡顶有静荷载	坡顶有动荷载
砂类土	1∶1	1∶1.25	1∶1.5
卵石、砾类土	1∶0.75	1∶1	1∶1.25
粉质土、黏质土	1∶0.33	1∶0.5	1∶0.75
极软岩	1∶0.25	1∶0.33	1∶0.67
软质岩	1∶0	1∶0.1	1∶0.25
硬质岩	1∶0	1∶0	1∶0

注 1. 坑壁有不同土层时，基坑坑壁坡度可分层选用，并酌设平台。

2. 坑壁土类按照《公路土工试验规程》（JTG E40—2007）的规定划分。

3. 当岩石单轴极限强度<5.5时，定为极软岩；当岩石单轴极限强度为 5.5～30 时，定为软质岩；当岩石单轴极限强度>30 时，定为硬质岩。

4. 当基坑深度>5m 时，基坑坑壁坡度可适当放缓或加设平台。

2. 基坑开挖的准备工作

(1) 了解工程地质及水文地质资料。

1) 水文地质调查。水文地质调查的内容有以下几个方面。

①地下各层土层竖向和水平向的渗透系数。

②地下各层含水层地下水位的高度及升降变化规律。

③潜水、承压水的水质、水压及地下储水层流向。

④可能导致基坑失稳的流砂和水土流失问题。此问题要注意调查研究关于黏性土中的薄砂层流动的可能性。

2) 地下障碍物的勘探调查。勘探调查内容如下。

①是否存在旧的建筑物基础。

②是否存在废弃的地下室、人防工程、废井、废管道及其他管线。

③是否存在工业和建筑垃圾。

④是否存在有木桩和块石驳岸的暗流,老河道的深度、范围及走向。

(2) 工程周围环境调查。

1) 基坑周围邻近建筑的状况。

①周围建筑物分布状况(地形现状图)。

②周围建筑物与基坑边线的平面距离。

③周围建筑物性质、结构形式及各建筑物在不同沉降下的反应。

2) 周围管线及地下构筑物设施状态。

①场地内和邻近地区地下管道资料:包括管道使用功能,管道与基坑相对位置、埋深、管径、埋设年代、构造及接头形式等,主要管线有煤气、热力、上水、电缆、下水等。

②地下构筑物及设施(人防、地铁隧道、公路隧道、地铁车站、地下车库、地下商场、地下通道、地下油库)的建筑结构平面及剖面资料,基础形式与基坑相对位置。

3) 周围道路状况。

①周围道路的性质、类型、宽度。

②交通状况(交通流量、车载重量)。

③交通通行规则(单行道、双行道、禁止停车)。

④道路路面结构、道路基础及损坏的修复方法。

4) 邻近地区对地面沉降很敏感的建筑设施资料和要求。烟囱、变电站、气柜、锅炉、电视塔、医疗手术设施、化工装置、精密仪表设备、铁路道轨、铁路信号机柱及基础、铁路道岔、铁路上的信号和电话通信电缆。

(3) 掌握工程的施工条件。基坑的现场施工条件也是确定基坑施工方案的重要依据,主要有以下几个方面。

1) 根据施工现场所处地段的交通、行政、商业及特殊情况，了解是否允许在整个施工期间进行全封闭施工或阶段性封闭施工。如工地处于交通要道处等，政府部门给予场地的封闭时间是有限的、阶段性的，则在基坑开挖时必须采取具体措施，以满足交通要求。

2) 了解所处地段是否对基坑围护结构及开挖支撑施工的噪声和振动有限制，以决定是否采用锤击式打入或振动式打入进行围护桩施工和支撑拆除。

3) 了解施工地段是否有场地可供钢筋加工制作、施工设备停放、施工车辆进出和土方材料堆放。如场地不能满足，则必须选择土方外运和其他场地。

4) 了解当地的常规施工方法、施工设备、施工技术，在安全可靠经济合理的前提下，因地制宜确定施工方案，使施工方法适应当地的情况。

3. 无支护加固坑壁的基坑开挖

(1) 适用条件。

1) 在干涸无水河滩、河沟中，或虽有水但经改河或筑堤能排除地表水的河沟中。

2) 地下水位低于基底，或渗透量小，不影响坑壁的稳定。

3) 基础埋置不深，施工期较短，挖基坑时不影响邻近建筑物的安全。

(2) 基坑尺寸。当基坑为渗水的土质基底，坑底尺寸应根据排水要求和基础模板设计所需基坑大小而定。一般基底应比基础的平面尺寸增宽 0.5～1.0m，以便在基础底面外安置基础模板，设置排水沟、集水坑。当不设模板时，可按基础底的尺寸开挖基坑。

(3) 坑壁坡度。基坑坑壁坡度应按地质条件、基坑深度、施工方法等确定。采用斜坡开挖或按相应斜坡高、宽比值挖成阶梯形坑壁，每梯高度以 0.5～1.0m 为宜。阶梯可兼作人工运土的台阶。土的湿度超过坑壁稳定的湿度时，应采用缓于该湿度时土的天然坡度，或采取加固坑壁的措施。

(4) 施工注意事项。

1) 基坑开挖施工宜安排在枯水或少雨季节进行，基坑开挖前应先做好地面排水，在基坑顶缘四周应向外设排水坡，并在适当距离设截水沟，且应防止水沟渗水，以免影响坑壁稳定。

2) 坑缘顶端应留有护道，静载（弃土及材料堆放）距坑缘不小于 0.5m，动载（机械及机车通道）距坑缘不小于 1.0m；在垂直坑壁坑缘边的护道还应适当增宽，堆置弃土的高度不得超过 1.5m。

3) 施工时应注意观察坑缘顶端地面有无裂缝，坑壁有无松散塌落现象发生，确保安全施工。

4) 基坑施工不可延续时间过长，自基坑开挖至基础完成，应抓紧连续快速施工。挖至设计标高的土质基坑不得长期暴露、扰动或浸泡，基坑经检查符合要求后，应立即进行基础施工。

5）基坑应避免超挖，如用机械开挖基坑，挖至坑底时，应保留距离坑底设计高程不小于300mm的厚度，待基础砌筑坊工前，再用人工挖至基底高程。

6）相邻基坑深浅不等时，一般按先深后浅的顺序施工。

4. 加固坑壁的基坑开挖

加固坑壁一般采用混凝土或钢筋混凝土以及喷射混凝土或钢筋网喷锚混凝土进行加固，适用范围较广，适用于直径或边长为1.5～10.0m，深度为6～30m的较大基坑，以及地下水渗流不严重的各类土质基坑。

基坑平面有矩形、圆形、圆端矩形，而以圆形坑壁受力较为有利。井壁有等厚度、变厚度及逐节向内收缩等形式。向内变厚与逐节收缩的井壁适用于土压较大的较松软土质，但内壁各节尺寸不一，将要增加现浇混凝土模板规格和支安工作量。

（1）现浇混凝土、钢筋混凝土加固坑壁。现浇混凝土加固坑壁需用的机械设备简单，模板以用定型钢模为宜，拆装简便，下面以圆形基坑为例来说明。

基坑采取分节开挖，每节深度视土质稳定情况或既有定型钢模宽度而定，一般以1.0～1.5m为一节。挖完一节应立即安装模板、浇筑混凝土，然后再挖下一节，拆上节模板立下节模板，浇下节混凝土，如此循环作业直至设计深度。

安装模板时在上下节之间应留出高200mm的浇筑口，待该节混凝土灌满后用混凝土堵塞浇筑口。两节之间应预留连接钢筋。护壁厚度视基坑大小及坑壁土质而定，一般厚80～150mm。混凝土强度等级应不低于C20，并掺加速凝剂。拆模时间要根据掺速凝剂的效果和当时气温情况而确定，以混凝土达到支撑强度为准，一般需经24h以上方可拆模。

施工程序与混凝土加固坑壁基本相同，其不同点是增加了绑扎钢筋工序。竖筋可用$\phi6$或$\phi8$，间距为200mm或250mm；水平主筋可用$\phi8\sim\phi12$，每米不少于4根，视侧壁土压而定。当土压较大时，可采取变厚度护壁，并对称设置内外双层水平主筋，所需钢筋截面积按偏心受压构件计算。根据基坑上层土质情况及坑顶地面自然横坡，坑口可加做台座，台座混凝土强度等级要求不低于C20。

（2）喷射混凝土加固坑壁。喷射混凝土加固坑壁是用喷射机将混凝土喷向坑壁表面，它先将骨料嵌入坑壁并为后继料流所充填包裹，在喷层与坑壁间形成嵌固层，喷层与嵌固层同具加固和保护坑壁使之避免风化和雨水冲刷，并起支护土体免于浅层坍塌剥落的作用，适用于坑壁自稳时间较短的各类岩土和较深的基坑，施工简便快捷，所需费用相对较低。

1）喷射混凝土加固坑壁的施工程序。

①在基坑口挖环形沟槽作土模，浇筑C15混凝土坑口护筒，护筒也可预制

挖土下沉。护筒深度按上层土质稳定情况而定，一般为 1.0～1.5m，护筒内径略大于基坑的直径。护筒顶面高出地面 100～200mm，护筒厚度视基坑大小及土质而定，一般为 150～400mm。基坑土质较好时，可利用弃土堆成环状作为坑口护圈，必要时在弃土圈表面喷射混凝土加固。

②护筒浇筑后 3～5d 即可开挖基坑。视地质情况每次挖深 0.5～1.5m，护筒以下开挖时，要从中心向外挖，周壁力求圆顺，开挖边坡可采用垂直或 1：0.1 的坡度，随即喷射混凝土护壁，挖一节喷一节，直至设计深度。

③喷射混凝土厚度可根据坑壁的径向压力和混凝土早期强度通过计算决定，最大不宜超过 200mm；坑壁土含水量较大时不低于 80mm；最小厚度不应低于 50mm。喷射混凝土之前应埋设控制喷射混凝土厚度的标志，且对待喷的坑壁进行清理，包括清除松动石块，用高压风管清除坑壁粉尘杂物。喷射作业应分段分片由下而上成环进行，以适当厚度分层喷射，且分段长度不宜过长，初喷厚度不得小于 40mm。

④喷射混凝土终凝 2h 后，应喷水养护，养护时间一般不小于 7d。基坑已达设计高程并经检验合格后立即浇砌基础坏工，不宜等待时间过长。

⑤喷射混凝土、砂浆材料应符合下列要求。

a. 宜优先选用早强水泥和普通硅酸盐水泥，也可采用矿渣硅酸盐水泥。水泥等级不得低于 32.5。

b. 使用前应做速凝效果试验，要求初凝不超过 5min，终凝不超过 10min。应根据水泥品种、水灰比等，通过试验确定速凝剂的最佳掺量，并应在使用时准确计量。

c. 喷射混凝土应采用硬质洁净的中砂或粗砂。砂的细度模数宜大于 2.5，含水量一般为 5%～7%，使用前一律过筛。

d. 采用坚硬耐久的碎石或卵石，粒径不宜大于 15mm，级配良好，注意使用碱性速凝剂时，石料不得含活性二氧化硅。

e. 水质应符合工程用水有关标准。

2）喷射混凝土施工注意事项。

①喷射混凝土配合比（质量比）应通过试验选定，满足强度值设计和喷射工艺的要求，或参照下列数据选用：灰集比 1：4～1：5；骨料含砂率 45%～60%；水灰比 0.4～0.5；初喷时，水泥：砂：石应取 1：2：（1.5～2）。喷射混凝土强度等级一般应不低于 C20，在软弱坑壁条件下还应适当提高。抗渗强度应不低于 0.8MPa。

②喷射混凝土配套机具应密封性能良好，生产能力（干混合料）达到 3～5m³/h，输料距离：水平不小于 100m，垂直不小于 30m。混合料应采用强制式搅拌。供水设施应保证喷头处水压 0.15～0.2MPa。

③喷射机在作业开始时，应先送风，后开机，再给料；作业结束时，应先停止供料，待料喷完后再切断水（电）、关闭风路。向喷射机供料应连续均匀。料斗内应保持足够存料。喷射作业完毕或因故中断喷射时，必须将喷射机和输料管内的积存料清除干净。

④喷射作业时，喷头宜与受喷面垂直，喷头与受喷面距离应与喷射机工作气压相适应，一般以 0.6～1.2m 为宜。要控制好水灰比，保持混凝土表面平整、湿润有光泽。喷头应缓慢不停地做横向环形移动，循序渐进，遇突然断水或断料时喷头应迅速移离喷射面。严禁用高压气体或高压水冲击尚未终凝的混凝土。应尽量采用新技术以减少回弹率，回弹率应控制在 20％以内，回弹物不得重新用作喷射混凝土材料。

⑤施工过程中，应随时观察基坑四周地面及已喷射的坑壁有无开裂变形或起空壳脱皮等现象，如有发生应立即采取措施重喷补强或凿除重喷，确保坑壁的稳定。喷射作业区的气温不应低于 5℃。混凝土强度未达到 6MPa 前，不得受冻。气温低于 5℃时不得喷水养护。

⑥如遇坑壁涌水，可采用竹、铁或塑料导管插入渗水孔将水引流至集水坑抽出。当涌水范围较大时，可设排水导管后再喷射，且在再喷射时应改变配合比，增加水泥用量，先干喷混合料，待其与涌水融合后，再逐渐加水喷射。喷射混凝土时，先喷渗水较少处，由远及近逐步向涌水点逼近，最后在导管附近喷射，保留管子引水排出。

（3）锚喷混凝土加固支护坑壁。锚喷混凝土加固支护坑壁是在喷射混凝土加固的基础上，由喷射混凝土、各类锚杆（包括锚索、锚管、锚栓）和钢筋网联合支护加固坑壁的一种施工方法。对于喷射混凝土不易与坑壁充分黏结的基坑应以锚喷混凝土加固支护为宜。锚喷混凝土首先是根据坑壁情况选定锚杆类型和钻孔机具，设定锚杆孔位和深度。

1）锚杆类型主要有以下几种。

①全长黏结型普通水泥或早强水泥砂浆锚杆。

②摩擦型缝管锚杆、楔管锚杆。

③端头锚固型机械锚固、快硬水泥卷锚固、树脂锚固。机械锚固又分楔缝式、胀壳式和倒楔式。

④预应力锚索或预应力锚杆。

2）施工要点（以全长黏结型锚杆为例）。

①初喷混凝土。初喷混凝土和其以前各项施工程序及要点与喷射混凝土相同。

②钻孔。孔径应大于杆体直径 15mm，孔位允许偏差±15mm，孔深允许偏

差±50mm。钻孔需在初喷混凝土后尽快进行，钻孔机械可采用一般凿岩机械，在土层中钻孔宜采用干式排碴的回旋式钻机。

③灌浆。砂浆配合比（质量比）宜为水泥：砂：水＝1：（1～1.5）：（0.45～0.5）。

④安插锚杆。紧随灌浆进度，及时将杆体插入灌满砂浆的钻孔，锚杆埋入孔内长度不应小于设计规定的 95%，锚杆杆体露出岩面的长度不应大于喷射混凝土的厚度。

⑤铺设钢筋网。钢筋网钢筋宜采用 HPB235ϕ6～ϕ8，间距 150～300mm。

⑥喷射混凝土。钢筋网铺设牢固后，即可在原初喷过的壁面上分次、分片、分段，按自下而上顺序加喷混凝土。钢筋网喷射混凝土厚度不应小于 100mm，也不应大于 250mm，必要时可加设混凝土圈梁，使锚杆与圈梁连成一体。

5. 挡板支护坑壁的基坑开挖

(1) 挡板支护坑壁的适用条件。挡板支护坑壁适合的情况有以下几种。

1) 基坑坑壁土质不易稳定，并有地下水的影响。

2) 放坡开挖工程量过大，不符合多快好省要求。

3) 受施工场地或邻近建筑物限制，不能采用放坡开挖。

(2) 挡板支护坑壁的形式。木挡板支护坑壁有垂直挡板式和水平挡板式两种。不同支护形式的适用范围和支护方法见表 4-5。

表 4-5　　　　　各挡板支护坑壁形式的适用范围及方法

支护名称	适用范围	支护方法
垂直挡板支护	硬塑状黏质土，基坑尺寸较小，深度不大于 3m，一次开挖到底	挖至设计高程后，立即设置垂直挡板，两侧上下各设一水平横枋一根，用撑木及楔木顶紧。如土质允许，在垂直挡板间也可酌留间隔
垂直挡板连续支护	软塑或硬塑状的黏质土分层开挖，可达较大深度。缺点是出土不太方便	挖至可能的深度（不加支护，短期内能稳定）后设置垂直挡板，两侧上下设置水平横枋一根，用撑木及楔木顶紧。继续下挖，随挖随打下垂直挡板加横枋、撑木并楔紧。依次不断下挖，如法支撑直至基底
水平挡板间断支护	硬塑状黏质土，深度不大于 3m	两侧挡板水平设置，用撑木及楔木顶紧，挖一层、支顶一层
水平挡板断续支护	硬塑状黏质土，密实砂类土深度不大于 5m，一次开挖到底	挡板水平设置，挡板间酌留间隔，两侧对称设立木，用撑木及楔木顶紧

支护名称	适用范围	支护方法
水平挡板连续支护	软塑状黏质土，中密或稍松砂类土，深度不大于 5m，一次开挖到底	挡板水平设置，互相紧靠不留间隔，两侧对称设立木，用撑木及楔木顶紧
	软塑状黏质土，中密或稍松砂类土，分层开挖，深度不限	挖至可能的深度（不加支撑短时期内能稳定），然后水平设置挡板，互相紧靠不留间隔，两侧对称设立木，用撑木及楔木顶紧。继续下挖，依次如法支挡直至基底
水平挡板锚拉式支护	用挖掘机开挖的较大基坑，不能安装横撑的	柱桩一端打入土内，另一端用锚杆与远处锚柱拉紧，挡板水平设置在柱桩的内侧。挡土板内侧回填土
水平挡板斜柱支护	用挖掘机开挖的较大基坑，不能安装横撑又不能采用锚拉式支撑的	挡板水平设置在柱桩的内侧，由斜柱支撑，斜柱的底端顶在撑桩上，然后在挡土板内回填土
水平挡板短柱支护	开挖宽大的基坑，下部放坡不足或有小规模坍塌，基底为石或硬土	小短木桩（或钢钎）一半露出地上，一半打入地下，地上部分背面水平设置挡板后回填土
临时挡土墙支护	开挖宽大基坑当部分地段下部放坡不足时	沿坡脚用石块或草袋装土叠砌

三、基坑排水

在土方开挖过程中，土的含水层常被切断，地下水将会不断地渗入坑内，不但会使施工条件恶化，更严重的是会造成边坡塌方和地基承载能力下降。要排除地下水和基坑中的积水，保证挖方在较干状态下进行。因此，在基坑土方开挖前和开挖过程中，必须采取措施降低地下水位。降低地下水位的方法有集水坑排水法和井点排水法。

1. 集水坑排水法

集水坑排水法是采用基坑底部的排水沟收集进入基坑的地表水和地下水，然后汇入集水坑，用水泵集中将水抽出基坑的排水方法。一般分为普通明沟排水和盲沟排水。

（1）排水沟、集水坑的设置。排水沟、集水坑的大小，主要根据渗水量的大小而定，排水沟深 0.5m，底宽应不小于 0.3m，纵坡为 0.1%～0.2%。集水坑宜设在上游，集水坑深度一般应大于 0.7m 或大于进水笼头的高度，集水坑可用荆笆、竹篾、编筐或木笼围护，以防止泥砂堵塞吸水笼头。抽水时应由专人负责维护排水沟和集水坑，使其不淤、不堵，能将水连续抽出基坑。

（2）水泵的选择和安装。水泵的吸程和扬程应根据基坑的深度选用，坑壁或围堰稳定性较差时，可采用振动力小的水泵，有条件时尽可能选用自吸式离心水泵。

水泵安装应按坑深、水深及水泵吸程（一般为6～7m）等条件，分别安装于坑顶、水位以上、水位以下等位置，坑深大于水泵扬程，可用串联法安装，或用多级高压水泵。如因设备限制吸程达不到水位以下时，先将水泵置于坑顶排水，随着水位降低，将水泵下移坑内，安装在边坡护道或架设的平台上，也可安置在悬吊的活动脚手架上。

（3）抽水工作的安排。凡采用抽水挖基的工程，开工后应连续不断地快速施工。河床或地面为渗水性的土质时，抽水时应将出水管接长或用排水槽将水引流远处，以防渗回基坑。渗水土质的基坑抽水时，可能会使邻近基坑的地下水位下降，为减轻邻近基坑的排水工作，可考虑邻近基坑同时开挖。砂夹卵石层中，长时间抽水，会使卵石缝中细砂随水吸走，水量也随之越来越大，造成抽水能力不足，除采用快速施工外，应多增加备用水泵。

2. 井点排水法

井点排水法适用于粉砂、细砂、地下水位较高、有承压水、挖基较深、坑壁不易稳定的土质基坑。井点类别的选择应按照土壤渗透系数、要求降低水位深度以及工程特点而定。在无砂的黏质土中不宜使用。

（1）井点排水法的注意事项。

1）井点的布置应随基坑形状与大小、土质、地下水位高低与流向、降水深度等要求而定。

2）井管的成孔可根据土质分别用射水成孔、冲击钻机、旋转钻机及水压钻探机成孔。井点降水曲线至少应深于基底设计标高0.5m。

3）在水位降低的范围内设置观测孔，其数量视工程情况而定。

4）应考虑水位降低区域构筑物可能产生的附加沉降，并应做好沉降观测，确保水位降低区域内建筑物的安全，必要时要采取防护措施。

5）降低底层土中地下水位时，应尽可能将滤水管埋设在透水性好的土层中。

6）应对整个井点系统加强维护和检查，保证不间断地抽水。

（2）井点法的施工。

1）埋设井点管。当井点管管端设有射水用球阀时，可直接利用水冲下沉埋设；或用射水管冲孔，冲孔后再将井点管沉入埋设；或用带套管的射水法或振动射水法下沉。

2）连接井点管与集水管。将已经插入土中的井点管上端用橡胶软管与集水管的连接管头连接起来，并用铁夹箍紧，接头处不得漏气。

3）连接抽水系统。将集水管的三通与已经组装完成的抽水系统连接在一起。

4）开动抽水系统抽水。各部分管路及设备经检查合格后，即可开动真空泵，集水箱内部形成部分真空，真空表指示 400mmHg（约 53.3kPa）左右，地下水开始从滤水管吸入集水箱，即可开动离心泵，将水排出。排水时要及时调节出水阀，使集水箱内吸水的水量与排出的水量平衡。真空表升至 600mmHg（约 80.0kPa）时，即表示排水量与地下水涌入量达到平衡。

5）拔管。施工结束，拆除连接管，用起重机、倒链或扒杆卷扬机将井点管拔出，所留孔洞用砂或土填塞。各种机械设备均要进行维修整理，滤水管要拆开清洗，重新组装，供以后再用。

3. 各种排水法的适用条件

（1）集水坑排水法。适用较广，除严重流砂外，一般情况均可适用。

（2）板桩法、深井法。适用于基坑较深、土质渗透性较大的基坑。

（3）帷幕法。将基坑周围土用冻结法、硅化法、水泥灌浆法、沥青灌浆法等处理成封闭不透水的帷幕。

（4）井点排水法。当地下水位较高，基坑土质不好，用集水坑排水有流砂涌泥现象产生时，可采用此法，以降低地下水位。

四、基底处理

为了使地基与基础接触良好，共同有效地工作，在基坑开挖至设计高程时，应针对不同地质情况，对地基面进行处理。地基处理应根据地基土的种类、强度和密度，按照设计要求，结合现场情况，采取相应的处理方法。

1. 岩层基底的处理

（1）风化岩层基底。在开挖至风化岩层时，应会同设计人员认真观察其风化程度，检查基底是否符合设计承载力要求或其他方面的要求。按设计要求适当凿去风化表层，或清理到新鲜岩面，将基坑填满封闭，防止岩层继续风化。

（2）未风化岩层基底。对未风化岩层开挖至岩层面后，应清除岩面松碎石块，凿出新鲜岩面，用水冲洗，清除岩面淤泥、苔藓等表面附着物。岩面倾斜时，应将岩面基本凿平或凿成台阶。对基坑内岩面有部分破碎带时，应会同设计人员研究处理，采用混凝土封填或设混凝土拱等方法进行处理，以满足承载力的要求。

（3）坚硬的倾斜岩层。应将岩层面凿平。倾斜度较大，无法凿平时，则应凿成多级台阶。台阶的宽度宜不小于 0.3m。

2. 多年冻土地基的处理

（1）基础不应置于季节性、冻融土层上，并不得直接与冻土接触。基础的基底修筑于多年冻土层上时，基底之上应设置隔温层或保温层材料，且铺筑宽度应在基础外缘加宽 1m。

（2）按保持冻结的原则设计的明挖基础，其多年平均地温等于或高于－3℃时，应于冬季施工。多年平均地温低于－3℃时，可在其他季节施工，但应避开高温季节。

（3）施工应按下列规定处理。

1）严禁地表水流入基坑。

2）必须搭设遮阳棚和防雨棚。

3）及时排除季节冻层内的地下水和冻土本身的融化水。

4）施工前做好充分准备，组织快速施工。

5）做好的基础应立即回填封闭，不宜间歇。必须间歇时，应以草袋、棉絮等加以覆盖，防止热量侵入。

（4）施工时，明水应在距坑顶 10m 之外修排水沟。水沟之水，应引于远离坑顶宣泄并及时排除融化水。

3. 软土层地基的处理

软土地基应按设计要求进行加固，可采用换土、砂井、砂桩或其他软土地基处理方法。在软土地基上修建桥梁时，应按设计预留沉降量。采用砂井加固的软土地基，按设计要求采取预压。桥涵主体必须分期均匀施工。在砌筑墩台、填土和架梁工程中，随时观测软土地基的沉降量，用以控制施工进度，使软土地基缓慢平均受载，防止发生剧烈变化或不均匀下沉。

4. 碎石或砂类土层地基的处理

将基底修理平整并夯实，砌筑基础混凝土时，应先铺一层 2cm 厚水泥砂浆。

5. 黏土地基的处理

基坑开挖时，留 20～30cm 深度不挖，以防止地面、地下水渗流至基面，浸泡基面，降低强度。砌筑前，再用铁锹加以铲平。如基底原状土含水量较大或在施工中浸水泡软，可在基坑中夯入 10cm 以上厚度的碎石，但碎石顶面不得高于设计高程。当基底土质不均，部分软土层厚度不大时，可挖除后换填砂土，并分层夯实。

6. 湿陷性黄土地基的处理

湿陷性黄土地基开挖时，必须保持基坑不受水浸泡，并应按设计要求采用重锤夯实、换填或挤密桩法进行加固，且尽量避免在雨季施工，否则应有专门的防洪排降水设施。

7. 泉眼地基的处理

泉眼应用堵塞或导流的方法处理。泉眼水流较小时，可用木塞、速凝水泥砂浆、带螺母钢管等堵塞泉眼。堵眼有困难时，可采用管子塞入泉眼，将水引流至集水坑排出或在基底下设盲沟引流至集水坑排出，待基础坉工完成后，向盲沟压注水泥浆堵塞。采用引流排水时，应注意防止砂土流失，引起基底沉陷。基底泉眼，不论采用何种方法处理，都不应使基底饱水。

8. 溶洞地基的处理

（1）首先用勘测方法探明溶洞的形态、深度和范围。

（2）当溶洞埋深较浅时，可用高压射水清除溶洞中的淤泥，灌注混凝土进行填充。当溶洞较深且狭窄、洞内土壤不易清除时，可在洞内打入混凝土桩。

（3）当坤藏较深，溶洞内有部分软黏土时，可用钻机钻孔，从孔中灌入砂石混合料，并压灌水泥砂浆封闭。

（4）当洞处在基础底面，溶洞又窄又深时，可用钢筋混凝土板盖在溶洞上面，跨越溶洞。

（5）基底处溶洞较大，回填处理有困难时，可采用桩基处理，桩基应进行设计，并经有关单位批准。

（6）影响基底稳定的溶洞，不得堵塞溶洞水路。

第五节　桩基础施工

一、桩基础的特点及分类

桩不仅可作为建筑物的基础形式，而且还可应用于软弱地基的加固和地下支挡结构物。当地基浅层土质不良，采用浅基础无法满足结构物对地基强度、变形和稳定性方面的要求时，往往需要采用深基础。桩基础是一种历史悠久且应用广泛的深基础形式，早在远古时代人类就已注意到桩基础能够将构造物支撑在软弱土层中的性质，古代不少用桩基础建造的建筑物，至今使用情况仍然良好。

随着近代工业技术和工程建设的发展，桩的类型和成桩工艺、桩的设计理论和设计方法、桩的承载力与桩体结构的检测技术等方面均有迅速的发展，使得桩与桩基础的应用更为广泛，更具有生命力。

1. 桩基础的组成和特点

桩基础由若干根桩和承台两个部分组成。桩在平面上可布置成为一排或多排，所有桩的顶部由承台连成一个整体并传递荷载。然后在承台上再修筑桥墩、桥台等上部结构，如图 4-12（a）所示。根据实际使用情况可将桩身部分或全部埋入地基土中，当桩身外露在地面上较高时，应在桩之间加设横系梁，以加强各桩间的横向联系。

桩基础的作用是将承台以上结构物传来的外力通过承台，由桩传到较深的地基持力层中去，承台将各桩连成一整体共同承受荷载。桩的作用在于穿过软弱高压缩性土层或水，把桩基坐落在更硬更密实或压缩性较小的持力层上。各桩所承受的荷载由桩通过桩侧土的摩阻力及桩端土的抵抗力传递到桩周土层中去，如图 4-12 (b) 所示。

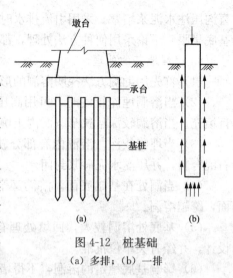

图 4-12 桩基础
(a) 多排；(b) 一排

桩基础具有承载力高、稳定性好、沉降量小而均匀的特点，且在深基础中相对来说耗用材料少、施工简便。在深水河道中，采用桩基可避免（或减少）水下工程，简化施工设备和技术要求，加快施工速度并改善工作条件。近代在桩基础的类型、沉桩机具和施工工艺以及桩基础理论等方面都有了很大发展。采用桩基不仅便于机械化施工和工厂化生产，而且能以不同类型的桩基础适应不同的水文地质条件、荷载性质和上部结构特征，因此，桩基础具有较好的适应性，在现代各种类型建筑物的基础工程中得到广泛应用。

2. 桩基础的分类

（1）桩基础按承台位置分类。

桩基础按承台位置分为低桩承台基础和高桩承台基础。低桩承台的承台底面位于地面或冲刷线以下。高桩承台的承台底面位于地面或冲刷线以上（主要在水中），如图 4-13 所示。由于承台位置的不同，两种桩基础中桩的受力、变位情况也不一样，因此其设计计算方法也不同。低桩承台的结构特点是基桩全部沉入土中，而高桩承台的结构特点是基桩部分桩身沉入土中，部分桩身外露在地面以上，露在地面以上的部分桩身称为桩的自由长度，低桩承台的桩的自由长度为零。

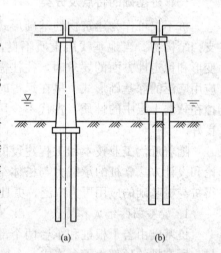

图 4-13 桩基础的类型
(a) 低桩承台基础；(b) 高桩承台基础

高桩承台由于承台位置较高或设在施工水位以上，可减少墩台的圬工数量，可避免或减少水下作业，施工较为方便，且经济。然而，高桩承台基础刚度较小，在水平力作用下，由于承台及基桩露出地面的一段自由长度周围无土来共同承受水平外力，基桩的受力情况较为不利，桩身内力和位移都将大于在同样水平外力作用下的低桩承台，在稳定性方面高桩承台基础也较低桩承台基础差。但近年来由于大直径钻孔灌注桩的采用，桩的刚度、强度都较大，因而高桩承台在基础工程中也得到广泛采用。

（2）桩基础按受力条件分类。建筑物荷载通过桩基础传递给地基，其中垂直荷载一般由桩底土层抵抗力和桩侧与土产生的摩阻力来支承。由于地基土的分层和其物理力学性质不同，桩的尺寸和设置在土中方法的不同，都会影响桩的受力状态。桩根据其受力特点可分为柱桩与摩擦桩。

1）柱桩。桩穿过较松软土层，桩底支承在坚实土层（砂、砾石、卵石、坚硬老黏土等）或岩层中，且桩的长径比不太大时，在竖向荷载作用下，基桩所发挥的承载力以桩底土层的抵抗力为主时，称为柱桩或端承桩。柱桩是专指桩底支承在基岩上的桩，此时因桩的沉降甚微，认为桩侧摩阻力可忽略不计，全部垂直荷载由桩底岩层抵抗力承受。

2）摩擦桩。桩穿过并支承在各种压缩性土层中，在竖向荷载作用下基桩所发挥的承载力以侧摩阻力为主时，统称为摩擦桩。可视为摩擦桩的情况有以下几种。

①当桩端无坚实持力层且不扩底时。

②当桩的长径比很大，即使桩端置于坚实持力层上，由于桩身直接压缩量过大，传递到桩端的荷载较小时。

③当预制桩沉桩过程由于桩距小、桩数多、沉桩速度快，使已沉入桩上涌，桩端阻力明显降低时。

（3）桩基础按桩身材料分类。不同材料修筑的不同类型的桩基础具有不同的构造特点，根据材料和制作方法不同，常用的预制桩有木桩、钢桩、钢筋混凝土桩、钢筋混凝土管桩等几种。

1）木桩。木桩常用松木、橡木、杉木等做成。木桩质量轻，具有一定的弹性和韧性，加工方便。木桩在淡水下是耐久的，使用时应将木桩打入最低地下水位以下至少 0.5m。木桩极易为各种虫类蛀蚀，在海水中或干湿交替的环境中，木桩极易腐烂，所以现在木桩已很少使用，有条件就地取材时方可采用。

2）钢桩。钢桩的种类很多，常用的有钢管桩及工字形钢桩。钢桩承受荷载大，起吊运输及锤打方便。

3）钢筋混凝土桩。钢筋混凝土桩在工程上应用最广，适用于荷载较大或水位经常变化的地区。钢筋混凝土桩一般为实心桩，桩内配置钢筋。为了节省钢材及提高桩身的抗裂性能，还可以采用预应力钢筋混凝土桩。

4）钢筋混凝土管桩。对于截面尺寸大的桩来说，采用普通钢筋混凝土实心桩和预应力钢筋混凝土桩时，其自重过大。采用管桩和预应力管桩可以大大减轻自重，节省材料，并便于施工。目前定型的管桩产品有外径 45cm 和 55cm 两种，长度每节为 4～12m，管壁厚 8cm，用钢制法兰盘及螺栓连接，然后用热沥青涂裹接头，以防腐蚀。

（4）桩基础按施工方法分类。桩的施工方法种类较多，但基本形式可分为预制桩和灌注桩。

1）预制桩。预制桩（也称为沉桩）是在工厂或工地将各种材料（钢筋混凝土、钢、木等）做成一定形式的桩，而后用机具设备将桩打入、振动下沉、静力压入土中（有时还用高压水冲）。它适用于一般土地基，但较难沉入坚实地层。沉桩有明显的挤压土体的作用，应考虑沉桩时对邻近结构（包括邻近基桩）的影响，在运输、吊装和沉桩过程中应注意避免损坏桩身。

按不同的沉桩方式，预制桩可分为下列 4 种。

①打入桩。打入桩（也称为锤击桩）是通过锤击（或以高压射水辅助）将预制桩沉入地基。这种施工方法适用于桩径较小（直径在 0.6m 以下），地基土质为可塑状黏土、砂土、粉土、细砂以及松散的不含大卵石或漂石的碎卵石类土的情况。打入桩伴有较大的振动和噪声，在城市建筑密集地区施工，须考虑对环境的影响。

②振动下沉桩。振动下沉桩是将大功率的振动打桩机安装在桩顶（预制的钢筋混凝土桩或钢管桩），利用振动力以减少土对桩的阻力，使桩沉入土中。它对于桩径较大，且土的抗剪强度受振动时有较大降低的砂土等地基效果更为明显，适用于锤击沉桩效果较差的密实的黏性土、砾石、风化岩。

③静力压桩。静力压桩是借助桩架自重及桩架上的压重，通过液压或滑轮组提供的压力将预制桩压入土中。它适用于较均质的可塑状黏土地基，对于砂土及其他较坚硬土层，由于压桩阻力大而不宜采用。静力压桩在施工过程中无振动、无噪声，并能避免锤击时桩顶及桩身的损伤，但长桩分节压入时受桩架高度的限制，接头变多，会影响压桩的效率。

④射水沉桩。在密实的砂土、碎石土、砂砾的土层中用锤击法、振动沉桩法有困难时，可采用射水作为辅助手段进行沉桩施工。射水施工方法的选择应视土质情况而异，在砂类土、砾石土和卵石土层中，一般以射水为主，锤击或振动为辅。在亚黏土或黏土中，为避免降低承载力，一般以锤击或振动为主，射水为辅，并应适当控制射水时间和水量。在湿陷性黄土层中，除设计有特殊规定外，不宜采用射水沉桩。在重要建筑物附近不宜采用射水沉桩。

预制桩的特点包括以下 7 个方面。

①不易穿透较厚的砂土等硬夹层（除非采用预钻孔、射水等辅助沉桩措施），只能进入砂、砾、硬黏土、强风化岩层等坚实持力层不大的深度。

②沉桩过程产生挤土效应，特别是在饱和软黏土地区沉桩可能导致周围建筑物、道路、管线等的损坏。

③沉桩方法一般采用锤击，由此产生的振动、噪声污染必须加以考虑。

④一般来说预制桩的施工质量较稳定。

⑤预制桩打入松散的粉土、砂砾层中，由于桩周和桩端土受到挤密，使桩侧表面法向应力提高，桩侧摩阻力和桩端阻力也相应提高。

⑥由于桩的贯入能力受多种因素制约，因而常常出现因桩打不到设计标高而截桩，造成浪费。

⑦预制桩由于承受运输、起吊、打击应力，需要配置较多钢筋，混凝土强度等级也要相应提高，因此其造价往往高于灌注桩。

2) 灌注桩。灌注桩是在施工现场的桩位上先成孔，然后在孔内灌注混凝土（有时也加钢筋）而制成的。灌注桩可选择适当的钻具设备和施工方法而适应各种类型的地基土，可做成较大直径的桩以提高桩基的承载力，还可避免预制桩打桩时对周围土体的挤压影响以及振动和噪声对周围环境的影响。但在成孔成桩过程中应采取相应的措施和方法保证孔壁的稳定和提高桩体的质量。

针对不同类型的地基土，灌注桩可以分为以下4类。

①钻孔灌注桩。钻孔灌注桩指用钻（冲）孔机具在土中钻进，边破碎土体边出土渣而成孔，然后在孔内放入钢筋骨架，灌注混凝土而形成的桩。钻孔灌注桩的施工设备简单，操作方便，适用于各种黏性土、砂性土，也适用于碎、卵石类土和岩层。对于易坍孔土质及可能发生流砂或有承压水的地基则施工难度较大。钻孔灌注桩的应用日益广泛，但由于泥浆的排放对周围环境有一定的影响，在城市中应用有时会受到一定的限制。

②挖孔灌注桩。挖孔灌注桩是依靠人工（用部分机械配合）在地基中挖出桩孔，然后与钻孔桩一样灌注混凝土而成的桩。它不受设备限制，施工简单。适用桩径一般大于1.4m，多用于无水或渗水量小的地层。对可能发生流砂或含较厚的软黏土层的地基施工较困难（需要加强孔壁支撑）。在地形狭窄、山坡陡峻处可用以代替钻孔桩或较深的刚性扩大基础。因能直接检验孔壁和孔底土质，所以能保证桩的质量。还可采用开挖办法扩大桩底以增大桩底的支承力。

③沉管灌注桩。沉管灌注桩指采用锤击或振动的方法把带有钢筋混凝土的桩尖或带有活瓣式桩尖（沉管时桩尖闭合，拔管时活瓣张开）的钢套沉入土层、中成孔，然后在套管内放置钢筋笼，并边灌注混凝土边拔套管而形成的灌注桩。也可将钢套管打入土中挤土成孔后向套管中灌注混凝土并拔套管成桩。它适用于黏性土、砂类土等。沉管灌注桩直径较小，常用的尺寸在0.6m以下，桩长常在20m以内。施工中可以避免钻、挖孔灌注桩产生的流砂、坍孔的危害和由泥浆护壁所带来的排碴等弊病。在软黏土中，沉管对周围的桩有挤压影响，且挤压产生的孔隙水压力会使混凝土桩出现颈缩现象。

④爆扩桩。爆扩桩指就地成孔后，用炸药爆炸扩大孔底，浇灌混凝土而成的桩。这种桩扩大桩底与地基土的接触面积，提高桩的承载力。爆扩桩宜用于持力层较浅、在黏土中成型并支承在坚硬密实土层等情况。

灌注桩的优点有以下 4 个方面。

①施工过程中无大的噪声和振动（沉管灌注桩除外）。

②可穿过各种软、硬夹层，将桩端置于坚实土层和嵌入基岩，还可扩大桩底以充分发挥桩身强度和持力层的承载力。

③可根据土层分布情况任意变化桩长。根据同一建筑物的荷载分布与土层情况可采用不同桩径。对于承受侧向荷载的桩，可设计成有利于提高横向承载力的异形桩，还可设计成变截面桩，即在受弯矩较大的上部采用较大的断面。

④桩身钢筋可根据荷载性质、荷载沿深度的传递特征以及土层的变化配置，无须像预制桩那样配置起吊、运输和打击应力筋，配筋率远低于预制桩。

二、桩与桩基础的构造特点和要求

不同材料、不同类型的桩基础具有不同的构造特点。为了保证桩的质量和桩基础的正常工作能力，设计桩基础时应满足其构造的基本要求。

1. 钢筋混凝土灌注桩的构造特点

钻、挖孔灌注桩、沉管灌注桩采用就地灌注钢筋混凝土桩的方法，桩身常为实心截面。混凝土强度等级不低于 C20，对仅承受竖直力的基桩可用 C15（但水下灌注的混凝土仍不应低于 C20）。

钻孔灌注桩设计直径一般为 0.8～2.0m，挖孔灌注桩的直径或最小边宽度不宜小于 1.2m，沉管灌注桩直径一般为 0.3～0.6m。桩内钢筋应按照内力和抗裂性的要求布设，较长的摩擦桩应该根据桩身弯矩分布情况分段配筋。短摩擦桩和柱桩按桩身最大弯矩通常均匀配筋。当按内力计算桩身不需要配筋时也应在桩顶 3～5m 内设置构造钢筋。孔内钢筋不设弯钩，以利水下混凝土的灌注。为了保证钢筋骨架有一定的刚性，便于吊装及保证主筋受力后的纵向稳定，主筋不宜过细、过少（直径不宜小于 14mm，每根桩不宜少于 8 根）。箍筋应适当加强，箍筋直径一般不小于 8mm，间距为 200～400mm。对于直径较大的桩或较长的钢筋骨架，可在钢筋骨架每隔 2.0～2.5m 设置一道加强箍筋。钢筋保护层厚度一般应不小于 50mm。钻、挖孔桩的柱桩根据桩底受力情况如需嵌入岩层时，嵌入深度可根据受力情况计算确定，并不得小于 0.5m。

钻孔灌注桩常用的含筋率为 0.2%～0.6%，较一般预制钢筋混凝土实心桩、管桩与管柱均低。也有工程采用就地灌注桩的大直径空心钢筋混凝土，这是进一步发挥材料潜力、节约水泥的措施。

2. 钢筋混凝土预制桩的构造特点

沉桩（打入桩和振动下沉桩）采用的预制钢筋混凝土桩，有实心的圆桩和方桩（少数为矩形桩），有空心的管桩，另外还有管柱（用于管柱基础）。

普通钢筋混凝土方桩可以就地灌注预制。通常当桩长在 10m 以内时横断面为 0.30m×0.30m，桩身混凝土强度等级不低于 C25，桩身配筋应按制造、运输、施工和使用各阶段的内力要求配筋。主筋直径一般为 19~25mm。箍筋直径为 6~8mm，间距为 100~200mm（在两端处一般减少 50mm）。由于桩尖穿过土层时直接受到正面阻力，应在桩尖处把所有的主筋弯在一起并焊在一根芯棒上。桩头直接受到锤击，故在桩顶处需设方格网片三层以增加桩头强度。钢筋保护层厚度不小于 35mm。桩内需预埋直径为 20~25mm 的钢筋吊环，吊点位置通过计算确定，如图 4-14 所示。

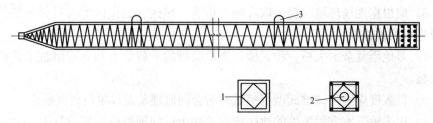

图 4-14　预制钢筋混凝土方桩
1—实心方桩；2—空心方桩；3—吊环

管桩由工厂以离心旋转机生产，有普通钢筋混凝土或预应力钢筋混凝土两种，直径为 400mm、550mm，管壁厚 80mm，混凝土强度等级为 C25~C40，每节管桩两端装有连接钢盘（法兰盘）以供接长。

管柱实质上是一种大直径薄壁钢筋混凝土圆管节，在工厂分节制成，施工时逐节用螺栓接成，它的组成部分包括法兰盘、主钢筋、螺旋筋、管壁（混凝土强度等级不低于 C25，厚 100~140mm），最下端的管柱具有钢刃脚，用薄钢板制成。一般采用预应力钢筋混凝土管柱。

预制钢筋混凝土桩柱的分节长度，应根据施工条件决定，并应尽量减少接头数量。接头强度不应低于桩身强度，并有一定的刚度以减少锤振能量的损失。接头法兰盘的平面尺寸不得突出管壁之外。

三、桩基础施工方法与设备选择

1. 沉桩基础
常用的沉入桩有钢筋混凝土桩、预应力混凝土桩和钢管桩。
（1）沉桩方式及设备选择。
1）锤击沉桩宜用于砂类土、黏性土。桩锤的选用应根据地质条件、桩型、桩的密集程度、单桩竖向承载力及现有施工条件等因素确定。
2）振动沉桩宜用于锤击沉桩效果较差的密实的黏性土、砾石、风化岩。
3）在密实的砂土、碎石土、砂砾的土层中用锤击法、振动沉桩法有困难时，可采用射水作为辅助手段进行沉桩施工。在黏性土中应慎用射水沉桩。在重要建筑物附近不宜采用射水沉桩。

4）静力压桩宜用于软黏土（标准贯入度 $N<20$）、淤泥质土。

5）钻孔埋桩宜用于黏土、砂土、碎石土且河床覆土较厚的情况。

（2）准备工作。

1）沉桩前应掌握工程地质钻探资料、水文资料和打桩资料。

2）沉桩前必须处理地上（下）障碍物，平整场地，并应满足沉桩所需的地面承载力。

3）应根据现场环境状况采取降噪声措施。城区、居民区等人员密集的场所不得进行沉桩施工。

4）对地质复杂的大桥、特大桥，为检验桩的承载能力和确定沉桩工艺应进行试桩。

5）贯入度应通过试桩或做沉桩试验后会同监理及设计单位研究确定。

6）用于地下水有侵蚀性的地区或腐蚀性土层的钢桩应按照设计要求做好防腐处理。

（3）施工技术要点。

1）预制桩的接桩可采用焊接、法兰连接或机械连接，接桩材料工艺应符合规范要求。

2）沉桩时，桩帽或送桩帽与桩周围间隙应为 $5\sim10mm$。桩锤、桩帽或送桩帽应和桩身在同一中心线上。桩身垂直度偏差不得超过 0.5%。

3）沉桩顺序：对于密集桩群，自中间向两个方向或四周对称施打。根据基础的设计标高，宜先深后浅。根据桩的规格，宜先大后小，先长后短。

4）施工中若锤击有困难时，可在管内助沉。

5）桩终止锤击的控制应视桩端土质而定，一般情况下以控制桩端设计标高为主，贯入度为辅。

6）沉桩过程中应加强邻近建筑物、地下管线等的观测、监护。

7）在沉桩过程中发现以下情况应暂停施工，并应采取措施进行处理。

①贯入度发生剧变。

②桩身发生突然倾斜、位移或有严重回弹。

③桩头或桩身破坏。

④面隆起。

⑤桩身上浮。

2. 灌注桩基础

（1）准备工作。

1）施工前应掌握工程地质资料、水文地质资料，具备所用各种原材料及制品的质量检验报告。

2）施工时应按有关规定，制定安全生产、保护环境等措施。

3）灌注桩施工应有齐全、有效的施工记录。

（2）成孔方式与设备选择。依据成桩方式可分为泥浆护壁成孔、干作业成孔、沉管成孔灌注桩及爆破成孔，施工机具类型及土质适用条件可参考表 4-6。

表 4-6　　　　　　　　　　　成桩方式与适用条件

序号	成桩方式与设备		适用土质条件
1	泥浆护壁成孔桩	正循环回转钻	黏性土、粉砂、细砂、中砂、粗砂，含少量砾石、卵石（含量少于 20％）的土、软岩
		反循环回转钻	黏性土、砂类土、含少量砾石、卵石（含量少于 20％，粒径小于钻杆内径 2/3）的土
		冲抓钻	黏性土、粉土、砂土、填土、碎石土及风化岩层
		冲击钻	
		旋挖钻	
		潜水钻	黏性土、淤泥、淤泥质土及砂土
2	干作业成孔桩	长螺旋钻孔	地下水位以上的黏性土、砂土及人工填土非密实的碎石类土、强风化岩
		钻孔扩底	地下水位以上的坚硬、硬塑的黏性土及中密以上的砂土风化岩层
		人工挖孔	地下水位以上的黏性土、黄土及人工填土
3	沉管成孔桩	夯扩	桩端持力层为埋深不超过 20m 的中、低压缩性黏性土、粉土、砂土和碎石类土
		振动	黏性土、粉土和砂土
4	爆破成孔		地下水位以上的黏性土、黄土碎石土及风化岩

（3）泥浆护壁成孔。

1）泥浆制备与护筒埋设。

①泥浆制备根据施工机具、工艺及穿越土层情况进行配合比设计，宜选用高塑性黏土或膨润土。

②护筒埋设深度应符合有关规定。护筒顶面宜高出施工水位或地下水位 2m，并宜高出施工地面 0.3m。其高度尚应满足孔内泥浆面高度的要求。

③灌注混凝土前，清孔后的泥浆相对密度应小于 1.10。含砂率不得大于 2％。黏度不得大于 20Pa·s。

④现场应设置泥浆池和泥浆收集设施，废弃的泥浆、钻渣应进行处理，不得污染环境。

2）正、反循环钻孔。

①泥浆护壁成孔时根据泥浆补给情况控制钻进速度。保持钻机稳定。

②钻进过程中如发生斜孔、塌孔和护筒周围冒浆、失稳等现象时，应先停钻，待采取相应措施后再进行钻进。

③钻孔达到设计深度，灌注混凝土之前，孔底沉渣厚度应符合设计要求。设计未要求时，端承型桩的沉渣厚度不应大于100mm。摩擦型桩的沉渣厚度不应大于300mm。

3）冲击钻成孔。

①冲击钻开孔时，应低锤密击，反复冲击造壁，保持孔内泥浆面稳定。

②应采取有效的技术措施防止扰动孔壁、塌孔、扩孔、卡钻和掉钻及泥浆流失等事故。

③每钻进4～5m应验孔一次，在更换钻头前或容易缩孔处，均应验孔并应做记录。

④排渣过程中应及时补给泥浆。

⑤冲孔中遇到斜孔、梅花孔、塌孔等情况时，应采取措施后方可继续施工。

⑥稳定性差的孔壁应采用泥浆循环或抽渣筒排渣，清孔后灌注混凝土之前的泥浆指标符合要求。

4）旋挖成孔。

①旋挖钻成孔灌注桩应根据不同的地层情况及地下水位埋深，采用不同的成孔工艺。

②泥浆制备的能力应大于钻孔时的泥浆需求量，每台（套）钻机的泥浆储备量不少于单桩体积。

③成孔前和每次提出钻斗时，应检查钻斗和钻杆连接销子、钻斗门连接销子以及钢丝绳的状况，并应清除钻斗上的渣土。

④旋挖钻机成孔应采用跳挖方式，并根据钻进速度同步补充泥浆，保持所需的泥浆面高度不变。

⑤孔底沉渣厚度控制指标符合要求。

（4）干作业成孔。

1）长螺旋钻孔。

①钻机定位后，应进行复检，钻头与桩位点偏差不得大于20mm，开孔时下钻速度应缓慢。钻进过程中，不宜反转或提升钻杆。

②在钻进过程中遇到卡钻、钻机摇晃、偏斜或发生异常声响时，应立即停钻，查明原因，采取相应措施后方可继续作业。

③钻至设计标高后，应先泵入混凝土并停顿10～20s，再缓慢提升钻杆。提钻速度应根据土层情况确定，并保证管内有一定高度的混凝土。

④混凝土压灌结束后应立即将钢筋笼插至设计深度，并及时清除钻杆及泵

（软）管内残留混凝土。

2）钻孔扩底。

①钻杆应保持垂直稳固，位置准确，防止因钻杆晃动引起孔径扩大。

②钻孔扩底桩施工扩底孔部分虚土厚度应符合设计要求。

③灌注混凝土时，第一次应灌到扩底部位的顶面，随即振捣密实。灌注桩顶以下5m范围内混凝土时，应随灌注随振动，每次灌注高度不大于1.5m。

3）人工挖孔。

①人工挖孔桩必须在保证施工安全前提下选用。

②挖孔桩截面一般为圆形，也有方形桩。孔径1200～2000mm，最大可达3500mm。挖孔深度不宜超过25m。

③采用混凝土或钢筋混凝土支护孔壁技术，护壁的厚度、拉接钢筋、配筋、混凝土强度等级均应符合设计要求。井圈中心线与设计轴线的偏差不得大于20mm。上下节护壁混凝土的搭接长度不得小于50mm。每节护壁必须保证振捣密实，并应当日施工完毕。应根据土层渗水情况使用速凝剂。模板拆除应在混凝土强度大于2.5MPa后进行。

④挖孔达到设计深度后，应进行孔底处理。必须做到孔底表面无松渣、泥、沉淀土。

（5）钢筋笼与灌注混凝土施工要点。

1）钢筋笼加工应符合设计要求。钢筋笼制作、运输和吊装过程中应采取适当的加固措施，防止变形。

2）吊放钢筋笼入孔时，不得碰撞孔壁，就位后应采取加固措施固定钢筋笼的位置。

3）沉管灌注桩内径应比套管内径小60～80mm，用导管灌注水下混凝土的桩应比导管连接处的外径大100mm以上。

4）灌注桩采用的水下灌注混凝土宜采用预拌混凝土，其骨料粒径不宜大于40mm。

5）灌注桩各工序应连续施工，钢筋笼放入泥浆后4h内必须浇筑混凝土。

6）桩顶混凝土浇筑完成后应高出设计标高0.5～1m，确保桩头浮浆层凿除后桩基面混凝土达到设计强度。

7）当气温低于0℃以下时，浇筑混凝土应采取保温措施，浇筑时混凝土的温度不得低于5℃。当气温高于30℃时，应根据具体情况对混凝土采取缓凝措施。

8）灌注桩的实际浇筑混凝土量不得小于计算体积。套管成孔的灌注桩任何一段平均直径与设计直径的比值不得小于1.0。

（6）水下混凝土灌注。

1）桩孔检验合格，吊装钢筋笼完毕后，安置导管浇筑混凝土。

2）混凝土配合比应通过试验确定，须具备良好的和易性，坍落度宜为 180～220mm。

3）导管应符合下列要求。

①导管内壁应光滑圆顺，直径宜为 20～30cm，节长宜为 2m。

②导管不得漏水，使用前应试拼、试压。

③导管轴线偏差不宜超过孔深的 0.5％，且不宜大于 10cm。

④导管采用法兰盘接头宜加锥形活套。采用螺旋丝扣型接头时必须有防止松脱装置。

4）使用的隔水球应有良好的隔水性能，并应保证顺利排出。

5）开始灌注混凝土时，导管底部至孔底的距离宜为 300～500mm。导管首次埋入混凝土灌注面以下不应少于 1.0m。在灌注过程中，导管埋入混凝土深度宜为 2～6m。

6）灌注水下混凝土必须连续施工，并应控制提拔导管速度，严禁将导管提出混凝土灌注面。灌注过程中的故障应记录备案。

第六节　墩台、盖梁施工

一、桥梁墩台的类型

桥梁墩台是桥墩和桥台的合称，是支承桥梁上部结构的建筑物。桥台位于桥梁两端，与路堤相接，兼有挡土作用。桥墩位于两桥台之间。

1. 桥墩的类型

桥墩由帽盖（顶帽、墩帽）和墩身组成。帽盖是桥墩支承桥梁支座或拱脚的部分。墩身是桥墩承重的主体结构。

（1）实体墩。实体墩分为重力式墩和薄壁墩。

1）重力式墩。重力式墩是依靠自身重量保持稳定的桥墩，它的整体性和耐久性好。

2）薄壁墩。用钢筋混凝土制作的实体薄壁桥墩适用于中小跨径桥梁，空心薄壁桥墩多用于大跨径桥和高桥墩桥。

实体墩的墩身常用抗压强度高的石料砌筑或混凝土浇筑。当墩身较大时，可在混凝土中掺入不超过墩身体积 25％的片石，以节省水泥。实体墩也可用预制的块件在工地砌筑，各块件用高强度钢丝束串联施加预应力。砌筑时，块件要错缝。用这种方法建造的实体墩又称装配式桥墩。

（2）柱式墩。柱式墩是在基础上灌筑混凝土单柱或双柱、多柱所建成的墩。通常采用两根直径较大的钻孔桩作基础，在其上面建立柱做成双柱墩，并在两柱之间设横系梁以增加刚度。此外，也常用单桩单柱墩。

（3）排架桩墩。排架桩墩是由单排桩或双排桩组成的桥墩。一排桩的桩数一般与上部结构的主梁数目相等。将各桩顶连在一起的盖梁可用混凝土制作。这种桥墩所用的桩尺寸较小，因此通常称这种桥墩为柔性桩墩。它按柔性结构设计，可考虑水平力沿桥的纵轴线在各墩上的分配。

（4）构架式桥墩。构架式桥墩是以两榀或多榀构架做成的桥墩，多用钢筋混凝土制作，是一种轻型桥墩。

2. 桥台的类型

桥台由帽盖（顶帽、台帽）和台身组成。台身有前墙和侧墙（翼墙）两部分。前墙是桥台的主体，它将上部结构荷载和土压力传至基础。侧墙位于前墙的侧后方，主要支挡路堤土方并可增加前墙的稳定性。

（1）重力式桥台。重力式桥台是依靠自重来保持桥台稳定的刚性实体，它适于用石料砌筑，要求地基土质良好。重力式桥台的平面形状有 U 形、T 形以及山形等。

（2）埋置式桥台。埋置式桥台是埋置于路堤锥体护坡中的桥台，它仅露出台帽以上的部分以支承桥梁上部结构。由于是埋置土中，所以这种桥台所受的土压力很小，稳定性好。但是锥体护坡往往伸入河道，侵占了泄水面积，并易受到水流冲刷，必须十分重视护坡的保护。

（3）薄壁桥台。薄壁桥台是以 L 形薄壁墙作成的桥台。这种桥台有前墙和扶壁，前墙是主要承重部分，扶壁设于前墙背面，支撑于墙底板上。扶壁有若干道，其作用是增加前墙的刚度。台帽置于前墙顶部。底板上方的填土有助于保持桥台的稳定。

（4）锚定板桥台。锚定板桥台是从锚定板挡墙发展起来的轻型桥台，它的特点是全部或者大部分台后土压力通过拉杆传给埋在台后填土中的锚定板，其挡土部分由墙面拉杆、锚定板组成。

3. 桥梁墩台的类型

桥梁墩台按施工方式的不同分为砌筑墩台、装配式墩台、现场浇筑墩台等几种类型。

（1）砌筑墩台。砌筑墩台是用片石、块石、粗料石以水泥砂浆砌筑的，具有就地取材和经久耐用等优点。

（2）装配式墩台。装配式墩台施工适用于山谷架桥，跨越平缓无漂流物的河沟、河滩等的桥梁，特别是在工地干扰多，施工场地狭窄，缺水与砂石供应困难地区，其效果更为显著。其优点是结构形式轻便，建桥速度快，圬工省，预制构件质量有保证等。装配式墩台有柱式墩、后张法预应力墩两种形式。

1) 装配式柱式墩。将桥墩分解成若干轻型部件,在工厂或工地集中预制,再运送到现场装配成桥梁。

2) 后张法预应力墩。后张法预应力墩可分为承台基础、实体墩身和装配墩身三大部分。装配墩身由基本构件、隔板、顶板及顶帽 4 种不同形状的构件组成,用高强钢丝穿入预留的上下贯通的孔道内,张拉锚固而成。

(3) 现场浇筑墩台。现场浇筑墩台(V 形墩等)施工的主要工作有:墩台定位,放样,基础施工,在基础襟边上立模板和支架,浇筑墩(台)身混凝土或砌石,扎顶帽钢筋,浇顶帽混凝土并预留支座锚栓孔等。

1) 装配式柱式墩。将桥墩分解成若干轻型部件,在工厂或工地集中预制,再运送到现场装配成桥梁。

2) 后张法预应力墩。后张法预应力墩可分为承台基础、实体墩身和装配墩身三大部分。装配墩身由基本构件、隔板、顶板及顶帽 4 种不同形状的构件组成,用高强钢丝穿入预留的上下贯通的孔道内,张拉锚固而成。

二、墩台模板及骨架

混凝土及钢筋混凝土墩台是应用较多的一类墩台,具有形式多样、适应性强、施工快速等优点。其施工方法根据结构形式的不同而不同,但大致可归纳为由模板工程、钢筋工程、混凝土工程三部分组成。其施工顺序为:搭设墩台模板→绑扎、安装钢筋骨架→浇筑混凝土。

1. 墩台模板

(1) 常用的墩台模板类型。

1) 组合式模板。由在施工现场加工制作的各部件安装而成。主要部件有立柱、肋木、壳板、撑木、拉杆、钢箍、铁件等,立柱、肋木、拉杆、钢箍形成模板骨架用以支撑壳板。骨架的立柱安放在墩台的基础枕梁上。

组合式模板整体性好,适应性强,不需起重设备。但是重复使用率低,模板浪费大,安装费工费时,一般只适用于小规模的少量墩台。

2) 拼装式模板。各种尺寸的标准模板或工厂定制模板,利用销钉连接,并与连杆、加劲构件等组成墩台所需形状、尺寸的模板。

拼装式模板可以在工厂加工、定制,因此板面平整,尺寸准确,拆装容易,适用于各种形式的墩台施工。当同类型墩台较多时,模板可周转使用。

3) 整体吊装模板。将墩台模板分成若干层,根据墩台高度分层支模、灌注混凝土。每层模板是一个独立体系,在地面拼装后吊装就位。每层模板的高度视起吊能力和施工方便程度而定,一般采用 2~4m。

整体吊装模板安装时间短,施工进度快,有利于提高施工质量。将拼装模板的高空作业改为平地操作,施工安全。刚度大,可少设拉杆,节约钢材。拆装方便,可重复使用。整体吊装模板主要适用于高墩台。

（2）墩台模板的选择和施工要点。

1）墩台模板应具有较好的强度、刚度和稳定性，必须保证浇筑混凝土前后模板表面的平整度，不出现跑模、漏浆等弊病。如果墩台模板较高，必须设置撑木或抗风拉索等稳定设施。

2）墩台模板选择应考虑周转使用，宜采用标准规格的组合式模板或适合大量同类型桥墩的拼装式模板。平面模板的尺寸应尽可能选择大面积的，以使墩台表面减少接缝。

3）在浇筑混凝土前，应在模板内侧涂刷脱模剂，不得使用会使混凝土表面变色或变质的脱模剂。

4）墩台预埋件或孔洞必须预先考虑，并准确牢固地和模板相固定，以防振捣混凝土或其他外力使之变位。侧模上的拉杆一般均埋于墩台混凝土中。如需在浇筑完混凝土后取出拉杆，必须在拉杆外设套管。拆模后，墩台表面留下的无用孔洞，必须及时用砂浆或细石混凝土抹平。

5）模板安装完毕后，需在检查其平面位置、顶面标高、节点连接及其他稳定性问题后，方可浇筑混凝土。

6）墩台模板宜在上部结构施工前拆除。拆除模板时，不允许粗暴地敲打和甩掷模板，更要注意拆除的顺序，以防出现事故。

2. 墩台的钢筋骨架

墩台的钢筋骨架制作需经过调直除锈、下料、弯制、绑扎等工序。

由于钢筋混凝土墩台的形式多样，造成了墩台中钢筋骨架形状的各异。

预制成的墩台钢筋骨架，必须具有足够的刚度和稳定性，以利于吊装。尺寸要求准确，符合设计要求。墩台钢筋骨架通常体量较大，制作好后必须安放在平整、干燥的场地上，下部用方木垫平，并挂上标识牌，以防止混淆。钢筋骨架吊装时应注意轻起慢落，防止骨架变形。骨架进入模板前应保持顺直。安装后，保护层厚度要符合设计要求。

三、墩台、盖梁施工方法

1. 现浇混凝土墩台、盖梁

（1）重力式混凝土墩、台施工。

1）墩台混凝土浇筑前应对基础混凝土顶面做凿毛处理，清除锚筋污锈。

2）墩台混凝土宜水平分层浇筑，每层高度宜为 $1.5\sim2m$。

3）墩台混凝土分块浇筑时，接缝应与墩台截面尺寸较小的一边平行，邻层分块接缝应错开，接缝宜做成企口形。分块数量，墩台水平截面积在 $200m^2$ 内不得超过 2 块。在 $300m^2$ 以内不得超过 3 块。每块面积不得小于 $50m^2$。

4）明挖基础上灌筑墩、台第一层混凝土时，要防止水分被基础吸收或基顶水分渗入混凝土而降低强度。

（2）柱式墩台施工。

1）模板、支架稳定计算中应考虑风力影响。

2）墩台柱与承台基础接触面应凿毛处理，清除钢筋污锈。浇筑墩台柱混凝土时，应铺同配合比的水泥砂浆一层。墩台柱的混凝土宜一次连续浇筑完成。

3）柱身高度内有系梁连接时，系梁应与柱同步浇筑。V形墩柱混凝土应对称浇筑。

4）采用预制混凝土管做柱身外模时，预制管安装应符合下列要求。

①基础面宜采用凹槽接头，凹槽深度不得小于 50mm。

②上下管节安装就位后，应采用四根竖方木对称设置在管柱四周并绑扎牢固，防止撞击错位。

③混凝土管柱外模应设斜撑，保证浇筑时的稳定。

④管节接缝应采用水泥砂浆等材料密封。

5）钢管混凝土墩柱应采用补偿收缩混凝土，一次连续浇筑完成。钢管的焊制与防腐应符合设计要求或相关规范规定。

（3）盖梁施工。

1）在城镇交通繁华路段施工盖梁时，宜采用整体组装模板、快装组合支架，以减少占路时间。

2）盖梁为悬臂梁时，混凝土浇筑应从悬臂端开始。预应力钢筋混凝土盖梁拆除底模时间应符合设计要求。如设计无要求，孔道压浆强度应达到设计强度后，方可拆除底模板。

2. 预制混凝土柱和盖梁安装

（1）预制柱安装。

1）基础杯口的混凝土强度必须达到设计要求，方可进行预制柱安装。杯口在安装前应校核长、宽、高，确认合格。杯口与预制件接触面均应凿毛处理，埋件应除锈并应校核位置，合格后方可安装。

2）预制柱安装就位后应采用硬木楔或钢楔固定，并加斜撑保持柱体稳定，在确保稳定后方可摘去吊钩。

3）安装后应及时浇筑杯口混凝土，待混凝土硬化后拆除硬楔，浇筑二次混凝土，待杯口混凝土达到设计强度 75％后方可拆除斜撑。

（2）预制钢筋混凝土盖梁安装。

1）预制盖梁安装前，应对接头混凝土面凿毛处理，预埋件应除锈。

2）在墩台柱上安装预制盖梁时，应对墩台柱进行固定和支撑，确保稳定。

3）盖梁就位时，应检查轴线和各部尺寸，确认合格后方可固定，并浇筑接头混凝土。接头混凝土达到设计强度后，方可卸除临时固定设施。

3. 重力式砌体墩台

（1）墩台砌筑前，应清理基础，保持洁净，并测量放线，设置线杆。

（2）墩台砌体应采用坐浆法分层砌筑，竖缝均应错开，不得贯通。

（3）砌筑墩台镶面石应从曲线部分或角部开始。

（4）桥墩分水体镶面石的抗压强度不得低于设计要求。

（5）砌筑的石料和混凝土预制块应清洗干净，保持湿润。

第七节　简支桥梁施工

一、桥面铺装

钢筋混凝土和预应力混凝土桥的桥面部分通常包括桥面铺装、防水和排水设备、伸缩缝、人行道（或安全带）、缘石、栏杆和灯柱等构造，如图 4-15 所示。由于桥面部分天然敞露而对气候影响十分敏感，车辆行人来往对其观感也很重视，根据以往的实践，建桥时因对桥面重视不足而导致日后修补和维护的弊病是不少的，因此，如何合理改进桥面的构造和施工，已越来越引起人们的注意。

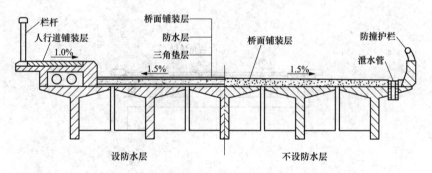

图 4-15　桥面构造横截面图

桥面铺装也称行车道铺装，其功用是保护属于主梁整体部分的行车道板不受车辆轮胎（或履带）的直接磨耗，防止主梁遭受雨水的侵蚀，并能对车辆轮重的集中荷载起一定的分布作用。

桥面铺装的结构形式宜与所在位置的公路路面相协调。

桥面铺装部分在桥梁恒载中占有相当的比例，特别对于小跨径桥梁尤为显著，故应尽量设法减小铺装的重量。如果桥面铺装采用水泥混凝土，其强度不低于桥面板混凝土的强度，并在施工中能确保铺装层与桥面板紧密结合成整体，则铺装层的混凝土（扣除作为车轮磨损的部分，为 1～2cm 厚）也可合计在桥面板内一起参与工作，以充分发挥这部分材料的作用。

1. 桥面横坡的设置

为了迅速排除桥面雨水，通常除使桥梁设有纵向坡度外，尚应将桥面铺装沿横向设置双向的桥面横坡，对于沥青混凝土或水泥混凝土铺装，横坡为 1.5%～2.0%行车道路面普遍采用抛物线形横坡，人行道则用直线形。对于板桥或就地浇筑的肋梁桥，为了节省铺装材料并减小恒载重力，也可将横坡设在墩台顶部而做成倾斜的桥面板，如图 4-16（a）所示，此时铺装层在整个桥宽上就可做成等厚的。对于装配式肋梁桥，为架设和拼装方便，通常都采用不等厚的铺装层（包括混凝土三角垫层和等厚的路面铺装层）以构成桥面横坡，如图 4-16（b）所示。在较宽的桥梁中，用三角垫层设置横坡将使混凝土用量与恒载重力增加过多。在此情况下也可直接将行车道板做成双向倾斜的横坡，如图 4-16（c）所示，但这样会使主梁的构造和施工稍趋复杂。

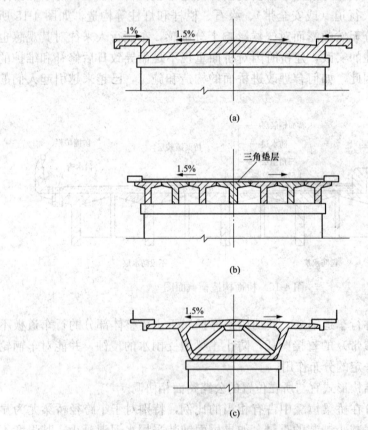

图 4-16　桥面横坡的设置
（a）设在墩台顶部而做成倾斜的桥面板；（b）采用不等厚的铺装层以构成桥面横坡；
（c）直接将行车道板做成双向倾斜的横坡

2. 桥面铺装的类型

钢筋混凝土和预应力混凝土梁桥的桥面铺装，目前使用下列 3 种形式。

（1）普通水泥混凝土或沥青混凝土铺装。在非严寒地区的小跨径桥上，通常桥面内可不做专门的防水层，而直接在桥面上铺筑 5～8cm 的普通水泥混凝土或沥青混凝土铺装层。铺装层的混凝土一般用与桥面板混凝土相同的强度等级或略高一级的，在铺筑时要求有较好的密实度。《公路桥涵设计通用规范》（JTG D60—2015）规定水泥混凝土桥面铺装面（不含整平层和垫层）的厚度不宜小于 80mm，混凝土强度等级不应低于 C40。为了防滑和减弱光线的反射，最好将混凝土做成粗糙表面。混凝土铺装的造价低，耐磨性能好，适合于重载交通，但其养生期比沥青系的铺装长，日后修补也较麻烦。高速公路和一级公路上的特大桥、大桥宜采用沥青混凝土桥面铺装，其厚度不宜小于 70mm。沥青混凝土铺装的重量较小，维修养护也较方便，在铺筑后只需几个小时就能通车运营。桥上的沥青混凝土铺装可以做成单层式的（7～10cm）或双层式的（底层 4～5cm，面层 3～4cm）。

（2）防水混凝土铺装。对位于非冰冻地区的桥梁需作适当的防水时，可在桥面板上铺筑 8～10cm 厚的防水混凝土作为铺装层，如图 4-17（a）所示。防水混凝土的强度等级一般不低于桥面板混凝土的强度等级，其上一般可不另设面层，但为延长桥面的使用年限，宜在上面铺筑 2cm 厚的沥青表面处治作为可修补的磨耗层。

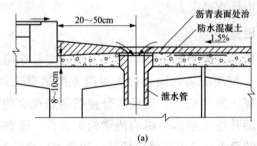

(a)

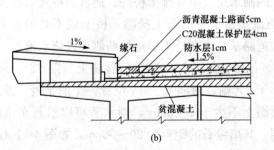

(b)

图 4-17　桥面铺装构造

(a) 铺筑防水混凝土作为铺装层；(b) 采用柔性贴式或涂料防水层

（3）具有贴式或涂料防水层的水泥混凝土或沥青混凝土铺装。在防水要求高，或在桥面板位于结构受拉区而易出现裂纹的桥梁上，往往采用柔性贴式或涂料防水层，如图 4-17（b）所示。贴式防水层设在低强度混凝土三角垫层上面，其做法是：先在垫层上用水泥砂浆抹平，待硬化后在其上涂一层热沥青底层，随即贴上一层油毛毡（或麻袋布、玻璃纤维织物等），上面再涂一层沥青胶砂，贴一层油毛毡，最后再涂一层沥青胶砂。通常这种所谓"三油二毡"的防水层，其厚度为 1~2cm。为了保护贴式防水层不致因铺筑和翻修路面而受到损坏，在防水层上需用厚约 4cm 低强度的细骨料混凝土作为保护层。等它达到足够强度后再铺筑沥青混凝土或水泥混凝土路面铺装。

近年来，随着路面防水技术的发展，已广泛采用各种改性沥青黏结料或高分子聚合物沥青防水涂层的新技术。这种防水层具有黏结力强、高温不流淌、低温不脆裂、无毒、成膜时间短、质量轻等优点。

此外，国外也曾使用环氧树脂涂层来达到抗磨耗、防水和减小桥梁恒载的目的。这种铺装层的厚度通常为 0.3~1.0cm。为保证其与桥面板牢固结合，涂抹前应将混凝土板面清刷干净。显然，这种铺装的费用昂贵。

当桥面铺装采用混凝土以及贴式或涂层防水层时，为了加强铺装层的强度以免混凝土开裂，就需要在混凝土铺装层内或保护层内设置一层直径不小于 8mm 的钢筋网，网格尺寸不宜大于 100mm。如果铺装层在接缝处参与受力，则钢筋的具体配置应由计算确定。

二、桥面排水设施

钢筋混凝土结构不宜经受时而湿润时而干晒的交替作用。湿润后的水分如接着因严寒而结冰，则更有害，因为渗入混凝土微细裂纹和大孔隙内的水分，在结冰时会导致混凝土发生破坏，而且水分侵袭钢筋也会使它锈蚀。因此，为防止雨水滞积于桥面并渗入梁体而影响桥梁的耐久性，除在桥面铺装内设置防水层外，应使桥上的雨水迅速引导排出桥外。通常当桥面纵坡大于 2‰ 而桥长小于 50m 时，雨水可流至桥头从引道上排除，桥上就不必设置专门的泄水孔道。为防止雨水冲刷引道路基，应在桥头引道的两侧设置流水槽。

当纵坡大于 2‰ 但桥长超过 50m 时，宜在桥上每隔 12~15m 设置一个泄水管。如桥面纵坡小于 2‰ 则宜每隔 6~8m 设置一个泄水管。泄水管的过水面积通常使每平方米桥面上不少于 2~3cm²，泄水管可以沿行车道两侧左右对称排列，也可交错排列，其离缘石的距离为 20~50cm，如图 4-17（a）所示。

对于跨线桥和城市桥梁最好像建筑物那样设置完善的落水管道，将雨水排至地面阴沟或下水道内。

泄水管也可布置在人行道下面，如图 4-18 所示，为此需要在人行道块件（或缘石部分）上留出横向进水孔，并在泄水管周围（除了朝向桥面的一方外）设置相应的聚水槽。

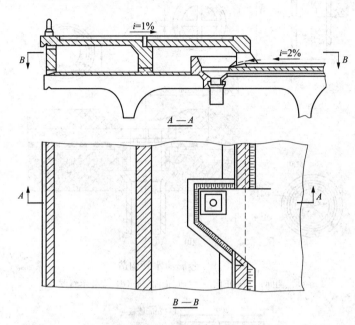

图 4-18 泄水管布置在人行道下的图式

目前，梁式桥上常用的泄水管道有下列几种形式。

1. 金属泄水管

如图 4-19 所示，为一种构造比较完备的铸铁泄水管，适用于具有防水层的铺装结构。泄水管的内径一般为 10～15cm，管子下端应伸出行车道板底面以下至少 15～20cm。安放泄水管时，与防水层的接合处要做得特别仔细，防水层的边缘要紧夹在管子的顶缘与泄水漏斗之间，以便防水层上的渗水能通过漏斗上的过水孔流入管内。这种铸铁泄水管使用效果好，但构造较复杂。通常还可以根据具体情况，在此基础上做适当的简化改进，如采用钢管和钢板的焊接构造，甚至改用塑料泄水管等。

2. 钢筋混凝土泄水管

如图 4-20 所示，为钢筋混凝土泄水管构造，它适用于不设专门防水层而采用防水混凝土的铺装构造上，布置细节可参见图 4-20。在制作时，可将金属栅板直接作为钢筋混凝土管的端模板，以使焊于板上的短钢筋锚固于混凝土中。这种预制的泄水管构造简单，也可以节约钢材。

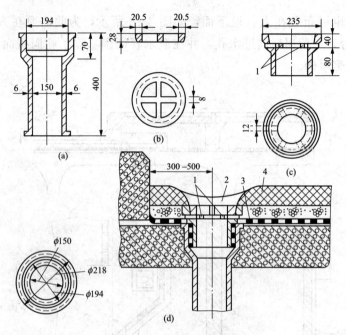

图 4-19 金属泄水管构造

（a）侧面；（b）正面一；（c）正面二；（d）安装示意图

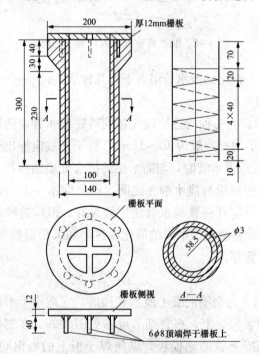

图 4-20 钢筋混凝土泄水管

3. 横向排水管道

对于一些小跨径桥，有时为了简化构造和节省材料，可以直接在行车道两侧的安全带或缘石上预留横向孔，如图 4-21 所示，并用铁管、竹管等将水排出桥外。这种做法构造简单，但因孔道坡度平缓，易于堵塞。

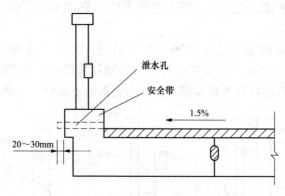

图 4-21　横向泄水孔道

特别需要提出的是，近年来，从桥梁外形美观和环保要求出发，在国外和国内香港地区已广泛将排水管置于箱梁内，并将落水管道埋在墩台身内，再将雨水排入下水道。对于跨越有保护水质要求的河流和湖面上的桥梁，应将桥面积水排至岸边的下水道内。

三、钢筋混凝土简支梁桥

1. 模板和简易支架

（1）模板和支架的要求。模板和支架都是施工过程中的临时性结构，对梁体的制作十分重要。模板和支架不仅控制着梁体尺寸的精度、直接影响施工进度和混凝土浇筑质量，而且还影响到施工安全。因此，模板和支架应该符合下列要求。

1）具有足够的强度、刚度和稳定性，能可靠地承受施工过程中可能产生的各项荷载。

2）保证工程构造物的设计形状、尺寸及各部分相互之间位置的正确性。

3）构造和制作力求简单，装拆既要方便又要尽量减少构件的损伤，以提高装、拆、运的速度和增加周转使用的次数。

4）模板的接缝务必严实、紧密，以确保新浇混凝土在强烈振动下不致漏浆。

（2）模板的分类和构造。按制作材料分类，桥梁施工常用的模板有木模板、钢模板、钢木结合模板。有时为了节省钢木材料，也可因地制宜利用土模或砖模来制梁。按模板的装拆方法分类，可分为零拼式模板、分片装拆式模板、整体装拆式模板等。从前我国公路桥梁上常用木模板。随着国家工业的发展，既能节约木材又可提高预制质量而且经久耐用的钢模板，目前已得到广泛使用和推广。

木模板的基本构造由紧贴于混凝土表面的壳板（又称面板）、支承壳板的肋木和立柱或横档组成，壳板可以竖直拼装［见图 4-22（a）］或水平拼装［见图4-22（b）］。

壳板的接缝可做成平缝［见图 4-22（b）］、搭接缝或企口缝［见图 4-22（c）］。当采用平缝拼接时，应在拼缝处衬压塑料薄膜或水泥袋纸以防漏浆。为了增加木模的周转次数并方便脱模，往往在壳板面上加钉一层薄铁皮。

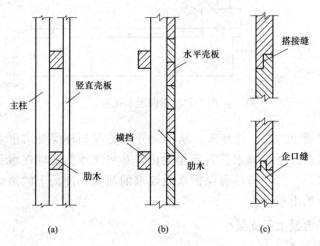

图 4-22　模板基本构造

（a）竖直拼装；（b）水平拼装；（c）搭接缝或企口缝

壳板的厚度一般为 2～5cm，宽 15～18cm，不宜超过 20cm，过薄与过宽的板容易变形。肋木、立柱或横档的尺寸可根据经验或计算确定。肋木的间距一般为 0.7～1.5cm。

如图 4-23 所示，为常用 T 形梁的分片装拆式木制模板结构。相邻横隔板之间的模板形成一个柜箱，在柜箱内的横挡上可安装附着式振捣器。梁体两侧的一对柜箱用顶部横木和穿通梁肋的螺栓拉杆来固定。并借柱底的木楔进行装、拆调整。

图 4-24 示出一种分片装拆式钢模板的结构组成。

侧模由厚度一般为 4～8mm 的钢壳板、角钢做成的水平和竖向肋、支托竖向肋的直撑和斜撑、固定侧模用的顶横杆和底部拉杆，以及安装在壳板上的振捣架等构成。底模通常用 6～12mm 的钢板制成，它通过垫木支承在底部钢横梁上。在拼装钢模板时，所有紧贴混凝土的接缝内都用止浆垫使接缝密闭不漏浆，

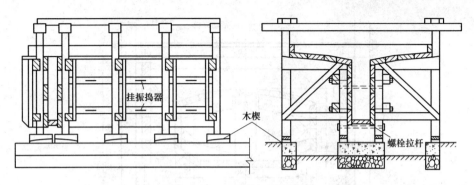

图 4-23 T 形梁的木模构造

止浆垫一般采用柔软、耐用和弹性大的 5～8mm 橡胶板或厚 10mm 左右的泡沫塑料板。

如果将钢模板中的钢制壳板换成水平拼装的木壳板，用埋头螺栓连接在角钢竖肋上，在木壳板上再钉一层薄铁皮，这样就做成钢木结合模板。这种模板不仅节约木材，成本低，而且具有较大的刚度和紧密稳固性，也是一种较好的模板结构。

如图 4-25 所示，是桥梁工程中常用于空心板梁的木制芯模构造。芯模是形成空心所必需的特殊模板，其结构形式直接影响到制作是否简便经济，装拆是否方便，周转率是否高的问题。

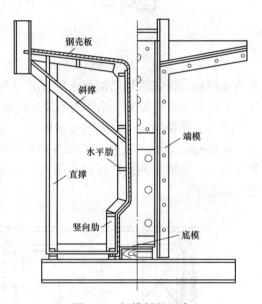

图 4-24 钢模板的组成

为了便于搬运装拆，每根梁的模板分成两节。木壳板的侧面装置铰链，使壳板可以转动。芯模的骨架和活动撑板，每隔 70cm 一道。撑板下端的半边朝梁端一侧用铰链与壳板连接，安装时借榫头顶紧壳板纵面的上下斜缝，并在撑板上部设置 $\phi20$ 的拉杆。撑板将壳板撑实后，在模壳外用铅丝捆扎以防散开或变形。拆模时只需用拉杆将撑板从顶部拉脱，并借铰链先松左半模板，取出后再脱右半模板。

上述芯模也可改用特制的充气橡胶管来完成。在国外，还采用混凝土管、纸管等做成不抽拔的芯模。

不管何种模板，为了避免壳板与混凝土粘连，通常均需在壳板面上涂以隔离剂，如石灰乳浆、肥皂水或废机油等。

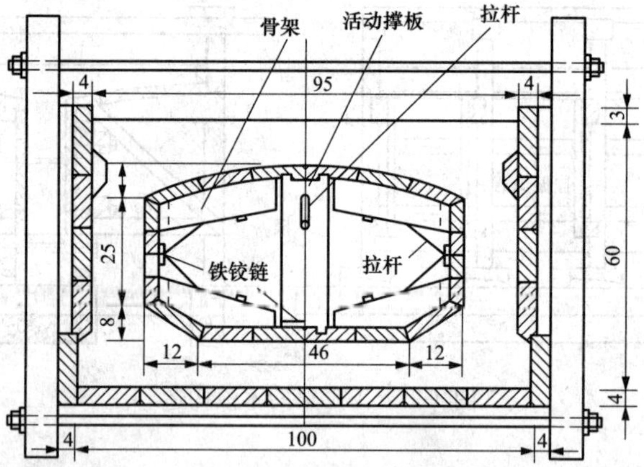

骨架
活动撑板
拉杆
4
95
4
3
25
8
60
铁铰链
拉杆
12
46
12
4
100
4
4

图 4-25　空心板梁芯模构造

(3) 简易支架。就地浇筑梁桥时，需要在梁下搭设简易支架（或称脚手架）来支承模板、浇筑的钢筋混凝土以及其他施工荷载的重量。对于装配式桥的施工，有时也要搭设简易支架作为吊装过程中的临时支承结构和施工操作之用。

目前，在桥梁施工中采用较多的是木支架和钢管支架，并以立柱式支架为多，如图 4-26 所示。立柱在顺桥方向的间距，应根据施工过程中荷载大小由计算来确定。靠墩台的立柱可设在墩台基础的襟边上。在横桥方向，立柱一般设置在梁肋下。

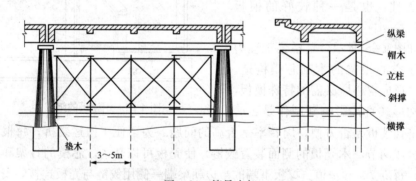

垫木
3～5m
纵梁
帽木
立柱
斜撑
横撑

图 4-26　简易支架

近年来，为了进一步节约木材，对中小型公路桥梁采用有支架施工时，已开始采用工业与民用建筑单位普遍使用的工具式钢管脚手架。这种脚手架的主要构件是外径为 51mm 的钢管，每延米重 3.55kg，备有各式连接扣件，操作方便，损耗率低，在施工中质量有保证，并且可取得良好的经济效益。

应注意的是：支架在承受荷载后会因弹性和非弹性变形以及地基的沉降而

发生下沉变形，因此在浇筑混凝土之前，通常要将支架进行预压，以期尽可能消除这些变形。

2. 钢筋工作

钢筋工作的特点是：加工工序多，包括钢筋整直、切断、除锈、弯制、焊接或绑扎成型等，而且钢筋的规格和型号尺寸也比较多。鉴于钢筋的加工质量和布置在浇筑混凝土后再也无法检查，故必须仔细认真地严格控制钢筋工作的施工质量。

（1）钢筋加工的准备工作。首先应对进场的钢筋通过抽样试验进行质量鉴定，合格的才能使用。抽样试验主要作抗拉极限强度、屈服点和冷弯试验。

钢筋的整直工作根据钢筋直径的大小采用不同的方法。对于直径在 10mm 以上的钢筋一般用锤打整直，对于直径不到 10mm 的常用手摇或电动绞车通过冷拉整直（伸长率不大于 1‰），这样还能提高钢筋的强度和清除铁锈。

经锤直的钢筋可用钢丝刷或喷砂枪喷砂除锈去污，也可将钢筋在砂堆中来回抽动以除锈去污。

钢筋经整直、除去污锈后，即可按图纸要求进行划线下料工作。为了使成型的钢筋比较精确地符合设计要求，在下料前应计算图纸上所标明的折线尺寸与弯折处实际弧线尺寸之差值（通常可查阅现成的计算表格），同时还应计入钢筋在冷作弯折过程中的伸长量。钢筋弯折伸长量可按表 4-7 估算。图 4-27（a）示出通常设计图纸中标明的折线尺寸。图 4-27（c）为扣除了加工伸长量的实际划线下料尺寸。

表 4-7　　　　　　　　　　　钢筋弯折伸长量

钢筋直径 /mm	弯折角度			钢筋直径 /mm	弯折角度		
	180°	90°	45°		180°	90°	45°
6	1.0	0.5 }	不计	20	3.0	1.5	1.0
8	1.0	1.0 }		20	4.0	2.0	1.0
10	1.5	1.0 }		25	4.5	2.5	1.5
12	1.5	1.0	0.5	27	5.0	3.0	2.0
14	2.0	1.5	0.5	32	6.0	3.5	2.5
16	2.5	1.5	0.5				

钢筋弯制前准备工作的最后一道工序为下料，即截断钢筋，通常视钢筋直径的大小，用錾子、手动剪切机和电动剪切机来进行。

（2）钢筋的弯制成型和接头。下料后的钢筋可在工作平台上用手工或电动弯筋器按规定的弯曲半径弯制成型，钢筋的两端也应按图纸弯成所需的标准弯钩。如钢筋图中对弯曲半径未作规定时，则宜按钢筋直径的 15 倍为半径进行弯制。对于需要较长的钢筋，最好在接长以后再弯制，这样较易控制尺寸。

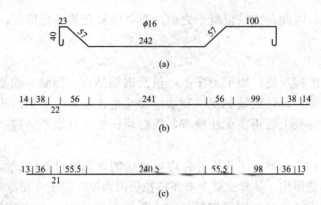

图 4-27 弯折前的钢筋划线

(a) 钢筋设计图；(b) 考虑实际弧长的展直尺寸；

(c) 计入弯折伸长的下料尺寸

钢筋的接头应采用电焊，并以闪光接触对焊为宜，这种接头的传力性能好，且省钢料。在不能进行闪光接触对焊时，可采用电弧焊（如搭接焊、帮条焊、坡口焊、熔槽焊等）。焊接接头在构件内应尽量错开布置，且受拉主钢筋的接头截面积不得超过受力钢筋总截面积的 50%。装配式构件连接处受力钢筋的焊接接头可不受此限制。

当钢筋的接头采用电焊焊接困难时，也可采用绑扎搭接，受拉钢筋的接头长度应符合表 4-8 规定。受压钢筋的绑扎接头搭接长度，应取受拉钢筋搭接长度的 0.7 倍，且搭接长度区段内受力钢筋接头的截面积，在受拉区不得超过钢筋总截面积的 25%，在受压区不得超过 50%。

表 4-8   受拉钢筋绑扎接头搭接长度

钢筋	混凝土强度等级		
	C20	C25	>C25
R235	35d	30d	25d
HRB335	45d	40d	35d
HRB400、KL400	—	50d	45d

注 1. 当带肋钢筋直径 $d > 25$mm 时，其受拉钢筋的搭接长度应按表值增加 5d 采用。当带肋钢筋直径 $d < 25$mm 时，搭接长度可按表值减少 5d 采用。

2. 当混凝土在凝固过程中受力钢筋易受扰动时，其搭接长度应增加 5d。

3. 在任何情况下，受拉钢筋的搭接长度不应小于 300mm。受压钢筋的搭接长度不应小于 200mm。

4. 环氧树脂涂层钢筋的绑扎接头搭接长度，受拉钢筋按表中数值的 1.5 倍采用。

5. 受拉区段内，R235 钢筋绑扎接头的末端应做成弯钩，HRB335、HRB400、KI400 钢筋的末端可不做成弯钩。

装配式 T 梁的焊接钢筋骨架应在坚固的焊接工作台上进行施工。骨架的焊接一般采用电弧焊,先焊成单片平面骨架,再将它组拼成立体骨架。组拼后的骨架须有足够的刚性,焊缝须有足够的强度,以便在搬运、安装和灌筑混凝土过程中不致变形、松散。

在焊接过程中,由于焊缝填充金属及被焊金属的温度变化,骨架将会产生翘曲变形,同时在焊缝内将引起甚至会导致焊缝开裂的收缩应力。为了防止或减小这种变形和应力,一般以采用双面焊缝为好,即先焊好一面的焊缝,而后把骨架翻身,再焊另一面的焊缝。当大跨径骨架,翻身困难而不得不采用单面焊时,则须在垂直骨架平面的方向做成预拱度(其大小可由实地测验而定)。同时,在焊接操作上应采用分层跳焊法,即从骨架中心向两端对称地、错开地焊接,先焊骨架下部,后焊骨架上部,如图 4-28(a)所示。

在同一断面处,如钢筋层次多,各道焊缝也应互相交错跳焊,如图 4-28(b)所示。同时,每道焊缝可分两层焊足高度,即先按跳焊顺序焊好焊缝的下层,经冷却后,再按跳焊顺序焊完上层。当多层钢筋直径不同时,则可先焊两直径相同的钢筋,再焊直径不同的钢筋。焊缝在焊成后应全部敲掉药皮。

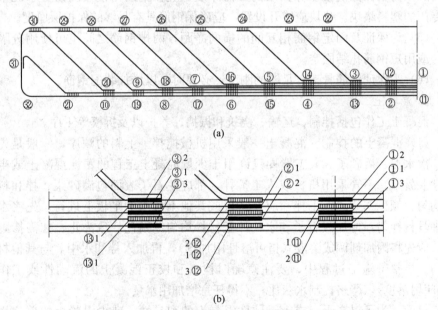

图 4-28 骨架焊缝焊接程序示意图
(a)焊接顺序编号;(b)多层焊缝跳焊编号

实践表明,装配式简支梁焊接钢筋骨架在焊接后在骨架平面内还会发生两端上翘的焊接变形。为此,尚应结合骨架在安装时可能产生的挠度一起,事先将骨架拼成具有一定的预拱度，再行施焊。预留拱度的数值可由试验来确定，一般也可参照表 4-9 取用。

表 4-9 简支 T 梁钢筋骨架的预留拱度

T 梁跨径/m	<10	10	16	20
工作台上预留拱度/cm	0.3	3~5	4~6	5~7

焊接成型的钢筋骨架，安装比较简单，用一般起重设备吊入模板即可。

对于绑扎钢筋的安装，应事先拟定安装顺序。一般的梁肋钢筋，先放箍筋，再安放下排主筋，后装上排钢筋。在钢筋安装工作中为了保证达到设计及构造要求，应注意下列几点。

（1）钢筋的接头应按规定要求错开布置。

（2）钢筋的交叉点应用铁丝绑扎结实，必要时，也可用电焊焊接。

（3）除设计有特殊规定者外，梁中箍筋应与主筋垂直。箍筋弯钩的叠合处，在梁中应沿纵向置于上面并交错布置。

（4）为了保证混凝土保护层的必需厚度，应在钢筋与模板间设置水泥垫块或专门的塑料垫块。垫块应错开设置，应确保钢筋具有足够的保护层厚度。

（5）为保证及固定钢筋相互间的横向净距，两排钢筋之间也可使用分隔垫块，或用短钢筋扎结固定。

（6）为保证钢筋骨架有足够的刚度，必要时可以增加装配钢筋。

3. 混凝土工作

混凝土工作包括拌制、运输、浇筑和振捣、养护以及拆模等工序。

（1）混凝土的拌制。混凝土一般采用机械搅拌。上料的顺序，一般是先石子、次水泥、后砂子。人工搅拌只许用于少量混凝土工程的塑性混凝土或半干硬性混凝土。不管采用机械或人工搅拌，都应使石子表面包满砂浆、拌和料混合均匀、颜色一致。人工拌和应在铁板或其他不渗水的平板上进行，先将水泥和细骨料拌匀，再加入石子和水，拌至材料均匀、颜色一致为止。如需掺附加剂，应先将附加剂调成溶液（指可溶性附加剂），再加入拌和水中，与其他材料拌匀。在整个施工过程中，要注意随时检查和校正混凝土的流动性或工作度（又叫坍落度），严格控制水灰比，不得任意增加用水量。

目前，为了提高干硬或半干硬性混凝土的和易性、减少混凝土的单位用水量以提高其强度并且达到节约水泥用量的目的，还可在混凝土中掺用减水剂。近年来，我国进行研究和试用的减水剂有亚甲基二萘磺酸钠（NNO）、次甲基a甲基萘磺酸钠（MF）、木质素横酸盐及萘磺酸甲醛高缩合物（FDN）等多种。掺加减水剂的种类、数量、方法都必须通过试验确定。

保证混凝土拌和均匀的重要条件是有足够的拌和时间，可参照表 4-10 取用。

但要注意拌和时间也不能过长，否则会造成混凝土混合物的分离现象。

表 4-10　　　　　　　　　　混凝土延续搅拌的最短时间

混凝土拌和机容量/L	延续拌和时间/s		
	混凝土坍落度/cm		
	0～1	2～7	>7
≤400	120	60	45
800	150	90	60
1200		120	90

（2）混凝土的运输。混凝土应以最少的转运次数、最短的距离迅速从搅拌地点运往浇筑位置。运输道路要平整，防止混凝土因颠簸振动而发生离析、泌水和灰浆流失等现象，一经发现，必须在浇筑前进行再次搅拌。

混凝土从拌和机内卸出，经运输、浇筑直至振捣完毕的允许时间列入表 4-11。如果超出规定时间，应在浇筑点检验其稠度，并制作试验块检验其强度。

表 4-11　　　　　　　　　　混凝土运输、浇筑允许时间表

混凝土温度/℃	20～30	10～19	5～9
混凝土延续时间	不超过 1h	不超过 1.5h	不超过 2h

混凝土自高处倾落时，为防止离析，其自由倾落高度不宜超过 2m。超过 2m 时，应采用溜管、溜槽或串筒输送。倾落高度大于 10m 时，串筒内应附设减速叶片。

（3）混凝土的浇筑。浇筑混凝土前一定要仔细检查模板和钢筋的尺寸，预埋件的位置等是否正确，混凝土保护层垫块是否放置完好。并要查看模板的清洁、润滑和紧密程度。

混凝土的浇筑方法直接影响到混凝土的密实度和整体性，这对混凝土的质量关系很大。因此，必须根据混凝土的拌制能力、运距与浇筑速度、气温及振捣能力等因素，认真制定混凝土的浇筑工艺。当采用厂拌的商品混凝土，运至工地后进行浇筑时，特别要检查混凝土的稠度要求，绝对不允许使用因过时而加水重拌的混凝土。

当构件的高度（或厚度）较大时，为了保证混凝土能振捣密实，就应采用分层浇筑法。浇筑层的厚度与混凝土的稠度及振捣方式有关，在一般稠度下，用插入式振捣器振捣时，浇筑层厚度为振捣器作用部分长度的 1.25 倍。用平板式振捣器振捣时，浇筑厚度不超过 20cm。薄腹 T 梁或箱梁的梁肋，当用侧向附着式振捣器振捣时，浇筑厚度一般为 30～40cm。采用人工捣固时，视钢筋密疏程度，通常取浇筑厚度为 15～25cm。

中小跨径的 T 梁一般均采用水平层浇筑，如图 4-29（a）所示，其横隔梁的混凝土与梁肋同时浇筑。对于又高又长的梁体，当混凝土的供应量跟不上按水平层浇筑的进度时，可采用斜层浇筑法，由梁的一端浇向另一端，如图 4-29（b）所示。

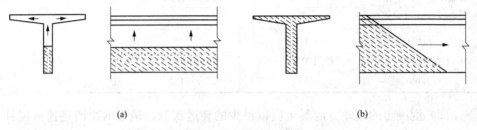

(a)   (b)

图 4-29　分层法浇筑混凝土
(a) 水平层浇筑；(b) 斜层浇筑

浇筑空心板梁，一般先浇筑底板，再立芯模，扎焊顶面钢筋，然后浇筑肋板与面板混凝土，待混凝土初凝后，即可抽卸芯模。

分层浇筑时，应在前层混凝土开始凝结之前，即将次层混凝土浇筑捣实完毕。在此情况下，上下层浇筑时间相隔不宜超过 1h（当气温在 30℃ 以上时）或 1.5h（当气温在 30℃ 以下时）。也可由试验资料来确定容许的相隔时间。

如果在浇筑次层时前层混凝土已经凝结，则要待前层混凝土具有不小于 1200kPa 强度时，经接合缝处理后才可浇筑次层混凝土。当要求接合缝具有不渗水性时，应在前层混凝土强度达到 2500kPa 后，再浇筑新混凝土。

新老混凝土接合缝处理的注意事项如下。

1）凿除老混凝土表层的水泥浆和较弱层，将接缝面凿毛，用水冲洗干净。

2）如为垂直缝应刷一层净水泥浆，如为水平缝应在接缝面上铺一层与混凝土相同而水灰比略小的、厚度为 1~2cm 的水泥砂浆。

3）斜面接缝应将斜面凿毛呈台阶状。

4）接缝处于重要部位或结构物位于地震区者，在浇筑时应加锚固钢筋。

5）振捣器工作时应离先浇混凝土 5~10cm。

（4）混凝土的振捣。混凝土拌和料具有受振时产生暂时流动的特性，此时其中的粗骨料靠重力向下沉落并互相滑动挤紧，骨料间的空隙被流动性大的水泥砂浆所充满，而空气则形成小气泡浮到混凝土表面被排出。这样会增加混凝土的密实度，从而大大地提高混凝土的强度和耐久性，并使之达到内实外光的要求。

混凝土的振捣可分人工（用铁钎）振捣和机械振捣两种。人工振捣适用于坍落度大、混凝土数量少或钢筋过密部位的场合。大规模的混凝土浇筑，必须使用机械振捣。

混凝土振捣设备有插入式振捣器、附着式振捣器、平板式振捣器和振动台等。

平板式振捣器用于大面积混凝土施工，如桥面、基础等。附着式振捣器是挂在模板外部振捣，借振动模板来振捣混凝土，对模板要求较高，而振动的效果不是太好，常用于薄壁混凝土构件，如梁肋部分等。插入式振捣器，常用的是软管式的，只要构件断面有足够的地位插入振捣器，而钢筋又不太密时采用，它的效果比平板式及附着式要好。

在选用振捣器时应注意，对于石料粒径较大的混凝土，选用频率较低、振幅较大的振捣器效率较好，反之则宜选用频率高、振幅小的，因为振幅太大容易使较小骨料做无规则的翻动，反而造成混凝土的离析。

混凝土每次振捣的时间要很好掌握，振捣时间过短或过长均有弊病，一般以振捣至混凝土不再下沉、无显著气泡上升、混凝土表面出现薄层水泥浆、表面达到平整为适度。当用附着式振捣器时，因振捣效率较差，一般约需 2min。当用插入式振捣器时，效果较好，一般只要 15~30s。当用平板式振捣器时，在每个位置上的振捣时间为 25~40s。

（5）混凝土的养护及模板拆除。混凝土中水泥的水化作用过程，就是混凝土凝固、硬化和强度发育的过程。它与周围环境的温度、湿度有着密切的关系。当温度低于 15℃时，混凝土的硬化速度减慢，而当温度降至 -2℃以下时，硬化基本上停止。在干燥的气候下，混凝土中的水分迅速蒸发，一方面使混凝土表面剧烈收缩而导致裂缝，另一方面当游离水分全部蒸发后，水泥水化作用也就停止，混凝土即停止硬化。因此，混凝土浇筑后即需进行适当的养护，以保持混凝土硬化发育所需要的温度和湿度。

目前，在桥梁施工中采用最多的是在自然气温条件下（5℃以上）的自然养护方法。此法是在混凝土终凝后，在构件上覆盖草袋、麻袋、稻草或砂子，经常洒水，以保持构件经常处于湿润状态。

自然养护法的养护时间与水泥品种和是否掺用塑化剂有关。一般情况下，用普通硅酸盐水泥的混凝土为 7 昼夜以上。用矿渣水泥、火山灰质水泥或掺用塑化剂的为 14 昼夜以上。每天浇水的次数，以能使混凝土保持充分潮湿为度。在一般气候条件下，当温度高于 15℃时，头三天内白天每隔 1~2h 浇水一次，夜间至少浇水 2~4 次，在以后的养护期间内可酌情减少。在干燥的气候条件下，或在大风天气中，应适当增加浇水的次数。

自然养护法比较经济，但混凝土强度增长较慢、模板占用时间也长，特别在低温下（5℃以下）不能采用。

为了加速模板周转和施工进度，可采用蒸汽法养护混凝土。混凝土经过养护,当强度达到设计强度的 25%～50%时,即可拆除梁的侧模。达到设计吊装强度并不低于设计强度等级的 70%时,就可起吊主梁。

(6)混凝土的冬期施工要点。当昼夜平均气温低于 5℃时,或最低气温低于－3℃时,就必须采取冬期施工的技术措施。

冬期施工的技术措施,主要有以下几个方面。

1)在保证混凝土必要和易性的同时,尽量减少用水量,采用较小的水灰比,这样可以大大促进混凝土的凝固速度,有利于抵抗混凝土的早期冻结。

2)增加拌和时间,比正常情况下增加 50%～100%,使水泥的水化作用加快,并使水泥的发热量增加以加速凝固。

3)适当采用活性较大、发热量较高的快硬水泥、高强度等级水泥拌制混凝土。

4)将拌和水甚至将骨料加热,提高混凝土的初始温度,使混凝土在养护措施开始前不致冰冻。

5)掺用早强剂,加速混凝土强度的发展,并降低混凝土水溶液的冰点,防止混凝土早期冻结。目前常用的早强剂有含三乙醇胺的硫酸钠复合剂和亚硝酸钠复合剂两种。

6)用蒸汽养护、暖棚法、蓄热法和电热法等提高养护温度。

以上各项措施,各有特点和利弊,可根据施工期间的气温和预制场(厂)的具体条件来选定。

四、预应力混凝土简支梁桥

有关预应力的基本概念和方法、预应力筋和锚具等的内容已在《结构设计原理》课程中作过介绍,这里不再重复。本节扼要阐述先张法和后张法的施工工艺。

1. 先张法简支梁的制造工艺

先张法的制梁工艺是在浇筑混凝土前张拉预应力筋,将其临时锚固在张拉台座上,然后立模浇筑混凝土,待混凝土达到规定强度(不得低于设计强度等级的 75%)时,逐渐将预应力筋放松,这样就因预应力筋的弹性回缩通过其与混凝土之间的黏结作用,使混凝土获得预应力。

先张法生产可采用台座法或机组流水法。采用台座法时,构件施工的各道工序全部在固定台座上进行。采用机组流水法时,构件在移动式的钢模中生产,钢模按流水方式通过张拉、浇筑、养护等各个固定机组完成每道工序。机组流水法可加快生产速度,但需要大量钢模和较高的机械化程度,且需配合蒸汽养护,因此只用于工厂内预制定型构件。台座法不需复杂机械设备,施工适用性强,故应用较广。下面着重介绍台座、预应力筋的制备、张拉工艺及预应力筋放松等问题。

（1）台座。台座是先张法生产中的主要设备之一，要求有足够的强度和稳定性。台座按构造形式不同，可分为墩式和槽式两类。

1）墩式台座。墩式台座是靠自重和土压力来平衡张拉力所产生的倾覆力矩，并靠土壤的反力和摩擦力抵抗水平位移。在地质条件良好、台座张拉线较长的情况下，采用墩式台座可节约大量混凝土，如图 4-30 所示。

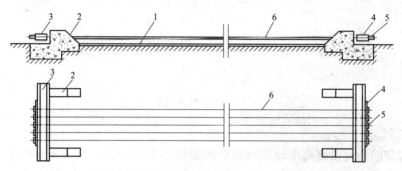

图 4-30　重力式台座构造示意图

1—台面；2—承力架；3—横梁；4—定位钢板；5—夹具；6—预应力筋

台座由台面、承力架、横梁和定位钢板等组成。台面有整体式混凝土台面和装配式台面两种，它是制梁的底模。承力架要承受全部的张拉力，设计建造时须保证变形小、经济、安全和操作方便。按照受力大小和现场地基条件的不同，承力架可因地制宜地采取不同的形式，如图 4-31 所示。横梁是将预应力筋张拉力传给承力架的构件，常用型钢设计制成。定位钢板用来固定预应力筋的位置，其厚度必须保证承受张拉力后具有足够的刚度。定位板的圆孔位置按梁体预应力筋的设计位置确定，孔径比预应力筋大 2～5mm，以便穿束。

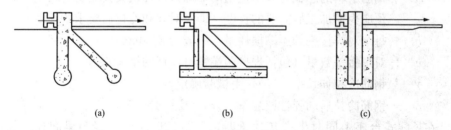

图 4-31　台座承力架的形式

（a）爆扩桩式；（b）三角架式；（c）锚桩式

2）槽式台座。当现场地质条件较差、台座又不是很长时，可采用由台面、传力柱、横梁、横系梁等组成的槽式台座，如图 4-32 所示。传力柱和横梁一般用钢筋混凝土做成，其他部分与墩式台座的相同。

（2）预应力筋的制备。先张法预应力混凝土梁可用精轧螺纹粗钢筋、钢绞

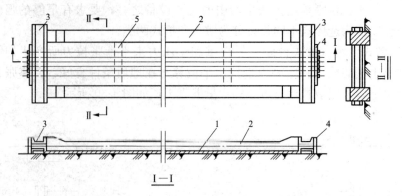

图 4-32 槽式台座

1—台面；2—传力柱；3—横梁；4—定位板；5—横系梁

线、螺旋肋钢丝或刻痕钢丝和冷拔低碳钢丝作为预应力筋。下面介绍我国公路桥梁上常用可焊性较好的 40 硅 2 矾冷拉精轧螺纹粗钢筋（直径为 12～28mm）的制备工序，它包括下料、对焊、镦粗或轧丝、冷拉等工序。

1）下料。钢筋下料前应先做原材料检验和冷拉试验，以确定其冷拉伸长率和弹性回缩率等值。钢筋下料长度应根据台座长度、梁长、焊接接头压缩长度、冷拉伸长率、弹性回缩率等综合考虑决定。下料长度必须精确计算，以防止下料过长或过短造成浪费或给张拉、锚固带来困难。

预应力筋在加工前的下料长度一般可按下式计算：

$$L = \frac{l_0}{(1+\gamma)\,(1-\delta)} + nb$$

式中　L——钢筋下料的总长度（不包括两端螺钉端杆或夹具需要的长度）。

　　l_0——预应力筋加工后需要的长度（即经对焊和冷拉后要求的长度）。

　　b——每个对焊接头的压缩损耗量，一般为 3～4cm。

　　n——对焊接头数量（包括焊接两端螺钉端杆的接头）。

　　γ——钢筋冷拉伸长率（％），由试验确定。

　　δ——钢筋冷拉后的弹性回缩率（％），由试验确定。

在长线式台座上同时生产几片梁时，下料长度应包括梁与梁间连接器的长度。

2）对焊。精轧螺纹粗钢筋的出厂长度为 9～10m，因此需要对焊接长后才可应用。对焊一般应在冷拉前进行，以免冷拉钢筋高温回火后失去冷拉所提高的强度。对焊质量应严格控制，精轧螺纹钢筋的对焊一般在对焊机上进行。40硅 2 矾钢筋的可焊性较好，焊后可不进行热处理，但一般均采用闪光—预热—闪光焊工艺来改善接头性能。

3) 镦粗或轧丝。钢筋端的张拉和锚固，除了焊接螺钉端杆的方法外，也可采用镦头锚具或轧制螺纹锚具（或称轧丝锚具），以简化锚固方法和节约优质钢材。

采用镦头锚具时，对于直径在 12mm 以下的钢筋可采用液压冷镦机将钢筋端头镦粗成圆头，并利用开孔的钢垫板组成锚具。对于较粗的钢筋需要用热镦法来加工，即可利用对焊机将钢筋加热加压形成镦头。直径大于 22mm 的钢筋，因镦粗时需用较大的压力，则可采用锻压方法加工成镦头。精轧钢筋在镦制后一般尚应进行热处理，以消除其脆硬组织。镦头制成后要进行外观检查，不得有烧伤、歪斜及裂缝。

采用轧制螺纹锚具时，关键在于钢筋端部的螺纹加工（简称轧丝）。通常可利用特制的钢模通过压力机进行冷压轧丝，轧丝后钢筋的平均直径与原钢筋相差无几，而且还可以提高钢筋的强度。国外也有直接采用热轧螺纹钢筋作为预应力筋，在此情况下既避免了螺钉端杆的焊接问题，也不必进行轧丝，使施工更趋方便。

4) 冷拉。为了提高钢筋的强度和节约钢材，预应力粗钢筋在使用前一般需要进行冷拉（即在常温下，用超过钢筋屈服强度的拉力拉伸钢筋）。

钢筋冷拉按照控制方法可分为"单控"（即仅控制冷拉伸长率）和"双控"（即同时控制应力和冷拉伸长率）两种。目前由于受钢材质量的影响，即使同一种规格的钢筋，采用相同冷拉伸长率冷拉后所建立的屈服强度并不一致，或在同一控制应力下，伸长率又极不一致。因此单按哪一种控制都不能保证质量，最好能采用"双控"冷拉，这样既可保证质量，又可在设计上充分利用钢材强度。采用双控冷拉时应以应力控制为主，伸长率控制为辅。在没有测力设备的情况下，只能采用"单控冷拉"。

冷拉控制应力和伸长率规定如表 4-12 所示，当用双控冷拉时，如钢筋已拉到控制应力，而伸长率尚未超过允许值，则认为合格。若钢筋已达到允许伸长率，而应力还小于控制应力，则这根钢筋应降低强度使用。

表 4-12 冷拉控制应力和伸长率

钢筋级别	双　控		单　控
	控制应力 $\sigma/(t/m^2;\ kN/m^2)$	冷拉伸长度 γ（%）$\leqslant$	冷拉伸长率 γ（%）$\leqslant$
HRB400	53 000（519 400）	5.0	3.5～5.0
精轧螺纹	75 000（735 000）	4.0	2.5～4.0

钢筋冷拉前，应先算出冷拉拉力值和伸长值，以作为控制应力 δ 和伸长率 γ 的控制依据。拉力值即为表 4-12 所列控制应力与钢筋冷拉前公称截面积的乘积

（$N=\delta A_g$）。伸长值即为测量开始时钢筋实际长度与冷拉伸长率的面积乘积（$\Delta L=\gamma L$），当钢筋用连接杆接长时，应计入其弹性伸长。

冷拉操作应注意以下事项。

①冷拉速度不宜过快，一般控制在 0.3～0.4cm/s 或每秒钟应力增长 5 000kPa 左右。

②当双控冷拉时，先张拉到千斤顶压力表读数为 10%总拉力值时即停车，此时作为测量伸长值的始点。为了核对钢筋的分段冷拉率与总冷拉率是否相符，可在同一根钢筋上，以 1m 为一段（至少取三段）用铅丝扎紧为标记。继续拉伸钢筋至总拉力值时，立即停车，并应静停 1～2min 后，测量伸长值。然后放松至初拉力值，再量出每一段铅丝之间的距离，测出弹性回缩率。

③当为单控冷拉时，先用不太大的力将钢筋拉直，放松冷拉力，作出总伸长值标记，再逐渐拉伸至达到标记处时，立即刹车，稍停 1～2min 后再放松全部冷拉力。

④冷拉完每一根钢筋要做标记、编号，并将各项数值记入冷拉记录，以作使用组编预应力筋的依据。鉴于冷拉时往往出现应力都达到，而冷拉率可能有大有小的现象，对此就可按照冷拉记录选用冷拉率比较接近（相差不超过 0.5%）的钢筋作为一组使用。冷拉率超过规定参数者不能用作预应力筋，或进行取样检验后只能降低强度使用。

预应力筋冷拉后宜经人工时效处理，如条件不够可经自然时效，即至少应在自然温度下（25～30℃）放置 24h，使钢筋的力学性能稳定后再使用。

（3）预应力筋的张拉。预应力筋的张拉工作，必须严格按照设计要求和张拉操作规程进行。

粗钢筋在台座上主要利用各类液压拉伸机（由千斤顶、油泵、连接油管组成）进行张拉。张拉可分为单根张拉和多根整批张拉两种。

1）张拉前的准备工作。张拉前应先在端横梁上安装预应力筋的定位钢板，同时检查其孔位和孔径是否符合设计要求。安装定位板时要保证最下层和最外侧预应力筋的混凝土保护层尺寸。进而在台座上安装预应力筋，将其穿过端横梁和定位板用锚具固定在板上，穿筋时应注意不碰掉台面上的隔离剂和玷污预应力筋。

预应力筋的控制张拉力是张拉前需要确定的一个重要数据。它由预应力筋的张拉控制应力 σ_{con} 与截面积 A_g 的乘积来确定，而《公路钢筋混凝土及预应力混凝土桥涵设计规范》（JTG D62—2015）规定，钢筋中的最大控制应力对钢丝、钢绞线不应超过 $0.75f_{pk}$，对冷拉粗钢筋不应超过 $0.90f_{pk}$，此处 f_{pk} 为预应力筋的抗拉强度标准值。因此，对于冷拉粗钢筋的最大控制张拉力为

$$N_{con}=\sigma_{con}A_g=0.9f_{pk}A_g$$

知道了张拉力值后，还要将其换算成液压拉伸机上油压表的读数，才能在张拉时操作控制。油压表上的读数表示千斤顶油缸内单位面积油压。在理论上将油压表读数 C 乘以千斤顶油缸内活塞面积 A 就得张拉力的大小，即 $N=CA$，但由于油缸与活塞之间存在摩阻损失，实际的张拉力要小于理论计算值。另外，油压表本身也有示值误差。因此，事前就要用标准压力计（如压力环或传感器等）和标准油压表按 5t（49kN）一级来测定所用千斤顶的校正系数 K_1 和油压表的校正系数 K_2。鉴于此，当理论值为 $N=CA$ 时，实际张拉力值为

$$N'=\frac{CA}{K_1K_2}$$

或者，需要达到张拉力值为 N 时，换算的油压表读数应为

$$C'=K_1K_2\frac{N}{A}$$

式中　K_1——所用千斤顶理论计算吨位与标准压力计实测吨位之比，它随拉力值的不同而变化，一般为 $1.02\sim1.05$，如大于 1.05，则应检修活塞与垫圈；

　　　　K_2——所用油压表读数与标准油压表读数之比，它不应有 ±0.5 以上的偏差，过大时宜换新油压表。

对于张拉设备的各个部件在张拉前均应仔细检查，只有在一切无误的情况下才能开始张拉。

2）张拉程序。为了减少预应力筋的应力松弛损失，通常采用超张拉的方法，按照表 4-13 规定的张拉程序进行张拉。其中，应力由 $105\%\sigma_{con}$ 退至 $90\%\sigma_{con}$，主要是为了设置预埋件、绑扎钢筋和支模时的安全。初应力值一般取（$10\%\sim15\%$）σ_{con}，以保证成组张拉时每根钢筋应力均匀。对合乎标准的低松弛钢绞线可不必超张拉。

表 4-13　　　　　　　　　　先张法预应力筋张拉程序

钢筋	$0\rightarrow$初应力$\rightarrow105\%\sigma_{con}$（持荷 2min）$\rightarrow90\%\sigma_{con}\rightarrow\sigma_{con}$（锚固）
碳素钢丝、钢绞线	$0\rightarrow$初应力$\rightarrow105\%\sigma_{con}$（持荷 2min）$\rightarrow0\rightarrow\sigma_{con}$（锚固）
冷拔低碳钢丝	$0\rightarrow105\%\sigma_{con}$（持荷 2min）$\rightarrow\sigma_{con}$ 或 $0\rightarrow103\%\sigma_{con}$（锚固）

为了避免台座承受过大的偏心力，应先张拉靠近台座截面重心处的预应力筋。

如遇钢筋的伸长值大于拉伸机油缸最大工作行程时，可采用重复张拉的办法来解决。

单根张拉和多根整批张拉的操作方法基本相同。通常在将预应力筋拉至初

应力状态时，应检查钢筋保护层尺寸，如发现有偏差时就需调整定位板的位置。

图 4-33 示出多根预应力筋成批张拉的平面布置。在此情况下，为了使每根力筋受力均匀，就必须使它们的初始长度保持一致。为此，可在钢筋的一端选用螺钉端杆锚具，另一端选用镦头夹具与张拉千斤顶连接，如图 4-33 所示。这样就可以利用螺钉端杆上的螺母来调整各根钢筋的初始长度，对于直径较小的钢筋，在保证精确下料长度的情况下，两端都可采用镦头夹具。

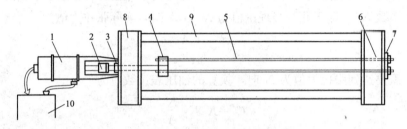

图 4-33　多根钢筋成批张拉图式

1—60t 拉杆式千斤顶；2—千斤顶套碗；3—固定螺母；4—镦头夹具；5—预应力筋；
6—螺钉端杆锚具；7—定位板；8—横梁；9—承力压杆；10—高压油泵

张拉时，台座两端不得站人，操作人员要站在放在台座侧面的油泵外侧面进行工作，以保证安全。钢筋拉到张拉力后，要静停 2～3min，待稳定后再锚固。

预应力混凝土梁的混凝土工作，除了因所用强度较高而在配料、制备、浇筑、振捣和养护等方面更应严格要求外，基本操作与钢筋混凝土结构中相仿。此外，在台座内每条生产线上的构件，其混凝土必须一次连续灌筑完毕。振捣时，应避免碰击预应力筋。

（4）预应力筋张拉力的放松。预应力筋的放松必须待混凝土养护不少于 5～7d 并达到设计规定的强度（一般为混凝土强度的 70%～80%）以后才可以进行。放松过早会造成较多的预应力损失（主要是收缩、徐变损失），或因混凝土与钢筋的黏结力不足而造成预应力筋弹性收缩滑动和在构件端部出现水平裂缝的质量事故。放松过迟，则影响台座和模板的周转。放松操作时速度不应过快，尽量使构件受力对称均匀。只有待预应力筋被放松后，才能切割每个构件端部的钢筋。

现介绍下列 4 种放松预应力筋的方法。

1）千斤顶放松。当混凝土达到规定强度后，再安装千斤顶重新将钢筋张拉至能够扭松固定螺母时止，如图 4-33 所示，随着固定螺母的扭松，逐渐放松千斤顶，让钢筋慢慢回缩。当逐根放松预应力筋时，应严格按有利于梁受力的次序分阶段地进行。通常自构件两侧对称地向中心放松，以免较后一根钢筋断裂时使梁受大的水平弯曲冲击作用。放松的分阶段次数应视张拉台座至梁端外露钢筋长短而定，较长时分阶段次数可少些，过短时次数应增多。

2）砂筒放松。在张拉预应力筋之前，在承力架（或传力柱）与横梁间各放置一个灌满（约达 2/3 筒身）烘干细砂子的砂筒，如图 4-34 所示。张拉时筒内砂子被压实，需要放松预应力筋时，可将出砂口打开，使砂子慢慢流出，活塞徐徐顶入，直到张拉力全部放松为止。

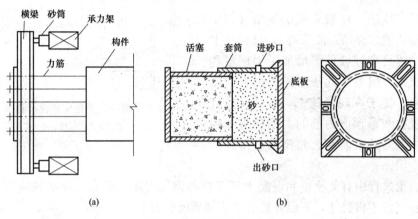

图 4-34　砂筒放松示意图

（a）砂筒布置；（b）砂筒构造

利用砂筒放松，易于控制放松的速度，能较好地保证预应力梁的质量。

3）滑楔放松。代替上述的砂筒，也可用图 4-35 所示的钢制滑楔来放松张拉力。滑楔由三块钢楔块组成，中间一块上装有螺钉。将螺钉拧进螺杆就使三个楔块连成一体。需要放松时，将螺钉慢慢往上拧松，由于钢筋的回缩力，随着中间楔块的向上滑移，张拉力就被放松。

4）螺杆、张拉架放松。在台座的固定端设置用来锚固预应力筋的螺杆和张拉架，如图 4-36 所示。放松时，拧松螺杆上的螺母，钢筋

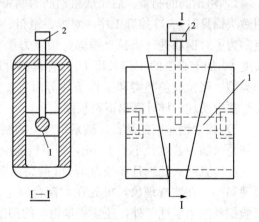

图 4-35　钢滑楔

1—螺杆；2—螺钉

慢慢回缩，张拉力即被放松。但由于作用在螺母上的压力很大，拧松螺母比较费力。

2. 后张法简支梁的制造工艺

后张法制梁的步骤是先制作留有预应力筋孔道的梁体，待其混凝土达到规定强度后，再在孔道内穿入预应力筋进行张拉并锚固，最后进行孔道压浆并灌梁端封头混凝土。

后张拉法工序较先张法复杂（如需要预留孔道、穿筋、灌浆等），且构件上耗用的锚具和埋设件等增加了用钢量和制作成本，但鉴于此法不需要强大的张拉台座，便于在现场施工，而且又适宜于配置曲线形预应力筋的大型和重型构件制作，因此目前在公路桥梁上得到广泛的应用。

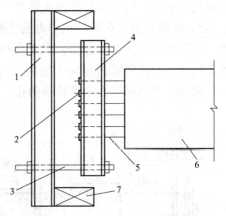

图 4-36　螺杆、张拉架放松示意图
1—横梁；2—夹具；3—螺杆；4—张拉架；
5—预应力筋；6—构件；7—承力架

制梁过程中有关模板和混凝土等工作与钢筋混凝土梁和先张法预应力梁的基本相同，不再赘述，下面介绍后张法制梁所特有的一些工序。

（1）预应力筋的制备。后张法预应力混凝土桥梁常用高强碳素钢丝束、钢绞线和冷拉 HRB400、精轧螺纹粗钢筋作为预应力筋。对于跨径较小的 T 形桥梁，也可采用冷拔低碳钢丝作为预应力筋。

1）粗钢筋的制备。后张法粗钢筋的制备，主要包括下料、对焊、镦粗（采用镦头锚具时）、冷拉等工序。对焊、镦粗、冷拉等工序与先张法相同，不再重复。为了对钢筋进行张拉、锚固，预应力筋对焊和冷拉后的需要长度应为孔道长度 L_0 加上必要的工作长度 L_y，它视构件端面上锚垫板的厚度与数量、锚具的类型、张拉设备类型和工作条件等而定。知道了钢筋的需要长度后，就可像先张法中所述一样计算出下料长度。

2）碳素钢丝束的制备。碳素钢丝束的制作，包括下料和编束工作。碳素钢丝都是盘圆，若盘径小于 1.5m，则下料前应先在钢丝调直机上调直。对于在厂内先经矫直回火处理且盘径为 1.7m 的高强钢丝，则一般不必整直就可下料。如发现局部存在波弯现象，可先在木制台座上用木锤整直后下料。下料前除抽样试验钢丝的力学性能外，还要测量钢丝的圆度，对于直径为 5mm 的钢丝，其正负容许偏差为 +0.8mm 和 -0.4mm。

钢丝的下料长度应为：

$$L = L_0 + L_1$$

式中　L_0——构件混凝土预留孔道长度。

　　　L_1——固定端和张拉端（或两个张拉端）所需要的钢丝工作长度。

当构件的两端均采用锥形锚具、双作用或三作用千斤顶张拉钢丝时，其工作长度一般可取 140～160cm。当采用其他类型锚具及张拉设备时，应根据实际需要计算钢丝的工作长度。

对于采用锥形螺杆锚具和镦头锚具的钢丝束，应保证每根钢丝下料长度相等，这就要求钢丝在应力状态下切断下料，控制应力为 300 000kPa。因此直径为 5mm 的钢丝都在 6.0kN 拉力下切断。应力下料时，应加上钢丝的弹性伸长。

为了防止钢丝扭结，必须进行编束。编束时可将钢丝对齐后穿入特制的梳丝板，如图4-37 所示，使排列整齐，然后一边梳理钢丝，一边每隔 1～1.5m 衬以长 3～4cm 的螺旋衬圈或短钢管，并在设衬圈处用 2 号铁丝缠绕 20～30 道捆扎成束。图 4-38 就表示用 24

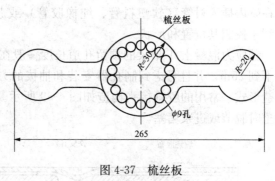

图 4-37 梳丝板

根 φ5 钢丝配合锥形锚编制的钢丝束断面。这种制束工艺对防锈、压浆有利，但操作较麻烦。

3）钢绞线的制备。钢绞线预应力筋是以盘条供应的，在使用前应进行预拉，以减少钢绞线的构造变形和应力松弛损失，并便于等长控制。预拉应力取标准抗拉强度的 85%，拉至规定应力后应保持 5～10min 再放松。

钢绞线的下料长度也由孔道长度和工作长度来定。下料时最好采用电弧熔割法，使切口绞线熔焊在一起。

成束使用的钢绞线也要用

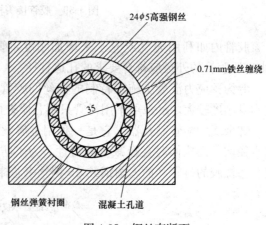

图 4-38 钢丝束断面

18～20 号铅丝每隔 1～1.5m 绑扎一道形成束状。

（2）预应力筋孔道成型。孔道成型是后张法梁体施工中的一项重要工序。

1）制孔器的种类。制孔器可分为抽拔式与埋置式两类。埋置式制孔器主要采用薄铁皮波纹套管或塑料波纹管。预埋波纹套管能使成孔均匀，摩阻力小，但其冷作加工和安装比较困难，使用后不能回收，因而成本高和钢材耗用量大。

抽拔式制孔器的最大优点是能够周转重复使用，经济而省钢材。我国常用的抽拔式制孔器有以下三种。

①橡胶管制孔器。分为夹布胶管和钢丝网胶管两种。通常选用具有5～7层夹布的高压输水（气）管作为制孔器，要求管壁牢固，耐磨性能好，能承受5kN以上的工作拉力，并且应弹性恢复性能好，有良好的挠曲适应性。

安装胶管时，将其沿梁长方向顺序穿越各定位钢筋的"井"字网眼，定位钢筋的间距一般为0.4～0.6m，曲线形管道应适当加密。采用橡胶管制孔时，可在管内插入衬管（软塑料管、纯橡胶管）或芯棒（圆钢筋）来加强其刚度，以利于控制其位置和形状。

预应力混凝土T形梁的预留孔道长度一般在25m以上，而胶管的出厂长度却不到25m，并且考虑到制孔器安装和抽拔的方便，故常采用两根胶管对接的构造形式。常用的胶管接头构造如图4-39所示。接头要牢固严密，防止浇筑混凝土时脱节或进浆堵塞。

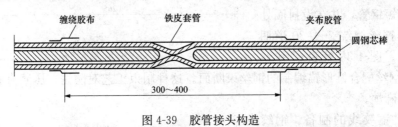

图 4-39　胶管接头构造

胶管内如利用充气或充水来增加刚度，管内压力不得低于500kPa，充气（水）后胶管的外径应符合要求的孔道直径。

专为预应力混凝土施工特制的钢丝网胶管和夹布胶管的构造基本相同，但其本身刚度较大，一般可不用衬管只用芯棒进行加劲。

②金属伸缩管制孔器。它是一种用金属丝纺织成的可伸缩网套，具有压缩时直径增大而拉伸时直径减小的特性。为了防止漏浆和增强刚度，网套内可衬以普通橡胶的衬管和插入圆钢或$\phi 5$钢丝束芯棒，如图4-40所示。

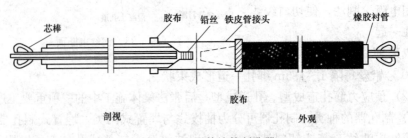

图 4-40　金属伸缩管制孔器

③钢管制孔器。它是用表面平整光滑的钢管焊接制成的。焊接接头应磨平，钢管制孔器抽拔力大，但不能弯曲，仅适用于短而直的孔道。混凝土浇筑完毕后要定时转动钢管。

无论采用何种制孔器，都应按设计规定或施工需要预留排气、排水和灌浆用的孔眼。

2）制孔器的抽拔。制孔器可由人工逐根或用机械（电动卷扬机或手摇绞车）分批地进行抽拔。抽拔时先抽芯棒，后拔胶管。先拔下层胶管，后拔上层胶管。先拔早浇筑的半根梁，后拔晚浇筑的半根梁。

混凝土浇筑后合适的抽拔时间是能否顺利抽拔和保证成孔质量的关键。如抽拔过早，则混凝土容易塌陷而堵塞孔道。如抽拔过迟，则可能拔断胶管。因此，制孔器的抽拔要在混凝土初凝之后与终凝之前，待其抗压强度达 4 000～8 000kPa 时方为合适。根据经验，制孔器的抽拔时间可按下式估计：

$$t = \frac{100}{T}$$

式中　t——混凝土浇筑完毕至抽拔制孔器的时间，h；

　　　T——预制构件所处的环境温度，℃。

由于确定可能抽拔时间的幅度较大，施工中也可通过试验来掌握其规律。

3）孔道检查。制孔器抽拔完毕后，即用比孔径小 4～7mm 的钢制橄榄形通孔器进行通孔检查，如发现孔道堵塞，及时用钢筋芯棒通捣，若金属伸缩套或胶管因拉断而残留于孔道中，则应及时标出准确位置，从侧面凿开取出，疏通管道，重设制孔器，修补缺口。

（3）预应力筋的张拉工艺。当梁体混凝土的强度达到设计强度的 75％ 以上时，才可进行穿束张拉。穿束前，可用空气压缩机吹风等方法清理孔道内的污物和积水，以确保孔道畅通。

预应力筋张拉时，应按顺序对称地进行，以防过大偏心压力导致梁体出现较大的侧弯现象。分批张拉时，先张拉的预应力筋应考虑因以后张拉其他预应力筋所引起弹性压缩的预应力损失。

预应力筋的具体张拉程序和操作方法与所用的预应力筋形式、锚具类型和张拉机具有关。

后张法张拉预应力筋所用的液压千斤顶按其作用可分为单作用（张拉）、双作用（张拉和顶紧锚塞）和三作用（张拉、顶锚和退楔）等三种形式。按其构造特点则可分为锥锚式、拉杆式和穿心式等三种形式。下面分别说明它们的张拉工艺。

1）锥锚式千斤顶张拉工艺。后张法预应力混凝土梁桥使用最广的是采用高强钢丝束、钢制锥形锚具并配合锥锚式千斤顶的张拉工艺。

其张拉程序是：0→初应力（划线作标记）→105％σ_{con}（持荷 5min）→σ_{con}→顶锚（测量钢丝伸长量及锚塞外露量）→大缸回油至初应力（测钢丝伸长量和锚塞外露量）→0→给油退楔。

图 4-41 表示 TD—60 型锥锚式三作用千斤顶的构造和张拉装置简图。其操作工序如下。

①张拉前准备工作。在支承钢板上划出锚圈轮廓的准确位置，随着放入锚塞而将钢丝均匀分布在锚塞周围，用手锤轻敲锚塞，使其不致脱出。

②装上对中套。即缺口垫圈，借以可测量钢丝伸长量和锚塞外露量等，并将钢丝用楔块楔住在千斤顶夹盘内，先不要楔得太紧，待张拉到初应力时钢丝发生自动滑移而调整长度后再打紧楔块。

③初始张拉。先从 A 油嘴进油入张拉缸，使钢丝束略为拉紧，并随时调整锚圈及千斤顶的位置，务使孔道、锚具和千斤顶三者的轴线相吻合。进而两端同时张拉至钢丝束达到初应力（约为 10％σ_{con}）时打紧夹丝楔块，并在分丝盘沟槽处的钢丝上标出测量伸长量的起点记号。在夹丝盘前端的钢丝上也标出用以辨认是否滑丝的记号。

④正式张拉。A 油嘴进油，两端轮流分级加载张拉，每级加载值为油压表读数 5000kPa 的倍数，直到超张拉值后持荷 5min，以消除预应力筋的部分松弛损失。再使 A 油嘴回油卸载至控制张拉力值，测量钢丝伸长量。

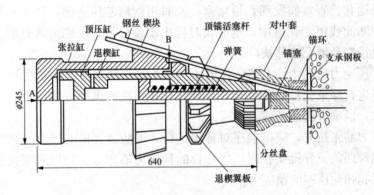

图 4-41　TD-60 型锥锚式三作用千斤顶张拉装置

⑤顶锚。完成上述张拉工序后，先从一端使 B 油嘴进油顶紧锚塞（顶锚力约为控制张拉力的 50％～55％），测量钢丝伸长量及锚塞外露量后，再使张拉缸回油卸载至钢丝具有初应力的张拉力，继续测量钢丝伸长量及锚塞外露量。然后算出钢丝内缩量并作出记录。最后使千斤顶回油至零。

由于先从一端顶锚时钢丝因内缩而发生预应力损失，故以后在另一端顶锚前就能将张拉力补足。另一端的顶锚步骤与前相同。

必须注意，在顶锚时千斤顶张拉缸油压会上升，其原因主要是退楔缸油压迫使张拉缸套向前移动，从而使张拉缸缸室压缩。但此时油压的上升并不说明预应力筋内应力的增加。这时如果降低张拉缸油压，则张拉缸缸套继续前移，会使预应力筋内缩量增大而导致张拉力不足。因此在顶锚时，不应降低张拉缸油压。

⑥退楔。顶锚完毕后，两端同时使 A 油嘴回油，张拉缸卸载前移。再从 B 油嘴进油，由于退楔缸室的液压作用，使张拉缸继续前移，直至夹丝楔块顶住退楔翼板，使楔块顶松而退出楔块为止。

⑦千斤顶缸体复位。A、B 油嘴均回油，在弹簧力的作用下，使顶压活塞杆后移复位。

千斤顶减压撤除后，应检查有无断丝、滑丝现象。通常在一个断面上的断丝数量不得超过该断面钢丝总数的 2%。每束中断丝数不得超过 2 根，每束钢丝滑移量总和不得大于该束伸长量的 2%。如超过规定，应研究处理，甚至更换钢丝束，重新张拉并锚固。最后再在紧贴锚圈的钢丝根部刻画标记，以便观察以后有无滑丝现象。

在张拉工序中须特别注意安全，尤其在张拉或退楔时千斤顶后方不得站人，以防预应力筋拉断或锚具、楔块弹出伤人。高压油泵在有压情况下，不得随意拧动油泵或千斤顶各部位的螺钉。油管接头处应加防护套，以防喷油伤人。已张拉完而尚未压浆的梁，严禁剧烈振动，以防预应力筋裂断而酿成重大事故。钢束张拉时应按规定的记录表格做好详细记录。

2）拉杆式千斤顶张拉工艺。拉杆式千斤顶构造简单、操作方便，适用于张拉带有螺杆式和镦头式锚、夹具的单根粗钢筋、钢筋束或碳素钢丝束。张拉吨位常用的有 60t 和 80t 两种。

图 4-42 为常用的 GJ_2Y-60A 型拉杆式千斤顶的构造示意图。其工作原理为：张拉时将预应力筋的螺钉端杆用连接器与千斤顶拉杆相连接，并使传力架支承在构件端部的预埋钢板上，然后开动油泵从主缸油嘴 A 进油，推动活塞张拉预应力筋。当拉伸到需要应力值时，就用扳手旋紧锚固螺母而将预应力筋锚固在构件端部。再从副缸的油嘴 B 进油，将主缸活塞及其拉杆推回原来的位置，旋下连接器，张拉即告完毕。张拉工序的某些细节与前述类似，这里不再赘述。

3）穿心式千斤顶张拉工艺。穿心式千斤顶的构造特点是沿千斤顶轴线有一穿过预应力筋的穿心孔道。这种千斤顶主要用于张拉带有夹片式锚、夹具的单根钢筋、钢绞线或钢筋束、钢绞线束。张拉吨位有 18t、25t 和 60t 等数种。

图 4-43 示出 GJ_2Y-60 型（即 YC-60 型）穿心式千斤顶的构造简图。这种千

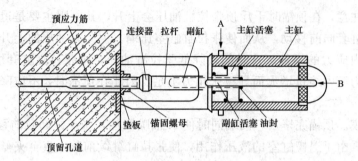

图 4-42 GJ₂Y-60A 型拉杆式千斤顶的构造示意图

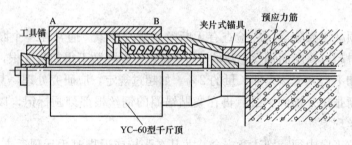

图 4-43 GJ₂Y-60 型（即 YC-60 型）穿心式千斤顶的构造简图

斤顶如配上特制的配件改装后，也可作拉杆式和锥锚式千斤顶使用。其工作原理为：张拉前先将预应力筋穿过千斤顶，在其后端用锥销式工具锚锚住。从主缸油嘴 A 进油而顶压油缸，并使其后移而带动工具锚并张拉预应力筋。在保持张拉力稳定的条件下，从顶压缸油嘴 B 进油，借顶压活塞顶压夹片锚塞锚固预应力筋。回程时使油嘴 A 回油、油嘴 B 进油，张拉油缸就前移复位。顶压活塞则在油嘴 A 和 B 同时回油下由弹簧回程。

（4）孔道压浆。孔道压浆是为了保护预应力筋不致锈蚀，并使力筋与混凝土梁体黏结成整体，从而既能减小锚具的受力，又能提高梁的承载能力、抗裂性能和耐久性。孔道压浆用专门的压浆泵进行，压浆时要求密实、饱满，并应在张拉后尽早完成。

1）准备工作。压浆前烧割锚外钢丝时，应采取降温措施，以免锚具和预应力筋因过热而产生滑丝。用环氧砂浆或棉花和水泥浆填塞锚塞周围的钢丝间隙。用压力水冲洗孔道，排除孔内粉渣杂物，确保孔道畅通，并吹去孔内积水。

2）水泥浆的制备。压注孔道所用的水泥浆，须用不低于 C50 的普通硅酸盐水泥或 C40 快硬硅酸盐水泥拌制。火山灰质水泥与矿渣水泥由于凝固慢、泌水率高，均不宜使用。水泥浆强度（7.07cm 立方体试块强度）不应低于结构本身混凝土强度的 50%（7d 龄期时），后者尚不得低于 C30。

水泥浆的水灰比应为 0.40～0.45，最大不超过 0.5。为了防止腐蚀钢丝，加掺合料时须验明其中不含氯盐，不得掺用加气剂，但可掺入适量的塑化剂和铝粉（膨胀剂），其掺量由试验确定。制浆前应筛除水泥中的结块、大颗粒及杂物，以免堵塞输浆管路或孔道。当孔道直径较大而力筋的直径较小时，浆内可掺适量细砂以减少水泥用量、减小水泥浆体积收缩并提高强度。

水泥浆可用小型灰浆拌和机拌制。每次拌和量以不超过 40min 的使用量为宜。拌好的水泥浆在通过 2.5mm×2.5mm 的细筛后，存放以供使用。水泥浆在使用前仍应进行低速搅拌，以防止流动度的损失。

水泥浆的温度不宜过高或过低，夏季不宜超过 25℃，冬季不宜低于 5℃，不然则需要采取降温措施或采用冬季施工措施。

3）压浆程序和操作方法。压浆工艺有"一次压注法"和"二次压注法"两种，前者用于不太长的直线形孔道，对于较长的孔道或曲线孔道以"二次压注法"为好。

压浆压力以 500～600kPa 为宜，如压力过大，易胀裂孔壁。压浆顺序应先下孔道后上孔道，以免上孔道漏浆把下孔道堵塞。直线孔道压浆时，应从构件的一端压到另一端。曲线孔道压浆时，应从孔道最低处开始向两端进行。

二次压浆时，第一次从甲端压入直至乙端流出浓浆时将乙端的阀关闭，待灰浆压力达到要求且各部再无漏水现象时再将甲端的阀关闭。待第一次压浆后 30min，打开甲、乙端的阀，自乙端再进行第二次压浆，重复上述步骤，待第二次压浆完成经 30min 后，卸除压浆管，压浆工作便告完成。

在压浆操作中应当注意以下几点。

①在冲洗孔道时如发现串孔，则应改成两孔同时压注。

②每个孔道的压浆作业必须一次完成，不得中途停顿，如因故停顿，时间超过 20min，则应用清水冲洗已压浆的孔道，重新压注。

③水泥浆从拌制到压入孔道的间隔时间不得超过 40min，在此时间内，应不断地搅拌水泥浆。

④输浆管的长度最多不得超过 40m。当超过 30m 时，就要提高压力 100～200kPa，以补偿输浆过程中的压力损失。

⑤压浆工人应戴防护眼镜，以免灰浆喷出时射伤眼睛。

⑥压浆完毕后应认真填写压浆记录。

（5）封端。孔道压浆后应立即将梁端水泥浆冲洗干净，并将端面混凝土凿毛。在绑扎端部钢筋网和安装封端模板时，要妥善固定，以免在浇筑混凝土时因模板走动而影响梁长。封端混凝土的强度应不低于梁体的强度。浇完封端混凝土并静置 1～2h 后，应按一般规定进行洒水养护。

五、装配式简支梁桥的运输和安装

1. 预制梁的运输

装配式简支梁桥的主梁通常在施工现场的预制场内或可在桥梁厂内预制。为此就要配合架梁的方法解决如何将梁运至桥头或桥孔下的问题。

从工地预制场至桥头的运输，称场内运输，通常需铺设钢轨便道，由预制场的龙门吊车或木扒杆将梁装上平车后用绞车牵引运抵桥头。运输中，梁应竖立放置，为了防止构件发生倾倒、滑动或跳动等现象，需要在构件两侧采用斜撑和木楔等临时固定。对于小跨径梁或规模不大的工程，也可设置木板便道，利用钢管或硬圆木作滚子，使梁靠两端支承在几根滚子上用绞车拖曳，边前进边换滚子运至桥头。

当采用水上浮吊架梁而需要使预制梁上船时，运梁便道应延伸至河边能使驳船靠拢的地方，为此就需要修筑一段装船用的临时栈桥（码头）。

当预制工厂距桥工地甚远时，通常可用大型平板拖车、火车或驳船将梁运至工地存放，或直接运至桥头或桥孔下进行架设。

在场内运梁时，为使平稳前进以确保安全，通常在用牵引绞车徐徐向前拖拉的同时，后面的制动索应跟着慢慢放松，以控制前进的速度。

梁在起吊和安放时，应按设计规定的位置布置吊点或支承点。

2. 预制梁的安装

预制梁的安装是装配式桥梁施工中的关键性工作。应结合施工现场条件、桥梁跨径大小、设备能力等具体情况，从节省造价、加快施工速度和充分保证施工安全等方面来合理选择架梁的方法。

简支式梁、板构件的架设，不外乎起吊、纵移、横移、落梁等工序。从架梁的工艺类别来分，有陆地架设、浮吊架设和利用安装导梁或塔架、缆索的高空架设等，每一类架设工艺中，按起重、吊装等机具的不同，又可分成各种独具特色的架设方法。随着国家在建筑领域中工业化和机械化程度的不断提高，架桥新工艺、新设备的不断涌现，这就又推动了桥梁施工技术的进步。我国在修建洛阳黄河公路桥中，曾用大型架桥设备成功地架设了67孔共355片跨度为50m、质量达130t的预应力混凝土梁，使我国的架桥技术接近了世界水平。

必须强调指出，桥梁架设既是高空作业又需要使用重而大的机具设备，在操作中如何确保施工人员的安全和杜绝工程事故，这是工程技术人员的重要职责。因此，在施工前应研究制订周到而妥善的安装方案，详细分析和计算承力设备的受力情况，采取周密的安全措施。在施工中还应加强安全教育，严格执行操作规程和加强施工管理工作。

下面简要介绍各种常用架梁方法的工艺特点。

（1）陆地架设法。

1）自行式吊车架梁。在桥不高，场内又可设置行车便道的情况下，用自行式吊车（汽车吊车或履带吊车）架设中、小跨径的桥梁十分方便，如图 4-44（a）所示。此法视吊装质量不同，还可采用单吊（一台吊车）或双吊（两台吊车）两种。其特点是机动性好，不需要动力设备，不需要准备作业，架梁速度快。一般吊装能力为 150～1000kN，国外已出现 4100kN 的轮式吊车。

2）跨墩门式吊车架梁。对于桥不太高，架桥孔数又多，沿桥墩两侧铺设轨道不困难的情况，可以采用一台或两台跨墩门式吊车来架梁，如图 4-44（b）所示。此时，除了吊车行走轨道外，在其内侧尚应铺设运梁轨道，或者设便道用拖车运梁。梁运到后，就用门式吊车起吊、横移，并安装在预定位置。当一孔架完后，吊车前移，再架设下一孔。

在水深不超过 5m、水流平缓、不通航的中小河流上，也可以搭设便桥并铺轨后用门式吊车架梁。

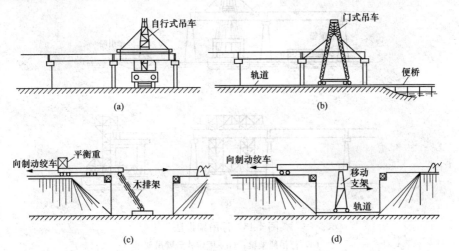

图 4-44 陆地架梁法
(a) 自行式吊车架梁；(b) 跨墩门式吊车架梁；
(c) 摆动排架架梁；(d) 移动支架架梁

3）摆动排架架梁。用木排架或钢排架作为承力的摆动支点，由牵引绞车和制动绞车控制摆动速度。当预制梁就位后，再用千斤顶落梁就位，此法适用于小跨径桥梁，如图 4-44（c）所示。

4）移动支架架梁。对于高度不大的中、小跨径桥梁，当桥下地基良好能设置简易轨道时，可采用木制或钢制的移动支架来架梁，如图 4-44（d）所示。随着牵引索前拉，移动支架带梁沿轨道前进，到位后再用千斤顶落梁。

（2）浮吊架设法。

1）浮吊船架梁。在海上和深水大河上修建桥梁时，用可回转的伸臂式浮吊架梁比较方便，如图 4-45（a）所示。这种架梁方法，高空作业较少，施工比较安全，吊装能力也大，工效也高，但需要大型浮吊。鉴于浮吊船来回运梁航行时间长，要增加费用，故一般采取用装梁船储梁后成批一起架设的方法。

浮吊架梁时需在岸边设置临时码头来移运预制梁。

架梁时，浮吊要认真锚固。如流速不大时，则可用预先抛入河中的混凝土锚来作为锚固点。国外目前采用浮吊的吊装能力已达 80 000kN。我国在修建全长达 36km 的杭州湾大桥时，已用 25 000kN 的浮吊来架设跨长 70m 整孔预制的引桥预制梁。

2）固定式悬臂吊架梁。在缺乏大型伸臂式浮吊时，也可用钢制万能杆件或贝雷架拼装固定式的悬臂浮吊进行架梁，如图 4-45（b）所示。

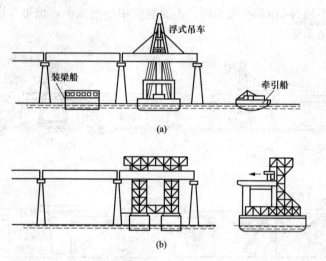

图 4-45　浮吊架设法

（a）浮吊船架梁；（b）固定式悬臂吊架梁

架梁前，先从存梁场吊运预制梁至下河栈桥，再由固定式悬臂浮吊接运并安放稳妥，再用拖轮将重载的浮吊拖运至待架桥孔处，并使浮吊初步就位。将船上的定位钢丝绳与桥墩锚系，慢慢调整定位，在对准梁位后就落梁就位。在流速不大、桥墩不高的情况下，用此法架设 30m 的 T 梁或 T 型刚构的挂梁都很方便。

不足之处是每架一片梁，浮吊都要拖至河边栈桥处取梁，这样不但影响架梁的速度，而且也增加了浮吊来回拖运的经济耗费。

（3）高空架设法。

1）联合架桥机架梁。此法适合于架设中、小跨径的多跨简支梁桥，其优点是不受水深和墩高的影响，并且在作业过程中不阻塞通航。

联合架桥机由一根两跨长的钢导梁、两套门式吊机和一个托架（又称蝴蝶架）三部分组成，如图 4-46 所示。导梁顶面铺设运梁平车和托架行走的轨道。门式吊车顶横梁上设有吊梁用的行走小车。为了不影响架梁的净空位置，其立柱底部还可做成在横向内倾斜的小斜腿，这样的吊车又称拐脚龙门架。

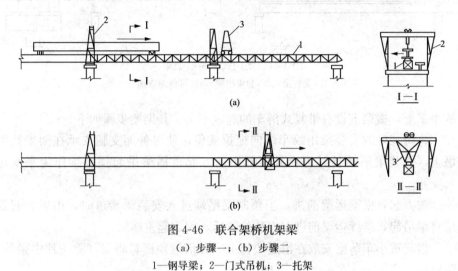

图 4-46 联合架桥机架梁
(a) 步骤一；(b) 步骤二
1—钢导梁；2—门式吊机；3—托架

架梁操作工序如下。

①在桥头拼装钢导梁，铺设钢轨，并用绞车纵向拖拉导梁就位。

②拼装蝴蝶架和门式吊机，用蝴蝶架将两个门式吊机移运至架梁孔的桥墩（台）上。

③由平车轨道运送预制梁至架梁孔位，将导梁两侧可以安装的预制梁用两个门式吊机起吊、横移并落梁就位，如图 4-46 (a) 所示。

④将导梁所占位置的预制梁临时安放在已架设的梁上。

⑤用绞车纵向拖拉导梁至下一孔后，将临时安放的梁架设完毕。

⑥在已架设的梁上铺接钢轨后，用蝴蝶架顺次将两个门式吊车托起并运至前一孔的桥墩上，如图 4-46 (b) 所示。

如此反复，直至将各孔梁全部架设好为止。

用此法架梁时作业比较复杂，需要熟练的操作工人，而且架梁前的准备工作和架梁后的拆除工作比较费时。因此，此法用于孔数多、桥较长的桥梁比较经济。

2）闸门式架桥机架梁。在桥高、水深的情况下，也可用闸门式架桥机（或称穿巷式吊机）来架设多孔中、小跨径的装配式梁桥。架桥机主要由两根分离布置的安装梁、两根起重横梁和可伸缩的钢支腿三部分组成，如图 4-47 所示。

安装梁用四片钢桁架或贝雷桁架拼组而成，下设移梁平车，可沿铺在已架设梁顶面的轨道行走。两根型钢组成的起重横梁支承在能沿安装梁顶面轨道行

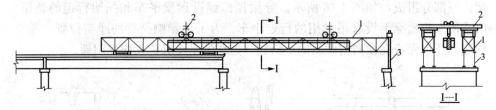

图 4-47 闸门式架桥机架梁
1 安装梁，2 起重横梁；3—可伸缩支腿

走的平车上，横梁上设有带复式滑车的起重小车。其架梁步骤如下。

①将拼装好的安装梁用绞车纵向拖拉就位，使可伸缩支腿支承在架梁孔的前墩上（安装梁不够长时可在其尾部用前方起重横梁吊起预制梁作为平衡压重）。

②前方起重横梁运梁前进，当预制梁尾端进入安装梁巷道时，用后方起重横梁将梁吊起，继续运梁前进至安装位置后，固定起重横梁。

③借起重小车落梁安放在滑道垫板上，并借墩顶横移将梁（除一片中梁外）安装就位。

④用以上步骤并直接用起重小车架设中梁，整孔梁架完后即铺设移运安装梁的轨道。

重复上述工序，直至全桥架梁完毕。

用此法架梁，由于有两根安装梁承载，起吊能力较大，可以架设跨度较大较重的构件。我国已用这种类型的吊机架设了全长 51m、重 131t 的预应力混凝土 T 形梁桥。当梁较轻时用此法就可能不经济。

3）宽穿巷式架桥机架梁。图 4-48 表示用宽穿巷式架桥机架梁的示意图。其结构特点是：在吊机支点处用强大的倒 U 形支承横梁来支承间距放大布置的两根安装梁，见图中剖面Ⅰ—Ⅰ。在此情况下，横截面内所有主梁都可由起重横梁上的起重小车横移就位，而不需要墩顶横移的费时工序。

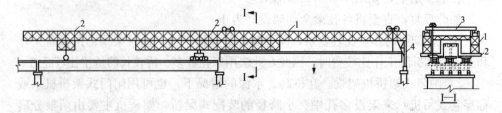

图 4-48 宽穿巷式架桥机架梁
1—安装梁；2—导梁；3—起重横梁

安装梁可用贝雷钢架或万能杆件拼组，当它前移行走时应将两台起重横梁移至尾端起平衡压重的作用。其他架梁步骤与闸门式架桥机架梁基本相同。

由于宽穿巷式架桥机的自重很大，所以当它沿桥面纵向移动时，一定要保持慢速，并须注意观察前支点的下挠度，以保证安全。

4）自行式吊车桥上架梁。在梁的跨径不大、质量较轻且预制梁能运抵桥头引道上时，直接用自行式伸臂吊车（汽车吊或履带吊）来架梁甚为方便，如图4-49（a）所示。显然，对于已架桥孔的主梁，当横向尚未联成整体时，必须核算吊车通行和架梁工作时的承载能力。此种架梁方法，几乎不需要任何辅助作业。

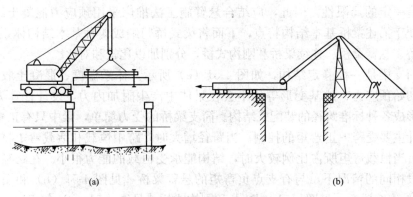

(a)　　　　　　　　　　　　　　　　(b)

图 4-49　小跨径梁的架设

（a）自行式吊车桥上架梁；（b）"钓鱼法"架梁

5）"钓鱼法"架梁。利用设在一岸的扒杆或塔柱用绞车牵引预制梁前端，扒杆上设复式滑车，梁的后端用制动绞车控制，就位后用千斤顶落梁，如图4-49（b）所示。此法仅适用于架设小跨径梁，安装前应验算跨中的反向弯矩。

6）木扒杆架梁。此法仅适用于小跨径较轻构件的架设，且其起吊高度和水平移动范围均不大，如图4-50所示。

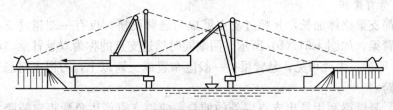

图 4-50　木扒杆吊装

架梁时，在桥孔两边各设置一套人字摇头扒杆，将预制梁两端各系于摇头扒杆的起吊钢索上，用绞车牵引后徐徐进入桥孔，然后落梁就位。预制梁在纵向移动时后端也应有制动绞车来控制前进速度，以确保安全。

第八节 悬臂与连续体系梁桥施工

一、桥梁的基本结构体系

梁式桥是指在垂直荷载作用下，仅产生垂直反力而无水平反力的结构体系总称，按受力特点梁桥基本结构体系一般可以划分成仅受正弯矩的简支体系、以负弯矩为主的悬臂体系和正负弯矩并存的连续体系。由于悬臂与连续体系梁桥在支点附近负弯矩区段内，梁的上翼缘受拉，使得修建钢筋混凝土大跨度结构具有一定的局限性，因此，应结合悬臂施工法推广采用预应力混凝土结构。为了便于描述梁桥基本结构特点，下面将梁式桥归纳成 4 种基本结构体系：简支梁桥、悬臂梁桥、连续梁桥和刚构式桥，分别加以比较和对比。

简支梁是一种静定结构，如图 4-51（a）所示，体系温度、混凝土收缩徐变、初始预应力、地基变形等均不会在梁体中产生附加内力，设计计算方便，最易形成各种标准跨径的装配式结构。简支梁桥的受力简单，梁中只有正弯矩，其设计主要受跨中正弯矩的控制。当跨径增大时，跨中恒载和活载弯矩将急剧增加，当恒载弯矩所占比例较大时，结构能承受恒载的能力很小。在跨径和恒载梁段相同的情况下，与有支点负弯矩的悬臂梁桥［见图 4-51（b）和图 4-51（c）］，连续梁桥［见图 4-51（d）］和刚构式桥［见图 4-51（e）］相比，简支梁桥的跨中弯矩最大。

从表征材料用量的弯矩图面积大小（绝对值）而言，简支梁桥要比悬臂梁桥、连续梁桥和刚构式桥大得多，若以图 4-51（c）中单悬臂的中跨弯矩图为例，当 $l_x = l/4$ 时，支架正、负弯矩图面积的总和是单悬臂梁的 3.2 倍。在钢筋混凝土简支梁桥中，经济合理的常用跨径在 20m 以下，由于预应力能使混凝土梁全截面参与工作，减轻了结构恒载，增加了抵抗活载的能力，从而加大了桥梁的跨越能力，我国常用的预应力混凝土简支梁的标准跨径在 40m 以下。

1. 悬臂梁桥

将简支梁梁体加长，并超过支点就成为悬臂梁桥。仅有一端越过支点的称为单悬臂梁，如图 4-51（b）所示。两端同时越过支点的称为双悬臂梁，如图 4-51（c）所示。由此可见，悬臂梁桥一般应布置成三跨以上，习惯上将悬臂主跨称为锚跨。

（1）悬臂梁利用悬出支点以外的伸悬，使得支点产生负弯矩对锚跨之中正弯矩产生有利的卸载作用。显然，与简支梁各跨之中恒载弯矩相比，无论是单悬臂梁还是双悬臂梁，其锚跨之中弯矩同支点负弯矩因卸载作用而显著减小，而悬臂跨中因简支体系的跨径缩短而跨中弯矩也同样显著减小。

（2）从活载方面来看，如梁只在悬臂梁的锚跨布载，活载引起的跨中最大正弯矩是按支承跨径较小的简支挂梁产生的正弯矩计算，其最大弯矩比简支梁小得多。由此可见，与简支梁相比较，悬臂梁可以减小跨内主梁高度和降低材料的用量，是比较经济的。

（3）悬臂梁桥一般为静定结构，结构内力不受地基变形的影响，对基础要求较低。与简支梁相比，墩上均只需设置一个支座，减小了桥墩尺寸，节省了基础工程量。此外，悬臂梁将结构的伸缩缝移至跨内，其变形曲线的转折角比简支梁变形曲线在支点上的转折角要小，这对行车的舒适较为有利。

（4）悬臂梁桥虽然在力学性能上优于简支梁桥，可适用于更大跨径的桥梁方案，但由于悬臂梁的某些区段同时存在正、负弯矩，无论采用何种主梁截面形式，其构造较为复杂。而且跨径增大以后，梁体重量快速增加，不易采用装配式施工，往往要在费用昂贵、速度缓慢的支架上现浇。

（5）钢筋混凝土悬臂梁，还因支点负弯矩区段的存在，不可避免地将在梁顶产生裂缝，虽有桥面防水措施，但仍会受雨水侵蚀影响而降低使用年限。

（6）预应力混凝土悬臂梁桥虽无此患，并可采用节段悬臂施工，但由于支点为单点简支，施工时必须采用临时固结措施。

正是由于结构构造和施工方法等方面的问题，无论是钢筋混凝土悬臂梁还是预应力混凝土悬梁臂，在实际桥梁工程中较少采用。国内钢筋混凝土悬臂梁的最大跨径一般在 55m 以下，而预应力混凝土悬臂梁桥的最大跨径也在 100m 以下。

2. 连续梁桥

将简支梁梁体在支点上连续就成为连续梁桥，连续梁至少布置成两跨，一般布置成多跨一联。

每联跨数越多，联长就越长，由温度变化和混凝土收缩等引起的纵向位移就越大，伸缩缝和活动支座的构造就越复杂。每联跨数越少，联长就越短，伸缩缝数量越多，则对高速行车越不利。

为了充分发挥连续梁在高速行车中平顺的优点，现代伸缩缝及支座构造已经作了极大的改进，梁体连续长度 1500m、伸缩缝伸缩长度 1m 已经成为可能。

一般情况下，连续梁中间墩上只需设置一个支座，而在相邻两联连续梁的桥墩处仍需设置两个支座。在跨越山谷的连续梁中，中间高墩也可采用双柱（壁）式墩，每柱（壁）上都设有支座，连续梁支点负弯矩尖峰可被削低。

从图 4-51 (d) 中不难发现，在恒载作用下，连续梁由于支点负弯矩的卸载作用，跨中正弯矩显著减少，其弯矩图与相应跨径的悬臂梁桥相差不大，如果悬臂梁的悬臂长度恰好与连续梁弯矩零点位置相对应，则连续梁弯矩图〔见图4-51（d）〕与悬臂弯矩图〔见图4-51（b）〕完全一致。然而，在活载作用下，

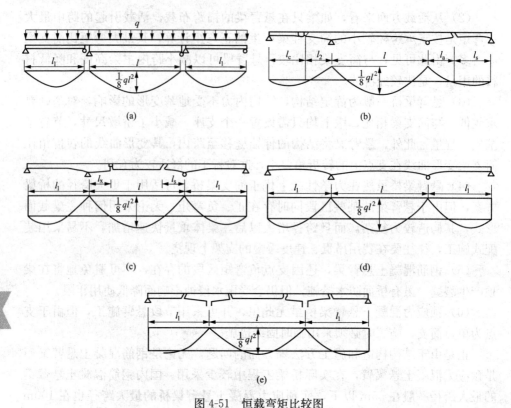

图 4-51　恒载弯矩比较图
（a）简支梁桥；（b）单悬臂梁桥；（c）双悬臂梁桥；（d）连续梁桥；（e）刚构式桥

连续梁因主梁连续产生支点负弯矩对各跨跨中正弯矩仍有卸载作用，其弯矩分布要比悬臂梁更合理。

连续梁是一种外部超静定结构，基础不均匀沉降将引起结构附加内力，因此，对桥梁基础要求较高，通常宜选择良好的地基条件和沉降较小的基础形式。

初始预应力、混凝土收缩和徐变、结构温差作用等都会引起超静定结构影响力，不仅增加了设计计算的复杂程度，而且连续梁最终恒载内力的形成还依赖于不同的施工方法。

连续梁在力学性能上优于简支梁桥和悬臂梁桥，其具有结构刚度大、桥面变形小、动力性能好、变形曲线平顺、有利于高速行车等突出优点。

虽然钢筋混凝土连续梁同悬臂梁一样，因在施工和使用上的相同缺陷，限制了它的使用，仅在城市高架和小半径弯桥中少量采用，一般跨径不超过25～30m，但是预应力混凝土连续梁的应用范围很广，常用跨径达到了150m，在数量上仅次于简支梁桥。尤其是悬臂施工法、顶推法、逐跨施工法等分段施工技术在连续桥中的应用，充分发挥了预应力技术的优点，使施工设备机械化和构件生产工厂化，从而提高了施工质量，降低了施工费用。

3. 刚构式桥

刚构式桥是一种具有悬臂受力特点的墩梁固结梁式桥，因桥墩向两侧伸出悬臂形同"T"字，故又称为 T 型刚构。

由于悬臂部分承受负弯矩，刚构式桥几乎都是预应力混凝土结构。

预应力混凝土刚构式桥一般可以分为带剪力铰刚构、带挂梁刚构和连续刚构等三种基本类型，如图 4-52 所示。

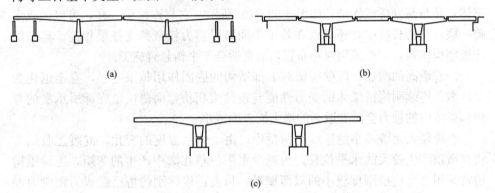

图 4-52　刚构式桥基本类型
(a) 带剪力铰刚构；(b) 带挂梁刚构；(c) 连续刚构

带剪力铰刚构桥的上部结构全部由悬臂组成，如图 4-52 (a) 所示，相邻两悬臂端通过剪力铰相连接。

所谓剪力铰，是一种只能传递竖向剪力，不能传递水平推力和弯矩的连接构造。当在一个 T 型刚构单元上作用竖向力时，相邻的 T 型刚构单元将通过剪力铰共同参与受力，从而减轻了直接受荷 T 型刚构单元的结构受力，从结构受力与牵制悬臂梁端竖向变形来看，剪力铰起到了有利作用。

对称布置的带剪力铰刚构桥在恒载作用下属于静定结构，但在活载作用下是外部超静定结构。

在结构温差作用、混凝土收缩和徐变、基础不均匀沉降等因素影响下，剪力铰两侧悬臂端的挠度不同，必然产生超静定结构附加内力。这些挠度和附加内力，事先难以准确估计，又不易采用措施加以调整。其次，中间铰结构复杂，用钢量很大，但耐久性又比较差。此外，在运营中发现，剪力铰处往往因下挠而形成折角，导致车辆跳车，损坏剪力铰。因此，带剪力铰刚构桥目前已经较少采用。

带挂梁刚构桥的上部结构由部分悬臂和挂梁组成，如图 4-52 (b) 所示，是一种静定结构，与带剪力铰刚构桥相比，虽由于各个 T 型刚构单元独立作用，

191

在受力和变形方面略差一些，但它的受力明确，不受各种内外因素的影响。

带挂梁刚构桥在跨内因有正、负弯矩分布，其总弯矩图面积要比带剪力铰刚构桥小，虽然增加了牛腿构造，但免去了构造复杂的剪力铰。

带挂梁刚构桥的主要缺点是桥面伸缩缝较多，对于高速行车不利。其次，除了悬臂施工工序和机具设备外，还增加了挂梁预制、安装工序及机具设备。目前国内经常采用的预应力混凝土带挂梁刚构桥的跨径在60～150m。

连续刚构桥综合了连续梁和上述两种刚构桥的受力特点，将主梁做成连续梁体，并与薄壁桥墩固结，如图4-52（c）所示。它与连续梁一样，可以做成多跨一联，在特长桥中，还可以在若干中间跨以剪力铰或简支挂梁相连。典型的连续刚构体系，一般采用对称布置，非常适合于平衡悬臂施工。

随着墩高的增加，薄壁桥墩对上部结构的嵌固作用越来越小，直至退化为柔性墩。连续刚构桥梁体的受力性能与连续梁相仿，而薄壁墩底部所承受的弯矩和梁体内的轴力会随着墩高的增大而急剧减小。

在跨径大而墩高小的连续刚构桥中，由于体系温度的变化，混凝土收缩等将在墩顶产生较大的水平位移，为减少水平位移在墩中产生的弯矩，连续刚构桥常采用水平抗推刚度较小的双薄壁墩。目前，连续刚构桥已经成为预应力混凝土大跨径梁式桥的主要桥型，最大跨径已经突破300m。

二、支架（模）法施工

有支架就地浇筑施工是一种应用很早的施工方法，它是在支架上安装模板，绑扎及安装钢筋骨架，预留孔道，并在现场浇筑混凝土与施加预应力的施工方法。过去由于施工需用大量的模板支架，一般仅在小跨径桥或交通不便的边远地区采用。但近年来，随着桥梁结构形式的发展，出现了一些变宽的异形桥、弯桥等复杂的混凝土结构，加上临时钢构件和万能杆件系统的标准化和装配化的提高，使有支架就地浇筑施工得到了广泛的应用。

1. 支架和模板

支架按构造可分为支柱式、梁式和梁柱式支架。按材料可分为木支架、钢支架、钢木混合支架和万能杆件拼装的支架等。各种支架的构造简图，如图4-53所示。

支柱式支架构造简单，常用于陆地或不通航的河道，或桥墩不高的小跨径桥梁。

梁式支架依其跨径可采用工字钢、钢板梁或钢桁梁作为承重梁，当跨径小于10m时可采用工字梁，跨径大于20m采用钢桁梁。

梁可以支承在墩旁支架上，也可支承在桥墩上预留的托架或在桥墩处临时设置的横梁上。梁柱式支架可在大跨径桥上使用，梁支承在支架或临时墩上而形成多跨连续支架。

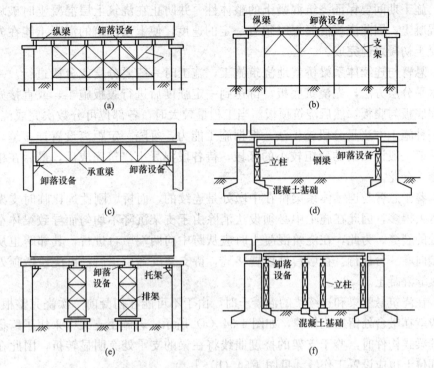

图 4-53　常用支架的构造简图
（a）立柱式支架一；（b）立柱式支架二；（c）梁式支架一；（d）梁式支架二；
（e）梁柱式支架一；（f）梁柱式支架二

就地浇筑桥梁的模板常用木模板和钢模板。木模可按结构要求预先制作，然后在支架上用连接件拼装。钢模板大都做成大型的块件，由加劲骨架焊接组成，一般长度 3～8m，钢板厚 4～8mm。

模板和支架虽然都是临时结构，但要承受桥梁的大部分恒载，因此必须有足够的强度、刚度和稳定性，同时支架的基础应可靠，构件结合要紧密，并要有足够的纵、横、斜向的连接杆件，使支架和模板成为整体。

在施工前要计算支架受荷后的变形和挠度，设置预拱度，使落架后的桥跨结构线形符合设计要求。对河道中的支架要充分考虑洪水和漂流物的影响。模板的接缝要密合，以免漏浆。

2. 就地浇筑

通常情况下，就地浇筑施工一次灌注的混凝土工作量较大，需要连续作业，因此采用现场浇筑施工法的桥梁，在再浇混凝土前要对模板、支架、钢筋和钢索位置、供料、拌制、运输系统、机械设备等进行周密的准备和严密的检查。

施工期间要保证浇筑混凝土的整体性，并防止在浇筑上层混凝土时破坏下层混凝土，因此浇筑混凝土时须有一定的速度，使上层浇筑的混凝土能在先浇混凝土初凝之前完成。

悬臂与连续体系梁桥就地浇筑施工，施工时一般要分层或分段进行。一种是水平分层方法，先浇筑底板，待达到一定强度后进行腹板施工，或直接先浇筑完底板与腹板，然后浇筑顶板。当工程量较大时，各部位可分数次完成浇筑。另一种施工方法是分段施工法，根据施工能力，每隔一定距离设置连接缝，该连接缝一般设在梁的弯矩较小的区域，待各段混凝土浇筑完成后，最后在接缝处施工合龙。

鉴于悬臂与连续体系梁桥在中墩处是连续的，而桥墩刚性远比临时支架的刚度大得多，因此在施工中必须设法消除由于支架沉降不均匀而导致梁体在支承处的裂缝。为此，在浇筑混凝土时应从跨中向两端墩台进行，其邻跨也从悬臂端向墩、台进行，在墩台处设置接缝，待支架沉降稳定后，再浇筑墩顶处梁的接缝混凝土。

在浇筑悬臂梁和连续梁的混凝土时，由于不可能在初凝前一次浇完整根梁，一般就在墩台处留出工作缝，如图 4-54（a）所示。若施工支架中采用了跨径较大的梁式构件时，鉴于支架的挠度曲线将在梁的支承处有明显转折，因此在这些部位上也应设置工作缝〔见图 4-54（b）〕。

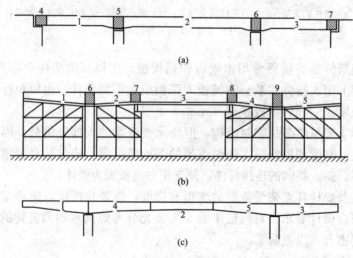

图 4-54　浇筑次序和工作缝设置

（a）留出工作缝；（b）设置工作缝；（c）分段浇筑方法

工作缝宽度应不小于 0.8～1.0m，由于工作缝处的端板上有钢筋通过，故制作安装都很困难，而且在浇筑前还要对已浇端面进行凿毛和清洗等工作。有时为了避免设置工作缝的麻烦，也可以采取不设宽工作缝的分段浇筑方法，如图 4-54（c）所示，此时 4、5 段须待 1、2、3 段强度达到设计要求后才能浇筑。

分段浇筑的顺序，应使支架沉降较均匀地发展。对于支承处加高的梁，通常应从支承处向两边浇筑，这样还可避免砂浆由高处流向低处的毛病。

分段浇筑时，大部分混凝土重力在梁体合龙之前已作用上去，这样可减少支架早期变形和由此原因而引起的梁体的开裂。大跨径桥梁，除在桥墩处设置接缝外，还可在支架的硬支点附近设置接缝。当悬臂梁设有挂梁时，须待悬臂梁混凝土强度达到 70％以上设计强度时方可进行挂梁施工。

3. 养护和落架

浇筑完混凝土后，要对混凝土进行养护。养护能促使混凝土硬化，获得规定强度，并防止混凝土干缩引起的裂缝，防止混凝土受雨淋、日晒受冻及受荷载的振动、冲击。由于混凝土在硬化过程中发热，在夏季和干燥的气候下应进行湿润养护，而冬季则主要保护其不受冻，采用加温养护。

梁的落架程序应从梁挠度最大处的支架节点开始，逐步卸落相邻两侧的节点，并要求对称、均匀、有顺序地进行。各节点应分多次进行卸落，以使梁的沉落曲线逐步加大。通常连续梁可从跨中向两端进行。悬臂梁则应先卸落挂梁及悬臂部分，然后卸落逐跨部分。预应力混凝土连续梁桥在预应力筋张拉后恒载自重已能由梁本身承担时再落架。

普通钢筋混凝土悬臂梁桥和连续梁桥，由于主梁的长度和重量大，一般很难像简支梁那样将整根梁一次架设。如果采取分段预制，则不但架设困难，而且受力截面的主钢筋都被截断，接头工作复杂，强度也不易保证。因此目前在修建钢筋混凝土的此类桥梁时，常采用搭设支架模板就地浇筑的施工方法。

搭设支架就地浇筑施工方法的主要优点有：桥梁的整体性好，施工平稳、可靠，不需大型起吊、运输设备；施工中无体系转换；预应力混凝土连续梁可以采用强大预应力体系，使结构构造简化，方便施工。

主要缺点有：搭设支架影响河道的通航与排洪，施工期间支架可能受到洪水和漂流物的威胁；需要使用大量施工支架，施工工期长、费用高，不容易控制施工质量；混凝土的收缩、徐变会使预应力混凝土连续梁的应力损失较大。

三、平衡悬臂法施工

悬臂施工法建造悬臂与连续体系梁桥时，不需要在河中搭设支架，而直接从已建墩台顶部逐段向跨径方向延伸施工，每延伸一段就施加预应力使其与成桥部分联结成整体。

1. 悬臂施工关键

采用悬臂施工法时，要特别注意以下两个关键问题。

（1）在施工过程中必须保证墩与梁固结。用悬臂施工法从桥墩两侧逐段延伸来建造预应力混凝土悬臂梁桥时，为了承受施工过程中可能出现的不平衡力矩，保证施工过程中结构的稳定可靠，就需要采取措施使墩顶的零号块件与桥墩临时固结起来。图4-55表示将零号块梁段与桥墩用钢筋或预应力筋临时固结，待需要解除固结时切断。

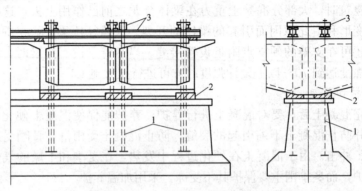

图4-55　零号块梁段与桥墩的临时固结
1—锚栓；2—支座；3—锚固装置

　　图4-56示出另外几种临时固结的做法。其中图4-56（a）是当桥不高，水又不深而易于搭设临时支架时的支架式固结措施，在此情况下，拼装中的不平衡力矩完全靠梁段的自重来保持稳定。图4-56（b）是利用临时立柱和预应力筋来锚固上下部结构的构造，预应力筋的下端埋固在基础承台内，上端在箱梁底板上张拉并锚固，借以使立柱在施工过程中始终受压，以维持稳定。在桥高水深的情况下，也可采用围建在墩身上部的三角形撑架来敷设梁段的临时支承，并可使用砂筒作为悬臂拼装完毕后转换体系的卸架设备，如图4-56（c）所示。临时梁墩固结要考虑两侧对称施工时有一个梁段超前的不平衡力矩，应验算其稳定性，稳定性系数不小于1.5。

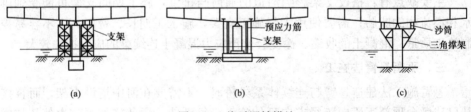

图4-56　临时固结措施
（a）支架；（b）预应力筋；（c）三角撑架

　　（2）必须充分考虑施工期出现的体系转换问题。结构体系转换是指在施工过程中，当某一施工程序完成后，桥梁结构的受力体系发生了变化，如简支体系变化为悬臂体系或连续体系等等，这种变化过程简称为体系转换。下面以三孔连续梁悬臂施工为例来说明其体系转换过程，如图 4-57 所示。

图 4-57（a）表示从桥墩向两侧用对称平衡的悬臂施工法建造双悬臂梁，此时结构体系如同 T 型刚构。图 4-57（b）为在临时支架上浇筑（或拼装）不平衡的边孔边段，安装端支座，拆除临时固结措施，使墩上永久支座进入工作，此时结构属单悬臂体系。图 4-57（c）表示继续浇筑（或拼装）中跨中央段，使体系转换成三跨连续梁，采用这种体系转换方式，只有小部分后加荷载（桥面铺装及人行道）以及活载才具有连续梁的受力效果，因此梁内的预应力筋大部分按悬臂弯矩图布置，体系连续后再在跨中区段张拉承受正弯矩的预应力筋。

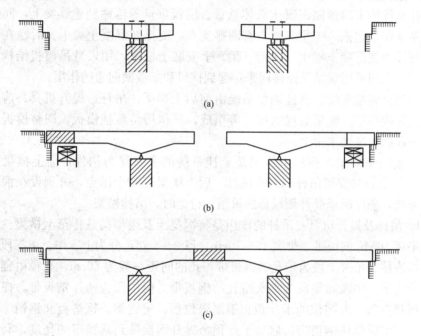

(a)

(b)

(c)

图 4-57　悬臂施工法建造连续梁中的体系转换
（a）双悬臂梁；（b）单悬臂梁；（c）三跨连续梁

悬臂施工法不受桥高、河深等影响，适应性强，目前不仅适用于悬臂与连续梁体系梁桥的施工，而且还广泛应用于混凝土斜拉桥以及钢筋混凝土拱桥等施工中。

2. 悬臂施工分类

按照梁体的制作方式，悬臂施工法又可分为悬臂浇筑和悬臂拼装两类。下面分别介绍这两种方法。

（1）悬臂浇筑法。悬臂浇筑施工目前主要采用挂篮悬臂浇筑施工。挂篮悬臂浇筑施工是利用悬吊式的活动脚手架（或称挂篮）在墩柱两侧对称平衡地浇筑梁段混凝土（每段长 2~5m），每浇筑完一对梁段，待达到规定强度后张拉预应力筋并锚固，然后向前移动挂篮，进行下一梁段的施工，直到悬臂端为止。挂篮主要有梁式挂篮、斜拉式挂篮及组合斜拉式挂篮三种。

1）挂篮的基本构造。下述以施工常用的三角组合梁式挂篮为例介绍挂篮的基本结构。

挂篮由主桁（梁）结构、悬挂调整系统、行走系统、模板系统、平衡锚固系统、工作平台等组成。

①主桁（梁）结构。每个挂篮有两片或多片主桁片组成，主桁（梁）有平行弦式、三角组合梁式、菱形桁架式、弓弦式等。它是挂篮的主要受力构件，将悬挂系统传来的预制混凝土块体重量、模板重量等传递到连续梁上，同时将各个系统联系起来。主桁（梁）有两排支点，支撑在混凝土梁上。后端在定位后，可锚固在混凝土梁上。主桁（梁）上安装上横梁，用以悬吊模板结构。主桁（梁）之间采用联结系连接起来，起到抗风和抵抗横向力的作用。

②悬挂调整系统。悬挂调整系统由前后上横梁、吊杆、提升机具、前后下横梁、底模纵梁、纵梁后锚固拉杆等组成。其作用是悬挂模板，调整模板的位置，将荷载传递到主梁上。

a. 前后上横梁。前后上横梁是悬挂系统的主要受力构件，前上横梁分设 4~6 个吊点，并安置吊杆和提升机具。后上横梁设 2 个吊点，分别设在混凝土梁的外侧，灌注时承受外侧模板的重量。行走时，吊挂模架。

b. 吊杆及提升机具。吊杆的作用是将混凝土及模架荷载传至上横梁。吊杆一般采用 16Mn 钢板带，带宽 10~20cm，厚 2~4cm，分为上、中、下三段，通过钢销连接。吊带上段为带孔的钢板带，孔的间距一般为 50cm，孔径由锁定销的直径决定。中段和下段为端头带孔的钢板带，但中段为两片钢板带。提升机具包括每点两个大吨位的千斤顶、钢制限位器、短钢梁、钢垫板和钢销。提升时，用短钢梁锁住钢板带，启动千斤顶，提升钢板带到达预定的高度，利用钢制限位器固定钢板带。

c. 前后下横梁。下横梁通过钢支铰与底模纵梁连接，通过钢板带与上横梁连接。下横梁具有两种受力状态。4 根吊杆作用时，处于连续梁状态。两根吊杆作用时，处于简支梁状态。下横梁可采用工字形梁或组合钢梁制造。

d. 底模纵梁。底模纵梁是灌注混凝土梁体底模的支撑梁，位于底模分配梁下，与分配梁垂直，沿纵向布置。两端与下横梁连接处设置连接铰座。

e. 后锚固拉杆。后锚固拉杆是将下横梁锚固于混凝土梁体的钢拉杆或预应力拉索。模板被拉杆拉压贴紧已灌混凝土，以防止接缝处漏浆。

③行走系统。行走系统是挂篮移动的装置，包括桁架行走系统和内模行走系统。桁架行走系统，一般采用滑动式行走装置。与滚动式行走装置相比，滑

动式行动缓慢，易于控制。主要设备由行走支腿、滑行板、滑行轨道、推行后座和推行千斤顶组成。行走支腿一般为箱形钢结构，上部与主梁连接，连接处设铰接结构，便于主梁的变形。下部与轨道接触面设计为前端翘起的滑雪板形状，并在底面贴 3mm 厚的不锈钢板，滑行时可加一些润滑油或放置四氟乙烯板，减少滑动过程中的摩擦。轨道为槽形，行走支腿在槽中滑动，单节轨道长度在 2m 以下，便于施工时拼接和人工搬运，各节之间设置连接，轨道两侧的竖板上钻销孔，穿销固定后座，千斤顶放置在支腿和后座之间，顶升推动挂篮前进。

④模板系统。挂篮施工的连续梁大多数采用的是箱形截面梁，因此模板分为外侧模板、内模和底模。外侧模板固定在外侧支架上，随支架一起运动。内模固定在箱导梁上。

图 4-58 示出梁式挂篮结构简图，它由底模架 1，悬吊系统 2、3、4，承重结构 5，行走系统 6，平衡重 7 及锚固系统 8，工作平台 9 等部分组成。挂篮的承重结构可用万能杆件或贝雷架拼成，或采取专门设计的结构，它除了要能承受梁段自重和施工荷载外，还要求具备自重轻、刚度大、变形小、稳定性好、行走方便等特点。

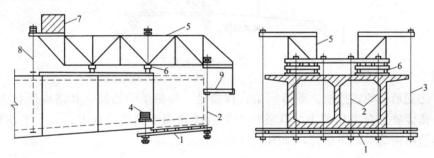

图 4-58 梁式挂篮结构简图

1—底模架；2、3、4—悬吊系统；5—承重结构；6—行走系统；7—平衡重；
8—锚固系统；9—工作平台

2）挂篮的类型和结构特点。

①平行桁架式挂篮。平行桁架式挂篮的主梁一般采用平行弦桁架，其结构为简支悬臂结构，受力明确，桁架刚度较大，变形容易控制。上下横梁及悬挂系统可设计成移动式结构。在挂篮行走前，将该结构后移，大大减少了挂篮行走时的倾覆力矩，故不需平衡压重，如图 4-59 所示。

②弓弦式挂篮。弓弦式挂篮的桁架为拱形架，具有桁高随弯矩大小变化、受力合理、节省材料的特点。在安装时结构内部预施应力以消除非弹性变形，一般质量较轻，如图 4-60 所示。

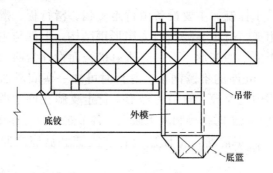

图 4-59 平行桁架式挂篮

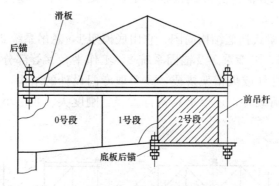

图 4-60 弓弦式挂篮

③菱形桁架式挂篮。菱形桁架式挂篮是一种简单的桁架,其结构形状为菱形,横梁放置在主桁架上,其菱形桁架后端锚固于箱梁顶板上,无须平衡重。该挂篮结构简单,质量轻,如图 4-61 所示。

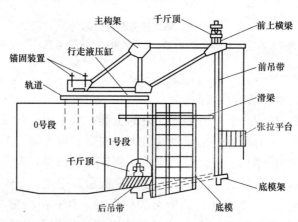

图 4-61 菱形桁架式挂篮

④三角组合梁式挂篮。三角组合梁式挂篮是在简支悬臂梁的上面增加立柱和斜拉杆，成为三角组合梁式结构。由于斜拉杆的拉力作用，大大降低主梁的弯矩，使结构减轻，后端一般采用压重平衡行走时的倾覆力矩，如图 4-62 所示。

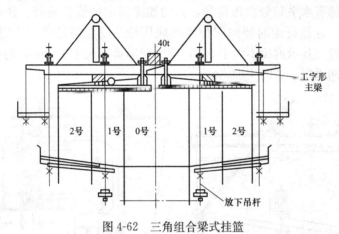

图 4-62 三角组合梁式挂篮

⑤斜拉式挂篮。斜拉式挂篮也称为轻型挂篮。随着桥梁跨径越来越大，为了减轻挂篮自重，以达到减少施工阶段增加的临时钢丝束，在梁式挂篮的基础上研制了斜拉式挂篮。斜拉式挂盘承重结构采用纵梁、立柱、前后斜拉杆组成，其杆件少，结构简单，受力明确，承重结构轻巧，其他构造系统与梁式挂篮相似。

我国重庆长江大桥施工中采用的斜拉式挂篮，其承重结构由箱形截面钢梁和钢带拉杆组成，行走系统用聚四氟乙烯滑板。这种挂篮结构的用钢量比万能杆件节省了 1/3，使用也方便，取得了良好的效果，如图 4-63 所示。

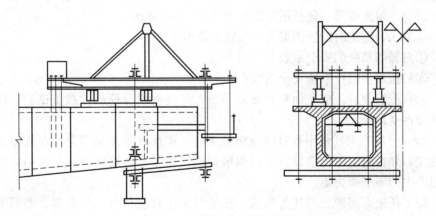

图 4-63 斜拉式挂篮结构简图

⑥组合斜拉式挂篮。它是在斜拉式挂篮的基础上加以改进的一种新的结构形式。承重结构由主梁、主上横梁、前上横梁和后上横梁组成一体，承受和传递斜拉带及内、外滑梁的荷重。悬吊系包括斜拉带、下后锚带、内外滑梁吊带。

主梁后部有水平和竖向限位器，其功能除固定挂篮位置外，还起传递施工荷载的作用。挂篮行走时竖向限位器换成压轮，以控制挂篮行走时的稳定性。挂篮自重更轻，其承重比不大于 0.4，最大变形量不大于 20mm，行走方便，箱梁段施工周期更短，如图 4-64 所示。

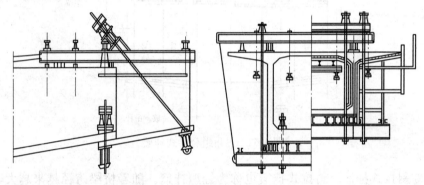

图 4-64　组合式挂篮结构简图

⑦自承式挂篮。自承式挂篮是将侧模结构制成能够承受拉力的刚性模板，通过预应力钢筋张拉模板来承受混凝土块的重量，行走时，采用主梁吊挂模板移动。

3）挂篮要求。

①挂篮质量与梁段混凝土的质量比值宜控制在 0.3～0.5，特殊情况下不得超过 0.7。

②允许最大变形（包括吊带变形的总和）为 20mm。

③施工、行走时的抗倾覆安全系数不得小于 2。

④自锚固系统的安全系数不得小于 2。

⑤斜拉水平限位系统安全系数不得小于 2。

⑥挂篮组装后，应全面检查安装质量，并应按设计荷载做载重试验，以消除非弹性变形。

4）0 号块施工。采用悬臂浇筑法施工时，墩顶 0 号块梁段采用在托架上立模现浇，并在施工过程中设置临时梁墩锚固，使 0 号块梁段能承受两侧悬臂施工时产生的不平衡力矩。

施工托架有扇形、门式等形式。托架可采用万能杆件、贝雷架、型钢等构件拼装，也可以采用钢筋混凝土构件作临时支撑。托架变形对梁体质量影响很大，因此，除托架的强度要满足要求外，在刚度和稳定性方面也必须保证施工的质量和安全。可以采用预压、抛高或调整等措施。

梁墩临时固接措施或支承有以下几种形式。

①将 0 号块梁段与桥墩预埋的钢筋或预应力筋临时固接，待需要解除固接时切断。

②当桥不高、水不深且易于搭设临时支架时，采用支架式固接措施，在此情况下，完全由梁段的自重来保持稳定，消除悬臂端所引起的不平衡力矩。

③利用临时立柱和预应力筋来锚固上、下部结构。预应力筋的下端埋固在基础承台内，上端在箱梁底板上张拉并锚固，借以使立柱在施工过程中始终受压，以维持稳定。

④在桥高水深的情况下，也可采用围建在墩身上部的三角形撑架作为梁段的临时支撑，并可用砂筒、硫黄水凝砂浆块或混凝土块作为悬臂施工完毕后转换体系时临时支承的卸落设备。当采用硫黄水凝砂浆块时，要高温熔化拆除支撑，必须在支承块之间设置隔热措施，以免损坏支座部件。

0 号块件浇筑完并临时张拉锚固以后，每段梁悬浇的程序为：

架桥机拼装或前移就位——挂篮的就位安装——滑移箱体模板——测调箱体顶面和箱底高程——绑扎底板及腹板钢筋——安装腹板及底板预应力管道——支架腹板侧模与顶板底模——绑扎顶板钢筋及安装预应力孔道——浇筑底、侧及顶部混凝土。

5）浇筑施工。用挂篮浇筑墩侧第一对梁段时，由于墩顶位置受限，往往需要将两侧挂篮的承重结构连在一起，如图 4-65（a）所示。待浇筑到一定长度后再将两侧承重结构分开。如果墩顶位置过小，开始用挂篮浇筑发生困难时，可以设立局部支架来浇筑墩侧的前几对梁段，如图 4-65（b）所示，然后再安装挂篮。

每浇一个箱形梁段的工艺流程为：移挂篮——装底、侧模——装底、肋板钢筋和预留管道——装内模——装顶板钢筋和预留管道——浇筑混凝土——养护——穿顶应力筋、张拉和锚固——管道压浆。

悬臂浇筑一般采用由快凝水泥配制的强度等级 C40～C60 混凝土。在自然条件下，浇筑后 30～36h，混凝土强度就可达到 30MPa 左右（接近标准强度的 75%），这样可以加快挂篮的移位。目前每段施工周期为 7～10d，视工作量、设备、气温等条件而异。

悬臂浇筑法施工的主要优点是：不需要占地很大的预制场。逐段浇筑，易于调整和控制梁段的位置，且整体性好。不需要大型机械设备。主要作业在设有顶棚、养生设备等的挂篮内进行，可以做到施工不受气候条件影响。各段施工属严密的重复作业，需要施工人员少，技术熟练快，工作效率高等。主要缺点是：梁体部分不能与墩柱平行施工，施工周期较长，而且悬臂浇筑的混凝土加载龄期短，混凝土收缩和徐变影响较大。最常采用悬臂浇筑法施工的跨径为

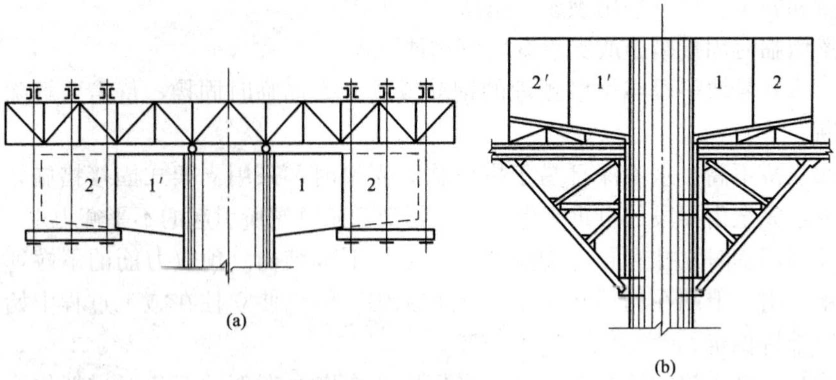

图 4-65　墩侧头几对梁段的浇筑

（a）将两侧挂篮的承重结构连在一起；
（b）设立局部支架来浇筑墩侧的前几对梁段

50～120m。

6）合龙段施工。连续梁采用悬臂施工法，在结构体系转换时，为保证施工阶段的稳定，一般边跨先合龙，释放梁墩锚固，结构由双悬状态变成单悬状态，最后跨中合龙，成连续受力状态。这中间存在体系转换。

施工时应注意以下问题。

①结构由双悬臂状态转换成单悬臂受力状态时，梁体某些部位弯矩方向发生转换。所以，在拆除梁墩锚固前，应按设计要求，张拉一部分或全部布置在梁体下部的正弯矩预应力束，对活动支座还需保证解除临时固接后的结构稳定。

②梁墩临时锚固的放松，应均衡对称进行，确保逐渐均匀地释放。在放松前应测量各梁段高程，在放松过程中，注意各梁段的高程变化，如有异常情况，应立即停止作业，找出原因，以确保施工安全。

③若转换为超静定结构，需考虑钢束张拉、支座变形、温度变化等因素引起的结构次内力。若按设计要求，需进行内力调整时，应以标高、反力等因素进行控制，相互校核。如出入较大，应分析原因。

④在结构体系转换中，临时固接解除后，将梁落于正式支座上，并按标高调整支座高度及反力。支座反力的调整，应以标高控制为主，反力作为校核。

合龙施工时通常由两个挂篮向一个挂篮过渡，所以先拆除一个挂篮，用另一个挂篮行走跨过合龙段至另一端悬臂施工梁段上，形成合龙段施工支架。也可以采用吊架的形式形成支架。

在合龙施工过程中，由于受昼夜温差，现浇混凝土的早期收缩、水化热，已完成梁段混凝土的收缩、徐变以及结构体系的转换及施工荷载等因素的影响，需采取以下措施保证合龙段的质量。

①合龙段长度选择。合龙段长度在满足施工操作要求的前提下，应尽量缩短，一般采用2m。连续梁合龙段施工时，应由边孔向中间逐孔合龙。

②合龙温度选择。一般宜在低温合龙，遇夏季应在晚上合龙。在浇筑过程中，为了保证混凝土体积相对减小，故采用水降温（如用冰水）措施，以降低混凝土浇筑温度。

③合龙段混凝土选择。合龙段的混凝土强度宜提高一级，以尽早施加预应力。混凝土中宜加入减水剂、早强剂，以便及早达到设计要求强度，及时张拉部分预应力筋束，防止合龙段混凝土出现裂缝。

④合龙段采用临时锁定措施，采用劲性型钢或预制的混凝土柱安装在合龙段上下部做支撑，然后张拉部分预应力筋，待合龙段混凝土达到要求强度后，张拉其余预应力筋，最后再拆除临时锁定装置。

⑤为保证合龙段施工时混凝土始终处于稳定状态，在浇筑之前各悬臂端应附加与混凝土重量相等的压重，加压重要依桥轴线对称加载，按浇筑重量分级卸载。如采用多跨一次合龙的施工方案，也应先在边跨合龙。

（2）悬臂拼装法。悬臂拼装法施工是在工厂或桥位附近将梁体沿轴线划分成适当的块件进行预制，然后用船或平板车从水上或从已建成部分桥位上运至架设地点，并用活动吊机等起吊后向墩柱两侧对称均衡地拼装就位，张拉预应力筋，重复这些工序直至拼装完悬臂梁全部块件为止。因此，悬臂拼装的基本施工工序是：梁段预制、移位、堆放和运输、梁段起吊拼装和施加预应力。

预制的长度取决于运输、吊装设备的能力，实践中已采用的块件长度为1.4～6.0m。块件质量为14～170t。但从桥跨结构和安装设备统一来考虑，块件的最佳尺寸应使质量在35～60t范围内。预制尺寸要求准确，特别是拼装接缝要密贴，预留孔道的对接要顺畅。为此，通常采用间隔浇筑法来预制块件，使得先完成块件的端面成为浇筑相邻块件时的端模，如图4-66所示（图中数字表示浇筑次序）。

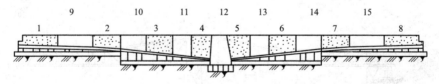

图4-66　块件预制（间隔法）

在浇筑相邻块件之前，应在先浇块件端面上涂刷肥皂水等隔离剂，以便分离出坑。在预制好的块件上应精确测量各块相对高程，在接缝处作出对准标志，以便拼装时易于控制块件位置，保证接缝密贴，外形准确。

预制块件的悬臂拼装可根据现场布置和设备条件采用不同的方法来实现。

当靠岸边的桥跨不高且可在陆地或便桥上施工时，可采用自行式吊车、门式吊车来拼装。对于河中桥孔，也可采用水上浮吊进行安装。如果桥墩很高或水流湍急而不便在陆上、水上施工时，就可利用各种吊机进行高空悬臂施工。

图 4-67（a）表示用沿轨道移动的伸臂吊机进行悬臂拼装，预制块件用船运至桥下。国外用此法曾拼装了长 6m、重 170t 的箱形块件。

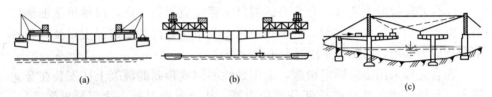

图 4-67 桁式吊悬臂拼装施工

(a) 采用伸臂吊机；(b) 采用拼拆式活动吊机；(c) 采用缆索起重机

图 4-67（b）示出用拼拆式活动吊机进行悬臂的示意图。吊机的承重结构与悬臂浇筑法中挂篮的相仿，不过在吊机就位固定后起重平车可沿承重梁顶面的轨道纵向移动，以便拼装时调整位置。

图 4-67（c）示出用缆索起重机吊运和拼装块件的简图，此法适用于起重机跨度不太大、块件质量也较轻的场合。

在无法用浮运设备运送块件至桥下面需要从桥的一岸出发修建多孔大跨径预应力混凝土桥梁时，还可以采用特制的自行式的悬臂——闸门式吊机进行悬臂拼装施工。图 4-68 表示出这种吊机在施工过程中两种主要位置的图式。

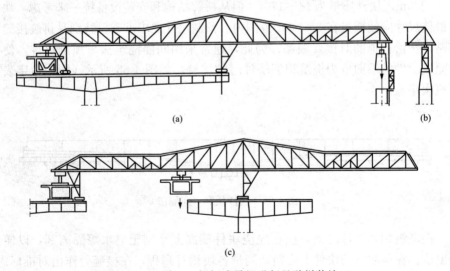

图 4-68 悬臂——闸门式吊机进行悬臂拼装施工

悬臂拼装时，预制块件间接缝的处理分为湿接缝、干接缝和半干接缝等几种形式，如图 4-69 所示。需要将伸出钢筋焊接后灌混凝土的湿接缝，如图 4-69（a）所示，通常仅用于拼装与墩柱连接的第一对块件和在支架上拼装的岸边孔桥跨结构。在满足抗剪强度要求的情况下，也可采用无伸出钢筋而仅填筑水泥砂浆的平面湿接缝。

湿接缝的施工费时，但它能有利于调整块件的拼装位置和增强接头的整体性。密贴的平面或齿形干接缝可以简化拼装工作，早期曾有采用，但由于接缝渗水会降低装配结构的运营质量和耐久性，故目前已很少应用。在悬臂拼装中采用最为广泛的是应用环氧树脂等胶结材料使相邻块件黏结的胶接缝，如图 4-69（b）、图 4-69（d）、图 4-69（e）和图 4-69（f）所示。胶接缝能消除水分对接头的有害作用，因而能提高结构的耐久性，除此以外，胶接缝还比干接缝具有较大的抗剪能力。

胶接缝可以做成平面型［见图 4-69（f）］、多齿型［见图 4-69（b）］、单阶型［见图 4-69（d）］和单齿型［见图 4-69（e）］等形式。齿型和单阶型的胶接缝用于块件间摩阻力和黏结力不足以抵抗梁体剪力的情况。单阶型的胶接缝在施工中拼接最为方便。图 4-69（c）表示半干接缝的构造，已拼块件的顶板和底板作为拼接安装块件的支托，而在腹板端面上有形成骨架的伸出钢筋，待浇筑混凝土后使块件结合成整体。这种接缝可用来在拼装过程中调整悬臂的平面和立面位置。根据悬臂拼装的经验，在每一拼装悬臂内设置一个半干接缝来调整悬臂位置是合理的。

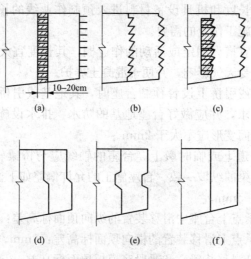

图 4-69　接缝形式

（a）湿接缝；（b）、（d）、（e）、（f）胶接缝；（c）半干接缝

悬臂拼装法施工的主要优点是：梁体块件的预制和下部结构的施工可同时进行，拼装成桥的速度较现浇的快，可显著缩短工期。块件在预制场内集中制作，质量较易保证。梁体塑性变形小，可减少预应力损失，施工不受气候影响等。主要缺点是：需要占地较大的预制场地，为了移运和安装需要大型的机械设备。如不用湿接缝，则块件安装的位置不易调整等。

四、顶推法施工

预应力混凝土连续梁顶推法施工的构思，源出于钢桥架设中普遍采用的纵向拖拉法。但由于混凝土结构自重大，滑道设备过于庞大，而且配置承受施工中变号内力的预应力筋也比较复杂，因而这种方法未能很早实现。随着预应力混凝土技术的发展和高强低摩阻滑道材料（聚四氟乙烯塑料）的问世，至 20 世纪 60 年代初，前联邦德国首创用此法架设预应力混凝土桥梁获得成功。目前，推顶法施工已作为架设连续梁桥的先进工艺，在世界各国得到了广泛的应用。

1. 施工临时设施

顶推施工时梁的受力状态变化较大，施工应力状态与运营应力状态相差也较多，因此采用顶推施工时，需要同时满足施工与运营荷载的要求。在施工时可采取加设临时墩、设置导梁和其他措施，如导梁（鼻梁）、临时墩、拉索、托架及斜拉索等临时设施。这样可以减小施工内力和施工难度。

（1）预制场地。预制场地应设在桥台后面桥轴线的引道或引桥上，当为多联顶推时，若为加速施工进度，可在桥两端均设场地，从两端相对顶推。

预制场地长度应考虑梁段悬出时反压段的长度、梁段底板与腹（顶）板预制长度、导梁拼装长度和机具设备材料进入预制作业线的长度。预制场地的宽度应考虑梁段两侧施工作业的需要。

预制场地上空宜搭设固定或活动的作业棚，其长度宜大于 2 倍预制梁段长度，使梁段作业不受天气影响，并便于混凝土养护。

在桥端路基上或引桥上设置预制台座时，其地基或引桥的强度、刚度和稳定性应符合设计要求，并应做好台座地基的防水、排水设施，以防沉陷。在荷载作用下，台座顶面变形应不大于 2mm。

台座可设在引道上或临时墩上。台座的轴线应与桥梁轴线的延长线重合，台座的纵坡应与桥梁的纵坡一致。台座施工的允许偏差如下。

1）轴线偏差：5mm。

2）相邻两支承点上台座中滑移装置的纵向顶面标高差：2mm。

3）同一个支承点上滑移装置的横向顶面标高差：1mm。

4）台座（包括滑移装置）和梁段底模板顶面标高差：2mm。

（2）梁段预制。模板一般宜采用钢模板，底模与底架连成一体并可升降，侧模宜采用旋转式的整体模板，内模板采用安装在可移动的台车上的升降旋转整体模板。模板应保证刚度和制作精度。

钢筋工作应做好接缝处纵向钢筋的搭接。

预制梁段模板、托架、支架应经预压消除其永久变形。宜选用刚度较大的整体升降底模，升降机调整高程宜用螺旋（或齿轮）千斤顶装置。浇筑过程中的变形不得大于 2mm。

梁段浇筑前应将导梁安装就位，并校正位置后方可浇筑梁段混凝土。

梁段模板、钢筋、预应力管道、滑道、预埋件等应经检查签认后方可浇筑混凝土。混凝土在必要时可使用早强水泥或掺入早强减水剂，以提高早期强度，缩短顶推周期。梁段工作缝的接触面应凿毛，并洗刷干净，或采用其他可加强混凝土接触的措施。若工作缝为多联连续梁的解联断面，干接缝依靠张拉临时预应力束来实现，断面尺寸应准确，表面应平整，解联时应分开方便。

混凝土可采用全断面整段浇筑或采用两次浇筑。分两次浇筑时，第一次浇筑箱梁底板及腹板根部，第二次浇筑其他部分。支座位置处的隔板，在整个梁顶推到位并完成解联后，进行浇筑，振捣时应避免振动器碰撞预应力筋管道、预埋件等。

第一梁段前端设置的导梁端的混凝土浇筑，应注意振捣密实，导梁的中心线与水平位置应准确平整。

（3）梁段施加预应力。梁段预应力束的布置和张拉次序、临时束的拆除次序等，应严格按照设计规定执行。

在桥梁顶推就位后需要拆除的临时预应力束，张拉后不应灌浆，锚具外露多余预应力钢材不必切除。

梁段间需连接的永久预应力束，应在两梁段间留出适当空间，用预应力束连接器连接，张拉后用混凝土填塞。

（4）导梁。导梁设置在主梁的前端，为等截面或变截面的钢桁梁或钢板梁，主梁前端装有预埋件与钢导梁拴接。导梁底缘与箱梁底应在同一平面上，前端底缘呈向上圆弧形，并且前端常设置一个竖向千斤顶，不断地将导梁端头顶起进墩。顶推施工通常均设置前导梁，也可以增设尾导梁。导梁的长度一般采用顶推跨径的 0.6～0.7 倍，较长的导梁可以减小主梁悬臂负弯矩，导梁小于顶推跨径的 0.4 倍，会导致增大主梁的施工负弯矩值，但导梁过长也会导致导梁与箱梁接头处负弯矩和支反力的相应增加。

（5）临时墩。设置临时墩可以调整顶推跨径，滑升模板浇筑的混凝土薄壁空心墩、混凝土预制板或预制板拼砌的空心墩或混凝土板和轻便钢架组成的框架临时墩，应用较广泛。钢制临时墩由于在荷载作用和温度变化下变形较大，目前较少采用。临时墩的基础根据地质和水深等因素考虑，可采用打桩基础等。在顶推前将临时墩与永久墩用钢丝绳拉紧或者在每墩上、下游各设一束钢索进行张拉，可以减小临时墩承受的水平力和增加临时墩的稳定性。临时墩上一般不设顶推装置而仅设置滑移装置。由于临时墩仅在施工中使用，使用临时墩要增加桥梁的施工费用，但是可以节省上部结构材料用量，需要从桥梁分跨、通航要求、桥墩高度、水深、地质条件、造价、工期和施工难易等因素来综合考虑。目前在大跨径内最多设两个临时墩。

（6）拉索、托架及斜拉索。拉索系统由钢制塔架、连接构件、竖向千斤顶和钢索组成，设置在主梁的前端。拉索的范围为两倍顶推跨径左右，塔架支承在主梁的混凝土固定块上，用钢铰连接，并在该处对截面进行加固，以承受塔架的集中竖向力。在顶推过程中，箱梁内力不断变化，因此要根据不同阶段的受力状态调节索力，这项工作由设在塔架下端的两个竖向千斤顶来完成。

在法国和意大利曾用过拉索加劲主梁以抵消顶推时的悬臂弯矩，并获得成功。在桥墩上设托架用以减小顶推跨径和梁的受力。斜拉索在顶推时用于加固桥墩，特别对于具有较大纵坡和较高桥墩的情况下，采用斜拉索可以减小桥墩的水平力，增加稳定性。这种加固方法宜在水不太深或跨山谷的桥梁上采用。图 4-70 为采用拉索加劲的一般布置。

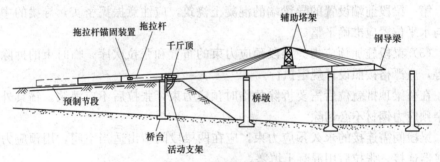

图 4-70　用拉索加劲的顶推法施工

2. 顶推施工作业

顶推法施工的基本步骤：在桥台后面的引道上或在刚性好的临时支架上设置制梁场，集中制作（现浇或预制装配）一般为等高度的箱形梁段（10～30m一段），待有 2～3 段后，在上、下翼板内施加能承受施工中变号内力的预应力，然后用水平千斤顶等顶推设备将支承在氟塑料板与不锈钢板滑道上的箱梁向前推移，推出一段再接长一段，这样周期性地反复操作直至最终位置，进而调整预应力（通常是卸除支点区段底部和跨中区段顶部的部分预应力筋，并且增加和张拉一部分支点区段顶部和跨中区段底部的预应力筋），使其满足后加恒载和活载内力的需要，最后，将滑槽支承移置成永久支座，至此施工完毕。

由于氟板与不锈钢板间的摩擦系数为 0.02～0.05，故对于梁重即使达10 000t，也只需 500t 以下的力即可推出。

　　顶推法施工按水平力的施加位置和施加方法可分为单点顶推和多点顶推，按顶推的施工方向可分为单向顶推和双向顶推，按支承系统可分为设置临时滑动支承顶推和使用永久支座合一的滑动支承顶推等。图 4-71（a）表示一般单向单点顶推的情况。顶推设备只设在一岸桥台处。在顶推中为了减少悬臂负弯矩，一般要在梁的前端安装一节长度约为顶推跨径 0.6～0.7 倍的钢导梁，导梁应为自重轻而刚度大。单向顶推最宜于建造跨度为 40～60m 的多跨连续梁桥。

　　对于特别长的多联多跨桥梁也可以应用多点顶推的方式，使每联单独顶推就位，如图 4-71（b）所示。在此情况下，在墩顶上均可设置顶推装置，且梁的前后端都应安装导梁。图 4-71（c）示出三跨不等跨连续梁采用从两岸双向顶推施工的图式。用此法可以不设临时墩而修建中跨跨径更大的连续梁桥。

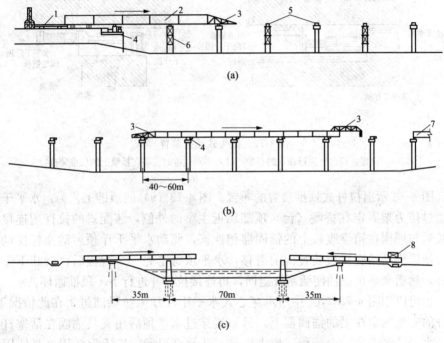

(a)

(b)

(c)

图 4-71　连续梁顶推法施工示意图

(a) 单点顶推；(b) 多点顶推；(c) 双向顶推

1—制梁场；2—梁段；3—导梁；4—千斤顶装置；

5—滑道支承；6—临时墩；7—已架完的梁；8—平衡重

3. 主要顶推设备

　　顶推施工中采用的主要设备是千斤顶和滑道。根据不同的传力方式，顶推工艺又有推头式或拉杆式两种。

　　图 4-72 表示推头式顶推装置。图 4-72（a）是设置在桥台上进行顶推的布

置，利用竖向千斤顶将梁顶起后，就启动水平千斤顶推动竖顶（推头），由于推头与梁底间橡胶垫板（或粗齿垫板）的摩擦力显著大于推头与桥台间滑板的摩擦力，这样就能将梁向前推动。

一个行程推完后，降下竖顶使梁落在支承垫板上，水平千斤顶退回，然后又重复上一循环将梁推进。图 4-72（b）为多点顶推时安装在桥墩上的顶推装置。顶推时梁体压紧在推头上，水平顶拉动推头使其沿钢板滑移，这样就将梁推动前进。水平顶走完一个行程后，用竖顶将梁顶起，水平顶活塞杆带动推头退回原处，再落梁并重复将梁推进。推头式顶推工艺的主要特点是在顶推循环中必须有竖向千斤顶顶起和放落的工序。

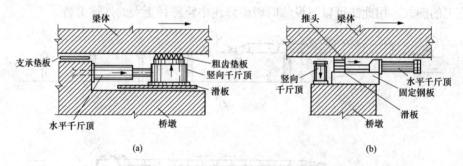

图 4-72　推头式顶推装置
（a）设置在桥台上进行顶推的布置；（b）多点顶推时安装在桥墩上的顶推装置

图 4-73 示出拉杆式顶推装置的布置。图 4-73（a）的顶推工艺为：水平千斤顶通过传力架固定在桥墩（台）顶部靠近主梁的外侧，装配式的拉杆用连接器接长后与埋固在箱梁腹板上的锚固器相连接，驱动水平千斤顶后活塞杆拉动拉杆，使梁借助梁底滑板装置向前滑移，水平顶每走完一个行程后，就卸下一节拉杆，然后水平顶回油使活塞杆退回，再连接拉杆并进行下一顶推循环。

也可以用图 4-73（b）中所示穿心式水平千斤顶来拉梁前进，在此情况下，拉杆的一端固定在梁的锚固器上，另一端穿过水平顶后用夹具锚固在活塞杆尾端，水平顶每走完一个行程，松去夹具，活塞杆退回，然后重新用夹具锚固拉杆并进行下一顶推循环。采用拉杆式顶推装置的主要优点是在顶推过程中不需要用竖顶作反复顶梁和落梁的工序，这就简化了操作并加快了推进速度。

必须注意，在顶推过程中要严格控制梁体两侧千斤顶同步运行。为了防止梁体在平面内发生偏移（特别是在单点顶推的场合），通常在墩顶在梁体旁边可设置横向导向装置。图 4-74（a）和图 4-74（b）示出顶推法常用的滑道装置，它由设置在墩顶的混凝土滑台、铬钢板和滑板所组成。滑板则由上层氯丁橡胶板和下层聚四氟乙烯板镶制而成，橡胶板与梁体接触使其增大摩擦力，而氟板与铬钢板接触使其摩擦力减至最小，借此就可使梁体滑移前进，图 4-74（c）的

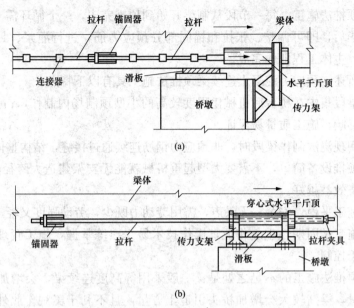

图 4-73　拉杆式顶推装置
（a）采用水平千斤顶；（b）采用穿心式水平千斤顶

构造当滑板从铬钢板的一侧滑移到另一侧时必须停止前进而用竖顶将梁顶起，将滑板移至原来位置，然后再使竖顶回油将梁落在滑板上，再重复顶推过程。

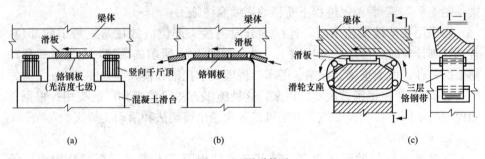

图 4-74　滑道构造
（a）、（b）采用铬钢板；（c）采用三层铬钢带

国内常见利用接下和喂入滑板的方式使梁连续滑移，这样可节省竖顶的操作工序，加快顶进速度，但应注意滑板进出口处要做成顺畅的弧面，不然容易损坏昂贵的滑板。利用封闭形铬钢带进行自动连续滑移的滑道装置，在此情况下，氟滑板位置固定而三层封闭形铬钢带（每层厚 1mm）则不断沿氟板面滑移，最外层铬钢带的外表面上有 4mm 厚的硫化橡胶，这种装置构思新颖，效果好，但结构较复杂。

采用顶推法施工，每一节段从制梁开始到顶推完毕，一个循环需 6～8d。全梁顶推完毕后，即可调整、张拉和锚固部分预应力筋，进行灌浆、封端、安装永久支座，主体工程即告完成。

综上所述，预应力混凝土连续梁顶推法施工具有以下特点。

（1）梁段集中在桥台后机械化程度较高的小型预制场内制作，占用场地小，不受气候影响，施工质量易保证。

（2）用现浇法制作梁段时，非预应力钢筋连续通过接缝，结构整体性好。

（3）顶推设备简单，不需要大型起重机械就能无支架建造大跨径连续梁桥，桥越长经济效益越好。

（4）施工平稳、安全、无噪声，需用劳动力既少，劳动强度又轻。

（5）施工是周期性重复作业，操作技术易于熟练掌握，施工管理方便，工程进度易于控制。

采用顶推法施工的不足之处是：一般采用等高度连续梁，会增加结构耗用材料的数量，梁高较大会增加桥头引道土方量，且不利于美观。此外，顶推法施工的连续梁跨度也受到一定的限制。

五、移动模架法施工

移动模架法施工就是利用机械化的支架和模板逐跨移动并进行现浇混凝土施工的方法。采用移动模架法施工就像构建了一座沿桥梁跨径方向封闭的"桥梁预制工厂"，随着施工进程不断移动连续灌注施工。

当采用移动模架施工时，连续梁分段的接头部位应放在弯矩最小的部位，若无详细计算时，可以取离桥墩 1/5 处。如图 4-75 所示的模架，是上承式移动模架的一种，由承重梁、导梁、平车、桥墩支承托架和模架等构件组成。

自 1950 年在德国首次实施以来，这种施工方法已经得到广泛应用。根据移动模架的不同，移动模架施工方法可以分为悬吊模架法和活动支架法。

1. 悬吊模架法

移动悬吊模架的形式很多，就其基本结构而言主要由三个部分构成：承重梁、从承重梁伸出的肋骨状横梁和支承主梁的移动支承结构，如图 4-76 所示。

承重梁通常采用钢梁，长度一般大于两倍主梁跨径，是承受施工设备自重、模板系统重量和现浇混凝土重量的主要承重构件。承重梁的后端通过可移式支承结构悬吊在已完成的梁段上，将重量传递给桥墩。承重梁的前端支承在桥墩上，其工作状态为单悬臂状态。除了起到主要承重作用外，承重梁还将在一孔梁施工完成后作为导梁同悬吊模架一起纵移至下一施工孔，其移位以及内部运输由数组千斤顶或起重机完成，并通过中心控制室操作。

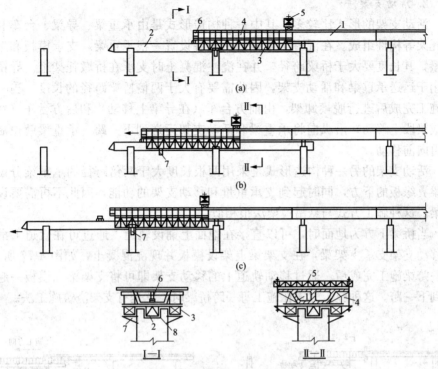

图 4-75 上承式移动模架

（a）浇筑混凝土，施加预应力；（b）脱模移动模架梁；

（c）模架梁就位后移动导梁，浇筑混凝土前准备工作

1—已完成的梁；2—导梁；3—承重梁；4—模架；5—后端横梁和悬吊平车；

6—前端横梁和支承平车；7—桥墩支承托架；8—墩台留槽

215

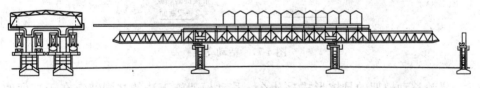

图 4-76 悬吊模架

　　从承重梁两侧伸出呈悬臂状态的肋骨状横梁覆盖桥梁全宽，并通过 2~3 组钢索锚固在承重梁上以增加刚度。横梁两端垂直向下，到主梁以下再呈水平状态，从而形成下端开口的框架并将主梁包在内部。当模板支架处于浇注混凝土状态时，模板依靠下端的悬臂梁和锚固在横梁上的吊杆定位，并用千斤顶固定模板以浇注混凝土。当模板支架需要运送时，放松千斤顶和吊杆，模板固定在下端悬臂上，并转动前端以顺利通过桥墩。

2. 活动支架法

活动支架的形式比较多，其中一种构造形式是由承重梁、导梁、台车和桥墩托架等构件组成。在混凝土箱梁的两侧各设置一根承重梁，支承模板和施工重量，其长度要大于桥梁跨径，并在浇注混凝土时支承在桥墩托架上。导梁主要用于运送承重梁和活动支架，因此需要有大于两倍桥梁跨径的长度。当一跨梁施工完成后进行脱模卸架，由前方台车（在导梁上移动）和后方台车（在已完成梁段上移动）沿纵向将承重梁和活动支架运送到下一跨，承重梁就位后导梁再向前移动。

活动支架的另一种构造形式是采用两根长度大于两倍跨径的承重梁分设在箱梁翼缘板的下方，同时起到支承重量和移动支架的功能，因此不再需要设置导梁。这种施工方式与悬吊模架法很相似。

当桥梁下方为地面时，可以直接在地面上铺设轨道，通过可在轨道上滑动的移动支架支承支架梁，在支架梁上架设模板并现浇混凝土，如图 4-77 所示。当一跨梁施工完成后，通过移动轨道上的移动支架即可将支架梁和模板一起运送到下一跨。这种施工方式在施工每一跨桥梁时，就是有支架浇筑施工法。

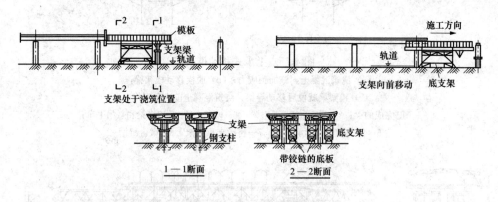

图 4-77　活动支架

无论移动模架的具体形式是什么，移动模架施工法的共同特点在于高度的精细化，其模板、钢筋、混凝土和张拉工艺等整套工序均可在模架内完成。同时由于施工作业是周期性进行的，且不受气候和外界因素干扰，不仅便于工程管理，又能提高工程质量和加快施工进度。因此，对于中等跨径的桥梁而言，移动模架施工法是一种较为适宜的施工方法。当然这种施工方法需要一整套设备及配件，除耗用大量钢材外还需要一整套机械动力设备和自动装置，一次性投资相当巨大。为了提高使用效率，必须解决装配化和科学管理的问题，方能取得较好的经济效益。

216

第九节　混凝土拱桥施工

一、拱桥的构造与分类

1. 拱桥的构造

拱桥的桥跨结构由主拱圈及拱上建筑构成，主拱圈是拱桥的主要承重构件。由于拱圈呈曲线，在桥面系与主拱圈之间需要有传递压力的构件或填充物，使车辆在桥面上行驶。这些主拱圈以上的桥面系和传力构件或填充物统称为拱上建筑或拱上结构。

拱桥的下部结构由桥台、桥墩及基础等组成，用来支承桥跨结构，将桥跨结构的荷载传至地基。拱圈最高处横向截面称为拱顶，拱圈和桥墩、桥台连接处的横向截面称为拱脚。各构造名称如图 4-78 所示。

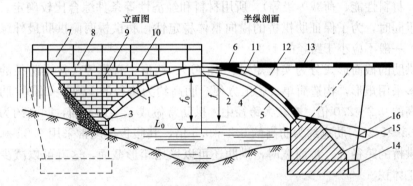

图 4-78　实腹拱桥的主要组成部分

1—主拱圈；2—拱顶；3—拱脚；4—拱轴线；5—拱腹；6—拱背；7—栏杆；8—人行道块石；
9—变形缝；10—侧墙；11—防水层；12—填料；13—路面；14—桥台基础；15—桥台；16—盲沟；
L_0—净跨径；f_0—净矢高；f—计算矢高

（1）主拱圈的构造。

1）板拱的构造。板拱是做成实体矩形截面的主拱圈。按照砌筑拱圈的石料规格，板拱可以分为料石拱、块石拱及片石拱等类型。砌筑拱圈的石料，要求未经风化，且强度等级不得小于 MU30。

石板拱可以采用等截面圆弧拱、等截面或变截面悬链线拱。用粗料石砌筑拱圈时，拱石需要随拱轴线和截面形式不同而分别进行编号，以便于拱石的加工。等截面圆弧线拱圈因截面相等，又是单心圆弧线，拱石规格较少，编号比较简单，故在目前修建石板拱桥中应用广泛。

砌筑石板拱时，根据受力的需要，主拱圈的构造应满足下列要求。

①拱石受压面的砌缝应与拱轴线相垂直。

②灰缝的宽度宜小于20mm。

③当拱圈厚度较大时，可采用2～4层拱石砌筑，并应纵横错缝，错缝间距应不小于100mm。当拱圈厚度不大时，可采用单层拱石砌筑。

④当用块石砌筑拱圈时，应选择石块中较大平整面的一面与拱轴线垂直，并使块石的大头在上，小头在下。石块间的砌缝必须相互交错，较大的缝隙应用小石块嵌紧，还要求砌缝用砂浆或小石子混凝土将缝灌满。

⑤在墩台与拱圈及空腹式的腹拱墩连接处，应采用特制的五角石，以改善连接处的受力状况。为避免施工时损坏或被压碎，五角石不得带有锐角。为了简化施工，现在也常采用腹孔墩底梁及现浇混凝土拱座来代替制作难度大的五角石。

2) 拱肋的构造。拱肋是肋拱桥的主要承重结构，通常由混凝土或钢筋混凝土制成。拱肋的数目、间距以及截面形式等，均应根据使用要求（桥梁宽度、肋型、材料性能、荷载等级等）、所用材料和经济性等条件综合比较确定。一般在起重同时，为了保证肋拱桥的横向整体稳定性，肋拱桥两侧拱肋最外缘间的距离，一般不应小于跨径的1/2。

拱肋的截面形式分为实体矩形、工字形、箱形、管形等。在小跨径的肋拱桥中多采用矩形，构造简单、施工方便，肋高约为跨径的1/60～1/40，肋宽约为肋高的0.2～2.0倍。在较大跨径中，拱肋常做成工字形截面，肋高约为跨径的1/35～1/25，肋宽约为肋高的0.4～0.5倍，其腹板厚度常采用0.3～0.5m。当肋拱桥的跨径大、桥面宽时，拱肋还可以采用箱形截面，这就可以减少更多的圬工体积。

(2) 拱上建筑的构造。

1) 实腹式拱上建筑。实腹式拱上建筑由拱腹填料、侧墙、护拱、变形缝、防水层、泄水管以及桥面体系组成，如图4-79所示。侧墙设置在拱圈两侧，作用是围护拱腹填料，通常采用浆砌块石或片石。侧墙一般要求承受填料土侧压力和车辆荷载作用下的土侧压力，应按挡土墙进行设计。

对于浆砌圬工侧墙，顶面厚度一般为500～700mm，向下逐渐增厚，墙脚厚度采用该处墙高的0.4倍。对混凝土或钢筋混凝土板拱，也可用钢筋混凝土护壁式侧墙，此类侧墙可与拱圈浇筑为一体，其内配置的竖向受力钢筋应伸入拱圈内至少一个锚固长度。

护拱设于拱脚处，一般用现浇混凝土或砌块、片石砌筑，以便加强拱脚段的拱圈，同时还便于对多孔拱桥在护拱处设置防水层和泄水管。

拱腹填料分为砌筑式和填充式两种。砌筑式拱腹在粒料不易取得时，采用干砌圬工或浇筑混凝土。填充式拱腹填料应尽量就地取材，通常采用透水性好、侧压力小的砾石、碎石、粗砂或卵石类、黏土等材料分层夯实填充。当地质条

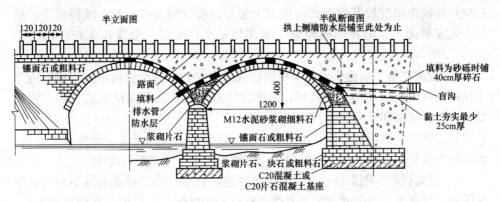

半立面图

半纵断面图
拱上侧墙防水层铺至此处为止

120 120 120

镶面石或粗料石

路面
填料
排水管
防水层
浆砌片石

M12水泥砂浆砌细料石

镶面石或粗料石

400

1200

浆砌片石、块石或粗料石
C20混凝土或
C20片石混凝土基座

填料为砂砾时铺
40cm厚碎石

盲沟

黏土夯实最少
25cm厚

图 4-79　实腹式拱桥（单位：cm）

件较差，要求减小拱上建筑的重量时，可采用其他轻质材料（如陶粒混凝土）作填料。

　　由于实腹式拱上建筑的构造简单，施工方便，填料数量较多，恒载较重，一般适用于小跨径的板拱桥。

　　2）空腹式拱上建筑。空腹式拱上建筑由多孔腹孔结构和桥面组成。由于腹孔结构分为拱式腹孔和梁式腹孔，因此空腹式拱上建筑又分为拱式和梁式两种。

　　2. 拱桥的分类

　　（1）按照主拱圈所使用的建筑材料将拱桥分类。

　　1）圬工拱桥。圬工拱桥是主拱圈采用砌体材料砌筑而成的拱桥，其最常见的是石拱桥。

　　2）钢-混凝土拱桥。钢-混凝土拱桥的拱圈可采用钢筋混凝土（包括预应力钢筋混凝土）和劲性骨架混凝土两种材料。其中，劲性骨架混凝土拱桥又分为钢管混凝土拱桥和型钢骨混凝土拱桥两种类型。钢管混凝土拱桥是在钢管拼装成的拱圈内压注混凝土而成的，可以提供较大的跨径。

　　3）钢拱桥。钢拱桥的拱圈采用钢材制成，由于钢材的力学性能优于钢筋混凝土，因此钢拱桥能提供很大的跨径。

　　（2）按照拱圈的截面形式将拱桥分类。

　　1）板拱桥。板拱桥的拱圈采用矩形实体截面。它的构造简单、施工方便，但在相同截面积的条件下实体矩形截面比其他形式截面的抵抗矩小。因此，通常只在地基条件较好的中、小跨径圬工拱桥中才采用这种形式。

　　2）肋拱桥。肋拱桥是由两条或多条拱肋、横系梁、立柱和由横梁支承的行车道部分组成的。肋拱桥可以用较小的截面面积获得较大的截面抵抗矩，从而节省材料，减轻拱桥的自重，因此多用于大、中跨径的拱桥。

　　3）箱形拱桥。箱形拱桥的拱圈截面由一个或多个闭口的箱形组成，其截面抵抗矩和抗扭刚度较其他形式的拱圈大很多，所以能节省材料，减轻自重，适用于无支架施工。但箱形截面施工制作较复杂，所以一般仅在大跨径拱桥中采用。

4）双曲拱桥。双曲拱桥的主拱圈横截面由一个或数个横向小拱组成，由于主拱圈的纵向及横向均呈曲线形，故称之为双曲拱桥。双曲拱桥的主拱圈由拱肋、拱波、拱板和横向联系等几部分组成。

双曲拱桥主拱圈的骨架是拱肋，它既可以与拱圈共同承受全部恒载和活载，影响拱圈质量，又要在施工过程中作为砌筑拱波和浇筑拱板的支架。

5）刚架拱桥。刚架拱桥简化了拱上建筑，利用斜撑将桥面的最不利荷载传至拱脚，以改善拱圈的受力，主要受力构件是主拱腿、上纵梁及其间的斜支撑。其构造简单，主要适用于中小跨径拱桥。

6）桁架拱桥。钢筋混凝土桁架拱桥是一种轻型拱桥，它的特点是用料省、自重轻、刚度大、整体性好，而且预制装配程度高，适合在软土地基上修建中小跨径的拱桥。

7）系杆拱桥。系杆拱桥是拱桥的一种变形形式，其主要受力构件仍是拱圈（拱肋）。系杆拱桥的拱圈常采用钢管混凝土制成，其优点是具有较好的力学性能，是大跨度拱桥的常用形式。

（3）按照拱上建筑的形式将拱桥分类。

1）实腹式拱桥。实腹式拱桥的拱上建筑构造简单、施工方便，但填料数量多、恒载大，一般用于小跨径的拱桥。

2）空腹式拱桥。大、中跨径的拱桥，特别是当矢高较大时，应以空腹式拱桥为宜。空腹式拱桥除具有与实腹式拱桥相近的构造外，还具有腹孔墩和腹孔。

①腹孔墩。空腹式拱桥的腹孔墩可分为横墙式和排架式两种。

②腹孔。根据腹孔构造，空腹式拱桥可分为拱式腹拱桥和梁式腹拱桥两种，如图 4-80 所示。

（4）按照桥面的位置将拱桥分类。

1）上承式拱桥。上承式拱桥的桥面系位于拱圈的上方，是拱桥的最常见形式。

2）下承式拱桥。下承式拱桥的桥面系位于拱圈的下方。

3）中承式拱桥。中承式拱桥的桥面系位于拱圈的中间。

二、拱架法施工

石拱桥、混凝土预制块拱桥及现浇混凝土拱桥，都是在拱架上修建的。这些拱桥的主要施工工序，包括材料的准备、拱圈放样（包括石拱桥拱石的放样）、拱架制作与安装、拱圈及拱上建筑的砌筑等。本节着重介绍后两个内容。

拱桥建筑材料的选用应满足设计和施工规范（或规定）的要求。对于石拱

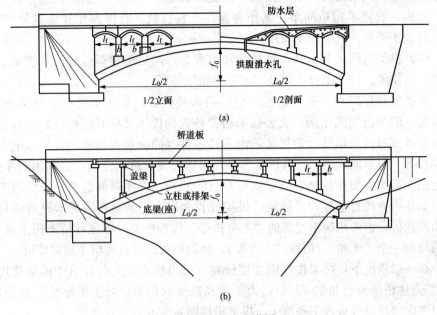

图 4-80 空腹式拱桥

(a) 拱式腹拱；(b) 梁式腹拱

f_0—净矢高；L_0—净跨径；b—拱圈厚度；l_f—腹拱净跨径

桥，石料的准备（包括开采、加工和运输等）是决定施工进度的一个重要环节，也在很大程度上影响桥梁的造价和质量。特别是料石拱圈，拱石规格繁多，所费劳动力就很多。为了加快桥梁建设速度，降低桥梁造价，减少劳动力消耗，可以采用小石子混凝土砌筑片石拱，以及用大河卵石砌拱等多种方法修建拱桥。

拱圈或拱架的准确放样，是保证拱桥符合设计要求的基本条件之一。石拱桥一般采用放出拱圈（肋）大样的办法来制作拱石样板，即在样台上将拱圈按 1：1 的比例放出大样，然后用木板或锌铁皮在样台上按分块大小制成样板，并注明拱石编号。

样台必须保证在施工期间不发生过大变形，便于施工过程中对样板进行复查。对于左右对称的拱圈，为了节省场地，可只放出半跨大样。常用的放样方法是直角坐标法。显然，拱弧分点越多放出的拱圈尺寸越精确。例如，某净跨径 100m 的箱形拱桥，为了提高放样的精度，半跨拱圈由原设计的 12 分点增加到 32 分点。

1. 拱架

在砌筑石拱圈、混凝土预制块拱圈和就地浇筑混凝土拱圈时需要搭设一个拱架，以支承全部或部分拱圈和拱上建筑的重量，并保证拱圈的形状符合设计要求。显然，拱架要有足够的强度、刚度和稳定性。同时，拱架又是一种施工临时结构，故要求构造简单、制作容易、节省材料、装拆方便并能重复使用，以加快施工进度、减少施工费用。

（1）拱架的形式和构造。拱架的种类很多，按使用材料可分为木拱架、钢拱架、竹拱架、竹木混合拱架及"土牛拱胎"等形式。

木拱架制作简单、架设方便，但耗用木材较多，常用于盛产木材的地区。钢拱架一般为桁架式结构，大多数采用常备式构件（又称万能构件）在现场按要求组拼成所需的形式。钢拱架是由多种零件（如由角钢制成的杆件、节点板和螺栓等）组装而成的，故其拆装容易、运输方便、适用范围广、利用效率高。选定拱架类型应贯彻因地制宜、就地取材的原则，以便降低造价、加快施工进度。如在南方产竹地区，可修建竹拱架或竹木混合拱架。在缺乏木材或钢材及少雨的地区，也可用简单经济的"土牛拱胎"代替拱架，即先在桥下用土或砂、卵石填筑一个"土胎"（俗称"土牛"），拱圈砌成之后再将填土撤除即可。

在一般情况下，拱架按拱圈宽度设置。但当桥宽较大时，由于拱架费用高（有的高达桥梁总造价的 25%），为了提高拱架利用率、减少拱架数量和费用，可以考虑将拱圈分成若干条施工，拱架沿拱圈宽度方向重复使用。

下面主要对木拱架和钢拱架进行扼要介绍。

1）木拱架。木拱架常用于修建中、小跨径的圬工拱桥，按其构造形式可分为满布式拱架、拱式拱架等几种。

①满布式拱架。满布式拱架的优点是施工可靠、技术简单，木材和铁件规格要求较低。但这种拱架木材用量大，木材及铁件的损耗率也较大。在受洪水威胁、水深流急、漂流物较多及要求通航的河流上，不能采用这种拱架。

满布式拱架通常由拱架上部（拱盔）、卸架设备、拱架下部（支架）等三个部分组成。常用的形式有立柱式和撑架式两种。

立柱式拱架，如图 4-81 所示，上部为由斜梁、立柱、斜撑和拉杆等组成的拱形桁架，下部是由立柱及横向联系（斜夹木和水平夹木）组成的支架，上、下部之间放置卸架设备（木楔或砂筒等）。为了增强横向稳定性，拱架各片之间应设置横向联系（水平及斜向）。立柱式拱架的构造和制作都很简单，但立柱数量多，只适用于跨度和高度都不大的拱桥。

撑架式拱架，如图 4-82 所示，其特点是用少数加斜撑的框架式支架来代替数量众多的立柱。木材用量较立柱式拱架少，构造上也不复杂，而且能在桥下留出适当的空间，减小了洪水及漂流物的威胁，并在一定程度上提供了通航条件，因此，它是采用较多的一种拱架。

无论是立柱式拱架还是撑架式拱架，都应当构造简单、受力明确，避免采用复杂的节点和接头构造。拱架构件连接应紧密，以保证拱架在荷载作用下变

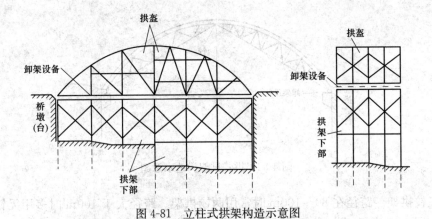

图 4-81　立柱式拱架构造示意图

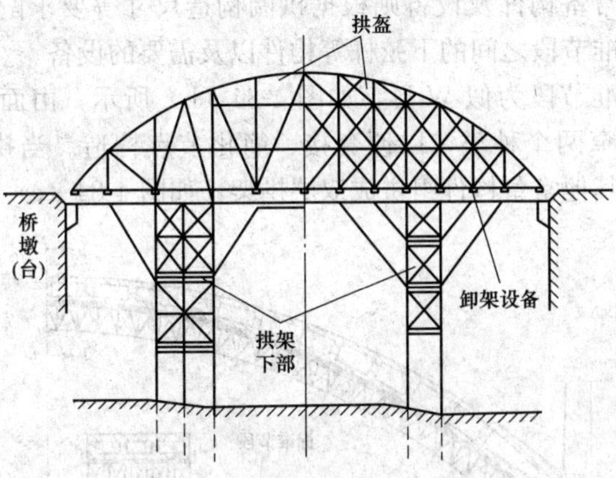

223

图 4-82　撑架式拱架构造示意图

形最小且变形曲线圆顺。

②拱式拱架。与满布式拱架相比较，拱式拱架不受洪水、漂流物的影响，在施工期间能维持通航，适用于墩高、水深、流急或要求通航的河流。

三铰桁架式拱架，如图 4-83 所示，是拱式木拱架中常用的一种形式，其材料消耗率低，但要求有较高的制作水平和架设能力。三铰桁架式拱架的纵、横向稳定也应特别注意。除在结构构造上须加强纵、横向联系外，还需设抗风缆索，以加强拱架的整体稳定性。在施工中还应注意对称均称地加载，并加强施工观测。

2）钢拱架。钢拱架多为常备式构件组拼而成的桁架式拱架，并由几个单片拱形桁架组成整体。桁架片的数量视桥宽与荷载的大小而定。根据拱圈跨径大小，钢拱架可组拼成三铰、两铰或无铰的拱式结构。拱圈跨径小于 80m 时一般

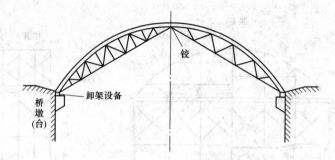

图 4-83 拱式拱架构造示意图

用三铰拱架。跨径在 80～100m 时常用两铰拱架。跨径大于 100m 时多用无铰拱架。图 4-84（a）为一种钢拱架的构造示意，其基本构件为预制常备的标准节段和联结构件，非常备构件及设备则根据拱圈构造尺寸等要求配置，如拱顶和拱脚节段、两个标准节段之间的下弦杆等构件以及需要的设备。

　　钢拱架的标准节段为似 W 形，如图 4-84（b）所示，由面状和杆状构件组成。节段有宽和窄两个种类，以便套接、简化节点构造。当拱圈跨径较大时，可用标准节段和其他常备构件组拼成双层拱架，如图 4-84（c）所示。

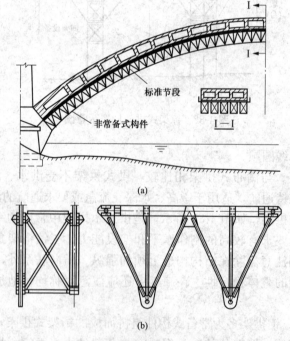

图 4-84　钢拱架构造示意图（一）

(a) 拱架构造示意；(b) 似 W 形

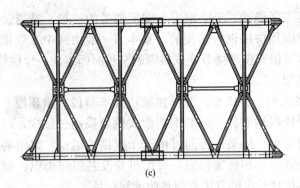

(c)

图 4-84　钢拱架构造示意图（二）

（c）双层拱架

当桥址河床平坦、施工期水位很低时，也可采用着地可移动式钢拱架，如图 4-85 所示。整个拱架由预制常备构件组拼成框架式结构，其立柱底部设置移动装置，拱架可沿横桥向移动。拱架的宽度小于拱圈，拱圈横向采用两个半幅或成条带地逐步建造。这种拱架施工法可以节省材料，也能缩短工期。

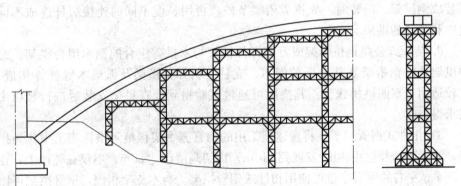

图 4-85　可移动式钢拱架构造示意图

①工字梁钢拱架。工字梁钢拱架可采用两种形式：一种是有中间木支架的钢木组合拱架；另一种是无中间木支架的活用钢拱架。

钢木组合拱架是在木支架上用工字钢梁代替木斜梁，以加大斜梁的跨度，减少支架用量。工字钢梁顶面可用垫木垫成拱模弧线。但在工字梁接头处应适当留出间隙，以防拱架沉落时顶死。钢木组合拱架的木支架常采用框架式。

工字梁活用钢拱架，构造简单，拼装方便，且可重复使用。适用于施工期间需保持通航、墩台较高、河水较深或地质条件较差的桥孔。拱架由工字钢梁基本节（分成几种不同长度）、楔形插节（由同号工字钢截成）、拱顶铰及拱脚铰等基本构件组成。

工字钢梁与工字钢梁、工字钢梁与楔形插节的连接，是通过在侧面用角钢和螺栓或在上下面用拼接钢板连接的。基本节一般由两个工字钢梁横向平行拼组而成。用基本节段和楔形插节连成拱圈的全长时即组成一片拱架。

②钢桁架拱架。

a. 常备拼装式桁架型拱架。此种拱架由标准节段、拱顶段、拱脚段和连接杆等以钢销或螺栓联结而成。一般钢桁架式拱架采用三铰拱，以使拱架能适应施工荷载产生的变形。拱架横桥向可由若干组拱片组成，每组的拱片数及组数依桥梁跨径、荷载大小和桥宽而定，每组拱片及各组间由纵、横联结系联成整体。可用变换连接杆长度的方法来调整曲度和跨径。

b. 装配式公路钢桥桁架节段拼装式拱架。在装配式公路钢桥桁架节段的上弦接头处加上一个不同长度的钢铰接头，即可拼装成各种不同曲度和跨径的拱架。拱架两端应另外加设拱脚段及支座，以构成双铰拱架。为使完工后卸架方便，应在弧形木下设置木楔。拱架的横向稳定则由各片拱架间的抗风拉杆、撑木及风缆等设备来保证。

c. 万能杆件拼装式拱架。用万能杆件补充一部分带钢铰的连接短杆，也可拼装成钢拱架。拼装时，先拼成桁架节段，再用长度不同的连接短杆连成不同曲度和跨径的拱架。

d. 装配式公路钢桥桁架或万能杆件桁架与木拱盔组合的钢木组合拱架。此种拱架是由钢桁架及其上面的帽木、立柱、斜撑、横梁及弧形木等杆件构成。它较适用于双曲拱桥施工。其挠度可通过试验得到或在拱架安装后进行预压实测求得。

3) 扣件式钢管拱架。将房建施工用的钢管脚手架移植到拱桥施工中作为拱架，修建的跨径已由 40m 发展到 110m，拱架高度已达 30m。不仅在陆地上，在水深 7m 左右的河流中也可使用扣件式钢管拱架。与木支架相比，钢管拱架可以节约大量的木材。

①扣件式钢管拱架的主要形式。一般有满堂式、预留孔满堂式及立柱式扇形等几种。

满堂式钢管拱架用于高度较小，在施工期对桥下空间无特殊要求的情况。预留孔满堂式钢管拱架是在满堂式拱架中利用扣件钢管做成小拱，形成通道，其跨径可达 20m。预留孔满堂式钢管拱架构造较复杂，适用在河流中部水深流急立杆无法设置或施工期间有小船、车辆或行人通过桥孔的情况下。立柱式扇形钢管拱架构造更复杂，但可节省钢管，用于拱架很高的情况。它是先用型钢组成立柱，以立柱为基础，在起拱线以上范围用扣件钢管组成扇形拱架。

跨径 110m 的满堂式钢管拱架构造图如图 4-86 所示。

②扣件式钢管拱架的构造。扣件式钢管拱架一般不分支架和拱盔部分。它

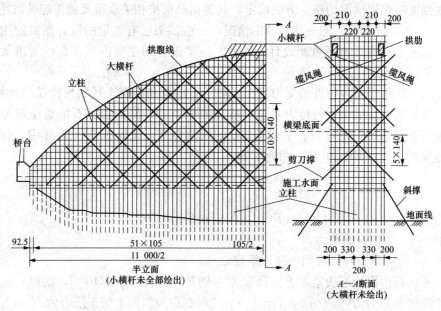

图 4-86　110m 的满堂式钢管拱架构造图

是一个空间框架结构，所有杆件（钢管）通过各种不同形式的扣件实现联结，也不需设置卸落拱架的设备。钢管直径一般为 ϕ48.25、壁厚 3.5mm。也有采用 ϕ50、壁厚 3mm 的钢管的。扣件式钢管拱架一般由立杆（立柱）、小横杆（顺水流方向）、大横杆（顺桥轴线方向）、剪刀撑、斜撑、扣件和缆风索组成，并以各种形式的扣件（如直角扣件、回转扣件和套筒扣件）联结各杆件。

立杆是承受和传递荷载给地基的主要受力杆件，常用 ϕ48.25 钢管。立杆的间距应按计算确定，一般纵向间距取 1.0~1.2m，横向间距取 0.5~1.1m 为宜。

顶端小横杆是将模板、混凝土构件重力、施工临时荷载传给立杆的主要受力构件，其余小横杆起横向联结立杆的作用。

大横杆起纵向联结立杆的作用。一般大横杆的间距不宜大于 1.5m。

扣件是把各杆件联结成整体钢管拱架的关键，直角扣件依靠它与钢管的摩擦力来传递荷载，对接扣件（套筒扣件）既传力又是立杆接长的手段。

扣件式钢管拱架，在整个施工期间，应避免洪水冲击或漂浮物撞击，以保证拱架安全可靠。

（2）拱架的设计要点。拱架是临时性结构，其材料及容许应力可按相关规定采用。为了保证拱圈的形状能符合设计要求，拱架还必须有足够的刚度，故需对拱架进行挠度验算。

1）拱架的设计荷载。拱架的设计荷载包括：拱架自重荷载、拱圈重量、施工人员和机具重量，以及横向风力。拱圈重量要考虑砌筑或浇筑位置的影响，荷载强度应根据拱圈的施工方法而定，其他荷载可按相关规范及施工经验取用。

2）拱架的计算。除一些特殊的情况，一般拱架已有大量的设计图或使用经验可供参考，通常不必重新设计。因此，拱架设计的主要内容，在于对拱架使用中各种受力工况进行验算。

为了验算拱架各构件的受力情况，对于石拱桥和混凝土预制块砌筑的拱桥，必须分析拱石在拱架上的传力规律。按图 4-87（a），斜面上拱石的重量可分解为垂直于斜面的正压力 N、平行于斜面的切向力 T。此外由于 N 的作用，使拱石与模板间产生摩阻力 T_0。由此可知：

$$\begin{cases} N = G\cos\varphi \\ T = G\sin\varphi \\ T_0 = \mu_1 N = \mu_1 G\cos\varphi \end{cases}$$

式中　G——拱石的重力；

　　　μ_1——拱石与模板间的摩阻系数。

若拱石由拱脚逐块紧靠着向拱顶方向砌筑［见图 4-87（b）］，则拱石间由 T 产生的摩阻力为 $N_0 = \mu_2 (T - T_0)$。此时在拱架斜面上的正压力为 $N' = N - N_0 = G\cos\varphi - \mu_2 (T - T_0)$，其中 μ_2 为拱石间的摩阻系数。

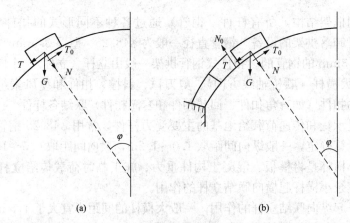

图 4-87　拱架上拱石的受力分析
(a) 受力情况一；(b) 受力情况二

由上述公式可见：正压力 N 及相应摩阻力 T_0 随 φ 值增大而减小，切向力 T、拱石间摩阻力 N_0 均随 φ 值的增大而增大。当 $N_0 \geqslant N$ 时，拱石能自身稳定在已砌好的下排拱石上，而无须拱架的支撑。这种情况只能出现在拱脚附近区段。随 φ 角的减小，作用到拱架上的正压力 N' 就逐渐增大，在拱顶处（$\varphi = 0$，$N_0 = 0$）正压力也就是拱石的全部重量。

再看切向力 T，当 $T_0 \geqslant T$ 时，拱石就能自己稳定在拱架上而不会下滑。而

当 $T_0<T$ 时，拱石将会下滑。对于后一种情况，如采用分段砌筑拱圈时，相应区段的拱石砌筑时需设置支撑挡板（见图 4-88）。这样，拱石一方面通过摩阻力使一部分等于摩阻力的切向分力作用于拱架上，同时剩余的一部分切向力（$T-T_0$）将借助下排拱石传递于拱座或支撑挡板上。

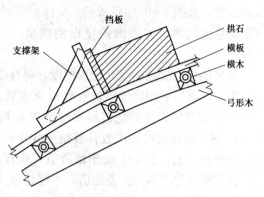

图 4-88 拱架上拱石支承挡板的构造

按照以上分析，求出拱石作用于拱架上弦各节点上的荷载后，就可应用节点法逐次求得各杆件的内力。假定节点不能承受拉力。拱架的斜梁应按压弯构件计算，斜撑、立柱按压杆计算，模板按受弯构件计算。斜夹木和横夹木作为增强稳定之用，按构造设置。

3）拱架的预拱度及设置方法。拱架承受荷载后，将产生弹性变形和非弹性变形。当拱圈砌筑或浇筑完毕，强度达到要求而卸落拱架后，拱圈由于受到自重、温度变化及墩台位移等因素的作用，也要产生弹性下沉。为了使拱轴线符合设计要求，必须在拱架上预留施工拱度，以便能抵消这些可能发生的垂直变形。

拱架的预拱度包括以下各项。

①拱圈自重产生的弹性下沉，即拱架卸落后拱圈在自重作用下的弹性下沉。

②拱圈温度变化产生的弹性变形，即拱圈合龙温度与年平均温度差异而引起的变形。

③墩、台水平位移产生的拱顶下沉，即拱架卸落后拱圈因墩、台水平位移而产生的弹性下沉。

④拱架在承重后的弹性及非弹性变形，即拱架在受力后产生的弹性变形、各种接头局部间隙或压陷产生的非弹性变形，以及砂筒受压后产生的非弹性压缩。

⑤支架基础在受载后的非弹性下沉。

拱架在拱顶处的预拱度，可根据上述下沉与变形按可能产生的各项数值相加后得到，具体计算方法可参照相关桥规有关内容。由于影响预拱度的因素很多，而且不可能算得很准确，施工时应结合实践经验对计算值进行适当调整。当无可靠资料时，拱顶预留拱度也可按 $l/400 \sim l/800$ 估算（l 为拱圈的跨径，矢跨比较小时预留拱度取较大值）。

当算出拱顶预拱度 δ 后，拱圈其他点的预拱度一般可近似地按二次抛物线规律设置，如图 4-89（a）所示。在这里需要指出的是，对于无支架或早期脱架施工的悬链线拱，裸拱圈的挠度曲线呈"M"形，即拱顶下挠而两边 $l/8$ 处上升。

如果仍按二次抛物线分配预拱度，将会使 $l/8$ 处的拱轴线偏离设计拱轴线更远。为此，可以采用降低拱轴系数 m 来设置预拱度，即将原设计矢高 f 加高至 $(f+\delta)$，再将原设计的悬链线拱轴系数 m 降低一级（或半级），然后以新的矢高 $(f+\delta)$ 和新的拱轴系数计算施工放样的坐标。这种方法的效果，实际上是在拱顶预加正值，在 $l/8$ 处预留负值（或者是较小的正值），如图 4-89（b）所示。待拱圈产生"M"形变形后，刚好符合（或接近）设计拱轴线。

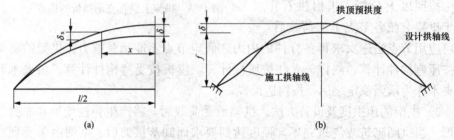

图 4-89　拱架预拱度的分布形式
(a) 预拱度设置方法一；(b) 预拱度设置方法二

（3）拱架的制作与安装。为了使拱架具有准确的外形和各部尺寸，在制作拱架前，一般要在样台上放出拱架大样，拱架大样应计入预拱度。根据大样可制作杆件的样板，并按样板进行杆件加工。

杆件加工完毕，一般须进行试拼（1~2 片）。根据试拼情况，在对构件作局部修改后即可在现场安装。

满布式拱架一般采用在桥跨内逐杆进行安装，桁架拱架都采用整片或分段吊装方法安装。安装时应及时测量以保证设计尺寸的准确，同时应注意施工安全。在风力较大的地区，拱架需设置风缆索，以增强稳定性。

拱架安装好后，其轴线和高程等主要技术指标（尺寸）应符合设计要求。拱架上用于拼装或灌筑拱圈（拱肋）的垫木或底模的顶面高程误差，不应大于计算跨径的 1/1000，也不应超过 30mm，而且要求圆顺（无转折）。

（4）拱架的卸落。拱圈砌筑或现浇混凝土完毕，待达到一定强度后即可拆除拱架。

如果施工情况正常，在拱圈合龙后，拱架应保留的最短时间与跨径大小、施工期温度、养护方式等因素有关，对于石拱桥，一般当跨径在 20m 以内时为 20 昼夜，跨径大于 20m 时为 30 昼夜。对于混凝土拱桥，按设计强度要求、混凝土块试压强度等具体情况确定。因施工要求必须提早拆除拱架时，应适当提高砂浆（或混凝土）的强度等级或采取其他措施。

　　1）卸架设备。为保证拱架能按设计要求均匀下落，必须设置专门的卸架设备。

　　卸架设备常用木楔、木凳（木马）、砂筒（砂箱）等几种形式，如图 4-90 所示。通常，中、小跨径多用木楔或木凳，大跨径或拱式拱架多用砂筒或其他专用设备（如千斤顶等）。

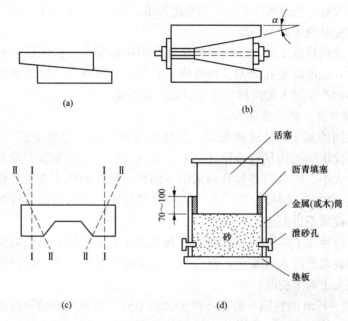

图 4-90　卸架设备的形式
（a）简单木楔；（b）组合木楔；（c）木凳（木马）；（d）砂筒（砂箱）

　　木楔又可分为简单木楔和组合木楔。简单木楔由两块斜面的硬木楔形块组成。落架时，用锤轻轻敲击木楔小头，将木楔移出，拱架即下落。一般可用于中、小跨径桥梁。组合木楔由三块楔形木和拉紧螺栓组成。卸架时只需扭松螺栓，则木楔徐徐下降。它可用于 40m 以下的满布式拱架或 20m 以下的拱式拱架。

　　木凳（木马）是另一种简单的卸架设备。卸架时，只要沿Ⅰ—Ⅰ与Ⅱ—Ⅱ方向锯去木凳的两个边角，在拱架自重作用下，木凳被压陷，于是拱架也随之下落。一般用于跨径在 15m 以内的拱桥。

　　跨径大于 30m 的拱桥，宜用砂筒作卸架设备。砂筒是由内装砂子的金属（或木料）筒及活塞（木制或混凝土制）组成。拱架卸落时砂子从筒的下部预留泄砂孔流出，由砂子泄出量控制拱架卸落高度，并由泄砂孔的开与关进行分次卸架。砂筒能使拱架均匀下降而不受震动。砂筒卸架设备要求筒里的砂子干燥、均匀、清洁。砂筒与活塞间用沥青填塞，以免砂子受潮而不易流出。

2）卸架程序。为了保证拱圈（或已完成拱上建筑的上部结构）逐渐均匀地降落，使拱架所支承的桥跨结构重量逐渐转移至由拱圈自身承担，拱架不能突然卸除，而应该按照一定的卸架程序进行。

卸架的程序一般是：对于中小跨径拱桥，可从拱顶开始逐次向拱脚对称卸落。对于大跨径的悬链线拱圈，为了避免拱圈发生"M"形的变形，也有从两边 $l/4$ 处逐次对称地向拱脚和拱顶均衡地卸落。卸架的时间宜在白天气温较高时进行，这样能够便于卸落拱架。

多孔连续拱桥施工时，还应考虑相邻孔间的影响。若桥墩设计允许承受单孔施工荷载，就可以单孔卸架。否则应多孔同时卸落拱架，以避免桥墩不能承受单向推力而产生过大的位移，甚至引起严重的施工事故。

2. 拱圈与拱上建筑的施工

（1）拱圈的施工。修建拱圈时，为保证在整个施工过程中拱架受力均匀、变形最小，使拱圈的质量符合设计要求，必须选择适当的砌筑方法和顺序。一般根据跨径大小、构造形式等分别采用不同繁简程度的施工方法。有关混凝土拱桥的模板、钢筋、混凝土浇筑等工程项目的具体要求或构造等可参见梁桥的有关内容，此处不再赘述。

通常，跨径在 10m 以下的拱圈，可按拱的全宽和全厚，由两侧拱脚同时对称地向拱顶砌筑或浇筑混凝土，但应争取在拱顶合龙时，拱脚处砌缝的砂浆尚未凝结或混凝土尚未初凝。

跨径 10～15m 的拱圈，最好在拱脚预留空缝，由拱脚向拱顶按全宽、全厚进行砌筑或浇筑混凝土，为了防止拱架的拱顶部分上翘，可在拱顶区段预先压重。待拱圈砌缝的砂浆达到设计强度 70% 后或混凝土达到设计强度，再将拱脚预留空缝用砂浆或混凝土填塞。

大、中跨径的拱桥，一般采用分段施工或分环（分层）与分段相结合的施工方法。分段施工可使拱架变形比较均匀，并可避免拱圈的反复变形。分段的位置与拱架的受力和结构形式有关，一般应设置在拱架挠曲线有转折及拱圈弯矩比较大的地方，如拱顶、拱脚及拱架的节点处。

对于石拱桥，分段间应预留 30～40mm 的空缝或设置木撑架，混凝土拱圈则应在分段间设混凝土挡板（端模板），待拱圈砌筑或浇筑混凝土后再用砂浆（或埋入石块）或浇筑混凝土灌缝。分段时对称施工的顺序一般如图 4-91 所示。

拱顶处封拱（如石拱桥拱顶石的砌筑）必须在所有空缝填塞并达到设计强度后才能进行。另外，还需注意封拱（合龙）时的大气温度是否符合设计要求，如设计无明确要求时，也宜在气温较低时（凌晨）进行。

当跨径大、拱圈厚度较大时，可将拱圈全厚分层（即分环）施工，按分段

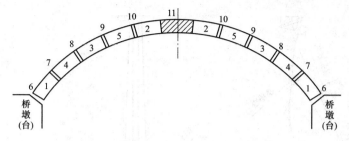

图 4-91 拱圈分段施工的一般程序

施工法建好一环合拢成拱，待砂浆或混凝土强度达到设计要求后，再浇筑（或砌筑）上面的一环。这样，第一环拱圈就能起拱的作用，参与拱架共同承受第二环拱圈结构的重力。以后各环均照此进行。这样可以大大地减小拱架的设计荷载。同时，分环施工合龙快，能保证施工安全，节省拱架材料。对于箱形板拱和肋拱，拱圈一般分成两环或三环。当分两环浇筑时，可先分段浇筑底板，然后分段浇筑腹板、隔板与顶板。分三环浇筑时，先分段浇筑底板，再分段浇筑腹板与隔板，最后分段浇筑顶板。在分段、分环浇筑时，可采用分环填间隔缝合拢和全拱完成后一次填充间隔缝合拢的两种合拢方式。

（2）拱上建筑的施工。拱上建筑的施工，应在拱圈合龙、混凝土或砂浆达到设计强度 30% 后进行。对于石拱桥，一般不少于合龙后三昼夜。

拱上建筑的施工，应避免造成拱圈产生过大的不均匀变形，一般可按自拱脚向拱顶对称进行。大跨径拱桥拱上建筑的施工程序，应根据有利于受力的情况进行设计。

实腹式拱上建筑，应由拱脚向拱顶对称地砌筑侧墙，再填筑拱腹填料及修建桥面结构等。空腹式拱桥一般是在腹孔墩施工完后就卸落拱架，然后再对称均衡地施工腹孔，以免由于拱圈的不均匀下沉而使腹拱圈开裂。混凝土立柱浇筑应从底到顶一次完成，施工缝设在上横梁承托的底面。当上横梁与桥面板直接联结时，横梁与立柱应同时浇筑。

在多孔连续拱桥中，当桥墩不是按单向受力墩设计时，仍应注意相邻孔间的对称均衡施工，避免桥墩承受过大的单向推力。尤其是在裸拱圈上修建拱上建筑的多孔连拱更应注意，以免影响拱圈的质量和安全。

三、缆索吊装法施工

1. 缆索吊装设备

缆索吊装设备，按其用途和作用可以分为：主索、工作索、塔架和锚固装置等 4 个基本组成部分。其中，主要机具设备包括主索、起重索、牵引索、结索、扣索、浪风索、塔架（包括索鞍）、地锚（地垄）、滑轮、电动卷扬机或手摇绞车等。其布置形式如图 4-92 所示。

233

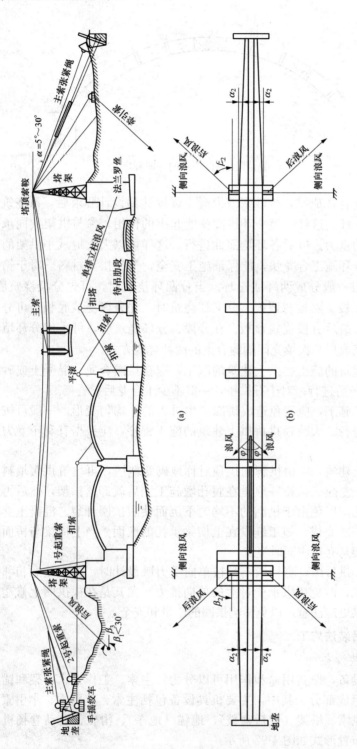

图 4-92　缆索吊装设备及其布置形式
(a) 侧视图；(b) 俯视图

缆索吊装各机具设备及其主要功能如下。

（1）主索。主索又称为承重索或运输天线。它横跨桥渡，支承在两侧塔架的索鞍上，两端锚固于地锚，吊运构件的行车支承于主索上。横桥向主索的组数，根据桥面宽度（两外侧拱肋间的距离）、塔架高度（塔架高度越大，横移构件的宽度范围也相应地增大）及设备供应情况等合理选择，一般可选1～2组。

（2）起重索。起重索用于控制吊物的升降（即垂直运输），一端与卷扬机滚筒相连，另一端固定于对岸的地锚上。当行车在主索上沿桥跨往复运行时，可保持行车与吊钩间的起重索长度不随行车的移动而改变，如图4-93所示。

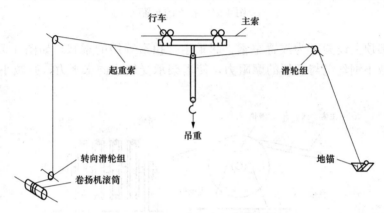

图 4-93　起重索的布置

（3）牵引索。牵引索用来牵引行车在主索上沿桥跨方向移动（即水平运输），在行车两端各设置一根牵引索。这两根牵引索的另一端分别连接在两台卷扬机上，或合拴在一台双滚筒卷扬机上。

（4）结索。结索用于悬挂分索器，使主索、起重索、牵引索不致相互干扰。它仅承受分索器（包括临时作用在它上面的工作索）的重量及自重。

（5）扣索。当拱肋分段吊装时，需用扣索悬挂端肋及调整端肋接头处高程。扣索的一端系在拱肋接头附近的扣环上，另一端通过扣索排架或塔架固定于地锚上。为了便于调整扣索的长度，可设置手摇绞车及张紧索，如图4-94所示。

（6）浪风索。浪风索又称缆风索。用来保证塔架、扣索排架等的纵、横向稳定及拱肋安装就位后的横向稳定。

（7）塔架及索鞍。塔架是用来提高主索的临空高度及支承各种受力钢索的重要结构。塔架的形式是多种多样的，按材料可分为木塔架和钢塔架两类。

木塔架的构造简单，制作、架设均很方便，但使用木材数量较多。木塔架一般用于高度在20m以下的场合。当高度在20m以上时较多采用钢塔架。钢塔架可采用龙门架式、独脚扒杆式或万能杆件拼装成的各种形式。

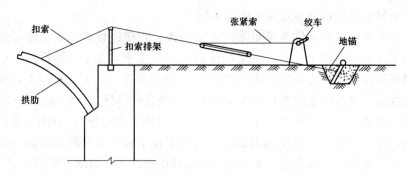

图 4-94　扣索的布置

　　塔架顶上设置了为放置主索、起重索、扣索等用的索鞍，如图 4-95 所示，它可以减小钢丝绳与塔架的摩阻力，使塔架承受较小的水平力，并减小钢丝绳的磨损。

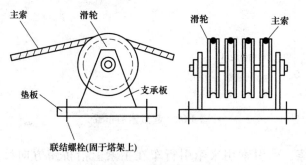

图 4-95　索鞍的构造

　　（8）地锚。地锚又称地垄或锚碇。用于锚固主索、扣索、起重索及绞车等。地锚的可靠性对缆索吊装的安全有决定性影响，设计和施工都必须高度重视。按照承载能力的大小及地形、地质条件的不同，地锚的形式和构造可以是多种多样的。条件允许时，还可以利用桥梁墩、台作锚碇，这样就能节约材料，否则需设置专门的地锚。

　　（9）电动卷扬机、手摇绞车。电动卷扬机及手摇绞车用作牵引、起吊等的动力装置。电动卷扬机速度快，但不易控制。对于一般要求精细调整钢索长度的部位，多采用手摇绞车，以便于操纵。

　　（10）其他附属设备。缆索吊装其他附属设备还有各种倒链葫芦、花篮螺栓、钢丝卡子（钢丝扎头）、千斤绳、横移索等。

　　缆索吊装设备的形式及规格非常多，必须因地制宜地结合各工程的具体情况合理选用。

2. 拱段吊装方法

采用缆索吊装施工的拱桥，吊装方法应根据跨径、桥梁总长及桥宽等具体情况而定。

拱圈是吊装施工的关键，为了满足施工吊装、构造及受力要求，拱圈的横截面和拱圈的轴向被划分成若干节段。这些拱肋或拱箱节段（以下简称"拱段"），一般在桥址处的河滩或桥头岸边预制，并进行预拼试验。

（1）拱段的吊装。预制拱段运移至缆索之下，由起重车起吊牵引到预定位置安装。为了使边拱段在拱合龙前保持预定的位置，应在扣索固定后才松开起重索。每跨拱应自两端向跨中对称吊装施工。在完成最后一个拱段吊装后，须先进行各段接头高程调整，再放松起重索、成拱。最后才将所有扣索撤去。

当拱桥跨径较大、拱段宽度较小时，应采用双拱或多拱同时合龙的方案。每条单拱横向相邻拱段之间，随拼装进程应及时连接或临时连接。边拱段就位后，除用扣索拉住，还应在左右两侧用一对风缆牵住，以免左右摇动。中拱段就位时，务必使各接头顶紧，尽量避免形成简支搁置与冲击作用。

对于一个轴向按五段划分的钢筋混凝土箱形拱，每条拱箱的吊装程序如下。

1）吊装一侧拱脚处的边段拱箱，箱段在拱座处与墩（台）直接顶接。安装扣索、风缆索，放松起重索。

2）吊运次边段拱箱，用螺栓与边段拱箱相接。安装扣索、风缆索，放松起重索。

3）按上程序吊装另一侧拱脚处的边段拱箱和次边段拱箱。

4）将跨中合龙段拱箱吊运至合龙位置上方，缓慢降落并与次边段拱箱相接、合龙。

5）各段接头高程调整，采用钢板楔紧接头。放松吊、扣索，各段接头焊接牢固，去掉全部吊、扣索。

（2）拱段吊装的稳定性措施。在缆索吊装施工的拱桥中，为保证单条拱有足够的纵、横向稳定性，除应满足计算要求外，在构造、施工方面都必须采取一些措施。

施工实践表明，如果拱段的截面高度过小，不能满足纵向稳定的要求，而要在施工中采取措施来保证其满足纵向稳定的要求是很困难的。因此，所拟定或划分拱段的截面高度，一般都应大于纵向稳定所需要的最小高度。

为了减小吊装重量，拱段的宽度不宜取得过大，通常设计中选择的拱段宽度往往小于单拱合龙所需要的最小宽度。在这种情况下，可采用图 4-96 所示的次序和方式进行双拱或多拱的吊装和合龙。一般来说，跨径在 50m 以内时可以采用单拱合龙，跨径大于 50m 时宜采用双拱同时合龙。这时，拱肋（箱）之间需用横夹木或斜撑木临时连接，以便形成横向框架，增强横向稳定性。

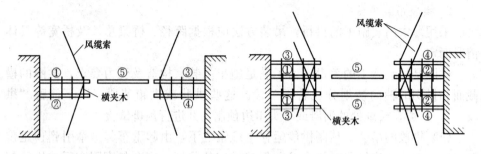

图 4-96　双拱或多拱的吊装次序和合龙方式

无论是单拱合龙或是双拱合龙，都要结合具体情况设置横向浪风索，以增强拱的横向稳定性。而且在安排施工进度时，还应尽快地完成拱间横向联系（如横隔板等）的施工。

3. 拱段吊运中的受力计算

拱段一般均有起吊、安装等过程，因此必须对吊装、搁置、悬挂、安装等状况下的预制拱段进行强度验算，以保证拱段的安全施工。如采用卧式预制，还需验算平卧运输或平卧起吊时截面的侧向应力。

（1）拱段吊点（支点）位置确定及吊运时内力计算。拱段的吊点及移运支点位置的合理选择，需要综合考虑拱的截面形式和配筋情况，以及在起吊、运输、安装过程中的受力状况。

拱段一般采用两个吊点。当分段较长或拱段曲率较大时，可采用 4 个吊点，以使拱段的受力更为均匀。

由于拱段是曲线形的构件，为了保证吊装过程中的稳定性，就应使两个吊点（吊环）的连线在拱段弯曲平面重心轴以上。如果在重心轴之下，吊运时拱段就可能出现侧向倾翻的现象。为了防止此类事故的发生，对于圆弧形的拱段，吊环离中线的距离 l_d（见图 4-97）应满足下式：

$$l_d < \sqrt{(R+h_s)^2 - \left(\frac{l}{2\theta}\right)^2}$$

式中　R——圆弧线半径；

　　　l——拱段的弦长；

　　　θ——拱段圆心角的一半（单位为弧度）；

　　　h_s——拱段横截面形心至上边缘的距离。

对于悬链线拱，可参考有关资料按精确方法确定肋段的重心及吊环离中线的距离。也可以近似采用上述公式，式中 R 则为换算半径。

同时还应该根据拱段的截面及配筋情况，由截面应力的计算来确定吊点（或支点）的位置。

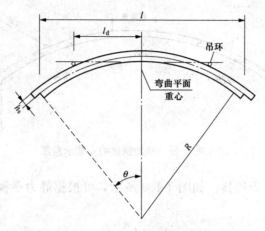

图 4-97 拱段吊环位置确定示意图

计算吊运过程中拱段的内力时，可将弧形拱段近似地看成直梁，所承受的荷载一般仅有自重。但为了防止意外情况发生，应根据施工设备的性能、操作熟练程度和可能撞击的情况，考虑采用 $1.2\sim1.5$ 的冲击系数。通过拱段的内力及应力计算，就可以确定合理的吊点位置。例如，有一根两个吊点的拱段（见图 4-98），长度为 l 的矩形截面，设上、下缘配筋相同，g 为每延米长的重量（考虑 $1.2\sim$

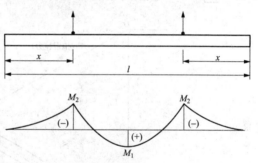

图 4-98 两吊点拱段计算简图

1.5 的冲击系数），则利用吊运时两个吊点处的负弯矩（M_2）与跨中截面正弯矩（M_1）相等的条件，就可求得合理的吊点位置在距端点 $x=0.207l$ 处。不过在设计中，拱段的下缘钢筋往往比上缘的钢筋多，因此可以允许正弯矩大于负弯矩，这样也可以得到此种情况下的合理吊点位置。

在实践中，常常根据以往的设计经验，再结合施工条件，先确定吊点（或支点）位置，然后再计算内力，进行强度验算。

（2）边拱段悬挂时内力计算。当拱跨分三段（或三段以上）预制时，边拱段安装就位后须悬挂，故必须进行悬挂状况下的拱段内力及扣索拉力计算。现以三段吊装并用一根扣索悬挂的边段拱肋的计算方法为例作简要说明，如图 4-99 所示。

1）边拱段悬挂时扣索的计算。边段拱肋悬挂后，由于拱脚支承处尚未用混

239

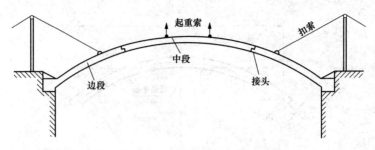

图 4-99　分三段预制拱的安装示意图

凝土封固，仍可视为铰接。如图 4-100 所示，可根据静力平衡条件求得扣索的拉力：

$$T_1 = \frac{b \sum G}{h}$$

式中　　$\sum G$ ——拱肋自重，b、h 如图 4-100 所示。

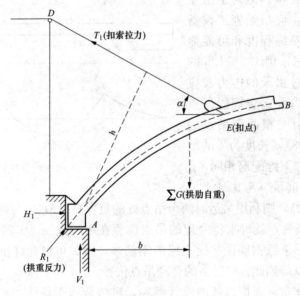

图 4-100　边拱段悬挂时扣索拉力计算简图

2）边拱段悬挂时自重内力的计算。悬挂边段拱肋由自重产生的内力可由静力平衡条件求出，拱肋在自重作用下的弯矩 M' 图和轴向力 N' 图如图 4-101 所示。这样就可确定内力最大的截面位置，并按最大内力进行强度验算。

3）边拱段因中拱段搁置于悬臂端而产生的内力计算。当中拱段吊装合龙时，对边段悬臂端部的作用力大小，与拱段接头形式、施工吊装设备、操作熟

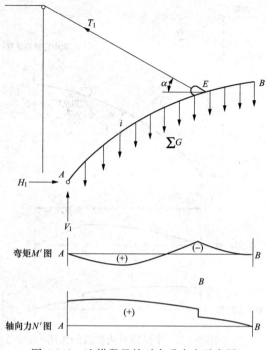

图 4-101　边拱段悬挂时自重内力示意图

练程度等许多因素有关，很难精确计算。

目前，一般均按中拱段重量的 15%～25% 计入，作为中拱段合龙时对边段悬臂端部的作用力 R。由图 4-102 可求得扣索中的拉力 T_2、支点处水平反力 H_2、竖向反力 V_2，以及相应的边段的弯矩 M'' 图及轴向力 N'' 图。

4）边拱段在自重及中拱段部分重量 R 共同作用下的内力计算。根据上文中列出的 2、3 两项所分别求得的边拱段在自重作用下的内力（M'、N'）及在中拱段部分重量 R 作用下的内力（M''、N''）相叠加，即可求得边拱段各截面的总内力。于是可确定最不利截面的位置及最大内力，并可进行强度验算。

（3）中拱段安装时的内力计算。中拱段在吊装合龙时，由于起重索放松过程很慢，往往在起重索部分受力的情况下，接头与拱座逐渐顶紧成拱，使拱段受到轴向力作用。因此在设计时虽然中拱段仍按简支于两边拱段悬臂端部的梁来计算，但荷载可只按中拱段自重的 30%～50% 计算（见图 4-103），即 $g = (0.3～0.5)W/l$，式中 l 为中拱段的弧长，W 为中拱段的实际重量。

这样，当内力计算后即可进行强度验算。有时为了满足拱肋在吊运、搁置时的受力要求，可在跨中区段增加配置若干适当长的钢筋。

4. 施工加载程序设计

（1）施工加载程序设计的目的和意义。在采用无支架或早脱架施工方法建

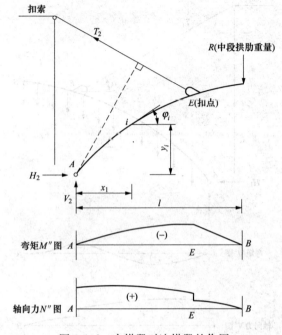

图 4-102　中拱段对边拱段的作用

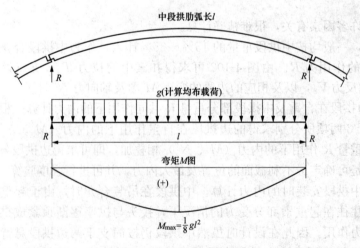

图 4-103　中拱段计算图式

成的拱肋（箱）上，继续进行以后各工序的施工时，如砌筑拱圈和拱上建筑等，
如何合理安排这些工序，对保证工程质量和施工安全都有重大影响。如果采用
的施工步骤不合理，拱脚或拱顶的压重不恰当，左、右半拱或相邻各孔（对柔
性墩连拱）施工进度不平衡，加载不对称，坡拱桥的特点未予重视等，都会引

起拱轴线变形不均匀，而导致拱圈开裂，严重的甚至造成事故。因此，对施工步骤必须做出合理的设计。

施工加载程序设计的目的，就是要在裸肋或部分拱箱（或裸拱圈）上加载时，使拱肋（箱）各个截面在整个施工过程中，都能满足强度和稳定的要求。并在保证施工安全和工程质量的前提下，尽量减少施工工序，便于操作，以加快桥梁建设速度。

（2）施工加载程序设计。施工加载程序设计的一般原则如下。

1）拱圈跨径和成拱时拱肋（箱）尺寸，对施工加载程序的设计影响很大。对于中、小跨径拱桥，当成拱时拱肋（箱）的截面尺寸满足一定的要求（通常要求其面积占拱圈总面积的 1/4 以上）时，可以不做施工加载程序设计，按有支架施工方法进行对称、均衡的施工。同时，根据已有经验在各施工阶段注意观测，防止事故突然发生。然而，对于大、中跨径拱桥，必须进行施工加载程序设计，并以受力控制计算截面验算加载程序。控制计算截面一般应包括拱顶、拱脚、拱跨 $l/8$ 点、$l/4$ 点、$l/8$ 点等处截面。

2）分环、分段、均衡对称加载。采用组合截面施工的拱圈，在拱肋或拱箱安装成拱后，为了减轻拱肋（箱）的负担，并使后施工的截面能尽早协助已建部分截面一同受力，可采用分环施工的方法。

为了避免拱肋（箱）产生过大的不均匀变形，也可采用增加工作面的方法。对于大、中跨径的拱桥，在分环的同时，还应采取分段及均衡对称加载的方法。即在拱的两个半跨上，按需要分成若干段，并在相应部分同时进行相等量的施工加载，如图 4-104 所示。对于坡拱桥，必须注意其结构受力不对称的特点，一般应使低拱脚半跨的加载量稍大于高拱脚半跨的加载量。

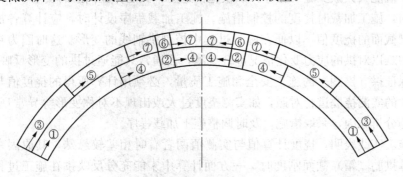

图 4-104 分环、分段施工程序示意图

同时还需注意，在多跨连续拱桥的两个邻跨之间也需均衡加载，两跨的施工进度不能相差太远，以免桥墩承受过大的单向推力而产生过大位移，使施工进度较快一跨的拱顶下沉、邻跨的拱顶上拱，导致拱圈开裂或破坏。

3) 在各施工阶段强度、稳定性、挠度计算的基础上，应预先估计施工过程中可能出现的各种问题，并采取相应的预防措施以确保工程的质量和安全。

(3) 施工加载程序设计的计算步骤。目前在设计施工加载程序时，多采用影响线加载法计算内力及挠度，再进行强度、稳定、变形的验算。计算步骤大致可分为以下几个方面。

1) 绘制计算截面的内力（弯矩、轴向力）及挠度影响线。

2) 根据施工条件初步拟定施工阶段。

3) 在左、右半拱对称地将拱圈分环、分段，再将已分的各坏按段计算重量。分段宜小，便于调整加载范围。

4) 按照各阶段的工序，拟定加载顺序及加载范围，在影响线图上分段逐步加载，求出各计算截面在此荷载作用下的内力及挠度，并进行强度验算。加载左、右半拱应对称进行，尽量使各计算截面的弯矩及挠度最小，截面应力及挠度不超过容许值，并尽量使计算截面不出现反复变形（挠度）。

5) 根据强度及挠度计算情况，调整施工加载顺序和范围，或增减施工阶段。这一计算工作往往需要反复多次，才能做出较恰当的施工加载程序方案。

6) 在拱圈砌筑完成后，拱上建筑的施工只要由拱脚向拱顶对称均衡地进行，就能保证拱圈的安全，故可不再进行计算。对于多孔连续拱桥，也需注意相邻跨的协调施工，防止桥墩的过大变形。

施工加载程序设计既重要又烦琐，因此需要探讨合理加载程序的简化计算方法（如充分利用电子计算机进行计算等），同时应在拱圈的形式、构造及施工方法等各方面进行进一步的改善。例如，目前由于采用了薄壁箱形截面的拱肋（箱），既能大大减少施工程序，加快施工进度，又能保证拱圈的安全。

(4) 施工加载时挠度的控制措施。施工加载程序设计时，应计算各加载工况控制截面的挠度值，以便在施工过程中控制拱轴线的变形。这时因为在施工过程中难以对拱的应力变化情况进行观测，而通常只能通过拱的变形反映出来。为了保证拱（拱圈）的施工安全和施工质量，必须用计算所得的挠度值与加载过程中的实测挠度进行对照，如实测挠度过大或出现不对称变形等异常现象时，应立即分析原因，采取措施，及时调整施工加载程序。

施工实践表明，挠度计算值与实测值两者有时相差较悬殊，其原因主要是在计算拱肋（箱）截面刚度时，一方面计算中未能充分反映拱在施工过程中出现裂缝的实际情况，另一方面是计算采用的材料弹性模量与实际情况也不易一致，因此对于挠度计算值，也要在施工过程中结合实测挠度进行校核和修正。

另外，温度变化对拱肋（箱）挠度的影响也很大，为了消除温度对拱加载变形的干扰，还必须对温度变化引起拱挠度变化的规律进行观测，以便校正实测的加载挠度值，正确地控制拱的受力情况。

总之，对于各种体系拱桥的施工，都必须加强施工观测，以便及时发现问题，采取措施，消除隐患，确保工程质量和施工安全。

四、少支架法施工

少支架法施工是一种采用少量支架集中支承预制件的拱桥预制安装施工方法。这种施工方法常用于中小跨径的整体式拱桥、肋拱桥等（见图 4-105），与拱架施工方法不同的是，少支架法施工利用了拱片（肋）预制件的受力能力，使其成为拱桥施工的拱架。

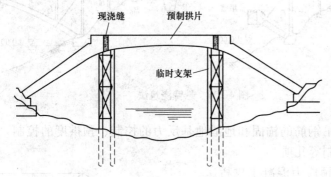

图 4-105　少支架法施工

少支架施工拱桥的预制件长度、分段位置，取决于结构的受力与吊装能力。一般情况下，预制拱片（肋）被分为奇数段，如三段或五段等，并避开受力控制截面。

少支架施工的步骤为：预制拱片（肋）吊装就位在支架上。调整支点高程并考虑所需的预拱度。采用现浇混凝土联结拱片（肋）及其间的横向联系。落架、拱片（肋）成拱受力。铺设桥面板及现浇桥面混凝土，或进行立柱等拱上建筑的施工。

五、悬臂施工法

1. 悬臂浇筑法

为了充分发挥悬臂架设施工法的优点，日本首先在跨径 170m 的外津桥上采用了这种施工方法。它是借助于专用挂篮、结合使用斜吊钢筋的斜吊式悬臂浇筑施工方法，其主要架设步骤如图 4-106 所示。

悬臂浇筑施工过程中，拱肋除第一段用斜吊支架现浇混凝土外，其余各段均用挂篮现浇施工。斜吊杆可以采用钢丝束或预应力粗钢筋，但为操作方便，可用锚固可靠、操作方便的预应力粗钢筋（ϕ32）。架设过程中，作用于斜吊杆的力是通过布置在桥面板上的临时拉杆传至岸边的地锚上（也可利用岸边桥墩、台作地锚）。用这种方法修建大跨径拱桥时，主要施工技术难点，在于斜吊钢筋

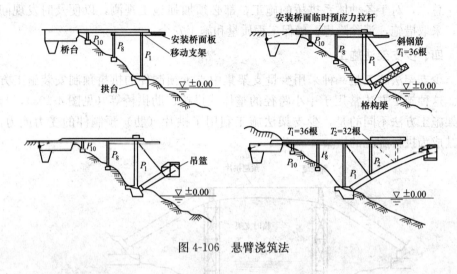

图 4-106　悬臂浇筑法

的拉力控制、斜吊钢筋的锚固和地锚地基反力的控制、预拱度的控制，以及混凝土压应力的控制等几项。

对于组合式预应力混凝土拱桥，还可以充分发挥组合拱式结构自身的特点，利用"特殊挂篮"，在预应力混凝土加劲梁、拱圈（拱肋）和立柱之间设置斜拉预应力钢筋，而使拱圈、立柱、加劲梁和临时斜吊杆组成一个整体框架，再逐个地将框架进行悬臂施工直至拱顶合龙。图 4-107 为特殊挂篮施工拱桥一个框架的示意图，图中数字表示施工的顺序，图上特殊挂篮的位置是在浇筑拱圈混凝土时的状态。这种施工方法，由于具有

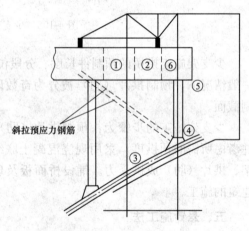

图 4-107　整体框架施工法

施工过程中结构整体刚度大、挠度小、施工速度快、经济等优点，因而特别适用于大跨径拱桥的施工。

2. 悬臂拼装法

悬臂拼装法是另一种悬臂施工方法。在悬臂拼装施工之前，拱片（圈）沿桥跨划分为若干奇数预制段，箱形拱圈的顶、底板及腹板也可再分开预制。对于非桁架形整体式拱桥，应将拱肋（箱或部分箱）、立柱通过临时斜杆和上弦杆组成临时桁架拱片。然后，再用横梁和临时风构将两个（临时）桁架拱片组装成空间框架。每段框架整体运输至桥孔，由拱脚向跨中逐段悬臂拼装至合龙，

如图 4-108 所示。

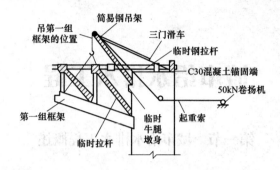

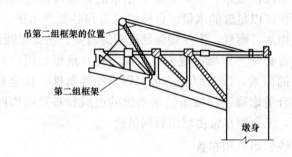

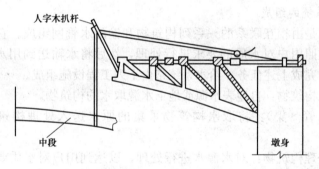

图 4-108　悬臂拼装法

悬臂拼装过程中，悬臂结构通过桁架上弦拉杆及锚固装置固定在墩、台上，以维持稳定。以上是先形成桁架节段、组装成空间框架，再进行拼装的悬臂施工法。这种悬臂拼装施工法的吊装要求较高。另一种悬臂拼装方法是先拼拱圈再组桁架，即先悬臂组拼一段拱圈，然后利用立柱、临时斜杆和上弦杆组拼成桁架，如此逐段拼装，直至合龙。

目前，世界上最大跨径的预应力混凝土桁式组合桥——贵州省江界河桥（330m），就是采用悬臂拼装施工法架设的。居目前世界第二跨的南斯拉夫 KRK 钢筋混凝土箱形拱桥，也是采用悬臂拼装施工法架设的。

第五章

城市给水排水工程

第一节　城市给水排水工程概述

给水系统是由保证城市、工矿企业等用水的各种构筑物和输配水管网组成的系统，它必须保证以足够的水量、合格的水质和必要的水压，供给生活用水、生产用水和其他用水，而且，不仅要满足近期的需要，还要兼顾到今后的发展。

给水系统布置必须考虑城市规划，水源条件，地形，用户对水量、水质和水压要求等方面的因素，以及原有给水工程设施等条件，从全局出发，通过技术经济比较后综合考虑确定。城市给水系统的组成和布置原则同样适合工业企业。一般情况下，工业用水常由城市管网供给。

一、给水系统的组成和布置

1. 给水系统的组成

给水系统是由相互联系的一系列构筑物和输配水管网组成。它的任务是从水源取水，按照用户对水质的要求进行处理，然后将水输送到用水区，并向用户配水。为了完成上述任务，给水系统常由下列工程设施组成。

（1）取水构筑物：自地表水源或地下水源取水的构筑物。

（2）输水管（渠）：将取水构筑物采集的原水送入处理构筑物的管、渠设施。

（3）水处理构筑物：对水源水进行处理，以达到用户对水质要求的各种构筑物，通常把这些构筑物集中设置在净水厂内。

（4）调节及增压构筑物：储存和调节水量、保证水压的构筑物（如清水池、泵站），一般设置在净水厂内，也可在净水厂内外同时设置。

（5）配水管网：将处理好的水送至用户的管道及附属设施。

2. 给水系统的布置及影响因素

（1）给水系统的布置。以地表水为水源的给水系统，相应的工程设施通常为：取水构筑物从地表水源取水，经一级泵站送往水处理构筑物，处理后的清水储存在清水池中，二级泵站从清水池取水，经配水管网供给用户。有时为了调节水量和保持管网的水压，可根据需要建造高地水池和水塔。一般情况下，从取水构筑物到二级泵站都属于净水厂的范围。当水源远离城市时，须由输水管（渠）将水源水引到净水厂。

给水管网遍布整个给水区域，根据管道的功能，可分为干管和分配管。干管主要用于输水，管径较大。分配管用于配水到用户，管径较小。给水管网设计计算往往只限于干管，但是干管和分配管的管径并无明确的界限，需视管网规模而定。大管网中的分配管，在小型管网中可能是干管，大城市可略去不计的分配管，在小城市中可能不允许略去。

以地下水为水源的给水系统常凿井取水。如果地下水水质好，一般可省去水处理构筑物而只需加氯消毒，使给水系统大为简化。

统一给水系统即用同一系统供应生活、生产和消防等各种用水，绝大多数城市采用这种系统。在城市给水中，工业用水量往往占较大的比例，由于工业用水的水质和水压要求有其特殊性，因此在工业用水的水质和水压要求与生活用水不同的情况下，有时可根据具体条件，除考虑统一给水系统外，还可考虑分质、分压等给水系统。若城市内工厂位置分散，用水量又少，即使水质要求和生活用水稍有差别，也可采用统一给水系统。

对于城市中个别用水量大、水质要求较低的工业企业，可考虑按水质要求分系统（分质）给水。分质给水可以是同一水源的水，经过不同的水处理过程和管网，将不同水质的水供给各类用户。也可以是不同水源，如地表水经过简单沉淀后，供工业生产使用，地下水经过消毒后供生活使用等。当用水量较大的工业企业相对集中，且有合适水源可利用时，经技术经济比较可独立设置工业用水给水系统，采用分质供水。

地形高差大的城镇给水系统宜采用分压供水。对于远离水厂或局部地形较高的供水区域，可设置加压泵站，采用分区供水。当水源地与供水区域有地形高差可以利用时，应对重力输配水与加压输配水系统进行技术经济比较，择优选用。当给水系统采用区域供水，向范围较广的多个城镇供水时，应对采用原水输送或清水输送以及输水管路的布置和调节水池、增压泵站等的设置，作多方案技术经济比较后确定。采用多水源供水的给水系统宜考虑在事故时能相互调度。

无论采用哪一种给水系统形式，都要根据当地地形条件、水源情况、城市和工业企业的规划、供水规模、水质和水压要求以及原有给水工程设施等条件，从全局出发，通过技术经济比较后综合考虑确定。

（2）影响给水系统布置的主要因素。给水系统布置必须考虑城市规划、水源条件、地形、用户对水量水质及水压要求等方面的因素。

1）城市规划的影响。给水系统的布置，应密切配合城市和工业区的建设规划，做到通盘考虑分期建设，既能及时供应生产、生活和消防用水，又能适应今后发展的要求。水源选择、给水系统布置和水源卫生防护地带的确定，都应以城市和工业区的建设规划为基础。城市规划和给水系统设计的关系极为密切。例如，根据城市规划人口数、房屋层数、标准及城市现状、气候条件等可以确定给水工程的设计规模。根据当地农业灌溉、航运、水利等规划资料及水文、水文地质资料可以确定水源和取水构筑物的位置。根据城市功能分区、街道位置、城市的地形条件、用户对水质水量及水压的要求，可以选定水厂、调节构筑物、泵站和管网的位置及确定管网是否需要分区供水或分质供水。

2) 水源条件的影响。任何城市都会因水源种类、水源与给水区的距离、水质条件等的不同，影响到给水系统的布置。

给水水源分为地下水源和地表水源两种。

当地下水比较丰富时，则可在城市上游或在给水区内开凿管井或大口井，井水经消毒后，由泵站加压送入管网，供用户使用。如果水源处于适当的高程，能借重力供水，则可省去一级泵站或二级泵站或同时省去一、二级泵站。城市附近山上有泉水时，建造泉室供水的给水系统最为简单经济。取用蓄水库水时，也可利用高程借重力输水，节省输水能量费用。

以地表水为水源时，一般从流经城市或工业区的河流上游取水。城市附近的水源丰富时，往往随着用水量的增长而逐步发展成为多水源给水系统，从不同部位向管网供水。它可以从几条河流取水，或从一条河流的不同部位取水，或同时取地表水和地下水，或取不同地层的地下水等。这种系统的特点是便于分区发展，供水比较可靠，管网内水压比较均匀。虽然随着水源的增多，设备和管理工作相应增加，但与单一水源相比，通常仍比较经济合理，供水的安全性大大提高。

3) 地形的影响。地形条件对给水系统的布置有很大影响。中小城市如果地形比较平坦，而工业用水量小、对水压又无特殊要求时，可采用统一给水系统。大中城市被河流分隔时，两岸工业和居民用水一般先分别供给，自成给水系统，随着城市的发展，再考虑将两岸管网相互沟通，成为多水源的给水系统。取用地下水时，考虑到就近凿井取水的原则，可采用分地区供水的系统。这种系统投资省，便于分期建设。地形起伏较大或城市各区相隔较远时比较适合采用分区给水系统和局部加压给水系统。

二、排水体制及其选择

1. 排水体制

城镇污水的不同排放方式所形成的排水系统，称为排水体制，排水体制分为合流制和分流制。

(1) 合流制排水系统。合流制排水系统是有目的地将雨水、污水（包括生活污水、工业废水）合用一个管渠系统排除。在城市化发展的进程中，国内外很多老城市在早期都采用简单的直流式合流系统。后来由于受纳水体遭受严重污染，直流式合流系统已逐渐改造为截流式合流制排水系统，如图 5-1 所示。

（2）分流制排水系统。分流制排水系统是将生活污水、工业废水和雨水分别在两个或两个以上的各自独立的管渠系统内排除。根据雨水管渠系统的完整性，分流制排水系统又可分为完全分流制和不完全分流制两种排水系统。

完全分流制排水系统中雨、污水各设有排水管渠系统。不完全分流制排水系统中只设污水排水管道，不设或设置不完整

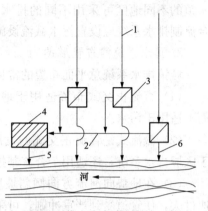

图 5-1　截流式合流制排水系统

的雨水排水管渠系统，雨水沿地面或街道边沟渠排放。图 5-2 为分流制排水系统示意图，图 5-3 显示了完全分流制和不完全分流制的区别。

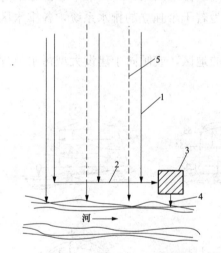

图 5-2　分流制排水系统示意图
1—污水干管；2—污水主干管；3—污水处理厂；
4—出水口；5—雨水干管

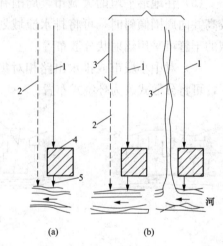

图 5-3　完全分流制和不完全分流制
(a) 完全分流制；(b) 不完全分流制
1—污水干管；2—雨水干管；3—原有管渠；
4—污水处理厂；5—出水口

2. 排水体制的选择

选择排水体制需考虑的主要因素有：当地自然条件、城镇发展规划、环境保护要求、工程建设投资、维护复杂程度等。

《室外排水设计规范》（GB 50014—2006）规定：排水体制的选择应根据城镇的总体规划和环境保护要求，结合当地地形特点、气候特征、受纳水体状况、水文条件、原有排水设施、污水处理程度和再利用情况等综合考虑确定。同一

城镇的不同地区可采用不同的排水体制。新建地区的排水体制宜采用分流制。合流制排水系统应设置污水截流设施。

3. 排水系统的布置形式

城镇排水系统总平面布置的常见形式如图 5-4 所示。图中：

（1）直流正交式布置适用于地形向水体适当倾斜的地区，仅适用于雨水，而不适用于污水。

（2）截流式是直流正交式的发展结果，既适用于分流制排水系统，也适用于区域排水系统，还适用于合流制排水系统。

（3）在地势向河流方向倾斜坡度较大的地区，为了避免干管坡度和管内流速过大，使管道受到严重冲刷，可采用平行式。

（4）在地势高低相差很大的地区，可采用分区布置形式，高地区污水靠重力自流进入污水处理厂，低地区设置泵站提升污水。

（5）在地形平坦的大城市，周围有河流或排水出路，或城市中心部分地势较高并向周围倾斜时，可将排水流域划分为若干个独立的排水系统，各排水区域的干管可采用辐射状分散布置。

（6）对中小城市或排水出路相对集中的地区，或倾向于建设大型污水处理厂，可将分散式改为环绕式布置。

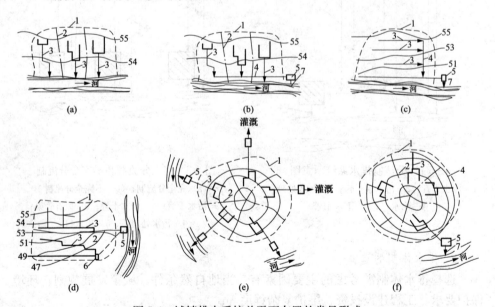

图 5-4　城镇排水系统总平面布置的常见形式

(a) 正交式；(b) 截流式；(c) 平行式；(d) 分区式；(e) 分散式；(f) 环绕式

1—城市边界；2—排水流域分界线；3—干管；4—主干管；5—污水厂；6—污水泵站；7—出水口

三、场站工程结构与施工

1. 给水排水场站工程结构特点

（1）场站构筑物组成。

1）水处理（含调蓄）构筑物，指按水处理工艺设计的构筑物。给水处理构筑物包括配水井、药剂间、混凝沉淀池、澄清池、过滤池、反应池、吸滤池、清水池、二级泵站等。污水处理构筑物包括进水闸井、进水泵房、格筛间、沉砂池、初沉淀池、二次沉淀池、曝气池、氧化沟、生物塘、消化池、沼气储罐等。

2）工艺辅助构筑物，指主体构筑物的走道平台、梯道、设备基础、导流墙（槽）、支架、盖板、栏杆等的细部结构工程，各类工艺井（如吸水井、泄空井、浮渣井）、管廊桥架、闸槽、水槽（廊）、堰口、穿孔、孔口等。

3）辅助建筑物，分为生产辅助性建筑物和生活辅助性建筑物。生产辅助性建筑物指各项机电设备的建筑厂房如鼓风机房、污泥脱水机房、发电机房、变配电设备房及化验室、控制室、仓库、料场等。生活辅助性建筑物包括综合办公楼、食堂、浴室、职工宿舍等。

4）配套工程，指为水处理厂生产及管理服务的配套工程。包括厂内道路、厂区给水排水、照明、绿化等工程。

5）工艺管线，指水处理构筑物之间、水处理构筑物与机房之间的各种连接管线。包括进水管、出水管、污水管、给水管、回用水管、污泥管、出水压力管、空气管、热力管、沼气管、投药管线等。

（2）构筑物结构形式与特点。

1）水处理（调蓄）构筑物和泵房多数采用地下或半地下钢筋混凝土结构，特点是构件断面较薄，属于薄板或薄壳型结构，配筋率较高，具有较高抗渗性和良好的整体性要求。少数构筑物采用土膜结构如稳定塘等，面积大且有一定深度，抗渗性要求较高。

2）工艺辅助构筑物多数采用钢筋混凝土结构，特点是构件断面较薄，结构尺寸要求精确。少数采用钢结构预制，现场安装，如出水堰等。

3）辅助性建筑物视具体需要采用钢筋混凝土结构或砖砌结构，符合房建工程结构要求。

4）配套的市政公用工程结构符合相关专业结构与性能要求。

5）工艺管线中给水排水管道越来越多采用水流性能好、抗腐蚀性高、抗地层变位性好的 PE 管、球墨铸铁管等新型管材。

2. 构筑物与施工方法

（1）全现浇混凝土施工。

1）水处理（调蓄）构筑物的钢筋混凝土池体大多采用现浇混凝土施工。浇筑混凝土时应依据结构形式分段、分层连续进行，浇筑层高度应根据结构特点、

253

钢筋疏密决定，一般为振捣器作用部分长度的 1.25 倍，最大不超过 500mm。现浇混凝土的配合比、强度和抗渗、抗冻性能必须符合设计要求，构筑物不得有露筋、蜂窝、麻面等质量缺陷。且整个构筑物混凝土应做到颜色一致、棱角分明、规则，体现外光内实的结构特点。

2）水处理构筑物中圆柱形混凝土池体结构，当池壁高度大（12～18m）时宜采用整体现浇施工，支模方法有：满堂支模法及滑升模板法。前者模板与支架用量大，后者宜在池壁高度不小于 15m 时采用。

3）污水处理构筑物中卵形消化池，通常采用无黏结预应力筋、曲面异型大模板施工。消化池钢筋混凝土主体外表面，需要做保温和外饰面保护。保温层、饰面层施工应符合设计要求。

（2）单元组合现浇混凝土施工。

1）沉砂池、生物反应池、清水池等大型池体的断面形式可分为圆形水池和矩形水池，宜采用单元组合式现浇混凝土结构，池体由相类似底板及池壁板块单元组合而成。

2）以圆形储水池为例，池体通常由若干块厚扇形底板单元和若干块倒 T 型壁板单元组成，一般不设顶板。单元一次性浇筑而成，底板单元间用聚氯乙烯胶泥嵌缝，壁板单元间用橡胶止水带接缝，如图 5-5 所示。这种单元组合结构可有效防止池体出现裂缝渗漏。

3）大型矩形水池为避免裂缝渗漏，设计通常采用单元组合结构将水池分块（单元）浇筑。各块（单元）间留设后浇缝带，池体钢筋按设计要求一次绑扎好，缝带处不切断，待块（单元）养护 42d 后，再采用比块（单元）强度高一个等级的混凝土或掺加 UEA 的补偿收缩混凝土灌筑后浇缝带使其连成整体，如图 5-6 所示。

（3）预制拼装施工。

1）水处理构筑物中沉砂池、沉淀池、调节池等圆形混凝土水池宜采用装配式预应力钢筋混凝土结构，以便获得较好的抗裂性和不透水性。

2）预制拼装施工的圆形水池可采用缠绕预应力钢丝法、电热张拉法进行壁板环向预应力施工。

3）预制拼装施工的圆形水池在满水试验合格后，应及时进行喷射水泥砂浆保护层施工。

（4）砌筑施工。

1）进水渠道、出水渠道和水井等辅助构筑物，可采用砖石砌筑结构，砌体外需抹水泥砂浆层，且应压实赶光，以满足工艺要求。

2）量水槽（标准巴歇尔量水槽和大型巴歇尔量水槽）、出水堰等工艺辅助构筑物宜用耐腐蚀、耐水流冲刷、不变形的材料预制，现场安装而成。

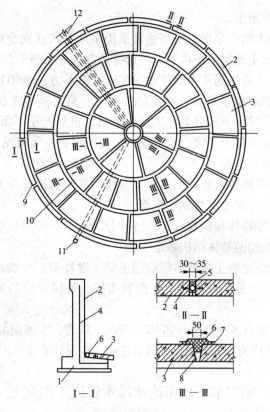

图 5-5　圆形水池单元组合结构

1、2、3—单元组合混凝土结构；4—钢筋；5—池壁内缝填充处理；6、7、8—池底板内缝填充处理；
9—水池壁单元立缝；10—水池底板水平缝；11、12—工艺管线

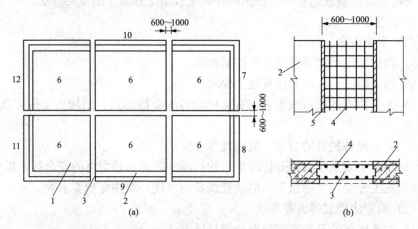

图 5-6　矩形水池单元组合结构

1、2、3、4、5、6、7、8、9、10、11、12—混凝土施工单元，其中：1、2—块（单元）；
3—后浇带；4—钢筋（缝带处不切断）；5—端面凹形槽

（5）预制沉井施工。

1）钢筋混凝土结构泵房、机房通常采用半地下式或完全地下式结构，在有地下水、流沙、软土地层的条件下，应选择预制沉井法施工。

2）预制沉井法施工通常采取排水下沉干式沉井方法和不排水下沉湿式沉井方法。前者适用于渗水量不大、稳定的黏性土。后者适用于比较深的沉井或有严重流沙的情况。排水下沉分为人工挖土下沉、机具挖土下沉、水力机具下沉。不排水下沉分为水下抓土下沉、水下水力吸泥下沉、空气吸泥下沉。

（6）土膜结构水池施工。

1）稳定塘等塘体构筑物，因其施工简便、造价低近些年来在工程实践中应用较多，如 BIOLAKE 工艺中的稳定塘。

2）基槽施工是塘体构筑物施工关键的分项工程，必须做好基础处理和边坡修整，以保证构筑物的整体结构稳定。

3）塘体结构防渗施工是塘体结构施工的关键环节，应按设计要求控制防渗材料类型、规格、性能、质量，严格控制连接、焊接部位的施工质量，以保证防渗性能要求。

4）塘体的衬里有多种类型（如 PE、PVC、沥青、水泥混凝土、CPE 等），应根据处理污水的水质类别和现场条件进行选择，按设计要求和相关规范要求施工。

256

第二节　城市给水排水管道工程施工

一、开槽管道施工

开槽铺设预制成品管是目前国内外地下管道工程施工的主要方法。

1. 沟槽施工方案

（1）主要内容。

1）沟槽施工平面布置图及开挖断面图。

2）沟槽形式、开挖方法及堆土要求。

3）无支护沟槽的边坡要求。有支护沟槽的支撑形式、结构、支拆方法及安全措施。

4）施工设备机具的型号、数量及作业要求。

5）不良土质地段沟槽开挖时采取的护坡和防止沟槽坍塌的安全技术措施。

6）施工安全、文明施工、沿线管线及构（建）筑物保护要求等。

（2）确定沟槽底部开挖宽度。

1）沟槽底部的开挖宽度应符合设计要求。

2）当设计无要求时，可按经验公式计算确定：

$$B = D_0 + 2 \times (b_1 + b_2 + b_3)$$

式中　B——管道沟槽底部的开挖宽度，mm；

D_0——管外径，mm；

b_1——管道一侧的工作面宽度，mm，可按表 5-1 选取；

b_2——有支撑要求时，管道一侧的支撑厚度，可取 $150\sim200$mm；

b_3——现场浇筑混凝土或钢筋混凝土管渠一侧模板厚度，mm。

表 5-1　　　　　　　　　　　　管道一侧的工作面宽度

管道的外径 D_0/mm	管道一侧的工作面宽度 b_1/mm		
	混凝土类管道		金属类管道、化学建材管道
$D_0 \leqslant 500$	刚性接口	400	300
	柔性接口	300	
$500 < D_0 \leqslant 1000$	刚性接口	500	400
	柔性接口	400	
$1000 < D_0 \leqslant 1500$	刚性接口	600	500
	柔性接口	500	
$1500 < D_0 \leqslant 3000$	刚性接口	$800\sim1000$	700
	柔性接口	600	

注　1. 槽底须设排水沟时，b_1 应适当增加。

2. 管道有现场施工的外防水层时，b_1 宜取 800mm。

3. 采用机械回填管道侧面时，b_1 需满足机械作业的宽度要求。

（3）确定沟槽边坡。

1）当地质条件良好、土质均匀、地下水位低于沟槽底面高程，且开挖深度在 5m 以内、沟槽不设支撑时，沟槽边坡最陡坡度应符合表 5-2 的规定。

表 5-2　　　　　　　深度在 5m 以内的沟槽边坡的最陡坡度

土的类别	边坡坡度（高∶宽）		
	坡顶无荷载	坡顶有静载	坡顶有动载
中密的砂土	1∶1.00	1∶1.25	1∶1.50
中密的碎石类土（充填物为砂土）	1∶0.75	1∶1.00	1∶1.25
硬塑的粉土	1∶0.67	1∶0.75	1∶1.00
中密的碎石类土（充填物为黏性土）	1∶0.50	1∶0.67	1∶0.75
硬塑的粉质黏土、黏土	1∶0.33	1∶0.50	1∶0.67
老黄土	1∶0.10	1∶0.25	1∶0.33
软土（经井点降水后）	1∶1.25	—	—

2）当沟槽无法自然放坡时，边坡应有支护设计，并应计算每侧临时堆土或施加其他荷载，进行边坡稳定性验算。

2. 沟槽开挖与支护

（1）分层开挖及深度。

1）人工开挖沟槽的槽深超过 3m 时应分层开挖，每层的深度不超过 2m。

2）人工开挖多层沟槽的层间留台宽度：放坡开槽时不应小于 0.8m。直槽时不应小于 0.5m。安装井点设备时不应小于 1.5m。

3）采用机械挖槽时，沟槽分层的深度按机械性能确定。

（2）沟槽开挖规定。

1）槽底原状地基土不得扰动，机械开挖时槽底预留 200～300mm 土层，由人工开挖至设计高程，整平。

2）槽底不得受水浸泡或受冻，槽底局部扰动或受水浸泡时，宜采用天然级配砂砾石或石灰土回填。槽底扰动土层为湿陷性黄土时，应按设计要求进行地基处理。

3）槽底土层为杂填土、腐蚀性土时，应全部挖除并按设计要求进行地基处理。

4）槽壁平顺，边坡坡度符合施工方案的规定。

5）在沟槽边坡稳固后设置供施工人员上下沟槽的安全梯。

（3）支撑与支护。

1）采用木撑板支撑和钢板桩，应经计算确定撑板构件的规格尺寸。其他形式支护见表 5-1。

2）撑板支护应随挖土及时安装。

3）在软土或其他不稳定土层中采用横排撑板支撑时，开始支撑的沟槽开挖深度不得超过 1.0m。开挖与支护交替进行，每次交替的深度宜为 0.4～0.8m。

4）支撑应经常检查，当发现支撑构件有弯曲、松动、移位或劈裂等迹象时，应及时处理。雨期及春季解冻时期应加强检查。

5）拆除支撑前，应对沟槽两侧的建筑物、构筑物和槽壁进行安全检查，并应制定拆除支撑的作业要求和安全措施。

6）施工人员应由安全梯上下沟槽，不得攀登支撑。

7）拆除撑板应制定安全措施，配合回填交替进行。

3. 地基处理与安管

（1）地基处理。

1）管道地基应符合设计要求，管道天然地基的强度不能满足设计要求时应按设计要求加固。

2）槽底局部超挖或发生扰动时，超挖深度不超过 150mm 时，可用挖槽原土回填夯实,其压实度不应低于原地基土的密实度。槽底地基土壤含水量较大,不适于压实时,应采取换填等有效措施。

3)排水不良造成地基土扰动时,扰动深度在 100mm 以内,宜填天然级配砂石或砂砾处理。扰动深度在 300mm 以内,但下部坚硬时,宜填卵石或块石,并用砾石填充空隙并找平表面。

4)设计要求换填时,应按要求清槽,并经检查合格。回填材料应符合设计要求或有关规定。

5)柔性管道地基处理宜采用砂桩、搅拌桩等复合地基。

(2)安管。

1)管节及管件下沟前准备工作。管节、管件下沟前,必须对管节外观质量进行检查,排除缺陷,以保证接口安装的密封性。

2)采用法兰和胶圈接口时,安装应按照施工方案严格控制上、下游管道接装长度、中心位移偏差及管节接缝宽度和深度。

3)采用焊接接口时,两端管的环向焊缝处齐平,错口的允许偏差应为 0.2 倍壁厚,内壁错边量不宜超过管壁厚度的 10%,且不得大于 2mm。

4)采用电熔连接、热熔连接接口时,应选择在当日温度较低或接近最低时进行。电熔连接、热熔连接时电热设备的温度控制、时间控制,挤出焊接时对焊接设备的操作等,必须严格按接头的技术指标和设备的操作程序进行。接头处应有沿管节圆周平滑对称的内、外翻边。接头检验合格后,内翻边宜铲平。

5)金属管道应按设计要求进行内外防腐施工和施作阴极保护工程。

二、不开槽管道施工

不开槽管道施工方法是相对于开槽管道施工方法而言,市政公用工程常用不开槽管道施工方法有顶管法、盾构法、浅埋暗挖法、地表式水平定向钻法、夯管法等。

1.方法选择与设备选型依据

(1)工程设计文件和项目合同:施工单位应按中标合同文件和设计文件进行具体方法和设备的选择。

(2)工程详勘资料。

1)开工前施工单位应仔细核对建设单位提供的工程勘察报告,进行现场沿线的调查。特别是对已有地下管线和构筑物应进行人工挖探孔(通称坑探)确定其准确位置,以免施工造成损坏。

2)在掌握工程地质、水文地质及周围环境情况和资料的基础上,正确选择施工方法和设备选型。

(3)可供借鉴的施工经验和可靠的技术数据。

259

2. 施工方法与适用条件

（1）施工方法与设备分类，如图 5-7 所示。

（2）不开槽施工法与适用条件见表 5-3。

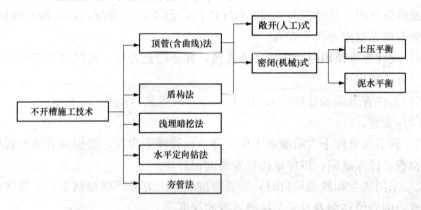

图 5-7　施工方法与设备分类

表 5-3　　　　　　　　　　　不开槽施工法与适用条件

施工方法	密闭式顶管	盾构	浅埋暗挖	定向钻	夯管
优点	施工精度高	施工速度快	适用性强	施工速度快	施工速度快，成本较低
缺点	施工成本高	施工成本高	施工速度慢，施工成本高	控制精度低	控制精度低，适用于钢管
适用范围	给水排水管道、综合管道	给水排水管道、综合管道	给水排水管道、综合管道	给水管道	给水排水管道
适用管径/mm	$\phi300\sim\phi4000$	$\phi3000$ 以上	$\phi1000$ 以上	$\phi300\sim\phi1000$	$\phi200\sim\phi1800$
施工精度	小于 ±50mm	不可控	小于或等于 30mm	不超过 0.5 倍管道内径	不可控
施工距离	较长	长	较长	较短	短
适用地质条件	各种土层	除硬岩外的相对均质地层	各种土层	砂卵石及含水地层不适用	含水地层不适用，砂卵石地层困难

3. 施工方法与设备选择的有关规定

（1）顶管顶进方法的选择，应根据工程设计要求、工程水文地质条件、周围环境和现场条件，经技术经济比较后确定，并应符合下列规定。

1）采用敞口式（手掘式）顶管机时，应将地下水位降至管底以下不小于0.5m 处，并应采取措施，防止其他水源进入顶管的管道。

2）当周围环境要求控制地层变形或无降水条件时，宜采用封闭式的土压平衡或泥水平衡顶管机施工。目前城市改扩建给水排水管道工程多数采用顶管法施工，机械顶管技术获得了飞跃性发展。

3）穿越建（构）筑物、铁路、公路、重要管线和防汛墙等时，应制定相应的保护措施。根据工程设计、施工方法、工程和水文地质条件，对邻近建（构）筑物、管线，采用土体加固或其他有效的保护措施。

4）小口径的金属管道，当无地层变形控制要求且顶力满足施工要求时，可采用一次顶进的挤密土层顶管法。

（2）盾构机选型，应根据工程设计要求（管道的外径、埋深和长度），工程水文地质条件，施工现场及周围环境安全等要求，经技术经济比较确定。盾构法施工用于给水排水主干管道工程，直径一般3000mm以上。

（3）浅埋暗挖施工方案的选择，应根据工程设计（隧道断面和结构形式、埋深、长度），工程水文地质条件，施工现场和周围环境安全等要求，经过技术经济比较后确定。在城区地下障碍物较复杂地段，采用浅埋暗挖法施工管（隧）道是较好的选择。

（4）定向钻机的回转扭矩和回拖力确定，应根据终孔孔径、轴向曲率半径、管道长度，结合工程水文地质和现场周围环境条件，经过技术经济比较综合考虑后确定，并应有一定的安全储备。导向探测仪的配置应根据定向钻机类型、穿越障碍物类型、探测深度和现场探测条件选用。定向钻机在以较大埋深穿越道路桥涵的长距离地下管道的施工中会表现出优越之处。

（5）夯管锤的锤击力应根据管径、钢管力学性能、管道长度，结合工程地质、水文地质和周围环境条件，经过技术经济比较后确定，并应有一定的安全储备。夯管法在特定场所有其优越性，适用于城镇区域下穿较窄道路的地下管道施工。

4. 设备施工安全有关规定

（1）施工设备、装置应满足施工要求，并符合下列规定。

1）施工设备、主要配套设备和辅助系统安装完成后，应经试运行及安全性检验，合格后方可掘进作业。

2）操作人员应经过培训，掌握设备操作要领，熟悉施工方法、各项技术参数，考试合格方可上岗。

3）管（隧）道内涉及的水平运输设备、注浆系统、喷浆系统以及其他辅助系统应满足施工技术要求和安全、文明施工要求。

4）施工供电应设置双路电源，并能自动切换。动力、照明应分路供电，作业面移动照明应采用低压供电。

5）采用顶管、盾构、浅埋暗挖法施工的管道工程，应根据管（隧）道长度、施工方法和设备条件等确定管（隧）道内通风系统模式。设备供排风能力、管（隧）道内人员作业环境等还应满足国家有关标准规定。

6）采用起重设备或垂直运输系统。

①起重设备必须经过起重荷载计算。

②使用前应按有关规定进行检查验收，合格后方可使用。

③起重作业前应试吊，吊离地面100mm左右时，应检查重物捆扎情况和制动性能，确认安全后方可起吊。起吊时工作井内严禁站人，当吊运重物下井距作业面底部小于500mm时，操作人员方可近前工作。

④严禁超负荷使用。

⑤工作井上、下作业时必须有联络信号。

7）所有设备、装置在使用中应按规定定期检查、维修和保养。

（2）监控测量。施工中应根据设计要求、工程特点及有关规定，对管（隧）道沿线影响范围地表或地下管线等建（构）筑物设置观测点，进行监控测量。监控测量的信息应及时反馈，以指导施工，发现问题应及时处理。

三、砌筑沟道施工

给水排水工程中砌筑结构的构筑物，主要是沟道（管渠）、工艺井、闸井和检查井等。

1. 基本要求

（1）砌筑前应检查地基或基础，确认其中线高程、基坑（槽）应符合规定，地基承载力符合设计要求，并按规定验收。

（2）砌筑前砌块（砖、石）应充分湿润。砌筑砂浆配合比符合设计要求，现场拌制应拌和均匀、随用随拌。砌筑应立皮数杆、样板挂线控制水平与高程。砌筑应采用满铺满挤法。砌体应上下错缝、内外搭砌、丁顺规则有序。

（3）砌筑砂浆应饱满，砌缝应均匀不得有通缝或瞎缝，且表面平整。

（4）砌体的沉降缝、变形缝、止水缝应位置准确、砌体平整、砌体垂直贯通，缝板、止水带安装正确，沉降缝、变形缝应与基础的沉降缝、变形缝贯通。

（5）砌筑结构管渠宜按变形缝分段施工，砌筑施工需间断时，应预留阶梯形斜槎。接砌时，应将斜槎冲净并铺满砂浆，墙转角和交接处应与墙体同时砌筑。

（6）采用混凝土砌块砌筑拱形管渠或管渠的弯道时，宜采用楔形或扇形砌块。当砌体垂直灰缝宽度大于30mm时，应采用细石混凝土灌实，混凝土强度等级不应小于C20。

（7）砌筑后的砌体应及时进行养护，并不得遭受冲刷、振动或撞击。

2. 砌筑施工要点

（1）变形缝施工。

1）变形缝内应清除干净，两侧应涂刷冷底子油一道。

2）缝内填料应填塞密实。

3）灌注沥青等填料应待灌注底板缝的沥青冷却后，再灌注墙缝，并应连续灌满灌实。

4）缝外墙面铺贴沥青卷材时，应将底层抹平，铺贴平整，不得有壅包现象。

（2）砖砌拱圈。

1）拱胎的模板尺寸应符合施工设计要求，并留出模板伸胀缝，板缝应严实平整。

2）拱胎的安装应稳固，高程准确，拆装简易。

3）砌筑前，拱胎应充分湿润，冲洗干净，并均匀涂刷隔离剂。

4）砌筑应自两侧向拱中心对称进行，灰缝匀称，拱中心位置正确，灰缝砂浆饱满严密。

5）应采用退槎法砌筑，每块砌块退半块留槎，拱圈应在 24h 内封顶，两侧拱圈之间应满铺砂浆，拱顶上不得堆置器材。

（3）反拱砌筑。

1）砌筑前，应按设计要求的弧度制作反拱的样板，沿设计轴线每隔 10m 设一块。

2）根据样板挂线，先砌中心的一列砖、石，并找准高程后接砌两侧，灰缝不得凸出砖面，反拱砌筑完成后，应待砂浆强度达到设计抗压强度的 25% 后，方可踩压。

3）反拱表面应光滑平顺，高程允许偏差应为 ±10mm。

4）拱形管渠侧墙砌筑完毕，并经养护后，在安装拱胎前，两侧墙外回填土时，墙内应采取措施，保持墙体稳定。

5）当砂浆强度达到设计抗压强度标准值的 25% 后，方可在无振动条件下拆除拱胎。

（4）圆井砌筑。

1）排水管道检查井内的流槽，宜与井壁同时进行砌筑。

2）砌块应垂直砌筑。收口砌筑时，应按设计要求的位置设置钢筋混凝土梁。圆井采用砌块逐层砌筑收口时，四面收口的每层收进不应大于 30mm，偏心收口的每层收进不应大于 50mm。

3）砌块砌筑时，铺浆应饱满，灰浆与砌块四周黏结紧密、不得漏浆，上下砌块应错缝砌筑。

4）砌筑时应同时安装踏步，踏步安装后在砌筑砂浆未达到规定抗压强度等级前不得踩踏。

5) 内外井壁应采用水泥砂浆勾缝。有抹面要求时，抹面应分层压实。

四、给水排水管网维护与修复技术

1. 城市管道维护

(1) 城市管道巡视检查。

1) 管道巡视检查内容包括管道漏点监测、地下管线定位监测、管道变形检查、管道腐蚀与结垢检查、管道附属设施检查、管网介质的质量检查等。

2) 管道检查主要方法包括人工检查法、自动监测法、分区检测法、区域泄漏普查系统法等。检测手段包括探测雷达、声呐、红外线检查、闭路监视系统（CCTV）等方法及仪器设备。

(2) 城市管道抢修。

1) 不同种类、不同材质、不同结构管道抢修方法不尽相同。如钢管多为焊缝开裂或腐蚀穿孔，一般可用补焊或盖压补焊的方法修复。预应力钢筋混凝土管采用补麻、补灰后再用卡盘压紧固定。若管身出现裂缝，可视裂缝大小采用两合揣袖或更换铸铁管或钢管，两端与原管采用转换接口连接。

2) 各种水泵、闸阀等管道附属设施也要根据其使用情况定期进行巡查，发现问题及时进行维修与更换。对管网系统的调度系统中的所有设备和监测仪表也应遵照规定的工况和运行规律正确操作和保养。

3) 对管道检查、清通、更新、修复等维护中产生的大量数据要进行细致系统的处理，做好存档管理，以便为管网系统正常工作提供基础信息和保障。有条件时可利用地理信息系统在管网中进行应用。

(3) 管道维护安全防护。

1) 养护人员必须接受安全技术培训，考核合格后方可上岗。

2) 作业人员必要时可戴上防毒面具、防水衣、防护靴、防护手套、安全帽等，穿上系有绳子的防护腰带，配备无线通信工具和安全灯等。

3) 针对管网维护可能产生的气体危害和病菌感染等危险源，在评估基础上，采取有效的安全防护措施和预防措施，作业区和地面设专人值守，确保人身安全。

2. 管道修复与更新

(1) 局部修补。

1) 局部修补是在基本完好的管道上纠正缺陷和降低管道的渗漏量等。当管道的结构完好，仅有局部缺陷（裂隙或接头损坏）时，可考虑使用局部修补。

2) 局部修补要求解决的问题包括以下几个方面。

①提供附加的结构性能，以有助于受损坏管承受结构荷载。

②提供防渗的功能。

③能代替遗失的管段等。

局部修补主要用于管道内部的结构性破坏以及裂纹等的修复。目前，进行局部修补的方法很多，主要有密封法、补丁法、铰接管法、局部软衬法、灌浆法、机器人法等。

（2）全断面修复。

1）内衬法。传统的内衬法又称为插管法，是采用比原管道直径小或等径的化学建材管插入原管道内，在新旧管之间的环形间隙内灌浆，予以固结，形成一种管中管的结构，从而使化学建材管的防腐性能和原管材的机械性能合二为一，改善工作性能。该法适用于管径60～2500mm、管线长度600m以内的各类管道的修复。

化学建材管材主要有醋酸—丁酸纤维素（CAB）、聚氯乙烯（PVC）、PE管等。此法施工简单、速度快、可适应大曲率半径的弯管，但存在管道断面受损失较大、环形间隙要求灌浆、一般用于圆形断面管道等缺点。

2）缠绕法。缠绕法是借助螺旋缠绕机，将PVC或PE等塑料制成的、带连锁边的加筋条带缠绕在旧管内壁上形成一条连续的管状内衬层。通常，衬管与旧管直径的环形间隙需灌浆。此法适用于管径为50～2500mm，管线长度为300m以内的各种圆形断面管道的结构性或非结构性的修复，尤其是污水管道。其优点是可以长距离施工，施工速度快，适应大曲率半径的弯管和管径的变化，能利用现有检查井，但管道的过流断面会有损失，对施工人员的技术要求较高。

3）喷涂法。喷涂法主要用于管道的防腐处理，也可用于在旧管内形成结构性内衬。施工时，高速回转的喷头在绞车的牵引下，一边后退一边将水泥浆或环氧树脂均匀地喷涂在旧管道内壁上，喷头的后退速度决定喷涂层的厚度。此法适用于管径为75～4500mm、管线长度在150m以内的各种管道的修复。其优点是不存在支管的连接问题，过流断面损失小，可适应管径、断面形状及弯曲度的变化，但树脂固化需要一定的时间，管道严重变形时施工难以进行，对施工人员的技术要求较高。

（3）管道更新。随着城市化快速发展，原有的管道直径有时就会显得太小，不能再满足需要。另外，旧管道也会破损不能再使用，而新管道往往没有新的位置可铺设，这两种情况都需要管道更新。常用的管道更新是指以待更新的旧管道为导向，在将其破碎的同时，将新管拉入或顶入的管道更新技术。这种方法可用相同或稍大直径的新管更换旧管。根据破碎旧管的方式不同，常见的有破管外挤和破管顶进两种方法。

1）破管外挤。破管外挤又称爆管法或胀管法，是使用爆管工具将旧管破碎，并将其碎片挤到周围的土层，同时将新管或套管拉入，完成管道的更换。爆管法的优点是破除旧管和完成新管一次完成，施工速度快，对地表的干扰少。可以利用原有检查井。其缺点是不适合弯管的更换。在旧管线埋深较浅或在不可压密的地层中会引起地面隆起。可能引起相邻管线的损坏。分支管的连接需开挖进行。按照爆管工具的不同，又可将爆管分为气动爆管、液动爆管、切割爆管等三种。

气动或液动爆管法一般适用于管径小于1200mm、由脆性材料制成的管，如陶土管、混凝土管、铸铁管等，新管可以是聚乙烯（PE）管、聚丙烯（PP）管、陶土管和玻璃钢管等。新管的直径可以与旧管的直径相同或更大，视地层条件的不同，最大可比旧管大50%。

切割爆管法主要用于更新钢管。这种爆管工具由爆管头和扩张器组成，爆管头上有若干盘片，由它在旧管内划痕，随后扩张器上的刀片将旧管切开，同时将切开后的旧管撑开，以便将新管拉入。切割爆管法适用于管径50～150mm、长度150m以内的钢管，新管多用PE管。

2）破管顶进。如果管道处于较坚硬的土层，旧管破碎后外挤存在困难。此时可以考虑使用破管顶进法。该法是使用经改进的微型隧道施工设备或其他的水平钻机，以旧管为导向，将旧管连同周围的土层一起切削破碎，形成直径相同或更大直径的孔，同时将新管顶入，完成管线的更新，破碎后的旧管碎片和土由螺旋钻杆排出。

破管顶进法主要用于直径100～900mm、长度200m以内、埋深较大（一般大于4m）的陶土管、混凝土管或钢筋混凝土管，新管为球墨铸铁管、玻璃钢管、混凝土管或陶土管。该法的优点是对地表和土层无干扰。可在复杂的土层中施工，尤其是含水层。能够更换管线的走向和坡度已偏离的管道。基本不受地质条件限制。其缺点是需开挖两个工作井，地表需有足够大的工作空间。

第三节　城市给水与污水处理

一、给水处理

1. 处理方法与工艺

（1）处理对象通常为天然淡水水源，主要有来自江河、湖泊与水库的地表水和地下水（井水）两大类。水中含有的杂质，分为无机物、有机物和微生物三种，也可按杂质的颗粒大小以及存在形态分为悬浮物质、胶体和溶解物质三种。

（2）处理目的是去除或降低原水中悬浮物质、胶体、有害细菌生物以及水中含有的其他有害杂质，使处理后的水质满足用户需求。基本原则是利用现有的各种技术、方法和手段，采用尽可能低的工程造价，将水中所含的杂质分离出去，使水质得到净化。

（3）常用的给水处理方法，见表5-4。

表 5-4　　　　　　　　　　　　常用的给水处理方法

方法	内　容
自然沉淀	用以去除水中粗大颗粒杂质
混凝沉淀	使用混凝药剂沉淀或澄清去除水中胶体和悬浮杂质等
过滤	使水通过细孔性滤料层，截流去除经沉淀或澄清后剩余的细微杂质；或不经过沉淀，原水直接加药、混凝、过滤去除水中胶体和悬浮杂质
消毒	去除水中病毒和细菌，保证饮水卫生和生产用水安全
软化	降低水中钙、镁离子含量，使硬水软化
除铁除锰	去除地下水中所含过量的铁和锰，使水质符合饮用水要求

2. 工艺流程与适用条件

常用处理工艺流程及造用条件见表 5-5。

表 5-5　　　　　　　　　　常用处理工艺流程及适用条件

工艺流程	适　用　条　件
原水→简单处理（如筛网隔滤或消毒）	水质较好
原水→接触过滤→消毒	一般用于处理浊度和色度较低的湖泊水和水库水，进水悬浮物一般小于 100mg/L，水质稳定、变化小且无藻类繁殖
原水→混凝、沉淀或澄清→过滤→消毒	一般地表水处理厂广泛采用的常规处理流程，适用于浊度小于 3mg/L 的河流水。河流小溪水浊度经常较低，洪水时含沙量大，可采用此流程对低浊度无污染的水不加凝聚剂或跨越沉淀直接过滤
原水→调蓄预沉→混凝、沉淀或澄清→过滤→消毒	高浊度水二级沉淀，适用于含沙量大，沙峰持续时间长，预沉后原水含沙量应降低到 1000mg/L 以下，黄河中上游的中小型水厂和长江上游高浊度水处理多采用二级沉淀（澄清）工艺，适用于中小型水厂，有时在滤池后建造清水调蓄池

3. 预处理和深度处理

为了进一步发挥给水处理工艺的整体作用，提高对污染物的去除效果，改善和提高饮用水水质，除了常规处理工艺之外，还有预处理和深度处理工艺。

（1）按照对污染物的去除途径不同，预处理方法可分为氧化法和吸附法，其中氧化法又可分为化学氧化法和生物氧化法。化学氧化法预处理技术主要有氯气预氧化及高锰酸钾氧化、紫外光氧化、臭氧氧化等预处理。生物氧化预处理技术主要采用生物膜法，其形式主要是淹没式生物滤池，如进行 TOC 生物降解、氮去除、铁锰去除等。吸附预处理技术，如用粉末活性炭吸附、黏土吸附等。

（2）深度处理是指在常规处理工艺之后，再通过适当的处理方法，将常规处理工艺不能有效去除的污染物或消毒副产物的前身物（指能与消毒剂反应产生毒副产物的水中原有有机物,主要是腐殖酸类物质)去除,从而提高和保证饮用水质。

目前,应用较广泛的深度处理技术主要有活性炭吸附法、臭氧氧化法、臭氧活性炭法、生物活性炭法、光催化氧化法、吹脱法等。

二、污水处理

污水处理的目的是将输送来的污水通过必要的处理方法,使之达到国家规定的水质控制标准后回用或排放。从污水处理的角度,污染物可分为悬浮固体污染物、有机污染物、有毒物质、污染生物和污染营养物质。污水中有机物浓度一般用生物化学需氧量(BOD_5)、化学需氧量(COD)、总需氧量(TOD)和总有机碳(TOC)来表示。

处理方法可根据水质类型分为物理处理法、生物处理法、污水处理产生的污泥处置及化学处理法,还可根据处理程度分为一级处理、二级处理及三级处理等工艺流程。

(1)物理处理方法是利用物理作用分离和去除污水中污染物质的方法。常用方法有筛滤截留、重力分离、离心分离等,相应处理设备主要有格栅、沉砂池、沉淀池及离心机等。其中沉淀池同城镇给水处理中的沉淀池。

(2)生物处理法是利用微生物的代谢作用,去除污水中有机物质的方法。常用的有活性污泥法、生物膜法等,还有稳定塘及污水土地处理法。

(3)化学处理法,涉及城市污水处理中的混凝法,类同于城市给水处理。

1. 物理方法处理

(1)筛滤截留。筛滤截留相应使用的设备是格栅,格栅所能截留悬浮物和漂浮物(统称为栅渣)的数量,因所选用的栅条间空隙宽度和污水的性质不同而有很大的区别。

1)格栅栅条间空隙宽度应符合下列要求。

①污水处理系统前,采用机械清除时为 16~25mm,采用人工清除时为 25~40mm。

②在水泵前,应根据水泵要求确定。如水泵前格栅栅条间空隙宽度不大于 20mm 时,污水处理系统前可不再设置格栅。现在许多污水处理厂为了加强格栅的拦污效果,减少后续处理构筑物的浮渣污染,设计上常采用细格栅(格栅间隙 1.5~10mm)。

2)栅渣数量估算。

①当栅条间空隙宽度为 16~25mm,栅渣量为 0.10~0.05m^3/(10^3 m^3)污水。

②当栅条间空隙宽度为 25~40mm,栅渣量为 0.03~0.01m^3/(10^3 m^3)污水,栅渣的含水率为 70%~80%,密度为 750~960kg/m^3。

格栅的清渣方法有人工清除和机械清除两种。每天的栅渣量大于 $0.2m^3$ 时，一般应采用机械清除方法。

3）格栅分类。

①按形状，格栅可分为平面格栅与曲面格栅两种。平面格栅由栅条与框架组成。曲面格栅又可分为固定曲面格栅与旋转鼓筒式格栅两种。按格栅栅条的净间隙，可分为粗格栅（50～100mm）、中格栅（10～40mm）、细格栅（1.5～10mm）3 种。平面格栅与曲面格栅，都可做成粗、中、细 3 种。由于格栅是物理处理的重要设施，故新设计的污水处理厂一般采用粗、中两道格栅，甚至采用粗、中、细 3 道格栅。

②按清渣方式，格栅可分为人工清渣和机械清渣两种。人工清渣格栅适用于小型污水处理厂。为了使工人易于清渣作业，避免清渣过程中的栅渣掉回污水中，格栅倾角宜采用 $30°\sim60°$。当栅渣量大于 $0.2m^3/d$ 时，为改善劳动与卫生条件，都应采用机械清渣格栅。机械清渣格栅倾角一般为 $60°\sim90°$。机械清渣格栅过水面积，一般应不小于进水管渠有效面积的 1.2 倍。机械格栅及其适用范围见表 5-6。

表 5-6　　　　　　　　　　　　几种机械格栅及其适用范围

类型	适用范围	优点	缺点
链条式机械格栅	深度不大的中小型格栅，主要清除长纤维、带状物	1. 构造简单，制造方便； 2. 占地面积小	1. 杂物进入链条和链轮之间，容易卡住； 2. 套筒滚子链造价高，耐腐蚀性差
移动式伸缩臂机械格栅	中等深度的宽大格栅，现有类型耙斗适用于污水除污	1. 不清污时，设备全部在水面上，维护检修方便； 2. 可不停水检修； 3. 钢丝绳在水面上运行，寿命较长	1. 需三套电动机、减速器，构造较复杂； 2. 移动时，耙齿与栅条间隙的对位较困难
圆周回转式机械格栅	深度较浅的中小型格栅	1. 构造简单，制造方便； 2. 运行可靠，容易检修	1. 配置圆弧形格栅，制造较困难； 2. 占地面积较大
钢丝绳牵引式机械格栅	固定式适用于中小型格栅，深度范围较大，移动式适用于宽大格栅	1. 适用范围广泛； 2. 无水下固定部件的设备检修维护方便	1. 钢丝绳干湿交替，易腐蚀，宜用不锈钢丝绳； 2. 有水下固定部件的设备检修时需停水

（2）重心分离法。重心分离法的主要设备是沉砂池。沉砂池的设计流量应按分期建设考虑。当污水自流进入时，按每期的最大日最大时设计流量计算。当污水为提升进入时，应按每期工作水泵的最大组合流量计算。在合流制处理

系统中，可按合流设计流量计算。

沉砂池去除的砂粒相对密度为 2.65，粒径为 0.2mm 以上。

表 5-7 所列为水温在 15℃时，砂粒在静水中的沉速与砂粒平均粒径的关系。

表 5-7 砂砾直径 d 与沉速 u_0 的关系

砂粒平均粒径 d/mm	沉速 u_0/（mm/s）	砂粒平均粒径 d/mm	沉速 u_0/（mm/s）
0.20	18.7	0.35	35.1
0.25	24.2	0.40	40.7
0.30	29.7	0.50	51.6

城镇污水的沉砂量可按 0.03L/m³ 计算。合流制污水的沉砂量应根据实际情况确定。沉砂的含水率约 60%，密度约 1500kg/m³。

沉砂池贮砂斗的容积不应大于 2d 的沉砂量。采用重力排砂时，砂斗斗壁与水平面倾角不应小于 55°。

沉砂池除砂宜采用机械方法，并设置贮砂池或晒砂场。采用人工排砂时，排砂管直径不应小于 200mm。沉砂池的超高不宜小于 0.3m。

沉砂池有多种类型，常用的有平流式沉砂池、曝气沉砂池和钟式沉砂池（或旋流沉砂池）等。

1) 平流沉砂池的构造特点。平流沉砂池由人流渠、出流渠、闸板、水流部分、沉砂斗及排砂管组成，如图 5-8 所示。它具有截留无机颗粒效果较好、工作稳定、构造简单、排砂较方便等优点。

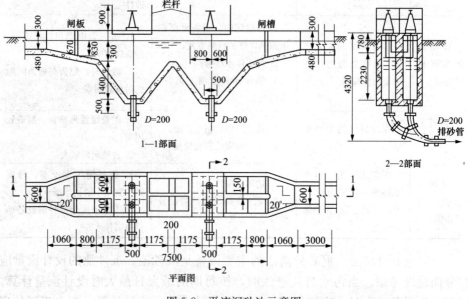

图 5-8 平流沉砂池示意图

平流沉砂池的设计，应符合下列要求。

①最大流速应为 0.3m/s，最小流速应为 0.15m/s。

②最大流量时停留时间不应少于 30s。

③有效水深不应大于 1.2m，每格宽度不宜小于 0.6m。

一级处理的污水处理厂宜采用平流沉砂池。平流沉砂池的设计计算有两种方法：第一种是无砂粒沉降资料时，计算公式见表 5-8，第二种有砂粒沉降资料时，可按砂粒平均沉降速度计算，计算公式见表 5-9。

表 5-8 无砂粒沉降计算公式

名 称	公 式	符 号 说 明
长度	$L = vt$	v——最大设计流量时的流速，m/s； t——最大设计流量时的流行时间，s
水流断面面积	$A = \dfrac{Q_{max}}{v}$	Q_{max}——最大设计流量，m³/s
池总宽度	$B = \dfrac{A}{h_2}$	h_2——设计有效水深，m
沉淀室所需容积	$V = \dfrac{Q_{max}XT \times 86\,400}{K_z 10^6}$	X——城市污水沉砂量，一般采用 30m³/10⁶m³ 污水； T——清除沉砂的时间间隔，d； K_z——生活污水流量总变化系数
池总高度	$H = h_1 + h_2 + h_3$	h_1——超高，m； h_3——沉砂室高度，m
验算最小流速	$v_{min} = \dfrac{Q_{min}}{n_1 \omega_{min}}$	Q_{min}——最小流量，m³/s； n_1——最小流量时工作的沉砂池数目，个； ω_{min}——最小流量时沉砂池中水流断面面积，m²

表 5-9 有砂粒沉降计算公式

名 称	公 式	符 号 说 明
水面面积	$F = \dfrac{Q_{max}}{u} \times 1000$ $u = \sqrt{u_0^2 - w^2}$ $w = 0.05v$	
水流断面面积	$A = \dfrac{Q_{max}}{v} \times 1000$	Q_{max}——最大设计流量，m³/s； u——砂粒平均沉降速度，mm/s；
池总宽度	$B = \dfrac{A}{h_2}$	u_0——水温 15℃时砂粒在静水压力下的沉降速度，mm/s；
设计有效水深	$h_2 = \dfrac{uL}{v}$	w——水流垂直分速度，mm/s；
池的长度	$L = \dfrac{F}{B}$	v——水平流速，mm/s；
每个沉砂池（或分格）宽度	$\beta = \dfrac{B}{n}$	n——沉砂池个数（或分格数）

2）曝气沉砂池。平流沉砂池的主要缺点是沉砂中约夹杂有 15% 的有机物，使沉砂的后续处理难度增加，故常需配置洗砂机，排砂经清洗后，有机物含量低于 10%，称为清洁砂，再外运。曝气沉砂池可克服这一缺点。

曝气沉砂池呈矩形，污水在池中存在两种流动形态：其一为水平流动，流速一般取 0.1m/s，不得超过 0.3m/s；其二在池的一侧设置曝气装置，空气扩散板一般距池底 0.6～0.9m，使池内水流做旋流运动，旋流速度在过水断面的中心处最小，而在池的周边最大，一般控制在 0.25～0.40m/s。

由于曝气和水流的旋流作用，污水中悬浮颗粒相互碰撞、摩擦，并受到空气气泡上升时的冲刷作用，使黏附在砂粒上的有机污染物得以剥离。此外，由于旋流产生的离心力，把相对密度较大的无机物颗粒甩向外层并下沉，相对密度较轻的有机物旋至水流的中心部位随水带走，从而可使沉砂中的有机物含量低于 10%。集砂槽中的沉砂可采用机械刮砂、空气提升器或泵吸式排砂机排除。曝气沉砂池断面如图 5-9 所示。

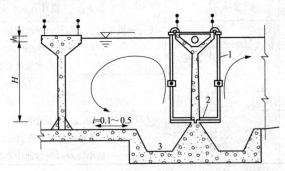

图 5-9 曝气沉砂池示意图
1—压缩空气管；2—空气扩散板；3—集砂槽

3）钟式沉砂池。钟式沉砂池又称旋流沉砂池，是利用机械力控制水流流态与流速，加速砂粒的沉淀并使有机物随水流带走的沉砂装置。

旋流沉砂池Ⅰ由进水口、出水口、沉砂分选区、集砂区、带变速箱的电动机、传动齿轮、压缩空气输送管和砂提升管及排砂管组成，如图 5-10 所示。污水由流入口沿切线方向进入沉砂区，利用电动机及传动装置带动转盘和斜坡式叶片旋转，在离心力的作用下，污水中密度较大的砂粒被甩向池壁，掉入砂斗，有机物则被留在污水中。调整转速，可达到最佳沉砂效果，沉砂用压缩空气经砂提升管、排砂管清洗后排除，清洗水回流至沉砂区。

旋流沉砂池Ⅱ由进水口、出水口、沉砂分选区、集砂区、砂抽吸管、排砂管、砂泵和电动机组成，如图 5-11 所示。该沉砂池的特点是：在进水渠末端设有能产生池壁效应的斜坡，令砂粒下沉，沿斜坡流入池底，并设有阻流板，以防止紊流。轴向螺旋桨将水流带向池心，然后向上，由此形成了一个涡形水流，平底的沉砂区能有效地保持涡流形态，较重的砂粒在靠近池心的一个环形孔口落入集砂区，而较轻的有机物由于螺旋桨的作用而与砂粒分离，最终引向出水渠。沉砂用的砂泵经砂抽吸管、排砂管清洗后排除，清洗水回流至沉砂区。

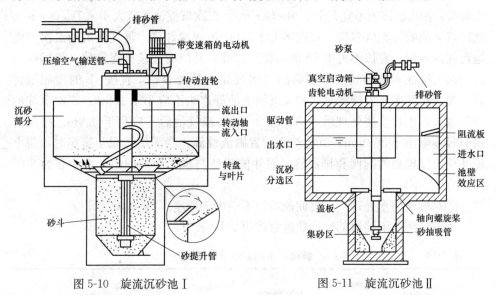

图 5-10　旋流沉砂池Ⅰ　　　　　　图 5-11　旋流沉砂池Ⅱ

（3）沉淀池的类型与设计计算。

1）沉淀池的分类。沉淀池是分离悬浮物的一种常用处理构筑物，按工艺要求的不同，可分为初次沉淀池和二次沉淀池。

初次沉淀池是一级处理污水处理厂的主体处理构筑物，或作为二级处理污水处理厂的预处理构筑物设置在生物处理构筑物前面。处理对象是悬浮物质 SS（通过沉淀处理可去除 40%～55% 以上），同时可去除部分五日生化需氧量 BOD_5（约占总五日生化需氧量的 20%～30%，主要是悬浮物质的五日生化需氧量），可改善生物处理构筑物的运行条件并降低五日生化需氧量负荷。初次沉淀池中沉淀的物质称为初次沉淀污泥。

二次沉淀池设置在生物处理构筑物之后，用于沉淀去除活性污泥或脱落的生物膜，它是生物处理系统的重要组成部分。初次沉淀池、生物膜法构筑物及其后的二次沉淀池悬浮固体和五日生化需氧量总去除率分别为 60%～90% 和 65%～90%。初次沉淀池、活性污泥法构筑物及其后的二次沉淀池悬浮固体和五日生化需氧量总去除率分别为 70%～90% 和 65%～90%。

沉淀池按池内水流方向的不同，主要可分为平流沉淀池、辐流沉淀池和竖流沉淀池。

2）城镇污水处理沉淀池的一般设计原则及参数。

①沉淀池的设计流量与沉砂池相同，当污水自流进入时，按最大日最大时设计流量计算。当污水为提升进入时，应按工作水泵的最大组合流量计算。

②沉淀池的超高不应小于0.3m，有效水深宜采用2～4m。沉淀池出水堰最大负荷：初次沉淀池不宜大于2.9L/(s·m)。二次沉淀池不宜大于1.7L/(s·m)。初次沉淀池的污泥区容积，宜按不大于2d的污泥量计算。曝气池后的二次沉淀池污泥区容积，宜按不大于2h的污泥量计算，并应有连续排泥措施。机械排泥的初次沉淀池和生物膜法处理后的二次沉淀池污泥容积，宜按4h的污泥量计算。当采用静水压力排泥时，初次沉淀池的静水头不应小于1.5m。二次沉淀池的静水头，生物膜法处理后不应小于1.2m，曝气池后不应小于0.9m。排泥管的直径不应小于200mm。沉淀池应设置撇渣设施。当采用污泥斗排泥时，每个泥斗均应设单独的闸阀和排泥管。泥斗的斜壁与水平面的倾角，方斗宜为60°，圆斗宜为55°。

③对城镇污水处理厂，沉淀池数目不应少于两座。

④城镇污水沉淀池的设计数据宜按表5-10采用。

表5-10　　　　　　　　　城镇污水沉淀池设计数据

沉淀池类型		沉淀时间/h	表面负荷（日平均流量）/[m³/(m²·h)]	污泥含水率（%）	固体负荷/[kg/(m²·d)]	堰口负荷/[L/(s·m)]
初次沉淀池		1.0～2.5	1.2～2.0	95～97		≤2.9
二次沉淀池	活性污泥法后	2.0～5.0	0.6～1.0	99.2～99.6	≤150	≤1.7
	生物膜法后	1.5～4.0	1.0～1.5	96～98	≤150	≤1.7

注　工业污水沉淀池的设计数据应按实际水质试验确定，或参照采用类似工业污水的运转或试验资料。

3）平流式沉淀池。

①平流式沉淀池的构造。平流式沉淀池示意图如图5-12所示。由流入装置、流出装置、沉淀区、缓冲区、污泥区及排泥装置等组成。

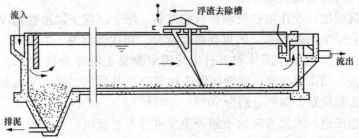

图5-12　平流式沉淀池

　　流入装置由设有侧向或槽底潜孔的配水槽、挡流板组成，起到均匀布水与消能作用。

　　流出装置由流出槽与挡板组成。流出槽采用锯齿形自由溢流堰，溢流堰严格要求水平，既可保证水流均匀，又可控制沉淀池水位。

　　缓冲层的作用是避免已沉淀的污泥被水流搅起以及缓解冲击负荷。

　　污泥区起到储存、浓缩和排泥的作用。

　　②排泥装置与方法。

　　a. 静水压力法。利用池内的静水位将污泥排出池外，排泥管直径200mm，插入污泥斗，上端伸出水面以便清通。为减少沉淀池深度，也可采用多斗式平流沉淀池。

　　b. 机械排泥法。链带式刮泥机机件长期浸入污水中，易被腐蚀，且难维修。行走小车刮泥机由于整套设备在水面上行走，腐蚀较轻，易于维修，这两种机械排泥法主要适用于初次沉淀池。当平流式沉淀池用作二次沉淀池时，由于活性污泥比重轻，含水率高达99%以上，呈絮状，故可采用单口扫描泵吸式，使集泥和排泥同时完成。采用机械排泥法时，平流式沉淀池可做成平底，使池深大大减小。

　　4) 普通辐流式沉淀池。普通辐流式沉淀池的构造特点：辐流式沉淀池又称辐射式沉淀池，池型多呈圆形，小型池子有时也采用正方形或多角形；水流在池中呈水平方向向四周辐射流，由于过水断面面积不断变大，故池中的水流速度从池中心向池四周逐渐减慢；泥斗设在池中央，池底向中心倾斜，污泥通常用刮泥（或吸泥）机械排除，如图5-13所示。

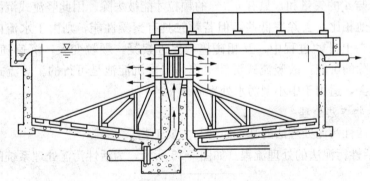

图 5-13　普通辐流式沉淀池示意图

　　沉淀池由5个部分组成，即进水区、出水区、沉淀区、贮泥区及缓冲区。

　　5) 竖流式沉淀池。竖流式沉淀池的构造特点：竖流式沉淀池可用圆形或正方形，中心进水，周边出水；沉淀区呈柱形，污泥斗呈截头倒锥体；图5-14为圆形竖流式沉淀池示意图。

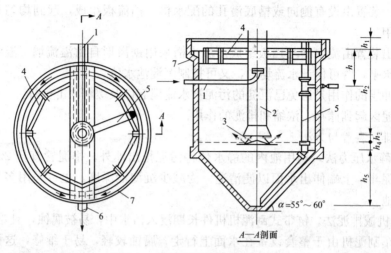

图 5-14　圆形竖流式沉淀池示意图

1—进水槽；2—中心管；3—反射板；4—挡板；5—排泥管；6—出水管；7—集水槽

　　污水从进水槽 1 进入，经中心管 2 自上而下，再经反射板 3 折向上流，沉淀水用设在池周的锯齿溢流堰溢入出水管 6，最后由集水槽 7 出水。出水管前设有挡板 4，隔除浮渣。污泥斗的倾角采用 $55°\sim60°$。污泥依靠静水压力 h 从排泥管 5 排出，排泥管采用 200mm。作为初次沉淀池用时，h 不应小于 1.5m。作为二次沉淀池用时，生物滤池后的不应小于 1.2m，曝气池后的不应小于 0.9m。

　　竖流式沉淀池的水流流速 v 是向上的，而颗粒沉速 u 是向下的，颗粒的实际沉速 v 与 u 的矢量和，只有 $u \geqslant v$ 的颗粒才能被去除。因此竖流式沉淀池与辐流式沉淀池相比，去除率低些，但若颗粒具有絮凝性能，则由于水流向上，带着微颗粒在上升的过程中，互相碰撞，促进絮凝，颗粒变大，沉速随之增大，又有被去除的可能，故竖流式沉淀池作为二次沉淀池是可行的。竖流式沉淀池的池深较深，适用于中小型污水处理厂。

　　2. 生物方法处理

　　(1) 活性污泥处理法的基本原理与主要工艺。

　　1) 活性污泥法的处理流程。如图 5-15 所示，为活性污泥处理系统的基本流

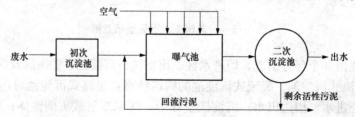

图 5-15　活性污泥处理系统基本流程

程。该系统是以活性污泥反应器——曝气池作为核心处理设备，此外还有二次沉淀池、污泥回流设施和供气与空气扩散装置。

2）常用活性污泥处理系统工艺流程简图如图 5-16 所示。

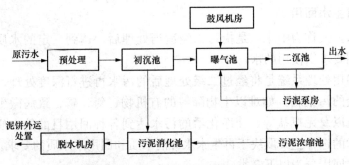

图 5-16　常用活性污泥处理系统工艺流程简图

（2）传统活性污泥法设计计算。

1）工艺概述。传统活性污泥法的最突出特点是去除有机物效率特别高，生化需氧量（英文缩写 BOD）可去除 90％以上，对以生活污水为主的城镇污水，处理出水的生化需氧量和悬浮固体都可达到 30mg/L 以下甚至更低。随着污水处理要求的提高，特别是脱氮除磷要求的提出，在传统活性污泥法基础上已开发出多种新的工艺，但在某些地区对氮磷无要求时，它仍然有竞争力，特别当污水处理厂规模大时，传统活性污泥法仍然是难以替代的。

2）设计计算步骤。

①确定设计污水量、进、出水水质、设计水温、所在地高程，选定曝气池、二次沉淀池型及曝气设备类型。

②确定设计泥龄、污泥产率系数、曝气池混合液浓度，计算曝气池容积。

③计算需氧量、供气量。

④设计二次沉淀池。

3）设计计算要点。

①传统活性污泥法泥龄较短，停留时间较短，曝气池缓冲能力差，故设计流量取最大日最大时流量进行计算。

②生化反应速率随水温变化，水温高时反应速率高，所需泥龄短，水温低时反应速率低，所需泥龄长，设计泥龄按最不利条件考虑，按最冷月平均水温计算，与之有关的污泥产率系数也按同一温度计算。

③需氧量也随水温变化，水温高时污泥活性好，需氧量大，设计按最不利的最热月平均水温计算。

④鼓风机风量要考虑污水处理厂所在地海拔高程的影响，当海拔增高，气

压降低，设备的充氧效率必然随之下降。我国绝大多数城市海拔高程均在 300m 以下，大气压力基本上是一个大气压，不存在气压修正问题，但对于海拔较高的地方，如高于 2000m 的地方，气压变化的影响不可忽略。

三、再生水回用

再生水，又称为中水，是指污水经适当处理后，达到一定的水质指标、满足某种使用要求供使用的水。

再生回用处理系统是将经过二级处理后的污水再进行深度处理，以去除二级处理剩余的污染物，如难以生物降解的有机物、氮、磷、致病微生物、细小的固体颗粒以及无机盐等，使净化后的污水达到各种回用目的的水质要求。回用处理技术的选择主要取决于再生水水源的水质和回用水水质的要求。

再生水回用分为以下 5 类。

（1）农、林、渔业用水：含农田灌溉、造林育苗、畜牧养殖、水产养殖。

（2）城市杂用水：含城市绿化、冲厕、道路清扫、车辆冲洗、建筑施工、消防。

（3）工业用水：含冷却、洗涤、锅炉、工艺、产品用水。

（4）环境用水：含娱乐性景观环境用水、观赏性景观环境用水。

（5）补充水源水：含补充地下水和地表水。

四、污泥处理

1. 污泥处理的基本方法

（1）浓缩：利用重力或气浮方法尽可能多地分离出污泥中的水分。

（2）稳定：利用消化，即生物氧化方法将污泥中的有机物固体物质转化为其他惰性物质，以免在用作土地改良剂或其他用途时，产生臭味和危害健康；或采用消毒方法，暂时抑制微生物的代谢避免产生恶臭。

（3）调理：利用加热或化学药剂处理污泥，使污泥中的水分易分离。

（4）脱水：用真空、加压或干燥方法使污泥中的水分进一步分离，减少污泥体积，降低储运成本；或利用焚化等方法将污泥固体物质转化为更稳定的物质。

2. 污泥浓缩

（1）污泥浓缩的目的。污泥中含有大量的水分，初次沉淀池污泥含水率介于 95%～97%，剩余活性污泥达 99% 以上。通过浓缩能够减少污泥体积，减小污泥处理构筑物的容积和处理所需的药剂量，缩小用于输送污泥的管道尺寸和污泥泵的能耗，节省污泥处理费用。污泥浓缩的目的在于减量化。

（2）重力污泥浓缩设计。重力浓缩应用最为广泛，因此这里主要介绍常用的重力浓缩法。按其运行方式可分为间歇式和连续式。

1）间歇式。间歇式重力浓缩池多用于小型污水处理厂，池型可建成矩形或圆形，如图5-17所示。主要设计参数是停留时间。设计停留时间最好由试验确定，在不具备试验条件时，浓缩时间不宜小于12h。应设置可排出深度不同的污泥水的设施。浓缩池上清液，应返回污水处理构筑物进行处理。

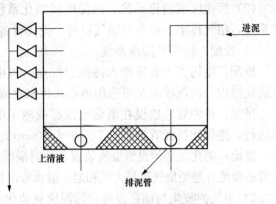

图 5-17 间歇式重力浓缩池

2）连续式。连续运行的重力浓缩池一般采用竖流式沉淀池和辐流式沉淀池的形式，如图5-18所示，多用于大、中型污水处理厂。

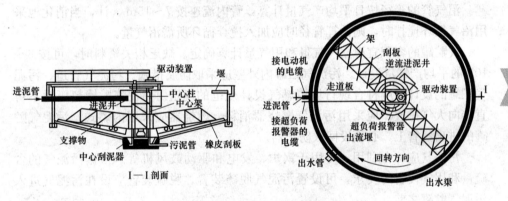

图 5-18 连续式重力浓缩池

3. 污泥消化

污泥消化是城镇污水二级处理工艺的主要处理单元，其功能是通过消化使污泥稳定。污泥消化分为好氧消化和厌氧消化两种方式。

厌氧消化是传统的消化方法，其原理是通过厌氧微生物的作用将污泥中的有机物、储存在微生物体内的有机物以及部分生物体转化为甲烷，从而达到污泥稳定。好氧消化则是通过供氧在好氧条件下对污泥进行稳定。以下主要介绍污泥厌氧消化。

（1）厌氧消化池池型。消化池的基本池型有圆筒形和蛋形两种，圆筒形结构形状简单，构筑方便，是目前应用较广的消化池池型。圆筒形消化池的池径一般为6～35m，池总高与池径之比为0.8～1.0，池底、池盖倾角一般取15°～20°，池顶集气罩直径取2～5m，高1～3m。

（2）污泥厌氧消化系统。污泥厌氧消化系统主要由污泥的投配、排泥及溢流系统，沼气排出、收集与储气设备、搅拌设备及加热设备等组成。

1）投配、排泥及溢流系统。

投配：生污泥一般先排入污泥投配池，再由污泥泵提升，经池顶进泥管送入消化池内。污泥投配泵可选用离心式污水泵或螺杆泵。

排泥：排泥管一般设在消化池池底或池子中部。进泥和排泥可以连续或间歇进行，进泥和排泥管的直径不应小于 200mm。

溢流：消化池必须设置溢流装置，及时溢流，以保持沼气室压力恒定。溢流装置必须绝对避免集气罩与大气相通。溢流管出口不得放在室内，并必须有水封。

2）沼气的收集与储存设备。污泥厌氧消化会产生大量的沼气，据估算每千克挥发性固体全部消化后可产生 0.75~1.1m³ 沼气（大约含甲烷 50%~60%）。挥发性固体的消化率一般为 40%~60%。在设计消化池时必须同时考虑相应的沼气收集、储存和安全配套设施。

沼气管的管径按日平均产气量计算，管内流速按 7~15m/s 计，当消化池采用沼气循环搅拌时，则计算管径时应加入搅拌循环所需沼气量。

气贮罐的容积宜根据产气量和用气量计算确定。缺乏相关资料时，可按 6~10h 的平均产气量设计。污泥气贮罐内外壁应采取防腐措施。污泥气管道、污泥气贮罐的设计，应符合现行城镇燃气设计规范的规定。污泥气贮罐超压时不得直接向大气排放，应采用污泥气燃烧器消耗，燃烧器应采用内燃式。污泥气贮罐的进出气管上，必须设回火防止器。

污泥气应综合利用，可用于锅炉、发电和驱动鼓风机等。根据污泥气的含硫量和用气设备的要求，可设置污泥气脱硫装置。脱硫装置应设在污泥气进入污泥气贮罐之前。

3）搅拌设备。搅拌的目的是使池内污泥温度与浓度均匀，防止污泥分层或形成浮渣层，缓冲池内碱度，从而提高污泥分解速度。当消化池内各处污泥浓度相差不超过 10% 时，被认为混合均匀。消化池的搅拌宜采用池内机械搅拌或池外循环搅拌，也可采用污泥气搅拌等。每日将全池污泥完全搅拌（循环）的次数不宜少于 3 次。间歇搅拌时，每次搅拌的时间不宜大于循环周期的 1/2。

4）加热设备。消化池的加热方式分为池外加热和池内加热两种。池外加热是通过安装在池外的热交换器加热污泥。池内加热是将低压热蒸汽直接投加到消化池，或在池内设置盘管加热。

厌氧消化池总耗热量应按全年最冷月平均日气温通过热工计算确定，应包括原生污泥加热量、厌氧消化池散热量（包括地上和地下部分）、投配和循环管道散热量等。选择加热设备应考虑 10%~20% 的富余能力。厌氧消化池及污泥投配和循环管道应进行保温。

4. 污泥脱水与利用

污泥脱水是将污泥的含水率降至 85% 以下的操作（污泥的极限游离水含量为 20%）。污泥经脱水后，一般形成泥饼，体积大大减小，以便最终的处置。

在脱水前要对污泥进行调理，改善污泥的脱水性能。工程上调理的主要方法为投加絮凝剂。一般采用高分子絮凝剂。

污泥脱水方法有自然干化和机械脱水。城镇污水处理厂一般由于场地的限制，污泥脱水主要采用机械脱水。机械脱水的方式有真空过滤、板框压滤、带式压滤和离心过滤等。板框压滤为间歇操作，一般适用于中小型污水处理厂。大中型污水处理厂目前普遍采用带式过滤或离心过滤。这里主要介绍带式压滤机的设计。

污泥脱水系统设计包括絮凝剂的选择、药量计算、配（加）药系统、过滤机的选型、加药间和脱水间设计等。

（1）污泥脱水工艺设计。

1）溶药池（数量不少于两个）。

容积：

$$V = \frac{W}{1000n\alpha}$$

式中　W——日投药量，kg/d；

n——每天的配药次数；

α——溶药浓度，一般为 2%～4%。

2）溶药池形式。大型污水处理厂的溶药池可采用混凝土结构，而中小型污水处理厂一般采用成套的加药设备，有关设备的设计和选型可参考有关手册。目前常见的溶药池形式如图 5-19 所示。

3）加药间。加药间的设计应满足加药设备的安装、运行和维修等要求，主要设备包括加药池搅拌机、加药泵、计量设备以及起吊设备等。搅拌机的功率按 0.1kW/m³ 进行选择。加药泵可采用普通离心泵或专用加药泵（柱塞泵），泵的选择按所需的流量和扬程进行。

（2）污泥的最终处置与利用。污泥最终处置即污泥的最终出路。污泥最终处置，应优先考虑综合利用。污泥综合利用，应因地制宜，我国常用的污泥处置方法主要有农田绿地利用、建筑材料利用和填埋。

第四节　沉　井　施　工

一、沉井的构造

沉井的组成部分包括井筒、刃脚、隔墙、梁、底板，如图 5-20 所示。

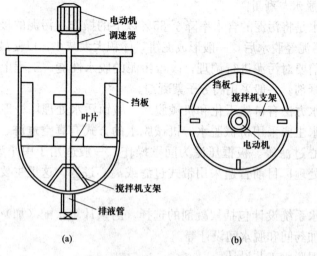

图 5-19　溶药池结构形式

（a）侧视图；（b）俯视图

1. 井筒

井筒即沉井的井壁，是沉井的主要组成部分，它作为地下构筑物的围护结构和基础，要有足够的强度，其内部空间可充分利用。井筒是靠它的自重或外力克服筒壁周围的土的摩阻力而下沉。井筒一般用钢筋混凝土、砌砖或钢材等材料制成，如图 5-20 所示。

2. 刃脚

刃脚在沉井井筒的下部，形状为内刃环刀，其作用是使井筒下沉时减少井壁下端切土的阻力，并便于操作人员挖掘靠近

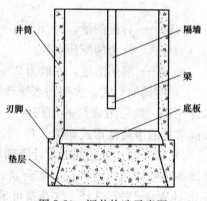

图 5-20　沉井构造示意图

沉井刃脚外壁的土体。刃脚的高度视土质的坚硬程度而异，当土质松软时应适当加高。刃脚下端有一个水平的支承面，通称刃脚踏面，其底宽一般为 150～300mm，刃脚踏面以上为刃脚斜面，在井筒壁的内侧，它与水平面的夹角一般为 50°～60°，当沉井在坚硬土层中下沉时，刃脚踏面的底宽宜取 150mm。为防止脚踏面受到损坏，可用角钢加固。当采用爆破法清除刃脚下的障碍物时，要在刃脚的外缘用钢板包住，以达到加固的目的，如图 5-21 所示。

3. 隔墙、壁柱和横梁

为满足沉井在交工后的使用要求，增加井筒的刚度及防止井筒在施工过程

中的突然下沉，一般在较大的沉井井筒内设置横、纵隔墙或梁，隔墙的底标高高出刃脚踏面 500～1000mm。如因设置隔墙而影响使用和井筒下沉的操作，可改用横梁或由上、下横梁和壁柱组成的框架加固井壁。

4. 底板

沉井的底板在井筒的下部，是沉井的井底。为增强井壁与底板的连接，在刃脚上部井筒壁上留有连接底板的企口凹槽，深度为 100～200mm。

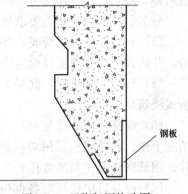

钢板

图 5-21　刃脚加固构造图

二、沉井准备工作

1. 基坑准备

(1) 按施工方案要求，进行施工平面布置，设定沉井中心桩，轴线控制桩，基坑开挖深度及边坡。

(2) 沉井施工影响附近建（构）筑物、管线或河岸设施时，应采取控制措施，并应进行沉降和位移监测，测点应设在不受施工干扰和方便测量的地方。

(3) 地下水位应控制在沉井基坑以下 0.5m，基坑内的水应及时排除。采用沉井筑岛法制作时，岛面标高应比施工期最高水位高出 0.5m 以上。

(4) 基坑开挖应分层有序进行，保持平整和疏干状态。

2. 地基与垫层施工

(1) 制作沉井的地基应具有足够的承载力，地基承载力不能满足沉井制作阶段的荷载时，应按设计进行地基加固。

(2) 刃脚的垫层采用砂垫层上铺垫木或素混凝土，且应满足下列要求。

1) 垫层的结构厚度和宽度应根据土体地基承载力、沉井下沉结构高度和结构形式，经计算确定。素混凝土垫层的厚度还应便于沉井下沉前凿除。

2) 砂垫层分布在刃脚中心线的两侧范围，应考虑方便抽除垫木。砂垫层宜采用中粗砂，并应分层铺设、分层夯实。

3) 垫木铺设应使刃脚底面在同一水平面上，并符合设计起沉标高的要求。平面布置要均匀对称，每根垫木的长度中心应与刃脚底面中心线重合，定位垫木的布置应使沉井有对称的着力点。

4) 采用素混凝土垫层时，其强度等级应符合设计要求，表面平整。

(3) 沉井刃脚采用砖模时，其底模和斜面部分可采用砂浆、砖砌筑。每隔适当距离砌成垂直缝。砖模表面可采用水泥砂浆抹面，并应涂一层隔离剂。

三、沉井预制

结构的钢筋、模板、混凝土工程施工应符合有关规定和设计要求。混凝土应对称、均匀、水平连续分层浇筑，并应防止沉井偏斜。

分节制作沉井的相关要求如下。

（1）每节制作高度应符合施工方案要求且第一节制作高度必须高于刃脚部分。井内设有底梁或支撑梁时应与刃脚部分整体浇捣。

（2）设计无要求时，混凝土强度应达到设计强度等级75%后，方可拆除模板或浇筑后节混凝土。

（3）混凝土施工缝处理应采用凹凸缝或设置钢板止水带，施工缝应凿毛并清理干净。内外模板采用对拉螺栓固定时，其对拉螺栓的中间应设置防渗止水片。钢筋密集部位和预留孔底部应辅以人工振捣，保证结构密实。

（4）沉井每次接高时各部位的轴线位置应一致、重合，及时做好沉降和位移监测。必要时应对刃脚地基承载力进行验算，并采取相应措施确保地基及结构的稳定。

（5）分节制作、分次下沉的沉井，前次下沉后进行后续接高施工。

1）应验算接高后稳定系数等，并应及时检查沉井的沉降变化情况，严禁在接高施工过程中沉井发生倾斜和突然下沉。

2）后续各节的模板不应支撑于地面上，模板底部应距地面不小于1m。

四、下沉施工

1. 排水下沉

（1）应采取措施，确保下沉和降低地下水过程中不危及周围建（构）筑物、道路或地下管线，并保证下沉过程和终沉时的坑底稳定。

（2）下沉过程中应进行连续排水，保证沉井范围内地层水疏干。

（3）挖土应分层、均匀、对称进行。对于有底梁或支撑梁沉井，其相邻格仓高差不宜超过0.5m。开挖顺序应根据地质条件、下沉阶段、下沉情况综合运用和灵活掌握，严禁超挖。

（4）用抓斗取土时，井内严禁站人，严禁在底梁以下任意穿越。

2. 不排水下沉

（1）沉井内水位应符合施工设计控制水位。下沉有困难时，应根据内外水位、井底开挖几何形状、下沉量及速率、地表沉降等监测资料综合分析调整井内外的水位差。

（2）机械设备的配备应满足沉井下沉以及水中开挖、出土等要求，运行正常。废弃土方、泥浆应专门处置，不得随意排放。

（3）水中开挖、出土方式应根据井内水深、周围环境控制要求等因素选择。

3. 沉井下沉控制

（1）下沉应平稳、均衡、缓慢，发生偏斜应通过调整开挖顺序和方式"随挖随纠、动中纠偏"。

（2）应按施工方案规定的顺序和方式开挖。

（3）沉井下沉影响范围内的地面四周不得堆放任何东西，车辆来往要减少震动。

（4）沉井下沉监控测量。

1）下沉时标高、轴线位移每班至少测量一次，每次下沉稳定后应进行高差和中心位移量的计算。

2）终沉时，每小时测一次，严格控制超沉，沉井封底前自沉速率应小于10mm/8h。

3）如发生异常情况应加密量测。

4）大型沉井应进行结构变形和裂缝观测。

4. 辅助法下沉

（1）沉井外壁采用阶梯形以减少下沉摩擦阻力时，在井外壁与土体之间应有专人随时用黄砂均匀灌入，四周灌入黄砂的高差不应超过500mm。

（2）采用触变泥浆套助沉时，应采用自流渗入、管路强制压注补给等方法。触变泥浆的性能应满足施工要求，泥浆补给应及时以保证泥浆液面高度。施工中应采取措施防止泥浆套损坏失效，下沉到位后应进行泥浆置换。

（3）采用空气幕助沉时，管路和喷气孔、压气设备及系统装置的设置应满足施工要求。开气应自上而下，停气应缓慢减压，压气与挖土应交替作业。确保施工安全。

（4）沉井采用爆破方法开挖下沉时，应符合国家有关爆破安全的规定。

五、沉井封底

1. 干封底

（1）在井点降水条件下施工的沉井应继续降水，并稳定保持地下水位距坑底不小于0.5m。在沉井封底前应用大石块将刃脚下垫实。

（2）封底前应整理好坑底和清除浮泥，对超挖部分应回填砂石至规定标高。

（3）采用全断面封底时，混凝土垫层应一次性连续浇筑。有底梁或支撑梁分格封底时，应对称逐格浇筑。

（4）钢筋混凝土底板施工前，井内应无渗漏水且新、老混凝土接触部位凿毛处理，并清理干净。

（5）封底前应设置泄水井，底板混凝土强度达到设计强度等级且满足抗浮要求时，方可封填泄水井、停止降水。

2. 水下封底

（1）基底的浮泥、沉积物和风化岩块等应清除干净。软土地基应铺设碎石或卵石垫层。

（2）混凝土凿毛部位应洗刷干净。

（3）浇筑混凝土的导管加工、设置应满足施工要求。

（4）浇筑前，每根导管应有足够的混凝土量，浇筑时能一次将导管底埋住。

（5）水下混凝土封底的浇筑顺序，应从低处开始，逐渐向周围扩大。井内有隔墙、底梁或混凝土供应量受到限制时，应分格对称浇筑。

（6）每根导管的混凝土应连续浇筑，且导管埋入混凝土的深度不宜小于1.0m。各导管间混凝土浇筑面的平均上升速度不应小于0.25m/h。相邻导管间混凝土上升速度宜相近，最终浇筑成的混凝土面应略高于设计高程。

（7）水下封底混凝土强度达到设计强度等级，沉井能满足抗浮要求时，方可将井内水抽除，并凿除表面松散混凝土进行钢筋混凝土底板施工。

第六章

城 市 管 道 工 程

第一节　城市供热管道工程

一、供热管道的分类

随着城镇建设的发展，集中供热成为解决工业生产和居民生活的重要热源和供热方式。城镇供热管网是指由热源向热用户输送和分配供热介质的管线系统，包括一级管网、热力站和二级管网。

（1）按热媒种类分类，如图 6-1 所示。城镇供热管网按照热媒不同分为蒸汽管网和热水管网，具体技术参数如下。

1）工作压力小于或等于 1.6MPa，介质温度小于或等于 350℃的蒸汽管网。

2）工作压力小于或等于 2.5MPa，介质温度小于或等于 200℃的热水管网。

（2）按所处位置分类，如图 6-2 所示。

（3）按敷设方式分类，如图 6-3 所示。

（4）按系统形式分类，如图 6-4 所示。

（5）按供回方式分类，如图 6-5 所示。

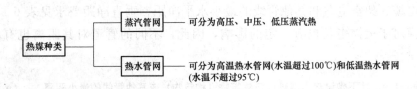

图 6-1　供热管网按热媒分类示意图

图 6-2　供热管网按所处位置分类示意图

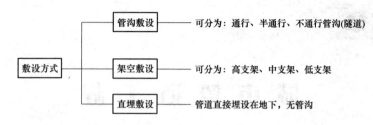

图 6-3　供热管网按敷设方式分类示意图

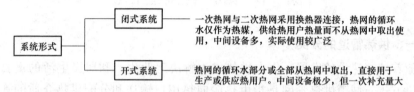

图 6-4　供热管网按系统形式分类示意图

图 6-5　供热管网按供回方式分类图

二、供热管道施工基本要求

1. 供热管网与建筑物的最小距离

热力网管沟的外表面、直埋敷设热水管道与建筑物、构筑物、道路、铁路、电缆、架空电线和其他管线的最小水平净距、垂直净距要求见表 6-1。供热管道对于植物生长也有一定的影响，因此，不同的管道对其距离也有相应的要求。

表 6-1　　地下敷设热力网管道与建筑物（构筑物）或其他管线的最小距离　　（m）

设施、管道名称			最小水平净距	最小垂直净距
建筑物基础	管沟敷设热力网管道		0.5	—
	直埋闭式热水热力网管道	DN≤250mm	2.5	—
		DN≥300mm	3.0	—
	直埋开式热水热力网管道		5.0	—
铁路钢轨			钢轨外侧3.0	轨底1.2
电车钢轨			钢轨外侧2.0	轨底1.0

设施、管道名称			最小水平净距	最小垂直净距
铁路、公路路基边坡底脚或边坡的边缘			1.0	—
通信、照明或10kV以下电力线路的电杆			1.0	—
桥墩（高架桥、栈桥）边缘			2.0	—
架空管道支架基础边缘			1.5	—
高压输电线路铁塔基础边缘 35~220kV			3.0	—
通信电缆管块			1.0	0.15
直埋通信电缆（光缆）			1.0	0.15
电力电缆	≤35kV		2.0	0.5
	≤110kV		2.0	1.0
燃气管道	管沟敷设热力网管道	燃气压力<0.01MPa	1.5	钢管0.15，聚乙烯管在上0.2，聚乙烯管在下0.3
		燃气压力≤0.4MPa	1.5	
		燃气压力≤0.8MPa	2.0	
		燃气压力>0.8MPa	4.0	
	直埋敷设热力网管道	燃气压力≤0.4MPa	1.0	钢管0.15，聚乙烯管在上0.5，聚乙烯管在下1.0
		燃气压力≤0.8MPa	1.5	
		燃气压力>0.8MPa	2.0	
给水管道			1.5	0.15
排水管道			1.5	0.15
压缩空气、二氧化碳管道			1.0	0.15
乙炔、氧气管道			1.5	0.25
地铁			5.0	0.8
电气铁路接触网电杆基础			3.0	—
乔木（中心）			1.5	—
灌木（中心）			1.5	—
车行道路面			—	0.7

注 本表不包括直埋敷设蒸汽管道与建筑物、其他管线的净距。

直埋供热蒸汽管道与其他设施的最小净距见表6-2，钢外护管真空复合保温管的布置要求同此表。

表6-2　　　　直埋供热蒸汽管道与其他设施的最小净距 　　　　　　(m)

设施、管道名称		最小水平净距	最小垂直净距
给水、排水管道		1.5	0.15
燃气管道（钢）	$P \leq 0.4$MPa	1.0	0.15
	0.4MPa$< P \leq 0.8$MPa	1.5	0.15
	$P > 0.8$MPa	2.0	0.15

设施、管道名称		最小水平净距	最小垂直净距
压缩空气、二氧化碳管道		1.0	0.15
乙炔、氧气管道		1.5	0.25
易燃、可燃液体管道		1.5	0.30
架空管道管架基础边缘		1.5	—
排水盲沟沟边		1.5	0.50
地铁		5.0	0.80
电气铁路接触电杆基础		3.0	—
道路、铁路路基边坡底脚		1.0	0.70（路面）
铁路		3.0（钢轨）	1.20（轨底）
灌溉渠沟边缘		2.0	—
桥梁支座基础（高架桥、栈桥）		2.0	—
照明、通信电杆中心		1.0	—
建筑物基础边缘	$DN \leqslant 250mm$	3.0	—
	$DN \geqslant 300mm$		
围墙基础边缘		1.0	—
电缆	通信电缆管块	1.0	0.30
	电力电缆	2.0	0.50
	电力电缆$\leqslant 110kV$	2.0	1.00
架空输电线电杆基础	$\leqslant 1kV$	1.0	—
	$35 \sim 220kV$	3.0	—
	$330 \sim 500kV$	5.0	—
乔木或灌木中心		3.0	—

注 表格内空白时为相应标准未作规定。

不同的标准对净距的要求有所差异，在实际施工过程中，尚应符合相关专业设施、管道的标准要求，同时应尊重其产权单位的意见，当保证净距确有困难时，可以采取必要的措施，经设计单位同意后，按设计文件的要求执行。

热力网管沟内不得穿过燃气管道，当热力管沟与燃气管道交叉的垂直净距小于 300mm 时，必须采取可靠措施，防止燃气泄漏进入管沟。

管沟敷设的热力网管道进入建筑物或穿过构筑物时，管道穿墙处应封堵严密。

地上敷设的供热管道同架空输电线路或电气化铁路交叉时，管道的金属部分，包括交叉点 5m 范围内钢筋混凝土结构的钢筋应接地，接地电阻不大于 10Ω。

2. 管道材料与连接要求

城镇供热管网管道应采用无缝钢管、电弧焊或高频焊焊接钢管。管道的规格和钢材的质量应符合设计和规范要求。管道的连接应采用焊接，管道与设备、阀门等连接宜采用焊接，当设备、阀门需要拆卸时，应采用法兰连接。

保证供热安全是管道的基本要求，需要从材料质量、焊接检验和设备检测等方面进行严格控制，保证施工质量。

为保证管道安装工程质量，焊接施工单位应符合下列规定。

（1）有负责焊接工艺的焊接技术人员、检查人员和检验人员。

（2）有符合焊接工艺要求的焊接设备且性能稳定可靠。

（3）有精度等级符合要求、灵敏度可靠的焊接检测设备。

（4）有保证焊接工程质量达到标准的措施。

施工单位首次使用的钢材、焊接材料、焊接方法，应在焊接前进行焊接工艺试验，编制焊接工艺方案。

公称直径大于或等于 400mm 的钢管和现场制作的管件，焊缝根部应进行封底焊接，封底焊接宜采用氩气保护焊，必要时也可采用双面焊接方法。

3. 管道焊接质量检验

在施工过程中，焊接质量检验依次为：对口质量检验、表面质量检验、无损探伤检验、强度和严密性试验。管道的无损检验标准应符合设计要求和规范规定。焊缝无损探伤检验必须由具备资质的检验单位完成，应对每位焊工至少检验一个转动焊口和一个固定焊口。转动焊口经无损检验不合格时，应取消该焊工对本工程的焊接资格。固定焊口经无损检验合格时，应对该焊工焊接的焊口按规定的检验比例加倍抽检，仍有不合格时，取消该焊工焊接资格。对取消焊接资格的焊工所焊的全部焊缝应进行无损探伤检验。

钢管与设备、管件连接处的焊缝应进行 100％无损探伤检验。管线折点处现场焊接的焊缝，应进行 100％的无损探伤检验。焊缝返修后应进行表面质量及100％的无损探伤检验，其检验数量不计在规定检验数中。现场制作的各种管件，数量按 100％进行，其合格标准不得低于管道无损检验标准。

三、供热管道施工前的准备工作

1. 技术准备

（1）组织有关技术人员熟悉施工图纸，搞好各专业施工图纸的会审，参加设计交底，领会设计意图，掌握工程的特点、重点、难点，了解相关专业工种之间的配合要求。组织编制施工组织设计和施工方案，履行相关的审批手续。编制危险性较大的分部分项工程安全专项施工方案，按要求组织专家论证、修改完善，履行相关的审批手续。

（2）做好施工所涉及的相关专业施工及验收规范、质量检查验收、资料整理等标准的准备工作，收集国家、行业、部委和地方对供热管网施工相关管理规定。

（3）开工前详细了解项目所在地区的气象自然条件情况、场地条件和水文地质情况，有针对性地做好施工平面布置，确保施工顺利进行。需要降水时，应执行当地水务和建设主管部门的规定，必要时应将降水方案报相关部门审批，组织专家进行经济技术和可行性等论证。降水应事先进行，同时做好降水监测、环境影响监测和防治工作，保护地下水资源。

（4）根据建设单位提供的地下管线及建（构）筑物资料，组织技术及测量人员对施工影响范围内的建（构）筑物、地下管线等设施状况进行探查，确定与热力管道的位置关系，制定相应的保护措施。各种保护措施应取得所属单位的同意和配合，给水、排水、燃气、电缆等地下管线及其构筑物应能正常使用，加固后的线杆、树木等应稳固，各相邻建筑物和地上设施在施工中和施工后，不得发生沉降、倾斜或塌陷。

2. 物资准备

（1）全面熟悉标书、承包合同等有关文件，按照计划落实好主要材料的货源，做好订货采购、催交和验货工作，并根据施工进度，组织好材料、设备、施工机具的进场接收和检验工作。钢管的材质、规格和壁厚等应符合设计规定和现行国家标准要求，材料的合格证书、质量证明书及复验报告齐全、完整。属于特种设备的压力管道元件（管道、弯头、三通、阀门等），制造厂家还应有相应的特种设备制造资质，其质量证明文件、验收文件还应符合特种设备安全监察机构的相关规定。

实物、标识应与质量证明文件相符。钢外护管真空复合保温管和管件应逐件进行外观检验和电火花检测。

（2）供热管网中所用的阀门等附件，必须有制造厂的产品合格证。一级管网主干线所用阀门及与一级管网主干线直接相连通的阀门，支干线首端和供热站入口处起关闭、保护作用的阀门及其他重要阀门，应由工程所在地有资质的检测部门进行强度和严密性试验，合格后方可使用。

四、供热管道施工技术

（1）管道沟槽到底后，地基应由施工、监理、建设、勘察和设计等单位共同验收。对不符合要求的地基，由设计或勘察单位提出地基处理意见。

（2）管道安装前，应完成支、吊架的安装及防腐处理。支架的制作质量应符合设计和使用要求，支、吊架的位置应准确、平整、牢固，标高和坡度符合设计规定。管件制作和可预组装的部分宜在管道安装前完成，并经检验合格。

（3）管道对接时，管道应平直，在距接口中心 200mm 处测量，允许偏差

1mm，对接管道的全长范围内，最大偏差值应不超过 10mm。对口焊接前，应重点检验坡口质量、对口间隙、错边量、纵焊缝位置等。坡口表面应整齐、光洁，不得有裂纹、锈皮、熔渣和其他影响焊接质量的杂物。不合格的管口应进行修整。

（4）电焊连接有坡口的钢管和管件时，焊接层数不得少于两层。管道的焊接顺序和方法，不得产生附加应力。每层焊完后，清除熔渣、飞溅物，并进行外观检查，发现缺陷，铲除重焊。不合格的焊接部位，应采取措施返修，同一部位焊缝的返修不得超过两次。

（5）采用偏心异径管（大小头）时，蒸汽管道的变径应管底相平（俗称底平）安装在水平管路上，以便于排出管内冷凝水。热水管道变径应管顶相平（俗称顶平）安装在水平管路上，以利于排出管内空气。

（6）施工间断时，管口应用堵板封闭，雨期施工时应有防止管道漂浮、泥浆进入管腔的措施，直埋蒸汽管道应有防止工作管和保温层进水的措施。

（7）直埋保温管安装过程中，出现折角或管道折角大于设计值时，应经设计确认。距补偿器 12m 范围内管段不应有变坡或转角。两个固定支座之间的直埋蒸汽管道，不宜有折角。已安装完毕的直埋保温管道末端必须按设计要求进行密封处理。

（8）直埋蒸汽管道的工作管，应采用有补偿的敷设方式，钢质外护管宜采用无补偿方式敷设。钢质外护管必须进行外防腐，必须设置排潮管。外护管防腐层应进行全面在线电火花检漏及施工安装后的电火花检漏，耐击穿电压应符合国家现行标准的要求，对检漏中发现的损伤处须进行修补，并进行电火花检测，合格后方可进行回填。

（9）管道穿过基础、墙壁、楼板处，应安装套管或预留孔洞，且焊口不得置于套管中、孔洞内以及隐蔽的地方，穿墙套管每侧应出墙 20～25mm。穿过楼板的套管应高出板面 50mm。套管与管道之间的空隙可用柔性材料填塞。套管直径应比保温管道外径大 50mm。套管中心的允许偏差为 10mm，预留孔洞中心的允许偏差为 25mm。

五、供热管道附件安装要求

1. 补偿器安装

目前常用的补偿器主要有：L 形补偿器、Z 形补偿器、Ⅱ 形（或 Ω 形）补偿器、波形（波纹）补偿器、球形补偿器和填料式（套筒式）补偿器等几种形式。

有补偿器装置的管段，补偿器安装前，管道和固定支架之间不得进行固定。补偿器的临时固定装置在管道安装、试压、保温完毕后，应将紧固件松开，保证在使用中可自由伸缩。

直管段设置补偿器的最大距离和补偿器弯头的弯曲半径应符合设计要求。

在靠近补偿器的两端，应设置导向支架，保证运行时管道沿轴线自由伸缩。

当安装时的环境温度低于补偿零点（设计的最高温度与最低温度差值的1/2）时，应对补偿器进行预拉伸，拉伸的具体数值应符合设计文件的规定。经过预拉伸的补偿器，在安装及保温过程中应采取措施保证预拉伸不被释放。

L形、Z形、Ⅱ形补偿器一般在施工现场制作，制作应采用优质碳素钢无缝钢管。通常Ⅱ形补偿器应水平安装，平行臂应与管线坡度及坡向相同，垂直臂应呈水平。垂直安装时，不得在弯管上开孔安装放风管和排水管。

波形补偿器或填料式补偿器安装时，补偿器应与管道保持同轴，不得偏斜，有流向标记（箭头）的补偿器，流向标记与介质流向一致。填料式补偿器芯管的外露长度应大于设计规定的变形量。

球形补偿器安装时，与球形补偿器相连接的两垂直臂的倾斜角度应符合设计要求，外伸部分应与管道坡度保持一致。

采用直埋补偿器时，在回填后其固定端应可靠锚固，活动端应能自由变形。

2. 管道支架（固定支架、活动支架）安装

管道的支承结构称为支架，作用是支承管道并限制管道的变形和位移，承受从管道传来的内压力、外载荷及温度变形的弹性力，通过它将这些力传递到支承结构。根据支架对管道的约束作用不同，可分为活动支架和固定支架。按结构形式可分为托架、吊架和管卡三种。除埋地管道外，管道支架制作与安装是管道安装中的第一道工序。

(1) 固定支架。固定支架主要用于固定管道，均匀分配补偿器之间管道的伸缩量，保证补偿器正常工作，多设置在补偿器和附件旁。固定支架承受作用力较为复杂，不仅承受管道、附件、管内介质及保温结构的重量，同时还承受管道因温度、压力的影响而产生的轴向伸缩推力和变形应力，并将作用力传递到支承结构。所以固定支架必须有足够的强度。其主要分为卡环式（用于不需要保温的管道上）和挡板式（用于保温管道上）。

在直埋敷设或不通行管沟中，固定支座也可采用钢筋混凝土固定墩的形式。

固定支架必须严格安装在设计位置，位置应正确，埋设平整，与土建结构结合牢固。支架处管道不得有环焊缝，固定支架不得与管道直接焊接固定。固定支架处的固定角板，只允许与管道焊接，切忌与固定支架结构焊接，以防形成"死点"，限制了管道的伸缩，这样极易发生事故。

直埋供热管道的折点处应按设计的位置和要求设置钢筋混凝土固定墩，以保证管道系统的稳定性。

(2) 活动支架。活动支架的作用是直接承受管道及保温结构的重量，并允许管道在温度作用下，沿管轴线自由伸缩。活动支架可分为：滑动支架、导向支架、滚动支架和悬吊支架等4种形式。

1）滑动支架。滑动支架是能使管子与支架结构间自由滑动的支架，其主要承受管道及保温结构的重量和因管道热位移摩擦而产生的水平推力，可分为低位支架和高位支架，前者适用于室外不保温管道，后者适用于室外保温管道。滑动支架形式简单，加工方便，使用广泛。

2）导向支架。导向支架的作用是使管道在支架上滑动时不致偏离管轴线。一般设置在补偿器、阀门两侧或其他只允许管道有轴向移动的地方。

3）滚动支架。滚动支架是以滚动摩擦代替滑动摩擦，以减少管道热伸缩时的摩擦力。可分为滚柱支架及滚珠支架两种。滚柱支架用于直径较大而无横向位移的管道。滚珠支架用于介质温度较高、管径较大而无横向位移的管道。

4）悬吊支架。可分为普通刚性吊架和弹簧吊架。普通刚性吊架主要用于伸缩性较小的管道，加工、安装方便，能承受管道荷载的水平位移。弹簧吊架适用于伸缩性和振动性较大的管道，形式复杂，在重要场合使用。普通吊架由卡箍、吊杆、支承结构组成。

活动支架安装基本要求如下。

1）采用预制的混凝土墩作滑动、导向支架时，混凝土的抗压强度应达到设计要求。滑板面露出混凝土表面，纵向中心线与管道中心线的偏差不应大于5mm，标高符合设计要求。支架上承接滑托的滑动支承板、滑动平面和导向支架的导向板滑动平面应平整、光滑、接触良好，不得有歪斜和卡涩现象。

2）管沟敷设时，在距沟口0.5m处应设滑动、导向支（吊）架。无热位移管道滑托、吊架的吊杆应垂直于管道轴线安装。有热位移管道滑托、吊架的吊杆中心应处于与管道位移方向相反的一侧，其位移量应按设计要求进行安装，设计无要求时应为计算位移量的1/2。具有不同位移量或位移方向不同的管道，不得共用同一吊杆或滑托。

3）弹簧支、吊架的安装高度应按设计要求进行调整。弹簧的临时固定件，应在管道安装、试压、保温完毕后拆除。

3. 阀门安装

安装前应核对阀门的型号、规格是否与设计相符。查看阀门是否有损坏，阀杆是否歪斜、灵活，指示是否正确等。阀门搬运时严禁随手抛掷，应分类摆放。阀门吊装搬运时，钢丝绳应拴在法兰处，不得拴在手轮或阀杆上。阀门应清理干净，并严格按指示标记及介质流向确定其安装方向，采用自然连接，严禁强力对口。

阀门的开关手轮应放在便于操作的位置，水平安装的闸阀、截止阀的阀杆应处于上半周范围内。

当阀门与管道以法兰或螺纹方式连接时，阀门应在关闭状态下安装，以防止异物进入阀门密封座。当阀门与管道以焊接方式连接时，宜采用氩弧焊打底，这是因为氩弧焊所引起的变形小，飞溅少，背面透度均匀，表面光洁、整齐，很少产生缺陷。另外，焊接时阀门不得关闭，以防止受热变形和因焊接而造成密封面损伤，焊机地线应搭在同侧焊口的钢管上，严禁搭在阀体上。对于承插式阀门还应在承插端头留有 1.5mm 的间隙，以防止焊接时或操作中承受附加外力。

集群安装的阀门应按整齐、美观、便于操作的原则进行排列。

4. 已预制防腐层和保温层的管道及附件的保护措施

对已预制防腐层和保温层的管道及附件，在吊装、运输和安装前必须制定防止防腐层、保温层损坏以及防水的技术措施，并严格实施。

六、供热管道回填

按照设计要求材料和标准进行分层回填。直埋管回填时土中不得含有碎砖、石块、大于 100mm 的冻土块及其他杂物，防止损坏防腐保护层。管沟回填执行给水排水管道回填标准。当管道回填至管顶 0.3m 以上时，在管道正上方连续平敷黄色聚乙烯警示带，警示带不得撕裂或扭曲，相互搭接处不少于 0.2m。管道的竣工图上除标注坐标外还应标拴桩位置。

七、供热管网附件

1. 补偿器

(1) 任何材料随温度变化，其几何尺寸将发生变化，变化量的大小取决于某一方向的和该物体的总长度。线膨胀系数是指物体单位长度温度每升高 1℃ 后物体的相对伸长。当该物体两端被相对固定，则会因尺寸变化产生内应力。供热管网的介质温度较高，供热管道本身长度又长，故管道产生的温度变形量就大，其热膨胀的应力也会很大。为了释放温度变形，消除温度应力，以确保管网运行安全，必须根据供热管道的热伸长量及应力计算设置适应管道温度变形的补偿器，计算式见表 6-3。

(2) 供热管道的热伸长及应力计算实例。已知一条供热管道的某段长 200m，材料为碳素钢，安装时环境温度为 0℃，运行时介质温度为 125℃，设定此段管道两端刚性固定，中间不设补偿器，求运行时的最大热伸长量 ΔL 及最大热膨胀应力 σ。

解：　　$\Delta L = \alpha L \Delta t = 12 \times 10^{-6} \times 200 \times (125 - 0) \text{m} = 0.3 \text{m}$

　　　　$\sigma = E \alpha \Delta t = 20.14 \times 10^{4} \times 12 \times 10^{-6} \times (125 - 0) \text{MPa} = 302.1 \text{MPa}$

表 6-3　　　　　　　　　供热管道的热伸长及应力计算式简表

名称	计算式	说　明
热伸长量计算	$\Delta L = \alpha L \Delta t$	ΔL——热伸长量（m）；α——管材线膨胀系数，碳素钢 $\alpha = 12 \times 10^{-6} \text{m/(m·℃)}$；$L$——管段长度（m）；$\Delta t$——管道在运行时的温度与安装时的环境温度差（℃）

续表

名称	计算式	说　明
热膨胀应力计算	$\sigma = E\alpha\Delta t$	σ——热应力（MPa）；E——管材弹性模量（MPa）；碳素钢 $E=20.14\times10^4$ MPa，其余同上

由上可知，供热管道在运行中其产生的热胀应力极大，远远超过钢材的许用应力（$\sigma\approx140$MPa），故在工程中只有选用合适的补偿器，才能消除热胀应力，从而确保供热管道的安全运行。

（3）补偿器类型分为自然补偿器和人工补偿器两种。

1）自然补偿是利用管路几何形状所具有的弹性来吸收热变形。最常见的是将管道两端以任意角度相接，多为两管道垂直相交。自然补偿的缺点是管道变形时会产生横向的位移，而且补偿的管段不能很大。自然补偿器分为 L 形（管段中 90°～150°弯管）和 Z 形（管段中两个相反方向 90°弯管），安装时应正确确定弯管两端固定支架的位置。

2）人工补偿是利用管道补偿器来吸收热变形的补偿方法，常用的有方形补偿器（Ⅱ形补偿器）、波形补偿器、球形补偿器和填料式补偿器等。

①方形补偿器。如图 6-6 所示，由管子弯制或由弯头组焊而成，利用刚性较小的回折管挠性变形来消除热应力及补偿两端直管部分的热伸长量。其优点是制造方便，补偿量大，轴向推力小，维修方便，运行可靠。缺点是占地面积较大。

②填料式补偿器。又称套筒式补偿器，如图 6-7 所示，主要由三部分组成：带底脚的套筒、插管和填料。内外管的间隙用填料密封，内插管可以随温度变化自由活动，从而起到补偿作用。其材质有铸铁和钢质两种，铸铁的适用于压力在 1.3MPa 以下的管道，钢质的适用于压力不超过 1.6MPa 的热

图 6-6　方形补偿器

力管道。填料式补偿器安装方便，占地面积小，流体阻力较小，抗失稳性好，补偿能力较大。缺点是轴向推力较大，易漏水漏气，需经常检修和更换填料，对管道横向变形要求严格。

③球形补偿器。如图 6-8 所示，是由外壳、球体、密封圈压紧法兰组成，它是利用球体管接头转动来补偿管道的热伸长而消除热应力的，适用于三向位移的热力管道。其优点是占用空间小，节省材料，不产生推力。但易漏水、漏汽，要加强维修。

297

图 6-7　填料式补偿器

图 6-8　球形补偿器

　　④波形补偿器。如图 6-9 所示，是靠波形管壁的弹性变形来吸收热胀或冷缩量，按波数的不同分为一波、二波、三波和四波，按内部结构的不同分为带套筒和不带套筒两种。它的优点是结构紧凑，只发生轴向变形，与方形补偿器相比占据空间位置小。缺点是制造比较困难，耐压低，补偿能力小，轴向推力大。

　　上述补偿器中，自然补偿器、方形补偿器和波形补偿器是利用补偿材料的变形来吸收热伸长的，而填料式补偿器和球形补偿器则是利用管道的位移来吸收热伸长的。

　　近年来，又发展起来一种新型补偿器，即旋转补偿器，如图 6-10 所示，作为一种专利技术已在部分地区被采用。它主要由旋转管、密封压盖、密封座、锥体连接管等组成，主要用于蒸汽和热水管道，设计介质温度为 $-60\sim485℃$，设计压力为 $0\sim5MPa$。其补偿原理是通过成双旋转筒和 L 形力臂形成力偶，使大小相等、方向相反的一对力，由力臂回绕着 Z 轴中心旋转，就像杠杆转动一样，支点分别在两侧的旋转补偿器上，以达到力偶两边管道产生的热伸长量的吸收。

图 6-9　波形补偿器

图 6-10　旋转补偿器

　　这种补偿器安装在热力管道上需要2个或3个成组布置，形成相对旋转结构吸收管道热位移，从而减少管道应力。突出特点是其在管道运行过程中处于无应力状态。其他特点：补偿距离长，一般200～500m设计安装一组即可（但也要考虑具体地形）。无内压推力。密封性能好，由于密封形式为径向密封，不产生轴向位移，尤其耐高压。采用该型补偿器后，固定支架间距增大，为避免管段挠曲要适当增加导向支架，为减少管段运行的摩擦阻力，在滑动支架上应安装滚动支座。

　　旋转补偿器动作原理如图6-11所示。

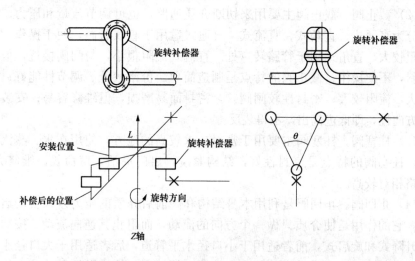

图6-11　旋转补偿器动作原理

旋转补偿器的现场安装情况如图6-12所示。

图6-12　旋转补偿器的现场安装情况

2. 阀门

阀门是用启闭管路，调节被输送介质流向、压力、流量，以达到控制介质流动、满足使用要求的重要管道部件。供热管道工程中常用的阀门有：闸阀、截止阀、止回阀、柱塞阀、蝶阀、球阀、减压阀、安全阀、疏水阀及平衡阀等。

(1) 闸阀。闸阀是用于一般汽、水管路作全启或全闭操作的阀门。按阀杆所处的状况可分为明杆式和暗杆式。按闸板结构特点可分为平行式和楔式。闸阀的特点是安装长度小，无方向性；全开启时介质流动阻力小；密封性能好；加工较为复杂，密封面磨损后不易修理。当管径 $DN>50mm$ 时宜选用闸阀。

(2) 截止阀。截止阀主要用来切断介质通路，也可调节流量和压力。截止阀可分为直通式、直角式、直流式。直通式适用于直线管路，便于操作，但阀门流阻较大。直角式用于管路转弯处。直流式流阻很小，与闸阀接近，但因阀杆倾斜，不便操作。截止阀的特点是制造简单、价格较低、调节性能好；安装长度大，流阻较大；密封性较闸阀差，密封面易磨损，但维修容易；安装时应注意方向性，即低进高出，不得装反。

(3) 柱塞阀。柱塞阀主要用于密封要求较高的地方，使用在水、蒸汽等介质上。柱塞阀的特点是密封性好，结构紧凑，启门灵活，寿命长，维修方便。但价格相对较高。

(4) 止回阀。止回阀是利用本身结构和阀前后介质的压力差来自动启闭的阀门，它的作用是使介质只做一个方向的流动，而阻止其逆向流动。按结构可分为升降式和旋启式，前者适用于小口径水平管道，后者适用于大口径水平或垂直管道。止回阀常设在水泵的出口、疏水器的出口管道以及其他不允许流体反向流动的地方。

(5) 蝶阀。蝶阀主要用于低压介质管路或设备上进行全开全闭操作。按传动方式可分为手动、涡轮传动、气动和电动。手动蝶阀可以安装在管道任何位置，带传动机构的蝶阀，必须垂直安装，保证传动机构处于铅垂位置。蝶阀的特点是体积小，结构简单，启闭方便、迅速且较省力，密封可靠，调节性能好。

(6) 球阀。球阀主要用于管路的快速切断。主要特点是流体阻力小，启闭迅速，结构简单，密封性能好。球阀适用于低温（不大于 $150℃$）、高压及黏度较大的介质以及要求开关迅速的管道部位。

(7) 安全阀。安全阀是一种安全保护性的阀门，主要用于管道和各种承压设备上，当介质工作压力超过允许压力数值时，安全阀自动打开向外排放介质，随着介质压力的降低，安全阀将重新关闭，从而防止管道和设备的超压危险。安全阀分为杠杆式、弹簧式、脉冲式。安全阀适用于锅炉房管道以及不同压力级别管道系统中的低压侧。

(8) 减压阀。减压阀主要用于蒸汽管路，靠开启阀孔的大小对介质进行节流而达到减压目的，它能以自力作用将阀后的压力维持在一定范围内。减压阀可分为活塞式、杠杆式、弹簧薄膜式、气动薄膜式。减压阀的特点是体积小，重量轻，耐温性能好，便于调节，制作难度大，灵敏度低。

（9）疏水阀。疏水阀安装在蒸汽管道的末端或低处，主要用于自动排放蒸汽管路中的凝结水，阻止蒸汽逸漏和排除空气等非凝性气体，对保证系统正常工作，防止凝结水对设备的腐蚀以及汽水混合物对系统的水击等均有重要作用。常用的疏水阀有浮桶式、热动力式及波纹管式等几种，其中热动力疏水阀因其体积小、排水量大，在实际工程中应用较多。

（10）平衡阀。平衡阀对供热系统管网的阻力和压差等参数加以调节和控制，从而满足管网系统按预定要求正常、高效运行。分为静态和动态两类，动态又分为自力式流量控制阀和自力式压差控制阀。

八、供热站

供热站是供热管网的重要附属设施，是供热网路与热用户的连接场所。它的作用是根据热网工况和不同的条件，采用不同的连接方式，将热网输送的热媒加以调节、转换，向热用户系统分配热量以满足用户需要。并根据需要，进行集中计量、检测供热热媒的参数和数量。

（1）供热站房设备间的门应向外开。当热水热力站站房长度大于 12m 时应设两个出口，热力网设计水温小于 100℃时可只设一个出口。蒸汽热力站不论站房尺寸如何，都应设置两个出口。安装孔或门的大小应保证站内需检修复换的最大设备出入。多层站房应考虑用于设备垂直搬运的安装孔。

（2）设备基础施工应符合设计和规范要求。设备基础施工按设计采取相应的隔震、防沉降的措施。设备进场应对设备数量、包装、型号、规格、外观质量和技术文件进行开箱检查，填写相关记录，合格后方可安装。

管道及设备安装前，土建施工单位、工艺安装单位及监理单位应对预埋吊点的数量及位置，设备基础位置、表面质量、几何尺寸、标高及混凝土质量，预留孔洞的位置、尺寸及标高等共同复核检查，并办理书面交验手续。

各种设备应根据系统总体平面布置按照适宜的顺序进行安装，并与土建施工结合起来。设备的平面位置应按设计要求测设，精度应符合设计和规范要求，地脚螺栓安装位置正确，埋设牢固，垫铁高程符合要求，与设备密贴，设备底座与基础之间进行必要的灌浆处理。机械设备与基础装配紧密，连接牢固。

设备基础地脚螺栓底部锚固环钩的外缘与预留孔壁及孔底的距离不得小于15mm。拧紧螺母后，螺栓外露长度应为 2～5 倍螺距。灌筑地脚螺栓用的细石混凝土（或水泥砂浆）应比基础混凝土的强度等级提高一级。拧紧地脚螺栓时，灌筑混凝土的强度应不小于设计强度的 75%。

（3）管道安装在主要设备安装完成、支吊架以及土建结构完成后进行。管道支吊架位置及数量应满足设计及安装要求。管道安装前,应按施工图和相关建(构)筑物的轴线、边缘线、标高线划定安装的基准线。仔细核对一次水系统供回水管道方向与外网的对应关系,切忌接反。

(4)管道的材质、规格、型号、接口形式以及附件设备选型均应符合设计图纸要求。钢管焊接应严格执行焊接工艺评定和作业指导书技术参数,焊接人员应持证上岗,并经现场考试合格方可作业。

(5)管道安装过程中的敞口应进行临时封闭。管道穿越基础、建筑楼板和墙体等结构应在土建施工中预埋套管。管道焊缝等接口不得留置在套管中。管道应排列整齐、美观,并排安装的管道,直线部分应相互平行,曲线部分应保持与直线部分相等的间距。管道的支、吊、托架安装应符合设计要求,位置准确,埋设牢固。管道阀门、安全阀等附件设备安装应方便操作和维修,管道上同类型的温度表和压力表规格应一致,且排列整齐、美观,并经计量检定合格。

(6)管道与设备连接时,设备不得承受附加外力,进入管内的杂物及时清理干净。泵的吸入管道和输出管道应有各自独立、牢固的支架,泵不得直接承受系统管道、阀门等的重量和附加力矩。管道与泵连接后,不应在其上进行焊接和气割。当需焊接和气割时,应拆下管道或采取必要的措施,并应防止焊渣进入泵内。

(7)蒸汽管道和设备上的安全阀应有通向室外的排汽管,热水管道和设备上的安全阀应有接到安全地点的排水管,并应有足够的截面积和防冻措施确保排放通畅。在排汽管和排水管上不得装设阀门。排放管应固定牢固。

(8)管道焊接完成,应进行外观质量检查和无损检测,无损检测的标准、数量应符合设计和相关规范要求。合格后按照系统分别进行强度和严密性试验。强度和严密性试验合格后进行除锈、防腐、保温。

(9)泵的试运转应在其各附属系统单独试运转正常后进行,且应在有介质情况下进行试运转,试运转的介质或代用介质均应符合设计的要求。泵在额定工况下连续试运转时间不应少于2h。

第二节 城市燃气管道工程施工

一、燃气的分类

燃气的种类有很多,可分为天然气、人工燃气、液化石油气、生物气4种。可以作为城市燃气气源供应的主要是天然气和液化石油气,人工燃气将逐步被以上两种燃气所取代,生物气可以在农村或乡镇作为以村或户为单位的能源。

1. 天然气

天然气有多种分类方式，按照勘探、开采技术可分为常规天然气和非常规天然气两大类。

（1）常规天然气。常规天然气按照矿藏特点可分为气田气、石油伴生气和凝析气田气等。

1）气田气是指产自天然气气藏的纯天然气。气田气的组分以甲烷为主。

2）石油伴生气是指与石油共生的、伴随石油一起开采出来的天然气。石油伴生气的主要成分是甲烷、乙烷、丙烷和丁烷。

3）凝析气田气是指从深层气田开采的含石油轻质馏分的天然气。凝析气田气除含有大量甲烷外，还含有质量分数 2%～5% 的戊烷及戊烷以上的碳氢化合物。

（2）非常规天然气。非常规天然气是指由于目前技术经济条件的限制尚未投入工业开采及制取的天然气资源，包括天然气水合物、煤层气、页岩气、煤制天然气等。

1）天然气水合物俗称"可燃冰"，是天然气与水在一定条件下形成的类冰固态化合物。形成天然气水合物的主要气体为甲烷。

2）煤层气又称煤层甲烷气，是煤层形成过程中经过生物化学和变质作用以吸附或游离状态存在于煤层及围岩中的自储式天然气。

3）页岩气是以吸附或游离状态存在于暗色泥页岩或高碳泥页岩中的天然气。

4）煤制天然气是指煤经过气化产生合成气，再经过甲烷化处理，生产出的代用天然气（SNG）。煤制天然气的能源转化效率较高，技术已基本成熟，是生产石油替代产品的有效途径。生产煤制天然气的耗水量在煤化工行业中相对较少，而转化效率又相对较高，因此，与耗水量较大的煤制油相比具有明显的优势。此外，生产煤制天然气过程中利用的水中不存在污染物质，对环境的影响也较小。

2. 人工燃气

人工燃气是以煤或石油系产品为原料转化制得的可燃气体。按照生产方法和工艺的不同，一般可分为固体燃料干馏煤气、固体燃料气化煤气、油制气、高炉煤气。

（1）固体燃料干馏煤气是利用焦炉、连续式直立碳化炉和立箱炉等对煤进行干馏所获得的煤气。

（2）固体燃料气化煤气是以煤作为原料采用纯氧和水蒸气为汽化剂，获得高压蒸汽氧鼓风煤气，也叫高压气化煤气。压力氧化煤气、水煤气、发生炉煤气等均属于此类煤气。

（3）油制气是利用重油（炼油厂提取汽油、煤油和柴油之后所剩的油品）制取的燃气。

（4）高炉煤气是冶金工厂炼铁时的副产气，主要组分是一氧化碳和氮气。

目前，作为城市气源的人工燃气主要有：焦炉炼焦副产的高温干馏煤气、以纯氧和水蒸气作汽化剂的高压气化煤气和以石脑油为原料的油制气。

3. 液化石油气

液化石油气是在天然气及石油开采或炼制石油过程中，作为副产品而获得的一部分碳氢化合物，分为天然石油气和炼厂石油气。

4. 生物气

各种有机物质，如蛋白质、纤维素、脂肪、淀粉等，在隔绝空气的条件下发酵，并在微生物的作用下产生可燃性气体，叫作生物气，也称作沼气。生物气的低发热值约为 20 900kJ/Nm³（4993kcal/Nm³）。目前，沼气在一些乡镇中得到了广泛的应用。

二、燃气管道的分类

1. 根据用途分类

（1）长距离输气管道。其干管及支管的末端连接城市或大型工业企业，作为供应区气源点。

（2）城市燃气管道。

1）分配管道。在供气地区将燃气分配给工业企业用户、公共建筑用户和居民用户。分配管道包括街区和庭院的分配管道。

2）用户引入管。将燃气从分配管道引到用户室内管道引入口处的总阀门。

3）室内燃气管道。通过用户管道引入口的总阀门将燃气引向室内，并分配到每个燃气用具。

（3）工业企业燃气管道。

1）工厂引入管和厂区燃气管道：将燃气从城市燃气管道引入工厂，分送到各用气车间。

2）车间燃气管道：从车间的管道引入口将燃气送到车间内各个用气设备（如窑炉）。

3）车间燃气管道包括干管和支管。

4）炉前燃气管道：从支管将燃气分送给炉上各个燃烧设备。

2. 根据敷设方式分类

（1）地下燃气管道：一般在城市中常采用地下敷设。

（2）架空燃气管道：在管道通过障碍时或在工厂区为了管理维修方便，采用架空敷设。

3. 根据输气压力分类

（1）燃气管道设计压力不同，对其安装质量和检验要求也不尽相同，燃气管道按压力分为不同的等级，其分类见表6-4。

表6-4　　　　　　　　　城镇燃气管道设计压力分类　　　　　　　　（MPa）

低压	中压		次高压		高压	
	B	A	B	A	B	A
<0.01	≥0.01，≤0.2	>0.2，≤0.4	>0.4，≤0.8	>0.8，≤1.6	>1.6，≤2.5	>2.5，≤4.0

（2）次高压燃气管道，应采用钢管。中压燃气管道，宜采用钢管或铸铁管。低压地下燃气管道采用聚乙烯管材时，应符合有关标准的规定。

（3）燃气管道之所以要根据输气压力来分级，是因为燃气管道的严密性与其他管道相比，有特别严格的要求，漏气可能导致火灾、爆炸、中毒或其他事故。燃气管道中的压力越高，管道接头脱开或管道本身出现裂缝的可能性和危险性也越大。当管道内燃气的压力不同时，对管道材质、安装质量、检验标准和运行管理的要求也不同。

（4）中压B和中压A管道必须通过区域调压站、用户专用调压站才能给城市分配管网中的低压和中压管道供气，或给工厂企业、大型公共建筑用户以及锅炉房供气。一般由城市高压B燃气管道构成大城市输配管网系统的外环网。高压B燃气管道也是给大城市供气的主动脉。高压燃气必须通过调压站才能送入中压管道、高压储气罐以及工艺需要高压燃气的大型工厂企业。

（5）高压A输气管通常是贯穿省、地区或连接城市的长输管线，它有时构成了大型城市输配管网系统的外环网。城市燃气管网系统中各级压力的干管，特别是中压以上压力较高的管道，应连成环网，初建时也可以是半环形或枝状管道，但应逐步构成环网。

（6）城市、工厂区和居民点可由长距离输气管线供气，个别距离城市燃气管道较远的大型用户，经论证确系经济合理和安全可靠时，可自设调压站与长输管线连接。除了一些允许设专用调压器的、与长输管线相连接的管道检查站用气外，单个的居民用户不得与长输管线连接。

在确有充分必要的理由和安全措施可靠的情况下，并经有关上级批准之后，城市里采用高压燃气管道也是可以的。同时，随着科学技术的发展，有可能改进管道和燃气专用设备的质量，提高施工管理的质量和运行管理的水平，在新建的城市燃气管网系统和改建旧有的系统时，燃气管道可采用较高的压力，这样能降低管网的总造价或提高管道的输气能力。

三、燃气管道安装要求

1. 工程基本规定

（1）燃气管道对接安装引起的误差不得大于 3°，否则应设置弯管，次高压燃气管道的弯管应考虑盲板力。

（2）管道与建筑物、构筑物、基础或相邻管道之间的水平和垂直净距应符合要求。

1）燃气管道与建筑物、构筑物、基础或相邻管道之间的水平和垂直净距，不应小于表 6-5、表 6-6 的规定。

表 6-5　　　　地下燃气管道与建（构）筑物等最小水平净距　　　　（m）

序号	项目		地下燃气金属管道							地下燃气塑料管道	
			低压	中压		次高压		高压		低压	中压
				B	A	B	A	B	A		
1	建筑物	基础外墙面（出地面处）	0.7	0.0	1.5	— 5.0	— 13.5	见 GB 50028—2006 表 6.4.11 表 6.4.12		1.2	1.5
2	给水管		0.5	0.5	0.5	1.0	1.5	0.5			
3	污水、雨水、排水管		1.0	1.2	1.2	1.5	2.0	1.2			
4	电力电缆（含电车电缆）	直埋	0.5	0.5	0.5	1.0	1.5	1.0			
		在导管内	1.0	1.0	1.0	1.0	1.5				
5	通信电缆	直埋	0.5	0.5	0.5	1.0	1.5	0.5			
		在导管内	1.0	1.0	1.0	1.0	1.5	1.0			
6	其他燃气管道	$DN \leqslant 300mm$	0.4	0.4	0.4	0.4	0.4	0.4			
		$DN > 300mm$	0.5	0.5	0.5	0.5	0.5	0.5			
7	供热管	＜150℃直埋 供水	1.0	1.0	1.0	1.5	2.0	1.5			
		＜150℃直埋 回水						3.0			
		＜150℃管沟（至外壁）热水	1.0	1.5	1.5	2.0	4.0	3.0			
		＜150℃管沟（至外壁）蒸汽						2.0			
8	电杆（塔）的基础	≤35kV	1.0	1.0	1.0	1.0	1.0	1.0			
		＞35kV	2.0	2.0	2.0	5.0	5.0	5.0			
9	通信、照明电杆（至电杆中心）		1.0	1.0	1.0	1.0	1.0	1.0			
10	铁路路堤坡角		5.0	5.0	5.0	5.0	5.0	5.0			
11	有轨电车钢轨		2.0	2.0	2.0	2.0	2.0	2.0			
12	街树（至树中心）		0.75	0.75	0.75	1.2	1.2	1.2			
13	人防通道外墙		—	—	—	—	—	2.0			

表 6-6　　　　地下燃气管道与建（构）筑物之间的最小垂直净距　　　　　　（m）

序号	项目		地下燃气管道		
			钢管道	塑料管道	
				在该设施上方	在该设施下方
1	给水管、燃气管道		0.15	0.15	0.15
2	排水管		0.15	0.15	0.20（加套管）
3	供热管	<150℃直埋供热管	0.15	0.50（加套管）	1.30（加套管）
		<150℃热水供热管沟，蒸汽供热管沟	0.15	0.40 或 0.20（加套管）	0.30（加套管）
		<280℃蒸汽供热管沟	0.15	1.00（加套管）套管有降温措施可缩小	不允许
4	电缆	直埋	0.50	0.50	0.50
		在导管内	0.15	0.20	0.20
5	铁路（轨底）		1.20	—	1.20（加套管）
6	有轨电车（轨底）		1.00	—	

　　2）无法满足上述安全距离时，应将管道设于管道沟或刚性套管的保护设施中，套管两端应用柔性密封材料封堵。

　　3）保护设施两端应伸出障碍物且与被跨越障碍物间的距离不应小于 0.5m。对有伸缩要求的管道，保护套管或地沟不得妨碍管道伸缩且不得损坏绝热层外部的保护壳。

　　（3）管道埋设的最小覆土厚度。地下燃气管道埋设的最小覆土厚度（路面至管顶）应符合下列要求：埋设在车行道下时，不得小于 0.9m；埋设在非车行道下时，不得小于 0.6m；埋设在机动车不能到达地方时，不得小于 0.3m；埋设在水田下时，不得小于 0.8m（不能满足上述规定时应采取有效的保护措施）。

　　（4）地下燃气管道不宜与其他管道或电缆同沟敷设。当需要同沟敷设时，必须采取防护措施。

　　2. 市政燃气管道的布线依据及原则

　　（1）管道中燃气的压力。

　　（2）街道其他地下管道的密集程度与布置情况。

　　（3）街道交通量和路面结构情况，以及运输干线的分布情况。

　　（4）所输送燃气的含湿量，必要的管道坡度，街道地形变化情况。

　　（5）与该管道相连接的用户量及用气量情况，该管道是主要管道还是次要管道。

　　（6）线路上所遇到的障碍物情况。

（7）土壤性质、腐蚀性能和冰冻线深度。

（8）该管道在施工、运行和意外发生故障时，对城市交通和人民生活的影响。

（9）高压管网宜布置在城市边缘或市内有足够安全距离的地带。

（10）中压管道宜布置成环网，以提高输气和配气的安全可靠性。

（11）高、中压管道应考虑调压站的布点位置和对大型用户直接供气的可能性。

（12）由高、中压管道直接供气的大型用户，末端必须考虑设置专用调压站的位置。

（13）高、中压管道应尽量避免穿越铁路等大型障碍物，以减少工程量和投资。

（14）高、中压管道必须综合考虑近期建设与长期规划的关系。

（15）低压管网以环状管网为主体，也允许存在枝状管道。

（16）有条件时，应尽可能布置在街坊内兼作庭院管道。

（17）低压管道应按规划道路布线，并与道路轴线或建筑物的前沿相平行，尽可能避免在高级路面的街道下敷设。

（18）要满足地下管道与建筑物、构筑物或相邻管道之间的水平净距。

3. 管道的埋深布置

（1）地下燃气管道宜在冰冻线以下。管顶覆土厚度还应满足下列要求。

1）埋设在车行道下时，不得小于 0.9m。

2）埋设在非机动车车道（含人行道）下时，不得小于 0.6m。

3）埋设在机动车不可能到达的地方时，不得小于 0.3m。

4）埋设在水田下时，不得小于 0.8m。

注：当不能满足上述规定时，应采取行之有效的安全防护措施。

（2）燃气管道不得在地下穿过房屋或其他建筑物，不得平行敷设在有轨电车轨道之下，也不得与其他地下设施上下并置。

（3）一般情况下不得穿过其他管道本身，如特殊情况需要穿过其他大断面管道，需征得有关方面的同意，且燃气管道必须安装在钢套管内。

（4）燃气管道与其他各种构筑物以及管道相交应满足最小垂直净距。

4. 燃气管道穿越构建筑物

（1）不得穿越的规定有以下两种。

1）地下燃气管道不得从建筑物和大型构筑物的下面穿越。

2）地下燃气管道不得在堆积易燃、易爆材料和具有腐蚀性液体的场地下面穿越。

（2）地下燃气管道穿过排水管、热力管沟、联合地沟、隧道及其他各种用途沟槽时，应将燃气管道敷设于套管内。套管伸出构筑物外壁不应小于1K415032-1中燃气管道与构筑物的水平距离。套管两端的密封材料应采用柔性的防腐、防水材料密封。

（3）燃气管道穿越铁路、高速公路、电车轨道和城镇主要干道时应符合下列要求。

1）穿越铁路和高速公路的燃气管道，其外应加套管，并提高绝缘、防腐等措施。

2）穿越铁路的燃气管道的套管，应符合下列要求。

①套管埋设的深度：铁路轨道至套管顶不应小于1.20m，并应符合铁路管理部门的要求。

②套管宜采用钢管或钢筋混凝土管。

③套管内径应比燃气管道外径大100mm以上。

④套管两端与燃气管的间隙应采用柔性的防腐、防水材料密封，其一端应装设检漏管。

⑤套管端部距路堤坡脚外距离不应小于2.0m。

3）燃气管道穿越电车轨道和城镇主要干道时宜敷设在套管或地沟内。穿越高速公路的燃气管道的套管、穿越电车轨道和城镇主要干道的燃气管道的套管或地沟，应符合下列要求。

①套管内径应比燃气管道外径大100mm以上，套管或地沟两端应密封，在重要地段的套管或地沟端部宜安装检漏管。

②套管端部距电车边轨不应小于2.0m，距道路边缘不应小于1.0m。

③燃气管道宜垂直穿越铁路、高速公路、电车轨道和城镇主要干道。

5. 燃气管道通过河流

燃气管道通过河流时，可采用穿越河底或采用管桥跨越的形式。

（1）当条件允许时，可利用道路、桥梁跨越河流，并应符合下列要求。

1）利用道路、桥梁跨越河流的燃气管道，其管道的输送压力不应大于0.4MPa。

2）当燃气管道随桥梁敷设或采用管桥跨越河流时，必须采取安全防护措施。

3）燃气管道随桥梁敷设，宜采取如下安全防护措施。

①敷设于桥梁上的燃气管道应采用加厚的无缝钢管或焊接钢管，尽量减少焊缝，对焊缝进行100%无损探伤。

②跨越通航河流的燃气管道管底标高，应符合通航净空的要求，管架外侧应设置护桩。

③在确定管道位置时，应与随桥敷设的其他可燃的管道保持一定间距并符

合有关规定。

④管道应设置必要的补偿和减震措施。

⑤过河架空的燃气管道向下弯曲时，向下弯曲部分与水平管夹角宜采用 45°形式。

⑥对管道应做较高等级的防腐保护。对于采用阴极保护的埋地钢管与随桥管道之间应设置绝缘装置。

（2）燃气管道穿越河底时，应符合下列要求。

1）燃气管道宜采用钢管。

2）燃气管道至规划河底的覆土厚度，应根据水流冲刷条件确定，对不通航河流不应小于 0.5m；对通航的河流不应小于 1.0m，还应考虑疏浚和投锚深度。

3）稳管措施应根据计算确定。

4）在埋设燃气管道位置的河流两岸上、下游应设立标志。

四、燃气管道安装施工

1. 土方工程

（1）土的分类。土是由岩石经过物理、化学、生物风化作用以及剥蚀、搬运、沉积作用在交错复杂的自然环境中所生成的各类沉积物。土的固相主要是由大小不同、形状各异的多种矿物颗粒构成的，对有些土来讲，除矿物颗粒外还含有有机质。土的固体颗粒的大小和形状、矿物成分及组成情况对土的物理力学性质有很大的影响。

土的分类方法有很多，工程上把土分为以下 4 类。

一类土：指砂、腐殖土等。用尖锹（少数用镐）即可开挖。

二类土：指黄土类、软盐渍土和碱土、松散而软的砾石、掺有碎石的砂和腐殖土等。用尖锹（少数用镐）即可开挖。

三类土：指黏土或冰碛黏土、重壤土、粗砾石、干黄土或掺有碎石的自然含水量黄土等。须用尖锹并同镐开挖。

四类土：指硬黏土、含碎石的重壤土、含巨砾的冰碛黏土、泥板岩等。开挖须用尖锹、镐和撬棍同时进行。

（2）土方工程的基本规定。土方施工前，建设单位应组织有关单位向施工单位进行现场交桩。临时水准点、管道轴线控制桩、高程桩，应经过复核后方可使用，并应经常校核。

施工单位应会同建设等有关单位，核对管线路由、相关地下管线以及构筑物的资料，必要时局部开挖核实。

施工前，建设单位应对施工区域内有碍施工的已有地上、地下障碍物，与有关单位协商处理完毕。

在施工中，燃气管道穿越其他市政设施时，应对市政设施采取保护措施，必要时应征得产权单位的同意。

在地下水位较高的地区或雨季施工时，应采取降低水位或排水措施，及时清除沟内积水。

（3）施工现场安全防护。在沿车行道、人行道施工时，应在管沟沿线设置安全护栏，并应设置明显的警示标志。在施工路段沿线，应设置夜间警示灯。

在繁华路段和城市主要道路施工时，宜采用封闭式施工方式。

在交通不可中断的道路上施工，应有保证车辆、行人安全通行的措施，并应设有负责安全的人员。

（4）开挖沟槽。混凝土路面和沥青路面的开挖应使用切割机切割。管道沟槽应按设计规定的平面位置和标高开挖。当采用人工开挖且无地下水时，槽底预留值宜为 0.05～0.10m。当采用机械开挖或有地下水时，槽底预留值不应小于 0.15m。管道安装前应人工清底至设计标高。

管沟沟底宽度和工作坑尺寸，应根据现场实际情况和管道敷设方法确定，也可按下列要求确定。

1）单管沟底组装按表 6-7 确定。

表 6-7　　　　　　　　　单管沟底组装的沟底宽度尺寸

管道公称管径/mm	50～80	100～200	250～350	400～450	500～600	700～800	900～1000	1100～1200	1300～1400
沟底宽度/m	0.6	0.7	0.8	1.0	1.3	1.6	1.8	2.0	2.2

2）单管沟边组装和双管同沟敷设可按下式计算：

$$\alpha = D_1 + D_2 + S + C$$

式中　α——沟底宽度，m；

D_1——第一条管道外径，m；

D_2——第二条管道外径，m；

S——两管道之间的设计净距，m；

C——工作宽度，在沟底组装 $C=0.6$m，在沟边组装 $C=0.3$m。

在无地下水的天然湿度土壤中开挖沟槽时，如沟深不超过表 6-8 的规定，沟壁可不设边坡。

表 6-8　　　　　　　　　　　不设边坡沟槽深度

土壤名称	沟槽深度/m	土壤名称	沟槽深度/m
填实的砂土或砾石土	≤1.00	黏土	≤1.50
亚砂土或亚黏土	≤1.25	坚土	≤2.00

当土壤具有天然湿度、构造均匀、无地下水、水文地质条件良好，且挖深小于 5m，不加支撑时，沟槽的最大边坡率可按表 6-9 确定。在无法达到以上要求时，应用支撑加固沟壁。对不坚实的土壤应及时做连续支撑，支撑物应有足够的强度。

沟槽一侧或两侧临时堆土位置和高度不得影响边坡的稳定性和管道安装。堆土前应对消防栓、雨水口等设施进行保护。

局部超挖部分应回填压实。当沟底无地下水时，超挖在 0.15m 以内，可用原土回填；超挖在 0.15m 以上，可用石灰土处理。当沟底有地下水或含水量较大时，应用级配砂石或天然砂回填至设计标高。超挖部分回填后应压实，其密实度应接近原地基天然土的密实度。

表 6-9 深度在 5m 以内的沟槽最大边坡率（不加支撑）

土壤名称	边坡率（1：n）		
	人工开挖并将土抛于沟边上	机械开挖	
		在沟底挖土	在沟边上挖土
砂土	1：1.00	1：0.75	1：1.00
亚砂土	1：0.67	1：0.50	1：0.75
亚黏土	1：0.50	1：0.33	1：0.75
黏土	1：0.33	1：0.25	1：0.67
含砾土卵石土	1：0.67	1：0.50	1：0.75
泥炭岩白垩土	1：0.33	1：0.25	1：0.67
干黄土	1：0.25	1：0.10	1：0.33

注 1. 如人工挖土抛于沟槽上即时运走，可采用机械在沟底挖土的坡度值。

2. 临时堆土高度不宜超过 1.5m，靠墙堆土时，其高度不得超过墙高的 1/3。

在湿陷性黄土地区，不宜在雨季施工，或在施工时切实排除沟内积水，开挖时应在槽底预留 0.03～0.06m 厚的土层进行压实处理。

沟底遇有废弃构筑物、硬石、木头、垃圾等杂物时必须清除，然后铺一层厚度不小于 0.15m 的砂土或素土，并整平压实至设计标高。

对软土地基及特殊性腐蚀土壤，应按设计要求处理。

当开挖难度较大时，应编制安全施工的技术措施，并向现场施工人员进行安全技术交底。

（5）管沟回填与路面修复。管道主体安装检验合格后，沟槽应及时回填，但需留出未检验的安装接口。回填前，必须将槽底施工遗留的杂物清除干净。对特殊地段，应经监理（建设）单位认可，并采取有效的技术措施，方可在管道焊接、防腐检验合格后全部回填。

不得用冻土、垃圾、木材及软性物质回填。管道两侧及管顶以上 0.5m 内的回填土，不得含有碎石、砖块等杂物，且不得用灰土回填。距管顶 0.5m 以上的回填土中的石块不得多于 10%，直径不得大于 0.1m，且均匀分布。

沟槽的支撑应在管道两侧及管顶以上 0.5m 回填完毕并压实后，在保证安全的情况下进行拆除，并以细砂填实缝隙。沟槽回填时，应先回填管底局部悬空部位，然后回填管道两侧。回填土应分层压实，每层虚铺厚度 0.2～0.3m，管道两侧及管顶以上 0.5m 内的回填土必须采用人工压实，管顶 0.5m 以上的回填土可采用小型机械压实，每层虚铺厚度宜为 0.25～0.4m。

回填土压实后，应分层检查密实度，并做好回填记录。如图 6-13 所示，对 I、II 区部位，密实度不应小于 90%。对 III 区部位，密实度应符合相应地面对密实度的要求。

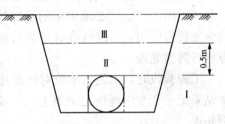

图 6-13　回填土断面图

沥青路面和混凝土路面的恢复，应由具备专业施工资质的单位施工。回填路面的基础和修复路面材料的性能不应低于原基础和路面材料。

当地市政管理部门对路面恢复有其他要求时，应按当地市政管理部门的要求执行。

（6）警示带敷设。埋设燃气管道的沿线应连续敷设警示带。警示带敷设前应对敷设面压实，并平整地敷设在管道的正上方，距管顶的距离宜为 0.3～0.5m，但不得敷设于路基和路面里。

警示带宜采用黄色聚乙烯等不易分解的材料，并印有明显、牢固的警示语，字体不宜小于 100mm ×100mm。

（7）标志敷设。当燃气管道设计压力大于或等于 0.8MPa 时，管道沿线宜设置路面标志。对混凝土和沥青路面，宜使用铸铁标志。对人行道和土路，宜使用混凝土方砖标志。对绿化带、荒地和耕地，宜使用钢筋混凝土桩标志。

路面标志应设置在燃气管道的正上方，并能正确、明显地指示管道的走向和地下设施。设置位置应为管道转弯处，三通、四通处，管道末端等，直线管段路面标志的设置间隔不宜大于 200m。

铸铁标志和混凝土方砖标志的强度和结构应考虑汽车的荷载，使用后不松动或脱落。钢筋混凝土桩标志的强度和结构应满足不被人力折断或拔出。标志上的字体应端正、清晰，并凹进表面。

铸铁标志和混凝土方砖标志埋入后应与路面平齐。钢筋混凝土桩标志埋入的深度，应使回填后不遮挡字体。混凝土方砖标志和钢筋混凝土桩标志埋入后，应采用红漆将字体描红。

（8）示踪线敷设。根据《聚乙烯燃气管道技术规程》（CJJ 33—2008）第6.2.6条规定，PE管埋设时应随管埋设示踪线。参考对比国内多家燃气公司实际使用情况，示踪线宜采用铜芯或铝芯聚氯乙烯绝缘电线，本书推荐采用导体标称截面 $4mm^2$ 塑铜线（BV铜芯聚氯乙烯绝缘电线）为示踪线。

示踪线敷设时应紧贴聚乙烯燃气管道的正上方，并尽量呈直线状，略长于管道，以保证以后探测位置准确。为了保证示踪线信号强和分布均匀，施工中示踪线末端应尽量减小接地电阻，埋地端头采取比较良好的接地措施。金属示踪线互相反勾拧紧，接头用绝缘胶带缠紧包好。在阀门井处示踪线应该保持连续并预留出 1~2m，必须中断的示踪线末端用绝缘胶带缠紧包好，以备今后探测施加信号所用。示踪线在管道进行钢塑转换时可以焊接在钢制法兰上，焊接点做好防腐处理。

工程验收时，由施工单位对每次连接完毕的导线进行导通性检测，并将检测结果记录在专用现场记录表上。应及时将各管道分段示踪线联通并将其与主网相连。

2. 钢管的连接方式

钢管可以用螺纹连接、焊接连接和法兰连接等连接方式。

室内管道管径小，压力较低，一般采用螺纹连接。室外输配管道以焊接连接为主。燃气管道及其附属设备之间的连接，常用法兰连接。

室内管道广泛采用三通、四通、弯头、变径接头、活接头、补心和螺塞等螺纹连接管件，施工安装十分简便。为了防止漏气，管螺纹之间必须缠绕适量的填料（常用的填料是聚四氟乙烯，俗称生料带）。施工时应选用合适的管钳拧紧管子，拧紧后，以外露 1~2 扣螺纹为合格。

（1）焊接概论。焊接是被焊工件的材质（同种或异种），通过加热或加压或两者并用，并且用或不用填充材料，使工件的材质达到原子间的结合而形成永久性连接的工艺过程。

金属的焊接，按其工艺过程的特点分有熔焊、压焊和钎焊三大类。

1）熔焊。熔焊是在焊接过程中将工件接口加热至熔化状态，不加压力完成焊接的方法。熔焊时，热源将待焊两工件接口处迅速加热熔化，形成熔池。熔池随热源向前移动，冷却后形成连续焊缝而将两工件连接成为一体。

2）压焊。压焊是在加压条件下，使两工件在固态下实现原子间结合，又称固态焊接。常用的压焊工艺是电阻对焊，当电流通过两工件的连接端时，该处因电阻很大而温度上升，当加热至塑性状态时，在轴向压力作用下连接成为一体。各种压焊方法的共同特点是在焊接过程中施加压力而不加填充材料。多数压焊方法如扩散焊、高频焊、冷压焊等都没有熔化过程，因而没有像熔焊那样的有益合金元素烧损和有害元素侵入焊缝的问题，从而简化了焊接过程，也改善了焊接安全卫生条件。同时由于加热温度比熔焊低、加热时间短,因而热影响区小。许多难以用熔化焊焊接的材料,往往可以用压焊焊成与母材同等强度的优质接头。

3) 钎焊。钎焊是使用比工件熔点低的金属材料作钎料,将工件和钎料加热到高于钎料熔点、低于工件熔点的温度,利用液态钎料润湿工件,填充接口间隙并与工件实现原子间的相互扩散,从而实现焊接的方法。

焊接时形成的连接两个被连接体的接缝称为焊缝。焊缝的两侧在焊接时会受到焊接热作用,而发生组织和性能变化,这一区域称为热影响区。焊接时因工件材料、焊接材料、焊接电流等不同,焊后在焊缝和热影响区可能产生过热、脆化、淬硬或软化现象,也使焊件性能下降,恶化焊接性。这就需要调整焊接条件,焊前对焊件接口处预热、焊时保温和焊后热处理可以改善焊件的焊接质量。另外,焊接是一个局部的迅速加热和冷却过程,焊接区由于受到四周工件本体的拘束而不能自由膨胀和收缩,冷却后在焊件中便产生焊接应力和变形。重要产品焊后都需要消除焊接应力,矫正焊接变形。

(2) 钢管的焊接流程。通用的燃气管道焊接的工艺流程如图 6-14 所示。

(3) 焊接缺陷。

1) 焊接变形。工件焊后一般都会产生变形,如果变形量超过允许值,就会影响使用。焊接变形产生的主要原因是焊件不均匀地局部加热和冷却。因为焊接时,焊件仅在局部区域被加热到高温,离焊缝越近,温度越高,膨胀也越大。但是,加热区域的金属因受到周围温度较低的金属阻止,却不能自由膨胀。而冷却时又由于周围金属的牵制不能自由地收缩。结果这部分加热的金属存在拉应力,而其他部分的金属则存在与之平衡的压应力。当这些应力超过金属的屈服极限时,则产生焊接变形。当超过金属的强度极限时,则会出现裂缝。

2) 焊缝的外部缺陷。

①焊缝增强过高。当焊接坡口的角度开得太小或焊接电流过小时,均会出现这种现象。

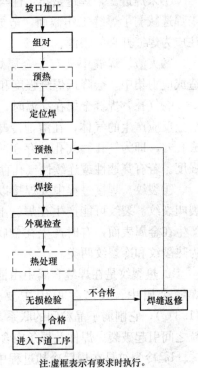

注:虚框表示有要求时执行。

图 6-14 通用燃气管道焊接
工艺流程图

②焊缝过凹。因焊缝工作截面的减小而使接头处的强度降低。

③焊缝咬边。在工件上沿焊缝边缘所形成的凹陷叫咬边，它不仅减少了接头工作截面，而且在咬边处造成严重的应力集中。

④焊瘤。熔化金属流到熔池边缘未熔化的工件上，堆积形成焊瘤，它与工件没有熔合。焊瘤对静载强度无影响，但会引起应力集中，使动载强度降低。

⑤烧穿。烧穿是指部分熔化金属从焊缝反面漏出，甚至烧穿成洞，它使接头强度下降。

以上 5 种缺陷存在于焊缝的外表，肉眼就能发现，并可及时补焊。如果操作熟练，一般是可以避免的。

3) 焊缝的内部缺陷。

①未焊透。未焊透是指工件与焊缝金属或焊缝层间局部未熔合的一种缺陷。未焊透减弱了焊缝工作截面，造成严重的应力集中，大大降低接头强度，它往往成为焊缝开裂的根源。

②夹渣。焊缝中夹有非金属熔渣，即称夹渣。夹渣减少了焊缝工作截面，造成应力集中，会降低焊缝强度和冲击韧性。

③气孔。焊缝金属在高温时，吸收了过多的气体（如 H_2）或由于溶池内部冶金反应产生的气体，在溶池冷却凝固时来不及排出，而在焊缝内部或表面形成孔穴，即为气孔。气孔的存在减小了焊缝有效工作截面，降低了接头的机械强度。若有穿透性或连续性气孔存在，会严重影响焊件的密封性。

④裂纹。焊接过程中或焊接以后，在焊接接头区域内所出现的金属局部破裂叫裂纹。裂纹可能产生在焊缝上，也可能产生在焊缝两侧的热影响区。有时产生在金属表面，有时产生在金属内部。通常按照裂纹产生的机理不同，可分为热裂纹和冷裂纹两类。

a. 热裂纹是在焊缝金属中由液态到固态的结晶过程中产生的，大多产生在焊缝金属中。其产生原因主要是焊缝中存在低熔点物质（如 FeS，熔点 1193℃），它削弱了晶粒间的联系，当受到较大的焊接应力作用时，就容易在晶粒之间引起破裂。焊件及焊条内含 S、Cu 等杂质多时，就容易产生热裂纹。

b. 冷裂纹是在焊后冷却过程中产生的，大多产生在基体金属或基体金属与焊缝交界的熔合线上。其产生的主要原因是由于热影响区或焊缝内形成了淬火组织，在高应力作用下，引起晶粒内部的破裂，焊接含碳量较高或合金元素较多的易淬火钢材时，最易产生冷裂纹。焊缝中融入过多的氢，也会引起冷裂纹。

裂纹是最危险的一种缺陷，它除了减少承载截面之外，还会产生严重的应力集中，在使用中裂纹会逐渐扩大，最后可能导致构件的破坏。所以焊接结构中一般不允许存在这种缺陷，一经发现须铲去重焊。

(4) 焊接的检验。对焊接接头进行必要的检验是保证焊接质量的重要措施。

因此，工件焊完后应根据产品技术要求对焊缝进行相应的检验，凡不符合技术要求所允许的缺陷，需及时进行返修。焊接质量的检验包括外观检查、无损探伤和机械性能试验三个方面。这三者是互相补充的，以无损探伤为主。

1）外观检查。外观检查一般以肉眼观察为主，有时用5～20倍的放大镜进行观察。通过外观检查，可发现焊缝表面缺陷，如咬边、焊瘤、表面裂纹、气孔、夹渣及焊穿等。焊缝的外形尺寸还可采用焊口检测器或样板进行测量。

2）无损探伤。无损探伤用于对隐藏在焊缝内部的夹渣、气孔、裂纹等缺陷的检验。目前使用最普遍的是采用X射线检验，还有超声波探伤和磁力探伤。

X射线检验是利用X射线对焊缝照相，根据底片影像来判断内部有无缺陷、缺陷多少以及缺陷类型。再根据产品技术要求评定焊缝是否合格。

超声波探伤的基本原理如图6-15所示。

超声波束由探头发出，传到金属中，当超声波束传到金属与空气交界面时，它就折射而通过焊缝。如果焊缝中有缺陷，超声波束就反射到探头而被接收，这时荧光屏上就出现了反射波。根据这些反射波与正常波比较、鉴别，就可以确定缺陷的大小及位置。超声波探伤比X光照相简便得多，因而得到广泛应用。但超声波探伤往往只能凭操作经验作出判断，而且不能留下检验依据。

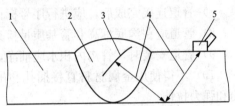

图6-15　超声波探伤原理示意图
1—工件；2—焊缝；3—缺陷；
4—超声波；5—探头

对于离焊缝表面不深的内部缺陷和表面极微小的裂纹，还可采用磁力探伤。

3）水压试验和气压试验。对于要求密封性的受压容器，须进行水压试验和（或）进行气压试验，以检查焊缝的密封性和承压能力。其方法是向容器内注入1.25～1.5倍工作压力的清水或等于工作压力的气体（多数用空气），停留一定的时间，然后观察容器内的压力下降情况，并在外部观察有无渗漏现象，根据这些可评定焊缝是否合格。

4）焊接试板的机械性能试验。无损探伤可以发现焊缝内在的缺陷，但不能说明焊缝热影响区的金属的机械性能如何，因此有时对焊接接头要做拉力、冲击、弯曲等试验。这些试验由试验板完成。所用试验板最好与圆筒纵缝一起焊成，以保证施工条件一致。然后将试验板进行机械性能试验。实际生产中，一般只对新钢种的焊接接头进行这方面的试验。

3. PE燃气管道的安装

（1）PE燃气管道的安装要求。安装PE燃气管道的一般规定，具体如下。

1）管道施工前应制订施工方案，确定连接方法、连接条件、焊接设备及工具、操作规范、焊接参数、操作者的技术水平要求和质量控制方法。

2）管道连接前应对连接设备按说明书进行检查，在使用过程中应定期校核。

3）管道连接前，应核对欲连接的管材、管件规格、压力等级。不宜有磕、碰、划伤，伤痕深度不应超过管材壁厚的 10%。

4）管道连接应在环境温度-5～45℃范围内进行。当环境温度低于-5℃或在风力大于 5 级天气条件下施工时，应采取防风、保温措施等，并调整连接工艺。管道连接过程中，应避免强烈阳光直射而影响焊接温度。

5）当管材、管件存放处与施工现场温差较大时，连接前应将管材、管件在施工现场搁置一定时间，使其温度和施工现场温度接近。

6）连接完成后的接头应自然冷却，冷却过程中不得移动接头、拆卸加紧工具或对接头施加外力。

7）管道连接完成后，应进行序号标记，并做好记录。

8）管道应在沟底标高和管基质量检查合格后，方可下沟。

9）管道安装时，管沟内积水应抽净，每次收工时，敞口管端应临时封堵。

10）不得使用金属材料直接捆扎和吊运管道。管道下沟时应防止划伤、扭曲和强力拉伸。

11）对穿越铁路、公路、河流、城市主要道路的管道，应减少接口，且穿越前应对连接好的管段进行强度和严密性试验。

12）管材、管件从生产到使用的存放时间，黄色管道不宜超过 1 年，黑色管道不宜超过 2 年。超过上述期限时必须重新抽样检验，合格后方可使用。

（2）PE 燃气管道的连接方式。PE 燃气管道的连接有热熔连接、电熔连接、法兰连接、钢塑转换接头连接 4 种连接方式。

为保证燃气管道的连接质量，《聚乙烯燃气管道工程技术规程》（CJJ 63—2008）对 PE 燃气管道系统的连接明确规定：

1）聚乙烯管材、管件的连接应采用热熔对接或电熔连接（电熔承插连接、电熔鞍形连接）；

2）聚乙烯管道与金属管道或金属附件连接，应采用法兰连接或钢塑转换接头连接，法兰连接或钢塑转换接头连接是 PE 燃气管道连接的特殊情况。

（3）PE 燃气管道的热熔连接、电熔连接的原理。PE 燃气管道的热熔连接、电熔连接的原理：热熔连接与电熔连接，其原理都是用加热的方法将连接部分的 PE 材料熔化并相互融合在一起，以达到 PE 管道系统的有效连接。

（4）PE 燃气管道质量控制要点。

1）热熔连接、电熔连接质量控制的通用要求。为保证连接质量，无论是热熔连接还是电熔连接都有一些共同的要求，具体如下。

①PE 管道连接宜在环境温度为-5～45℃且风力不大于 5 级的干燥环境下

进行，并避免阳光的强烈直射，低温或大风时要采取保温和防风措施，不能采取人为快速冷却措施。

②准确输入焊接参数，当焊机没有温度自动补偿时要合理调整加热时间。焊接设备要经常检查维护，保证正常的工作状态。用于连接的管材、管件的温度应接近。

③管道的切割应采用专用割刀或切管工具，切割端面应平整、光滑、无毛刺，端面应垂直于管道轴线。

④管材、管件的位置要固定，焊接过程中不能出现位移，冷却过程不得移动连接件或在连接件上施加任何外力。

⑤焊接时要保持电压稳定，电源与焊机的距离不能太远，电缆线不能太细。

2）热熔连接质量控制的其他要求。对热熔连接的质量控制，还要注意以下方面。

①加强对管材、管件原材料的检查，确保相互连接材料的熔体质量流动速率匹配。

②确保铣削后管材、管件的端面洁净、不受污染。严格控制切换、调压时间，在规定的时间内完成切换、调压工作。

③冷却过程中严格保持冷却压力不变。

3）电熔连接质量控制的其他要求。对于电熔连接来说，质量控制的主要措施还有以下几个方面。

①加强对管材、管件原材料的检查，确保两者的熔体质量流动速率不能相差太大，以免出现一种材料过热成流淌状态而另一种材料尚未完全熔化的情况。

②检查管材、管件接合面的圆整度，确保配合均匀，避免局部过热或局部加热不够。

③检查确保电熔管件的电热丝没有短路。

④电熔管件焊接前不得拆封。

⑤焊接前均匀适量刮除焊接部位管材表面的氧化皮，擦除表面脏物，使焊接部位保持干燥、洁净。

⑥焊接时合理固定管材和管件，使两侧管材和管件保持轴线一致，配合间隙合适，不能太紧，也不能太松，严禁强力组装。

⑦对电熔鞍形连接，采用机械装置固定鞍形管件时，一定要留出一定的间隙，避免熔融料从四周挤出。

4）控制人为因素对PE燃气管道连接质量的影响。要想得到一个合格的连接接头，除了材料匹配、设备工作正常、环境合适等条件外，人的操作最关键，而人的操作又受施工场地环境的影响，使焊接质量的控制变得相当困难。因此，要加强操作人员的技术水平的审核和控制。

对于热熔连接，要求采用全自动焊机，可大幅减少人为因素的影响。

4. 铸铁管的安装

（1）铸铁管的安装流程。铸铁管的安装流程为：清理承口插口——清理胶圈——上胶圈——下管（排管）——在插口外表面和胶圈上涂刷润滑剂——顶推管子使之插入承口——检查。

1）清理承口插口。将承口内的所有杂物清除擦洗干净。

2）清理胶圈。将胶圈上的黏着物清擦干净。

3）上胶圈。把胶圈弯为"梅花形"或"8"字形装入承口槽内，并用手沿整个胶圈按压一遍，或用橡皮锤砸实，确保胶圈各个部分不翘不扭，均匀地卡在槽内。

4）下管（排管）。应按下管的要求将管子下到槽底，通常采用人工下管法或机械下管法。

5）在插口外表面和胶圈上涂刷润滑剂。将润滑剂均匀地涂刷在承口安装好的胶圈内表面、在插口外表面涂刷润滑剂时要将插口线以外的插口部位全部刷匀。

6）顶推管子使之插入承口。在安装时，为了将插口插入承口内较为省力、顺利，首先将插口放入承口内且插口压到承口内的胶圈上，接好钢丝绳和倒链，拉紧倒链。与此同时，让人可在管承口端用力左右摇晃管子，直到插口插入承口全部到位，承口与插口之间应留2mm左右的间隙，并保证承口四周外沿至胶圈的距离一致。

7）检查。检查承口插口的位置是否符合要求（用钢板尺伸入承插口间隙中检查胶圈位置是否正确到位）。

（2）铸铁管的安装要求。《城镇燃气输配工程施工及验收规范》（CJJ 33—2005）中规定了铸铁燃气管道的安装要求，具体如下。

1）一般规定。

①球墨铸铁管的安装应配备合适的工具、器械和设备。

②应使用起重机或其他合适的工具和设备将管道放入沟渠中，不得损坏管材和保护性涂层。当起吊或放下管子的时候，应使用钢丝绳或尼龙吊具。当使用钢丝绳的时候，必须使用衬垫或橡胶套。

③安装前应对球墨铸铁管及管件进行检查，并应符合下列要求。

a. 管道及管件表面不得有裂纹及影响使用的凹凸不平的缺陷。

b. 使用橡胶密封圈密封时，其性能必须符合燃气输送介质的使用要求。橡胶圈应光滑、轮廓清晰，不得有影响接口密封的缺陷。

c. 管道及管件的尺寸公差应符合现行国家标准《水及燃气用球墨铸铁管、管件和附件》（GB 13295—2013）的要求。

320

2) 管道连接。

①管道连接前，应将管道中的异物清理干净。

②清除管道承口和插口端工作面的团块状物、铸瘤和多余的涂料，并整修光滑，擦干净。

③在承口密封面、插口端和密封圈上涂一层润滑剂，将压兰套在管子的插口端，使其延长部分唇缘面向插口端方向，然后将密封圈套在管子的插口端，使胶圈的密封斜面也面向管子的插口方向。

④将管道的插口端插入到承口内，并紧密、均匀地将密封胶圈按进填密槽内，橡胶圈安装就位后不得扭曲。在连接过程中，承插接口环形间隙应均匀，其值及允许偏差应符合表 6-10 的规定。

表 6-10 承插口环形间隙及允许偏差

管道公称直径/mm	环形间隙/mm	允许偏差/mm
80~200	10	+3 −2
250~450	11	+4 −2
500~900	12	
1000~1200	13	

⑤将压兰推向承口端，压兰的唇缘靠在密封胶圈上，插入螺栓。

⑥应使用扭力扳手拧紧螺栓。拧紧螺栓顺序：底部的螺栓——顶部的螺栓——两边的螺栓——其他对角线的螺栓。拧紧螺栓时应重复上述步骤分几次逐渐拧紧至其规定的扭矩。

⑦螺栓宜采用可锻铸铁，当采用钢制螺栓时，必须采取防腐措施。

⑧应使用扭力扳手来检查螺栓和螺母的紧固力矩。螺栓和螺母的紧固扭矩应符合表 6-11 的规定。

表 6-11 螺栓和螺母的紧固扭矩

管道公称直径/mm	螺栓规格	扭矩/(kgf·m)（1kgf·m＝9.806 65N·m）
80	M16	6
100~600	M20	10

3) 铸铁管敷设。

①管道安装就位前，应采用测量工具检查管段的坡度，并应符合设计要求。

②管道或管件安装就位时，生产厂的标记宜朝上。

③已安装的管道暂停施工时应临时封口。

④管道最大允许借转角度及距离不应大于表 6-12 的规定。

表 6-12 管道最大允许借转角度及距离

管道公称管径/mm	80~100	150~200	250~300	350~600
平面借转角度/ (°)	3	2.5	2	1.5
竖直借转角度/ (°)	1.5	1.25	1	0.75
平面借转距离/mm	310	260	210	160
竖向借转距离/mm	150	130	100	80

注 本表适用于 6m 长规格的球墨铸铁管，采用其他规格的球墨铸铁管时，可按产品说明书的要求执行。

⑤采用 2 根相同角度的弯管相接时，借转距离应符合表 6-13 的规定。

表 6-13 弯管借转距离

管道公称直径/mm	借转距离/mm				
	90°	45°	22°30′	11°15′	1 根乙字管
80	592	405	195	124	200
100	592	405	195	124	200
150	742	465	226	124	250
200	943	524	258	162	250
250	995	525	259	162	300
300	1297	585	311	162	300
400	1400	704	343	202	400
500	1604	822	418	242	400
600	1855	941	478	242	—
700	2057	1060	539	243	

⑥管道敷设时，弯头、三通和固定盲板处均应砌筑永久性支墩。

⑦临时盲板应采用足够的支撑，除设置端墙外，应采用两倍于盲板承压的千斤顶支撑。

五、燃气管网附属设备安装

为了保证管网的安全运行，并考虑到检修、接线的需要，在管道的适当地点设置必要的附属设备。这些设备包括阀门、补偿器、凝水缸、放散管、阀门井等。

1. 阀门

（1）阀门特性。

1）阀门是管道主要附件之一，是用于启闭管道通路或调节管道介质流量的设备。

2）阀体的机械强度高，转动部件灵活，密封部件严密耐用，对输送介质的抗腐性强。

3）阀体上通常有标志，箭头所指方向即介质的流向，必须特别注意，不得装反。

4）要求介质单向流通的阀门有：安全阀、减压阀、止回阀等。

5）要求介质由下而上通过阀座的阀门：截止阀等，其作用是为了便于开启和检修。

（2）阀门安装要求。

1）根据阀门工作原理确定其安装位置，否则阀门就不能有效地工作或不起作用。

2）从长期操作和维修方面选定安装位置，尽可能方便操作维修，同时还要考虑到组装外形美观。

3）阀门手轮不得向下，避免仰脸操作。落地阀门手轮朝上，不得歪斜。在工艺允许的前提下，阀门手轮宜位于齐胸高，以便于启阀。明杆闸阀不要安装在地下，以防腐蚀。

4）安装位置有特殊要求的阀门，如减压阀要求直立地安装在水平管道上，不得倾斜。

5）安装时，与阀门连接的法兰应保持平行，其偏差不应大于法兰外径的1.5%，且不得大于2mm。

6）严禁强力组装，安装过程中应保证受力均匀，阀门下部应根据设计要求设置承重支撑。

7）安装前应做严密性试验，不渗漏为合格，不合格者不得安装。

2. 补偿器

（1）补偿器特性。

1）补偿器作用是消除管段的胀缩应力，可分为波纹补偿器和填料补偿器。

2）通常安装在架空管道和需要进行蒸汽吹扫的管道上。

（2）安装要求。

1）补偿器常安装在阀门的下侧（按气流方向），利用其伸缩性能，方便阀门的拆卸和检修。

2）安装应与管道同轴，不得偏斜。不得用补偿器变形调整管位的安装误差。

3）填料补偿器支座导向应保证运行时自由伸缩。

4）填料补偿器的安装长度，应满足设计要求，留有剩余的收缩量。

3. 凝水缸

(1) 凝水缸作用是排除燃气管道中的冷凝水和石油伴生气管道中的轻质油。

(2) 管道敷设时应有一定坡度，以便在低处设凝水缸，将汇集的水或油排出。

4. 放散管

(1) 放散管是一种专门用来排放管道内部的空气或燃气的装置。

(2) 在管道投入运行时，利用放散管排出管内的空气。在管道或设备检修时，可利用放散管排放管内的燃气，防止在管道内形成爆炸性的混合气体。

5. 阀门井

为保证管网的安全与操作方便，地下燃气管道上的阀门一般都设置在阀门井口。阀门井应坚固耐久，有良好的防水性能，并保证检修时有必要的空间。考虑到检修人员的安全，井筒不宜过深。井筒结构可采用砌筑、现浇混凝土、预制混凝土等结构形式。

六、燃气管道的穿跨越施工

1. 顶管施工

(1) 顶管施工简介。非开挖技术，是指不开挖地表或以最小的地表开挖量进行各种地下管道/管线探测、检查、铺设、更换或修复的施工技术。非开挖技术是近几年才开始频繁使用的一个术语，它涉及的是利用少开挖（即工作井与接收井要开挖）以及不开挖（即管道不开挖）技术来进行地下管线的铺设或更换。非开挖工程技术彻底解决了管道埋设施工中对城市建筑物的破坏和道路交通的堵塞等难题，在稳定土层和环境保护方面凸显其优势。这对交通繁忙、人口密集、地面建筑物众多、地下管线复杂的城市是非常重要的，它将为城市创造一个洁净、舒适和美好的环境。

顶管施工是非开挖技术中的一种，是指在不开挖地表的情况下，利用液压顶进工作站从顶进工作坑将待铺设的管道顶入，从而在顶管机之后直接铺设管道的非开挖地下管道施工技术。

目前，顶管技术已经发展到了十分成熟的阶段，出现了各种各样的顶管方式方法。但是，万变不离其宗，顶管施工技术的原理都是一样的。一般都是垂直地面做工作井，然后用高压液压千斤顶，将水泥或者钢制管道顶入地下，各种技术的差别就在于运输管道内挖掘出来的泥土、石头等渣子的方法，有人工的，有水抽式的，先进的还有遥控的。根据顶进方式的不同，可分为人工挖土顶管、机械挖土顶管、水力机械顶管、挤压法顶管。图 6-16 为人工挖土顶管工程示意图。

(2) 燃气管道顶管施工的相关要求。燃气工程顶管施工一般先顶进钢筋混凝土套管，然后将工作管燃气管道穿入套管内，两端进行有效封堵，同时安装

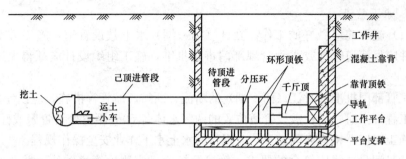

图 6-16 人工挖土顶管工程示意图

检漏管，最后将已穿入的管道两端与开挖直埋段管道对接即完成顶管作业施工。图 6-17 为某顶管工程剖面图。

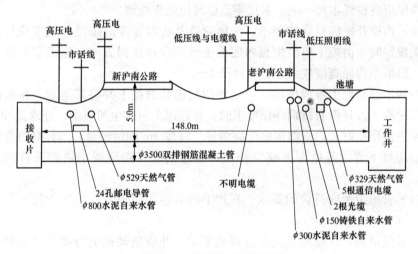

图 6-17 某顶管工程剖面图

《城镇燃气输配工程施工及验收规范》（CJJ 33—2005）规定，燃气管道顶管施工宜参照国家现行标准《给水排水管道工程施工及验收规范》（GB 50268—2008）第 6 章的有关规定执行。

燃气管道的安装应符合下列要求。

1）采用钢管时，燃气钢管的焊缝应进行 100％的射线照相检验。

2）采用 PE 燃气管道时，要先做相同人员、相同工况条件下的焊接试验。

3）接口宜采用电熔连接。当采用热熔对接时，应切除所有焊口的翻边，并应进行检查。

4）燃气管道穿入套管前，管道的防腐已验收合格。

5）在燃气管道穿入过程中，应采取措施防止管体或防腐层损伤。

2. 水下敷设

（1）施工前应做好的工作。在江（河、湖）水下敷设管道，施工方案及设计文件应报河道管理或水利管理部门审查批准，施工组织设计应征得上述部门同意。

主管部门批准的对江（河、湖）的断流、断航、航管等措施，应预先公告。

工程开工时，应在敷设管道位置的两侧水体各50m距离处设置警戒标志。

施工时应严格遵守国家及行业现行的水上水下作业安全操作规程。

（2）测量放线应符合的要求。管槽开挖前，应测出管道轴线，并在两岸管道轴线上设置固定醒目的岸标。施工时岸上设专人用测量仪器观测，校正管道施工位置，检测沟槽超挖、欠挖情况。

水面管道轴线上以每隔50m左右抛设一个浮标标示位置。

两岸应各设置水尺一把，水尺零点标高应经常检测。

（3）沟槽开挖应符合的要求。沟槽宽度及边坡坡度应按设计规定执行。当设计无规定时，由施工单位根据水底泥土流动性和挖沟方法在施工组织设计中确定，但最小沟底宽度应大于管道外径1m。

当两岸没有泥土堆放场地时，应使用驳船装载泥土并将其运走。在水流较大的江中施工，且没有特别环保要求时，开挖泥土可排至河道中，任水流冲走。

水下沟槽挖好后，应做沟底标高测量。宜按3m间距测量，当标高符合设计要求后即可下管。若挖深不够应补挖，若超挖应采用砂或小块卵石补到设计标高。

（4）管道组装应符合的要求。在岸上将管道组装成管段，管段长度宜控制在50～80m。

组装完成后，焊缝质量应符合规范要求，并应按规范进行试验，合格后按设计要求加焊加强钢箍套。

焊口应进行防腐（补口），并应进行质量检查。

组装后的管段应采用下水滑道牵引下水，置于浮箱平台，并调整至管道设计轴线水面上，将管段组装成整管。焊口应进行射线照相探伤和防腐补口，并应在管道下沟前对整条管道的防腐层做电火花绝缘检查。

（5）沉管与稳管应符合的要求。沉管时，应谨慎操作牵引起重设备，松缆与起吊均应逐点分步分别进行。各定位船舶须严格执行统一指令。在管道各吊点的位置与管槽设计轴线一致时，管道方可下沉入沟槽内。

管道入槽后，应由潜水员下水检查、调平。

稳管措施按设计要求执行。当使用平衡重块时，重块与钢管之间应加橡胶隔垫。当采用复壁管时，应在管线过江（河、湖）后，再向复壁管环形空间灌水泥浆。

（6）其他要求。应对管道进行整体吹扫和试验。管道试验合格后即采用砂卵石回填。回填时先填管道拐弯处使之固定，然后再均匀回填沟槽。

3. 定向钻

（1）定向钻施工简介。定向钻施工也是非开挖技术中的一种，是指利用水平定向钻机进行钻进、扩孔、回拖，将管道埋入地下的施工方法。定向钻施工一般分为两个阶段：第一阶段是按照设计曲线尽可能准确地钻一条导向孔。第二阶段是将导向孔进行扩孔，并将管道沿着扩大了的导向孔回拖到钻孔中，完成管线穿越工作，如图 6-18 所示。

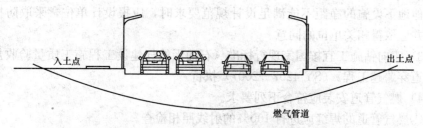

图 6-18　定向钻施工示意图

各种规格的水平定向钻机都是由钻机系统、动力系统、控向系统、泥浆系统、钻具及辅助机具组成，它们的结构及功能介绍如下。

1）钻机系统。钻机系统是穿越设备钻进作业及回拖作业的主体，它由钻机主机、转盘等组成，钻机主机放置在钻机架上，用以完成钻进作业和回拖作业。转盘装在钻机主机前端，连接钻杆，并通过改变转盘转向和输出转速及扭矩大小，达到不同作业状态的要求。

2）动力系统。动力系统由液压动力源和发电机组成动力源为钻机系统提供高压液压油作为钻机的动力，发电机为配套的电气设备及施工现场照明提供电力。

3）控向系统。控向系统是通过计算机监测和控制钻头在地下的具体位置和其他参数，引导钻头正确钻进的方向性工具，由于有该系统的控制，钻头才能按设计曲线钻进，经常采用的有手提无线式和有线式两种形式的控向系统。

4）泥浆系统。泥浆系统由泥浆混合搅拌罐和泥浆泵及泥浆管路组成，为钻机系统提供适合钻进工况的泥浆。

5）钻具及辅助机具。钻具及辅助机具是钻机钻进中钻孔和扩孔时所使用的各种机具。钻具主要有适合各种地质的钻杆、钻头、泥浆发动机、扩孔器、切割刀等机具。辅助机具包括卡环、旋转活接头和各种管径的拖拉头。

（2）燃气管道定向钻施工的相关要求。

1）应收集施工现场资料，制订施工方案，并应符合下列要求。

①现场交通、水源、电源、施工运输道路、施工场地等资料的收集。

②各类地上设施（铁路、房屋等）的位置、用途、产权单位等的查询。

③与其他部门（通信、电力电缆、供水、排水等）核对地下管线，并用探测仪或局部开挖的方法确定定向钻施工路由位置的其他管线的种类、结构、位置走向和埋深。

④用地质勘探钻取样或局部开挖的方法，取得定向钻施工路由位置的地下土层分布，地下水位及土壤、水分的酸碱度等资料。

2）定向钻施工穿越铁路等重要设施处，必须征求相关主管部门的意见。当与其他地下设施的净距不能满足设计规范要求时，应报设计单位，采取防护措施，并应取得相关单位的同意。

3）定向钻施工宜按国家现行标准《石油天然气建设工程施工质量验收规范 管道穿跨越工程》（SY 4207—2007）执行。

4）燃气管道安装应符合下列要求。

①燃气管道的焊缝应进行100%的射线照相检查。

②在目标井工作坑应按要求放置燃气钢管，用导向钻回拖敷设，回拖过程中应根据需要不停注入配制的泥浆。

③燃气钢管的防腐应为特加强级。

④燃气钢管敷设的曲率半径应满足管道强度要求，且不得小于钢管外径的1500倍。

4. 跨越施工

管道跨越是指管道从天然或人工障碍物上部架空通过的建设工程。根据结构形式的不同，可分为梁式直跨、桁架式跨越、悬索式跨越、斜拉索跨越、Ⅱ形刚架跨越、轻型托架式跨越、单管拱跨越、组合管拱跨越、悬缆式跨越、随桥跨越等。

管道跨越工程划分为甲类和乙类：甲类为通航河流、电气化铁路和高速公路跨越，乙类为非通航河流及其他障碍跨越。

管道跨越工程等级应按表6-14划分。

表6-14　　　　　　　　　　管道跨越工程等级

工程等级	总跨长度 L_1/m	主跨长度 L_2/m
大型	$\geqslant 300$	$\geqslant 150$
中型	$100 \leqslant L_1 < 300$	$50 \leqslant L_2 < 150$
小型	< 100	$\geqslant 50$

《城镇燃气输配工程施工及验收规范》（CJJ 33—2005）规定，燃气管道跨越施工宜按国家现行标准《石油天然气建设工程施工质量验收规范　管道穿跨越

工程》（SY 4207—2007）执行。

七、燃气管道防腐工程

1. 钢管腐蚀的原因

（1）化学腐蚀。金属的化学腐蚀是金属在干燥气体（如氧、氯、硫化氢等）和非电解质溶液中进行化学反应的结果。化学反应作用引起腐蚀，在腐蚀过程中不产生电流。金属的化学腐蚀只在特定的情况下发生，不具普遍性。

（2）电化学腐蚀。电化学腐蚀是指金属或合金接触到电解质溶液发生原电池反应，比较活泼的金属被氧化而有电流伴生的腐蚀，叫作电化学腐蚀。

由于土壤各处物理化学性质不同、管道本身各部分的金相组织结构不同（如晶格的缺陷及含有杂质、金属受冷热加工而变形产生的内部应力）等原因，使一部分金属容易电离，带正电的金属离子离开金属，而转移到土壤中，在这部分管段上，电子越来越过剩，电位越来越低（负）。而另一部分金属不容易电离，相对来说电位较高（正）。因此电子沿管道由容易电离的部分向不容易电离的部分流动，在这两部分金属之间的电子有得有失，发生氧化还原反应。

失去电子的金属管段成为阳极区，得到电子的这段管段成为阴极区，腐蚀电流从阴极流向阳极，然后从阳极流离管道，经土壤又回到阴极，形成回路，在作为电解质溶液的土壤中发生离子迁移，带正电的阳离子（如 H^+）趋向阴极，带负电的阴离子（如 OH^-）趋向阳极，在阳极区带正电的金属离子与土壤中带负电的阴离子发生电化学作用，使阳极区的金属离子不断电离而受到腐蚀，使钢表面出现凹穴，以至穿孔，而阴极则保持完好。

（3）杂散电流的腐蚀。由于外界各种电气设备的漏电与接地，在土壤中形成杂散电流，同样会和埋地钢管、土壤构成回路，在电流离开钢管流入土壤处，管壁产生腐蚀。

（4）土壤细菌腐蚀。细菌对钢铁的腐蚀机理较为复杂，但在一些土壤中主要有以下三种细菌参加腐蚀过程：硫酸盐还原菌、硫氧化菌、铁菌。

2. 地上钢管的防腐

地上钢管防腐主要采用涂漆防腐。涂漆防腐的质量控制点是钢管表面的处理和涂漆过程控制，涂层的质量直接影响到管道的使用寿命。

如管材用量大，可先集中防腐，刷好底漆，现场安装及检查、试压合格后补刷被损伤处的底漆，再涂刷面漆。

（1）涂漆环境。环境温度宜在 $15\sim35℃$，相对湿度在70％以下，并有防火、防冻、防雨措施。涂漆的环境空气必须清洁，无煤烟、灰尘及水汽。室外涂漆遇雨、降雾时应停止施工。

（2）涂漆准备。选择合适的涂料品种，并考虑以下各项。

1）在使用前，必须先熟悉涂料的性能、用途、技术条件等，再根据规定正确使用。所用涂料必须有合格证书。

2）涂料不可乱混合，否则会产生不良现象。

3）色漆开桶后必须搅拌才能使用。如不搅拌均匀，对色漆的遮盖力和漆膜性能都有影响。

4）漆中如有漆皮和粒状物，要用 120 目钢丝网过滤后再使用。

5）涂料有单包装，也有多包装，多包装在使用时应按技术规定的比例进行调配。

6）根据选用的涂漆方式的要求，采用与涂料配套的稀释剂，调配到合适的施工黏度才能使用。

（3）涂漆施工。

1）管道涂漆种类、层数、颜色、标记等应符合设计要求，并参照涂料产品说明书进行施工。

2）涂漆的方法应根据施工要求、涂料的性能、施工条件、设备情况进行选择。涂漆的方式有下列几种。

①手工涂刷。手工涂刷应分层涂刷，每层应往复进行，纵横交错，并保持涂层均匀，不得漏涂。必须待前一层漆膜干透后，方可涂刷下一层。一般应用防锈漆打底，调和漆罩面。快干性漆不宜采用手工涂刷。

②机械喷涂。采用的工具为喷枪，以压缩空气为动力。喷射的漆流应和喷漆面垂直。喷漆面为平面时，喷嘴与喷漆面应相距 250～350mm。喷漆面如为圆弧面，喷嘴与喷漆面的距离应为 400mm 左右。喷涂时，喷嘴的移动应均匀，速度宜保持在 10～18m/min。喷漆使用的压缩空气压力为 0.2～0.4MPa。

3）涂漆施工程序如下：第一层底漆或防锈漆，直接涂在管道表面上，与工件表面紧密结合，起防锈、防腐、防水、层间结合的作用。第二层面漆（调和漆和磁漆等），涂刷应精细。

4）一般底漆或防锈漆应涂刷两道。每层涂刷不宜过厚，以免起皱和影响干燥。如发现不干、皱皮、流挂、露底时，须进行修补或重新涂刷。

5）表面涂调和漆或磁漆应涂刷两道，要尽量涂得薄而均匀。如果涂料的覆盖力较差，也不允许任意增加厚度，而应分几次涂覆。每涂一层漆后，应有一个充分干燥时间，待前一层真正干燥后才能涂下一层。

6）架空管道如采用镀锌钢管，外壁不用涂刷防腐漆。但施工中镀锌层被损伤的部位、管件连接处的外露螺纹应刷防锈底漆和面漆。

3. 埋地钢管的防腐

埋地钢管的防腐除采用防腐绝缘层外，还应同时采用阴极保护。

（1）聚乙烯胶黏带防腐层的施工和验收。

1）防腐层的施工环境。防腐层施工应在高于露点温度 3℃ 以上进行。在风沙较大时，没有可靠的防护措施不宜涂刷底漆和缠绕胶黏带。

2）钢管表面预处理。表面预处理应按下列规定进行。

①清除钢管表面的焊渣、毛刺、油脂和污垢等附着物。

②钢管表面除锈宜采用喷（抛）射除锈方式。受现场施工条件限制时，经设计选定，可采用动力工具除锈方法。采用电动工具除锈方法时，除锈等级达到 St3 级。

③除锈后，对可能刺伤防腐层的尖锐部分应进行打磨。并将附着在金属表面的磨料和灰尘清除干净。

④钢管表面预处理后至涂底漆前的时间间隔宜控制在 4h 内，期间应防止钢管表面受潮和污染。涂底漆前，如出现返锈或表面污染时，必须重新进行表面预处理。

3）涂底漆。

①钢管表面预处理后至涂刷底漆前的时间间隔宜控制在 4h 之内，钢管表面必须干燥、无尘。

②底漆应在容器中搅拌均匀。

③当底漆较稠时，应加入与底漆配套的稀释剂，稀释到合适的黏度才能施工。

④底漆应涂刷均匀，不得有漏涂、凝块和流挂等缺陷，厚度应大于或等于 30μm。

⑤待底漆表干后再缠绕胶黏带。

4）胶黏带缠绕。

①胶黏带解卷时的温度宜在 5℃以上。

②在胶黏带缠绕时，如焊缝两侧产生空隙，可采用与底漆及胶黏带相容性较好的填料带或腻子填充焊缝两侧。

③使用适当的机械或手动工具，在涂好底漆的管子上按搭接要求缠绕胶黏带，胶黏带始端与末端搭接长度应不少于 1/4 管子周长，且不少于 100mm。内带和外带的搭接缝处应相互错开。缠绕时胶黏带边缝应平行，不得扭曲皱折，带端应压贴，使其不翘起。

④在工厂缠绕胶黏带时可采用冷缠或热缠施工。防腐管缠绕时管端应有 150mm±10mm 的焊接预留段。

⑤缠绕异形管件时，应选用补口带，也可使用性能优于补口带的其他专用胶黏带。缠绕异形管件时的表面预处理和涂底漆要求与管本体相同。

⑥预制的防腐管应检验合格后，向用户提供出厂合格证。

5）预制防腐管的标志、堆放与搬运。

①合格的防腐管应作出标志，标明钢管的规格、材质，防腐层的类型、等级生产厂名称，生产日期和执行标准等。

②防腐管的堆放层数以不损坏防腐层为原则，不同类型的成品管应分别堆放，并在防腐管层间及底部垫上软质物，避免损伤防腐层。

③防腐管装卸搬运时，应使用宽尼龙带或专用吊具，严禁摔、碰、撬等有损于防腐层的操作方法。

6）补伤。

①修补时应修整损伤部位，清理干净，涂上底漆。

②使用与管本体相同的胶黏带或补口带时，应采用缠绕法修补。也可以使用专用胶黏带，采用贴补法修补。缠绕和贴补宽度应超出损伤边缘 50mm 以上。

③使用与管本体相同胶黏带进行补伤时，补伤处的防腐层等级、结构与管本体相同。使用补口带或专用胶黏带补伤时，补伤处的防腐层性能应不低于管本体。

7）补口。

①补口时，应除去管端防腐层的松散部分，除去焊缝区的焊瘤、毛刺和其他污物，补口处应保持干燥。

②连接部位和焊缝处应使用补口带，按标准规定进行缠带补口，补口层与原防腐层搭接宽度应不小于 100mm。

③补口胶黏带的宽度宜采用本体防腐胶带的规格。

④补口处的防腐层性能应不低于管本体。

8）质量检验。不管是工厂预制，还是现场涂敷施工，都应进行质量检测。

①表面预处理质量检验。预处理后的钢管表面应进行表面预处理质量检验。

②防腐层外观检验。应对防腐层进行 100% 目测检查，防腐层表面应平整、搭接均匀、无永久性气泡、无皱折和破损。

③厚度检验。按照《钢管防腐层厚度无损测量方法（磁性法）》（SY/T 0066—1999）进行测量。每 20 根防腐管随机抽查一根，每根测 3 个部位，每个部位测量沿圆周方向均匀分布的四点的防腐层厚度。每个补口、补伤随机抽查一个部位。厚度不合格时，应加倍抽查，仍不合格，则判为不合格。不合格的部分应进行修复。

④电火花检漏。根据《钢质管道聚乙烯胶黏带防腐层技术标准》（SY/T 0414—2007），工厂预制防腐层，应逐根进行电火花检漏。现场涂敷的防腐层应进行全线电火花检漏，补口、补伤逐个检查。发现漏点及时修补。检漏时，探头移动速度不大于 0.3m/s。检漏电压按下列公式计算确定：

当 $T_c < 1\text{mm}$ 时，$V = 3294\sqrt{T_c}$

当 $T_c \geqslant 1\text{mm}$ 时，$V = 7843\sqrt{T_c}$

式中 V——检漏电压，V；

                T_c——防腐层厚度，mm；

3294、7843——经验系数，实际工作中可直接运用。

⑤剥离强度检验。用刀环向划开 10mm 宽、长度大于 100mm 的胶黏带层，直至管体。然后用弹簧秤与管壁成 90°角拉开，如图 6-19 所示，拉开速度应不大于 300mm/min。

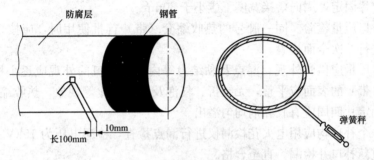

图 6-19　现场剥离强度示意图

剥离强度测试应在缠好胶黏带 24h 后进行。测试时的温度宜为 20～30℃。现场涂敷时，每千米防腐管至少应测试三处。工程量不足 1km 的工厂预制时，每日抽查生产总量的 3%，且不少于三根，每根测一处。补口、补伤抽查 1%。剥离强度值应不低于 20N/cm。若一处不合格，应加倍抽查，仍不合格，全部返修。

9）防腐管的下沟回填。

①下沟前，防腐管露天存放时间不应超过 3 个月。

②防腐管下沟前应进行 100% 电火花检漏。

③管沟的清理、下沟和回填应符合相关标准规定，应防止防腐管撞击沟壁及硬物。

④管道回填后应对防腐层进行相应的地面检测。

（2）聚乙烯防腐层的施工和验收。批量钢管的聚乙烯防腐层，基本上由专业涂敷厂家根据国家相关标准在生产线上进行施工、检验、标志。

管道现场施工时，应做好补口、补伤、下沟回填工作。

1）补口。

①补口材料。补口采用辐射交联聚乙烯热收缩套（带），也可采用环氧树脂/辐射交联聚乙烯热收缩套（带）三层结构。辐射交联聚乙烯热收缩套（带）应按管径选用配套的规格，产品的基材边缘应平直，表面应平整、清洁，无气泡、疵点、裂口及分解、变色。

②补口施工。补口前，必须对补口部位进行表面预处理，表面预处理的质

量宜达到《涂装前钢材表面锈蚀等级和除锈等级》中规定的 Sa21/2 级。经设计选定，也可用电动工具除锈处理至 St3 级。焊缝处的焊渣、毛刺等应清除干净。

补口搭接部位的聚乙烯层应打磨至表面粗糙，然后用火焰加热器对补口部位进行预热，应按热收缩套（带）产品说明书的要求控制预热温度，并进行补口施工。

热收缩套（带）与聚乙烯层的搭接宽度不应小于 100mm。采用热收缩带时，应用固定片固定，周向搭接宽度不应小于 80mm。

③补口质量检验。同一牌号的热收缩套（带）首批使用时，应按标准规定的项目进行一次全面检验。

补口质量应检验外观、漏点及黏结力等内容。补口的外观应逐个检查，热收缩套（带）的表面应平整，无皱折、气泡及烧焦炭化等现象，热收缩套（带）周向及固定片四周应有胶黏剂均匀溢出。

每一个补口均应用电火花检漏仪进行漏点检查，检漏电压为 15kV。若有漏点，应重新补口并检漏，直至合格。

补口后热收缩套（带）的黏结力应按标准规定的方法进行检验，管体温度为（25±5）℃时的剥离强度不应小于 50N/cm。每 100 个补口应至少抽测一个。如不合格，应加倍抽测。若加倍抽测时仍有一个口不合格，则该段管线的补口应全部返修。

2）补伤。对小于或等于 30mm 的损伤，用聚乙烯补伤片进行修补。先除去损伤部位的污物，并将该处的聚乙烯层打毛，然后在损伤处用直径 30mm 的空心冲头冲缓冲孔，冲透聚乙烯层，边缘应倒成钝角。在孔内填满与补伤片配套的胶黏剂，然后贴上补伤片，补伤片的大小应保证其边缘距聚乙烯层的孔洞边缘不小于 100mm。贴补时应边加热边用辊子滚压或戴耐热手套用手挤压，排出空气，直至补伤片四周胶黏剂均匀溢出。

对大于 30mm 的损伤，应先除去损伤部位的污物，然后将该处的聚乙烯层打毛，并将损伤处的聚乙烯层修切成圆形，边缘应倒成钝角。在孔洞部位填满与补伤片配套的胶黏剂，再按上条的要求贴补补伤片。最后在修补处包覆一条热收缩带，包覆宽度应比补伤片的两边至少各大 50mm。

补伤质量应检验外观、漏点及黏结力等三项内容。补伤后的外观应逐个检查，表面应平整，无皱折、气泡及烧焦炭化等现象。补伤片四周应有胶黏剂均匀溢出。不合格的应重补。每一个补伤处均应用电火花检漏仪进行漏点检查，检漏电压为 15kV。若不合格，应重新补伤检漏，直至合格。

补伤后的黏结力应按标准规定的方法进行检验。常温下剥离强度不应低于 35N/cm，每 100 个补伤处均应抽查一处，如不合格，应加倍抽查。若加倍抽测时仍有一处不合格，则该段管线的补伤处应全部返修。检验后应立即按标准的要求重新进行修补并检漏。

3）下沟回填。铺设聚乙烯防腐管道的管沟尺寸应符合设计要求，沟底应平整，无碎石、砖块等硬物。沟底为硬层时，应铺垫细软土，垫层厚度应符合有关管道施工行业标准的规定。

防腐管下沟前，应用电火花检漏仪对管线全部检漏，电压为15kV，并填写检查记录。

防腐管下沟时，应采用尼龙吊带，并应防止管道撞击沟壁及硬物。

防腐管下沟后，应先用软土回填，软土厚度应符合有关管道施工行业标准的规定，然后才能进行二次回填。

防腐回填后，应全线进行地面检漏，发现漏点应进行修补。

第七章

城市轨道交通工程

第一节　城市轨道交通概述

轨道结构是地铁和轻轨交通的重要组成部分。一般由钢轨、扣件、轨枕、道床、道岔及其他附属设备等组成。

轨道是轨道交通运营设备的基础，它直接承受上部车辆荷载，并引导车辆运行。轨道设计应保证车辆安全、平稳、快速运行，并满足乘客舒适度要求。轨道交通对轨道结构的基本要求如下。

（1）结构简单、整体性强，具有坚固性、稳定性、均衡性等特点，确保行车安全、平稳、舒适。

（2）具有足够的强度、刚度。便于施工、易于管理，可靠性高、使用寿命长，可以少维修或者避免维修，并有利于日常的清洁养护，降低运营成本。

（3）对于扣件，要求强度高、韧性好。

（4）采用成熟的新工艺、新技术、新材料，满足绝缘、减振降噪和减轻轨道结构自重的需要，尽可能符合城市景观和美观要求。

一、轨道结构及组成

轨道铺设于路基上，是直接承受机车、车辆巨大压力的部分，由钢轨、轨枕、道床、连接件、道岔及其他附属设备组成。

1. 钢轨

钢轨起直接承受车轮压力并引导车轮运行方向的作用，此外还兼作轨道牵引电力回流的作用。钢轨的类型和强度以 kg/m 表示，图 7-1 为 43kg/m 的钢轨断面尺寸详图，图 7-2 为 50kg/m 的钢轨断面尺寸详图。

2. 轨枕

轨枕是钢轨的支座，起着保持钢轨位置，固定轨距和方向，承受钢轨传来的压力并将其传递给道床（基础）的作用。因此轨枕必须具有坚固性、弹性和耐久性。轨枕是轨下基础的部件之一。

轨枕按其使用部位可分为用于区间线路的普通轨枕、用于道岔上的岔枕以及用于无砟桥上的桥枕。

轨枕按其材料可分为木枕、混凝土轨枕及钢枕等。钢枕在我国很少采用。

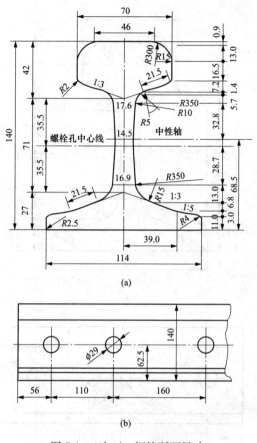

图 7-1　43kg/m 钢轨断面尺寸

（a）正面照；（b）侧视图

木枕又称枕木，是铁路上最早采用的形式，但目前已逐渐被混凝土轨枕所代替。

高架轻轨线宜采用新型轨下基础，这种新型的轨枕结构不同于传统的道砟道床上铺设木枕或混凝土的轨下基础，而是以混凝土道床为主的构造形式，因为轻轨车辆轴重小，可以直接采用常规铁路强度最低的预应力混凝土枕，如 J—Ⅰ型轨枕，其主要外形尺寸如图 7-3 所示，质量约为 260kg。每千米直线段轨枕配置根数为 1600 根，在曲线半径 300m 以下的地段，每千米增加 80 根，地面线路为碎石道床上铺预应力混凝土轨枕。

隧道的正线及辅助线的直线段和半径 $R \geqslant 400m$ 的曲线段，每千米铺设短轨枕数为 1680 对，半径为 400m 以下的曲线地段和大坡道上，每千米铺设轨枕数为 1760 对。地面碎石道床上铺轨枕数同上。车场线每千米铺设轨枕数为

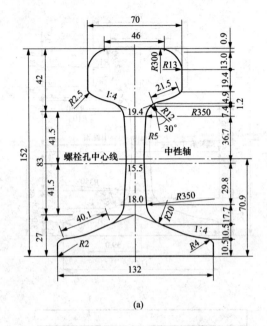

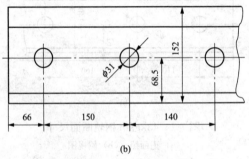

图 7-2　50kg/m 钢轨断面尺寸

（a）正面照；（b）侧视图

1440 根。

3. 道床

　　道床铺设在路基之上，轨枕之下。道床一般分为有砟道床和无砟道床两种。

　　有砟道床的优点是施工简单，防噪声性能较好。但因轨道建筑高度较高，造成结构底板下降，增大了地铁隧道开挖断面，同时，轨道排水设施复杂，维修工作量也较大，一般不在轨道交通正线中采用。

　　无砟轨道结构形式较多，采用最普遍的为整体道床。目前，整体道床形式主要有混凝土整体道床、钢筋混凝土短枕式整体道床、新型轨下基础、轨枕整体碎石道床等几种。隧道内采用混凝土整体道床，地面线和车场线道岔可采用

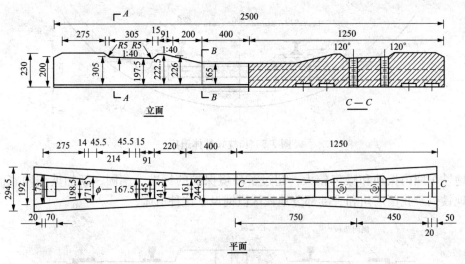

图 7-3 J—I型轨枕外形尺寸

轨枕碎石道床，高架线采用新型轨下基础。

轨枕式整体道床可分为短枕式和长枕式两种。

（1）短枕式整体道床。这种道床轨道建筑高度一般为 550mm 左右，道床混凝土强度等级为 C30，轨下道床厚度一般小于 160mm，设中心排水沟，如图 7-4 所示。

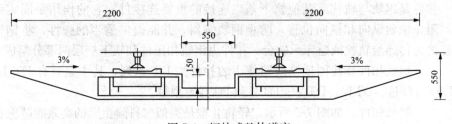

图 7-4 短枕式整体道床

339

（2）长枕式整体道床。长枕式整体道床设侧向水沟，如图 7-5 所示。一般长轨枕预留圆孔，道床用纵向筋穿过，加强了与道床的连接，使道床更加坚固、稳定且整洁美观。这种道床适用于软土地基隧道，可采用轨排法施工，进度快，施工精度也容易得到保证。上海和新加坡地铁铺设这种道床，使用状况良好。

此外，还有浮置板式整体道床。这种道床是在浮置板下面及两侧设有橡胶垫，减振效果明显，如图 7-6 所示。浮置板较重，需要大型吊装机具，施工进度难以保证，更换底部橡胶垫困难，大修时要中断地铁正常运营，造价也高。根据新加坡地铁使用经验，发现浮置板式道床对隧道外减振、减噪效果明显，但

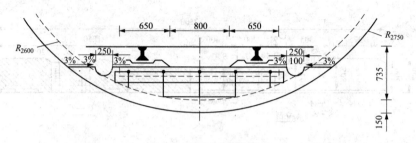

图7 5　长枕式整体道床

地铁车厢内振动和噪声较大，超过了环境保护的标准。德国、新加坡等国家的地铁以及我国广州和香港部分地铁区段铺设了这种道床。

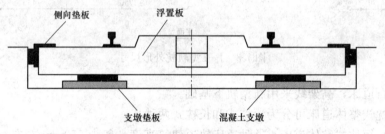

图7-6　浮置板式整体道床

4. 扣件

扣件是钢轨与轨枕或其他轨下基础连接的重要连接件，它的作用是固定钢轨，阻止钢轨纵向和横向位移，防止钢轨倾斜，并能提供适当的弹性，将钢轨承受的力传递给轨枕或道床承轨台。扣件由钢轨扣压件和轨下垫层两部分组成。

（1）地铁扣件。我国地铁线路使用的扣件为DT系列，其中主要有DTⅠ、DTⅡ、DTⅢ、DTⅣ、DTⅤ、DTⅥ和DTⅦ等型号。

（2）轻轨扣件。如图7-7所示，轻轨Ⅱ型是类似"科隆蛋"的高效能减振扣件。该扣件上下铁垫板用硫化橡胶联成整体，在荷载作用下，橡胶以承受剪力为主，产生较大的剪切变形，因而弹性较好，硫化橡胶既减振又起到绝缘作用，具有良好的绝缘性能。

另一个突出的特点是：扣件承受垂直荷载时，轨下衬垫（用塑料制作）压缩变形小，扣压钢轨的部件不容易松弛。试验表明轻轨Ⅱ型扣件各项技术性能都优于轻轨Ⅰ型，但由于构造较复杂，造价高，除非环境要求极高的地段，一般不轻易使用。它的主要技术指标如下。

1）垂直静刚度8.46kN/mm，满足不大于10kN/mm的设计要求，具有良好的弹性，百万次疲劳试验，减振垫完好。

2）结构设计合理，在30kN横压疲劳荷载作用下，各部件良好无损，轨距

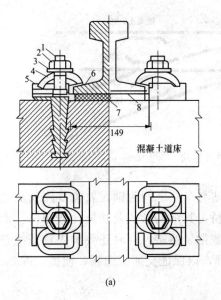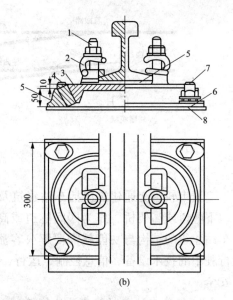

图 7-7 轻轨扣件

(a) Ⅰ型扣件；(b) Ⅱ型扣件

Ⅰ型扣件：1—T形螺栓；2—螺母；3—平行圈；4—B形弹条；

5—T形螺栓插入座；6—绝缘轨距块；7—橡胶垫板；8—调高垫板

Ⅱ型扣件：1—T形螺栓；2—弹条；3—上铁垫板；4—硫化橡胶；

5—轨下衬垫；6—下铁垫板；7—垫板螺栓；8—垫板衬垫

扩大 3.5mm。

3）减振效果好，加速度幅值从钢轨到承托梁衰减 97.7%，加速度自振频率谱从钢轨到承托梁衰减 99.3%，有明显的社会环境效应。

4）绝缘性能好，在洒水状态下，两股钢轨绝缘电阻能满足设计要求。

5. 道岔

道岔是线路连接设备之一，起着将机车、车辆由一股道转入另一股道的调车作用。终始车站、中间站、行车线、检修线的附近，车辆需要折返、调动的部位均须设置道岔。道岔应设在直线地段，道岔端部至曲线端部的距离应大于 5m，车场线可减少到 3m。一般地段采用的普通单开道岔如图 7-8 所示。正线与辅助线上宜选用 9 号道岔，车场线位置处应采用不大于 7 号的道岔。

二、地铁与轻轨车站的特征

地铁与轻轨同属于城市轨道交通工程，它是现代化城市所应有的高效的公共交通工具，地铁是在城市地下穿行的轨道交通工程，而轻轨是指在城市地面和上空行驶的轨道交通工程，并且地铁与轻轨可以相互转换。在城市地面建筑较稀疏的地段，轨道交通可以直接在地面铺设。

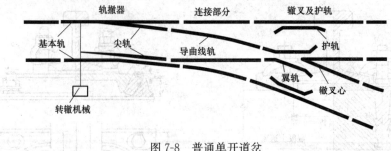

图 7-8　普通单开道岔

城市轨道交通建筑包括车站建筑及车站与车站之间为铺设轨道线路所需的地下隧道或高架桥。作为区间隧道或高架桥，其结构形式及功能比较单一，而车站建筑的结构与功能就需要解决客流的集散、换乘，同时还要解决整条线路行驶中的技术设备、信息控制、运行、管理，以保证交通的通畅、便捷、准时、安全。

1. 地铁车站与轻轨车站的特征

地铁车站，顾名思义，就是建在城市地下的铁路车站。因此，它具有地下建筑的特征：其一，为了有利于结构、施工及节约投资，它的形体必须简单、完整。其二，没有自然光线照射，必须全部靠人工采光。其三，设有庞大的空调设施，以保证地下空间的舒适环境。其四，有众多鲜明的指示标牌和消防设施，以保证客流安全、顺畅、快捷地进出。其五，有一定长度的地下通道与地面出入口连接，在地面有较大体量的风亭建筑。

轻轨车站的特征是车站架于地面之上，人们必须上行才能到达车站的站台，因此车站具有一般地面建筑的特征及强烈的交通建筑的形体。另外，为了节约用地并减少对城市建设的影响，轻轨线路往往结合城市交通干道，与城市地面交通叠合建造，因此，在车站两侧建有过街的人行天桥。

地铁车站与轻轨车站除了它们各自的特征外，还具有轨道交通所共有的特征，即车站沿着轨道，按车辆编组长度作线形的布置。车站有候车的站台及客流集散、售检票等功能的站厅，必要的设备用房及管理用房等。

2. 地铁车站与轻轨车站建筑的设计原则

车站建筑设计必须满足客流的需要，保证乘降安全，疏导迅速、布局紧凑、便于管理，并具有良好的通风、照明、卫生、防灾等设施，为乘客提供舒适的乘车环境。

（1）适用性。地铁车站与轻轨车站是人流相对集中的交通建筑，在设计中必须有序地组织人流进站和出站或方便地换乘，满足客流高峰时所需的各种面积规定及楼梯、通道等的宽度要求。上下楼梯位置的设置能均匀地接纳客流，另外要有足够的设备用房和管理用房，以满足技术设备的布置及运行管理的要求，使车站具有管理和完善的使用功能。

（2）安全性。地铁车站和轻轨车站的建造，常被比作上天入地的工程，因此，对工程结构的安全性、可靠性提出了更高的要求，一旦出问题将危及千百人的生命。在建筑设计上，特别是地铁车站建筑设计要给人们带来安全、可靠的保证，如有足够明亮的照明设施以减弱人们身处地下的不安心理；有足够宽的楼梯及疏散通道，在突发事件时能在安全时间内快速疏散；有明确的指示标牌及防灾设施等。

（3）识别性。城市轨道交通是一种定时快速的公共交通，站间运行速度很快，而到站至发车的间歇时间也很短，因此车辆线路及车站都必须有明显的特征和标志，以免旅客的误乘和错过站。如车辆按运行不同的线路标示不同的色带，车站有特殊的造型和不同的色调，在关键部位设有详尽清晰的指示标牌，都能够使乘客快速获得信息，作出正确的行为判断，引导人们的走向。

（4）舒适性。以人为本的设计原则已成为世人的共识，无论是车辆内部环境还是车站的内部环境都必须体现这一设计原则，目前我国城市轨道交通引进了部分国外的车辆，具有内部舒适的环境和现代的视觉观感，有利于提高我国车辆设计生产的观念。作为大量客流集散的车站，在经济条件许可下，也应尽量从以人为本的角度出发来考虑设计标准。如自动扶梯数量的配置、环控的设置、车站内各种服务设施（如公用电话、自动售票、残疾人通道、公厕、坐椅、垃圾桶）等。尽管人们在车站内逗留的时间是短暂的，但还是要创造一个满足人的行为所需的场所，使人们在生理和心理上得到舒适感。

（5）经济性。城市轨道交通建设的投资相当大，根据我国已建的轨道交通项目，城市高架轻轨交通平均每千米造价约为 4 亿元人民币，城市地铁的造价平均每千米为 6 亿～7 亿元人民币，其中车站土建工程的造价约占总投资的13%，因此在车站建筑设计时，在满足功能的前提下，应尽量压缩车站的长度及控制车站的埋深或车站架空高度，以降低造价、节约投资。

三、地铁车站的选型

地铁车站的选型可按线路走向分为侧式站台候车车站与岛式站台候车车站，从结构的类型可分为矩形箱式地下建筑和圆形或椭圆形的隧道式建筑，从建筑布局的形式可分为浅埋式和深埋式。

从线路走向区分的侧式站台候车和岛式站台候车具有不同的优缺点，从功能上比较，岛式站台候车便于客流在站台上互换不同方向的车次，而侧式站台候车客流换乘不同方向的车次必须通过天桥才能完成，一旦乘客走错方向，会给换乘带来很多不便，但侧式站台候车方式带来的轨道布置集中，有利于区间采用大的隧道或双圆隧道双线穿行，具有一定的经济性。在城市地下工况复杂的情况下，大隧道双线穿行反而又缺乏灵活性，而岛式站台候车方式的两根单线单隧道布线方式在城市地下工况复杂情况下穿行则具有较大的灵活性，如图7-9所示。

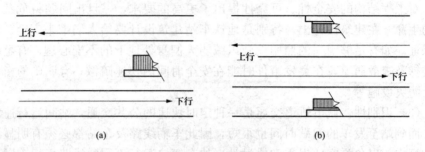

图 7-9　岛式和侧式站台
（a）岛式站台；（b）侧式站台

按照结构类型不同划分的矩形箱式车站，基本上都是采用地下连续墙后大开挖的现浇钢筋混凝土结构，施工时对周边的环境影响较大，土方量也大，对地面交通也有影响。而圆形或椭圆形的隧道或暗挖车站建筑，基本上可采用盾构掘进的方式，土方量较少，同时对周边环境的影响也大大减少，但带来的技术要求则较高且需更大的盾构掘进机械，如图7-10所示。

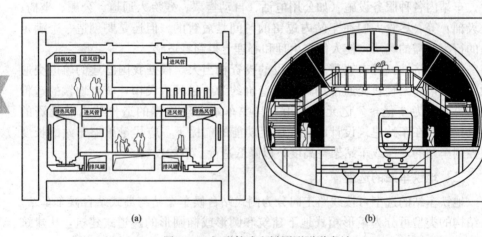

图 7-10　矩形箱式和椭圆形隧道车站
（a）矩形箱式车站；（b）椭圆形隧道式车站

按照建筑布局形式不同划分的浅埋式车站，由于车站的埋置深度浅，带来一系列经济效益，如土方减少、技术难度减小、出入口通道客流上下高度减小等，甚至它的售检票大厅也可直接建于地面，大大节约车站在地下的建设投资。

这种车站的建设前提是：地面以下没有各种城市管线通过，也不在城市主要道路下，并得到地下铁道线路走向的允许。

深埋式车站因受周边环境的影响和线路走向的制约，必须较深地建于地下，带来深基坑的技术难度增加、土方量增加、投资的加大和客流上下高度的增加，如图 7-11 所示。

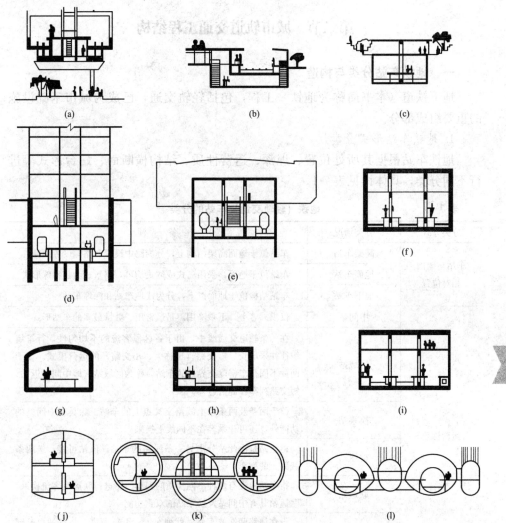

图 7-11 轨道交通车站剖面形式

（a）高架式；（b）地面式；（c）半地下式单柱双跨；（d）浅埋式；

（e）深埋、双柱三跨岛式；（f）双柱三跨双岛式；（g）单拱岛式；

（h）单层单柱双跨侧式；（i）双柱三跨岛侧混合式；（j）双层单柱双跨导式；

（k）塔柱式；（l）多拱混合式

上述这些车站建筑形式必须结合各城市特有的发展规划、地理条件及经济状况，因地制宜地考虑选型。目前，上海地铁车站模式基本采用矩形的箱式结构，分上下两层，上层为站厅层，以集散客流、售检票，设置主要的设备管理用房为主。下层为站台层，主要功能为列车停靠、客流候车及少量的设备管理用房。

第二节　城市轨道交通工程结构

一、地铁车站分类与构造

地下铁道（本书简称为地铁）工程，包括轻轨交通，已成为城市基础设施的重要组成部分。

1. 地铁车站形式分类

地铁车站根据其所处位置、埋深、运营性质、结构横断面、站台形式等进行不同分类，具体详见表7-1。

表 7-1　　　　　地铁（轻轨交通）车站的分类

分类方式	分类情况	备　注
车站与地面相对位置	高架车站	车站位于地面高架结构上，分为路中设置和路侧设置两种
	地面车站	车站位于地面，采用岛式或侧式均可，路堑式为其特殊形式
	地下车站	车站结构位于地面以下，分为浅埋车站和深埋车站
运营性质	中间站	仅供乘客上、下乘降用，是最常用、数量最多的车站形式
	区域站	在一条轨道交通线中，由于各区段客流的不均匀性，行车组织往往采取长、短交路（也称大、小交路）的运营模式。设于两种不同行车密度交界处的车站，称为区域站（即中间折返站，短交路列车在此折返）
	换乘站	位于两条及两条以上线路交叉点上的车站。除具有中间站的功能外，还可让乘客在不同线上换乘
	枢纽站	枢纽站是由此站分出另一条线路的车站。该站可接、送两条线路上的列车
	联运站	指车站内设有两种不同性质的列车线路进行联运及客流换乘。联运站具有中间站及换乘站的双重功能
	终点站	设在线路两端的车站。就列车上、下行而言，终点站也是起点站（或称始发站）。终点站设有可供列车全部折返的折返线和设备，也可供列车临时停留检修
结构横断面	矩形	矩形断面是车站中常选用的形式。一般用于浅埋、明挖车站。车站可设计成单层、双层或多层。跨度可选用单跨、双跨、三跨及多跨形式

分类方式	分类情况	备　注
结构横断面	拱形	拱形断面多用于深埋或浅埋暗挖车站,有单拱和多跨连拱等形式。单拱断面由于中部起拱较高,而两侧拱脚相对较低,中间无柱,因此建筑空间显得高大宽阔。如建筑处理得当,常会得到理想的建筑艺术效果。明挖车站采用单跨结构时也有采用拱形断面的
	圆形	为盾构法施工时常见的形式
	其他	如马蹄形、椭圆形等
站台形式	岛式站台	站台位于上、下行线路之间。具有站台面积利用率高、提升设施共用,能灵活调剂客流、使用方便、管理较集中等优点。常用于较大客流量的站。其派生形式有曲线式、双鱼腹式、单鱼腹式、梯形式和双岛式等
	侧式站台	站台位于上、下行线路的两侧。侧式站台的高架车站能使高架区间断而更趋合理。常见于客流不大的地下站和高架的中间站。其派生形式有曲线式,单端喇叭式,双端喇叭式,平行错开式和上、下错开式等形式
	岛、侧混合站台	将岛式站台及侧式站台同设在一个车站内。常见的有一岛一侧,或一岛两侧形式。此种车站可同时在两侧的站台上、下车。共线车站往往会出现此种形式

2. 构造组成

(1) 地铁车站通常由车站主体(站台、站厅、设备用房、生活用房),出入口及通道,通风道及地面通风亭等三大部分组成。

(2) 车站主体是列车在线路上的停车点,它既可供乘客集散、候车、换车及上、下车,又是地铁运营设备设置的中心和办理运营业务的地方。

(3) 出入口及通道(包括人行天桥)是供乘客进、出车站的建筑设施。

(4) 通风道及地面通风亭的作用是保证地下车站有一个舒适的地下环境。

二、地下车站工程结构

地铁工程通常是在城镇中修建的,其施工方法选择会受到地面建筑物、道路、城市交通、环境保护、施工机具以及资金条件等因素影响。因此,施工方法的确定,不仅要从技术、经济、修建地区具体条件考虑,而且还要考虑施工方法对城市生活的影响。

1. 地下车站明挖结构

(1) 明挖法施工结构形式。

1) 明挖法是先从地表面向下开挖基坑至设计标高,然后在基坑内的预定位置由下而上地建造主体结构及其防水措施,最后回填土并恢复路面。

2) 明挖法是修建地铁车站的常用施工方法，具有施工作业面多、速度快、工期短、易保证工程质量、工程造价低等优点，因此，在地面交通和环境条件允许的地方，应尽可能采用。

3) 明挖法施工基坑可以不设围护敞口开挖，可以设置围护结构。若基坑所处地面空旷，周围无建筑物或建筑物间距很大，地面有足够空地能满足施工需要又不影响周围环境时，则采用放坡基坑施工。这种基坑施工简单、速度快、噪声小，无须做围护结构。如果因场地限制，基坑边坡坡度稍陡于规范规定时，则可采用适当的加固措施，如土钉加混凝土喷抹面对边坡加以支护，也可设置重力式挡墙后垂直开挖。即便如此，该方法的造价仍然是较低的。如果基坑很深，地质条件差，地下水位高，特别是处于繁华市区，地面建筑物密集，交通繁忙，无足够空地满足施工需要，没有条件采用敞口基坑时，则应采用有围护结构的基坑。

4) 明挖法基坑支护结构选择时，应综合考虑基坑周边环境和地质条件的复杂程度，首先确定基坑安全等级，然后根据等级选用基坑支护结构。《建筑基坑支护技术规程》（JGJ 120—2012）的基坑支护结构安全等级划分见表 7-2。对于同一基坑的不同位置，应采用不同的安全等级。依据该等级，基坑支护结构的适用条件见表 7-3。地铁车站基坑形式与建筑基坑有所差异，但可参考《建筑基坑支护技术规程》进行基坑设计和施工。

表 7-2 　　　　　　　　　　　基坑支护结构的安全等级

安全等级	破 坏 后 果
一级	支护结构失效、土体过大变形对基坑周边环境或主体结构施工安全的影响很严重
二级	支护结构失效、土体过大变形对基坑周边环境或主体结构施工安全的影响严重
三级	支护结构失效、土体过大变形对基坑周边环境或主体结构施工安全的影响不严重

表 7-3 　　　　　　　　　　　基坑支护结构的适用条件

结构类型		适用条件	
		安全等级	基坑深度、环境条件、土类和地下水条件
支挡式结构	拉锚式结构	一级二级三级	适用于较深基坑	①排桩适用于可采用降水或截水帷幕的基坑。②地下连续墙可同时用于截水。③锚杆不宜用在软土层和高水位的碎石土、砂土中。④当邻近基坑有建筑物地下室、地下构筑物等，锚杆的有效长度不足时，不应采用锚杆。⑤当锚杆施工会造成基坑周边（构）筑物的损害或违反城市地下空间规划等规定时，不应采用锚杆。
	支撑式结构		适用于较深基坑	
	悬臂式结构		适用于较浅基坑	
	双排桩		当拉锚式、支撑式和悬臂式结构不适用时，可考虑采用双排桩	

结构类型		适 用 条 件	
	安全等级	基坑深度、环境条件、土类和地下水条件	
土钉墙	单一土钉墙	适用于地下水位以上或降水的非软土基坑，且基坑深度不宜大于 12m	当基坑潜在滑动面内有建筑物、重要地下管线时，不宜采用土钉墙
	预应力锚杆复合土钉墙	适用于地下水位以上或降水的非软土基坑，且基坑深度不宜大于 15m	
	水泥土桩复合土钉墙	二级三级	适用于非软土基坑，且基坑深度不宜大于 12m。用于淤泥质土基坑时，基坑深度不宜大于 6m。不宜用在高水位的碎石土、砂土层中	
	微塑桩复合土钉墙		适用于地下水位以上或降水的基坑，用于非软土基坑时，基坑深度不宜大于 12m。用于淤泥质土基坑时，基坑深度不宜大于 6m	
重力式水泥土墙		二级三级	适用于淤泥质土、淤泥基坑，且基坑深度不宜大于 7m	
放坡		三级	①施工场地满足放坡条件。②放坡与上述支护结构形式结合	

5) 明挖车站可采用矩形框架或拱形结构。车站结构形式的选择应在满足功能要求的前提下，兼顾经济和美观，力图创造出与交通建筑协调的气氛。

①矩形框架结构。矩形框架结构是明挖车站中采用最多的一种形式，根据功能要求及客流量等可以设计成单层、双层、单跨、双跨或多层多跨（见图 7-12）等形式。侧式车站一般采用单跨结构。岛式车站多采用三跨结构，站台宽度不超过 10m 时，站台区宜采用双跨结构，有时也采用单跨结构，在道路狭窄的地段修建地铁车站，可采用上、下行重叠的结构。

现代城市的发展对地铁提出了新的要求，在很多情况下地下车站不再是一个单纯的交通性建筑物，与城市其他构筑物或建筑物合建的例子越来越多，这时车站结构又是这些结构物的基础或基础的一部分，或者成为集交通、餐饮、娱乐于一体的地下综合体。由于做到了统一规划、统一设计、统一施工，不仅节约了建设资金，而且减少了施工对城市产生的负效应。如 20 世纪 80 年代中期开始建设的上海地铁 1 号线，有多座车站都是结合城市其他基础设施同步实施的，取得了良好的效果。

②拱形结构。拱形结构一般用于站台宽度较窄的单跨单层或单跨双层车站，可以获得较好的建筑艺术效果。明斯克地铁在 10m 站台的车站中，采用了多种形式的单拱车站，图 7-13 所示的是其中的一种形式。

（2）明挖法施工构件选型。明挖法施工的车站主要采用矩形框架结构或拱

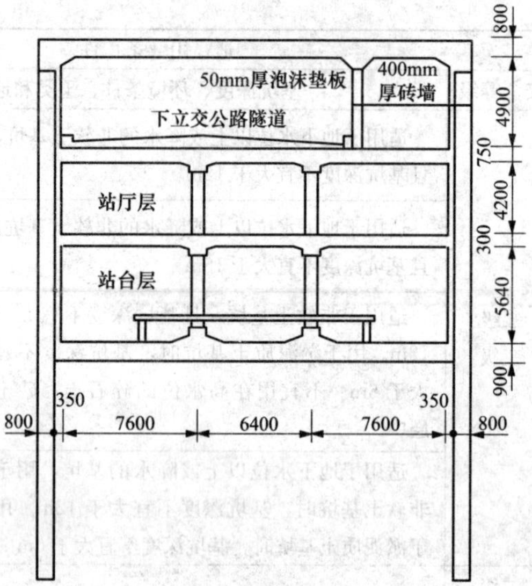

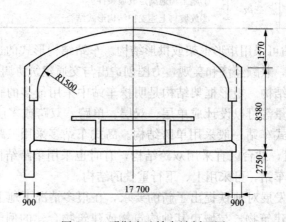

图 7-12　上海地铁

图 7-13　明斯克地铁车站剖面图

形结构。其中，矩形框架结构是明挖车站中采用最多的一种形式，根据功能要求，可以双层于单跨、双跨或多层多跨等形式。侧式车站一般采用双跨结构。岛式车站多采用双跨或三跨结构。站台宽度不大于 10m 时宜采用双跨结构，有时也采用单跨结构。在道路狭窄的地段建地铁车站，也可采用上、下行线重叠的结构。

　　明挖地铁车站结构由底板、侧墙及顶板等围护结构和楼板、梁、柱及内墙等内部构件组合而成。它们主要用来承受施工和运营期间的内中外部荷载，提供地铁必需的使用空间，同时也是车站建筑造型的有机组成部分。构件的形式和尺寸将直接影响内部的使用空间和管线布置等,所以必须综合受力、使用、建筑、经济和施工等因素合理选定。

1) 顶板和楼板。可采用单向板(或梁式板)、井字梁式板、无梁板或密肋板等形式。井字梁式板和无梁板可以形成美观的顶棚或建筑造型,但造价较高,只有在板下不走管线时方可考虑采用。

①单向板(或梁式板)。多将板支承在与车站轴线平行的纵梁和侧墙上,单向受力。这种结构方案具有施工简单、节省模板,可利用板底至梁底的空间沿车站纵向布置管线,结构的总高度较小等优点,故在明挖地铁车站中获得广泛的应用。

②井字梁式板。板由纵横两个方向高度相等的梁所支承,双向受力,故板厚可减薄。为使结构经济合理,两个方向梁的跨度宜接近相等,一般为 6~7m。井字梁式板造价较高,仅在地铁车站中荷载较大的顶、楼板或因施工需要才采用。

③无梁板。无梁板的特点是没有梁系,将板直接支承在立柱和侧墙上,传力简捷、省模板,但板的厚度较大,且用钢量较多。

④密肋板。密肋板具有重量轻、材料用量较少等优点。肋可以是单向的,也可以是双向正交的,间距在 1m 左右,多用装配式结构的顶板。

2) 底板。底板主要按受力和功能要求设置。几乎都采用以纵梁和侧墙为支承的梁式板结构,这有利于整体道床和站台下纵向管道的铺设。埋置于无地下水的岩石地层中的明挖车站,可不设受力底板,但铺底应满足整体道床的使用要求。

3) 侧墙。当采用放坡开挖或用工字钢桩、钢板桩等作基坑的临时护壁时,侧墙多采用以顶、底板及楼板为支承的单向板,装配式构件也可采用密肋板。

当采用地下连续墙或钻孔灌注桩护壁时,可利用它们作为主体结构侧墙的一部分或全部。这种情况下的侧墙,根据现场土质条件的不同,基本可分为两大类:一类为由灌注桩与内衬墙组成的桩墙结构。另一类为与地下连续墙或地下连续墙与内衬墙组成的结构。

在无水地层中,可选用分离式灌注桩,大桩径、大桩距(必要时可施作喷射混凝土层),保证土层的稳定。在有地下水时,可结合形成止水帷幕或改用搭接的灌注桩。在饱和软土或流沙地层中,从提高围护结构的强度、刚度、止水性和保护环境等方面考虑,尤其当挖深超过 10m 时,多采用地下连续墙。

4) 立柱。明挖车站的立柱一般采用钢筋混凝土结构,可采用方形、矩形、圆形或椭圆形等截面。按常规荷载设计的地铁车站站台区的柱距一般取 6~8m。当车站与地面建筑合建或为特殊荷载控制设计,柱的设计荷载很大时,可采用钢管混凝土柱、劲性钢筋高强混凝土柱。

2. 盖挖法车站结构

(1) 结构形式。在城镇交通要道区域采用盖挖法施工的地铁车站多采用矩形框架结构。

软土地区地铁车站一般采用地下墙或钻孔灌注桩作为施工阶段的围护结构。地下墙可作侧墙结构的一部分，与内部现浇钢筋混凝土组成双层衬砌结构。也可将单层地下墙作为主体结构侧墙结构。单、双层墙应经工程造价、进度、结构整体性、防水堵漏、施工处理等综合比较后，根据不同地质、周围环境等选用。

(2) 侧墙。单层侧墙即地下墙在施工阶段作为基坑围护结构，建成后使用阶段又是主体结构的侧墙，内部结构的板直接与单层墙相接。在地下墙中可采用预埋"直螺纹钢筋连接器"将板的钢筋与地下墙的钢筋相接，确保单层侧墙与板的连接强度及刚度。砂性地层中不宜采用单层侧墙。

双层侧墙即地下墙在施工阶段作为围护结构，回筑时在地上墙内侧现浇钢筋混凝土内衬侧墙，与先施工的地下墙组成叠合结构，共同承受使用阶段的水土侧压力，板与双层墙组成现浇钢筋混凝土框架结构。

(3) 中间竖向临时支撑系统。中间竖向临时支撑系统由临时立柱及其基础组成，系统的设置方法有以下三种。

1) 在永久柱的两侧单独设置临时柱。

2) 临时柱与永久柱合一。

3) 临时柱与永久柱合一，同时增设临时柱。

3. 地下车站暗挖结构（矿山法）

(1) 特点及适用条件。暗挖法的起源也可追溯到公元前 3000 年的新石器时代，后来发展却因技术难度较大而比明挖法相对慢一些。迄今已广为采用的暗挖法有矿山法、盾构法、顶管法等。其中，矿山法历史悠久，但对饱和软土地层不适用，其施工适用的地下车站的情形主要有以下几个方面。

1) 在第四系的疏散地层中用新奥法修建地下车站或折返线等大断面隧道时，必须对明、盖挖法方案进行全面比较，经过充分论证。

2) 矿山法车站不仅施工难度大、安全性差、造价高和周期长，而且从使用效果和运营质量分析，也远不如明、盖挖车站。

3) 矿山法可用于施工不允许干扰地面交通或因埋深过大，或拆迁过多，采用明、盖挖法施工非常不经济时的地下中间站。

(2) 地下车站暗挖施工结构形式。矿山法施工的地下车站，视地层条件、车站功能、远期预测客运量、周围环境状况、施工安全性、工程造价等因素，并参考国内外已建成矿山法车站工程实例，可采用单拱、双拱或三拱式车站，根据需要可作成单层或双层。此类车站的开挖断面一般为 $150\sim250\text{m}^2$，由于断面较大，开挖方法对洞室稳定、地面沉降和支护受力等有重大影响，在第四系土层中开挖常需采取辅助施工技术措施。其结构形式类型如下。

1）单拱车站隧道。这种结构形式由于可获得宽敞的空间和宏伟的建筑效果，适用于整体性好的岩石地层且地下水不发育的地区，近年来国外在第四纪地层中也有采用的实例，但施工难度大，技术措施复杂，造价高。

①当地下岩石的坚固性系数 $f \geqslant 8$，侧壁无坍塌危险，仅顶部岩石可能有局部脱落时，可采用如图 7-14 所示的半衬砌结构。此时为了岩石不受风化，常在侧壁表面喷一层 2～3cm 厚的水泥砂浆。

②当石质良好，岩石的坚固性系数在 6～7，顶拱的拱脚较厚，边墙较薄时，单拱车站可采用如图 7-15 所示的大拱脚、薄边墙衬砌。这时顶拱所受的力可通过拱脚大部分传给岩石，充分利用岩石的强度，使边墙所受的力大为减少，

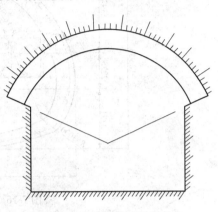

图 7-14　半衬砌车站结构

从而减少边墙的厚度，节约了建筑材料。为了保证边墙稳定性，可在边墙的上端打入锚杆，将边墙和岩石锚固在一起。

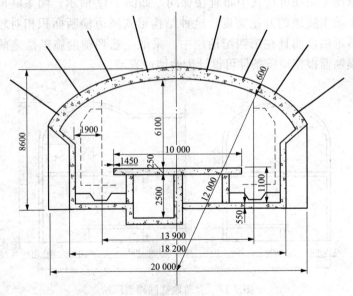

图 7-15　大拱脚、薄边墙单拱车站

③当岩石的坚固性系数 $f \leqslant 2$，松散破碎易于坍塌时，可采用曲墙的单拱形

式，如图 7-16 所示。这种衬砌结构的形式很像马蹄，因此，也叫马蹄形衬砌，如岩石比较坚硬，又无涌水现象时，底板可做成平面，并与边墙分开。

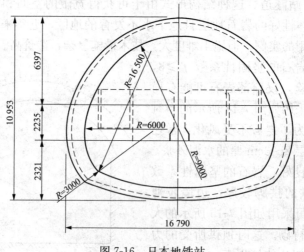

图 7-16　日本地铁站

2）双拱车站隧道。双拱车站有两种基本形式：双拱塔柱式和双拱立柱式。

①双拱塔柱式车站。这种车站在两个主隧道之间间隔一定距离开有横向联络通道，双层车站还可在其中布置楼梯间，如图 7-17 所示。两主隧道的净距一般不小于 1 倍主隧道的开挖宽度。这种结构形式隧道横断面积相对较小，不仅适用于岩石地层，而且在第四纪地层中，采取一系列辅助施工措施的条件下也可采用，横断面根据地质条件可设计为曲墙或直墙。

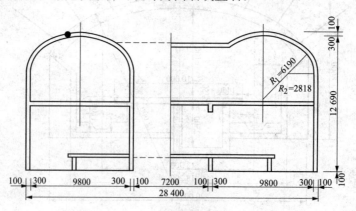

图 7-17　青岛地铁国棉酒厂站

②双拱立柱式车站。双拱立柱式车站早期多在石质较好的地层中采用，图 7-18 为纽约双拱立柱式地铁车站的实例图。因拱圈相交节点处的防水处理较困

难，随着新奥法的出现，这种形式近年来在岩石地层中已逐渐被单拱车站取代。单层双拱立柱式车站是前联邦德国一些城市地铁暗挖车站中用得较多的一种结构形式。这些车站大多埋置于软岩或松散土层中，且地下水位较高。

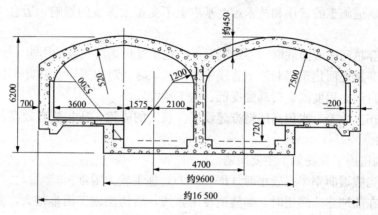

图 7-18 纽约双拱立柱式地铁车站实例图

3）三拱车站隧道。三拱车站有塔柱式和立柱式两种基本形式，但三拱塔柱式车站现已很少采用，土层中大多采用三拱立柱式车站，如图 7-19 所示。由于此类车站施工开挖断面大、施工技术复杂困难、造价高、地面沉降控制困难、拱圈相交处防水处理较困难，在第四纪地层中一般不宜广泛采用，如确需设计三拱立柱式车站时，也以单层车站为宜。

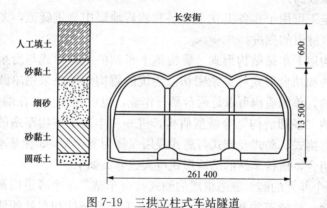

图 7-19 三拱立柱式车站隧道

4. 地下车站暗挖结构（盾构法）

（1）特点及适用条件。盾构法是在盾构的保护下修筑隧道的一类施工法。其特点是地层掘进、出土运输、衬砌拼装、接缝防水和注浆充填盾尾间隙等主要作业都在盾构保护下进行，并需随时排除地下水和控制地面沉降，因而是工艺技术要求较高、综合性较强的一类施工方法。盾构法施工有以下优点。

1）除竖井施工外，施工作业均在地下进行，隐蔽性好，因噪声、振动引起的环境影响小。

2）隧道施工的费用和技术难度基本上不受覆土深度的影响，适合于建造深埋隧道。

3）穿越河底或海底时，不影响通航，也不受风雨等气候的影响。

4）穿越地面建筑群和地下管线密集的区域时，对周围环境影响较小。

5）自动化程度高、劳动强度低、施工速度较快。

6）在土质差、水位高的地方建设埋深较大的隧道，盾构法有较高的技术经济优越性。

盾构法施工存在如下主要问题。

1）当隧道曲率半径较小时（$R<20D$），施工较为困难。

2）在陆地建造隧道时，如隧道覆土太浅，盾构法施工困难很大，而在水下时，如覆土太浅则盾构法施工不够安全。

3）盾构施工中采用全气压方法以疏干和稳定地层时，对劳动保护要求较高，施工条件差。

4）盾构法隧道上方一定范围内的地表沉陷尚难完全防止，特别是在饱和含水松软的土层中，要采取严密的技术措施才能把沉陷限制在很小的限度内。

5）在饱和含水地层中，盾构法施工所用的拼装衬砌，对达到整体结构防水性的技术要求较高。

盾构法施工可用于在各类软土地层和软岩地层中掘进隧道，尤其适用于市区地铁和水底隧道的掘进。

（2）盾构地下车站结构形式。盾构地下车站的结构形式与所采用的盾构类型、施工方法和站台形式等关系密切。传统的盾构车站是采用单圆盾构与矿山法结合修建的。单圆盾构可以是两台平行作业，也可利用一台在端头井内折返。近年来开发的"多圆盾构"等新型盾构，进一步丰富了盾构车站的形式。盾构车站的站台有侧式、岛式及侧式与岛式混用（称为复合型）3 种基本类型。将以上情况加以组合，盾构车站的结构形式可大致分类如下。

1）由两个并列的圆形隧道组成的侧式站台车站。每个隧道内都设有一组轨道和一个站台，两隧道的相对位置主要取决于场地条件和车站的使用要求，一般多设于同一水平，乘客从车站两端或车站中部夹在两圆形隧道之间的竖井（或自动扶梯隧道）进入站台。在两并列隧道之间可以用横向通道连通，两隧道之间的净距应保证并列隧道施工的安全并满足中间竖井（或斜隧道）的净空要求，如图 7-20 所示。

车站隧道的内径主要取决于侧站台宽度、车辆限界及列车牵引受电方式，

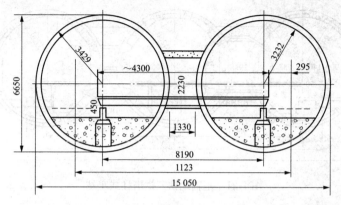

图 7-20　伦敦地铁盾构车站

日本东京地铁盾构隧道的内径与站台宽度的一般关系见表 7-4。

表 7-4　　　　　　　　　　　　站台宽度与隧道内径的关系

站台宽度/m	2	3	4	5	6
隧道内径/m	6.40	7.24	7.94	9.01	10.04

这种形式的盾构车站有以下特点。

①除横通道外，一般施工较简单。

②工期及造价均优于其他形式的盾构车站。

③总宽度较窄，可设置在较窄的道路之下。

④适用于客流量较小的车站。

侧式站台车站的技术难点在于横通道的设计与施工。

2）由 3 个并列的圆形隧道组成的三拱塔柱式车站。塔柱式车站两侧为行车隧道并在其内设置站台，中间隧道为集散厅，用横向通道将 3 个隧道连成一个整体。乘客从中间隧道两端或位于车站中部的竖井进入集散厅。此种形式的车站在前苏联的深埋地铁中采用较多。图 7-21 为基辅地铁三拱塔柱式车站的典型断面：侧站台的有效宽度为 3.276m，隧道内径为 7.50m，钢筋混凝土管片的厚度为 0.5m，平行隧道的净距为 1.1m。

塔柱式车站有以下特点。

①除横通道外，一般施工较简单。

②总宽度较大，一般为 28～30m，故在较宽的路段内方可使用。

③复合型站台。在集散厅为岛式站台，集散厅以外部分由于两旁隧道被斜隧道隔开为侧式站台。适用于中等客流量的车站。

④适用于工程地质和水文地质条件较差的地层。

⑤由于车站被塔柱分为 3 个单独的站厅，建筑艺术效果不如立柱式车站。

357

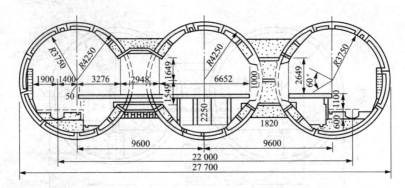

图 7-21　基辅地铁三拱塔柱式车站

　　3）立柱式车站。传统立柱式车站为三跨结构，先用单圆盾构开挖两旁侧隧道，然后施工中间站厅部分，将它们连成一体。中间站厅视施工方法的不同，可以是拱形的或平顶的。两旁侧隧道的拱圈及中间隧道的拱圈（或平顶）在纵梁及立柱上。这种形式的车站也称为眼镜型车站，是一种典型的岛式车站，乘客从车站两端的斜隧道或竖井进入站台。站台宽度应满足客流集散要求，一般不小于 10m，站台边到立柱外侧的距离不小于 2m。

　　图 7-22 为莫斯科地铁三拱立柱式典型车站的横断面，衬砌采用铸铁管片。中间隧道用半盾构施工，中央拱圈下面的弧形钢支撑不仅作拉杆用，而且在站厅上方形成一个弓形的通风道。顶纵梁为跨度 4.5m 的双臂式变截面钢梁，其造型体现了力学、美学和施工工艺三者的巧妙结合。直线型的上翼缘可以保证纵梁与初衬管片的可靠连接。曲线形的下翼缘与车站总体建筑风格保持一致。双腹板工字形焊接断面用以承受拱圈可能产生的不平衡推力并保证横向必要的稳定性。在拱圈交汇处设计了两种异形管片。

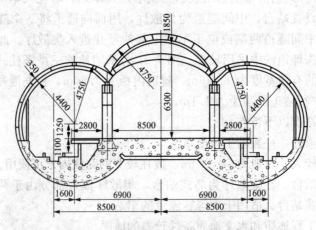

图 7-22　莫斯科地铁三拱立柱式车站

传统型的立柱式车站施工工序多，工程难度大，造价较高，但它具有总宽度较窄、能满足大客流的优点。总宽度一般可以控制在 20m 左右。

针对传统盾构车站存在的问题，日本开发了"多圆形盾构"，如图 7-23 所示。这种新型盾构经组装或拆卸后，既可用于地铁区间隧道，也可用于车站隧道的施工，车站断面一次性开挖成型。

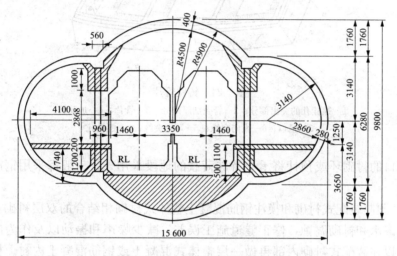

图 7-23　东京地铁 7 号线白金台车站

（3）盾构地下车站衬砌形式。盾构车站用盾构施工的部分，其承载结构以往均采用由球墨铸铁管片（见图 7-24）组成的装配式衬砌。随着管片生产工艺的提高及高强度等级混凝土的采用，一些埋置于稳定地层中的深埋车站的衬砌已被钢筋混凝土管片所代替。但在受到复杂的部位或结构受力较大时，如圆形结构的相交部或在浅埋车站中，目前仍多采用铸铁管片或钢板与钢筋混凝土的复合管片。

当采用球墨铸铁管片时，一般不作内衬，仅在强度或刚度需要加强的部位内浇钢筋混凝土组合复合结构。管片除包括封顶块、邻接块和标准块等常规类型外，在门洞区和梁柱相交节点处有时还用异形管片。异形管片的形式与构造和横通道及中央站厅的施工方法、纵梁的结构形式等有关。

盾构车站中用矿山法施工的部分一般采用现浇钢筋混凝土衬砌，横通道也可采用铸铁管片成钢板衬砌。

综上所述，盾构法修建的地下车站衬砌形式主要有以下 3 种。

1）预制装配式衬砌（拼装管片单层衬砌）。这种衬砌是用工厂预制的构件（或为管片），在盾构尾部拼装而成。管片种类按材料可分为钢筋混凝土、钢、铸铁以及几种材料组合而成的复合管片。钢和铸铁管片价格较贵，现在除了在

359

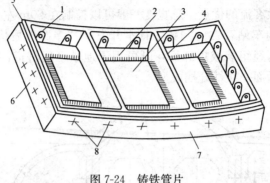

图 7-24 铸铁管片
1—螺栓孔的突出部分；2—管壳加厚部分；3—管片；4—加劲筋；
5—槽口；6—纵向突缘；7—环向突缘；8—螺栓孔

需要开口的衬砌环或预计将承受特殊荷载的地段采用外，一般都采用钢筋混凝土管片。

2）预制装配式衬砌和模注钢筋混凝土整体式衬砌相结合的双层衬砌。为防止隧道渗水和衬砌腐蚀，修正隧道施工误差，减少噪声和振动以及作为内部装饰，可以在装配式衬砌内部再做一层整体式混凝土或钢筋混凝土内衬。根据需要还可在装配式衬砌与内层间敷设防水隔离层。国内外在含地下水丰富和含有腐蚀性地下水的软土地层内的隧道，大都选用双层衬砌来解决隧道防水和金属连接件防腐蚀问题，也可使隧道内壁光洁，减少空气流动阻力。

3）挤压混凝土整体式衬砌。挤压混凝土整体式衬砌是随着盾构向前掘进，用一套衬砌施工设备在盾尾同步灌注的混凝土或钢筋混凝土整体式衬砌，因其灌注后即承受盾构千斤顶推力的挤压作用，故有此名称。

挤压混凝土整体式衬砌可以是素混凝土的或钢筋混凝土的，但应用最多的是钢纤维混凝土的。

新浇筑的混凝土在活动的端模板和可伸缩的弧形模板作用下，同时承受盾构千斤顶和四周围岩的作用，处于三向受力状态。

三、地铁区间隧道工程结构

1. 区间隧道的断面形式

区间隧道有矩形、拱形、圆形、多圆形及椭圆等断面形式。

矩形断面分为单跨和双跨两种，其内轮廓与区间隧道建筑限界接近，内部净空可以得到充分利用，便于顶板上敷设城市地下管网设施。一般矩形断面形式及尺寸如图 7-25 所示。

拱形断面有单拱、双拱和多跨连拱三种形式，如图 7-26 所示。前者多用于

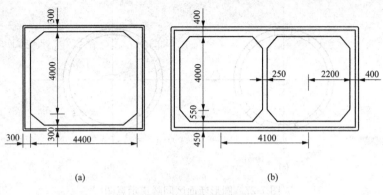

图 7-25 矩形断面

(a) 单跨; (b) 双跨

单线或双线的区间隧道或联络通道,后两者多用在停车线、折返线或喇叭口岔线上。

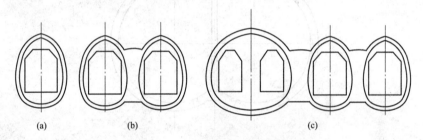

图 7-26 拱形断面区间隧道示意图

(a) 单跨; (b) 双跨; (c) 多跨

圆形断面形式,如图 7-27 所示,具有结构受力合理、线路纵向坡度、平面曲线半径变化不会改变断面形状、对内净空利用影响少等特点。其横截面的内轮廓尺寸除要根据建筑限界、施工误差、道床类型、预留变形等条件决定外,还要按线路的最小曲线半径进行验算。目前,国内广州、上海、南京等城市的地铁圆形区间隧道内径均为 5.5m。

受城市既有地下构筑物的限制,近年来开发了双圆、三圆、矩形等多种盾构断面形式。双圆的盾构断面形式如图 7-28 所示,可以采用上下、左右任意组合的结构形式,使之与周边条件相协调。

2. 不同方法施工地铁区间隧道的结构形式

(1) 明挖法施工隧道。在场地开阔、建筑物稀少、交通及环境允许的地区,应优先采用施工速度快、造价较低的明挖法施工。明挖法施工的地下铁道区间隧道结构通常采用矩形断面,一般为整体浇筑或装配式结构,其优点是其内轮

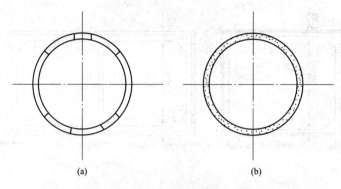

图 7-27　圆形断面区间隧道示意图

（a）单层装配式衬砌；（b）挤压混凝土整体衬砌

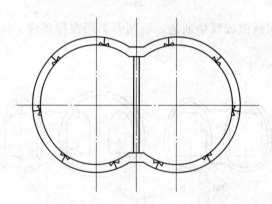

图 7-28　双圆形断面区间隧道示意图

廓与地下铁道建筑限界接近，内部净空可以得到充分利用，结构受力合理，顶板上便于敷设城市地下管网和设施。

1）整体式衬砌结构。明挖现浇隧道结构断面分为单跨和双跨等形式，由于结构整体性好，防水性能容易得到保证，可适用于各种工程地质和水文地质条件。但是，施工工序较多，速度较慢。

2）预制装配式衬砌。预制装配式衬砌的结构形式应根据工业化生产水平、施工方法、起重运输条件、场地条件等因地制宜选择，目前以单跨和双跨较为通用。关于装配式衬砌各构件之间的接头构造，除了要考虑强度、刚度、防水性等方面的要求外，还要求构造简单、施工方便。装配式衬砌整体性较差，对于有特殊要求（如防护、抗震等）的地段要慎重选用。

（2）喷锚暗挖（矿山）法施工隧道。采用喷锚暗挖法隧道衬砌又称为支护结构或初期支护，其作用是加固围岩并与围岩一起组成一个有足够安全度的隧道结构体系，共同承受可能出现的各种荷载，保持隧道断面的使用净空，防止地表下沉，提供空气流通的光滑表面，堵截或引排地下水。根据对隧道衬砌结构的基本要求以及隧道所处的围岩条件、地下水状况、地表下沉的控制、断面大小和施工方法等，可以采用基本结构类型及其变化方案。

1）衬砌的基本结构类型——复合式衬砌。这种衬砌结构是由初期支护、防水隔离层和二次衬砌所组成，复合式衬砌外层为初期支护，其作用是加固围岩，控制围岩变形，防止围岩松动失稳，是衬砌结构中的主要承载单元。一般应在开挖后立即施作，并应与围岩密贴。所以，最适宜采用喷锚支护，根据具体情况，选用锚杆、喷混凝土、钢筋网和钢支撑等单一或并用而成。

2）衬砌结构的变化方案。在干燥无水的坚硬围岩中，区间隧道衬砌也可采用单层的喷锚支护，不做防水隔离层和二次衬砌，但此时对喷混凝土的施工工艺和抗风化性能都应有较高的要求，衬砌表面要平整，不允许出现大量的裂缝。

在防水要求不高，围岩有一定的自稳能力时，区间隧道也可采用单层的模筑混凝干衬砌，不做初期支护和防水隔离层。施工时如有需要可设置用木料、钢材或喷锚做成的临时支撑。不同于受力单元，一般情况下，在浇筑混凝土时需将临时支撑拆除，以供下次使用。单层模筑衬砌又称为整体式衬砌，为适应不同的围岩条件，整体式衬砌可做成等截面直墙式和等截面或变截面曲墙式，前者适用于坚硬围岩，后者适用于软弱围岩。

（3）盾构法施工隧道。在松软含水地层、地面构筑物不允许拆迁、施工条件困难地段，采用盾构法施工隧道能显示其优越性：振动小、噪声低、施工速度快、安全可靠，对沿线居民生活、地下和地面构筑物及建筑物影响小等。盾构法修建的区间隧道衬砌有预制装配式衬砌、预制装配式衬砌和模筑钢筋混凝土整体式衬砌相结合的双层复合式衬砌以及挤压混凝土整体式衬砌三大类，如图 7-29 所示。

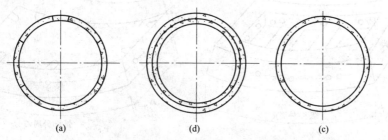

图 7-29　盾构法隧道衬砌横断面示意图
（a）预制装配式衬砌；（b）双层复合式衬砌；（c）挤压混凝土整体式衬砌

1）预制装配式衬砌。预制装配式衬砌是用工厂预制的构件，称为管片，在盾构尾部拼装而成的。管片种类按材料可分为钢筋混凝土、钢、铸铁以及由几

363

种材料组合而成的复合管片。

钢筋混凝土管片的耐压性和耐久性都比较好。目前已可生产抗压强度达 60MPa、渗透系数小于 10^{-11}m/s 的管片，而且，这几种管片刚度大，由其组成的衬砌防水性能有保证。钢管片的强度高，具有良好的可焊接性，便于加工和维修，重量轻也便于施工。与混凝土管片相比，其刚度小、易变形，而且钢管片的抗锈性差，在不做二次衬砌时，必须有抗腐、抗锈措施。铸铁管片强度高，防水和防锈蚀性能好，易加工。和钢管片相比，刚度也较大，故在早期的地下铁道区间隧道中得到广泛的应用。

钢和铸铁管片价格较贵，现在除了在需要开口的衬砌环或预计将承受特殊荷载的地段采用外，一般都采用钢筋混凝土管片。

按管片螺栓手孔大小，可将管片分为箱型和平板型两类。箱型管片是指因手孔较大而呈肋板型结构，手孔较大不仅方便了接头螺栓的穿入和拧紧，而且节省了材料，使单块管片重量减轻，便于运输和拼装。但因截面削弱较多，在盾构千斤顶推力作用下容易开裂，故只有强度较大的金属管片才采用箱型结构。当然，直径和厚度较大的钢筋混凝土管片也有采用箱型结构的。

在箱型管片中纵向加劲肋是传递千斤顶推力的关键部位，一般沿衬砌环向等距离布置，加劲肋的数量应大于盾构千斤顶的台数，其形状应根据管片拼装和是否需要灌注二次衬砌的施工要求而定，如图 7-30 所示。平板型管片是指因螺栓手孔较小或无手孔而呈曲板型结构的管片，由于管片截面削弱少或无削弱，故对盾构千斤顶推力具有较大的抵抗力，对通风的阻力也较小。无手孔的管片也称为砌块，现代的钢筋混凝土管片多采用平板型结构，如图 7-31 所示。

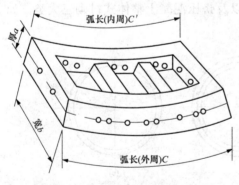 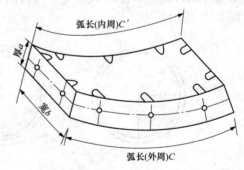

图 7-30　钢筋混凝土箱型管片示意图　　　图 7-31　钢筋混凝土平板型管片示意图

衬砌环内管片之间以及各衬砌环之间的连接方式，从其力学特性来看，可分为柔性连接和刚性连接，前者允许相邻管片间产生微小的转动和压缩，使衬砌环能按内力分布状态产生相应的变形，以改善衬砌环的受力状态。后者则通过增加连接螺栓的排数，力图在构造上使接缝处的刚度与管片本身相同。实践证明，刚性连接不仅拼装麻烦、造价高，而且会在衬砌环中产生较大的次应力，带来不良后果，因此，目前较为通用的是柔性连接，常用的有：单排螺栓连接、销钉连接及无连接件等。

2）双层复合式衬砌。为防止隧道渗水和衬砌腐蚀，提高衬砌结构刚度和输水隧洞承受内水压力的能力，修正隧道施工误差，减少噪声和振动以及作为内部装饰，可以在装配式衬砌内部再做一层整体式混凝土或钢筋混凝土内衬。根据需要还可以在装配式衬砌与内层之间铺设防水隔离层。双层复合式衬砌主要用在输水隧洞工程和含有腐蚀性地下水的地层中。

3）挤压混凝土整体式衬砌。挤压混凝土整体式衬砌（E×trude Concrete Lining，ECL）就是随着盾构向前掘进，用一套衬砌施工设备在盾尾同步灌注的混凝土或钢筋混凝土整体式衬砌，因其灌注后即承受盾构千斤顶推力的挤压作用，故有此称谓。挤压混凝土衬砌可以是素混凝土，也可以是钢筋混凝土，但应用最多的是钢纤维混凝土。

挤压混凝土衬砌一次成型，内表面光滑，衬砌背后无空隙，故无须注浆，且对控制地层移动特别有效。但因挤压混凝土衬砌需要较多的施工设备，其中包括混凝土成型用的框模，拼拆框模的系统，混凝土配制车、泵、阀、管等组成的混凝土配送系统。而且，混凝土制备、配送、钢筋架立等工艺较为复杂，在渗漏性较大的土层中要达到防水要求尚有困难。故挤压混凝土衬砌的应用尚不广泛。

3. 施工方法比较与选择

（1）暗挖（矿山）法。

1）暗挖法。施工基本流程，如图7-32所示。

2）新奥法施工。新奥法施工隧道适用于稳定地层，应根据地质、施工机具条件，尽量采用对围岩扰动少的支护方法。岩石地层当采用钻爆法开挖时，应采用光面爆破、预裂爆破技术，尽量减少欠挖、超挖。

围岩开挖后应立即进行必要的支护，并使支护与围岩尽量密贴，以稳定围岩。围岩条件比较好时可简单支护或不支护。采用喷混凝土锚杆作为初期支护时的施工顺序一般为先喷混凝土后打锚杆。围

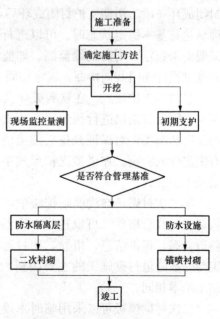

图 7-32 喷锚暗挖法施工流程

365

岩条件恶劣时，则采用初喷混凝土→架钢支撑→打锚杆→二次喷混凝土。锚杆杆位、孔径、孔深及布置形式应符合设计要求，锚杆杆体露出岩面的长度不宜大于喷混凝土层厚度，锚杆施工质量应符合有关规范要求。

3) 浅埋暗挖法施工。浅埋暗挖法的工艺流程和技术要求主要是针对埋置深度较浅、松散不稳定的土层和软弱破碎岩层施工面而形成的。

浅埋暗挖法与新奥法相比，更强调地层的预支护和预加固。因为地铁工程基本上是在城镇施工，对地表沉降的控制要求比较严格。浅埋暗挖法支护衬砌的结构刚度比较大，初期支护允许变形量比较小，有利于减少对地层的扰动及保护周边环境。

①地层预加固和预支护。在城市地铁隧道施工中，经常遇到砂砾土、砂性土、黏性土或强风化基岩等不稳定地层。这类地层在隧道开挖过程中自稳时间短暂，往往在初期支护尚未来得及施作，或喷射混凝土尚未获得足够强度时，拱墙的局部地层已开始坍塌。为此，需采用地层预加固、预支护的方法，以提高周围地层的稳定性。常用的预加固和预支护方法有：小导管超前预注浆、开挖面超前深孔注浆及管棚超前支护。

②隧道土方开挖与支护。采用浅埋暗挖法开挖作业时，所选用的施工方法及工艺流程，应保证最大限度地减少对地层的扰动，提高周围地层自承作用和减少地表沉降。根据不同的地质条件及隧道断面，选用不同的开挖方法，但其总原则是：预支护、预加固一段，开挖一段。开挖一段，支护一段。支护一段，封闭成环一段。初期支护封闭成环后，隧道处于暂时稳定状态，通过监控量测，确认达到基本稳定状态时，可以进行二次衬砌的混凝土灌注工作。如量测结果证明尚未稳定，则需继续监测。如监测结果证明支护有失稳的趋势时，则需及时通过设计部门共同协商，确定加固方案。

③初期支护形式。在软弱破碎及松散、不稳定的地层中采用浅埋暗挖法施工时，除需对地层进行预加固和预支护外，隧道初期支护施作的及时性及支护的强度和刚度，对保证开挖后隧道的稳定性、减少地层扰动和地表沉降，都具有决定性的影响。在诸多支护形式中，钢拱锚喷混凝土支护是满足上述要求的最佳支护形式。

④二次衬砌。在浅埋暗挖法中，初期支护的变形达到基本稳定，且防水结构施工验收合格后，可以进行二次混凝土衬砌灌注工序。通过监控量测，掌握隧道动态，提供信息，指导二次衬砌施作时机。这是浅埋暗挖法中二次衬砌施工与一般隧道衬砌施工的主要区别。其他灌注工艺和机械设备与一般隧道衬砌施工基本相同。

二次衬砌模板可以采用临时木模板或金属定型模板，更多情况则使用模板台车，因为区间隧道的断面尺寸基本不变，有利于使用模板台车，加快立模及拆模速度。衬砌所用的模板、墙架，拱架均应式样简单、拆装方便、表面光滑、接缝严密。使用前应在样板台上校核。重复使用时，应随时检查并整修。

⑤监控量测。利用监控量测信息指导设计与施工是浅埋暗挖施工工序的重要组成部分。在设计文件中应提出具体要求和内容，监控量测的费用应纳入工程成本。在实施过程中施工单位要由专门机构执行与管理，并由项目技术负责人统一掌握、统一领导。经验证明拱顶下沉是控制稳定较直观的和可靠的判断依据，水平收敛和地表下沉有时也是重要的判断依据。对于地铁隧道来讲，地表下沉测量显得尤为重要。

（2）盾构法施工。

1）盾构法施工如图 7-33 所示，其基本施工步骤如下。

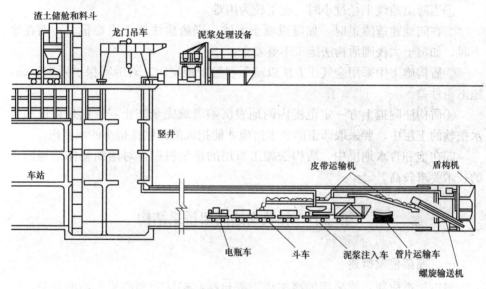

图 7-33 盾构法施工示意图

①在盾构法隧道的始发端和接收端各建一个工作（竖）井。

②盾构机在始发端工作井内安装就位。

③依靠盾构机千斤顶推力（作用在已拼装好的衬砌环和工作井后壁上）将盾构机从始发工作井的墙壁预留洞门推出。

④盾构机在地层中沿着设计轴线推进，在推进的同时不断出土和安装衬砌管片。

⑤及时地向衬砌背后的空隙注浆，防止地层移动和固定衬砌环位置。

⑥盾构机进入接收工作井并被拆除，如施工需要，也可穿越工作井再向前推进。

2）盾构法施工隧道具有以下优点。

①除工作井施工外，施工作业均在地下进行，既不影响地面交通，又可减少对附近居民的噪声和振动影响。

②盾构推进、出土、拼装衬砌等主要工序循环进行，施工易于管理，施工人员也较少。

③隧道的施工费用不受覆土量多少影响，适合于建造覆土较深的隧道。

④施工不受风雨等气候条件影响。

⑤当隧道穿过河底或其他建筑物时，不影响施工。

⑥与明挖法相比，只要能使盾构的开挖面稳定，则隧道越深、地基越差、土中影响施工的埋设物等越多，经济上、施工速度上就越有利。

3）盾构法施工也存在以下一些问题。

①当隧道曲线半径过小时，施工较为困难。

②在陆地建造隧道时，如隧道覆土太浅，则盾构法施工困难很大，而在水下时，如覆土太浅则盾构法施工不够安全。

③盾构施工中采用全气压方法以疏干和稳定地层时，对劳动保护要求较高，施工条件差。

④盾构法隧道上方一定范围内的地表沉陷尚难完全防止，特别是在饱和含水松软的土层中，要采取严密的技术措施才能把沉陷控制在很小的限度内。

⑤在饱和含水地层中，盾构法施工所用的拼装衬砌，对达到整体结构防水的技术要求较高。

第三节 轻轨交通高架桥梁结构

一、高架桥梁概述

城市轨道交通系统采用的高架线工程包括高架区间和高架车站两部分，均属城市永久性建筑。结构设计时必须考虑以下几点内容。

（1）高架结构的造型要与城市景观相协调。高架区间的桥梁高跨比既要经济，又要美观。高架车站的造型要有地区特色，简明大方而不追求豪华。区间高架桥梁要注意防水、排水、伸缩缝、栏杆、灯柱、防撞墙等配套构件的功能和外观。

（2）高架桥在必要地段需设置隔音屏障以减轻车辆运行的噪声，桥上应设置养护、维修人员及疏散旅客的安全通道。

（3）当高架桥跨越铁路、公路、城市道路时，桥梁孔径及桥下净空应满足有关规范的限界规定。上海城市轨道交通线规定桥下最小净值高对一般道路为5m，城市主要道路为5.5m，国铁支线为5.7m，国铁和电气化铁路为6.75m。

（4）当高架桥跨越一般河流时，桥梁孔径应保证设计洪水频率，并满足流水及其他漂浮物或船只安全通过的要求。

（5）高架结构的主要技术标准除采用 1435mm 的标准轨距外，其他尚未有统一的标准。上海轨道交通明珠线规定的技术标准为：区间直线地段线间距不小于 3.6m，站内直线地段线间距为 3.6~4.0m。线路区间最小曲线半径为 300m，车站站台在困难地段可设在半径不小于 800m 的曲线上，车场线路最小曲线半径为 150m。线路最大纵坡区间正线为 3%，其他线为 3.5%，车站站台在困难地段可设在 0.5% 的坡道上。线路竖曲线半径一般为 5000m，困难地段为 3000m。

（6）高架桥上的安全护轮设施，在直线及 $R \geq 400m$ 的曲线地段，应设钢筋混凝土护轮矮墙结构。在 $R < 400m$ 的曲线地段，应设安全护轮轨。

（7）高架结构的施工应考虑到尽可能避免对城市交通和市民生活的干扰。施工现场，应不中断原有市内交通，设法降低噪声，特别要避免在邻近原有建筑物附近采用打入桩。对地下管线要调查探明，若对结构基础有干扰，要采取适当的处理措施。

二、高架桥的运行特点

（1）轻轨交通列车的运行速度快，运行频率高，维修时间短。

（2）桥上多铺设无缝线路、无砟轨道结构，因而会对结构形式的选择及上、下部结构的设计造成特别的影响。

（3）高架桥应考虑管线设置或通过要求，并设有紧急进出通道，防止列车倾覆的安全措施及在必要地段设置防噪屏障，还应设有防水、排水措施。

（4）高架桥大都采用预应力或部分预应力混凝土结构，构造简单、结构标准、安全经济、耐久适用，力求既满足城镇景观要求，又与周围环境相协调。

（5）高架桥墩位布置应符合城镇规划要求，跨越铁路、公路、城市道路和河流时的桥下净空应满足有关规范的限界要求。上部结构优先采用预应力混凝土结构，其次才是钢结构，须有足够的竖向和横向刚度。

（6）高架桥应设有降低振动和噪声（设置声屏障）、消除楼房遮光和防止电磁波干扰等系统。

三、高架桥的基本结构

1. 高架桥墩台的基础

高架桥墩台的基础应根据当地地质资料确定。当地质情况良好时，应尽可能采用扩大基础，软土地基条件下，为保证基础的承载能力，防止沉陷，宜采用桩基础。

高架桥墩除应有足够的强度和稳定性外，还应结合上部结构的选型使上下

369

部结构协调一致、轻巧美观，并与城市景观和谐、匀称，尽量少占地、透空好，保证桥下行车有较好的视线，给行人一种愉快感。常用的桥墩形式有以下几种。

（1）倒梯形桥墩。倒梯形桥墩构造简单，施工方便，受力合理，具有较大的强度、刚度和稳定性，对于单箱单室箱梁和脊梁来说，选用倒梯形桥墩在外观和受力上均较合理，如图 7-34（a）所示。

（2）T 形桥墩。T 形桥墩占地面积小，是城镇轻轨高架桥最常用的桥墩形式。这种桥墩既为桥下交通提供最大的空间，又能减轻墩身重量，节约圬工材料。特别适用于高架桥和地面道路斜交的情况。墩身一般为普通钢筋混凝土结构，圆形、矩形或六角形，具有较大的强度和刚度，与上部结构的轮廓线过渡平顺，受力合理。大伸臂盖梁，承受较大的弯矩和剪力，可采用预应力混凝土结构。墩身高度一般不超过 8~10m，如图 7-34（b）所示。

（3）双柱式桥墩。双柱式桥墩在横向形成钢筋混凝土刚架，受力情况清晰，稳定性好，其盖梁的工作条件较 T 形桥墩的盖梁有利，无须施加预应力，其使用高度一般在 30m 以内，如图 7-34（c）所示。

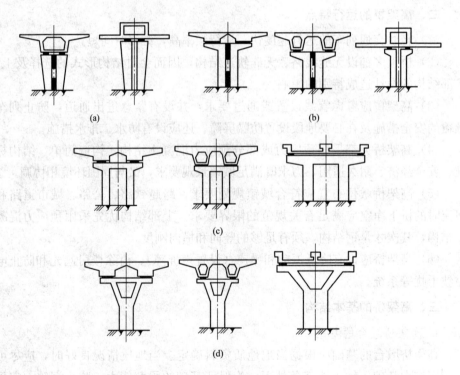

图 7-34　桥墩基本形式示意图

（a）倒梯形桥墩；（b）T 形桥墩；（c）双柱式桥墩；（d）Y 形桥墩

（4）Y形桥墩。Y形桥墩结合了T形桥墩和双柱式墩的优点，下部成单柱式，占地少，有利于桥下交通，透空性好，而上部成双柱式，对盖梁工作条件有利，无须施加预应力，造型轻巧，比较美观，如图7-34（d）所示。

2. 高架桥的上部结构

站间高架桥可以分为一般地段的桥梁和主要工程节点的桥梁。跨越主要道路、河流及其他市内交通设施的主要工程节点可以采用任何一种适用于城市桥梁的大跨度桥梁结构体系。采用最多的是连续梁、连续刚构、系杆拱。

一般地段的桥梁虽然结构形式简单，但就工程数量和土建工程造价而言，却可能占据全线高架桥的大部份额，对于城市景观和道路交通功能的影响不可忽视。因此，其结构形式的选择必须慎重，要多方比较。从城市景观和道路交通功能考虑，宜选用较大的桥梁跨径从而给人以通透的舒适感，按桥梁经济跨径的要求，当桥跨结构的造价和下部结构（墩台、基础）造价接近相等时最为经济。从加快施工进度着眼，宜大量采用预应力混凝土梁。桥梁形式的选定往往是因地制宜综合考虑的结果。

在建筑高度不受限制，或刻意压低建筑高度得不偿失的场合，一般适用于城市桥或公路桥的正常高度桥跨结构均可用于城市轨道交通的高架桥中。

四、高架桥梁的断面形式

高架桥梁横断面设计即为梁结构设计，对于高架桥标准区间的梁结构设计，应从受力、经济、施工及美观等方面综合考虑。一方面，要求结构安全、经济美观，满足桥下交通要求等。另一方面，要结合工程及场地的特点，采用经济成熟的施工方法与结构形式。同时，还需满足无砟、长枕式整体道床及长钢轨结构对高架桥梁结构的特殊要求。目前，比较适合城市轨道交通高架桥梁的结构有下承式槽形梁结构、预应力混凝土箱梁结构（下承式脊梁结构、上承式箱梁结构）、预应力混凝土板梁结构（空心板梁、低高度板梁）、后张法预应力混凝土T形梁结构等形式。

371

1. 槽形梁结构

在建筑高度很受限制的场合，预应力混凝土槽形梁是一种可以优先选用的方案。槽形梁由车道板、主梁、端横梁三大部分组成（见图7-35），其建筑高度只取决于桥宽而与跨度无关，因此跨度越大，越有利。桥宽与单线、双线及桥内是否设检修道或桥上架空线接触网电杆位置有关，见表7-5。

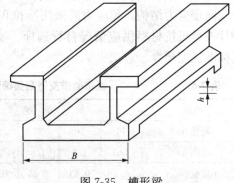

图7-35　槽形梁

表 7-5 槽形梁宽及板厚

类　型	桥宽/m	车道板厚/m
单线，不设检修道	4.1	0.30
单线，桥内设检修道	4.8～5.0	0.35
双线，接触网电杆在桥中央	9.5	0.55
双线，接触网电杆在两侧，且不设检修道	8.9	0.50

　　槽形梁桥的优点，除建筑高度最低外，两侧的主梁还可提供隔音屏作业，而且预拱度很小，可忽略收缩、徐变影响。轨道交通高架桥 40m 单线槽形梁桥的预拱度仅为 8.78mm，40m 双线槽形梁桥的预拱度仅为 4.9mm。施工方法既可以现浇，也可以预制拼装。我国 20 世纪 80 年代建成的两座铁路的槽形梁桥均是现场浇筑。日本的中川桥是先建造主梁，然后在主梁线吊挂模板用以浇筑车道板。这种方法适用于保持桥下净空不能安装满堂脚手架的场合。此外，还有装配式施工或拖拉就位的。加拿大斯卡勃罗的轻轨高架桥跨度 32m，梁高 1.65m，桥宽 8.94m，双线，采用双槽形梁，如图 7-36 所示。采用预应力混凝土主梁预制架设，车道板利用主梁立模现浇。

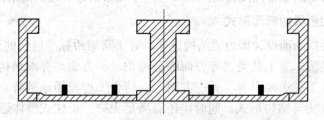

图 7-36　加拿大双槽梁截面示意图

　　轨道交通高架槽形梁桥的尺寸见表 7-6，可供初步设计参考。其中，单线 10m、20m、25m 三种跨径的车道板无横向预应力，为单向预应力结构，其他均为双向预应力结构，预应力筋采用冷拉 IV 级钢筋或直径为 5mm 的平行钢丝束，设计人员可按材料供应情况自行选择。须注意的是，预应力筋的工程数量应按其标准强度换算。

表 7-6 城市轨道交通高架槽形梁桥的工程数量

项目	单　线					双　线			
跨度/m	10	20	25	30	40	20	25	30	40
梁高/m	1.0	1.5	1.8	2.2	2.9	1.7	2.1	2.2	3.1
车道板厚/m	0.3	0.33	0.33	0.33	0.33	0.55	0.55	0.55	0.55
桥宽/m	4.1	4.8	4.8	5.0	5.0	8.9	8.9	8.9	8.9

槽形梁施工装配方案有纵向分块和横向分块两种。此两种方案各有利弊，须根据施工架设条件及所跨越的下部空间决定。

（1）横向分块，每块为一完整的 U 形截面，横向预应力在预制时已经实施完成，在桥头路堤上串联成整体，然后用纵移法移至桥孔，落梁就位。

这种方法的优点是：施工制造简单，块件尺寸和质量都可以做得很小，适合长途运输。块件密贴灌注，工地可以设干接缝，用环氧树脂砂浆黏结，然后在工地只需穿入纵向预应力筋，张拉、锚固、压浆、封端、纵移、落梁，即可架设就位。

横向分块适用于在桥下净空内可以架设临时便梁以便纵移的情况。如立交桥，在桥下不容许中断交通时，临时便梁可以架设得高一些。还可以在桥下行车限界之外设置支架来承托便梁，借以减小便梁跨度，增加其刚度，纵梁下滑道是连续的，设在临时便梁上缘，上滑道应设在端横梁的下缘，这样，槽形梁纵移过程中始终保持两端简支状态，无须顾及预拉区出现裂缝等不良后果。

当然，也可以在槽形梁的前端装置临时的导梁，以便纵移。但这个方法用于简支梁效果不佳，而且预拉区在纵移过程中往往会产生拉应力，这时须在槽形梁的主梁上翼缘设置临时预应力筋。

（2）纵向分块是将两侧主梁预制成两大块体，主梁之间的车道板和端横梁可以预制，也可以在主梁架设就位后就地浇筑。预制的车道板、端横梁和两侧主梁的连接必须采用湿连接，在工地上要施加横向预应力和纵向预应力。

这种方法缺点较多：一是主梁预制块件质量随跨度加大而增加，可能超过工地现有的架设能力。二是湿接头或就地浇筑车道板、端横梁，势必大大增加了工地上的工作量。三是车道板内的纵向预应力不足。如为了减少工地上的工作量，预先就把整块车道板和端横梁预制好，并施加纵向预应力，这样在工地上就只需做湿接头和施加横向预应力。但是，这么一大块薄板的预制、运输、吊装及架设都很困难，而且有失稳的危险。

纵向分块方案的唯一优点是可以利用工地现有的架设机具，将预制主梁直接架设就位，无须设置临时便梁及纵移就位。

槽形梁桥的缺点是：工程数量较大，现场浇筑和张拉预应力工作量大，施工较复杂，施工进度较慢，预制拼装施工经验不足。事实上，工程数量大是下承式桥梁不可避免的，其经济效益需要结合下部结构在较长一段线路上因降低建筑高度所带来的利益进行综合分析。通常在关键桥孔采用槽形梁能降低很长一段线路的高程，其经济效益是不言而喻的。

2. 预应力混凝土箱梁结构

预应力混凝土箱梁结构形式是目前比较先进且已被广泛采用的梁截面形式，这种闭合薄壁截面抗扭刚度大，整体受力性能好，对于斜弯桥尤为有利。同时，因其顶板和底板都具有较大的面积，所以能够有效地抵抗正负弯矩，并满足配筋要求。箱梁截面具有良好的动力特性，其收缩、变形值小，从经济上讲，箱梁材料用量最小。从美观上讲，箱梁截面外形简洁，箱底面平整，线条流畅，配以造型简洁的圆柱墩或 Y 形墩，非常适宜现代化的城市桥梁。

箱梁结构分为上承式和下承式。上承式在箱梁顶板带小悬臂车道板，适用于建筑高度不受限制的场合。下承式是在箱梁底板带大悬臂车道板（见图 7-37），也称脊梁式结构，现分述于下。

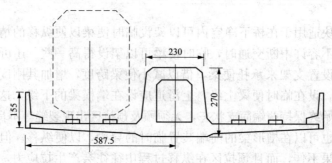

图 7-37　脊梁式箱梁结构

（1）上承式箱梁结构。上承式箱梁结构的受力性能比脊梁结构合理，其上翼板位于箱梁的受压区，悬臂长度比脊梁结构的悬臂板要小得多，横向无须施加预应力，是城市轨道交通桥梁常用的结构。如上海市轨道交通明珠一期工程一般地段高架桥、地铁 2 号线北延伸段、莘闵线轻轨，以及加拿大温哥华和泰国曼谷的轻轨等均采用上承式箱梁结构。

上承式箱梁横截面有多种形式：单室双箱梁，如图 7-42 所示，宜作为标准区间梁使用，适用于景观要求高、施工能力强的城市；单室单箱及双室单箱梁，如图 7-43 所示，材料用量少，外形可做成流线型，造型美观，景观效果好，但预制施工困难。上述两种方案适于采用现浇法施工，建议在大跨度桥梁和曲线桥上使用。

（2）下承式脊梁结构。下承式脊梁结构主要靠脊梁来承受纵向弯矩，悬臂板作为行车道板，并作为传力结构将荷载传到脊梁上。挡墙主要用于防止噪声和进行车辆倾覆保护，同时也可以作为结构的一部分（边梁）改善悬臂板的受力。

下承式脊梁结构具有以下优点。

1）建筑高度低。下承式脊梁结构的建筑高度为悬臂板的厚度，脊梁高度的改变对悬臂板的厚度并无影响，即跨径的变化不带来建筑高度的改变，这对于城市高架结构的线形布置和建筑非常有利。建筑高度降低使路面高程及引桥长度减小，降低工程数量。

2）施工方便，可采用预制构件拼装的方法。施工过程通常是先吊装脊梁，然后拼装悬臂翼板，便于城市内施工，速度快，并显著减少对城市交通和环境的影响。

3）结构上的某些部分能同时满足其他需要。除前述的悬臂板和边梁外，脊梁顶板同样可作为检修通道和发生事故时人员的疏散途径，而且还可提供电杆位置。桥下净空大，可充分发挥原有道路的作用。

4）脊梁自身就是一个防噪体系，能够减少悬臂板左右相向行驶的车辆相互的噪声干扰。同时，脊梁和两边梁组成的防噪体系，在一定程度上能够减少车辆噪声对周围环境的影响。

5）外形美观。下承式脊梁结构外形独特、美观，有着现代的特征，配以造型简洁的薄壁墩，能够起到美化城市环境的作用。

由于城市布局的复杂性以及交通体系自身的功能要求，使得结构要有较广的适应性。两跨连续梁体系具有制作方便、施工快速、有利于跨径布置等特点，是一种城市高架结构较为适合的结构体系。简支梁也是一种广泛采用的体系。

下承式脊梁翼板式结构的横截面由脊梁、大悬臂翼板和边梁三部分组成。其总宽度为 $8.70 \sim 9.50\text{m}$，梁高随跨径在 $1.60 \sim 2.70\text{m}$ 范围内变化，相应的高跨比（h/l）在 $1/20 \sim 1/15$ 之间变化。由于脊梁的宽度较通常的上承式箱梁小，因此梁高较大。

下承式脊梁，由于行车道在悬臂板上，脊梁部分从工程上、实用上和美观上都不希望做得太大、太宽，其梁宽通常为 $1.6 \sim 2.3\text{m}$，结构形式往往为单箱、厚壁甚至实心、变高度等。由于脊梁除了提供部分的纵向抗弯刚度外，还提供主要的横向抗扭刚度，车轴位置的较大偏心，使得脊梁产生显著的扭转效应，因此脊梁的壁厚一般为 $0.25 \sim 0.42\text{m}$。在支承区域，由于受约束扭转的作用，结构的剪应力相当大，通常需设置一段实体脊梁（见图 7-38）。

下承式脊梁翼板式结构的另一重要组成部分是悬臂板。悬臂板的结构形式可采用纵向连续板、空心板或者用多根悬臂梁代替，如图 7-39（a）所示。从施工角度、防振隔振、防噪性能和美观上来看，以实体形式为宜，如图 7-39（b）所示。

悬臂板，除了为上部结构提供空间外，还能提供纵向刚度（因为它有较大的翼缘面积），但抗扭性能则增加不多。悬臂板的主要作用是传递车辆的荷载到脊梁上，承受横向弯矩和剪力作用。在悬臂板和脊梁相接处的根部，为抵抗外力，必须在悬臂板上施加横向预应力。悬臂板的纵向可以采用预应力体系或者钢筋混凝土体系。悬臂板根部的厚度为 $0.35 \sim 0.42\text{m}$，纵向自由边的厚度为 $0.15 \sim 0.20\text{m}$。

下承式脊梁翼板式结构的边梁，除了结构自身的功能之外，还能提供纵向抗弯功能，这对改善悬臂板的受力是有利的。从防振隔振角度考虑，边梁结构

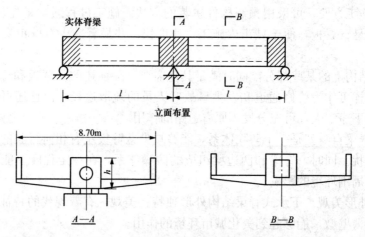

图 7-38 脊梁结构图

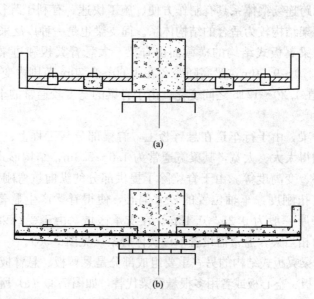

(a)

(b)

图 7-39 悬臂板示意图

(a)悬臂梁；(b)悬臂板

形式为实体挡板，其高度一般与车厢地面高度相等。

下承式脊梁翼板式结构为双向预应力混凝土结构。纵横向预应力均采用 24 根 $\phi 5$ 的高强钢丝束，脊梁与翼板的混凝土强度等级为 C50。挡板和桥面轨道系统的混凝土强度等级为 C40。每平方米桥面的混凝土用量及钢筋用量如图 7-40 及图 7-41 所示，可供初步设计参考。

根据图 7-41 可知，随着跨径的由小变大，普通钢筋用量与预应力钢筋用量

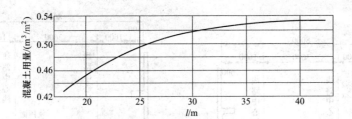

图 7-40　每平方米桥面混凝土用量

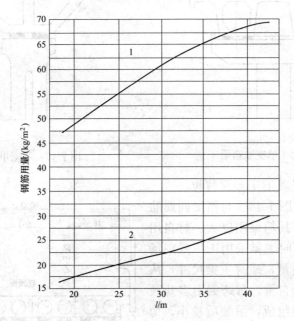

图 7-41　每平方米桥面钢筋用量

相比由多变少。另外，由于脊梁体承受较大的扭转作用，故纵向钢筋和箍筋用量上升。占主要使用面积的悬臂行车道板纵向采用普通钢筋混凝土体系，也使得钢筋用量上升。

3. 预应力混凝土板梁结构

板梁结构建筑高度小，外形简洁，结构简单，便于吊装施工。预应力板梁的经济跨度为 16～20m。板梁梁截面主要有空心板（见图 7-44）、低高度板（见图 7-45）和异形板。空心板梁每跨可根据桥宽采用 4～6 片梁拼装而成，每片梁吊装质量为 40～50t。而低高度板梁采用两片拼装，相对来说吊装质量大。异形板梁在美观上占有绝对优势，采用单片梁形式，一般为现浇施工，工期长。从受力上讲，板梁的抗扭刚度小，对抵抗列车偏载不利。多片空心板梁也可用在道岔区间及有配线的地段。

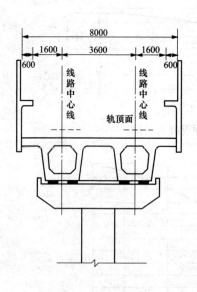

图 7-42　单室双箱梁

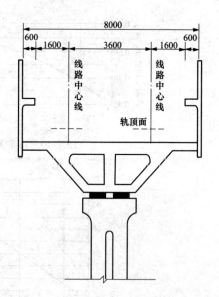

图 7-43　双室单箱梁

4. 预应力混凝土 T 形梁结构

T 形梁（见图 7-46）与箱梁同属肋梁式结构，它兼具箱梁刚度大、材料用量省的特点，同时主梁采用工厂或现场预制，可提高质量，减薄主梁尺寸，从而减轻整个桥梁自重。每跨梁由多片预制主梁相互连接组成，吊装质量小，构件容易修复或更换，避免了箱梁拆除内模的困难。简支 T 形梁经济跨度为 20~50m。

5. 组合箱梁结构

预应力混凝土组合箱梁，即在预制

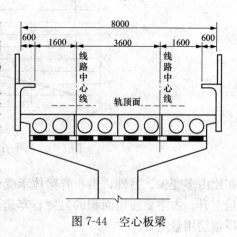

图 7-44　空心板梁

厂内用先张法制造槽形梁，架立后，再在其上面现浇钢筋混凝土连续桥面板，将槽形梁连成整体，形成组合式箱梁（见图 7-47）。区间由四片简支梁组成，一般经济跨度为 23m，吊装质量约为 25t。从受力上讲，该方案兼具箱梁整体性好、抗扭刚度大的优点，同时现浇连续桥面结构克服了简支梁接缝多的特点，使行车条件得到改善。从施工上讲，组合梁预制、运输、吊装方便，架桥速度快，对城市干扰少。缺点是桥面板需就地浇筑，增加现场混凝土施工量，且先张法只能直线预制，不适于弯梁桥，美观上也逊色于其他方案。

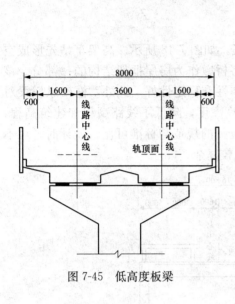

图 7-45　低高度板梁

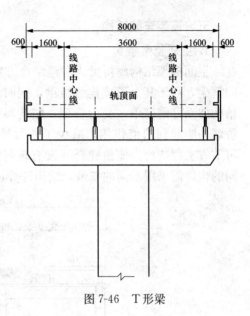

图 7-46　T 形梁

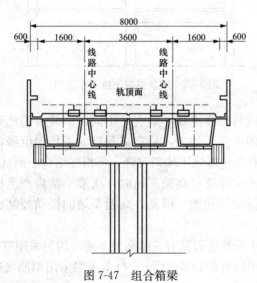

图 7-47　组合箱梁

　　综合上述分析，从构件标准化、便于工厂预制和机械化施工等原则考虑，同一条高架线路的桥梁结构类型不宜过多。在预制和现浇施工方案的选择上，因现浇施工模板工作量大、施工速度慢等缺点，宜优先推荐预制施工方案。另外，钢梁方案由于其造价高、车辆过桥时噪声大、维修工作量大等缺点，一般不宜采用。

五、高架车站结构

1. 空间框架结构

空间框架结构属桥梁、房建结合方案，如图 7-48 所示。高架车站先形成空间框架，再于其上形成连续板梁，同时将桥墩作为房屋框架结构的一部分。该结构体系柱网简单，受力合理，结构整体性和稳定性好。此外，框架纵横梁对桥墩均能起到约束作用，减少了桥墩计算高度，降低了线路高程和建筑高程，可节省工程造价。但桥建合一没有现行统一的规范与标准可循，设计时，对不同的构件需采用不同的规范，结构计算也较复杂。

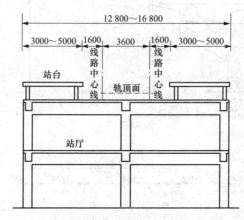

图 7-48　钢筋混凝土框架车站结构

高架车站的荷载与房屋建筑一般有所不同，活载占的比重大，而且受荷点不断变化。框架结构受荷不均匀，易造成基础的不均匀沉降，特别是在地质条件不好的地段。一旦发生基础不均匀沉降，将损坏结构，而且修复困难。

当列车以一定的速度通过高架车站时，高架车站将产生振动。框架结构的动力稳定性一般比桥梁结构差。因此，高架车站的振动控制成为结构分析和设计的关键问题之一。

南京地铁南北 1 号线工程共有 5 座高架车站，均匀采用空间框架体系。框架横向为三柱两跨，纵向柱距为 8~12m。行车道梁采用钢筋混凝土板梁、简支或连续支承于框架横梁上。

2. 桥梁结构

桥梁结构属于桥建结合方案。高架车站先形成桥梁结构（梁、墩柱、基础），再在桥上布置站台，如图 7-49 所示。

桥梁结构可选择的断面形式有箱梁、T 形梁、板梁和槽形梁等。箱梁截面抗扭刚度大，整体受力性能和动力性好，广州地铁 2 号线高架车站采用了这种形式。T 形梁刚度大，材料用量省，还可采用预制吊装法施工，宜优先采用。

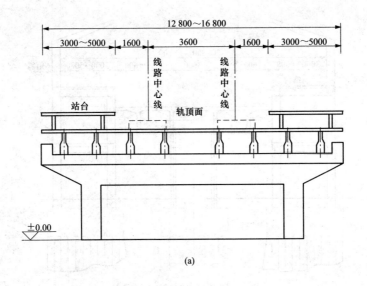

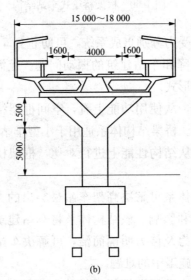

图 7-49 桥梁式车站结构

（a）T 形梁、双柱墩车站；（b）箱形梁、Y 形墩车站

墩柱常用的结构形式有 T 形墩、双柱墩、V 形墩和 Y 形墩，高架站中的墩柱应具有足够的强度和稳定性，避免在轨道列车作用下产生较大位移。

3. 框架桥梁结构

框架桥梁结构属于桥建分离方案，如图 7-50 所示。主体结构分为两个部分：车站建筑和高架桥。车站建筑包在高架桥之外，高架桥从房屋建筑中穿过，两者在结构上完全分离，受力明确，传力简洁。

381

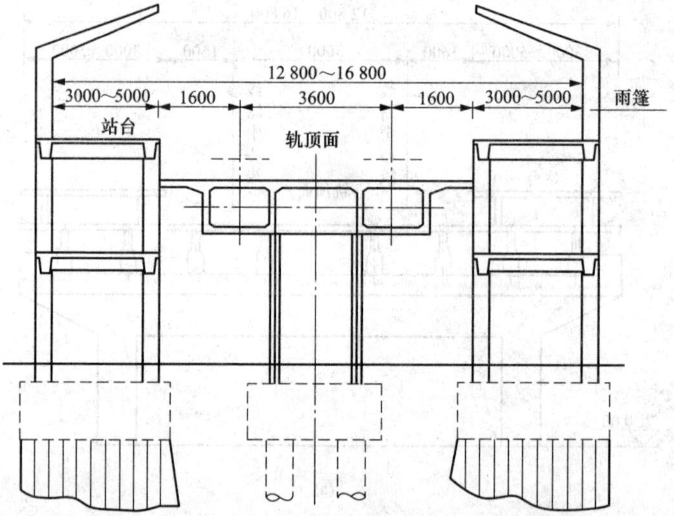

图 7-50 框架桥梁式车站结构

车站建筑和高架桥受力分别自成系统，可防止列车运行对车站的不利影响，以解决基础的不均匀沉降和车站建筑的振动问题。上海轨道交通明珠线部分高架车站采用了这种结构形式。

上述三种结构体系，从使用功能上看，空间框架结构体系和框架桥梁结构体系适用于大中型车站。桥梁结构体系适用于小型车站和中间站。

就大型车站而言，从结构性能上进行对比，框架桥梁结构优于空间框架结构，原因如下。

（1）框架桥梁结构体系可解决高架车站最突出的力学问题，即列车动力荷载对车站房屋建筑的不利影响。该结构体系将车站建筑和高架桥分离成两个完全独立的力学系统，受力及传力明确简洁，可解决车站振动控制和基础沉降控制这两个在结构设计和施工中的难题。

（2）框架桥梁结构体系可发挥桥梁结构和框架结构各自的特点和优越性。框架结构在各类车站站房中被广泛采用，给车站的功能布置和使用带来方便。框架桥梁结构体系发挥了空间框架结构与桥梁结构两者的优点。

（3）框架桥梁结构体系使高架车站的结构设计大为简化，高架桥和车站建筑可以分别依据现行国家规范进行独立的结构设计和计算。

六、高架结构桥墩

在高架结构的总体设计中，下部结构除应有足够的强度和稳定性以避免在荷载作用下的过大位移外，对其造型也有严格的要求。但造型常受地形、地貌、交通等限制，又与城市建筑及环境密切相关，合理的造型能使上、下结构协调一致，轻巧美观，使行人有一种愉快的感觉。确定高架桥的下部结构，应遵循安全耐久、满足交通要求、造价低、维修养护少、预制施工方便、工期短、与城市环境和谐、桥墩位置和形状要尽量多透空、少占地等原则。对于全线高架桥，宜减少桥墩类型。

目前，适用于城市高架桥的桥墩形式有 T 形桥墩、双柱式桥墩和 Y 形桥墩等。

1. T 形桥墩

T 形桥墩占地面积少，是城市轨道交通高架桥中最常用的桥墩形式。这种桥墩既为桥下交通提供最大的空间，又能减轻墩身质量，节约圬工材料，轻巧美观，特别适用于高架桥和地面道路斜交的情况。T 形桥墩由基础之上的承台、墩身和盖梁组成，如图 7-51 所示。墩身一般为钢筋混凝土结构，形状为圆形、矩形或六边形。大伸臂盖梁承受较大的弯矩和剪力，可采用预应力混凝土结构。墩身高度一般不超过 8~10m。

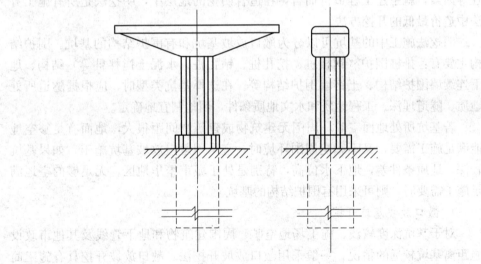

图 7-51 T 形桥墩

2. 双柱式桥墩

双柱式桥墩在横向形成钢筋混凝土刚架，受力情况清晰，稳定性好，其盖梁的工作条件比 T 形桥墩的盖梁有利，无须施加预应力，其使用高度一般在 30m 以内。河中桥墩为了避免被较大的漂流物卡在两柱之间影响桥梁安全，可做成哑铃式。在城市立交桥中，哑铃式桥墩可抵抗更大的侧向撞击力。其也可在高水位以上或撞击高度以上分为两柱，以下部分为实体圆端形墩。上海轨道交通明珠线的双柱式桥墩设计成无盖梁结构，上部结构箱梁直接支承在双柱上，双柱上部设一横系梁，这种构造须在箱梁内设置强大的端横隔板。

3. Y 形桥墩

Y 形桥墩结合了 T 形桥墩和双柱式桥墩的优点，下部呈单柱式，占地面积小，有利于桥下交通，空透性好。而上部则呈双柱式，对盖梁工作条件有利，无须施加预应力，造型轻巧美观，施工虽然比较复杂，但尚无太大困难。

第四节 明（盖）挖法施工

一、明挖法

明挖法又称明挖顺作法，是一种地面开挖的施工方法。明挖法具有施工工序简单、施工管理方便、作业面宽敞、便于使用高效率的挖土机械和运输工具等优点，所以施工进度快。此法的施工质量可以得到充分保证。排除征地、拆迁等因素，就土建工程造价而言，在适合明挖的地层中，明挖法是所有施工方法中造价最低的开挖方法。

明挖法施工中的基坑可以分为敞口放坡基坑和有围护结构的基坑。围护结构主要有：排桩围护（钢板桩、挖孔桩、钻孔桩、水泥土搅拌桩等）结构、地下连续墙围护结构、土钉墙围护结构等。在选择基坑类型时，应根据隧道所处地质、隧道埋深、工程地质和水文地质条件，因地制宜地确定。

若基坑所处地面空旷，周围无建筑物或建筑物间距很大，地面有足够空地能满足施工需要，又不影响周围环境时，宜采用敞口放坡基坑施工。如果基坑较深，地质条件差，地下水位高，特别是处于城市繁华地区，无足够的空地满足施工需要时，则可采用有围护结构的基坑。

1. 敞口放坡基坑开挖

对于基坑深度较浅、施工场地空旷、周围建筑物和地下管线及其他市政设施距离基坑较远的情况，一般采用敞口放坡开挖法。敞口放坡开挖具有施工简单、施工速度快、工程造价低等优点，并且能为地下结构的施工创造最大限度的工作面。因此，在场地允许的条件下，宜优先采用。

放坡开挖断面分为全放坡与半放坡两种。全放坡开挖断面是指边坡不设支撑结构，而采用放坡的方法保持土坡稳定。其优点是不需设置支撑结构，缺点是土方开挖量大，占用场地大。半放坡开挖与全放坡开挖的区别是在基坑的底部可设置一定高度的直槽，如土质较差时可打设悬臂式钢桩加强土壁稳定，其优点是可以减少土方开挖量。

基坑开挖过程中，由于开挖等施工活动导致土体原始应力场的平衡状态遭到破坏，严重时会出现土体位移，发生边坡失稳。因此，采用敞口放坡基坑修建地下铁道时，保证基坑边坡稳定是整个施工过程的关键。否则，一旦边坡坍塌，不但地基受到振动，影响承载力，而且还会影响周围地下管线以及地面建筑物和交通的安全。为了保持基坑边坡的稳定，在敞口放坡基坑施工中，应注意采取以下防护措施。

（1）根据土层的物理力学性质合理确定边坡坡度，并在不同土层变化处设置折线边坡或台阶。

（2）做好降排水和防洪工作，保持基底和边坡的干燥。

（3）严禁在基坑边坡坡顶1~2m范围内堆放材料、土方或其他重物。

（4）基坑开挖过程中，随挖随刷边坡，并进行支护。

（5）当基坑边坡坡度受到限制而采用围护结构又不经济时，可采用坡面土钉、挂金属网喷射混凝土或抹水泥砂浆护面技术等，确保基坑边坡的稳定。

（6）暴露时间在一年以上的基坑，应设置坡面防护措施。

大量计算和实际观测表明，基坑边坡破坏形式与土层的岩性、地面荷载以及边坡的形状等因素有密切关系。基坑边坡主要的破坏形式有以下两种。

（1）沿近似圆弧的滑动面转动，这种破坏常常发生在较为均质的黏性土层中。

（2）沿近乎平面的滑动面滑移，这种破坏常常发生在无黏性土层中。

基坑边坡坡度是直接影响基坑稳定的重要因素，当基坑边坡土体中的剪应力大于抗剪强度时，边坡就会失稳坍塌。而施工不当也会造成边坡失稳，主要表现在以下几个方面。

（1）没有按设计坡度进行边坡开挖。

（2）基坑边坡坡顶堆放材料、土方以及运输机械车辆等增加了附加荷载。

（3）基抗降排水措施不到位。地下水未降至基底以下，而地面雨水、基坑周围地下给排水管线漏水渗流至边坡的土层中，使土体湿化，自重加大，增加土体中的剪应力，且改变土体的c、φ值，降低其抗剪强度。

（4）基抗开挖后暴露时间过长，经风化而使土体变松散。

（5）基坑开挖过程中，未及时刷坡，甚至挖了反坡，使土体失去稳定。基坑边坡的坡度可以通过计算、图解、查表等方法确定。在地下铁道的建设中，特别是在北京地铁一、二期工程明挖法施工过程中，一般当地质条件好、土质均匀、地下水位低或通过降水将地下水位维持在基底面以下时，常采用查表法确定基坑边坡的坡度。根据地基基础设计规范并结合北京地铁一、二期工程的施工经验，给出表7-7、表7-8作为参考。

表7-7 石质基坑边坡坡度 (1)

岩石类别	风化程度	坡 度	
		8m 以内	8～15m
硬质岩石	微风化	1：(0.10～0.20)	1：(0.20～0.35)
	中等风化	1：(0.20～0.35)	1：(0.35～0.50)
	强风化	1：(0.35～0.50)	1：(0.75～1.00)
软质岩石	微风化	1：(0.35～0.50)	1：(0.50～0.75)
	中等风化	1：(0.50～0.75)	1：(0.75～1.00)
	强风化	1：(0.75～1.00)	1：(1.00～1.25)

表7-8 石质基坑边坡坡度(2)

土的类别	密实度或状态	坡 度		
		5m 内	5～10m	10～15m
碎土	密实	1：(0.35～0.50)	1：(0.50～0.75)	1：(0.75～1.00)
	中密	1：(0.50～0.75)	1：(0.75～1.00)	1：(1.00～1.25)
	稍密	1：(0.75～1.00)	1：(1.00～1.25)	1：(1.25～1.50)
粉土	$S_r \leqslant 0.5$	1：(1.00～1.25)	1：(1.25～1.50)	1：(1.50～1.75)
黏性土	坚硬	1：(0.75～1.00)	1：(1.00～1.25)	1：(1.25～1.50)
	硬塑	1：(1.00～1.25)	1：(1.25～1.50)	1：(1.50～1.75)

2. 深基坑支护结构与边坡防护

基坑工程是由地面向下开挖一个地下空间，深基坑四周一般设置垂直的挡土围护结构，围护结构一般是在开挖面基底下有一定插入深度的板（桩）墙结构。板（桩）墙有悬臂式、单撑式、多撑式。支撑结构是为了减小围护结构的变形，控制墙体的弯矩。分为内撑和外锚两种。以下主要以地铁车站基坑为主介绍基坑开挖支护与变形控制。

（1）基坑围护结构体系。

1）基坑围护结构体系包括板（桩）墙、围檩（冠梁）及其他附属构件。板（桩）墙主要承受基坑开挖卸荷所产生的土压力和水压力，并将此压力传递到支撑，是稳定基坑的一种施工临时挡墙结构。

2）地铁基坑所采用的围护结构形式很多，其施工方法、工艺和所用的施工机具也各异。因此，应根据基坑深度、工程地质和水文地质条件、地面环境条件等（特别要考虑到城市施工特点），经技术经济综合比较后确定。

（2）深基坑围护结构类型。在我国应用较多的有排桩、地下连续墙、重力式挡墙、土钉墙，以及这些结构的组合形式等。

不同类型围护结构的特点见表 7-9。

表 7-9 不同类型围护结构的特点

类型		特　点
排桩	型钢桩	(1) H 钢的间距为 1.2～1.5m。 (2) 造价低，施工简单，有障碍物时可改变间距。 (3) 止水性差，地下水位高的地方不适用，坑壁不稳的地方不适用
	预制混凝土板桩	(1) 预制混凝土板桩施工较为困难，对机械要求高，而且挤土现象很严重。 (2) 桩间采用槽榫接合方式，接缝效果较好，有时需辅以止水措施。 (3) 自重大，受起吊设备限制，不适合大深度基坑
	钢板桩	(1) 成品制作，可反复使用。 (2) 施工简便，但施工有噪声。 (3) 刚度小，变形大，与多道支撑结合，在软弱土层中也可采用。 (4) 新的时候止水性尚好，如有漏水现象，需增加防水措施
	钢管桩	(1) 截面刚度大于钢板桩，在软弱土层中开挖深度可大。 (2) 需有防水措施相配合
	灌注桩	(1) 刚度大，可用在深大基坑。 (2) 施工对周边地层、环境影响小。 (3) 需降水或和止水措施配合使用，如搅拌桩、旋喷桩等
	SMW 工法桩	(1) 强度大，止水性好。 (2) 内插的型钢可拔出反复使用，经济性好。 (3) 具有较好发展前景，国内上海等城市已有工程实践。 (4) 用于软土地层时，一般变形较大
地下连续墙		(1) 刚度大，开挖深度大，可适用于所有地层。 (2) 强度大，变位小，隔水性好，同时可兼作主体结构的一部分。 (3) 可邻近建（构）筑物使用，环境影响小。 (4) 造价高
重力式水泥土挡墙/ 水泥土搅拌桩挡墙		(1) 无支撑，墙体止水性好，造价低。 (2) 墙体变位大
土钉墙		(1) 可采用单一土钉墙，也可与水泥土桩或微型桩等结合形成复合土钉墙。 (2) 材料用量和工程量较少，施工速度快。 (3) 施工设备轻便，操作方法简单。 (4) 结构轻巧，较为经济

1) 型钢桩。作为基坑围护结构主体的工字钢，一般采用Ⅰ50号、Ⅰ55号和Ⅰ60号大型工字钢。基坑开挖前，在地面用冲击式打桩机沿基坑设计边线打入地下，桩间距一般为 1.0～1.2m。若地层为饱和淤泥等松软地层也可采用静力压桩机和振动打桩机进行沉桩。基坑开挖时，随挖土方随在桩间插入 50mm 厚的水平木板，以挡住桩间土体。基坑开挖至一定深度后，若悬臂工字钢的刚

度和强度都足够大，就需要设置腰梁和横撑或锚杆（索），腰梁多采用大型槽钢、工字钢制成，横撑则可采用钢管或组合钢梁。

工字钢桩围护结构适用于黏性土、砂性土和粒径不大于 100mm 的砂卵石地层。当地下水位较高时，必须配合人工降水措施。打桩时，施工噪声一般都在100dB 以上，大大超过环境保护法规定的限值，因此，这种围护结构一般用于郊区距居民点较远的基坑施工中。当基坑范围不大时，如地铁车站的出入口，临时施工竖井可以考虑采用工字钢做围护结构。

2）预制混凝土板桩。常用钢筋混凝土板桩截面的形式有 4 种：矩形、T形、工字形及口字形。矩形截面板桩制作较方便，桩间采用槽榫接合方式，接缝效果较好，是使用最多的一种形式。T 形截面由翼缘和加劲肋组成，其抗弯能力较大，但施打较困难。翼缘直接起挡土作用，加劲肋则用于加强翼缘的抗弯能力，并将板桩上的侧压力传至地基土，板桩间的搭接一般采用踏步式止口。工字形薄壁板桩的截面形状较合理，因此受力性能好、刚度大、材料省，易于施打，挤土也少。口字形截面一般由两块槽形板现浇组合成整体，在未组合成口字形前，槽形板的刚度较小。

3）钢板桩与钢管桩。钢板桩强度高，桩与桩之间的连接紧密，隔水效果好。具有施工灵活，板桩可重复使用等优点，是基坑常用的一种挡土结构。但由于板桩打入时有挤土现象，而拔出时则又会将土带出，造成板桩位置出现空隙，这对周边环境都会造成一定影响。此外，由于板桩的长度有限，因此其适用的开挖深度也受到限制，一般最大开挖深度在 7~8m。

板桩的形式有多种，拉森型是最常用的，在基坑较浅时也可采用大规格的槽钢（采用槽钢且有地下水时要辅以必要的降水措施）。采用钢板桩作支护墙时在其上口及支撑位置需用钢围檩将其连接成整体，并根据深度设置支撑或拉锚。

钢板桩断面形式较多，常用的形式多为 U 形或 Z 形。我国地下铁道施工中多用 U 形钢板桩，其沉放和拔除方法、使用的机械均与工字钢桩相同，但其构成方法则可分为单层钢板桩围堰、双层钢板桩围堰及屏幕等。由于地铁施工时基坑较深，为保证其垂直度且方便施工，并使其能封闭合龙，多采用帷幕式构造，如图 7-52 所示。

钢板桩施工机具有冲击式打桩机（包括自由落锤、柴油锤、蒸汽锤等）、振动打桩机（可用于打桩及拔桩）、静力压桩机等。

为使钢板桩施工顺利进行，应选择合适的施工机械。其主要依据是钢板桩的质量、长度及数量、土质情况，应有利于钢板桩的打入和拔出，满足噪声、振动等公害控制要求。

钢板桩的设置位置应在基础最突出的边缘外，留有支模、拆模的余地，便于基础施工。在场地紧凑的情况下，也可利用钢板作为底板或承台侧模，但必

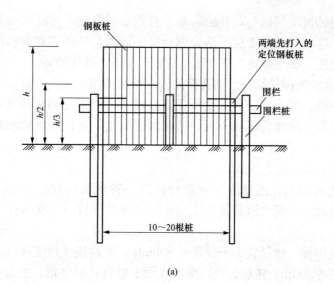

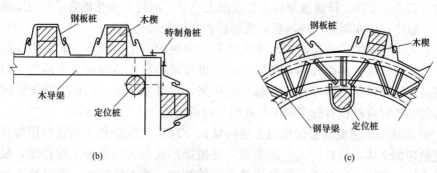

图 7-52　钢板桩围护结构示意图

（a）钢板桩围护结构立面图；（b）矩形基坑；（c）圆形基坑

须配以纤维板（或油毛毡）等隔离材料，以利于钢板桩的拔出。

钢板桩在使用前应进行检查整理，尤其对多次利用的钢板桩，在打拔、运输、堆放过程中，容易受外界因素影响而变形，在使用前均应进行检查，对表面缺陷和挠曲进行校正。

为确保施工后的钢板桩轴线位置准确应设置导向装置。导向桩或导向梁可采用型钢，也可用木材代替。导向装置在用完后，可拆出移至下一段继续使用。

钢板桩打入的方法主要有以下两种。

①单根桩打入法。它是将钢板桩一根根地打入至设计高程。这种施工方法速度快，桩架高度相对较低，但容易倾斜，当钢板桩打设精度要求较高、板桩长度较长（大于 10m）时不宜采用。

②屏风式打入法。它是将 10～20 根钢板桩成排插入导架内，使之成屏风

状，然后采用桩机来回施打，并使两端先打到要求深度，再将中间部分的钢板桩依次打入。这种屏风施工法可防止钢板桩的倾斜与转动，对要求闭合的围护结构常采用此法。缺点是施工速度比单桩施工法慢，桩架较高。

4) 钻孔灌注桩围护结构。钻孔灌注桩一般采用机械成孔。地铁明挖基坑中多采用螺旋钻机、冲击式钻机和正反循环钻机等。对正反循环钻机，由于其采用泥浆护壁成孔，故成孔时噪声低，适于城区施工，在地铁基坑和高层建筑深基坑施工中得到广泛应用。

钻孔灌注桩施工工艺流程：

施工工艺流程为：测量放线→埋设护筒→钻机就位调整→成孔→修孔清孔→验收→吊装钢筋笼（钢筋笼加工制作）→安装导管→二次清孔→灌注混凝土→拔护筒。

对悬臂式排桩，桩径宜大于或等于 600mm。对拉锚式或支撑式排桩，桩径宜大于或等于 400mm。排桩的中心距不宜大于桩直径的 2 倍。桩身混凝土强度等级不宜低于 C25。排桩顶部应设置混凝土冠梁。混凝土灌注桩宜采取间隔成桩的施工顺序。应在混凝土终凝后，再进行相邻桩的成孔施工。

钻孔灌注桩围护结构经常与止水帷幕联合使用，止水帷幕一般采用深层搅拌桩。如果基坑上部受环境条件限制时，也可采用高压旋喷桩止水帷幕，但要保证高压旋喷桩止水帷幕施工质量。近年来，素混凝土桩与钢筋混凝土桩间隔布置的钻孔咬合桩也有较多应用，此类结构可直接作为止水帷幕。

5) SMW 工法桩（型钢水泥土搅拌墙）。SMW 工法桩挡土墙是利用搅拌设备就地切削土体，然后注入水泥类混合液搅拌形成均匀的水泥土搅拌墙，最后在墙中插入型钢，即形成一种劲性复合围护结构。此类结构在上海等软土地区有较多应用。

型钢水泥土搅拌墙中三轴水泥土搅拌桩的直径宜采用 650mm、850mm、1000mm。内插的型钢宜采用 H 型钢。搅拌桩 28d 龄期无侧限抗压强度不应小于设计要求且不宜小于 0.5MPa，材料用量和水灰比应结合土质条件和机械性能等指标通过现场试验确定。在填土、淤泥质土等特别软弱的土中以及在较硬的砂性土、砂砾土中，钻进速度较慢时，水泥用量宜适当提高。在砂性土中搅拌桩施工宜外加膨润土。

当搅拌桩直径为 650mm 时，内插 H 型钢截面宜采用 H500×300、H1500×200。当搅拌桩直径为 850mm 时，内插 H 型钢截面宜采用 H700×300。当搅拌桩直径为 1000mm 时，内插 H 型钢截面宜采用 H1800×300、H850×300。型钢水泥土搅拌墙中型钢的间距和平面布置形式应根据计算确定，常用的内插型钢布置形式可采用密插型、插二跳一型和插一跳一型三种。单根型钢中焊接接头不宜超过 2 个，焊接接头的位置应避免设在支撑位置或开挖面附近等型钢受力较大处。相邻型钢的接头竖向位置宜相互错开，错开距离不宜小于1m，且型钢接头距离基坑底面不宜小于2m。拟拔出回收的型钢，插入前应先在干燥条件下除锈，再在其表面涂刷减摩材料。

6）重力式水泥土挡墙。深层搅拌桩是用搅拌机械将水泥、石灰等和地基土相拌和，形成相互搭接的格栅状结构形式，也可相互搭接成实体结构形式。采用格栅形式时，要满足一定的面积转换率，对淤泥质土，不宜小于0.7；对淤泥，不宜小于0.8；对一般黏性土、砂土，不宜小于0.6。由于采用重力式结构，开挖深度不宜大于7m。对嵌固深度和墙体宽度也要有所限制，对淤泥质土，嵌固深度不宜小于1.2h（h为基坑挖深），宽度不宜小于0.7h；对淤泥，嵌固深度不宜小于1.3h，宽度不宜小于0.8h。

水泥土挡墙的28d无侧限抗压强度不宜小于0.8MPa。当需要增加墙体的抗拉性能时，可在水泥土桩内插入钢筋、钢管或毛竹等杆筋。杆筋插入深度宜大于基坑深度，并应锚入面板内。面板厚度不宜小于150mm，混凝土强度等级不宜低于C15。

7）地下连续墙。地下连续墙主要有预制钢筋混凝土连续墙和现浇钢筋混凝土连续墙两类，通常地下连续墙一般指后者。地下连续墙有如下优点：施工时振动小、噪声低，墙体刚度大，对周边地层扰动小。可适用于多种土层，除夹有孤石、大颗粒卵砾石等局部障碍物时影响成槽效率外，对黏性土、无黏性土、卵砾石层等各种地层均能高效成槽。

地下连续墙施工采用专用的挖槽设备，沿着基坑的周边，按照事先划分好的幅段，开挖狭长的沟槽。挖槽方式可分为抓斗式、冲击式和回转式等类型。地下连续墙的一字形槽段长度宜取4~6m。当成槽施工可能对周边环境产生不利影响或槽壁稳定性较差时，应取较小的槽段长度。必要时，宜采用搅拌桩对槽壁进行加固。地下连续墙的转角处或有特殊要求时，单元槽段的平面形状可采用L形、T形等。

地下连续墙的槽段接头应按下列原则选用。

①地下连续墙宜采用圆形锁口管接头、波纹管接头、楔形接头、工字钢接头或混凝土预制接头等柔性接头。

②当地下连续墙作为主体地下结构外墙，且需要形成整体墙体时，宜采用刚性接头。刚性接头可采用一字形或十字形穿孔钢板接头、钢筋承插式接头等。在采取地下连续墙顶设置通长的冠梁、墙壁内侧槽段接缝位置设置结构壁柱、基础底板与地下连续墙刚性连接等措施时，也可采用柔性接头。

导墙是控制挖槽精度的主要构筑物，导墙结构应建于坚实的地基之上，并能承受水土压力和施工机具设备等附加荷载，不得移位和变形。

在开挖过程中，为保证槽壁的稳定，采用特制的泥浆护壁。泥浆应根据地质和地面沉降控制要求经试配确定，并在泥浆配制和挖槽施工中对泥浆的相对密度、黏度、含砂率和 pH 值等主要技术性能指标进行检验和控制。

每个幅段的沟槽开挖结束后，在槽段内放置钢筋笼，并浇筑水下混凝土。然后将若干个幅段连成一个整体，形成一个连续的地下墙体，即现浇钢筋混凝土壁式地下连续墙，采用锁口管接头时的具体施工工艺流程如图7-53 所示。

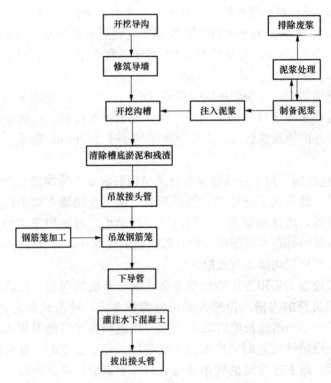

图 7-53　现浇钢筋混凝土壁式地下连续墙的施工工艺流程

（3）支撑结构类型。

1）支撑结构体系。

①内支撑有钢撑、钢管撑、钢筋混凝土撑及钢与混凝土的混合支撑等。外拉锚有拉锚和土锚两种形式。

②在软弱地层的基坑工程中，支撑结构承受围护墙所传递的土压力和水压力。支撑结构挡土的应力传递路径是围护（桩）墙→围檩（冠梁）→支撑。在地质条件较好的有锚固力的地层中，基坑支撑可采用土锚和拉锚等外拉锚形式。

③在深基坑的施工支护结构中，常用的支撑系统按其材料可分为现浇钢筋混凝土支撑体系和钢支撑体系两类，其形式和特点见表7-10。

表 7-10 两类支撑体系的形式和特点

材料	截面形式	布置形式	特 点
现浇钢筋混凝土	可根据断面要求确定断面形状和尺寸	有对撑、边桁架、环梁结合边桁架等，形式灵活多样	混凝土结硬后刚度大，变形小，强度的安全、可靠性强，施工方便，但支撑浇制和养护时间长，围护结构处于无支撑的暴露状态的时间长、软土中被动区土体位移大，如对控制变形有较高要求时，需对被动区软土加固。施工工期长，拆除困难，爆破拆除对周围环境有影响
钢结构	单钢管、双钢管、单工字钢、双工字钢、H型钢、槽钢及以上钢材的组合	竖向布置有水平撑、斜撑。平面布置形式一般为对撑、井字撑、角撑。也有与钢筋混凝土支撑结合使用，但要谨慎处理变形协调问题	装、拆除施工方便，可周转使用，支撑中可加预应力，可调整轴力而有效控制围护墙变形。施工工艺要求较高，如节点和支撑结构处理不当，或施工支撑不及时、不准确，会造成失稳

现浇钢筋混凝土支撑体系由围檩（圈梁）、支撑及角撑、立柱和围檩托架或吊筋、立柱、托架锚固件等其他附属构件组成。

钢结构支撑（钢管、型钢支撑）体系通常为装配式的，由围檩、角撑、支撑、预应力设备（包括千斤顶自动调压或人工调压装置）、轴力传感器、支撑体系监测监控装置、立柱桩及其他附属装配式构件组成。

2）支撑体系的布置及施工。

①内支撑结构的施工与拆除顺序应与设计工况一致，必须坚持先支撑后开挖的原则。

②围檩与挡土结构之间要紧密接触，不得留有缝隙。如有间隙应用强度不低于C30的细石混凝土填充密实或采用其他可靠连接措施。

③钢支撑应按设计要求施加预压力，当监测到支撑压力出现损失时，应再次施加预压力。

④支撑拆除应在替换支撑的结构构件达到换撑要求的承载力后进行。当主体结构的底板和楼板分块浇筑或设置后浇带时，应在分块部位或后浇带处设置可靠的传力构件。支撑拆除应根据支撑材料、形式、尺寸等具体情况采用人工、机械和爆破等方法。

3. 边坡防护

（1）基坑边（放）坡。

1）地质条件、现场条件等允许时，通常采用敞口放坡基坑形式修建地下工程或构筑物的地下部分。但保持基坑边坡的稳定是非常重要的，否则，一旦边坡坍塌，不但地基受到扰动，影响承载力，而且还影响周围地下管线、地面建筑物、交通和人身安全。

2）基坑边坡稳定影响因素。基坑边坡坡度是直接影响基坑稳定的重要因素。当基坑边坡土体中的剪应力大于土体的抗剪强度时，边坡就会失稳坍塌。另外，施工不当也会造成边坡失稳。主要表现在以下几个方面。

①没有按设计坡度进行边坡开挖。

②基坑边坡坡顶堆放材料、土方及运输机械车辆等增加了附加荷载。

③基坑降排水措施不力，地下水未降至基底以下，而地面雨水、基坑周围地下给水排水管线漏水渗流至基坑边坡的土层中，使土体湿化，土体自重加大，增加土体中的剪应力。

④基坑开挖后暴露时间过长，经风化而使土体变松散。

⑤基坑开挖过程中，未及时刷坡，甚至挖反坡，使土体失去稳定性。

3）基坑放坡要求如下。

①放坡应以控制分级坡高和坡度为主，必要时辅以局部支护结构和保护措施，放坡设计与施工时应考虑雨水的不利影响。

②当条件许可时，应优先采取坡率法控制边坡的高度和坡度。坡率法是指无须对边坡整体进行加固而自身稳定的一种人工边坡设计方法。土质边坡的坡率允许值应根据经验，按工程类比原则并结合已有稳定边坡的坡率值分析确定。当无经验，且土质均匀良好、地下水贫乏、无不良地质现象和地质环境条件简单时，可参照表7-11《建筑边坡工程技术规范》（GB 50330—2013）的规定。

表 7-11 土质边坡坡率允许值

边坡土体类别	状态	坡率允许值（高宽比）	
		坡高小于 5m	坡高 5～10m
碎石土	密实	1∶0.35～1∶0.50	1∶0.50～1∶0.75
	中密	1∶0.50～1∶0.75	1∶0.75～1∶1.00
	稍密	1∶0.75～1∶1.00	1∶1.00～1∶1.25
黏性土	坚硬	1∶0.75～1∶1.00	1∶1.00～1∶1.25
	硬塑	1∶1.00～1∶1.25	1∶1.25～1.50

注 1. 表中的碎石填物为坚硬和硬塑状态的黏性土。

2. 对于砂土和充填物为砂土的碎石土，其边坡坡率的允许值应按自然休止角确定。

按是否设置分级过渡平台，边坡可分为一级放坡和分级放坡两种形式。在场地土质较好、基坑周围具备放坡条件、不影响相邻建筑物的安全及正常使用的情况下，基坑宜采用全深度放坡或部分深度放坡。

当存在影响边坡稳定性的地下水时，应采取降水措施或深层搅拌桩、高压旋喷桩等截水措施。

分级放坡时，宜设置分级过渡平台。分级过渡平台的宽度应根据土（岩）

质条件、放坡高度及施工场地条件确定，对于岩石边坡不宜小于 0.5m，对于土质边坡不宜小于 1.0m。下级放坡坡度宜缓于上级放坡坡度。

（2）长条形基坑开挖与过程放坡。

1）地铁车站等构筑物的长条形基坑在开挖过程中通常考虑纵向放坡目的：一是保证开挖，安全防止滑坡，如图 7-54 所示；二是保证出土运输方便。

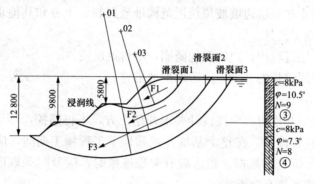

图 7-54　基坑纵向滑坡机制图

2）坑内纵向放坡是动态的边坡，在基坑开挖过程中不断变化，其安全性在施工时往往被忽视，非常容易产生滑坡事故。纵向边坡一旦坍塌，就可能冲断横向支撑并导致基坑挡墙失稳，酿成灾害性事故。上海等地软土地区曾多次发生放坡开挖的工程事故，分析原因大都是由于坡度过陡、雨期施工、排水不畅、坡脚扰动等因素引起。

3）应编制开挖方案，慎重确定放坡坡度。在施工期间，特别是雨天必须制定监护与保护措施。上海等地软土地区施工经验表明，降雨可能使土坡的安全系数降低 40%～50%（见图 7-55），应严密监护，做好坡面的保护工作，必要时可事先在放坡处加固土体，严防土坡失稳。

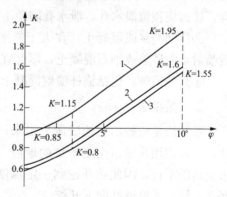

图 7-55　降雨降低边坡安全系数

地铁车站基坑纵向放坡较大处，往往是坑外地表纵向差异沉降较大处，土坡越缓，沉降曲线就越平缓。因此，若在土坡附近有需保护的建筑或管线，应减缓该处坡度以减小管线弯曲和建筑物的差异沉降。

4．边坡保护

（1）基坑边坡稳定措施。

1）根据土层的物理力学性质确定基坑边坡坡度，并于不同土层处做成折线形边坡或留置台阶。

2）必须做好基坑降排水和防洪工作，保持基底和边坡的干燥。

3）基坑边坡坡度受到一定限制而采用围护结构又不太经济时，可采用坡面土钉、挂金属网喷混凝土或抹水泥砂浆护面等措施。

4）严格禁止在基坑边坡坡顶较近范围堆放材料、土方和其他重物以及停放或行驶较大的施工机具。

5）基坑开挖过程中，边坡随挖随刷，不得挖反坡。

6）暴露时间较长的基坑，应采取护坡措施。

（2）护坡措施。

1）基坑土方开挖时，应按设计要求开挖土方，不得超挖，不得在坡顶随意堆放土方、材料和设备。在整个基坑开挖和地下工程施工期间，应严密监测坡顶位移，随时分析观测数据。当边坡有失稳迹象时，应及时采取削坡、坡顶卸荷、坡脚压载或其他有效措施。

2）放坡开挖时应及时作好坡脚、坡面的保护措施。常用的保护措施有以下几种。

①叠放砂包或土袋：用草袋、纤维袋或土工织物袋装砂（或土），沿坡脚叠放一层或数层，沿坡面叠放一层。

②水泥抹面：在人工修平坡面后，用水泥砂浆或细石混凝土抹面，厚度宜为 30~50mm，并用水泥砂浆砌筑砖石护坡脚，同时，将坡面水引入基坑排水沟。抹面应预留泄水孔，泄水孔间距不宜大于 3~4m。

③挂网喷浆或混凝土：在人工修平坡面后，沿坡面挂钢筋网或钢丝网，然后喷射水泥砂浆或细石混凝土，厚度宜为 50~60mm，坡脚同样需要处理。

④其他措施：包括锚杆喷射混凝土护面、塑料膜或土工织物覆盖坡面等。

二、盖挖法

盖挖法是一种由明挖法派生出来，既非完全明挖，也非完全暗挖的施工方法，一般使用在城市交通繁忙的地段。盖挖法的主要宗旨是尽可能地减少对城市交通的干扰，因此在开挖到一定深度时，先以临时路面或结构顶板恢复地面畅通，然后才可继续向下开挖。

盖挖法既可用于区间，也可用于车站，但用于车站的情况居多，这是因为车站的宽度和高度都较大，层数多在两层或两层以上，因而施工周期长，对地面交通的影响大，为了尽量减少对地面的干扰，故常采用盖挖法施工。

盖挖法可分为盖挖顺作法、盖挖逆作法及盖挖半逆作法。目前，城市中施工采用最多的是盖挖逆作法。

1. 盖挖顺作法

盖挖顺作法的具体施工流程，如图 7-56 所示。

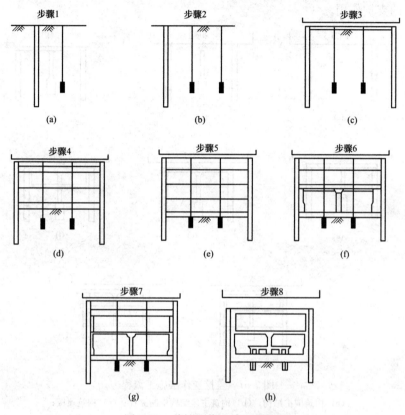

图 7-56　盖挖顺作法施工流程

（a）构筑连续墙；（b）构筑中间支承桩；（c）构筑连续墙及覆盖板；
（d）开挖及支撑安装；（e）开挖及构筑底板；（f）构筑侧墙、柱；
（g）构筑侧墙及顶板；（h）构筑内部结构及路面复旧

盖挖顺作法主要依赖坚固的挡土结构，根据现场条件、地下水位高低、开挖深度以及周围建筑物的邻近程度可选择钢筋混凝土钻（挖）孔灌注桩或地下连续墙，对于饱和的软弱地层应以刚度大、止水性能好的地下连续墙为首选方案。目前，盖挖顺作法中的挡土结构常用来作为主体结构边墙体的一部分或全部。

2. 盖挖逆作法

盖挖逆作法的具体施工流程，如图 7-57 所示。盖挖逆作法施工时，先施作车站周边围护桩和结构主体桩柱，然后将结构盖板置于桩（围护桩）、柱（钢管柱或混凝土柱）上，自上而下完成土方开挖和边墙、中隔板及底板衬砌的施工。

盖挖逆作法是在明挖内支撑基坑基础上发展起来的，施工过程中不需设置临时支撑，而是借助结构顶板、中板自身的水平刚度和抗压强度实现对基坑围护桩（墙）的支护作用。

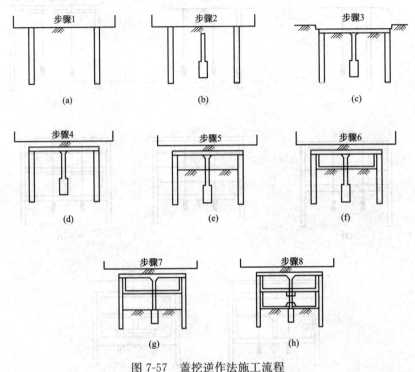

图 7-57　盖挖逆作法施工流程

(a) 构筑围护结构；(b) 构筑主体结构中间立柱；(c) 构筑顶板；

(d) 回填土、恢复路面；(e) 开挖中层土；(f) 构筑上层主体结构；

(g) 开挖下层土；(h) 构筑下层主体结构

其工法特点是：快速覆盖、缩短中断交通的时间。自上而下的顶板、中隔板及水平支撑体系刚度大，可营造一个相对安全的作业环境。占地少、回填量小、可分层施工，也可分左右两幅施工，交通导改灵活。不受季节影响、无冬期施工要求，低噪声、扰民少。设备简单、不需大型设备，操作空间大、操作环境相对较好。

盖挖逆作法没有太复杂技术，它是将若干简单的、原始的技术巧妙地有机组合，形成的一套完整的施工工法。盖挖逆作法对钢管柱的加工、运输、吊装、就位要求精度极高，不论是旋挖桩钢管基础或条形基础都有一套完整的工艺流程。

3. 盖挖半逆作法

类似逆作法，其区别仅在于顶板完成及恢复路面过程，盖挖半逆作法的施工步骤如图 7-58 所示。在半逆作法施工中，一般都必须设置横撑并施加预应力。

采用逆作或半逆作法施工时都要注意混凝土施工缝的处理问题，由于它是在上部混凝土达到设计强度后再接着往下浇筑的，而混凝土的收缩及析水，施工缝处不可避免地要出现 3～10mm 宽的缝隙，将对结构的强度、耐久性和防水性产生不良影响。

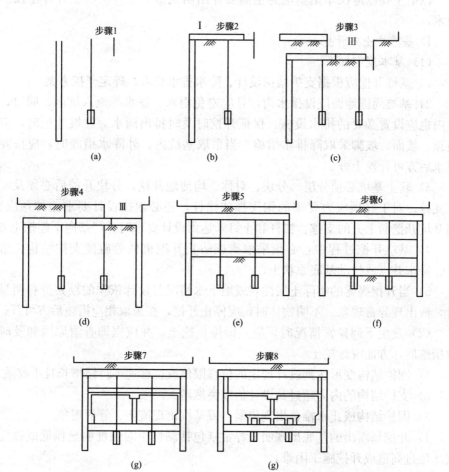

图 7-58 盖挖半逆作法施工流程
(a) 构筑连续墙中间支承桩及临时性挡土设备；(b) 构筑顶板（Ⅰ）；
(c) 打设中间桩、临时性挡土及构筑顶板（Ⅱ）；(d) 构筑连续墙及顶板（Ⅲ）；
(e) 依序向下开挖及逐层安装水平支撑；(f) 向下开挖、构筑底板；
(g) 构筑侧墙、柱及楼板；(h) 构筑侧墙及内部之其余结构物

在逆作法和半逆作法施工中，如主体结构的中间立柱为钢管混凝土柱，而柱下基础为钢筋混凝土灌注桩时，需要解决好两者之间的连接问题。一般是将

钢管柱直接插入灌注桩的混凝土内 1.0m 左右，并在钢管柱底部均匀设置几个孔，以利于混凝土流动。同时也可加强桩、柱间连接。有时也可在钢管柱和灌注桩之间插入 H 型钢加以连接。

三、基槽土方开挖及基坑变形控制

以下主要以地铁车站基坑为主简要介绍明挖基（槽）坑的土方开挖及护坡技术。

1. 基槽坑土方开挖

（1）基本规定如下。

1）基坑开挖应根据支护结构设计、降水排水要求，确定开挖方案。

2）基坑周围地面应设排水沟，且应避免雨水、渗水等流入坑内。同时，基坑内也应设置必要的排水设施，保证开挖时及时排出雨水。放坡开挖时，应对坡顶、坡面、坡脚采取降排水措施。当采取基坑内、外降水措施时，应按要求降水后方可开挖土方。

3）软土基坑必须分层、分块、对称、均衡地开挖，分块开挖后必须及时施工支撑。对于有预应力要求的钢支撑或锚杆，还必须按设计要求施加预应力。当基坑开挖面上方的支撑、锚杆和土钉未达到设计要求时，严禁向下超挖土方。

4）基坑开挖过程中，必须采取措施防止开挖机械等碰撞支护结构、格构柱、降水井点或扰动基底原状土。

5）当开挖揭露的实际土层性状或地下水情况与设计依据的勘察资料明显不符，或出现异常现象、不明物体时，应停止开挖，在采取相应措施后方可开挖。

（2）发生下列异常情况时，应立即停止挖土，并应立即查清原因和及时采取措施后，方能继续挖土。

1）围护结构变形达到设计规定的位移限值或位移速率持续增长且不收敛。

2）支护结构的内力超过其设计值或突然增大。

3）围护结构或止水帷幕出现渗漏，或基坑出现流土、管涌现象。

4）开挖暴露出的基底出现明显异常（包括黏性土时强度明显偏低或砂性土层水位过高造成开挖施工困难）。

5）围护结构发生异常声响。

6）边坡或支护结构出现失稳征兆。

7）基坑周边建（构）筑物变形过大或已经开裂。

2. 基坑变形特征

（1）土地变形。基坑开挖时，由于坑内开挖卸荷造成围护结构在内外压力差作用下产生水平向位移，进而引起围护外侧土体的变形，造成基坑外土体或建（构）筑物沉降。同时，开挖卸荷也会引起坑底土体隆起。可以认为，基坑周围地层移动主要是由围护结构的水平位移和坑底土体隆起造成的。

（2）围护墙体水平变形。当基坑开挖较浅，还未设支撑时，不论对刚性墙体（如水泥土搅拌桩墙、旋喷桩墙等）还是柔性墙体（如钢板桩、地下连续墙等），均表现为墙顶位移最大，向基坑方向水平位移，呈三角形分布。随着基坑开挖深度的增加，刚性墙体继续表现为向基坑内的角形水平位移或平行刚体位移。而一般柔性墙如果设支撑，则表现为墙顶位移不变或逐渐向基坑外移动，墙体腹部向基坑内凸出。

（3）围护墙体竖向变位。在实际工程中，墙体竖向变位量测往往被忽视，事实上由于基坑开挖土体自重应力的释放，致使墙体产生竖向变位：上移或沉降。墙体的竖向变位给基坑的稳定、地表沉降以及墙体自身的稳定性均带来极大的危害。特别是对于饱和的极为软弱地层中的基坑工程，当围护墙底下因清孔不净有沉渣时，围护墙在开挖中会下沉，地面也随之下沉。另外，当围护结构下方有顶管和盾构穿越时，也会引起围护结构突然沉降。

（4）基坑底部的隆起。随着基坑的开挖卸载，基坑底出现隆起是必然的，但过大的坑底隆起往往是基坑险情的征兆。过大的坑底隆起可能是以下两种原因造成的。

1）基坑底不透水土层由于其自重不能够承受下方承压水水头压力而产生突然性隆起。

2）基坑由于围护结构插入坑底土层深度不足而产生坑内土体隆起破坏。基坑底土体的过大隆起可能会造成基坑围护结构失稳。

另外，由于坑底隆起会造成立柱隆起，进一步造成支撑向上弯曲，可能引起支撑体系失稳。因此，基坑底土体的过大隆起是施工时应该尽量避免的。但由于基坑一直处于开挖过程，直接监测坑底土体隆起较为困难，一般通过监测立柱变形来反映基坑底土体隆起情况。

（5）地表沉降。围护结构的水平变形及坑底土体隆起会造成地表沉降，引起基坑周边建（构）筑物变形。根据工程实践经验，基坑围护呈悬臂状态时，较大的地表沉降出现在墙体旁。施加支撑后，地表沉降的最大值会渐渐远离围护结构，位于距离围护墙一定距离的位置上。

3. 基坑的变形控制

（1）当基坑邻近建（构）筑物时，必须控制基坑的变形以保证邻近建（构）筑物的安全。

（2）控制基坑变形的主要方法有以下几种。

1）增加围护结构和支撑的刚度。

2）增加围护结构的入土深度。

3）加固基坑内被动区土体。加固方法有抽条加固、裙边加固及二者相结合的形式。

401

4）减小每次开挖围护结构处土体的尺寸和开挖支撑时间，这一点在软土地区施工时尤为有效。例如，上地地铁就要求在地铁车站基坑开挖时，按设计要求分段开挖和浇筑底，具体如图 7-59 所示。

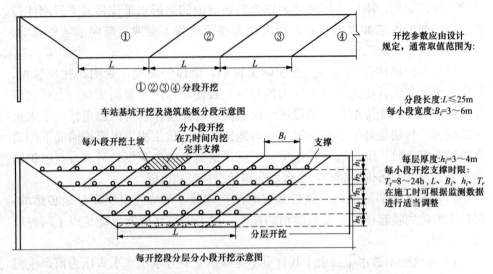

开挖参数应由设计规定，通常取值范围为：

①②③④分段开挖

车站基坑开挖及浇筑底板分段示意图

分段长度：$L \leqslant 25m$
每小段宽度：$B_i = 3 \sim 6m$

每层厚度：$h_i = 3 \sim 4m$
每小段开挖支撑时限：
$T_r = 8 \sim 24h$，L、B_i、h_i、T_r
在施工时可根据监测数据进行适当调整

每开挖段分层分小段开挖示意图

图 7-59 软土地区地铁条形基坑的土方开挖及支撑施工要求

5）通过调整围护结构深度和降水井布置来控制降水对环境变形的影响。

4. 坑底稳定控制

（1）保证深基坑坑底稳定的方法有加深围护结构入土深度、坑底土体加固、坑内井点降水等措施。

（2）适时施作底板结构。

四、地基加固处理方法

下面主要以地铁车站基坑为主简要介绍明挖基（槽）坑地基加固处理技术。

1. 基坑地基加固的目的

（1）基坑地基按加固部位不同，分为基坑内加固和基坑外加固两种。

（2）基坑外加固的目的主要是止水，有时也可减少围护结构承受的主动土压力。

（3）基坑内加固的目的主要有：提高土体的强度和土体的侧向抗力，减少围护结构位移，保护基坑周边建筑物及地下管线；防止坑底土体隆起破坏；防止坑底土体渗流破坏；弥补围护墙体插入深度不足等。

2. 基坑地基加固的方式

（1）在软土地基中，当周边环境保护要求较高时，基坑工程前宜对基坑内被动区土体进行加固处理，以便提高被动区土体抗力，减少基坑开挖过程中围护结构的变形。按平面布置形式分类，基坑内被动区加固形式主要有墩式加固、裙边加固、抽条加固、格栅式加固和满堂加固，如图 7-60 所示。采用墩式加固时，土体加固一般多布置在基坑周边阳角位置或跨中区域。长条形基坑可考虑采用抽条加固。基坑面积较大时，宜采用裙边加固。地铁车站的端头井一般采用格栅式加固。环境保护要求高，或为了封闭地下水时，可采用满堂加固。加固体的深度范围应从第二道支撑底至开挖面以下一定深度，考虑地表有施工机具运行需要时，也可以采用低水泥掺量加固到地面。

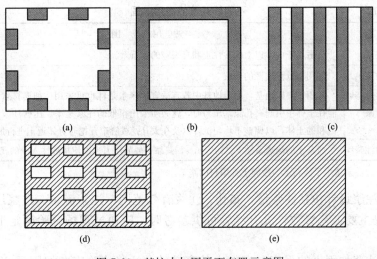

图 7-60　基坑内加固平面布置示意图
（a）墩式加固；（b）裙边加固；（c）抽条加固；
（d）格栅式加固；（e）满堂加固

（2）换填材料加固处理法，以提高地基承载力为主，适用于较浅基坑，方法简单，操作方便。

（3）采用水泥土搅拌、高压喷射注浆、注浆或其他方法对地基掺入一定量的固化剂或使土体固结，以提高土体的强度和土体的侧向抗力为主，适用于深基坑。

3. 常用方法与技术要点

（1）注浆法。

1）注浆法是利用液压、气压或电化学原理，通过注浆管把浆液均匀地注入地层中，浆液以填充、渗透和挤密等方式，赶走土颗粒间或岩石裂隙中的水分和空气后占据其位置，经人工控制一定时间后，浆液将原来松散的土粒或裂隙胶结成一个整体，形成一个结构新、强度大、防水性能好和化学稳定性良好的"结石体"。

2) 注浆法所用的浆液是由主剂（原材料）、溶剂（水或其他溶剂）及各种外加剂混合而成。通常所提的注浆材料是指浆液中所用的主剂。外加剂可根据在浆液中所起的作用，分为固化剂、催化剂、速凝剂、缓凝剂和悬浮剂等。注浆材料有很多，其中，水泥浆是以水泥为主的浆液，适用于岩土加固，是国内外常用的浆液。

3) 在地基处理中，注浆工艺所依据的理论主要可分为渗透注浆、劈裂注浆、压密注浆和电动化学注浆 4 类。其应用条件见表 7-12。

表 7-12 不同注浆法的适用范围

注浆方法	适 用 范 围
渗透注浆	只适用于中砂以上的砂性土和有裂隙的岩石
劈裂注浆	适用于低渗透性的土层
压密注浆	常用于中砂地基，黏土地基中若有适宜的排水条件也可采用。如遇排水困难时可能在土体中引起高孔隙水压力时，就必须采用很低的注浆速率。压密注浆可用于非饱和的土体，以调整不均匀沉降以及在大开挖或隧道开挖时对邻近土进行加固
电动化学注浆	地基土的渗透系数 $k<10^{-4}$m/s，只靠一般静压力难以使浆液注入土的孔隙的地层

注 渗透注浆适用于碎石土、沙卵土夯填料的路基。

4) 注浆设计包括注浆量、布孔、注浆有效范围、注浆流量、注浆压力、浆液配方等主要工艺参数，没有经验可供参考时，应通过现场试验确定上述工艺参数。

5) 注浆加固土的强度具有较大的离散性，注浆检验应在加固后 28d 进行。可采用标准贯入、轻型静力触探法或面波等方法检测加固地层均匀性。按加固土体尝试范围每间隔 1m 进行室内试验，测定强度或渗透性。检验点数和合格率应满足相关规范要求，对不合格的注浆区应进行重复注浆。

（2）水泥土搅拌法。

1) 水泥土搅拌法利用水泥作为固化剂通过特制的搅拌机械，就地将软土和固化剂（浆液或粉体）强制搅拌，使软土硬结成具有整体性、水稳性和一定强度的水泥加固土，从而提高地基土强度和增大变形模量。根据固化剂掺入状态的不同，它可分为浆液搅拌和粉体喷射搅拌两种。前者是用浆液和地基土搅拌，后者是用粉体和地基土搅拌。可采用单轴、双轴、三轴及多轴搅拌机或连续成槽搅拌机。

2) 水泥土搅拌法适用于加固淤泥、淤泥质土、素填土、黏性土（软塑和可塑）、粉土（稍密、中密）、粉细砂（稍密、中密）、中粗砂（松散、稍密）、饱和黄土等土层。不适用于含有大孤石或障碍物较多且不易清除的杂填土、欠固结的淤泥和淤泥质土、硬塑及坚硬的黏性土、密实的砂类土，以及地下水影响成桩质量的土层。当地下水的含水量小于 30%（黄土含水量小于 25%）时不宜采用粉体搅拌法。水泥土搅拌桩用于处理泥炭土、有机质土、pH 值小于 4 的酸性土、塑性指数大于 25 的黏土，当在腐蚀性环境中以及无工程经验地区使用时，必须通过现场和室内试验确定其适用性。

3）水泥土搅拌法施工步骤由于湿法和干法的施工设备不同而略有差异，具体如图 7-61、图 7-62 所示。其主要步骤如下。

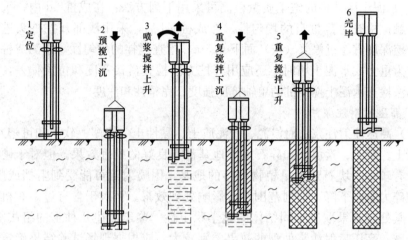

图 7-61　喷浆型深层搅拌桩施工顺序

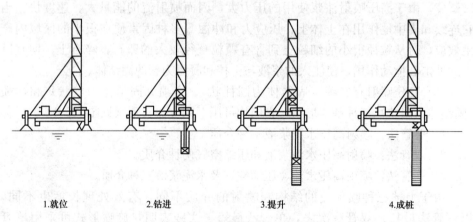

1. 就位　　　2. 钻进　　　3. 提升　　　4. 成桩

图 7-62　喷粉型深层搅拌桩施工顺序

①搅拌机械就位、调平。

②预搅下沉至设计加固深度。

③边喷浆（粉）、边搅拌提升直至预定的停浆（灰）面。

④重复搅拌下沉至设计加固深度。

⑤根据设计要求，喷浆（粉）或仅搅拌提升直至预定的停浆（灰）面。

⑥关闭搅拌机械。

在预（复）搅下沉时，也可采用喷浆（粉）的施工工艺，但必须确保全桩长上下至少再重复搅拌一次。

4）应根据室内试验确定需加固地基土的固化剂和外加剂的掺量，如果有成熟经验时，也可根据工程经验确定。

5）水泥土搅拌桩的施工质量检测可采用下列方法：在成桩 3d 内，采用轻型动力触控检查上部桩身的均匀性。在成桩 7d 后，采用浅部开挖桩头进行检查，开挖深度宜超过停浆（灰）面下 0.5m，检查搅拌的均匀性，量测成桩的直径。作为重力式水泥土墙时，还应用开挖方法检查搭接宽度和位置偏差，应采用钻芯法检查水泥土搅拌桩的单轴抗压强度、完整性和深度。

4. 高压喷射注浆法

（1）高压喷射注浆法对淤泥、淤泥质土、黏性土（流塑、软塑和可塑）、粉土、砂土、黄土、素填土和碎石土等地基都有良好的处理效果。但对于硬黏性土，含有较多的块石或大量植物根茎的地基，因喷射流可能受到阻挡或削弱，冲击破碎力急剧下降，切削范围小或影响处理效果。而对于含有过多有机质的土层，其处理效果取决于固结体的化学稳定性。鉴于上述几种土的组成复杂、差异悬殊，高压喷射注浆处理的效果差别较大，应根据现场试验结果确定其适用程度。对于湿陷性黄土地基，也应预先进行现场试验。

（2）由于高压喷射注浆使用的压力大，因而喷射流的能量大、速度快。当它连续和集中地作用在土体上，压应力和冲蚀等多种因素便在很小的区域内产生效应，对从粒径很小的细粒土到含有颗粒直径较大的卵石、碎石土，均有巨大的冲击和搅动作用，使注入的浆液与土拌和凝固为新的固结体。

（3）高压喷射有旋喷（固结体为圆柱状）、定喷（固结体为壁状）和摆喷（固结体为扇状）三种基本形状，它们均可用下列方法实现（见图 7-63）。

1）单管法：喷射高压水泥浆液一种介质。

2）双管法：喷射高压水泥浆液和压缩空气两种介质。

3）三管法：喷射高压水流、压缩空气及水泥浆液三种介质。

由于上述三种喷射流的结构和喷射的介质不同，有效处理长度也不同，以三管法最长，双管法次之，单管法最短。实践表明，旋喷形式可采用单管法、双管法和三管法中的任何一种方法。定喷和摆喷注浆常用双管法和三管法。

（4）高压喷射注浆的施工参数应根据土质条件、加固要求通过试验或根据工程经验确定，但在施工中严格加以控制。单管法及双管法的高压水泥浆和三管法高压水的压力应大于 20MPa。高压喷射注浆的主要材料为水泥，对于无特

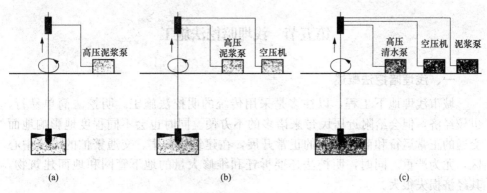

图 7-63 喷射注浆法施工工艺流程
(a) 单管法；(b) 双管法；(c) 三管法

殊要求的工程，宜采用强度等级为 42.5 级及以上的普通硅酸盐水泥。根据需要可加入适量的外加剂及掺和料。外加剂和掺和料的用量，应通过试验确定。水灰比通常取 0.8~1.5，常用为 1.0。

（5）高压喷射注浆的全过程为钻机就位、钻孔、置入注浆管、高压喷射注浆和拔出注浆管等基本工序。施工结束后应立即对机具和孔口进行清洗。在高压喷射注浆过程中出现压力骤然下降、上升或冒浆异常时，应查明原因并及时采取措施。

（6）旋喷桩作为止水帷幕时，为保证加固体有效搭接以达到预计的截水效果，旋喷桩的直径不宜过大。旋喷加固体的直径受施工工艺、喷射压力、提升速度、土类和土性等因素影响，根据国内有关资料介绍，旋喷加固体直径一般在表 7-13 的范围。施工后旋喷加固体的强度和直径，应通过现场试验确定。

407

表 7-13　　　　　　　旋喷注浆固结体有效直径经验值　　　　　　　（m）

方法\土类		单管法	双管法	三管法
黏性土	0<N≤5	0.5~0.8	0.8~1.2	1.2~1.8
	5<N≤10	0.4~0.7	0.7~1.1	1.0~1.6
砂土	0<N≤10	0.6~1.0	1.0~1.4	1.5~2.0
	10<N≤20	0.5~0.9	0.9~1.3	1.2~1.8
	20<N≤30	0.4~0.8	0.8~1.2	0.9~1.5

（7）施工质量可根据工程要求和当地经验采用开挖检查、钻孔取芯、标准贯入试验及动力触探等方法检查。

第五节　浅埋暗挖法施工

一、浅埋暗挖法概述

城市浅埋地下工程，以往多是采用传统的明挖法施工。明挖法简单易行，也较经济，但会给附近居民带来诸多的不方便。同时也会不同程度地影响地面交通的正常运行和商业活动的正常开展，在建筑物密集、交通繁忙的城市中心区，尤为严重。同时，明挖法还要拆迁和维修大量的地下管网和地面建筑物，其经济损失很大。

与其他施工方法（明挖法、盾构法等）比较，浅埋暗挖法具有许多优点。具体如下。

（1）适用于各种地质条件和地下水条件。

（2）具有适合各种断面形式（单线、双线及多线、车站等）和变化断面（过渡段断面等）的高度灵活性，如图 7-64 所示。

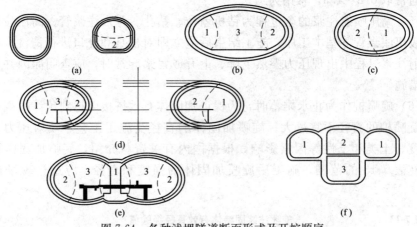

图 7-64　各种浅埋隧道断面形式及开挖顺序

(a) 单线；(b) 多线；(c) 双线；(d) 车站一；(e) 车站二；(f) 变化断面

（3）通过分部开挖和辅助施工方法可以有效地控制地表下沉和塌陷。

（4）与盾构法比较，在较短的开挖地段使用比较经济。

（5）与明挖法比较，可以极大地减轻对地面交通和人类活动的影响，避免大量的拆迁。

（6）从综合效益观点出发，是比较经济的一种方法。

二、浅埋暗挖法施工技术

1. 施工的基本原则

根据国内外的工程实践，浅埋暗挖法的施工应贯彻以下原则。

（1）管超前。采用超前支护的各种手段增强围岩的稳定性，防止围岩松弛和坍塌。

（2）严注浆。在导管超前支护后，立即进行压注水泥砂浆或其他化学浆液，填充围岩空隙，使隧道周围形成一个具有一定强度的壳体，以增强围岩的自稳能力。

（3）短开挖。一次注浆，多次开挖，即限制一次进尺的长度，减少对围岩的松弛。

（4）强支护。在浅埋的松软地层中施工，初期支护必须十分牢固，具有较大的刚度控制开挖初期的变形。

（5）快封闭。在台阶法施工中，如上台阶过长时，变形增加较快，为及时控制围岩松弛，必须采用临时仰拱封闭，开挖一环，封闭一环，提高初期支护的承载能力。

（6）勤量测。对隧道施工过程进行经常性的量测，掌握施工动态，及时反馈，是浅埋暗挖法施工成败的关键。

2. 地层预加固和预支护

在城市地下铁道浅埋暗挖法施工中，经常遇到砾砂土、砂性土、黏性土或强风化基岩等不稳定地层。这类地层在隧道开挖过程中自稳时间短，往往在初期支护尚未来得及施作，或喷射混凝土尚未获得足够强度时，拱墙的局部地层已开始坍塌。为此，需要采用地层预加固和预支护的方法，以提高周围地层的稳定性。主要措施有以下几种。

（1）小导管超前预注浆。小导管超前预注浆是开挖单线区间隧道常用的方法。注浆小导管采用 $\phi32\sim50$ 的焊接钢管制成，导管沿掘进面的上半断面轮廓线布置，间距为 0.2～0.3m，仰角控制在 10°～15° 之间，如图 7-65 所示。

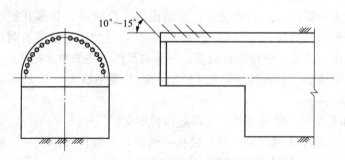

图 7-65　小导管超前预注浆示意图

注浆小导管管头为 25°～30° 的锥体，管长 3.0～3.5m，其中端头花管长2.0～2.5m，花管部分钻有直径为 6～10mm 的孔眼，每排 4 个孔，交叉排列，间距为 10～20cm。注浆小导管用风镐打入。注浆材料及配合比应根据地质条件和施工要求,通过现场试验确定。注浆压力应根据地质条件、周围建筑物及施工要求通过现场试验确定,一般控制在0.5~1.0MPa之间。

(2)管棚超前支护。当地下铁道通过自稳能力很差的地层或区间隧道通过车辆荷载过大的地段,威胁到施工安全或地面邻近建筑物的安全时,为防止由于地铁施工造成超量的不均匀沉降,可采用管棚维护法。

管棚法又称伞拱法,就是将一系列直径为60~180mm的钢管,沿隧道外轮廓线或部分外轮廓线,顺隧道轴线方向依次打入开挖面前方的地层内,以支撑来自外侧的围岩压力。管棚排列的形状主要有门字形、正方形、一字形、圆形及拱形,如图7-66所示。

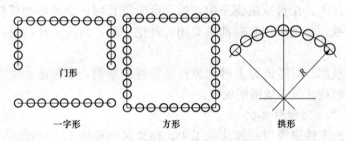

图7-66 管棚超前支护布管形式

具体可依据工程需要及断面形状确定。而管棚设置的范围、间距、管径则应根据工程地质和水文地质条件以及隧道的埋深等因素确定。一字形布置适用于洞室跨度不大,仅上部土层容易坍塌的地段。门字形布置适用于大型洞室工程上部土层不稳定地段。圆拱形适用于地铁隧道周围土层不稳定地段。正方形布置适用于大型洞室工程且松软土层段。

3. 区间隧道开挖

区间隧道开挖常采用的方法有:全断面法、台阶法、分部开挖法等,这都与山岭隧道相同。另外,还有CD法和CRD法,虽然山岭隧道有时也用,但主要还是在城市地铁施工中使用得较多,下面对其作一些简单介绍。

(1)中隔墙法。中隔墙法简称CD法,施工顺序如图7-67所示。具体步骤如下。

1)1部开挖后,除底部外,立即施作初期支护。

2)开挖2部、3部,从上往下接长中隔墙,并施作仰拱支护,第3部支护完毕后,就形成了"蛋"形的半跨支护。

3)再依次外挖4、5、6部,最后拆除中隔墙。

(2)交叉中隔墙法。交叉中隔墙法简称CRD法,施工顺序如图7-68所示。具体步骤类似于CD法,唯一不同的是增加了横向的中隔墙,因而更进一步提高隧道的稳定性。

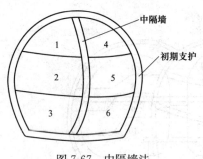

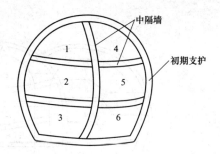

图 7-67 中隔墙法　　　　　图 7-68 交叉中隔墙法（CRD）

中隔墙采用的构件有格栅钢架或型钢钢架，当需要较大的刚度时，采用型钢。钢架沿隧道纵向的榀间距为 0.5～1.0m。榀与榀之间用纵向钢筋（$\phi20\sim22$）连接，以加强结构的空间稳定性。这两种方法的共同点是变大跨为小跨，从而有效地增加隧道的稳定性，避免洞壁坍塌。

4. 车站隧道开挖

为了解对地面交通干扰等问题，采用浅埋暗挖法是修建地铁车站的有效方法。如前所述，浅埋暗挖车站施工的关键问题是如何控制地表沉陷，因此寻求合理的施工方法关系重大。

下面介绍的是目前国内几种行之有效的施工方法。

（1）中洞法。如图 7-69 所示，三拱立柱式车站结构采用中洞法施工时，考虑到立柱和纵梁结构受力复杂，故包括立柱在内的中洞采用 CRD 法施工。CRD 法能针对其结构特点，按照"小分块、短台阶、多循环、快封闭"的原则，先将中洞自上而下分块成环，随挖随撑，及时做好喷锚和钢架初期支护，然后再施作二次模筑钢筋混凝土结构。中隔墙逐层拆除。当中洞各工序完成后，就会形成一个刚度很大的完整结构顶住上部土体，从而有效地减少地表沉降量，然后再对称地自上而下开挖两侧洞。因侧洞跨度比中洞要小，故可用台阶法施工。同样，当初期支护完成后，再施作二次模筑钢筋混凝土衬砌。

（2）侧洞法。如图 7-70 所示，与中洞法相反，侧洞法是先对称地用 CRD 法开挖两个侧洞，待完成二次模筑钢筋混凝土结构后，再用台阶法升挖中洞。由于开挖两个侧洞后，中洞的宽度变窄，其承载土柱（第 7、8、9、10 部）承受上覆土体压重的承载力下降，因而可能产生比中洞法要大的地表下沉。

（3）双眼镜工法。如图 7-71 所示，每个侧洞都采用两个侧导坑，这就是双眼镜工法。三跨立柱式车站结构采用的双眼镜法，对地表的沉陷值可以控制在 30mm 之内，与小洞法相当。开挖分三大步进行，即先用双眼镜工法开挖一侧洞，再用双眼镜工法开挖另一侧洞，最后用台阶法开挖中洞。

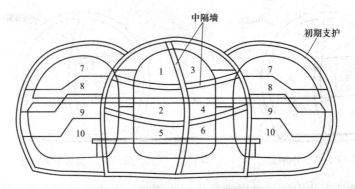

图 7-69　三拱立柱式车站中洞法施工

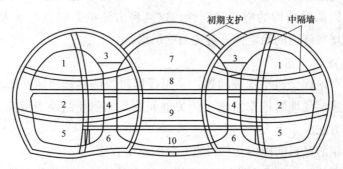

图 7-70　三拱立柱式车站侧洞法施工步骤图

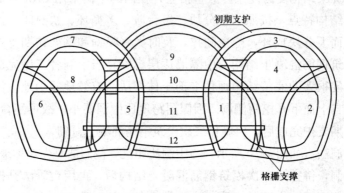

图 7-71　双眼镜工法

　　二次衬砌的施作次序并非一种方式。它既可以如中洞法、侧洞法那样，在每个单洞开挖且初期支护完成后就施作完该单洞的二次衬砌，也可以先做一部分二次衬砌，留下部分二次衬砌待继续开挖到一定程度后再施作，目的是增加平行作业，加快进度。

第六节　盾构法施工

盾构施工法是使用盾构机在地下掘进，在护盾的保护下，在机内安全地进行开挖和衬砌作业，从而构筑成隧道的施工方法。按照这个定义，盾构施工法是由稳定开挖面、盾构机挖掘和衬砌三大部分组成。

初期的盾构法是用手掘式或机械开挖式盾构机，结合使用压气施工方法保证开挖面稳定，进行开挖。对于地下水较丰富的地区，用注浆法进行止漏。而软弱地层，则采用掌子面封闭式施工。经过对盾构技术多年的研究开发和应用，已变成现在非常盛行的泥水平衡式和土压平衡式两种盾构机。这两种机型的最大优点是在开挖功能中考虑了稳定开挖面的措施，将盾构施工法中的三大要素的前两者联系融为一体，无须辅助施工措施，就能适应地质情况变化范围较广的地质条件。

一、盾构机选型与分类

1. 盾构机选型目的

（1）盾构机选型是保障工程项目安全顺利实施的前提条件与设备保障。

（2）盾构机选型除满足隧道断面形状与外形尺寸外，还应包括盾构类型、性能、配套设备、辅助工法等。

2. 盾构机选型依据

盾构机选型依据主要有：工程地质与水文地质条件、隧道断面形状、隧道外形尺寸、隧道埋深、地下障碍物、地下管线及构筑物、地面建筑物、地表隆沉要求等，经过技术、经济比较后确定。

3. 盾构机选型的主要原则

（1）适用性原则。盾构机的断面形状与外形尺寸适用于隧道断面形状与外形尺寸，种类与性能要适用工程地质与水文地质条件、隧道埋深、地下障碍物、地下构筑物与地面建筑物安全需要、地表隆沉要求等使用条件。若所选盾构不能充分满足上述使用条件，应增加相应的辅助工法，如压气工法、注浆工法等，以确保开挖面稳定。

由于盾构机具有较长使用寿命，可用于多项施工工程，因此应根据使用寿命期内预计的常用使用条件或最不利使用条件选择，以便具有较广泛的适用性。

（2）技术先进性原则。技术先进性有两方面含义：一是不同种类盾构技术先进性不同，二是同一种类盾构由于设备配置的差异与功能的差异而技术先进性不同。

选择技术先进的盾构机，一方面是为了更好地适应建设单位当前及今后的工程施工要求，提高施工单位的市场竞争力；另一方面在合理使用寿命期内保持技术先进性。

技术先进性要以可靠性为前提，要选择经过工程实践验证、可靠性高的先进技术。

（3）经济合理性原则。经济合理性是指所选择的盾构机及其辅助工法用于工程项目施工，在满足施工安全、质量标准、环境保护要求和工期要求的前提下，其综合施工成本合理。

4. 盾构机类型

盾构机可按照不同的分类方法进行分类。

（1）按开挖面是否封闭划分，如图 7-72 所示，可分为密闭式盾构机和敞开式盾构机两类。敞开式盾构机适用于自稳性比较好的土层，密闭式盾构机依靠气压、液压或土压进行开挖面的压力平衡。不同支撑类型的盾构机对土体介质的适应情况不同，正确选择盾构机是隧道施工成败的关键。

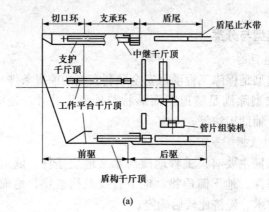

(a)

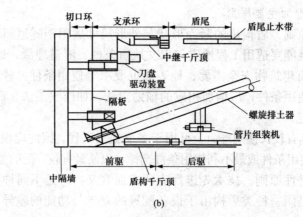

(b)

图 7-72　盾构开挖工作平面系统

（a）敞开式盾构机；（b）密闭式盾构机

（2）按平衡开挖面土压与水压的原理不同，密闭式盾构又可分为土压式（常用泥土压式）和泥水式两种。敞开式盾构按开挖方式划分，可分为手掘式、半机械挖掘式和机械挖掘式三种，如图 7-73 所示。

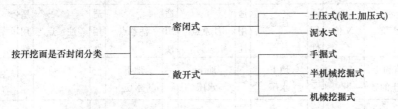

图 7-73　盾构按开挖面是否封闭分类图

（3）按盾构机的断面形状划分，有圆形和异型盾构两类，其中异型盾构主要有多圆形、马蹄形和矩形。

5. 各种盾构机对地质条件的适用性

根据当前盾构机的技术水平，各种盾构机对地质条件的适用性见表 7-14。

表 7-14　　　　　　盾构机对地质条件的适用性一览表

盾构 土质			敞开式					密闭式		
			手掘式		半机械挖掘式		机械挖掘式		泥土压式	泥水式
分类	土质	N 值	适用性	注意点	适用性	注意点	适用性	注意点	适用性	注意点	适用性	注意点
冲积黏性土	腐殖土	0	×		×		×		△	地层变形	△	地层变形
	粉土、黏土	0~2	△	地层变形	×		×		○		○	
	砂质粉土、砂质黏土	0~5	△	地层变形	×		×		○		○	
		5~10	△	地层变形	△	地层变形	△	地层变形	○		○	
洪积黏性土	粉质黏土、黏土	10~20	○		○		△	泥土堵塞	○		○	
	黏质粉土、黏土	15~25	○		○		○		○		○	
		25 以上	△	开挖机械	○		○		○		○	
软岩	黏土岩、泥岩	50 以上	×		△	地下水压	△	地下水压	△	刀具磨损	△	刀具磨损

盾构 土质			敞开式						密闭式			
			手掘式		半机械挖掘式		机械挖掘式		泥土压式		泥水式	
分类	土质	N 值	适用性	注意点	适用性	注意点	适用性	注意点	适用性	注意点	适用性	注意点
砂质土	混有粉土、黏土的砂	10～15	△	地下水压	△	地下水压	△	地下水压	○		○	
	松散砂	10～30	△	地下水压	×		△	地下水压	○		○	
	密实砂	30 以上	△	地下水压	△	地下水压	△	地下水压	○		○	
砂砾、卵石	松散砂砾	10～40	△	地下水压	△	地下水压	△	地下水压	○		○	
	固结砂砾	40 以上	△	地下水压	△	地下水压	△	刀盘与刀具磨损、地下水压	○	刀具磨损	○	刀具磨损
	混有卵石的砂砾	—	△	人员安全、地下水压	△	地下水压、超挖量	△	刀盘与刀具磨损、地下水压	○	刀具磨损	△	刀具选择、送泥对策
	卵石、巨砾	—	△	砾石破碎、地下水压	△	地下水压、超挖量	△		△	刀具与螺旋机选择	△	砾石破碎、送泥对策

注 1. 表中符号○表示原则上适用。△表示必须进行辅助工法、辅助设备等充分论证后适用。×表示原则上不适用。

2. 选择敞开式盾构多同时采用压气、注浆等辅助工法，其适用性要经过充分论证。

当前，泥土压式与泥水式盾构，成为盾构法隧道施工使用最多的盾构。

6. 盾构机选型的基本程序

（1）盾构机选型应遵循基本原则，采取科学的方法，经过策划、调查、可行性研究、综合比选评价等步骤，按照可行的程序进行。

（2）盾构机选型的基本流程如图 7-74 所示，以供参考。

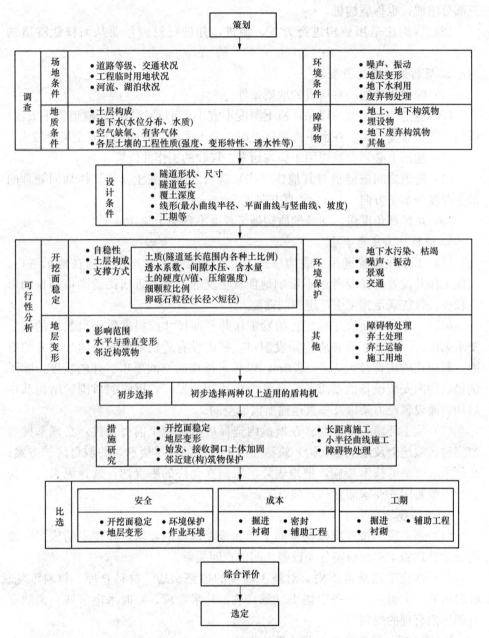

图 7-74　盾构选型流程图

二、盾构法施工条件与现场布置

1. 盾构机与盾构法施工

(1)盾构机是用来开挖土砂类围岩的隧道机械,由切口环、支撑环及盾尾三部分组成，也称盾构机。

（2）盾构法是用盾构进行开挖、掘进，并进行衬砌作业从而修建隧道的方法。

2. 盾构法施工适用条件

（1）除硬岩外的相对均质的地质条件。

（2）隧道应有足够的埋深，覆土深度不宜小于 1D（洞径）。隧道覆土太浅，盾构法施工难度较大。在水下修建隧道时，覆土太浅，盾构施工安全风险较大。

（3）地面上必须有修建用于盾构始发、接收的工作井位置。

（4）隧道之间或隧道与其他建（构）筑物之间所夹土（岩）体加固处理的最小厚度为水平方向 1.0m，竖直方向 1.5m。

（5）从经济角度讲，连续的盾构施工长度不宜小于 300m。

3. 城镇施工注意事项

（1）工作井位置选择。盾构法施工，除了工作井外，作业均在地下进行。因此工作井位置选择要考虑不影响地面社会交通，对附近居民的噪声和振动影响较少，且能满足施工生产组织的需要。

（2）工作井断面尺寸确定。始发工作井平面尺寸应根据盾构机装拆的施工要求来确定。井壁上设有盾构始发洞口，井内设有盾构基座和反力架。井的宽度一般应比盾构直径大 1.6～2.0m，以满足操作的空间要求。井的长度，除了满足盾构内安装设备的要求外，还要考虑盾构始发时，拆除洞口围护结构和在盾构后面设置反力架以及垂直运输所需的空间。

（3）施工环境条件限制。在城镇内选择盾构法施工前提条件：必须掌握隧道穿过区域地上及地下建（构）筑物和地下管线的详尽资料，并制订防护方案；必须采取严密的技术措施，把地表隆沉限制在允许的限度内；选择泥水式盾构必须设置封闭式泥水储存和处理设施。

4. 施工现场布置基本要求

（1）施工现场布置应根据合同工期和施工进度的要求，在规定的施工区域内正确处理施工期间所需各项设施之间的空间关系。

（2）在施工用地范围内，对施工现场的道路交通、材料仓库、材料堆场、临时房屋、大型施工设备、集土（泥）坑、拌浆系统、临时水电管线、消防器材等做出合理的规划布置。

5. 施工现场平面布置与施工设施设置

（1）盾构施工的现场平面布置。主要包括盾构工作井、工作井防雨棚及防淹墙、垂直运输设备、管片堆场、管片防水处理场、拌浆站、料具间及机修间、两回路的变配电间等设施以及进出通道等。

（2）盾构施工现场设置。

1）工作井施工需要采取降水措施时，应设相当规模的降水系统（水泵房）。

2）采用气压法盾构施工时，施工现场应设置空压机房，以供给足够的压缩空气。

3）采用泥水平衡盾构施工时，施工现场应设置泥浆处理系统（中央控制室）、泥浆池。

4）采用土压平衡盾构施工时，应设置电机车电瓶充电间等设施。

三、盾构法施工阶段划分及施工

1. 盾构法施工阶段划分

盾构法施工一般分为始发、正常掘进和接收三个阶段。

始发是指盾构自始发工作井内盾构基座上开始掘进，到完成初始掘进（通常 50～100m）止，也可划分为：洞口土体加固段掘进、初始掘进两个阶段。

始发结束后要拆除临时管片、临时支撑和反力架，分体始发时还要将后续台车移入隧道内，以便后续正常掘进。

接收是指自掘进距接收工作井一定距离（通常 50～100m）到盾构落到接收工作井内接收基座上止，也可划分为：到达掘进、接收两个阶段。

到达掘进是正常掘进的延续，是保证盾构准确贯通、安全接收的必要阶段。

从施工安全的角度讲，始发与接收是盾构法施工两个重要阶段。为保证盾构始发与接收施工安全，洞口土体加固施工必须满足设计要求。

2. 洞口土体加固技术

（1）洞口土体加固必要性。

1）盾构从始发工作井进入地层前，首先应拆除盾构掘进开挖洞体范围内的工作井围护结构，以便将盾构推入土层开始掘进。盾构到达接收工作井前，也应先拆除盾构掘进开挖洞体范围内的工作井围护结构，以便隧道贯通、盾构进入接收工作井。

2）由于拆除洞口围护结构会导致洞口土体失稳、地下水涌入，且盾构进入始发洞口开始掘进的一段距离内或到达接收洞口前的一段距离内难以建立起土压（土压平衡盾构）或泥水压（泥水平衡盾构）以平衡开挖面的土压和水压，因此拆除洞口围护结构前必须对洞口土体进行加固，通常在工作井施工过程中实施。

3）在特定地质条件下（如富水软土地层），洞口围护结构可采用混凝土或纤维混凝土施作。盾构始发或接收施工时，可直接利用盾构刀具切除。

（2）洞口土体加固主要目的。

1）拆除工作井洞口围护结构时，确保洞口土体稳定，防止地下水流入。

2）盾构掘进通过加固区域时，防止盾构周围的地下水及土砂流入工作井。

3）拆除洞口围护结构及盾构掘进通过加固区域时，防止地层变形对施工影响范围内的地面建筑物及地下管线与构筑物等造成破坏。

（3）确定加固方案的方法。洞口土体加固前，要根据地质条件、地下水位、盾构种类与外形尺寸、覆土深度及施工环境条件等，在明确加固目的后，按照图 7-75 所示程序确定加固方案。

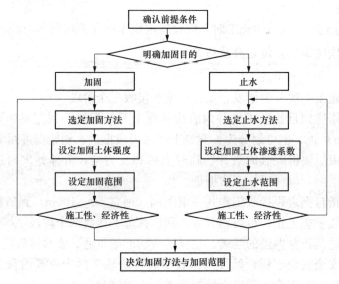

图 7-75　确定加固方案流程图

（4）加固方法。常用加固方法主要有：注浆法、高压喷射搅拌法和冻结法。

1）注浆法。按其原理分为两种：不改变土颗粒排列，注入材料渗透到土颗粒间隙并固结的渗透注浆法；沿注浆层面地层形成脉状裂缝，利用注浆材料使土颗粒间隙减小、土体被挤密的挤密注浆法（或劈裂注浆法）。前者适用于砂、卵石层，后者适用于粉砂等土层。

2）高压喷射搅拌法。高压喷射加固材料，使其与被搅动的土砂混合，或置换被搅动的土砂，形成具有一定强度的改良地层。

3）冻结工法。对含地下水土层实施冻结，冻结的土体具有高强度和止水性，特别适用于软弱地层大断面盾构施工和地下水压高的场合。

3. 盾构始发施工技术

（1）盾构始发特点。

1）一般后续台车临时设置于地面。在地铁工程中，多利用车站作为始发工作井，后续台车可在车站内设置。

2）大部分来自后续台车上设备的油管、电缆、配管等，随着盾构掘进延伸，部分管线必须接长。

3）由于通常在始发工作井内拼装临时管片，故向隧道内运送施工材料的通道狭窄。

4）由于始发时处于试掘进状态，且施工运输组织与正常掘进不同，因此施工速度受到制约。

（2）始发段长度的确定。决定初始掘进长度的因素有两个：一是衬砌与周围地层的摩擦阻力，二是后续台车长度。

始发结束后要拆除临时管片、临时支撑和反力架，将后续台车移入隧道内，以便后续正常掘进。由于此后盾构的掘进反力只能由衬砌与周围地层的摩擦阻力承担，因此初始掘进长度 L 必须由以下条件确定：

$$L > F/2\pi rf$$

式中 L——从始发井开始的衬砌长度，m；

F——盾构千斤顶推力，N；

r——衬砌外半径，m；

f——注浆后的衬砌与地层的摩擦阻力系数，N/m^2。

若 L 大于后续台车长度，则取 L 为初始掘进长度。若 L 小于后续台车长度，则可综合权衡利弊后，确定 L 或后续台车长度为初始掘进长度。

（3）洞口土体加固段掘进技术要点。

1）盾构基座、反力架与管片上部轴向支撑的制作与安装要具备足够的刚度，保证负载后变形量满足盾构掘进方向要求。

2）安装盾构基座和反力架时，要确保盾构掘进方向符合隧道设计轴线。

3）由于临时管片（负环管片）的椭圆度直接影响盾构掘进时管片拼装精度，因此安装临时管片时，必须保证其椭圆度，并采取措施防止其受力后旋转、径向位移与开口部位（临时管片安装时通常不形成封闭环，在其上部预留运输通道）变形。

4）拆除洞口围护结构前要确认洞口土体加固效果，必要时进行补注浆加固，以确保拆除洞口围护结构时不发生土体坍塌、地层变形过大、地下水涌入，且要保证盾构始发过程中开挖面的稳定。

5）由于拼装最后一环临时管片（负一环，封闭环）前，盾构上部千斤顶一般不能使用（最后一环临时管片拼装前安装的临时管片通常为开口环），因此从盾构进入土层到通过土体加固段前，要慢速掘进，以便减小千斤顶推力，使盾构方向容易控制。盾构到达洞口土体加固区间的中间部位时，逐渐提高土压仓（泥水仓）设定压力，出加固段达到预定的设定值。

6）通常盾构的盾尾进入洞口后，拼装整环临时管片（负一环），并在开口部安装轴向支撑，使随后盾构掘进时全部盾构千斤顶都可使用。

7）盾构盾尾进入洞口后，将洞口密封与封闭环管片贴紧，以防止泥水与注浆浆液从洞门泄漏。

8）加强监测工作井周围地层变形、盾构基座、反力架、临时管片和轴向支撑的变形与位移，超过预定值时，必须采取有效措施后，方可继续掘进。

（4）初始掘进的主要任务。初始掘进的主要任务：收集盾构掘进数据（推力、刀盘扭矩等）及地层变形量测数据，判断土压（泥水压）、注浆量、注浆压力等设定值是否适当，并通过测量盾构与衬砌的位置，及早把握盾构掘进方向控制特性，为正常掘进控制提供依据。因此，初始掘进阶段是盾构法隧道施工的重要阶段。

4. 盾构接收施工技术要点

（1）盾构进入到达掘进阶段前，要暂停掘进，准确测量盾构坐标位置与姿态，确认与隧道设计中心线的偏差值。

（2）根据测量结果制订到达掘进方案。

（3）继续掘进时，及时测量盾构坐标位置与姿态，并依据到达掘进方案及时进行方向修正。

（4）掘进至接收井洞口加固段时，确认洞口土体加固效果，必要时进行补注浆加固。

（5）进入接收井洞口加固段后，逐渐降低土压（泥水压）设定值至 0MPa，降低掘进速度，适时停止加泥、加泡沫（土压式盾构）、停止送泥与排泥（泥水式盾构）、停止注浆，并加强工作井周围地层变形观测，超过预定值时，必须采取有效措施后，方可继续掘进。

（6）拆除洞口围护结构前要确认洞口土体加固效果，必要时进行注浆加固，以确保拆除洞口围护结构时不发生土体坍塌、地层变形过大或地下水涌入。

（7）盾构接收基座的制作与安装要具备足够的刚度，且安装时要对其轴线和高程进行校核，保证盾构顺利、安全接收。

（8）拼装完最后一环管片，千斤顶不要立即回收，及时将洞口段数环管片纵向临时拉紧成整体，复紧所有管片连接螺栓，防止盾构与衬砌管片脱离时衬砌纵向应力释放。

（9）盾构落到接收基座上后，及时封堵洞口处管片外周与盾构开挖洞体之间的空隙，同时进行填充注浆，控制洞口周围土体沉降。

四、盾构法掘进技术

下面以密闭式盾构为例简要介绍掘进技术。

1. 盾构法施工步骤与掘进控制内容

盾构法主要施工步骤如下。

（1）在一段隧道的起始端和终止端各建一个工作井（城市地铁一般利用车站的端头）作为始发或接收工作井。

（2）盾构机在始发工作井内安装就位。

（3）依靠盾构千斤顶推力（作用在工作井后壁或新拼装好的衬砌上）将盾构从始发工作井的洞口推入地层。

（4）盾构机在地层中沿着设计轴线推进，在推进的同时不断出土（泥）和安装衬砌管片。

（5）及时向衬砌背后的空隙注浆，防止地层变形过大并固定衬砌环位置。

（6）盾构机进入接收工作并被吊移，如施工需要，也可穿越工作并继续掘进。

盾构机掘进控制的目的是确保开挖面稳定的同时，构筑隧道结构、维持隧道线形、及早填充盾尾空隙。因此，开挖控制、一次衬砌、线形控制和注浆构成了盾构掘进控制四要素。施工前必须根据地质条件、隧道条件、环境条件、设计要求等，在试验的基础上，确定具体控制内容与参数。施工中根据包括监控量测的各项数据调整控制参数，才能确保实现施工安全、施工质量、施工工期与施工成本预期目标。盾构掘进控制的具体内容见表7-15。

表 7-15　　密闭式盾构掘进控制内容构成

控制要素			内　容
开挖	泥水式	开挖面稳定	泥水压、泥浆性能
		排土量	排土量
	土压式	开挖面稳定	土压、塑流化改良
		排土量	排土量
		盾构参数	总推力、推进速度、刀盘扭矩、千斤顶压力等
线形	盾构姿态、位置		倾角、方向、旋转
			铰接角度、超挖量、蛇行量
注浆	注浆状况		注浆量、注浆压力
	注浆材料		稠度、泌水、凝胶时间、强度、配合比
一次衬砌	管片拼装		错台量、椭圆度、螺栓紧固扭矩
	防水		漏水、密封条压缩量、裂缝
	隧道中心位置		偏差量、直角度

2.开挖控制

开挖控制的根本目的是确保开挖面稳定。

土压式盾构与泥水式盾构的开挖控制内容略有不同。

（1）土压（泥水压）控制。

1）土压式盾构，以土压和塑流化改良控制为主，辅以排土量、盾构参数控制。泥水式盾构，以泥水压和泥浆性能控制为主，辅以排土量控制。

2）开挖面的土压（泥水压）控制值，按"地下水压（间隙水压）＋土压＋

预备压"设定。

①地下水压可从钻孔数据正确掌握,但要考虑季节性变动。靠近河流等场合,要考虑水面水位变动的影响。

②土压有静止土压、主动土压和松弛土压,要根据地层条件区别使用。按静止土压设定控制土压,是开挖面不变形的最理想土压值,但控制土压相当大,必须加大盾构装备能力。主动土压是开挖面不发生坍塌的临界压力,控制土压最小。地质条件良好、覆土深、能形成土拱的场合,可采用松弛土压。

③预备压,用来补偿施工中的压力损失,土压式盾构通常取 $10 \sim 20 kN/m^2$,泥水式盾构通常取 $20 \sim 50 kN/m^2$。

3)计算土压(泥水压)控制值时,一般沿隧道轴线取适当间隔(如 20m),按各断面的土质条件,计算出上限值与下限值,并根据施工条件在其范围内设定。土体稳定性好的场合取低值,地层变形要求小的场合取高值。

上限值:

$$P_{max}=地下水压+静止土压+预备压$$

下限值:

$$P_{min}=地下水压+(主动土压或松弛土压)+预备压$$

为使开挖面稳定,实测的土压(泥水压)变动要小。

(2)土压式盾构泥土的塑流化改良控制。

1)土压式盾构掘进时,理想地层的土特性如下。

①塑性变形好。

②流塑至软塑状。

③内摩擦小。

④渗透性低。

细颗粒(75μm 以下的粉土与黏土)含量 30% 以上的土砂,塑性流动性满足要求。在细颗粒含量低于 30% 或砂卵石地层,必须加泥或加泡沫等改良材料,以提高塑性流动性和止水性,如图 7-76 所示。

改良材料必须具有流动性、易与开挖土砂混合、不离析、无污染等特性。一般使用的改良材料有矿物系(如膨润土泥浆)、界面活性剂系(如泡沫)、高吸水性树脂系和水溶性高分子系四类(我国目前常用前两类),可单独或组合使用。

2)选择改良材料要依据以下条件。

①土质(粒度分布、砾石粒径、砾石含量、黏性土含量、均等系数等)。

②透水系数。

③地下水压。

④水离子电性。

424

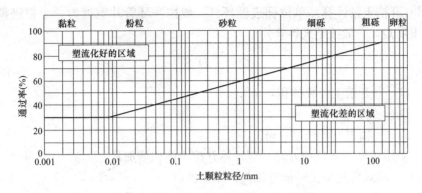

图 7-76 土的粒径分布与塑流化改良

⑤是否泵送排土。

⑥加泥（泡沫等）设备空间（地面、隧道内）。

⑦掘进长度。

⑧弃土处理条件。

⑨费用（材料价格、注入量、材料损耗、用电量、设备费等）。

3）塑流化改良控制是土压式盾构施工控制的最重要要素之一，要随时把握土压仓内土砂的塑性流动性。一般按以下方法掌握塑流性状态。

①根据排土性状。取样测定（或根据经验目视）土砂的坍落度，以把握土压仓内土砂的流动状态。采用的坍落度控制值取决于土质、改良材料性状与土的输送方式。

②根据土砂输送效率。按螺旋输送机转数计算的排土量与按盾构推进速度计算的排土量进行比较，以判断开挖土砂的流动状态。一般情况下，土压仓内土砂的塑性流动性好，盾构掘进就正常，两者高度相关。

③根据盾构机械负荷。根据刀盘油压（或电压）、刀盘扭矩、螺旋输送机扭矩、千斤顶推力等机械负荷变化，判断土砂的流动状态。一般根据初始掘进时的机械负荷状况和地层变化结果等因素，确定开挖土砂的最适性状和控制值的容许范围。

（3）泥水式盾构的泥浆性能控制。泥水式盾构掘进时，泥浆起着两方面的重要作用：一是依靠泥浆压力在开挖面形成泥膜或渗透区域，开挖面土体强度提高，同时泥浆压力平衡了开挖面土压和水压，达到了开挖面稳定的目的。二是泥浆作为输送介质，担负着将所有挖出土砂运送到工作井外的任务。因此，泥浆性能控制是泥水式盾构施工的最重要要素之一。

泥浆性能包括：比重、黏度、pH 值、过滤特性和含砂率。

（4）排土量控制。

1) 开挖土量计算。单位掘进循环（一般按一环管片宽度为一个掘进循环）开挖土量 Q，一般按下式计算：

$$Q = \frac{\pi}{4} D^2 S_t$$

式中　Q——开挖土计算体积，m^3；

　　　D——盾构外径，m；

　　　S_t——掘进循环长度，m。

当使用仿形刀或超挖刀时，应计算开挖土体积增加量。

2) 土压式盾构出土运输方法与排土量控制。

土压式盾构的出土运输（二次运输）一般采用轨道运输方式。

土压式盾构排土量控制方法分为重量控制与容积控制两种。重量控制有检测运土车重量、用计量漏斗检测排土量等控制方法。容积控制一般采用比较单位掘进距离开挖土砂运土车台数的方法和根据螺旋输送机转数推算的方法。我国目前多采用容积控制方法。

3) 泥水式盾构排土量控制。泥水式盾构排土量控制方法分为容积控制与干砂量（干土量）控制两种。

容积控制方法如下，检测单位掘进循环送泥流量 Q_1 与排泥流量 Q_2，按下式计算排土体积 Q_3：

$$Q_3 = Q_2 - Q_1$$

式中　Q_3——排土体积，m^3；

　　　Q_2——排泥流量，m^3；

　　　Q_1——送泥流量，m^3。

对比 Q_3 与 Q，当 $Q > Q_3$ 时，一般表示泥浆流失（泥浆或泥浆中的水渗入土体）。当 $Q < Q_3$ 时，一般表示涌水（由于泥水压低，地下水流入）。正常掘进时，泥浆流失现象居多。

干砂量表征土体或泥浆中土颗粒的体积，开挖土干砂量 V 按下式计算：

$$V = Q \times 100 / (G_s \omega + 100)$$

式中　V——开挖土干砂量，m^3；

　　　Q——开挖土计算体积，m^3；

　　　G_s——土颗粒相对密度；

　　　ω——土体的含水量，%。

干砂量控制方法是，检测单位掘进循环送泥干砂量 V_1 与排泥干砂量 V_2，按下式计算排土干砂量 V_3：

$$V_3 = V_2 - V_1 = [(G_2 - 1)Q_2 - (G_1 - 1)Q_1]/(G_1 - 1)$$

式中　V_3——排土干砂量，m^3；

V_2——排泥干砂量，m^3；

V_1——送泥干砂量，m^3；

G_2——排泥相对密度；

G_1——送泥相对密度。

对比 V_3 与 V，当 $V > V_3$ 时，一般表示泥浆流失。当 $V < V_3$ 时，一般表示超挖。

3. 管片拼装控制

(1) 拼装方法。

1) 拼装成环方式。盾构推进结束后，迅速拼装管片成环。除特殊场合外，大都采取错缝拼装。在纠偏或急曲线施工的情况下，有时采用通缝拼装。

2) 拼装顺序。一般从下部的标准（A 型）管片开始，依次左右两侧交替安装标准管片，然后拼装邻接（P 型）管片，最后安装楔形（K 型）管片。

3) 盾构千斤顶操作。拼装时，若盾构千斤顶同时全部缩回，则在开挖面土压的作用下盾构会后退，开挖面将不稳定，管片拼装空间也将难以保证。因此，随管片拼装顺序分别缩回盾构千斤顶非常重要。

4) 紧固连接螺栓。先紧固环向（管片之间）连接螺栓，后紧固轴向（环与环之间）连接螺栓。采用扭矩扳手紧固，紧固力取决于螺栓的直径与强度。

5) 楔形管片安装方法。楔形管片安装在邻接管片之间，为了不发生管片损伤、密封条剥离，必须充分注意正确地插入楔形管片。为方便插入楔形管片，可装备能将邻接管片沿径向向外顶出的千斤顶，以增大插入空间。

拼装径向插入型楔形管片时，楔形管片有向内的趋势，在盾构千斤顶推力作用下，其向内的趋势加剧。拼装轴向插入型楔形管片时，管片后端有向内的趋势，而前端有向外的趋势。

6) 复紧连接螺栓。一环管片拼装后，利用全部盾构千斤顶均匀施加压力，充分紧固轴向连接螺栓。

盾构继续掘进后，在盾构千斤顶推力、脱出盾尾后土（水）压力的作用下衬砌产生变形，拼装时紧固的连接螺栓会松弛。为此，待推进到千斤顶推力影响不到的位置后，用扭矩扳手等，再一次紧固连接螺栓。再紧固的位置随隧道外径、隧道线形、管片种类、地质条件等而不同。

(2) 真圆保持。管片拼装呈真圆，并保持真圆状态，对于确保隧道尺寸精度、提高施工速度与止水性及减少地层沉降非常重要。

管片环从盾尾脱出后，到注浆浆体硬化到某种程度的过程中，多采用真圆保持装置。

(3) 管片拼装误差及其控制。管片拼装时，若管片间连接面不平行，导致环间连接面不平，则拼装中的管片与已拼管片的角部呈点接触或线接触，在盾构千斤顶推力作用下，发生破损，如图 7-77 所示。为此，拼装管片时，各管片连接面要拼接整齐，连接螺栓要充分紧固。

图 7-77　管片环间连接面不平状况示意图

另外，盾构掘进方向与管片环方向不一致时，盾构与管片产生干涉，将导致管片损伤或变形。伴随管片宽度增加，上述情况增多。为防止管片损伤，预先要根据曲线半径与管片宽度对适宜的盾构方向控制方法进行详细研究，施工中对每环管片的盾尾间隙认真检测，并对隧道线形与盾构方向严格控制。在盾构与管片产生干涉的场合，必须迅速改变盾构方向、消除干涉。

盾构纠偏应及时连续，过大的偏斜量不能采取一次纠偏的方法，纠偏时不得损坏管片，以保证后一环管片的顺利拼装。

（4）楔形环的使用。除盾构沿曲线掘进必须使用楔形环外，在盾构与管片有产生干涉趋势的情况下也可使用楔形环。

4. 注浆控制

注浆是向管片与围岩之间的空隙注入填充浆液，向管片外压浆的工艺，应根据所建工程对隧道变形及地层沉降的控制要求选择同步注浆或壁后注浆，一次压浆或多次压浆。由计划到施工的流程，如图 7-78 所示。

（1）注浆目的。每环管片拼装完成后，随着盾构的推进，衬砌与洞体之间出现空隙。如不及时充填，地层应力释放后，会产生变形。其结果是发生地面沉降、邻近建（构）筑物沉降、变形或破坏等。注浆的主要目的就是防止地层变形，还有其他重要目的，具体如下。

1）抑制隧道周边地层松弛，防止地层变形。

2）及早使衬砌环安定，千斤顶推力平滑地向地层传递。作用于衬砌上的压力平均，能减小作用于管片上的应力和管片变形，盾构的方向控制容易。

3）形成有效的防水层。

（2）注浆材料的性能。一般对注浆材料的性能有如下要求。

1）流动性好。

2）注入时不离析。

3）具有均匀的高于地层土压的早期强度。

4）良好的充填性。

5）注入后体积收缩小。

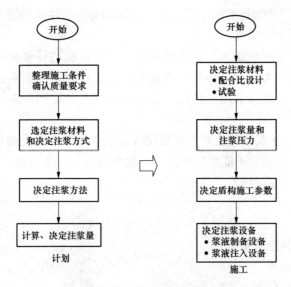

图 7-78　注浆计划、施工流程图

6）阻水性高。

7）适当的黏性，以防止从盾尾漏浆或向开挖面回流。

8）不污染环境。

（3）一次注浆。一次注浆分为同步注浆、即时注浆和后方注浆三种方式，要根据地质条件、盾构直径、环境条件、注浆设备的维护控制、开挖断面的制约与盾尾构造等充分研究确定。

1）同步注浆。同步注浆是在空隙出现的同时进行注浆、填充空隙的方式，分为从设在盾构的注浆管注入和从管片注浆孔注入两种方式。前者，其注浆管安装在盾构外侧，存在影响盾构姿态控制的可能性，每次注入若不充分洗净注浆管，则可能发生阻塞，但能实现真正意义的同步注浆。后者，管片从盾尾脱出后才能注浆，为与前者区别，可称作半同步注浆。

2）即时注浆。一环掘进结束后从管片注浆孔注入的方式。

3）后方注浆。掘进数环后从管片注浆孔注入的方式。

一般盾构直径大，或在冲积黏性土和砂质土中掘进，多采用同步注浆。而在自稳性好的软岩中，多采取后方注浆方式。

（4）二次注浆。二次注浆是以弥补一次注浆缺陷为目的进行的注浆，具体作用如下。

1）补足一次注浆未充填的部分。

2）补充由浆体收缩引起的体积减小。

3）以防止周围地层松弛范围扩大为目的的补充。

429

以上述 1)、2) 为目的的二次注浆，多采用与一次注浆相同的浆液。若以 3) 为目的，多采用化学浆液。

(5) 注浆量与注浆压力。注浆控制分为压力控制与注浆量控制两种。压力控制是保持设定压力不变，注浆量变化的方法。注浆量控制是注浆量一定、压力变化的方法。一般仅采用一种控制方法都不充分，应同时进行压力和注浆量控制。

1) 注浆量。注浆量除受浆液向地层渗透和泄漏外，还受曲线掘进、超挖和浆液种类等因素影响，不能准确确定。一般采用以下方法确定。

按下式计算注浆量 Q：

$$Q = V\alpha$$
$$V = \pi(D_s^2 - D_0^2)v/4$$

式中　V——计算空隙量；

$\quad\quad \alpha$——注入率；

$\quad\quad D_s$——开挖外径；

$\quad\quad D_0$——管片外径；

$\quad\quad v$——掘进速度。

注入率 α 根据浆液特性（体积变化）、土质及施工损耗考虑的比例系数，基于经验确定。

2) 注浆压力。注浆压力应根据土压、水压、管片强度、盾构形式与浆液特性综合判断决定，但施工中通常基于施工经验确定。

从管片注浆孔注浆，注浆压力一般取 $100\sim300kN/m^2$（$1\sim3kg/cm^2$），或间隙水压加 $200kN/m^2$ 左右。

注浆量与注浆压力要经过一定的反复试验，确认注浆效果、对周围地层和建（构）筑物的影响等，并在施工中进行一定范围内的效果确认，反馈其结果指导施工。

5. 隧道的线形控制

线形控制的主要任务是通过控制盾构姿态，使构建的衬砌结构几何中心线线形顺滑，且位于偏离设计中心线的容许误差范围内。

(1) 掘进控制测量。随着盾构掘进，对盾构及衬砌的位置进行测量，以把握偏离设计中心线的程度。测量项目包括：盾构的位置、倾角、偏转角、转角及盾构千斤顶行程、盾尾间隙和衬砌位置等。基于上述测量结果，作图画出盾构及衬砌与设计中心线的位置关系，直接预测下一环盾构掘进偏差十分重要。

(2) 方向控制。掘进过程中，主要对盾构倾斜及其位置以及拼装管片的位置进行控制。

盾构方向（偏转角和倾角）修正依靠调整盾构千斤顶使用数量进行。若遇硬地层或曲线掘进，要进行大的方向修正场合，须采用仿形刀向调整方向超挖。此时，盾尾间隙减小，管片拼装困难，为确保盾尾间隙，必须进行方向修正。盾尾间隙大大减小的情况下，要拼装楔形环管片，以确保盾尾间隙。

盾构转角的修正，可采取刀盘向盾构偏转同一方向旋转的方法，利用产生的回转反力进行修正。

五、盾构机的出发与到达

1. 竖井

采用盾构法施工的隧道，在始发和到达时，需要有拼装和拆卸盾构用的竖井。当盾构需要调头时，需要设置用来调头的地下空间。在施工过程中，这些地下空间可以从地面开辟一个竖井。如果地下铁道车站采用明挖法施工，则在站端部留出盾构井，该部分结构暂不封顶和填土，同时降低底板高度。拼装、拆卸和调头空间尺寸根据盾构直径、长度及作业方便确定。

(1) 封门。在竖井的端墙上应预留出盾构通过的开口，又称为封门。这些封门最初起挡土和防止渗漏的作用，一旦盾构安装调试结束，盾构刀盘抵住端墙，要求封门能够尽快拆除或打开。根据拼装（拆卸）竖井周围的地质条件，可采用不同的封门制作方案。

1) 现浇钢筋混凝土封门。一般按照盾构外径尺寸在井壁或连续墙的钢筋笼上预埋环形钢板，板厚为8～10mm。环向钢板切断了连续墙或竖井壁的竖向受力钢筋，故封门的周边要求进行构造处理。环向钢板内的井壁可按周边弹性固定的钢筋混凝土圆板进行内力分析或截面配筋设计。这种封门的制作和施工简单，结构安全。但是拆除时要用大量的人力铲凿，费工费时。如条件允许可将静态爆破技术引入封门拆除作业，加快施工速度，降低劳动强度。

2) 钢板桩封门。这种封门结构较适宜用于采用沉井法修建的盾构工作竖井。在沉井制作时，按设计要求在井壁上预留圆形孔洞。沉井下沉之前，在井壁外侧密排钢板桩，封闭预留孔洞，以挡住侧向水土压力。盾构刀盘切入洞口接近钢板桩时，可用起重机将其连根拔起，用过的钢板桩经过修理后可重复使用，钢板桩通常按简支梁计算。钢板桩封门受埋深、地层特性、环境要求等影响较大。

3) 预埋H型钢封门。将位于预留孔洞范围内连续墙或沉井壁的竖向钢筋用塑料管套住，以免其与混凝土黏结。同时，在连续墙或沉井壁的外侧预埋H型钢，抵抗侧向水土压力。盾构刀盘抵住墙壁时，凿除混凝土，切断钢筋，逐根拔起H型钢。

(2) 始发竖井。始发竖井的任务是为盾构机出发提供场所，用于盾构机的固定、组装及设置附属设备，如反力座、引入线等。与此同时，也作为盾构机掘进中出渣、掘进物资器材供应的基地。由于始发竖井的周围是盾构施工基地，必须要有搁置出渣设备、起重设备、管片储存、输变电设备、回填注浆设施和物资器材的场地。

在没有限制占地的情况下，始发竖井的功能越多越好，但功能越多费用就越高，因此一般都采用满足基本功能所必需的最小净空。但要注意的是，这并不仅是在功能上或计算上留有一定的尺寸，而必须是考虑到有关作业者能宽松、安全作业的空间尺寸，通常在盾构外侧留下 0.75～0.80m 的空间，可容纳一个拼装工人即可。一般竖井的大小除按盾构机尺寸设计外，还需考虑承压墙、临时支护、始发洞口大小，另外再加上若干余量。

（3）到达竖井。两条盾构隧道的连接方式有到达竖井连接方式和盾构机与盾构机在地下对接的方式。其中，地下对接方式仅在特殊情况下采用，如连接段在海中难以建造竖井，或者没有场地不能设置竖井等。在正常情况下，一般都采用到达竖井连接。

采用盾构修建的隧道长度一般超过 1000m，不论隧道的用途如何，这样长的距离都应考虑设置隧道的出入口，如人员通行孔、换气孔、车站等。因此，盾构的到达竖井常常既是盾构管道的连接段，又是设置这些设施的场所。因而，作为决定到达竖井尺寸的因素，与其说是由容纳盾构机的场所决定，不如说是由上述各设施所必需的尺寸决定。但是，为了容纳盾构机，到达竖井与盾构机路线轴线垂直方向的宽度应大于盾构机外径，这是必要条件。图 7-79 为盾构机到达竖井时，洞口段可能采取的预处理措施。

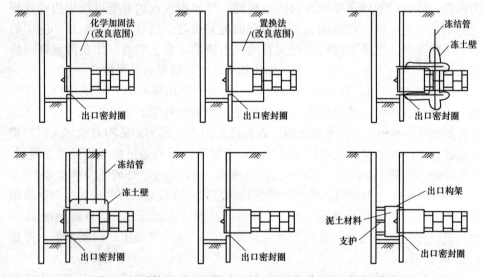

图 7-79　盾构机到达竖井时，洞口段可能采取的预处理措施

（4）中间竖井。以前，在隧道沿线经常设置换向竖井，最近几年由于急弯段施工技术的进步，实例大为减少。设计的换向竖井，既要作为到达竖井，又

要作为始发竖井。所以，到达方向的内净空长度等于盾构机长加富余量，始发方向的内净空长度取出发所需要的长度。大直径盾构机不能用吊车转换方向时，要在竖井内用千斤顶使盾构机转换方向，所以必须考虑足够的空间。一般地，换向长等于盾构机的对角线长加上 1.0m 以上的富余量。

其他需要设置换向竖井的场合，当有设施要求时，如在下水道的汇流处、电力线的连接处等地方，常设置中间竖井。此时，竖井的尺寸由这些设施需要的空间决定。

(5) 竖井的施工。竖井的平面形状一般为矩形、圆形或其他形状，主要由竖井深度、挡土支护、建筑强度等决定。从净空使用角度而言，圆形竖井是不利的，而从建筑强度的角度考虑应采用圆形。例如，在竖井较深的情况下，优先考虑竖井整体结构的刚性，所以采用在结构上有利的圆形，如果将挡土墙做成刚性的地下连续墙，用圆形支护也是可以的，此时也容易使用内部空间。

对受用地制约或一座竖井用作几条隧道的始发和到达场所的情况，竖井的平面形状不能设计成矩形或圆形，而应根据实际需要设计成特殊的形状。

目前，在常用的竖井施工方法及竖井挡土墙施工方法中，沉箱系列有压气沉箱法和开口沉箱法，挡土墙系列有喷锚法、钢板桩法、SMW 法（注入水泥浆在原位混合，建成的薄排柱式连续墙）和地下连续墙法。

在上述这些方法中，喷锚法、钢板桩法、SMW 法是与横撑固壁支护结合使用的方法。采用矩形时用横撑固壁支护，井壁衬砌后，拆除横撑。采用圆形时可不设支护，压气沉箱和开口沉箱不需要横撑固壁。

根据土质条件竖井施工方法有所不同，但深度小于 15m 的竖井，多采用喷锚法、钢板桩法和测 SMW 施工法。特别是要求低噪声、低振动场合，不需要拆除时，采用喷锚施工方法的较多。深度超过 20m 的竖井，根据挡土墙的强度常采用护壁桩、地下连续墙或开口沉箱法等施工方法。

2. 盾构拼装

盾构在拼装前，先在拼装室底部铺设 50cm 厚的混凝土垫层，在垫层内埋没钢轨，轨顶伸出垫层约 5cm，可作为盾构推进时的导向轨，并能防止盾构旋转。若拼装室将来要改作他用，则垫层将被凿除，费工费时，此时可改用由型钢拼装的盾构支撑平台，其上也需要有导向和防止旋转的装置。

由于起重设备和运输条件的限制，通常将盾构机拆成切口环、支承环、盾尾三节运到工地，然后用起重机将其逐一放入井下的垫层或支承平台上。切口环与支承环用螺栓连接成整体，并在螺栓连接面外面加薄层电焊，以保持其密封性，盾尾与支承环之间则采用对接焊连接。

在拼装好的盾构后面，尚需设置由型钢拼成的、刚度很大的反力支架和传力管片。根据盾构需要开动的千斤顶数目和总推力进行反力支架的设计和传力管片的排列。一般来说，这种传力管片都不封闭成环，故两侧都要将其支撑住。

3. 洞口地层加固

当盾构工作井周围地层为自稳能力差、透水性强的松散砂土或饱和含水强土时，如不对其进行加固处理，则在凿除封门后，必将会有大量土体和地下水向工作井内塌陷，导致洞周大面积地表下沉，危及地下管线和附近建筑物。目前，常用的加固方法有：注浆、旋喷、搅拌桩、玻璃纤维桩、冻结法、降水法等。

六、盾构法衬砌拼装与防水

对于采用软土层盾构法施工的隧道，多为预制拼装衬砌形式，少数为复合式衬砌或挤压混凝土整体式衬砌。

预制拼装衬砌通常又称作"管片"的多块弧形预制构件拼装，为闭合拼装方便，通常将管片分成 A、B 和 K 三种类型，K 型管片又有半径方向插入与轴向插入之分，如图 7-80 所示。衬砌环的拼装程序有"先纵后环"和"先环后纵"两种。先环后纵法是拼装前缩回所有千斤顶，将管片先拼成圆环，然后用千斤顶使拼好的圆环沿纵向的衬砌靠拢连接成洞。采用此法拼装，环面平整、纵缝质量好，但可能形成盾构机后退。先纵后环法因拼装时只缩回该管片部分的千斤顶，其他千斤顶为轴对称地支撑或升压，所以可有效地防止盾构机后退。

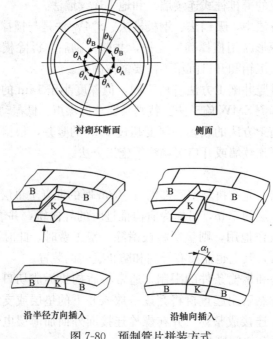

图 7-80　预制管片拼装方式

含水土层中盾构法施工，其钢筋混凝土管片支护除应满足强度要求外，还应解决防水问题。管片拼接缝是防水的关键部位，目前多采用纵缝、环缝设防

434

水密封垫的方式。防水材料应具备抗老化性能，在承受各种外力而产生往复变形的情况下，应有良好的黏着力、弹性复原力和防水性能。特种合成橡胶比较理想，实际应用较多。

衬砌完成后，盾尾与衬砌间的建筑空隙需及时充填，通常采用壁后压浆，以防止地表沉降，从而改善衬砌受力状态，提高防水能力。

衬砌拼装系统最常用的是杠杆式拼装器，如图 7-81 所示，由举重臂和驱动部分组成。举重臂采用杠杆作用原理，一端为卡钳装置，另一端为可调节的平衡锤。举重臂的功能是夹住管片或衬砌构件，将其送到需要安装的位置。驱动部分是由液压系统及千斤顶组成，采用手动操纵阀能驱动举重臂进行平面旋转与径向移动。举重臂多数安装在盾构机支承环上，也有与盾构机脱离安装在车架上的。

近年来国外多采用环向回转式拼装机，在拼装衬砌时由液压马达驱动大转盘，控制环向旋转，其径向及纵向移动由液压千斤顶控制。

如图 7-82 所示，盾构法施工的主要步骤如下。

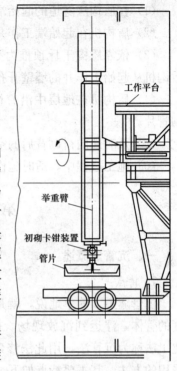

图 7-81 杠杆式衬砌拼装器

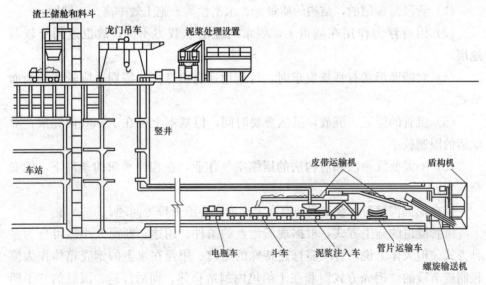

图 7-82 盾构法施工主要步骤

（1）在盾构法隧道的起始端和终端各建一个工作井。

（2）盾构机在起始端工作井内安装就位。

（3）依靠盾构千斤顶推力（作用在工作井后壁或已拼装好的衬砌环上）将盾构机从起始工作井的墙壁开孔处推出。

（4）盾构机在地层中沿着设计轴线推进，在推进的同时不断出土和安装衬砌管片。

（5）及时地向衬砌背后的空隙注浆，防止地层移动和固定衬砌环位置。

（6）施工过程中，适时施作衬砌防水。

第七节　沉管法施工

一、沉管法概述

1. 特点

沉管隧道，简单地说，就是在水底预先挖好沟槽，把在陆上预制的适当长度的管体，浮运到沉放现场，按顺序沉放于沟槽中，并回填覆盖而成的隧道。此工法称为沉管法，用此法修建的隧道称为沉管隧道。这是修建水底隧道通常采用的方法。其主要特点如下。

（1）隧道深度与其他隧道相比，在不妨碍通航深度的条件下就可设置，隧道长度可以缩短。

（2）管段是预制的，结构的质量好、水密性高、施工效率高、工期短。

（3）因有浮力作用在隧道上，要求的地层承载力不大，故也适用于软弱地层。

（4）对断面形状有特殊要求时，可按用途自由选择，特别适应较宽的断面形式。

（5）沉管的浮运、沉放，虽然需要时间，但基本上可在 1～3d 内完成，对航运的限制较小。

（6）不需要沉箱法和盾构法的压缩空气作业，在相当水深的条件下，能安全施工。

但在挖掘沟槽时，会出现妨碍海上交通和弃渣处理等问题。

沉管隧道的施工方式，根据现场地点的条件、用途、断面大小等可分为多种方式。但大体上说，有不需修建特殊的船坞、用浮在水上的钢壳箱体作为模板制造节段的"钢壳方式"和在干船坞内制造箱体、而后浮运、沉放的"干船坞方式"。

干船坞方式需修建专用船坞制造预制节段。此方式主要用于宽度较大的公路、铁路和地下铁道等隧道，在欧洲用得较多。其特点是节段在船坞内制造，故不需钢壳，钢材使用量小，对断面大小无限制。这种方式存在的问题是，一般都要修建干船坞，但有无合适地点是采用此法的关键。保证隧道的防水性有难度，要设防水层，对防水层也要加以保护。混凝土的质量管理相当重要，特别是对混凝土水密性的管理。因基础底面积大，地层面和管体底面的基础处理，比较费时费事。

2. 断面形状和结构形式

根据断面形式，可对沉管隧道进行分类，如圆形、长方形、其他形状等。一般认为，圆形多为钢壳方式，长方形多为干船坞方式。

（1）钢壳圆形断面。圆形断面对水和土压等外压来说，构件断面力主要是轴力，受力条件有利。在水深条件下采用这种断面是经济的。

（2）钢壳长方形断面。此种断面在日本和美国都采用过。但要注意保证在浮运状态下灌注混凝土时的刚性，宽度越大，越要注意加强。其钢材用量较大。

（3）钢筋混凝土长方形断面。因在干船坞内制造节段，对节段大小无很大限制，故可制造大宽度的节段。与圆形断面相比，无效空间大为减小。从力学角度看，矩形断面受到的弯矩是主要的。因此，断面要比圆形厚些。因节段的宽度大，基底的处理要困难些。

（4）预应力混凝土长方形断面。其最大的特点是，因导入预应力而减少开裂，提高了水密性。与钢筋混凝土相比，构件厚度小些，节段质量也轻些。因而节段高度变小，故土方量减少。但在制造节段时，要注意 PC 钢材锚固段的防水处理和预应力的偏心等问题。

除上述断面外，尚有一些变化断面，如眼镜形断面、长方形的变形断面等。

二、沉管施工方法

沉管隧道设计时必须充分考虑施工工艺要求。沉管隧道施工，主要内容与工序如图 7-83 所示。

沉管管节在干坞中预制好之后，必须浮运到隧址指定位置上进行沉放就位，并进行水下连接。这是沉管隧道施工中至关重要的工序，必须精心组织方能确保万无一失。

预制管段沉设是整个沉管隧道施工中重要的环节之一。它不仅受气候、河流自然条件的直接影响，还受到航道、设备条件的制约。因此，沉管施工中并没有统一的通用方案，需根据自然条件、航道条件、管段规模以及设备条件等因素，因地制宜选用经济合理的沉设方案。

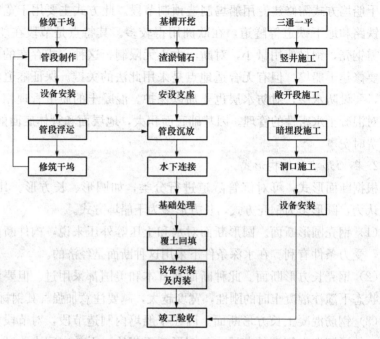

图 7-83　沉管隧道主要施工流程图

沉设方法和工具设备的种类繁多，为便于了解作如下归纳：

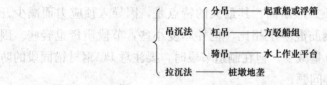

1. 分吊法

分吊法又称浮吊法，早期的双车道船台形管段几乎都用此法施工，后来沉管施工又逐渐改用扛沉法。采用浮吊法进行沉放作业时，一般用起重能力为1000～2000kN 的 2～4 艘起重船提着管段顶板预先埋设的吊点（其位置要能保证各吊力的合力通道管段重心），同时逐渐给管段内压载，使管段慢慢沉放到规定的位置上。起重船的数量根据其起重能力和管段质量而定。

浮箱吊沉设备简单，适用于宽度特大的大型管段。沉放用 4 只 100～150t 的方形浮箱（边长约 10m，型深约 4m）直接将管段吊起来，吊索起吊作用在各个浮箱中心。4 只浮箱分成前后两组。图 7-84 为汉堡市易北河隧道（1974 年建成）浮箱吊沉法示意图。

2. 杠吊法

杠吊法又称方驳杠吊法。方驳杠吊法是以 4 艘方驳，分前后两组，每组方

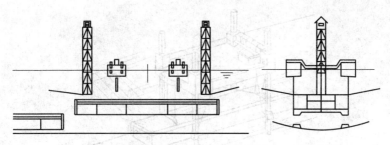

图 7-84　浮箱吊沉法示意图

驳肩负一副"杠棒"，即这两副"杠棒"由位于沉管中心线左右的两艘方驳作为各自的两个支点。前后两组方驳用钢杆架连接起来，构成一个整体驳船组。"杠棒"实际上是一种型钢梁或是钢板组合梁，其上的吊索一端系于卷扬机上，另一端用来吊放沉管。驳船组由六根锚索定位，沉管管段另用六根锚索定位。

在美国和日本的沉管隧道工程中，习惯用"双驳杠吊法"，如图 7-85 所示，其所用方驳的船体尺度比较大（驳体长度为 $60\sim85m$，宽度为 $6\sim8m$，型深为 $2.5\sim3.5m$）。"双驳杠吊法"的船组整体稳定性较好，操作较为方便，但大型驳船费用较高。管段定位索改用斜对角方向张拉的吊索，系定于双驳船组上。

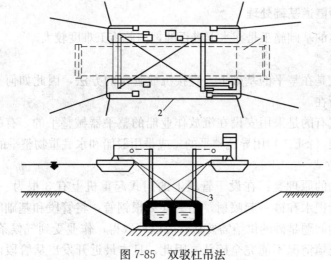

图 7-85　双驳杠吊法

1—管段；2—大型铁驳；3—定位索

3. 骑吊法

采用水上作业平台"骑"于管段上方，将管段慢慢地吊放沉设，如图 7-86 所示。

骑吊法主要为海上钻井开采石油设计。20 世纪 60 年代以后被桥梁深水基础

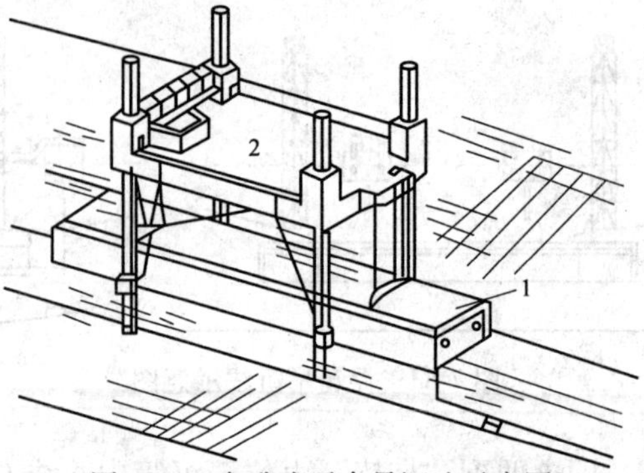

图 7-86   自升式平台吊沉法示意图

1—沉管；2—自升式平台

施工和沉管隧道施工引用。自升式平台一般由 4 根拴脚与平台（船体）两部分组成，移位时靠船体浮移（一般为非自航），就位后柱脚靠液压千斤顶下压至河床以下，平台沿柱脚升出水面，利用平台上的起吊设备吊沉管段。施工完毕后落下平台到水面，利用平台船体的浮力放出杆脚，浮运转移。自升式平台适合于水深或流速较大的河流或海湾沉放管段，施工不受洪水、潮水、波浪的影响，不需要锚固，对航道干扰小。这种力法由于设备费太高，因而工程实例并不多。

三、沉管隧道基础处理

沉管隧道的基础施工是在水下进行的，因此施工难度较大。

1. 整平方式

整平方式是在整平的基础上，直接沉放管段的方法，因此如何正确地铺匀基础是关键所在。

整平方式有的是采用安设在沉放作业船的整平器械整平的，有的是利用海上固定脚手架（SEP）用导轨整平的，或是用驳船和水底重物整平的。

2. 喷射方式

喷射方法的原理是：在设于管段上的门式起重机上有 3 根为一组的钢管，用中间的钢管把水和砂一起喷射，用另外 2 根钢管，将管段和基础间同量的水吸出。此法的问题是砂的供给需要从管段以外取得，作业受到气候条件的影响。此外，砂的充填情况不能完全确认。因此，日本最近开发出从管段内部用同样的方法修建基础的方式。

3. 压注砂浆方式

压注砂浆法是事先于管段底连续铺设尼龙袋，临时支持管段，而后从沉放作业船上，把准备好的砂浆向尼龙袋中压注。也有直接从管段内部向管段底的空隙压注的，即通过事先设在管段底板的压浆孔（每隔 4～9m 设置若干个），从沉放好的管段内压注。此法的优点是不受气象和航道的影响，从压浆孔压注的情况，也易于确认。

压注的砂浆流动性要好，对地层反力要有足够的安全度。

4. 临时承台

在采用临时支持管段向底部空隙充填的方式中，需设置临时承台，一般用混凝土块直接放在基础上。在软弱地层时采用摩擦桩。

为调整管段沉放后的高度，在承台上应设置调整高度的千斤顶。

5. 桩基

桩基的问题是要选择在海上易于施工的打桩方法和确保桩的高度和平面位置的精度。这种情况下采用最多的方法是打钢管桩，桩径 1m 左右。

桩要打到沟道底部。水位较深时，要特别注意高度和平面位置的施工。

第八节 冻结法施工

一、人工冻结

1. 基本原理

冻结法施工是利用冻土具有强度高、可隔水的性质进行土层加固，然后在冻土壁的围护下进行地下结构施工，其原理是将低温冷媒（通常为低温盐水）送入地层，通过热质交换来冻结地层，土冻结后强度显著提高，若冻土形成连续、封闭冻土壁则可以起到支护、隔水的作用，从而在冻土壁的维护下进行地下空间施工。

人工水平冻结法能够适应复杂的工程地质和水文地质，其冻结管布置具有任意性，用作地层加固时，冻土壁形状不受加固场合的限制。冻土壁具有隔水性，不需进行基坑排水，可避免因抽水引起的地基沉降对邻近建筑物的影响。冻结地层具有复原性，施工结束土层恢复原状，对土层破坏小，不会影响日后建筑物管线的埋设。

2. 施工方法

人工冻结法的施工流程如下。

（1）工作站安装。冻结工作站主要由压缩机、冷凝器、节流阀、中间冷却器、盐水循环系统设备等组成。

（2）冻结管埋设。在冻结孔内设置冻结器，将不同冻结孔内的冻结器连成一个系统，并与冻结站连接。

（3）积极冻结。冻结壁首先从每个冻结管向外扩展，在每个冻结管周围形成冻结圆柱，当各冻结管的冻结圆柱连成一片时，随着冻结时间的延长，地层的平均温度逐渐降低，冻土墙的强度也逐渐增大。

（4）维护冻结。补充冷量损失，维持地层的温度稳定。

441

（5）解冻。当地层开挖和永久结构施工完成后，就可以解冻，拔除冻结管。

二、常规盐水冻结

1. 常规冻结的施工工序

常规冻结的施工工序有：冻结孔钻进，冻结器安装，制冷站和供冷管路安装，地层冻结试运转，地层冻结运转以及维护，地下结构施工。

（1）冻结孔的布置。根据设计要求，布置冻结孔。冻结孔可以设计为水平、垂直和倾斜的方式。目前矿山竖井施工、隧道施工、基坑围护冻结施工主要采用垂直孔，其次是倾斜钻孔。冻结孔施工和一般的地质钻孔施工类似，开孔直径为 80~180mm。钻孔过程中采用泥浆循环，并进行偏斜控制或定向控制。国内煤矿井筒施工一般采用千米钻机和冻注钻机，市政工程及隧道内施工一般采用工程钻机或坑道钻机。

（2）冻结器的安装包括冻结管和供液管的下放和安装。冻结管一般采用无缝钢管或焊管加以焊接和螺纹连接。冻结管要进行内压试漏，使其达到设计要求。供液管一般采用塑料管或钢管。

（3）制冷站和供冷管路的安装包括：盐水循环系统管路和设备安装，制冷剂如氨、氟利昂等压缩循环系统管路与设备安装，清水循环系统管路和设备安装，供电线路和控制线路安装，保温施工。

（4）地层冻结运转和维护。通过调试，使得各设备达到正常运转状况。地层冻结分为积极冻结期和维护冻结期，积极冻结期要按设计最大制冷量运转，加强冻结壁形成的观测工作，及时预报冻结壁形成情况。冻结壁达到设计要求后，进入隧道施工阶段，即进入维护冻结期，此时适当减少供冷量，控制冻结壁的进一步发展。

（5）隧道施工包括土方挖掘和钢筋混凝土浇筑施工。施工前应使冻土墙的形成达到设计要求，具体的条件如下：

1) 各观测孔的数据达到设计要求。

2) 制冷站有效冻结时间达到设计要求。

3) 各土建准备工作就绪。

2. 冻土壁结构设计

冻结法施工首先要确定施工方案，根据隧道工程施工的要求，以及地层地质条件、施工技术水平、施工设备、经济条件，选择技术先进、经济合理的方案。而施工方案首先应根据施工需要选择冻结壁的形式。

（1）圆形和椭圆形帷幕。对于隧道工程等一些圆形和近圆形的结构，选用圆形和椭圆形帷幕，能充分利用冻土墙的抗压承载能力，具有较好的力学性能，而且也较为经济合理。

（2）直墙和重力式连续墙。直墙结构受力性能较差，冻土会出现拉应力，一般需要内支撑。重力式墙在受力方面得到改善，承载能力也有所提高，但其工程量相应较大，需要布置倾斜冻结孔。墙体结构要进行稳定性计算。

（3）连拱形冻土连续墙。为了克服冻土直墙的不利受力条件，将多个圆拱或扁拱排列起来组成冻土连续墙。这样可使墙体中主要出现压应力，同时还可利用未冻土体的自身拱形作用来改善受力状况。

3．水平冻结技术的实质和特点

水平冻结技术是在含水不稳定的地层中钻设水平冻结器，利用低温制冷媒介如盐水等进行循环，降低地层温度，将天然土变成冻土，进而形成完整性好、强度高、不透水的临时水平冻结加固体，从而在其保护下进行隧道开挖和衬砌的一种施工辅助措施。浅埋隧道水平冻结包括三大循环系统：制冷系统、盐水循环系统和冷却水循环系统。其冷冻工艺流程如图 7-87 所示。

（1）冻结技术的优点有如下几点。

1）冻结加固地层强度高。地层冻结后土体的抗压强度一般可达 $4\sim8\mathrm{MPa}$。

2）封水效果好。可保证开挖工作面在无水条件下作业。

3）整体支护性能好。冻结体形成后，冻结体内不会存在任何缝隙，是一个完整的支护体。

4）安全性好。在冻结体的掩护下，可保证隧道的安全施工。

5）灵活性好。可通过调整冻结孔孔位或冷媒剂的温度，人为控制冻结结构物的形状和扩展范围。

6）属环保型工法。由于冻结法是一种临时措施，地层冻结仅仅是将地层中的水变成冰，并且所加固地层最终要恢复到原始状况，能够保护城市地层地质结构和地下水不受污染。同时，设备管路和盐水均可回收利用，满足环保要求。

7）占用施工场地小，施工时不影响地面交通。

443

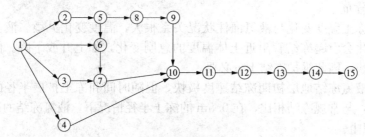

图 7-87 隧道水平冻结技术施工工艺流程图

1—准备；2—孔口设施制作；3—制冷站土建工程；4—供电、供水系统施工；5—冻结孔钻孔及测斜；

6—盐水干管施工；7—制冷设备安装；8—冻结管试漏及供液管下放；9—集配液圈安装；

10—系统试运转；11—积极冻结期及测温孔监测；12—隧道开挖支护及维护冻结（包括监测）；

13—隧道永久衬砌及维护冻结；14—工程完工、设备拆除；15—结束

（2）水平冻结技术的适用条件为：水平冻结技术可适用于各类地层，主要广泛应用于城市繁华地区地面建筑物下、道路下和江河下的隧道、洞室和车站，以及桥梁深基础等各类复杂、困难地层的辅助施工。

三、液氮冻结

1. 液氮冻结原理

冻结法作为地基加固的一种工法已广泛应用于矿山、市政等工程领域。冻结法的主要功能有：使不稳定的含水地层能形成强度很高的冻土体。能形成完整的防水屏蔽，起到隔水作用。能起到良好的挡土墙作用，以承受外来荷载。冻结法依其冷却地层的方式，可以分为直接冻结（液氮冻结）和间接冻结（盐水冻结）两大类。盐水冻结方式是利用氨压缩调节制冷，并通过盐水媒介热传导原理进行冻结。

一般在工地现场设置冷冻设备，冷却盐水至 $-30 \sim -20℃$，然后将盐水引进冻结管内使地层土壤冻结，温度升高后的盐水回流到冷冻机再冷却。该工法施工工期较长，对施工场地要求较高，一般适用于规模较大的冻结工程。液氮冻结方式是一种低温液化方法。从工厂将低温液化气（液氮 $-193℃$）直接运达到工地，输入到预先埋设在地层中的冷冻管内，液氮在冷冻管中气化而使冷冻管周围地层的土壤冻结，最后将汽化后的氮气放入大气中即可。液氮冻结温度极低，冻结速度快，时间短。一般适用于暂时性的小规模工程施工，常用于一些地下的危急工程。

2. 温度分布与冻结速度

图 7-88 是我国 1979 年进行液氮冻结地层试验绘制的温度场曲线，其规律和特征如下。

（1）液氮冻结属深冷冻结，冻土温度较常规冻结的温度低，温度梯度大。冻结器管壁温度可达到 $-1800℃$，而盐水冻结的温度为 $-300 \sim -20℃$，温度曲线呈对数分布。

（2）冻土温度变化与液氮灌注状况关系很大，温度变化灵敏。液氮灌注量的微小变化会引起冻结管附近土体温度的急剧变化，如上升或下降。停冻后温度上升很快，因此维护冻结十分必要。

（3）液氮冻结地层初期冻结速度极快，但随时间和冻土扩展半径的发展而逐渐下降，与常规冻结相比，在 0.5m 的冻土半径情况下，液氮冻结的速度能达到 10 倍以上。

冻土扩展半径公式可按下式计算：

$$R = \alpha\sqrt{t}$$

式中 R——冻土壁一侧厚度，m；

　　　t——冻结时间，h；

　　　α——冻结系数，与土的自然温度、土体导热系数、冻结管间距等有关。

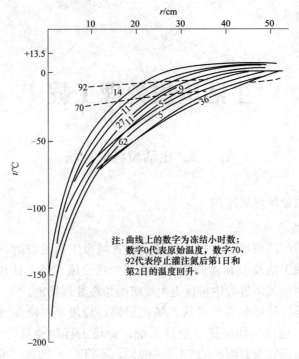

图 7-88　我国 1979 年进行液氮冻结地层试验

3. 安全防范措施

（1）施工人员应做好劳动防护措施，所有操作者要戴上厚的防护手套。

（2）对液氮系统所有可能接触施工人员身体的部分进行保温，防止施工人员接触液氮和低温液氮气体，产生冻伤事故。

（3）注意液氮罐储存过程中的压力变化，防止液氮罐放气阀突然释放低温液氮气态，冻伤施工人员。

（4）加强施工现场的通风，防止施工现场氮气浓度过高，发生施工人员窒息事故。

445

第八章

生活垃圾处理工程

第一节　生活垃圾填埋场

一、生活垃圾填埋场结构

1. 填埋场的结构要求

生活垃圾卫生填埋场是指用于处理、处置城市生活垃圾的，带有阻止垃圾渗沥液泄漏的人工防渗膜和渗沥液处理或预处理设施设备，且在运行、管理及维护直至最终封场关闭过程中符合卫生要求的垃圾处理场地。

填埋场总体设计中包含填埋区、场区道路、垃圾坝、渗沥液导流系统、渗沥液处理系统、填埋气体导排及处理系统、封场工程及监测设施等综合项目。填埋区的占地面积宜为总面积的 70%～90%，不得小于 60%。填埋场宜根据填埋场处理规模和建设条件做出分期和分区建设的安排和规划。填埋场必须进行防渗处理，防止对地下水和地表水的污染，同时还应防止地下水进入填埋区。

2. 填埋场的结构形式

设置在垃圾卫生填埋场填埋区中的渗滤液防渗系统和收集导排系统，在垃圾卫生填埋场的使用期间和封场后的稳定期限内，起着将垃圾堆体产生的渗滤液屏蔽在防渗系统上部，并通过收集导排和导入处理系统实现达标排放的重要作用。

垃圾卫生填埋场填埋区工程的结构层次从上至下主要为：渗沥液收集导排系统、防渗系统和基础层。系统结构形式如图 8-1 所示。

二、填埋场防渗层施工

本条简要介绍生活垃圾填埋场埋填区防渗层施工技术要求。

防渗层是由透水性小的防渗材料铺设而成，渗透系数小、稳定性好、价格便宜是防渗材料选择的依据。目前，常用的有 4 种：黏土、膨润土、土工膜、土工织物膨润土垫（GCL）。

1. 泥质防水层施工

泥质防水层施工技术的核心是掺加膨润土的拌和土层施工技术。理论上，土壤颗粒越细，含水量适当，密实度高，防渗性能就越好。膨润土是一种以蒙

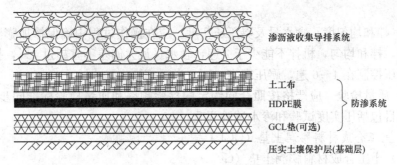

图 8-1　渗沥液防渗系统、收集导排系统断面示意图

脱石为主要矿物成分的黏土岩，膨润土含量越高抗渗性能越好。但膨润土是一种比较昂贵的矿物，且土壤如果过分筛选，会增大投资成本，因此实际做法是：选好土源，检测土壤成分，通过做不同掺量的土样，优选最佳配合比。做好现场拌和工作，严格控制含水率，保证压实度。分层施工同步检验，严格执行验收标准，不符合要求的坚决返工。施工单位应根据上述内容安排施工程序和施工要点。

（1）施工程序。一般情况下，泥质防水层施工程序，如图 8-2 所示。

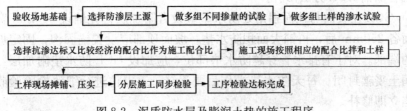

图 8-2　泥质防水层及膨润土垫的施工程序

（2）质量技术控制要点。

1）施工队伍的资质与业绩。选择施工队伍时应审查施工单位的资质：营业执照、专业工程施工许可证、质量管理水平是否符合本工程的要求；从事本类工程的业绩和工作经验；合同履约情况是否良好（不合格者不能施工）。通过对施工队伍资质的审核，保证有相应资质、作业能力的施工队伍进场施工。

2）膨润土进货质量。应采用材料招标方法选择供货商，审核生产厂家的资质，核验产品出厂三证（产品合格证、产品说明书、产品试验报告单），进货时进行产品质量检验，组织产品质量复验或见证取样，确定合格后方可进场。进场后注意产品保护。通过严格控制，确保关键原材料合格。

3）膨润土掺加量的确定。应在施工现场内选择土壤，通过对多组配合土样的对比分析，优选出最佳配合比，达到既能保证施工质量，又可节约工程造价的目的。

4）拌和均匀度、含水量及碾压压实度。应在操作过程中确保掺加膨润土数量准确，拌和均匀，机拌不能少于2遍，含水量最大偏差不宜超过2%，振动压路机碾压控制在4~6遍，碾压密实。

5）质量检验。应严格按照合同约定的检验频率和质量检验标准同步进行，检验项目包括压实度试验和渗水试验两项。

2. 土工合成材料膨润土垫（GCL）施工

（1）土工合成材料膨润土垫（GCL）。

1）土工合成材料膨润土垫（GCL）是两层土工合成材料之间夹封膨润土粉末（或其他低渗透性材料），通过针刺、黏结或缝合而制成的一种复合材料，主要用于密封和防渗。

2）GCL施工必须在平整的土地上进行。对铺设场地条件的要求比土工膜低。GCL之间的连接以及GCL与结构物之间的连接都很简便，并且接缝处的密封性也容易得到保证。GCL不能在有水的地面及下雨时施工，在施工完后要及时铺设其上层结构如HDPE膜等材料。大面积铺设采用搭接形式，不需要缝合，搭接缝应用膨润土防水浆封闭。对GCL出现破损之处可根据破损大小采用撒膨润土或者加铺GCL方法修补。

3）GCL在坡面与地面拐角处防水垫应设置附加层，先铺设500mm宽沿拐角两面各250mm后，再铺大面积防水垫。坡面顶部应设置锚固沟，固定坡面防水垫的端部。对于有排水管穿越防水垫部位，应加设GCL防水垫附加层，管周围膨润土妥善封闭。每天防水垫操作后要逐缝、逐点位进行细致检验验收，如有缺陷立即修补。

（2）GCL垫施工流程。GCL垫施工主要包括GCL垫的摊铺、搭接宽度控制、搭接处两层GCL垫间撒膨润土。施工工艺流程参见图8-3。

（3）质量控制要点。

1）填埋区基底检验合格，进行GCL垫铺设作业，每一工作面施工前均要对基底进行修整和检验。

2）对铺开的GCL垫进行调整，调整搭接宽度，控制在（250±50）mm范围内，拉平GCL垫，确保无褶皱、无悬空现象，与基础层贴实。

3）掀开搭接处上层的GCL垫，在搭接处均匀撒膨润土粉，将两层垫间密封，然后将掀开的GCL垫铺回。

4）根据填埋区基底设计坡向，GCL垫的搭接，尽量采用顺坡搭接，即采用上压下的搭接方式。注意避免

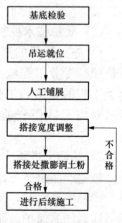

图 8-3 GCL 垫铺设
工艺流程图

出现十字搭接，应尽量采用品形分布。

5）GCL 垫需当日铺设当日覆盖，遇有雨雪天气应停止施工，并将已铺设的 GCL 垫覆盖好。

3. 聚乙烯膜防渗层施工

高密度聚乙烯（HDPE）防渗透膜具有防渗性好、化学稳定性好、机械强度较高、气候适应性强、使用寿命长、敷设及焊接施工方便的特点，已被广泛用作垃圾填埋场的防渗膜。

（1）施工流程。聚乙烯（HDPE）膜防渗层施工流程如图 8-4 所示。

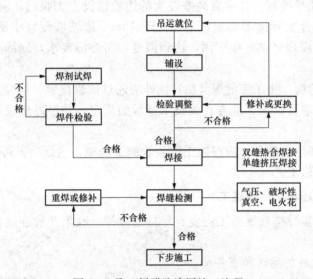

图 8-4　聚乙烯膜防渗层施工流程

（2）施工控制要点。

1）审查施工队伍资质。应审查施工队伍资质：营业执照、特殊工种专业许可证施工范围、质量管理水平是否符合本工程的要求；该企业从事本类工程的业绩和工作经验；履约情况是否良好（不合格者不能施工）。通过对企业的审核，保证由具备相应资质等级的企业进行施工。

2）施工人员的上岗资格。应审核施工人员的上岗证，确认其上岗资格，相关的技术管理人员（技术人员、专业试验检验人员）能否上岗到位，工人数量是否满足工期要求。通过验证使有资格的操作人员上岗，保证工期和操作质量。

3）HDPE 膜的进货质量。HDPE 膜的进货质量是工程质量的关键，应采用招标方式选择供货商，严格审核生产厂家的资质，审核产品三证（产品合格证、产品说明书、产品试验检验报告单）。特别要严格检验产品的外观质量和产品的均匀度、厚度、韧度和强度，进行产品复验和见证取样检验。确定合格后，方可进场，进场应注意产品保护。通过严格控制，确保原材料合格，保证工程质量。

4）施工机具的有效性。应对进场使用的机具进行检查，包括审查：须进行强制检验的机具是否在有效期内，机具种类是否齐全，数量是否满足工期需要。不合格的不能进场，种类和数量不齐的应在规定时间内补齐。

5）施工方案和技术交底。应审核施工方案的合理性、可行性，检查技术交底单内容是否齐全，交底工作是否在施工前落实。通过检查，以保证施工方法科学、可行。操作班组在作业前明确操作方法、步骤、工艺及检验标准。

6）施工质量控制。在垂直高差较大的边坡铺设土工膜时，应设锚固平台，平台高差应结合实际地形确定，不宜大于 10m。边坡坡度宜小于 1：2。铺设 HDPE 土工膜应焊（粘）接牢固，达到强度和防渗漏要求，局部不应产生下沉现象。

7）质量检验。土工膜的焊（粘）接处应通过试验检验。检验方法及质量标准符合合同要求及国家、地方有关技术规程的规定，并经过建设单位和监理单位确认。

8）施工场地及季节。应在施工前验收施工场地，达标后方可施工。HDPE 膜不得在冬期施工。

三、填埋场导排系统施工

渗沥液收集导排系统施工主要有导排层摊铺、收集花管连接、收集渠码砌等施工过程。

1. 卵石粒料的运送和布料

卵石粒料运送使用小吨位（载重 5t 以内）自卸汽车，将卵石粒料直接运送到已铺好的膜上。根据工作面宽度，事先计算好每一断面的卸料车数，按计算数量卸料，避免超卸或少卸。

在运料车行进路线的防渗层上，加铺不少于两层的同规格土工布，加强对防渗层的保护。运料车在防渗层上行驶时，缓慢行进，不得急停、急起。须直进、直退，严禁转弯。驾驶员要听从指挥人员的指挥。

运料车驶入、驶出防渗层前，由专人将车辆行进方向防渗层上溅落的卵石清扫干净，以免车轮碾压卵石，损坏防渗层。

2. 摊铺导排层、收集渠码砌

摊铺导排层、收集渠码砌均采用人工施工。

导排层摊铺前，按设计厚度要求先下好平桩，按平桩刻度摊平卵石。按收集渠设计尺寸制作样架，每 10m 设一样架，中间挂线，按样架码砌收集渠。

对于富余或缺少卵石的区域，采用人工运出或补齐卵石。

施工中，使用的金属工具尽量避免与防渗层接触，以免造成防渗材料破损。

3. HDPE 渗沥液收集花管连接

HDPE 渗沥液收集花管连接一般采用热熔焊接。热熔焊接连接一般分为 5 个阶段：预热阶段、吸热阶段、加热板取出阶段、对接阶段、冷却阶段，施工工艺流程参见图8-5。

切削管端头：用卡具把管材准确卡到焊机上，擦净管端，对正，用铣刀铣削管端直至出现连续屑片为止。

对正检查：取出铣刀后再合拢焊机，要求管端面间隙不超过 1mm，两管的管边错位不超过壁厚的 10%。

接通电源，使加热板达到 210℃±10℃，用净棉布擦净加热板表面，装入焊机。

加温熔化：将两管端合拢，使焊机在一定压力下给管端加温，当出现 0.4～3mm 高的熔环时，即停止加温，进行无压保温，持续时间为壁厚（mm）的 10 倍秒。

加压对接：达到保温时间以后，即打开焊机，小心取出加热板，并在 10s 之内重新合拢焊机，逐渐加压，使熔环高度达到（0.3～0.4）δ，单边厚度达到（0.35～0.45)δ。

保压冷却：一般保压冷却时间为 20～30min。

图 8-5　HDPE 管焊接施工工艺流程图

4. 施工控制要点

（1）在填筑导排层卵石时，宜采用小于 5t 的自卸汽车，采用不同的行车路线，环形前进，间隔 5m 堆料，避免压翻基底，随铺膜随铺导排层滤料（卵石）。

（2）导排层滤料需要过筛，粒径要满足设计要求。导排层所用卵石 $CaCO_3$ 含量必须小于 10%，防止年久钙化使导排层板结造成填埋区侧漏。

（3）HDPE 管的直径：干管不应小于 250mm，支管不应小于 200mm。HDPE 管的开孔率应保证强度要求。HDPE 管的布置宜呈直线，其转弯角度应小于或等于 20°，其连接处不应密封。

（4）管材或管件连接面上的污物应用洁净棉布擦净，应铣削连接面，使其与轴线垂直，并使其与对应的断面吻合。

（5）导排管热熔对接连接前，两管段各伸出夹具一定自由长度，并应校直两对应的连接件，使其在同一轴线上，错边不宜大于壁厚的 10%。

（6）热熔连接保压、冷却时间，应符合热熔连接工具生产厂和管件、管材生产厂规定，在保证、冷却期间不得移动连接件或在连接件上施加外力。

（7）设定工人行走路线，防止反复踩踏 HDPE 土工膜。

第二节 焚 烧 处 理

焚烧法是城市垃圾的三大处理方法之一，它是一种常用的高温氧化热处理技术，即以一定的过剩空气量与被处理的城市垃圾等有机废物在焚烧炉内进行氧化燃烧反应，城市垃圾中的有害有毒物质在高温下氧化、热解而被破坏，是一种可同时实现城市垃圾无害化、减量化、资源化的处理技术，具有占地小、运行稳定、安全卫生、高效快速、成熟可靠、对周围环境影响较小等优点。

一、焚烧原理及基本条件

1. 垃圾燃烧过程

垃圾的焚烧是垃圾中可燃性固体物质的燃烧过程，它通常由热分解、熔融、蒸发等传热、传质过程所组成。燃烧过程主要有以下 3 种形式。

（1）蒸发燃烧。垃圾受热熔化成液体，继而化成蒸气，与空气扩散混合而燃烧。

（2）分解燃烧。垃圾受热后首先分解，轻的碳氢化合物挥发，留下固定碳及惰性物，挥发分与空气扩散混合而燃烧。

（3）表面燃烧。垃圾受热后不发生融化、蒸发和分解等过程，而是在表面与空气反应进行燃烧。

2. 影响垃圾焚烧的主要因素

在实际的燃烧过程中，由于焚烧炉内的环境条件并不能达到理想的状况，致使燃烧不完全。这种可能导致不完全燃烧现象发生的焚烧炉内的环境条件为垃圾焚烧的影响因素。垃圾焚烧的影响因素包括垃圾性质、停留时间、焚烧温度、湍流度、空气过量系数及其他因素。其中停留时间、焚烧温度及湍流度称为"3T"要素，是反映焚烧炉性能的主要指标。

3. 焚烧处理的基本条件

垃圾焚烧处理的基本条件是城市垃圾的质量和数量。此外，还必须考虑该城市的技术经济状况、有关政策和具体条件，只有进行全面的调查研究、分析评价之后，才可做出决策。

二、焚烧工艺

1. 工艺流程

垃圾焚烧厂的工艺流程可描述为：前处理系统中的垃圾与助燃空气系统所提供的一次和二次空气在焚烧炉中混合燃烧，燃烧所产生的热量被余热利用系统加以回收利用，经过降温后的烟气送入烟气处理系统中处理后，经烟囱排入大气。垃圾焚烧产生的炉渣经炉渣处理系统处理后送往填埋厂或作为其他的用途。各系统产生的废水送往废水处理系统，处理后并达到标准的废水可排入河流等公共水域或加以再利用。现代化的垃圾焚烧厂的整个处理过程都可由自动控制系统加以控制。

2. 主要工艺系统

垃圾焚烧厂目前所采用的焚烧炉主要有机械炉排、回转窑、流化床3种型式，3种炉型各有其优缺点，见表8-1。

表 8-1　　　　　　　　　　　几种焚烧炉型的基本特点

焚烧炉型式	优点	缺点
机械炉排焚烧炉	适用大容量 对垃圾性质的适应性好 无害化效果较好 燃烧可靠 无须前处理 运行管理容易 余热利用高 国内外成功实例多	造价高 操作及维修费高 操作运转技术要求高 燃尽率较难控制
回转窑式焚烧炉	垃圾搅拌及干燥性佳 可适用中、大容量 可高温安全燃烧 无须前处理 残灰颗粒小	连接传动装置复杂 炉内的耐火材料容易损坏 炉子热效率较低 单炉处理能力较小
流化床焚烧炉	适用中容量 燃烧温度较低 热传导较佳 无害化效果好 燃烧效率较佳 燃尽率较大	操作运转技术要求高 要添加辅助燃料 需要添加流动介质 需要进行破碎等前处理 单位处理量所需动力高 炉床材料冲蚀损坏 飞灰产生量大 单炉处理能力较小

对于不同型式的垃圾炉，城市垃圾焚烧厂的工艺流程也有所不同。根据各国垃圾焚烧炉的使用情况，炉排炉目前应用最广且技术比较成熟，其单台日处理量的范围也最大（50~1000t/d），是目前国内外城市垃圾焚烧厂的主流炉型，也是我国技术政策的推荐炉型。如图8-6所示，为某城市垃圾焚烧厂主厂房的工艺布置纵剖视图，从中可以了解一座典型城市垃圾焚烧厂的系统组成。

（1）前处理系统。垃圾焚烧厂前处理系统也可称为垃圾接收与储存系统，其一般的工艺流程如图8-7所示。

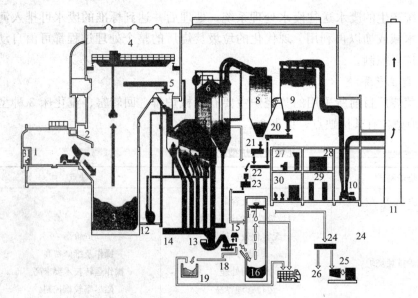

图 8-6　某垃圾焚烧厂主厂房的工艺布置纵剖视图

1—卸料平台；2—卸料门；3—垃圾储坑；4—垃圾吊车；5—进料漏斗；6—焚烧炉膛；

7—余热锅炉；8—反应塔；9—袋式除尘器；10—引风机；11—烟囱；12—一次风机；13—推渣器；

14—炉渣输送带；15—磁选机；16—炉渣储坑；17—炉渣吊车；18—废金属输送带；19—废金属储坑；

20—飞灰输送带；21—输送带；22—混合输送带；23—飞灰加湿器；24—高压蒸气联箱；

25—汽轮发电机；26—自用蒸气系统；27—中央控制室；28—低压配电室；

29—高压配电室；30—液压室；31—车辆控制室

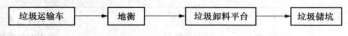

图 8-7　垃圾前处理系统的一般工艺流程

垃圾由垃圾车运入焚烧厂，经过地衡称量后进入垃圾卸料平台，按指定的卸料门将垃圾倒入垃圾储坑。

称量系统中的关键设备是地衡，它由车辆的承载台、指示质量的计量装置、连接信号输送转换装置和计量结果打印装置等组成。承载台根据地衡最大称量决定其标准尺寸，城市垃圾焚烧厂一般最大称量为 15～20t，近年来垃圾收集车呈大型化趋势，也出现了称量大于 30t 的地衡。

一般的城市垃圾焚烧厂都设有多个卸料门，卸料门的数量主要和处理规模有关，见表 8-2。卸料门在无投入垃圾的情况下处于关闭状态，以避免垃圾储坑内的臭气外溢。为了垃圾储坑中的堆高相对均匀，应在垃圾卸料平台入口处和卸料门前设置自动指示灯，以便控制卸料门的开启。在现代化垃圾焚烧厂，这些设施一般都采用自动化系统，实现了倾卸平台无人化，当垃圾车到达卸料门前时，传感器感知到有车辆到达后，自动控制卸料门的开闭。

表 8-2   卸料门数量的参考数据

焚烧厂处理规模/(t/d)	卸料门数量
100~150	3
150~200	4

焚烧厂处理规模/(t/d)	卸料门数量
200~300	5
300~400	6
400~600	8
>600	>8

卸料门的形式按位置可分为垂直式和水平式两类。垂直式为卸料门置于卸料平台与垃圾储坑之间的墙壁上，常见的垂直式卸料门按结构可分为两折铰链式、两边开启式、卷帘式、滑门式等几种。水平式为卸料门置于卸料平台地面上，常见的水平式卸料门按结构可分为圆筒式、旋转门式、平面滑门式等几种。

垃圾储坑的容积设计以能储存 3~5d 的垃圾焚烧量为宜。垃圾储坑的设置，一是储存进厂垃圾，起到对垃圾数量的调节作用。二是对垃圾进行搅拌、混合、脱水等处理，起到对垃圾性质的调节作用。

垃圾储坑一般采用地下或半地下形式。垃圾储坑必须具有足够的强度，支撑坑中垃圾的质量以及来自坑外部的压力。通常采用钢筋水泥加强结构，并且是防水的，可避免将渗滤液泄漏到地下水中去，也避免地下水影响垃圾储坑。垃圾储坑底部必须设计成向一侧具有一定的坡度，以保证垃圾渗滤液的顺利排出。较低的一侧必须设置可靠的渗滤液收集和排放系统。

(2) 焚烧系统。垃圾焚烧系统是垃圾焚烧厂中最为关键的系统，垃圾焚烧炉是垃圾燃烧的场所，它的结构和型式将会直接影响垃圾的燃烧状况和燃烧效果。

垃圾焚烧系统的一般工艺流程，如图 8-8 所示。

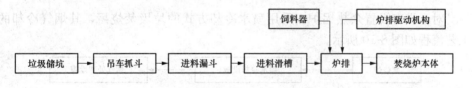

图 8-8 垃圾焚烧系统的一般工艺流程

垃圾吊车抓斗从垃圾储坑中抓起垃圾，送入进料斗，斗中的垃圾沿进料滑槽落下，饲料器将垃圾推入炉排预热段，炉排在驱动机构的作用下将垃圾依次通过燃烧段和燃尽段，燃烧后的炉渣落入炉渣储坑。

为了保证单位时间进料量的稳定性，饲料器应具有测定进料量的功能，现行的饲料器一般采用改变推杆的行程来控制进料量，但如果垃圾在进料滑槽中的密度不均匀，进料控制就无法达到预期的效果。解决这一问题的有效方法是在滑槽中设置挡板，使挡板上的垃圾自由落下以提高垃圾密度的均匀性，同时还可改进滑槽中垃圾的堵塞现象。

饲料器和炉排可采用机械或液压驱动方式，其中液压驱动方式因操作稳定、可靠性好等原因而应用较广。

（3）余热利用系统。从焚烧炉中排出的高温烟气必须经过冷却方能排放，降低烟气温度可采用设置余热锅炉或喷水冷却的方式。

余热利用是在焚烧炉的炉膛和烟道中布置换热面，以吸收垃圾焚烧所产生的热量，从而达到回收能量的目的。在没有设置余热锅炉而采用喷水冷却方式的系统中，余热没有得到利用，喷水的目的仅仅是为了降低排烟温度。原则上，超过 300t/d 的城市垃圾焚烧厂必须设置余热锅炉。

设置余热锅炉的余热利用系统，回收能量的方式有多种：利用锅炉所产生的蒸气驱动汽轮发电机发电，以产生电能，这种方式在现代化城市垃圾焚烧厂应用最广。提供给蒸气需求单位及本厂所需的一定压力和温度的蒸气。提供热水需求单位所需热水。

对于采用余热锅炉的垃圾焚烧厂，余热利用系统的工艺流程如图 8-9 所示。

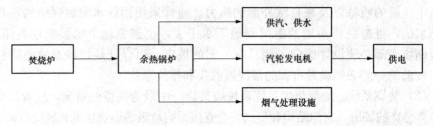

图 8-9　余热（采用余热锅炉）利用系统的工艺流程

对于没有设置余热锅炉，采用喷水冷却方式的垃圾焚烧厂，其烟气冷却的工艺流程如图 8-10 所示。

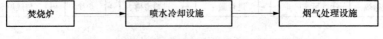

图 8-10　烟气冷却（采用喷水冷却）的工艺流程

有些城市垃圾焚烧厂，采用余热锅炉和喷水冷却相结合的方式，其工艺流程如图 8-11 所示。

垃圾焚烧发电的热利用率一般只有 20% 左右，因此，从汽轮机排出的低温低压蒸气仍含有很高的热能，如何利用这部分能量是提高城市垃圾焚烧厂热利

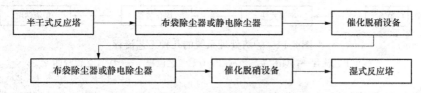

图 8-11　采用余热锅炉和喷水冷却相结合方式的工艺流程

用率的关键。近年来，部分城市垃圾焚烧厂采用了热电联供系统，将发电后的蒸气或一部分抽气向厂外进行区域性供热，提高了城市垃圾焚烧厂的热效率。

（4）烟气处理系统。烟气处理系统主要是去除烟气中的固体颗粒、硫氧化物、氮氧化物、氯化氢等有害物质，以达到国家或地方规定的烟气排放标准，控制环境污染。现代化城市垃圾焚烧厂的烟气处理系统一般设备组成如图 8-12 所示。

```
┌───────────┐      ┌─────────────────────┐      ┌──────────────┐
│ 半干式反应塔 │ ───→ │ 布袋除尘器或静电除尘器 │ ───→ │ 催化脱硝设备 │
└───────────┘      └─────────────────────┘      └──────────────┘
                                                        │
┌─────────────────────┐      ┌──────────────┐      ┌──────────┐
│ 布袋除尘器或静电除尘器 │ ───→ │ 催化脱硝设备 │ ───→ │ 湿式反应塔 │
└─────────────────────┘      └──────────────┘      └──────────┘
```

图 8-12　城市垃圾焚烧厂的烟气处理系统的设备组成

干式反应塔是通过固体颗粒间的接触反应来去除氯化氢等酸性气体的装置，由于是固—固接触反应，接触面积很小，从而造成反应速率很低。目前，干式反应塔已基本不再采用，而用半干式反应塔或湿式反应塔替代，其中尤以半干式反应塔应用最广。如图 8-13 所示，为城市垃圾焚烧厂半干法烟气处理系统工艺流程示意图。

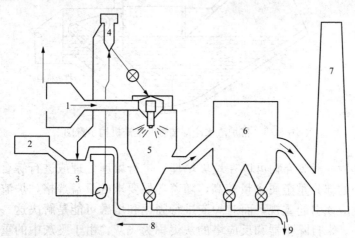

图 8-13　城市垃圾焚烧厂半干法烟气处理系统工艺流程示意图
1—烟气；2—石灰熟化仓；3—石灰浆液准备箱；4—给料箱；5—半干式反应塔
6—除尘器；7—烟囱；8—吸收剂循环使用；9—固态灰渣

457

布袋除尘器除了与静电除尘器有大致相当的除尘效率外,还对重金属有良好的去除效果,再加上近年来对布袋除尘器的布袋材料性能改进很大,现在,越来越多的垃圾焚烧厂都使用布袋除尘器来替代静电除尘器。

(5)炉渣处理系统。炉渣处理系统一般有几种工艺流程,如图 8-14 所示。

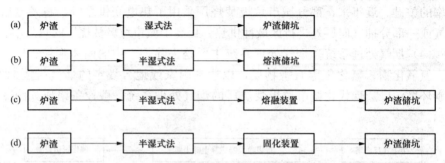

图 8-14 炉渣处理系统的几种工艺流程
(a)工艺流程一;(b)工艺流程二;(c)工艺流程三;(d)工艺流程四

从垃圾焚烧炉出渣口排出的炉渣具有相当高的温度,必须进行降温处理。湿式法就是将炉渣直接送入装有水的炉渣冷却装置中进行降温,然后再用炉渣输送机将其送入炉渣储坑中,如图 8-15 所示,为一带炉渣水冷却装置的推渣机构示意图。

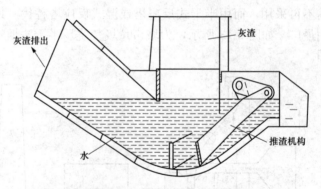

图 8-15 带炉渣水冷却装置的推渣机构示意图

炉渣作为一般废弃物可以在垃圾填埋厂进行填埋处理或进行综合利用。但有些炉渣中的部分重金属含量较高,随着环保要求的日益严格,炉渣中重金属的渗出问题应该引起重视,而对炉渣进行固化和熔融可能是解决这一问题的有效途径之一。来自除尘器和反应塔的灰烬称为飞灰,由于飞灰中的重金属含量较高,必须与炉渣分别进行处理,通常是将飞灰稳定化后送入安全填埋场进行最终处置。

(6)助燃空气系统。助燃空气系统是垃圾焚烧厂中的一个十分重要的部分,它为垃圾的正常燃烧提供了必需的氧气，助燃空气的温度和风量直接影响到垃圾的燃烧是否充分、炉膛温度是否合理、烟气中的有害物质能否有效控制。助燃空气系统的一般工艺流程如图 8-16 所示。

图 8-16 助燃空气系统的一般工艺流程

送风机包括一次送风机和二次送风机，通常情况下，一次送风机从垃圾储坑中抽取空气，通过空气预热器将其加热后，从炉排下方送入炉膛。二次空气通常从炉渣储坑上方或厂房内抽取空气并经预热后，从炉膛的侧壁送入焚烧炉。助燃空气供给工艺布置如图 8-17 所示。燃烧所产生的烟气及过量空气经过余热利用系统回收能量后进入烟气处理系统，最后通过烟囱排入大气。

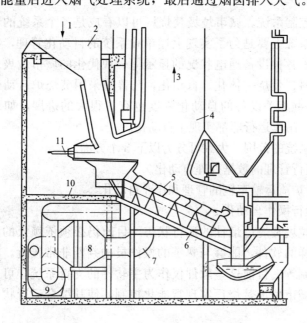

图 8-17 助燃空气供给工艺布置

1—进料；2—进料斗；3—高温烟气；4—炉膛；5—炉排；6—一次助燃空气分配管；
7—预热空气输送管；8—一次助燃空气预热器；9—风机；10—二次助燃空气输送管；11—推料器

（7）废水处理系统。焚烧厂中废水的主要来源包括：垃圾渗滤液、洗车废水、垃圾卸料平台清洗水、炉渣处理设备废水、锅炉排污水、洗烟废水和生活污水等。不同废水中有害成分的种类和含量各不相同，因此也应采取不同的处理方法，通常按照废水中所含有害物的种类将废水分为有机废水和无机废水，从而采用不同的处理方法和处理流程。

459

在废水处理过程中，一部分废水经过处理后排入城市污水管网或直接排入河流等公共水域，还有一部分经过处理的废水则可加以利用。废水的处理方法很多，不同的城市垃圾焚烧厂可采用不同的废水处理工艺，如图 8-20 所示，为一种常用的废水处理工艺。

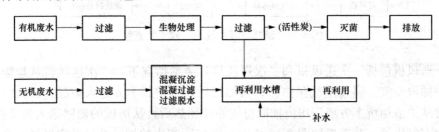

图 8-18　废水处理工艺流程

（8）自动控制系统。城市垃圾焚烧厂可以看成是各个系统的有机组合，早先的自动控制系统主要是为了实现上述单独系统的自动化管理，如垃圾焚烧状态的电视监视，各种设备通电状况的显示等。现代化的城市垃圾焚烧厂，基本实现了垃圾供料、焚烧一体化、自动化，已普遍采用焚烧炉自动化燃烧控制系统（ACC）。一些相关设备的自动化程度也有了很大的进展，如垃圾称量、接收、灰渣输送、吊车运行等都实现了自动化。

自动控制系统的范围，大致可分为以下 3 个方面。

1）设施运行管理的数据处理自动化。

2）垃圾、炉渣运输车辆的管理和作业自动化。

3）设备运行操作自动化。

为了实现垃圾焚烧厂最佳的运行状态，目前仍必须依赖人的判断。国外正在开发各种各样的软件，能够与熟练的操作员的判断非常接近，能够进行图像解析、模糊控制等。目前这些软件仅作为主软件的支持系统，可以相信，在不远的将来，对城市垃圾焚烧厂实现智能化控制，使其综合运行状态趋于最优化是完全可能的。

城市垃圾焚烧厂的典型工艺流程框图如图 8-20 所示。

三、焚烧排放物控制

1. 废气

垃圾焚烧厂废气主要来自垃圾焚烧过程中所产生的烟气，烟气中主要含有以下污染物：颗粒物、HCl、CO、SO、HF、Cd、Hg 等，其中又以前两项为控制重点。废气的治理措施包括以下几个方面。

（1）烟气在燃烧温度不低于 850℃时的停留时间不少于 2s。

（2）采用半干法反应塔使烟气中的酸性气体得以高效净化。

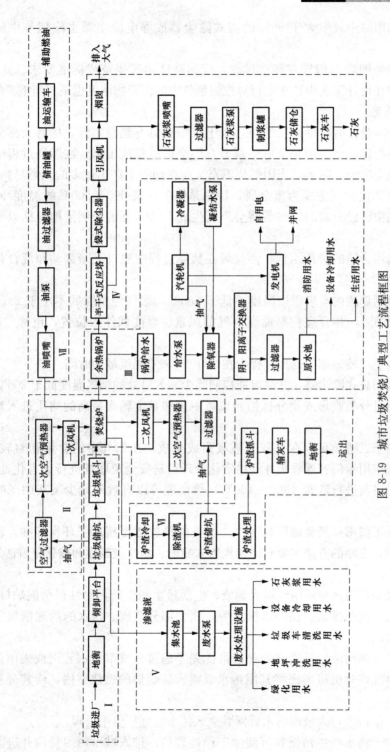

图 8-19　城市垃圾焚烧厂典型工艺流程框图

Ⅰ—前处理系统；Ⅱ—焚烧系统；Ⅲ—余热利用系统；Ⅳ—烟气处理系统；Ⅴ—渗滤液处理系统；Ⅵ—炉渣处理系统；Ⅶ—辅助燃油系统

（3）选用除尘效率大于 99％的袋式除尘器或静电除尘器去除烟气中的颗粒物。

（4）经处理后的烟气在高空排放，烟囱高度满足规范或标准要求。此外，保证焚烧炉在设计工况内正常运行对控制烟气中的污染物浓度也是相当重要的。

2. 二噁英

垃圾中本身含有微量的二噁英，由于二噁英具有热稳定性，尽管大部分在高温燃烧时得以分解，但仍会有一部分在燃烧以后排放出来。在燃烧过程中含氯前体物也会生成二噁英。当因燃烧不充分而在烟气中产生过多的未燃尽物质，并遇适量的催化剂（主要为重金属，特别是铜等）及 $300\sim500℃$ 的温度环境，在高温燃烧中已经分解的二噁英将会重新生成。二噁英的控制措施包括以下几个方面。

（1）选用合适的炉排结构，使垃圾在焚烧过程中通过不断翻动和混合得以充分燃烧。

（2）控制炉膛内垃圾燃烧温度不低于 $850℃$，烟气停留时间不小于 2s，O_2 浓度不少于 6％，并合理控制助燃空气的风量、温度和注入位置，也称"3T"控制法。

（3）避免或缩短烟气处理过程中在 $300\sim500℃$ 温度域的时间。

（4）选用袋式除尘器，并尽可能控制除尘器入口处的烟气温度低于 $200℃$。

（5）通过分类收集或预分拣控制垃圾中氯和重金属含量高的物质进入垃圾焚烧厂。

（6）由于二噁英可以在飞灰上被吸附或生成，在烟气中的含量相对较少，所以对飞灰应用专门容器收集并经稳定化处理后送安全填埋场进行无害化处置，有条件时对飞灰进行低温（$300\sim400℃$）热处理可以有效地减少飞灰中二噁英的排放。

（7）如果城市垃圾焚烧厂烟气中二噁英的排放浓度超过了环保标准，就必须进行清除，去除的方法主要有活性炭粉末喷射、活性炭吸收和催化分解法等。

3. 污水

垃圾焚烧厂污水主要由垃圾渗滤液、生活污水和生产污水（包括锅炉排水、地面冲洗水、洗车排水、循环水排水等）三个部分组成。污水的治理措施包括以下几个方面。

（1）垃圾渗滤液经过适当处理后可优先考虑排入城市污水管网或集中外运处置，条件允许时也可考虑将其用污水泵喷入焚烧炉的燃烧室内，使其分解并气化。

（2）生活污水排入城市污水管网并进入污水处理厂集中处理。

（3）生产污水经拦污栅和沉淀池等预处理后，排入城市污水管网并进入污水处理厂集中处理。

4. 灰渣

垃圾焚烧厂灰渣主要来源于焚烧垃圾产生的炉渣和反应塔、除尘等收集的飞灰。灰渣的治理措施包括以下几个方面。

(1) 焚烧炉排出的炉渣已经高温处理，它是一种密实的、不含腐败物的无菌的物质，如果经检测其重金属含量不超标，可作为再生资源予以利用或送卫生填埋场进行最终处置。如果经检测其重金属含量超标，则需要先进行固化等处理后再进行最终处置。

(2) 炉渣中的废铁经磁性分选机选出后可回收出售。

(3) 由于二噁英可以在飞灰上被吸附或生成，且飞灰中重金属的含量较高，所以对飞灰应用专门容器收集，并经稳定化处理后送安全填埋场进行最终处置。

5. 噪声

垃圾焚烧厂厂区内的主要噪声源为鼓风机、引风机、大功率水泵、汽轮发电机组和运输车辆等设备的空气动力噪声、振动及电磁噪声，其机械设备噪声级一般超过 90dB（A）。噪声的控制措施包括以下几个方面。

(1) 合理布置设备，高噪声的设备尽可能集中布置，以便于集中治理。

(2) 尽量选用低噪声设备，在设备选型时应控制其噪声值在 85dB（A）以下。

(3) 对噪声较大的设备，分别按不同情况采取消声、隔声、减振等措施以减少设备的噪声污染。

(4) 减少交通噪声，垃圾运输车辆在通过居住区时，降低车速，少鸣或不鸣喇叭。

6. 恶臭

恶臭指一切刺激嗅觉器官引起人们不愉快及损害生活环境的气体物质。垃圾焚烧厂内的恶臭主要来自进厂的垃圾、垃圾运输车在卸料过程中及垃圾在垃圾储坑内存放过程中，恶臭的主要成分是 NH_3、H_2S、RSH 等。

四、焚烧技术的发展

1. 国外焚烧技术发展

垃圾焚烧技术至今已经有 100 多年的历史，其发展过程大致可分为 3 个阶段：萌芽阶段、发展阶段和成熟阶段。

萌芽阶段是从 19 世纪 80 年代到 20 世纪初期。在第一次世界大战后到第二次世界大战末的 20 年间，是垃圾焚烧技术的发展阶段。第二次世界大战以后，特别是在 20 世纪 60 年代的电子工业变革后，各种先进技术在垃圾焚烧炉上得到了应用，使垃圾焚烧技术逐步发展成为一种成熟技术。

2. 国内焚烧技术发展

1988 年在深圳建成了第一座日处理量为 300t 的城市垃圾焚烧厂，"八五"

"九五"和"十五"期间都将城市垃圾焚烧技术研究列为国家科技攻关项目。据统计,"十五"期间我国共建设城市垃圾焚烧厂51座,在全国范围内焚烧处理量占全部城市垃圾处理总量的比例接近10%,上海、广州、天津、重庆等地都建成了较高标准的城市垃圾焚烧厂。随着我国东部沿海地区和部分中心城市的经济发展和垃圾热值的提高,更多的城市已将建设垃圾焚烧厂提到了办事日程,正在组织实施,目前正处于快速发展阶段。

3. 我国焚烧技术政策

城市垃圾焚烧技术可参考2000年5月原国家建设部、原国家环境保护总局、科技部联合颁布的《城市生活垃圾处理及污染防治技术政策》。

4. 焚烧技术发展趋势

纵观近10年来国内外垃圾焚烧技术的发展趋势,垃圾焚烧技术正向着自我完善、多功能、资源化、智能化的方向发展。

第三节 生 物 处 理

一、生物处理的意义与依据

我国生活垃圾中的有机成分与国外发达国家相比,有很大的差别,纸张的含量较低,而食品垃圾也就是厨余的含量高,且厨余的含水率较高,一般含水率为70%~80%,瓜皮等的含水率可高达95%以上。垃圾分类收集是今后垃圾收集必走之路。这种有机垃圾水分高,净热值低,不适宜焚烧。直接填埋,会产生大量填埋场渗滤液。不处理会污染地下水及地面水。渗滤液因其组成复杂,浓度高,所以处理它的代价也很高。有机垃圾中含有大量易腐物质、寄生虫卵、致病菌等,处理不当,对环境会造成直接影响。因此,对有机垃圾处理的最好选择是生物处理。

有机物中含有大量的水分、碳水化合物、脂肪和蛋白质等,是进行生物处理的物质基础。微生物可以将其分解,转化为相对稳定的物质,将有机残余物转变成能源或作为可利用的资源。

二、生物处理的分类

生物处理广泛分布于自然界中,大自然的净化能力就是微生物的作用。动植物的遗体、排泄物被微生物分解转化为腐殖质,形成植物生长的营养成分。这种大自然的循环是微生物的作用。人类利用了自然资源而发展,但当人类活动所产生的废物超过了大自然净化的能力时,就产生了对环境的破坏。生物处理就是人类借助上述微生物的功能,通过各种手段对固体废物进行处理,实现固体废物的稳定化、资源化和无害化。

464

生物处理的分类方法有很多种。按微生物的种类分有好氧生物处理和厌氧生物处理。按处理技术分有好氧堆肥处理、高温好氧发酵处理、厌氧堆肥处理、厌氧产沼处理和生物转化处理。

三、堆肥处理

1. 堆肥处理原理

堆肥过程是指有机废物在微生物的作用下转化成稳定的腐殖质过程,堆肥过程有好氧堆肥和厌氧堆肥两种。这两个过程中供氧情况不同,微生物种类不同,因此其堆肥原理也不一样。

(1) 好氧堆肥原理。好氧堆肥过程是有机物在有氧的条件下,利用好氧微生物所分泌的外酶将有机固体垃圾分解为溶解性有机物质,再渗入到细胞中。微生物通过代谢活动,把其中一部分有机物氧化成简单的无机物,为生物生命活动提供所需的能量,另一部分有机物转化为生物体所需的营养物质,形成新的细胞体,使微生物不断增殖,好氧堆肥的原理如图 8-20 所示。

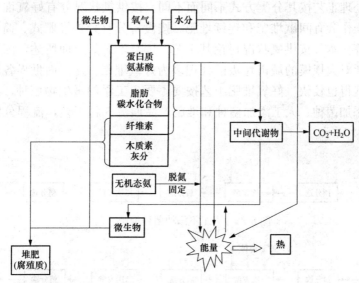

图 8-20 好氧堆肥的原理

(2) 厌氧堆肥原理。厌氧堆肥如图 8-21 所示,是在不供氧条件下,将有机废物(生活垃圾、植物秸秆、粪便和污泥等)堆积起来进行厌氧发酵,制成有机肥料,并使固体废物达到无害化。由于不向堆层供氧,因此厌氧发酵堆温低,腐熟及无害化所需时间长,大规模的处理有一定的困难。因为厌氧堆肥操作简便,投资少,能耗少,所以一般广大农村使用得较多。

厌氧发酵是把碳水化合物(包括纤维素、半纤维素、木质素、糖类、淀粉和果胶等)、蛋白质和类脂化合物(脂肪、磷脂、游离脂肪酸、蜡脂和油脂等)

等在厌氧条件下通过微生物的代谢活动而被稳定，同时伴有甲烷和二氧化碳等的产生。

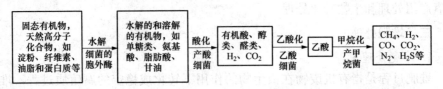

图 8-21　厌氧堆肥过程

　　厌氧堆肥与湿式厌氧发酵虽然都是利用厌氧微生物的作用，但它们有着很大的不同，厌氧堆肥的对象是固态废物，而湿式厌氧发酵的对象是高含量的废液（或将固体废物制成的高含固率的废液）。所以，在发酵的均匀性、发酵速率及发酵产物、能耗等方面有着不同。

　　2. 堆肥处理工艺

　　堆肥处理工艺按其分类方式不同而不同。按供氧状况分有好氧堆肥和厌氧堆肥。按操作分有间歇堆肥和连续堆肥。按设备分有野外堆肥式、筒仓式、回转圆筒式等。本节按供氧状况讨论其工艺。厌氧堆肥如上面所述，因处理速度较慢，因此对大规模的城市垃圾的处理多为好氧堆肥。这方面世界各国研究得较多，发展得也较快。好氧堆肥工艺按要不要人工添加微生物菌种，工艺可分为人工不添加菌种、人工添加菌种和堆肥产品回流 3 种工艺，流程分别如图 8-22～图 8-24 所示。

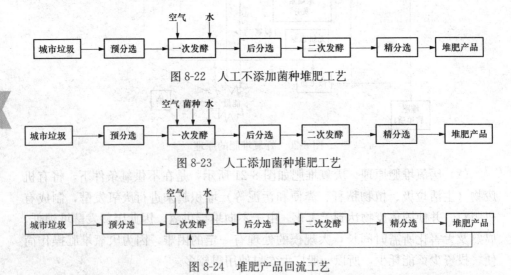

图 8-22　人工不添加菌种堆肥工艺

图 8-23　人工添加菌种堆肥工艺

图 8-24　堆肥产品回流工艺

　　好氧堆肥工艺按供氧方式分有自然通风供氧、翻堆搅拌供氧和强制通风供氧等。自然通风供氧一般堆高较低，为1～1.5m。在垃圾中有机成分较少时，微生物发酵所需的氧气靠空气由堆层表面向堆层内扩散或靠堆积时在堆层中预留的孔道，空气可由表面及孔道靠气体分子扩散进入堆层内部。翻堆搅拌供氧是人工的或机械的定期搅拌、翻倒堆层，在翻倒、搅拌堆层的过程中将氧供到堆层内部。

机械强制通风是用鼓风机等机械强制向堆层内通风，通风形式有两种：一种是在堆层底部鼓风，空气由堆层底部进入，由堆层表面散出，空气将堆层内部的热很快传递到表层，表层升温速度快，无害化程度好，但废气不易收集。另一种是由底层抽气，冷空气由堆层表面进入，废气由堆层底部的抽气管抽出，可以很方便地送至处理装置，但因冷空气由表面进入，表层温度较低，无害化条件差。

另外，在废气中含有大量水蒸气和氨等腐蚀性气体。水蒸气在管道中会冷凝变成小水滴，小水滴对高速旋转的风机叶轮有很大的侵蚀作用，加之废气中还有腐蚀性气体，因此对风机的要求较高，这也是工程中必须注意考虑的问题。

堆肥工艺不论如何分类，好氧堆肥工艺过程一般包括前处理、一次发酵后处理、二次发酵、精分选、产品包装成型等。前处理的目的是将垃圾中不适宜堆肥的粗大废物，影响机械正常运行的条状、棒状废物及对堆肥产品质量有影响的金属、玻璃、砖瓦等无机废物通过筛分、破碎、分选等手段除去，并使堆肥原料和含水率达到一定程度的均匀性，使原料的表面积增加，提高发酵速度。原料破碎的粒径越小，表面积越大，但并不是要求堆肥原料粒径越小越好，在考虑表面积的同时，还要考虑破碎的能量消耗及原料的孔隙率，以保持良好的供氧条件，即堆层的通气性。

此外，堆肥原料还要求有一定的水分和适宜的碳氮比，不是所有用于堆肥的原料都符合这些要求，因此，在堆肥发酵处理之前，必须通过预处理来进行调整。前处理工艺的选择和确定必须充分考虑处理垃圾的性质及前处理的卫生条件，在满足前处理要求的前提下，工艺应越简单越好，设备越少越好。

一次发酵又称主发酵，堆肥原料在有氧存在的情况下，好氧微生物首先分解易降解物质，生成二氧化碳和水，同时放出热量使堆层温度上升，微生物在分解有机质的同时也不断增殖。垃圾堆肥发酵初期，首先是由在常温下的中温菌对有机质的分解并放出热量，堆层温度开始上升。随着堆肥的不断进行，堆层温度不断地升高，堆层温度超过中温菌生长繁殖的最适温度（30～40℃）时，最适温度在45～65℃的高温菌就逐步取代了中温菌，垃圾在较高的温度下被迅速分解。直至大部分能分解的有机物被分解后，生物分解所产生的热量就不能维持堆层温度，温度开始下降，此阶段称为一次发酵阶段或主发酵阶段。一次发酵的长短因堆肥原料和堆肥装置而不同，生活垃圾一般为3～8d。一次发酵和中温发酵，二次发酵和高温发酵的概念是不相同的，不应混淆。

好氧堆肥过程中大分子有机物（碳水化合物、木质素、蛋白质、脂肪等）的降解过程如下。

（1）碳水化合物。碳水化合物也称"糖类"，是含醛基或酮基的多羟基碳氢化合物及其缩聚物、衍生物的总称。淀粉、纤维素、半纤维素、果胶质等多糖类是单糖的高分子聚合物。纤维素是植物细胞的主要成分，约占植物残体干重的 35%～60%，棉纤维纤维素含量达 90%以上。

纤维素是一种十分稳定的多糖，它在纤维素酶的作用下可逐渐水解成葡萄糖。纤维素酶是水解纤维素生成纤维二糖和葡萄糖的一类酶的总称。它包括 C_1 酶、C_x 酶和 β-葡萄糖苷酶。C_1 酶主要水解未经降解的天然纤维素。C_x 酶又称 β-1，4-葡聚糖酶，其功能是切割部分降解的多糖，以及如纤维四糖、纤维三糖等寡糖和少量的葡萄糖。β-葡萄糖苷酶主要水解纤维二糖、纤维三糖及低分子寡糖成为葡萄糖。葡萄糖在好氧条件下可彻底氧化成 CO_2 和水。

$$\underset{\text{(纤维素)}}{(C_6H_{10}O_5)_n} \xrightarrow[\underset{\text{(纤维二糖)}}{C_1\text{酶}C_x\text{酶}}]{+H_2O} C_{12}H_{22}O_{11} \xrightarrow[\underset{\text{(葡萄糖)}}{\beta\text{-葡萄糖苷酶}}]{+H_2O} C_6H_{12}O_6 \xrightarrow{\text{好氧分溶}} CO_2+H_2O$$

纤维素的好氧降解微生物有细菌、放线菌和真菌。好氧性纤维素分解细菌以纤维黏菌属和生孢噬纤维菌属为主。此外，还有产生子实体的黏细菌、多囊菌属、堆囊菌属和原囊菌属。分解纤维素的真菌有曲霉、镰刀霉、青霉菌、木霉及毛霉。有好热真菌属（Thermomycess）和放线菌中的链霉菌属。它们在 23～65℃生长，最适温度为 50℃。好氧纤维分解细菌最适温度为 22～30℃，在 10～15℃便能分解纤维素，其最高温度为 40℃左右。在好氧堆肥过程中，纤维素的好氧降解真菌的效果比较好。

淀粉也是多糖的一种，广泛存在于植物的谷粒、果实、块根、块茎、球茎等中。淀粉有直链淀粉和支链淀粉。直链淀粉由葡萄糖分子脱水缩合，以 α-1，4-糖苷键结合成长链。支链淀粉由葡萄糖分子脱水缩合，除以 α-1，4-糖苷键结合外，还有 α-1，6-糖苷键结合，构成分支的链状结构。天然淀粉中，直链淀粉占 10%～20%，支链淀粉占 80%～90%。淀粉是许多微生物的重要碳源和能源，它们产生的淀粉酶使淀粉水解成麦芽糖，再进入细胞内被微生物分解。淀粉的水解过程如下：

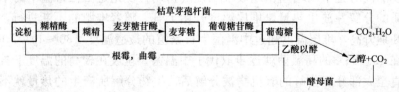

果胶质是植物细胞壁和细胞间质的主要成分。果胶质主要由 D-半乳糖醛酸通过 α-1，4-糖苷键连接而成，分子中的羧基大都形成了甲基酯。原果胶的水解

过程如下：

$$原果胶 + H_2O \xrightarrow{\text{原果胶酶}} 可溶性果胶 + 聚戊糖$$

$$可溶性果胶 + H_2O \xrightarrow{\text{果胶甲基脂酶}} 果胶酸 + 甲醇$$

$$果胶酸 + H_2O \xrightarrow{\text{果胶酸酶}} 半乳糖醛酸$$

果胶酸、聚戊糖、半乳糖醛酸、甲醇等在好氧条件下被分解为二氧化碳和水。

半纤维素是由多种戊糖或己糖组成的大分子缩聚物。有的半纤维素仅由一种单糖组成，如木聚糖、半乳糖或甘露聚糖。有的半纤维素由一种以上的单糖或糖醛酸组成，前者为同聚糖，后者为异聚糖。半纤维素存在于植物细胞壁中，植物组织中含量仅次于纤维素，占一年生草本植物残体质量的 25%～40%，占木材的 25%～35%。

与纤维素相比，半纤维素比较容易被微生物降解。分解纤维素的微生物大多数能分解半纤维素。许多芽孢杆菌、假单胞菌、节细菌、放线菌能分解半纤维素。霉菌有根霉、曲霉、小克银汉霉、青霉及镰刀霉。半纤维素的水解过程如下：

$$半纤维素 \xrightarrow[H_2O]{\text{聚糖酶}} 单糖 + 糖醛酸 \xrightarrow{\text{好氧分解}} CO_2 + H_2O$$

（2）木质素。木质素是植物木质化组织的重要成分，大量存在于植物木质化组织的细胞壁内，填充在纤维素的间隙内。木质素的化学结构一般认为是以苯环为核心带有丙烷支链的一种或多种芳香族化合物的复杂聚合物，是植物体中最难被降解的组分，比纤维素和半纤维素的降解要慢得多。分解木质素的微生物主要是担子菌纲中的干朽菌、多孔菌和伞菌等的几种，有厚孢毛霉和松栓菌。假单胞菌的个别种也能分解木质素。真菌对木质素的分解比细菌快。

（3）脂肪。脂类是自然界中的一大类物质。动植物体内的脂类物质主要有脂肪、磷脂、固醇和蜡脂等。它们的生物降解可分别用以下简式表示：

$$脂肪 \xrightarrow[+H_2O]{\text{脂肪酶}} 甘油 + 高级脂肪酸$$

$$磷脂 \xrightarrow[+H_2O]{\text{卵磷脂酶}} 甘油 + 脂肪酸 + 磷酸 + 有机碱类$$

$$蜡脂 \xrightarrow[+H_2O]{\text{酯酶类}} 高级醇 + 高级脂肪酸$$

水解产物中的甘油，能被环境中绝大多数微生物利用为碳源和能源。脂肪酸有饱和脂肪酸和不饱和脂肪酸。饱和脂肪酸的氧化如图 8-25 所示。它经 β-碳原子氧化成羧基，然后在 α- 和 β-碳原子间裂解，脱下一个乙酰 CoA，从而使脂肪酸降解。不饱和脂肪酸的分解与饱和脂肪酸基本相同，仍以 β-氧化的方式进行。不饱和脂肪酸中的碳碳双键位置能影响氧化的进行。一些 β-氧化的中间产

469

物要求某些异构酶异构化后才能继续降解。

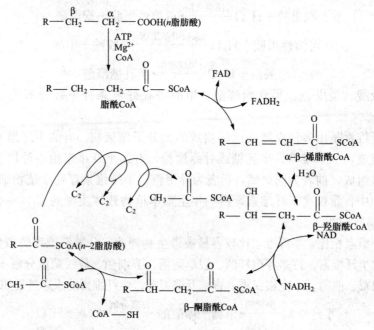

图 8-25 脂肪酸的 β-氧化

（4）蛋白质。蛋白质是由 20 种氨基酸所组成的大分子化合物。环境中能分解蛋白质的微生物种类很多，如芽孢杆菌、假单胞菌、碱性土壤中节细菌、酸性条件下真菌中的木霉、曲霉、毛霉等。

蛋白质首先是在微生物产生的蛋白酶作用下水解生成各种短肽，然后由肽酶进一步水解成氨基酸。氨基酸为微生物吸收，在体内以脱氨和脱羧两种基本方式继续降解。蛋白质的降解过程如下：

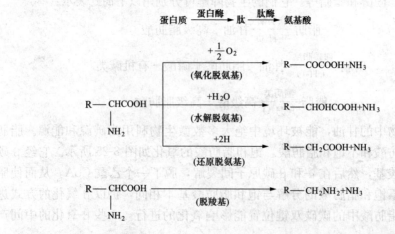

四、厌氧发酵

所谓厌氧发酵，是有机物在厌氧条件下通过微生物的代谢活动而被稳定，同时伴有甲烷和二氧化碳等的产生。厌氧发酵因能回收利用方便的沼气，所以又称沼气发酵。厌氧发酵有干发酵、湿发酵和高浓度厌氧发酵。

1. 厌氧发酵原理

厌氧发酵主要依靠各种厌氧菌和兼性菌的共同作用，进行有机物的降解。厌氧发酵一般可以分为酸性发酵和碱性发酵两个阶段，酸性发酵又可分为水解阶段和产酸阶段。碱性发酵又可分为酸性衰减阶段（产乙酸阶段）和产甲烷阶段，或者作为一个产甲烷阶段。这就是厌氧发酵的二阶段、三阶段和四阶段理论的由来。同型产乙酸细菌在多数情况下不是很重要。最符合目前认识实际的仍以三阶段理论为主。

1979 年布赖恩提出的三阶段发酵理论如图 8-26 所示。

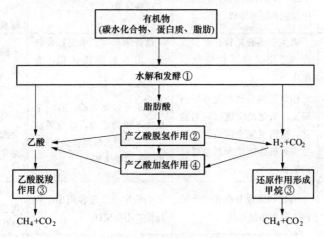

图 8-26　有机物质厌氧降解
①水解和发酵性细菌群；②产氢和产乙酸菌群；
③产甲烷菌群；④同型产乙酸细菌

水解、发酵性细菌群有专性厌氧的梭菌属、拟杆菌属、丁酸弧菌属、真细菌、双歧杆菌属、革兰氏阴性杆菌，兼性厌氧的有链球菌、肠道菌，它们将纤维素、淀粉等碳水化合物水解成单糖类，蛋白质水解成氨基酸，再经脱氨基作用形成有机酸和氨。脂肪水解后形成甘油和脂肪酸，脂肪酸类进一步降解形成各种低级的有机酸（如乙酸、丙酸、丁酸、长链脂肪酸）和乙醇、二氧化碳、氢、氨等。

产氢和产乙酸菌群把上述水解发酵产物进一步分解，丙酸和链更长的脂肪酸、醇、若干芳香族酸分解为乙酸、氢、二氧化碳。

471

最后是产甲烷菌群，它们有两种类型：一类用 H_2 还原 CO_2 生成 CH_4；另一类乙酸脱羧生成甲烷和二氧化碳。

2. 厌氧发酵工艺

厌氧发酵工艺按分类方法不同，可以有各种类型。按操作状态分，有间歇发酵、连续发酵和半连续发酵。按温度分，有常温发酵、中温发酵和高温发酵。按发酵阶段分，有二相发酵和混合发酵。按原料含固量分，有湿发酵、干发酵和高浓度发酵。按负荷分，有标准负荷和高负荷。按装置类型分，有普通消化池、厌氧流化床和厌氧生物转盘等。各种方法都各有其特点和运用范围。几种厌氧处理工艺特点的比较见表 8-3。

表 8-3　　　　　　　　　　　几种厌氧处理工艺特点的比较

方法或反应器	特点	优点	缺点
传统消化法	在一个消化池内进行酸化、甲烷化和固液分离	设备简单	反应时间长，池容积大。污泥容易随水流带走
厌氧生物滤池	微生物固着生长在滤料表面。适用于悬浮物量低的废水	设备简单，能承受较高负荷。出水悬浮固体低，能耗小	底部容易发生堵塞，填料费用较贵
厌氧接触法	用沉淀池分离污泥并进行回流。消化池中进行适当搅拌，池内呈完全混合。能适应高有机物浓度和高悬浮物的废水	能承受较高负荷。有一定抗冲击负荷能力，运行较稳定，不受进水悬浮物的影响。出水悬浮固体低	负荷高时，污泥会流失。设备较多，操作上要求较高
上流式厌氧污泥床反应器	消化和固液分离在一个池内。微生物量很高	负荷率高。总容积小。能耗低，不需搅拌	如设计不佳，污泥会大量消失。池的构造复杂
两段厌氧处理法	酸化和甲烷化在两个反应器进行。两个反应器内可以采用不同反应温度	能承受较高负荷，耐冲击。运行稳定	设备较多，运行操作较复杂

第九章

园林绿化工程

第一节 园林基础工程

一、栽植前土壤处理

栽植前土壤处理包括栽植土、栽植前场地清理、栽植土回填及地形造型、栽植土施肥和表层整理等分项工程。

1. 栽植土

栽植土指理化状况良好、适合于园林植物生长的土壤。

园林植物栽植土包括客土、原土利用、栽植基质等。客土指更换适合园林植物生长的土壤。

土壤是园林植物生长的基础，栽植土应见证取样，经有资质的检测单位检测并在栽植前取得符合要求的测试结果。栽植土应符合下列规定。

(1) 土壤 pH 值应符合本地区栽植土标准或按 pH 值 5.6~8.0 范围内进行选择。

(2) 土壤全盐含量、土壤容重应达到规范要求。

栽植基础严禁使用含有害成分的土壤，除有设施空间绿化等目的的特殊隔离地带，绿化栽植土壤有效土层下不得有不透水层。绿化栽植的土壤含有害成分（特别是化学成分）以及栽植层下有不透水层，影响植物根系生长或造成死亡的，土壤中有害物质必须清除。不透水层影响植物扎根及土壤通气的，必须进行处理，达到通透。

土壤有效土层厚度影响园林植物根系的生长和成活，必须满足其生长成活的最低土层厚度。不同类型植物对土层厚度有不同的要求，绿化栽植土壤有效土层厚度应符合 1K432084 的规定。

2. 栽植前场地清理

栽植前场地清理应符合下列规定。

(1) 应将现场内的渣土、工程废料、宿根性杂草、树根及其他有害污染物清除干净。

(2) 场地标高及清理程度应符合设计和栽植要求。

3. 栽植土回填及地形造型

栽植土回填及地形造型应符合下列规定。

（1）造型胎土、栽植土应符合设计要求并有检测报告。

（2）回填土及地形造型的范围、厚度、标高、造型及坡度均应符合设计要求。

4. 栽植土施肥和表层整理

栽植土施肥应符合下列规定。

（1）商品肥料应有产品合格证明，或已经过试验证明符合要求。

（2）有机肥应充分腐熟后方可使用。使用无机肥料应测定绿地土壤有效养分含量，并宜采用缓释性无机肥。

栽植土表层整理应按下列方式进行。

（1）栽植土表层不得有明显低洼和积水处，花坛、花境栽植地 30cm 深的表土层必须疏松。

（2）栽植土的表层应整洁，石砾含量和土块粒径应符合国家规范要求。

二、土壤改良的一般措施

1. 筛土、换土

施工进场后首项作业就是清除垃圾，包括建筑垃圾和生活垃圾，常用方法是筛土。对不适合园林植物生长的灰土、渣土、没有结构和肥力的生土，尽量清除，换成适合植物生长的园田土。过黏、过分沙性土壤应用客土法进行改良。筛土、换土的深度要求：草坪、花卉、地被，30～40cm。乔、灌木结合挖掘树坑，50～60cm。

2. 保持土壤疏松，增加土壤透气性

可采取下列措施。

（1）设置围栏等防护措施。城市绿地为避免人踩车轧，可在绿地外围设置铁栏杆、篱笆或绿篱进行封闭式管理。土壤表观密度为 $1.3g/cm^3$ 左右，比较理想。

（2）改善树木栽植坑的局部土壤环境。

1）在路肩三合灰土中定植路树，要规范树坑大小，尽量扩大树坑，清除灰土，换耕作土或掺加草炭、松针土等进行改良。

2）需要行人的周围地面，采用透气、透水铺装，或铺设草坪砖。

3. 增加土壤有机质，熟化土层

如农业培肥土壤采用"秸秆还田"一样，城市绿地土壤也同样采取掺加松针土、腐叶土、草炭土、回收树叶、烂草等措施改良土壤。

4. 改进排水设施

对地下水位高的绿地，应加强排水管理，或局部抬高地形，采用台式种植。在土壤过于黏重而易积水的地区，可挖暗井或盲沟，并与透水层相通，或埋设盲管与市政排水相通。

5. 防止城市生态环境的污染

北方城市靠近道路的绿地，主要是防止冬季融雪剂的污染。应设挡板，防止盐水溅入。已经污染的应清除表层盐渍的土壤，进行换土处理。

三、设施顶面栽植基层工程

屋顶绿化、地下停车场绿化、立交桥绿化、建筑物外立面及围栏绿化统称设施绿化。

设施顶面绿化栽植基层应有良好的防水排灌系统，防水层不得渗漏。

设施顶面绿化栽植基层包括耐根穿刺防水层、排蓄水层、过滤层、栽植土层。耐根穿刺防水层的功能是防渗漏，确保设施使用功能。排蓄水层、过滤层使栽植层透气保水，保证植物能正常生长。

设施顶面栽植基层工程应符合下列规定。

（1）耐根穿刺防水层按下列方式进行。

1）耐根穿刺防水层的材料品种、规格、性能应符合设计及相关标准要求。

2）卷材接缝应牢固、严密，符合设计要求。

3）施工完成应进行蓄水或淋水试验，24h 内不得有渗漏或积水。

（2）排蓄水层按下列方式进行。

1）凹凸形塑料排蓄水板厚度、顺槎搭接宽度应符合设计要求，设计无要求时，搭接宽度应大于 15cm。

2）采用卵石排水的，卵石粒径大小应符合相关规范要求。

第二节　园林给水排水

一、园林给水施工基础

1. 给水工程的组成

园林给水工程按其工作过程可分为取水工程、净水工程、配水工程三部分。

（1）取水工程。是指从江、河、湖、井、泉等各种水源中取得水的工程，也可以从城市给水中直接取用。

（2）净水工程。是将水进行净化处理，使水质满足使用要求的工程。主要是满足生活用水、游戏用水和动植物养护用水的要求。

（3）配水工程。是把净化后的水输送到各个用水点的工程。如果园林用水直接取自城市自来水，则园林给水工程就简化为单纯的配水工程。

2. 园林给水特点

园林绿地给水与城市居住区、机关单位、工厂企业等的给水有许多不同，在用水情况、给水设施布置等方面都有自己的特点。其主要的给水特点如下。

（1）由于用水点分布于起伏的地形上，高程变化大。

（2）生活用水较少，其他用水较多。

（3）园林中用水点较分散。

（4）饮用水（沏茶用水）的水质要求较高，以水质好的山泉最佳。

（5）用水高峰时间可以错开。园林中灌溉用水、娱乐用水、造景用水等的具体时间都是可以自由确定的，经过时间的错位，可以做到用水均匀，可以避免出现用水高峰。

（6）水质可根据用途不同分别处理。

（7）用水点水头变化大。喷泉、喷灌设施等用水点的水头与园林内餐饮、鱼池等用水点的水头就有很大变化。

3. 园林给水方式

（1）根据给水性质和给水系统构成的不同，可将园林给水分成以下三种方式。

1）兼用式。在既有城市给水条件又有地下水、地表水可供采用的地方，接上城市给水系统，作为园林生活用水或游泳池等对水质要求较高的项目用水水源；而园林生产用水、造景用水等，则另设一个以地下水或地表水为水源的独立给水系统。这样做所投入的工程费用稍多一些，但以后的水费却可以大大节约。

2）引用式。园林给水系统如果直接到城市给水管网系统上取水，就是直接引用式给水。采用这种给水方式，其给水系统的构成也就比较简单，只需设置园内管网、水塔、清水蓄水池即可。

3）自给式。野外风景区或郊区的园林绿地中，如果没有直接取用城市给水水源的条件，就可考虑就近取用地下水或地表水。以地下水为水源时，因水质一般比较好，往往不用净化处理就可以直接使用，因而其给水工程的构成就要简单一些。一般可以只设水势（或管井）、泵房、消毒清水池、输配水管道等。

（2）根据水质、水压或地形高差的要求，可将园林给水分成以下三种方式。

1）分区供水。如园内地形起伏较大，或管网延伸很远时，可以采用分区供水。

2）分质供水。用户对水质要求不同，可采取分质供水的方式。

3）分压供水。用户对水压要求不同而采取的供水方式。

二、园林管网布置

1. 管网布置技术规定

（1）管道埋深。冰冻地区，管道应埋设于冰冻线以下 40cm 处；不冻或轻冻地区，覆土深度也不小于 70cm。当然管道也不宜埋得过深，埋得过深工程造价高；但也不宜过浅，否则管道易遭破坏。

（2）阀门及消防栓。给水管网的交点叫作节点，在节点上设有阀门等附件，为了检修管理方便，节点处应设阀门井。阀门除安装在支管和干管的连接处外，为便于检修养护，要求每500m直线距离设一个阀门井。配水管上安装消防栓，按规定其间距通常为120m，且其位置距建筑不得少于5m，为了便于消防车补给水，离车行道不大于2m。

（3）管道材料的选择（包含排水管道）。给水管有镀锌钢管、PVC塑料管等，大型排水渠道有砖砌、石砌及预制混凝土装配式等。

2. 给水管网的布置形式

园林给水管网的布置形式分为树枝形和环形两种（见图9-1）。

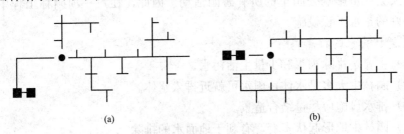

图9-1　给水管网的布置形式
(a) 树枝形；(b) 环形

（1）树枝形管道网。如图9-1（a）所示，这种布置方式较简单，省管材就像树干分权分枝，它适合于用水点较分散的情况，对分期发展的公园有利。在一定范围内，采用树枝形管网形式的管道总长度比较短，管网建设和用水的经济性比较好，但如果主干管出故障，则整个给水系统就可能断水，用水的安全性较差。

（2）环形管道网。如图9-1（b）所示，环形管道网是把供水管网闭合成环，使管网供水能互相调剂。这种管网形式所用管道的总长度较长，耗用管材较多，建设费用稍高于树枝形管网。但管网的使用很方便，主干管上某一点出故障时，其他管段仍能通水。

在实际布置管道网的工作中，常常将两种布置方式结合起来应用。在近期中采用树枝形，而到远期用水点增多时，再改造成环形管道网形式。在园林中用水点密集的区域，采用环形管道网；而在用水点稀少的局部，则采用分支较小的树枝形管网。

3. 管网的布置要点

（1）干管应靠近主要供水点。

（2）干管应靠近调节设施。

（3）在保证不受冻的情况下，干管宜随地形起伏辐射，避开复杂地形和难于施工的地段，可以减少土石方工程量。

（4）干管应尽量埋设于绿地下，避免穿越或设于园路下。

477

（5）和其他管道按规定保持一定距离。

（6）管网布置应能够便于检修维护。

三、园林排水工程的性质及特点

排水工程的主要任务是把雨水、废水、污水收集起来并输送到适当地点排除，或经过处理之后再重复利用和排除掉。园林中如果没有排水工程，雨水、污水淤积园内，将会使植物遭受涝灾，滋生大量蚊虫并传播疾病；既影响环境卫生，又会严重影响公园里的所有游园活动。因此，在每一项园林工程中都要设置良好的排水工程设施。

1. 园林排水的特点

（1）主要是排除雨水和少量生活污水。

（2）园林中大多是水体，雨水可就近排入水体。

（3）排水设施应尽量结合造景。

（4）园林中地形起伏多变，有利于地面水的排除。

（5）园林可采用多种方式排水，不同地段可根据其具体情况采用适当的排水方式。

（6）排水的同时还要考虑土壤能吸收到足够的水分，以利于植物生长，干旱地区尤应注意保水。

2. 园林排水的种类

（1）天然降水。园林排水管网要收集、输送和排除雨水及融化的冰、雪水。这些都属于天然的降水。

（2）生产废水。盆栽植物浇水时多浇的水，鱼池、喷泉池、睡莲池等较小的水景池排放的废水，都属于园林的生产废水。

（3）游乐废水。如游泳池、戏水池、碰碰船池、冲浪池、航模池等，就常在换水时有废水排出。游乐废水中所含污染物不算多；可以酌情向园林湖池中排放。

（4）生活污水。园林中的生活污水主要来自餐厅、茶室、小卖店、厕所、宿舍等处，另外，做清洁卫生时产生的废水，也可划入这一类中。

四、园林排水工程的基础施工

1. 排水工程的组成

园林排水工程的组成包括了从天然降水、废水、污水的收集、输送到污水的处理和排放等一系列过程。从排水的种类方面来分，园林排水工程则是由雨水排水系统和污水排水系统两大部分构成的。

（1）雨水排水系统不只是排除雨水，还要排除园林生产废水和游乐废水。因此，它的基本构成有以下几个部分。

1）汇水坡地、集水浅沟和建筑物的屋面、天沟、雨水斗、竖管、散水。

2）雨水口、雨水井、雨水排水管网、出水口。

3）排水明渠、暗沟、截水沟、排洪沟。

4）在利用重力自流排水困难的地方，还可以设置雨水排水泵站。

（2）污水排水系统主要是排除园林生活污水，包括室内部分和室外部分。

1）室内污水排放设施，如厨房洗物槽、下水管、房屋卫生设备等。

2）除油池、化粪池、污水集水口。

3）污水排水干管、支管组成的管道网。

4）管网附属构筑物，如检查井、连接井、跌水井等。

5）污水处理站，包括污水泵房、澄清池、过滤池、消毒池、湾水池等。

6）出水口，是排水管网系统的终端出口。

（3）合流制排水系统只设一套排水管网，其基本组成是雨水系统和污水系统的组合。常见的组合由以下几个部分组成。

1）雨水集水口、室内污水集水口、雨水管渠、污水支管、雨、污水合流的干管和主管。

2）管网上附属的构筑物，如雨水井、检查井、跌水井、截流式合流制系统的截流干管与污水支管交接处所设的溢流井等。

3）污水处理设施，如混凝澄清池、过滤池、消毒池、污水泵房等。

4）出水口。

2. 排水管网的附属构筑物

除管渠本身外，还需在管渠系统上设置某些附属构筑物。在园林绿地中，这些构筑物常见的有雨水口、检查井、跌水井、闸门井、倒虹管、出水口等。下面就主要介绍这些构筑物。

（1）雨水口。雨水口通常设置在道路边沟或地势低洼处，是雨水排水管道收集地面径流的孔道。雨水口设置的间距，在直线上一般控制在 30～80m，它与干道常用 200mm 的连接管连接，其长度不得超过 25m。

雨水口的构造如图 9-2 所示。与雨水管或合流制干管的检查井相接时，雨水口支管与干管的水流方向以在平面上呈 60°交角为好。支管的坡度一般不应小于 1%。雨水口呈水平方向设置时，井箅应略低于周围路面及地面 3cm 左右，并与路面或地面顺接，以方便雨水的汇集和泄入。

（2）检查井。检查井的功能是便于管道维护人员检查和清理管道。另外它还是管段的连接点。检查井通常设置在管道方向坡度和管径改变的地方。井与井之间的最大间距在管径小于 500mm 时为 50m。为了检查和清理方便，相邻检查井之间的管段应在一直线上。检查井的构造主要是由井基、井身、井盖、井底和井盖身等组成，如图 9-3 所示。

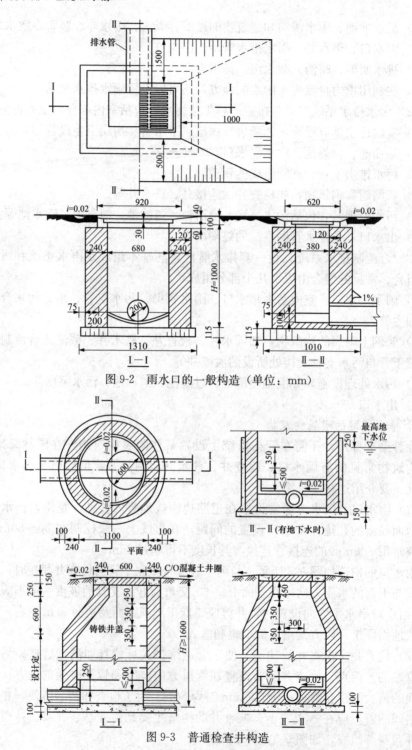

图 9-2 雨水口的一般构造（单位：mm）

图 9-3 普通检查井构造

（3）跌水井。跌水井是设有消能设施的检查井。一般在排水管道某地段的高程落差超过 1m 时，就需要设置一个具有消能作用的检查井，这就是跌水井。跌水井的井底要考虑对水流冲刷的防护，要采取必要的加固措施。

当检查井内上、下游管道的高程落差小于 1m 时，可将井底做成斜坡，不必做成跌水井。目前常见的跌水井有竖管式和溢流堰式两种形式。

管式跌水井一般适用于管径不大于 400mm 的排水管道上。井内允许的跌落高度因管径的大小而异。当管径不大于 200mm 时，一级跌落高度不宜超过 6m；当管径为 250～400mm 时，一级跌落高度不超过 4m。竖管式圆形跌水井的构造如图 9-4 所示。

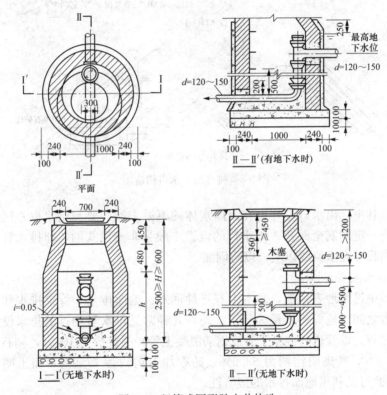

图 9-4　竖管式圆形跌水井构造

溢流堰式跌水井多用于 400mm 以上大管径的管道上。当管径大于 400mm，而采用溢流堰式跌水井时，其跌水水头高度、跌水方式及井身长度等都应通过有关水力学公式计算求得。

（4）闸门井。由于降雨或潮汐的影响，使园林水体水位增高，可能对排水管形成倒灌；或者为了防止降雨时污水对园林水体的污染以及调节、控制排水管道内水的方向与流量，就要在排水管网中或排水泵站的出口处设置闸门井。闸门井由基础、井室和井口组成。闸门的启闭方式可以是手动的，也可以是电动的；闸门结构比较复杂，造价也比较高。

（5）出水口。排水管渠的出水口是雨水、污水排放的最后出口，其位置和形式视水位、水流方向而定，管渠出水口不要淹没于水中。最好令其露在水面上，如图 9-5 所示。

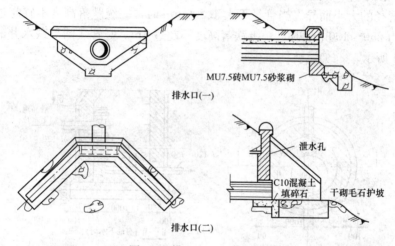

排水口(一)

泄水孔

MU7.5砖MU7.5砂浆砌

C10混凝土填碎石   干砌毛石护坡

排水口(二)

图 9-5　排（出）水口构造图

在园林中，出水口最好设在园内水体的下游末端，要和给水取水区、游泳区等保持一定的安全距离。雨水口的设置一般为非淹没式的，即排水管出水口的管底高程要在水位线以上，以防倒灌。

3. 排水主要形式

公园中排除地表径流，基本上有三种形式：地面排水、管渠排水和暗沟排水，三者之间以地面排水最为经济。现以几种常见排水量相近的排水设施的造价作一比较。设管道（混凝土管或钢筋混凝土管）的造价为 100%，则石砌明沟约为 58.0%，砖砌明沟约为 68.0%，砖砌加盖沟约为 27.9%，而土明沟只有 2%。由此可见利用地面排水的经济性。

（1）地面排水。在我国，大部分公园绿地都采用地面排水为主、沟渠和管道排水为辅的综合排水方式。

地面排水的方式可以归结为 5 个字，即：拦、阻、蓄、分、导。"拦"指的是把地表水拦截于园地或某局部之外；"阻"指的是在径流流经的路线上设置障碍物挡水，达到消力降速以减少冲刷的作用；"蓄"有两种含义：一是采取措施使土壤多蓄水，另一个是利用地表注处或池塘蓄水；"分"指的是用山石建筑墙体等将大股的地表径流分成多股细流，以减少危害；"导"指的是把多余的地表水或造成危害的地表径流利用地面、明沟、道路边沟或地下管及时排放到园内的水体或雨水管渠中区。

（2）管渠排水。公园绿地应尽可能利用地形排除雨水，但在某些局部如广场、主要建筑周围或难以利用地面排水的局部，可以设置暗管，或开渠排水。这些管渠可根据分散和直接的原则，分别排入附近水体或城市雨水管，不必搞完整的系统。

（3）暗沟排水。暗沟又叫盲沟，是一种地下排水渠道，用以排除地下水，降低地下水位。在一些要求排水良好的活动场地，如体育场、儿童游戏场等或地下水位过高影响植物种植和开展游园活动的地段，都可以采用暗沟排水。依地形及地下水的流动方向而定，大致可归纳为自然式、截流式，算式、耙式等几种，如图9-6所示。

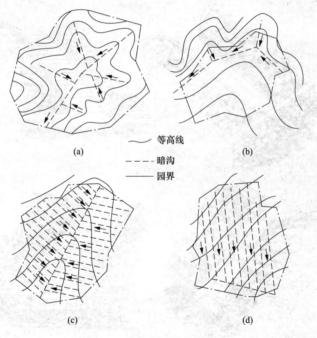

等高线
—— 暗沟
—— 园界

(a)

(b)

(c)

(d)

图 9-6　暗沟布置的几种形式
（a）自然式；（b）截流式；（c）算式；（d）耙式

1）自然式。园址处于山坞状地形，由于地势周边高中间低，地下水向中心部分集中，其地下暗渠统一布置，将排水干渠设于谷底，其支管自由伸向周围的每个山洼以拦截由周围侵入园址的地下水。

2）截流式。园址四周或一侧较高，地下水来自高地，为了防止园外地下水侵入园址，在地下水来向一侧设暗沟截流。

3）算式。地处豁谷的园址，可在谷底设干管，支管成鱼骨状向两侧坡地伸展。此法排水迅速，适用于低洼地积水较多处。

4）耙式。此法适合于一面坡的情况，将干管埋设于坡下，支管由一侧接入，形如铁耙式。

以上几种形式可视当地情况灵活采用，单独用某种形式布置或根据情况用两种以上形式混合布置均可。

4. 出水口处理

当地表径流利用地面或明渠排入园林水体时，为了保护岸坡，出水口应做适当的处理，常见的处理方法如下。

（1）做簸箕式出水口。即所谓做"水簸箕"。这是一种敞口式排水槽。槽身可采用三合土、混凝土、浆砌块石或砖砌体做成，如图9-7所示。

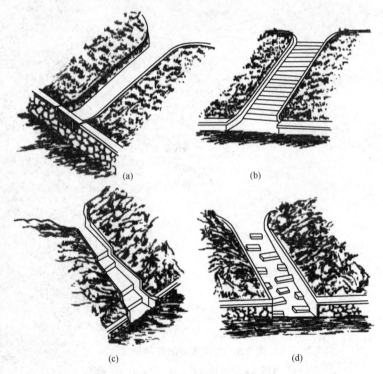

图 9-7　水簸箕的4种形式
（a）栏栅式；（b）礓礤式；（c）消力阶；（d）消力块

（2）做成消力出水口。排水槽上口下口高差大时可以在槽底设置"消力阶"礓礤或消力块。

（3）做造景出水口。在园林中，雨水排水口还可以结合造景布置成小瀑布、跌水、溪涧、峡谷等，一举两得，既解决了排水问题，又使园景生动自然，丰富了园林景观内容。

（4）埋管成排水口。这种方法园林中运用很多，即利用路面或道路两侧的明渠将水引至适当位置，然后设置排水管作为出水口，排水管口可以伸出到园林水面以上或以下，管口出水直接落入水面，可避免冲刷岸边；或者，也可以从水面以下出水，从而将出水口隐藏起来，成为一景。

5. 防止地表径流冲刷地表土壤的措施

当地表径流流速过大时，就会造成地表冲蚀。解决这个问题可以从竖向设计，植树种草、覆盖地面，"护土筋"，挡水石，"谷方"等几个方面下手。

（1）竖向设计。

1）注意控制地面坡度，使之不致过陡，有些地段如较大坡度不可避免，应另采取措施以减少水土流失。

2）利用盘山道、谷线等拦截和组织排水。

3）同一坡度的坡面不宜延续过长，应该有起有伏，使地表径流不致一冲到底，形成大流速的径流。

4）利用植被护坡，减少或防止对表土的冲蚀。

对设置地面障碍物来减轻地表径流冲刷影响的方法有如图 9-8 所示的几种措施。

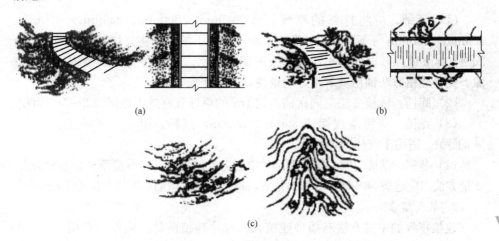

图 9-8　防止径流冲刷的工程措施

(a) 设置护土筋；(b) 设挡水石；(c) 做谷方

（2）植树种草，覆盖地面。对地表径流较多、水土流失较严重的坡地，可以培植草本地被植物覆盖地面；还可以栽种乔木与灌木，利用树根紧固较深层的土壤，使坡地变得很稳定。覆盖了草本地被植物的地面，其径流的流速能够受到很好的控制，地面冲蚀的情况也能得到充分的抑制。

（3）"护土筋"。沿着山路坡度较大处，或与边沟同一纵坡且坡面延续较长的地方敷设"护土筋"。其做法是：采用砖石或混凝土块等，横向埋置在径流速度较大的坡面上，砖石大部分埋入地下，只有3～5cm露出地面，每隔一定距离（10～20m）放置3～4道，与道路成一定角度，如鱼翅状排列于道路两侧，以降低径流流速，消减冲刷力，如图9-8（a）所示。

（4）挡水石。利用山道边沟排水，在坡度变化较大处（如在台阶两侧），由于水的流速大，表土土层很容易受到严重冲刷，严重影响道路路基。为了减少冲刷，在台阶两侧置石挡水，以缓解雨水流速。这种置石称作挡水石，如图9-8（b）所示。

（5）"谷方"。当地表径流汇集在山谷或地表低洼处，为了避免地表被冲刷，在汇水线地带散置一些山石，作延缓阻碍水流，达到降低流速、保护地表的作用。这些山石称作"谷方"，如图9-8（c）所示。

第三节　园林绿化工程

一、草坪种植

1. 草坪铺植

（1）密铺。应将选好的草坪切成300mm×300mm、250mm×300mm、200mm×200mm等不同草块，顺次平铺，草块下填土密实，块与块之间应留有20～30mm缝隙，再行填土，铺后及时滚压浇水。若草种为冷季型则可不留缝隙。此种建植方法铺后就有很好的景观，但建坪成本高。

（2）间铺。铺植方法应同密铺。用1m²的草坪宜有规则地铺设2～3m²面积。

（3）点铺。应将草皮切成30mm×30mm，点种。用1m²草坪宜点种2～5m²面积。适用于密丛型草坪草类。

（4）茎铺。茎铺时间：暖季型草种以春末夏初为宜，冷季型草种以春秋为宜。撒铺方法：应选剪30～50mm长的枝茎，及时撒铺，撒铺后滚压并覆土10mm。

2. 草坪建植

建植草坪的主要方法有播种建植和营养体建植两种。应根据费用、时间要求，现有草坪建植材料及生长特性确定建植的方法。

（1）播种建植。利用播种法形成草坪的优点是均匀、整齐和投资少，目前在园林绿化中已被广泛应用。大部分冷季型草坪草都能用播种建植法建植草坪。暖季型草坪草中，假俭草、斑点雀稗、地毯草、野牛草和普通狗牙根均可用播种建植法来建植，也可用营养体建植法来建植。马尼拉结缕草、杂交狗牙根则一般常用营养体建植法建坪。

（2）营养体建植。用草坪草营养体建植草坪可采用速生的草种。将已培育好的草皮取下，撕成小片，以 10～15cm 的间距种植。在适宜期种植，经 1～2个月即可形成密生、美丽的草坪。营养体建植草坪的方法有草皮铺栽法、直栽法、枝条匍茎法等。

3. 草坪灌溉

（1）水源。没有被污染的井水、河水、湖水、水库存水、自来水等均可做灌水水源。国内外目前试用城市"中水"做绿地灌溉用水。随着城市中绿地不断增加，用水量大幅度上升，城市供水压力也越来越大，"中水"已成为一种可靠的水源。

（2）灌水方法。

1）漫灌。地面漫灌是最简单的方法，其优点是简单易行，缺点是耗水量大，水量不够均匀，坡度大的草坪不能使用。采用这种灌溉方法的草坪表面应相当平整且具有一定的坡度，理想的坡度是 0.5%～1.5%。

2）喷灌。使用喷灌设备令水像雨水一样淋到草坪上。其优点是能在地形起伏变化大的地方或斜坡使用，灌水量容易控制，用水经济，便于自动化作业。其缺点是建造成本高，但此法仍为目前国内外采用最多的草坪灌水方法。

3）地下灌溉。靠毛细管作用从根系层下面设的管道中的水由下向上供水。这种方法可避免土壤紧实，并使蒸发量及地面流失量减到最低程度。节水是此法最突出的优点，然而由于设备投资大、维修困难，使用此法灌水的草坪甚少。

（3）灌水时间。在生长季节，根据不同时期的降水量及不同的草种适时灌水是极为重要的，一般可分为以下 3 个时期。

1）返青到雨季前。这一阶段气温高，蒸腾量大，需水量大，是一年中最关键的灌水时期，根据土壤保水性能的强弱及雨季来临的时期可灌水 2～4 次。

2）雨季基本停止灌水。这一时期空气湿度较大，草的蒸腾量下降，而土壤含水量已提高到足以满足草坪生长需要的水平。

3）雨季后至枯黄前。这一时期降水量少，蒸发量较大，而草坪仍处于生命活动较旺盛阶段，与前两个时期相比，这一阶段草坪需水量显著提高，如果不能及时灌水，不但会影响草坪生长，还会引起提前枯黄进入休眠，这一阶段，可根据情况灌水 4～5 次。

另外，在返青时灌返青水，在北方封冻前灌封冻水也都是有必要的。草种不同，对水分的要求不同，不同地区的降水量也有差异。所以，必须根据气候条件与草坪植物的种类来确定灌水时期。

（4）灌水量。每次灌水的水量应根据土质、生长期、草种等因素来确定，以湿透根系层、不发生地表径流为原则。

二、花坛种植

花坛是一种将同期开放的多种花卉，或不同颜色的同种花卉，根据一定的图案设计，栽种于特定规则式或自然式苗床内，使其发挥群体美的布置形式。花坛植物材料宜由一、二年生或多年生草本、球宿根花卉及低矮色叶花植物灌木组成。应选用花期一致、花朵显露、株高整齐、叶色和叶形协调，容易配置的品种。花坛花卉必须选择其生物学特性符合当地条件者。

1. 种植床的整理

（1）翻土、除杂、整理、换客土。在已完成的边缘石圈子内进行翻土作业。一面翻土，一面挑选、清除土中杂物。若土质太差，应当将劣质土全部清除掉，另换新土填入花池中。

（2）施基肥。花坛栽种的植物都是需要大量消耗养料的，因此花池内的土壤必须很肥沃。在花池填土之前，最好先填进一层肥期较长的有机肥作为基肥，然后才填进栽培土。

（3）填土、整细。

1）一般的花池，其中央部分填土应该比较高，边缘部分填土则应低一些。

2）单面观赏的花池，前边填土应低些，后边填土则应高些。

3）花池土面应做成坡度为 $5\% \sim 10\%$ 的坡面。

4）在花池边缘地带，土面高度应填至边缘石顶面以下 $2 \sim 3cm$；以后经过自然沉降，土面即降到比边缘石顶面低 $7 \sim 10cm$ 之处，这就是边缘土面的合适高度。

5）花池内土面一般要填成弧形面或浅锥形面，单面观赏花池的土面则要填成平坦土面或是向前倾斜的直坡面。

6）填土达到要求后，要把土面的土粒整细、耙平，以备栽种花卉植物。

（4）钉中心桩。花坛种植床整理好之后，应当在中央重新栽上中心桩，作为花坛图案放样的基准点。

2. 花坛图案放样

按设计要求整好地后，根据施工图样上的花坛图案原点、曲线半径等，直接在上面定点放样。放样尺寸应准确，用灰线标明。对中、小型花坛，可用麻绳或钢丝按设计图摆好图案模纹，画上印痕撒灰线。对图纹复杂、连续和重复图案模纹的花坛，可按设计图用厚纸板剪好大样模纹，按模型连续标好灰线。

3. 花木的栽植

（1）起苗要求。从花圃挖起花苗之前，应先灌水浸湿圃地，这样起苗时根土才不易松散。同种花苗的大小、高矮应尽量保持一致，过于弱小或过于高大的都不要选用。

（2）栽植季节时间。花卉栽植时间，在春、秋、冬三季基本没有限制，但夏季的栽种时间最好在上午 11：00 之前和下午 4：00 以后，要避开太阳暴晒。花苗运到后，应及时栽种，不要放置很久才栽。

（3）栽植技术要求。栽植花苗时，一般的花坛都要从中央开始栽，栽完中部图案纹样后，再向边缘部分扩展栽下去。在单面观赏花坛中栽植时，则要从后边栽起，逐步栽到前边。若是模纹花坛和标题式花坛，则应先栽模纹、图线、字形，后栽底面的植物。在栽植同一模纹的花卉时，若植株稍有高矮不齐，应以矮植株为准，对较高的植株则栽得深一些，以保持顶面整齐。

（4）栽植株行距。花坛花苗的株行距应随植株大小而确定。植株小的，株行距可为 15cm×15cm。植株中等大小的，可为（20cm×20cm）～（40cm×40cm）。对较大的植株，则可采用 50cm×50cm 的株行距。五色苋及草皮类植物是覆盖型的草类，可不考虑株行距，密集铺种即可。

（5）浇透水。花池栽植完成后，要立即浇一次透水，使花苗根系与土壤密切接合。

4. 花坛的养护管理

花坛作为园林建设的一个重要组成部分，可以在城市园林绿化中起到画龙点睛、丰富景观效果的作用，花坛的艺术效果，取决于设计、花卉品种的选配以及施工的技术水平。但能否保证生长健壮、花繁叶茂、色彩艳丽，在很大程度上取决于日常的养护管理。搞好花坛的养护管理工作，对改善、美化城市居民的生活环境能发挥有效作用。

（1）浇水。花苗栽好后，在生长过程中要不断浇水，以补充土中水分的不足。浇水的时间、次数、浇水量应根据气候条件及季节的变化灵活掌握，如果有条件还应喷水。每次浇水量要适度，既不能浇半截水，也不能水量过大，以防烂根。浇水时水温要适宜，一般春、秋季水温不能低于 10℃，夏季水温不能低于 15℃，如果水温太低，应事先晒水，待水温升高后再浇。

（2）施肥。草花所需要的肥料，主要依靠整地时所施入的基肥。在定植的生长过程中，可根据需要进行追肥。追肥时要注意不能污染花、叶，施肥后要及时浇水。对球根花卉不可使用未经充分腐熟的有机肥，否则会造成球根腐烂。

（3）中耕除草。花坛内的杂草与花苗争肥、争水，既妨碍花苗的生长，又影响花坛的观赏效果，所以要对杂草及时清除。为保持土壤疏松，还应经常中耕、松土，但中耕深度要适当，不能损伤花根。中耕后的杂草及残花、败叶要及时清除。

（4）花苗补植与更换。花坛内如果有缺苗现象，应及时补植，以保持应有的观赏效果。补植花苗的品种、规格应与花坛内的苗木一致。由于草花生长期短，为了保持花坛经常性的观赏效果，还要做好花苗的更换工作。

（5）修剪。为控制花苗的植株高度，促进花丛茂密、健壮及保持花坛整洁、美观，应随时清除残花、败叶，经常修剪，以保持图案明显、整齐。

（6）防病害。花苗生长过程中，要注意及时防治地上和地下的病虫害，由于草花植物娇嫩，所施用的农药要掌握适当的浓度，避免发生药害。

三、花境种植

花境是在绿地中的路侧或在草坪、树林、建筑物等边缘配置花卉的一种布置形式，用来丰富绿地色彩。布置形式以带状自然式为主。花境用花宜以花期长、观赏效果佳的球（宿）根花卉和多年生草花及高度 40cm 以下的观花、观叶植物为主。

1. 花境施工

（1）整床。由于花境所用植物材料多为多年生花卉，故第一年栽种时整地要深翻，一般要求深达 40～50cm。若土壤过于贫瘠，要施足基肥。若种植花卉喜酸性，需混入泥灰土或腐叶土，整平后放样栽植。对土质差的地段要换土，通常混合式花境土壤需深翻 60cm 左右，筛出石块，距床面 40cm 处混入腐熟的堆肥，再把表土填回，然后整平床面，稍加整压。

（2）放线。按平面图样用白粉或沙在种植床内放线，对有特殊土壤要求的植物，可在种植工程中采用局部换土措施。要求排水好的植物可在种植区土壤下层添加石砾。对某些根蘖性过强、易侵扰其他花卉的植物，可以在种植区边挖沟，埋入瓦砾、石头、金属条等物进行隔离。

（3）栽植。通常按设计方案进行育苗，然后栽入花境。栽植密度以植株覆盖床为限。若栽种小苗，则可种植密些，开花前再适当疏苗。若栽植成苗，则应按设计密度栽植。栽后保持土壤湿度，直到成活。

栽植时，先栽植株较大的花卉，再栽植株较小的花卉。先栽宿根花卉，再栽一、二年生花卉和球根花卉。

花境种植后，随着时间推移会出现局部生长过密或稀疏的现象，需及时调整，以保证其景观效果。花境实际上是一种人工群落，只有精心养护管理才能保持较好的景观。一般花境可保持 3～5 年的景观效果。

2. 花境养护管理

花境中各种花卉的配置比较粗放，也不要求花期一致。但要考虑到同一季节中各种花卉的色彩、姿态、体形及数量的协调和对比及整体构图严整，还要注意一年中的四季变化，使一年四季都有花卉开花。对植物高矮要求不严，只注意开花时不会被其他植株遮挡即可。花境养护管理比较粗放。

（1）施肥。每年植株休眠期必须适当耕翻表土层，并施入腐熟的有机肥（$1.0～1.5kg/m^2$），并进行补植工作。结合中耕施肥，更换部分植株，或播种一、二年生花卉。生长季节根据花卉生长发育对养分的需要，实行叶面施肥。

（2）修剪、整枝。修剪与整枝要及时，在花后及植株休眠期，重要的花境内残花枯枝率不得大于 10%，其他的花境不得大于 15%。

（3）其他日常管理。生长季节注意经常中耕、除虫、除草、施肥和浇水等，做到花境无杂草垃圾，花境防护设施经常保持清洁完好无损。对于枝条柔软或易倒伏的种类，要及时搭架，捆绑固定。还要注意有些植物种类需要掘起放入室内越冬、有些需要在苗床采取防寒措施越冬的，都要及时采取措施进行处理。

四、水生植物种植

1. 栽植要领

（1）水面绿化面积的确定。为了保证水面植物景观疏密相间，不影响水体岸边其他景物倒景的观赏，不宜做满池绿化和环水体一周，只需保证 1/3～1/2 的绿化面即可。

（2）水中种植台、池、缸的设置。为了保证景观的实现，须在水体中设置种植台、池、缸。种植池高度要低于水面，其深度要根据植物种类不同而定。如荷花的叶柄生长较高，其种植池离水面高度可设计为 60～120cm 深。睡莲的叶柄较短，种植池可离水面 30～60cm。玉蝉花的叶柄更短，其种植池可离水面 5～15cm。用种植缸、盆可机动灵活地在水中移动，创造一定的水面植物图案。

（3）造型浮圈的制作。满江红、浮萍、槐叶萍、凤眼莲等具有繁殖快、全株漂浮在水面上的特点，所以这类水生植物造景不受水的深度影响。可根据景观需要在水面上制作各种造型的浮圈，将其圈入其中，创造水面景观，点缀水面，改变水体形状大小，使水体曲折有序。

（4）沉水植物的配置。水草等沉水植物的根着生于水池的泥土中，茎、叶全可浸在水中生长。这类植物置于清澈见底的小水池中，点缀几缸或几盆，再养几只观赏红鱼，更加生动活泼，别有情趣。

（5）水边植被物景观的营造。利用芦苇、荸荠、慈姑、鸢尾、水葱等沼生草本植物可以创造水边低矮的植被景观。

总之，在水中利用浮叶水生植物疏密相间、断续、进退，有节奏地创造富有季相变化的连续构图。在水面上可利用漂浮水生植物，集中成片，创造水上绿岛。还可用落羽松、水松、柳树、水杉、水曲柳、桑树、栀子花、柽柳等耐水湿的树木在水体或岸边创造闭锁空间，以丰富水面的层次感、深远感，为游人划船等水上活动增加游点，创造遮阴条件。

2. 栽植技术

陪衬水景的风景树，由于是栽在水边，故应当选择耐湿的树种。如果所选树种并不能耐湿，但又一定要用它，就要在种植中做一些处理。

保持种植穴的底部高度在水位线之上。种植穴要比一般情况下挖得深一些，穴底可垫一层厚度 5cm 以上的透水材料，如炭渣、粗砂粒等。透水层之上再填一层壤土，厚度可在 8～20cm 之间。其上再按一般栽植方法栽种树木。树木可以栽得高一些，使其根茎部位高出地面。高出地面的部位进行壅土，把根茎旁的土壤堆起来，使种植点整个都抬高。水景树的这种栽植方法对根系较浅的树种效果较好，但对深根性树种来说，就只在 2～3 年内有些效果，时间一长，效果就不明显了。

3. 养护管理

（1）除草。由于水生花卉在幼苗期生长较慢，所以不论是露地栽种，还是缸盆栽种都要进行除草。从栽植到植株生长过程中，必须及时除草。

（2）追肥。一般在植物的生长发育中后期需追肥，可用浸泡腐熟后的人粪、鸡粪、饼类肥，一般需要追肥 2～3 次。露地栽培可直接施入缸、盆中，这样吸收快。在施追肥时，应用可分解的纸做袋装肥施入泥中。

（3）水位调节。水生花卉在不同的生长时期所需的水量也有所不同，调节水位时应遵循由浅入深，再由深到浅的原则。分栽时，保持 5～10cm 的水位，随着立叶或浮叶的生长，水位可根据植物的需要量，将水位提高（一般在 30～80cm）。如荷花到结藕时，又要将水位放浅到 5cm 左右，提高泥温和昼夜温差，提高种苗的繁殖数量。

（4）防风防冻。水生植物的木质化程度差，纤维素含量少，抗风能力差，栽植时，应在东南方向选择有防护林等的地方。水生植物在北方种植，冬天要进入室内或灌深水（100cm）防冻。在长江流域一带，正常年份可以在露地越冬。为了确保安全，可将缸、盆埋于土里或在缸、盆的周围壅土、包草、覆盖草防冻。

（5）遮阴。水生花卉中有不少种类属阴生性，不适应强烈阳光的照射，栽培时需搭设阴棚。根据各种植物的需求，遮光率一般控制在 50％～60％，遮阴多采用黑色或绿色的遮阳网进行遮阴。有不同遮光率的产品，具有明显的遮阴、降温效果，使用方便。

（6）消毒。为了减少水生花卉在栽培中的病虫害，各种土壤需进行消毒处理。消毒用的杀虫剂有 0.1％乐果、敌百虫、甲氰菊酯（灭扫利）等。杀菌剂有多菌灵、甲基硫菌灵（1000～1500 倍）等。

五、树木栽植

树木栽植成功与否，受各种因素的制约，如树木自身的质量及其移植期、生长环境的温度、光照、土壤、肥料、水分、病虫害等。

树木有深根性和浅根性两种。种植深根性的树木需有深厚的土壤，在栽植大乔木时比小乔木、灌木需要更厚的土壤。

1. 树木栽植季节选择

应根据树木的习性和当地的气候条件，选择适宜的种植时期。

（1）春季移植。我国北方地区适宜春季植树，春季是树木休眠期，蒸腾量小，栽后容易达到地上、地下部分的生理平衡。此外春季也是树木的生长期，树体内储藏营养物质丰富，生理机制开始活跃，有利于根系再生和植株生长。

春季移植适期较短，应根据苗木发芽的早晚，合理安排移植顺序。落叶树早移，常绿树后移。

（2）秋季移植。在树木地上部分生长缓慢或停止生长后进行。北方冬季寒冷的地区，秋季移植植物均需要带土球栽植。

（3）雨季移植。南方在梅雨初期，北方在雨季刚开始时，适宜移植常绿树及萌芽力较强的树种。

（4）非适宜季节移植。不能在适宜季节移植时，可按照不同类别树种采取不同措施。常绿树种起苗时应带较正常情况大的土球，对树冠进行疏剪、摘叶，做到随掘、随运、随栽，及时灌水，叶面经常喷水，晴热天气应遮阴。冬季应防风防寒，尤其是新栽植的常绿乔木，如雪松、油松、马尾松等。

落叶乔木采取以下技术措施：提前疏枝、环状断根、在适宜季节起苗用容器假植、摘去部分叶片等。另外，夏季可搭棚遮阴、树冠喷雾、树干保湿，也可采用现代科技手段，喷施抗蒸腾剂，树干注射营养液等措施，保持空气湿润。冬季应防风防寒。

2. 挖种植穴、槽

挖种植穴、槽的位置应准确，严格以定点放线的标记为依据。穴、槽的规格应视土质情况和树木根系大小而定。一般要求树穴直径应较根系和土球直径加大 150～200mm，深度加 100～150mm。树槽宽度应在土球外两侧各加100mm，深度加 150～200mm。如遇土质不好，需进行客土或采取施肥措施的应适当加大穴槽规格。

挖种植穴、槽应垂直下挖，穴槽壁要平滑，上下口径大小要一致，以免树木根系不能舒展或填土不实。底部应留一土堆或一层活土，挖出的表土和底土、好土、坏土分别置放。在新填土方地区挖树穴、槽，应将底部踏实。

3. 定值

（1）散苗。散苗是指将苗木按设计图样或定点木桩散放在种植穴旁边的工序。散苗时应注意以下几点。

1）散苗人员要充分理解设计意图，统筹调配苗木规格。必须保证位置准确，按图散苗，细心核对，避免散错。

2）要爱护苗木，轻拿轻放，不得伤害苗木。为防止根部擦伤和土球破碎，不准手持树梢在地面上拖苗。

3）在假植沟内取苗时应按顺序进行，取后应随时用土埋严。

4）作为行道树、绿篱的苗木应于种植前量好高度，按高度分级排列。

（2）栽苗。栽苗是指将苗木直立于穴内，分层填土，提苗到合适高度，踩实固定的工序。栽苗应根据树木的习性和当地的气候条件，选择最适宜的时期进行。其方法步骤如下。

1）将苗木的土球或根蔸放入种植穴内，使其居中。

2）将树干立起扶正，使其保持垂直。

3）分层回填种植土，填土后将树根稍向上提一提，使根群舒展开，每填一层土就要用锄把土压紧实，直到填满穴坑，并使土面能够盖住树木的根茎部位。

4）检查扶正，然后把余下的穴土绕根茎一周进行培土，做成环形的拦水围堰。其围堰的直径应略大于种植穴的直径。堰土要拍压紧实，不能松散。

5）种植裸根苗木时，将原根际埋下 3～5cm 即可，应将种植穴底填土呈半圆土堆，置入树木填土至 1/3 时，应轻提树干使根系舒展，并充分接触土壤，随填土分层踏实。

6）带土球苗木必须踏实穴底土层，而后将苗木置入种植穴，填土踏实。

7）绿篱成块种植或群植时，应由中心向外顺序退植，坡式种植时应由上向下种植，大型块植或不同色彩丛植时，宜分区分块。

8）在假山或岩缝间种植，应在种植土中掺入苔藓、泥炭等保湿透气材料。

9）落叶乔木在非种植季节种植时，应根据不同情况分别采取以下技术措施。

①苗木必须提前采取疏枝、环状断根或在适宜季节起苗用容器假植等处理。

②苗木应进行强修剪，剪除部分侧枝，保留的侧枝也应疏剪或短截，并应保留原树冠的 1/3，同时必须加大土球体积。

③可摘叶的应摘去部分叶片，但不得伤害幼芽。

④夏季可搭棚遮阴、树冠喷雾、树干保湿，保持空气湿润。冬季应防风防寒。

⑤干旱地区或干旱季节，种植裸根苗木应采取根部喷布生根激素、增加浇水次数等措施。

10）对排水不良的种植穴，可在穴底铺 10～15cm 沙砾或铺设渗入管、盲沟。

4. 栽苗注意事项与要求

（1）埋土前必须仔细核对设计图样，看树种、规格是否正确，若发现问题应立即调整。

（2）栽植深度对成活率影响很大，一般裸根乔木苗，应比根茎土痕深 5～10cm。灌木应与原土痕平齐。带土球苗木比土球顶部深 2～3cm。

（3）注意树冠的朝向，大苗要按其原来的阴阳面种植。尽可能将树冠丰满完整的一面朝主要观赏方向。

（4）对于树干弯曲的苗木，其弯向应与当地主导风向一致。如果为行植时，应弯向行内并与前后对齐。

（5）行列式栽植，应先在两端或四角栽上标准株，然后瞄准栽植中间各株。

左右错位最多不超过树干的一半。

（6）定植完毕后应与设计图样详细核对，确定没有问题后，可将捆拢树冠的草绳解开。

（7）栽裸根苗木最好每3个人为一个作业小组，其中1个人负责扶树、找直和掌握深浅度，另外2个人负责埋土。

（8）栽植带土球苗木，必须先量好坑的深度与土球的高度是否一致。若有差别应及时将树坑挖深或填土，必须保证种植深度适宜。

（9）城市绿化植树如果遇到土壤不适，需进行客土改造。

六、大树移植

1. 大树移植的特点

（1）移植周期长。一般要求在移植前的一段时间对大树做必要的移植处理，以确保大树移植的成活率，从断根缩坨到起苗、运输、栽植以及后期的养护管理，移植周期少则几个月，多则几年，每一个步骤都极为重要。

（2）工程量大，费用高。由于大树树体规格大，移植技术要求高，单纯依靠人力无法解决，故需动用挖掘机、起重机和大型运输车辆等多种机械。此外，为了确保移植成活率，移植后必须采用一些特殊的养护管理技术与措施。因此，要消耗大量的人力、物力和财力。

（3）移植成活困难。大树移植成活困难主要表现在以下几个方面。

1）树龄大，细胞的再生能力下降，在移植过程中被损伤的根系和树冠恢复慢。

2）树体在生长发育过程中，根系扩展范围不仅远超出树冠水平投影范围，而且扎入土层较深，挖掘后的树体根系在一般带土范围内可包含的吸收根较少，近干的粗大骨干根木栓化程度高，萌生新根能力差，移植后新根形成缓慢。

3）大树形体高大，根系距树冠距离长，水分的输送有一定困难，而地上部的枝叶蒸腾面积大，移植后根系水分吸收与树冠水分消耗之间的平衡失调，如果不能采取有效措施，极易造成树体失水枯亡。

4）大树移植时带的土球重，土球在起挖、搬运、栽植过程中易造成破裂，会影响大树移植成活率。

（4）绿化效果快速显著。尽管大树移植有诸多困难，但若是能科学规划、合理运用的话，就可在较短的时间内显现绿化效果，较快发挥城市绿地的景观功能，故在现阶段的城市绿化建设中仍有应用潜力。

2. 大树移植的原则

（1）树种选择。大树移植的成功与否首先取决于树种选择是否得当。我国的大树移植经验也表明，不同树种间在移植成活难易上有明显的差异，最易成活者有银杏、臭椿、楝树、槐树、杨树、柳树、梧桐、悬铃木、榆树、朴树等，较易成活者有广玉兰、木兰、七叶树、女贞、香樟、桂花、厚朴、厚皮香、槭树、榉树等，较难成活者有雪松、白皮松、马尾松、圆柏、侧柏、龙柏、柏树、柳杉、榧树、山茶、楠木、青冈栎等，最难成活者有金钱松、云杉、冷杉、胡桃、桦木等。

（2）树体选择。大树移植树体应选择年龄青壮者，这是因为处于青壮年期的树木，从形态、生态效益以及移植成活率上都是较佳时期。大多数树木胸径在 10～15cm 时，正处于树体生长发育的旺盛时期，此时树体的再生能力和对环境的适应性都较强，移植过程中树体恢复生长需时短，移植成活率高，易成景观。一般来说，树木到了壮年期，其树冠发育成熟且较稳定，能体现景观设计的要求。从生态学角度而言，为达到城市绿地生态环境的快速形成和长效稳定，也应选择能发挥较好生态效果的壮龄树木。

（3）就近选择。城市绿地中需要种植大树的环境条件一般与自然条件相差甚远，选择树种时应格外注意。在进行大树移植时，应根据种植地的气候条件、土壤类型，以选择乡土树种为主、外来树种为辅，坚持就近选择为先的原则，尽量避免远距离运输大树，使其在适宜的生长环境中发挥优势。

（4）科学配置。大树移植是园林绿地建设的一种辅助手段，主要起锦上添花的作用，绿地建设的主体应采用适当规格的乔木与灌木及花、草、地被的合理组合，模拟自然生态群落，增强绿地生态效应，故在一块绿地中不可过多应用过大的树木。大树能起到突出景观的效果，因此要尽可能地把大树种植在主要位置，充分突出大树的主体地位，将其作为景观的重点和亮点。

（5）科技应用。为了有效利用大树资源，确保移植成功，应充分掌握树种的生物学特性和生态习性，根据不同树种和树体规格，制订相应的移植与养护方案，选择在当地有成熟移植技术和经验的树种，并充分应用现有的先进技术，以降低树体水分蒸腾，促进根系萌生，恢复树冠生长，提高移植成活率，发挥大树移植的生态和景观效果。

（6）严格控制。大树移植对技术、人力、物力的要求高、费用大。移植一株大树的费用比种植同种类中小规格树的费用要高十几倍，甚至几十倍，移植后的养护难度更大。大树移植时，要对移植地点和移植方案进行科学论证，精心规划设计。

一般而言，大树的移植数量要控制为绿地树种种植总量的 5%～10%。大树来源需严格控制，以不破坏自然生态为前提，最好从苗圃中采购，或从近郊林地中抽稀调整。因城市建设而需搬迁的大树，应妥善安置，以作备用。

3. 挖掘包扎

根据挖掘和包扎方式不同可分为三种不同的移植方法：土球挖掘、木箱挖掘和裸根挖掘。

裸根挖掘适用于大多数落叶阔叶树在休眠期的栽植，如国槐、刺槐、火炬树等。

树木胸径 20～25cm 时，可采用土球移栽进行软包装。当树木胸径大于 25cm 时，可采用土台移栽，用箱板包装，并符合下列要求。

（1）土球规格应为树木胸径的 6～10 倍，土球高度为土球直径的 2/3，土球底部直径为土球直径的 1/3。土台规格应上大下小，下部边长比上部边长少 1/10。

（2）树根应用手锯锯断，锯口平滑无劈裂并不得露出土球表面。

4. 大树的栽植

（1）挖种植穴：按设计位置挖种植穴。

（2）栽植：栽植时要栽正扶植。栽植深度应保持下沉后原土痕和地面等高或略高，树干或树木的重心应与地面保持垂直。

（3）方向确定：栽植前要确定新栽植地的方向是否和原生长地的方向一致，这将极大地提高大树移植后的成活率。

（4）还土：还土时要分层进行，每 300mm 一层，一般用种植土和腐殖土以 7：3 的比例混合均匀使用，注意肥土必须充分腐熟，填满后踏实即可。

（5）开堰：裸根、土球树要开圆堰，土堰内径与坑沿相同。

5. 移植后养护管理

大树移植后为了确保移栽成活和树木健壮生长，后期养护管理不可忽视。如下措施可以提高大树的成活率。

（1）支撑树干。一般采用支撑固定法来确保大树的稳固，一般 1 年后，大树根系恢复好方可撤除。

（2）平衡株势。对移植于地面上的枝叶进行相应修减，保证植株根冠比，维持必要的平衡关系。

（3）包裹树干。用浸湿的草绳从树干基部密密缠绕至主干顶部，保持树干的湿度，减少树皮水分蒸发。

（4）合理使用营养液。补充养分和增加树木的抗性。

（5）水肥管理。大树移植后应当连续浇 3 次水，浇水要掌握"不干不浇，浇则浇透"的原则。由于损伤大，在第一年不能施肥，第二年根据生长情况施农家肥。

497

第四节 园林附属工程

一、园路

1. 园路的作用

园林道路，简称园路，是组织和引导游人观赏景物的驻足空间，与建筑、水体、山石、植物等造园要素一起组成丰富多彩的园林景观。其作用包括以下5个方面。

（1）划分空间。园林功能分区的划分多是利用地形、建筑、植物、水体和道路。对于地形起伏不大、建筑比重小的现代园林绿地，用道路围合、分隔不同景区则是主要方式。同时，借助道路面貌（线形、轮廓、图案等）的变化可以暗示空间性质、景观特点的转换以及活动形式的改变，从而起到组织空间的作用。尤其在专类园中，划分空间的作用十分明显。

（2）组织交通。

1）经过铺装的园路能耐践踏、碾压和磨损，可满足各种园务运输的要求，并为游人提供舒适、安全、方便的交通条件。

2）园林景点间的联系是依托园路进行的，为动态序列的展开指明了前进的方向，引导游人从一个景区进入另一个景区。

3）网路为欣赏园景提供了连续不同的视点，可以取得步移景换的景观效果。

（3）构成园林景观。作为园林景观界面之一，园路自始至终伴随着游览者，影响着风景的效果，它与山、水、植物、建筑等，共同构成优美丰富的园林景观，主要表现在以下几个方面。

1）创造意境。中国古典园林中园路的花纹、材料与意境相结合，有其独特的风格与完善的构图，很值得学习。

2）构成园景。通过园路的引导，将不同角度、不同方向的地形地貌、植物群落等园林景观一一展现在眼前，形成一系列动态画面，此时园路也参与了风景的构图，即因景得路。再者，园路本身的曲线、质感、色彩、纹样以及尺度等与周围环境的协调统一，也是园林中不可多得的风景。

3）统一空间环境。通过与园路相关要素的协调，在总体布局中，使尺度和特性上差异的要素处于共同的铺装地面，相互间连接成一体，在视觉上统一起来。

4）构成个性空间。园路的铺装材料、图案和边缘轮廓，具有构成和增强空间个性的作用，不同的铺装材料和图案造型，能形成和增强不同的空间感，如细腻感、粗犷感、亲切感、安静感等。而且丰富而独特的园路可以创造视觉趣味，增强空间的独特性和可识性。

（4）提供休息和活动场所。在建筑小品周围、花间、水旁、树下等处，园路可扩展为广场，为游人提供活动和休息的场所。

（5）组织排水。园路可以借助其路缘或边沟组织排水。一般园林绿地都高于路面，方能实现以地形排水为主的原则。园路汇集两侧绿地径流之后，利用其纵向坡度即可按照预定方向将雨水排除。

2. 园路结构

（1）面层。需要承受车辆、人行荷载及大气因素的破坏。材料多选水泥混凝土、沥青混合料、石材和装饰板材（如塑木、防腐木）等。要求坚固、平整、耐磨耗且易清扫。

（2）结合层。结合层是指在采用块料铺装面层时，在面层和基层之间，为了结合找平而设置的一层材料。

（3）基层。路基之上，起承重作用。多采用干结碎石、灰土或级配砂石层，要求密实，有一定强度及承载力。

（4）路基。路面的基础，它不仅为路面提供一个平整的表面，而且承受路面传下来的荷载，是保证路面强度和稳定性的重要条件之一。

3. 园路施工

（1）定桩放线。依据路面设计的中心线，宜每隔20m设置一中心桩，道路曲线应在曲线的起点、曲线的中点和曲线的终点各设一中心桩，并写明桩号。再以中心桩为准，根据路面宽度定边桩，最后放出路面的平曲线。各中心桩应标注道路标高。

（2）开挖路槽。应按设计路面的宽度，每侧加放200mm开挖路槽，路槽深度应等于路面的厚度。槽底应夯实或碾压，不得有翻浆、弹簧现象。槽底平整度的误差，不得大于20mm。按设计横坡度，进行路基表面整平，再碾压或打夯，压实路槽地面。

（3）铺筑基层。应按设计要求备好铺装材料，虚铺厚度宜为实铺厚度的140%～160%，碾压夯实后，表面应坚实平整。铺筑基层的厚度、平整度、中线高程均应符合设计要求。基层常用的做法有干结碎石基层、天然级配砂砾基层、混凝土基层、粉煤灰无机料基层和石灰土基层。

（4）铺筑结合层。可采用1:3水泥砂浆，厚度25mm，或采用粗砂垫层，厚度30mm。路缘石（道牙）的基础应与路槽同时填挖碾压，结合层可采用1:3水泥（或白灰）砂浆铺砌。路缘石接缝处应以1:3水泥砂浆勾缝，凹缝深5mm。路缘石背后应以12%白灰土夯实。

（5）铺筑面层。

1）铺筑各种预制砖块，应轻轻放平，宜用橡胶锤敲打、稳定，不得损伤砖的边角。

2）卵石嵌花路面，先铺筑M10水泥砂浆，厚度30mm，再铺水泥素浆20mm，按卵石厚度的60%插入素浆，待砂浆强度升至70%时，以30%草酸溶液冲刷石子表面。

3) 嵌草路面的缝隙应填入培养土，种植穴深度不宜小于 80mm。

4) 水泥或沥青整体路面，应按设计要求精确配料，搅拌均匀，模板与支撑应垂直牢固，伸缩缝位置应准确，应振捣或碾压，路表面应平整坚实。

5) 混凝土面层施工完成后，应即时开始养护，养护期应为 7d 以上，冬期施工后的养护期还应更长些。冬期混凝土养护要注意防寒保温措施，应有测温记录，可用湿的织物、稻草、锯木粉、湿砂及塑料薄膜等覆盖在路面上进行养护。

6) 待混凝土面层基本硬化后，用锯割机每隔 3~6m 锯缝一道，作为路面的伸缩缝 [伸缩缝也可在浇筑混凝土之前预留，伸缩缝应用防渗伸缩材料填充（如沥青砂）等]。

(6) 路面装饰施工。

1) 水泥混凝土路面的装饰施工。在混凝土振动密实后，初步收水，表面稍干时，再用滚花、压纹、刷纹、锯纹等方法进行路面纹样处理。

2) 预制块料路面砌筑。预制块料作路面面层，在面层与基层之间所用的结合层做法有两种：一种是用湿性的水泥砂浆、石灰砂浆或混合砂浆作结合材料；另一种是用干性的细砂、石灰粉、灰土（石灰和细土）、水泥粉砂等作为结合材料或垫层材料。

(7) 安装路缘石。铺完路后，即安装路缘石。预制块料基础宜与路床同时填挖碾压，以保证有整体的均匀密实度。园路一般采用平石和立石两种形式。

二、园桥

1. 园桥的作用

(1) 园桥联系园林水体两岸上的道路。园桥可使园路不至于被水体阻断，由于它直接伸入水面，能够集中视线而自然地成为某些局部环境的一种标识点。因此，园桥能够起到导游作用，可作为导游点进行布置。低而平的长桥、栈桥还可以作为水面的过道和水面游览线，把游人引到水上，拉近游人与水体的距离。

(2) 园桥与水中堤、岛一起将水面空间进行分隔。园林规划中常采用园桥与水中堤、岛一起将水面空间进行分隔，以增加水景的层次，增强水面形状的变化和对比，从而使水景效果更加丰富多彩。园桥对水面的分隔有它自己的独特处，即：隔而不断，断中有连，又隔又连，虚实结合。这种分隔有利于使隔开的水面在空间上相互交融和渗透，增加景观的内涵深度，创造迷人的园林意境。

(3) 园桥本身有很多种艺术造型，是一种重要景物。在园林水景的组成中，园桥可以作为一种重要景物，与水面、桥头植物一起构成完整的水景形象。园桥本身也有很多种艺术造型，具有很强的观赏特性，可以作为园林水体中的重要景点。

2. 园桥基础施工

园桥的结构物基础根据埋置深度分为浅基础和深基础，小桥涵常用的基础类型是天然地基上的浅基础，当设置深基础时常采用桩基础。基础所用的材料大多为混凝土或钢筋混凝土结构，石料丰富地区也常采用石砌基础。

扩大基础的施工一般采用明挖的方法，当地基土质较为坚实时，可采取放坡开挖，否则应做各种坑壁支撑。在水中开挖基坑时，应预先修筑围堰，将水排干，然后再开挖基坑。明挖扩大基础的施工主要内容包括定位放样、基坑开挖、基坑排水、基底处理与圬工砌筑。

（1）定位放样。在基坑开挖前，需进行基础的定位放样工作，即将设计图上的基础位置准确地设置到桥址位置上来。基坑各定位点的标高及开挖过程中标高检查应按一般水准测量方法进行。

（2）基坑开挖。基坑开挖应根据土质条件、基坑深度、施工期限以及有无地表水或地下水等因素采用适当的施工方法。

（3）基坑排水。基坑排水的方法有两种：集水坑排水法和井点排水法。

1）集水坑排水法。集水坑底宽不小于 0.3m，纵坡为 0.1%～0.5%，一般设在下游位置，坑深应大于进水笼头高度，并用荆笆、竹篾、编筐或木笼围护，以避免泥沙阻塞吸水笼头。

2）井点排水法。当土质较差有严重流沙现象，地下水位较高，挖基较深，坑壁不易稳定，用普通排水方法很难解决时，可采用井点排水法。

（4）基底处理。天然地基基础的基底土壤好坏对基础、墩台以及上部结构的影响很大，一般应进行基底的处理工作。

（5）圬工砌筑。在基坑中砌筑基础圬工，可分为无水砌筑、排水砌筑和水下灌筑三种情况。基础圬工用料应在挖基完成前准备好，以确保能及时砌筑基础，防止基底土壤变质。

501

三、广场

1. 铺装原则

（1）整体统一原则。铺装材料的选择和图案的设计应与其他景观要素同时考虑，以便于确保铺装地面无论从视觉上还是功能上都被统一在整体之中。随意变化铺装材料和图案只会增加空间凌乱感。

（2）主导性原则。在地面铺装设计中要坚持突出主体、主次分明的原则。

任何地面的铺装都要有明确的基调和主调。在所有局部区域，都必须要有一种占主导地位的铺装材料和铺装做法，必须要有一种占主导地位的图案纹样和配色方案，必须要有一种装饰主题和主要装饰手法。从全面的观点来讲，广场地面一般应以光洁质地、浅淡色调、简明图纹和平坦地形为铺装主导。

（3）简洁性原则。广场地面的铺装材料、造型结构、色彩图纹的采用不要太复杂，适当简单一些，以便于施工。

（4）舒适性原则。除了故意做的障碍性铺装以外，一般园景广场的地坪整理和地面铺装都要满足游人舒适地游览散步的需要。地面要平整，地形变化处要有明显标志。路面要光而不滑，行走要安全。

2. 施工准备

（1）材料准备。准备施工机具、基层和面层的铺装材料，以及施工中需要的其他材料，清理施工现场。

（2）场地放线。按照广场设计图所绘施工坐标方格网，将所有坐标点测设在场地上并打桩定点。以坐标桩点为准，根据广场设计图，在场地地面上放出场地的边线、主要地面设施的范围线和挖方区、填方区之间的零点线。

（3）地形复核。对照广场竖向设计图，复核场地地形。各坐标点、控制点的自然地坪标高数据，有缺漏的要在现场测量补上。

3. 广场施工

（1）场地处理。

1）挖方与填方。当施工挖方、填方工程量较小时，可用人力施工。当工程量较大时，应该进行机械化施工。预留作草坪、花坛及乔灌木种植地的区域，可暂不开挖，水池区域要同时挖到设计深度。填方区的堆填顺序应当是先深后浅。先分层填实深处，后填浅处。每填一层就夯实一层，直到设计的标高处。挖方过程中挖出适宜栽培的肥沃土壤，要临时堆放在广场外边，以后再填入花坛、种植地中。

2）场地整平与找坡。挖方、填方工程基本完成后，对挖填出的新地面进行整理。要铲平地面，使地面平整度变化限制在 20mm 以内。根据各坐标桩标明的该点挖填高度数据和设计的坡度数据，对场地进行找坡，保证场地内各处地面基本达到设计的坡度。土层松软的局部区域还要做地基加固处理。

3）确定边缘地带的竖向连接方式。根据场地周边与建筑、园路、管线等的连接条件，确定边缘地带的竖向连接方式，调整连接点的地面标高。还要确认地面排水口的位置，调整排水沟的底部标高，使广场地面与周围地坪的连接更自然，使排水、通道等方面的矛盾降至最低。

（2）地面铺装。

1）基层的施工。按照设计的路面层次结构与做法进行施工，可参照前面关于园路地基与基层施工的内容，结合广场地坪面积更宽大的特点，在施工中注意基层的稳定性，确保施工质量，避免今后广场地面发生不均匀沉降。

2）面层的施工。采用整体现浇面层的区域，可把该区域划分成若干规则的地块，每一地块面积在（7m×9m）～（9m×10m），然后一个地块一个地块施工。地块之间的缝隙做成伸缩缝，用沥青棉纱等材料填塞。采用混凝土预制砌块铺装的，可按照前面章节有关部分进行施工。

3）地面装饰。依照设计的图案、纹样、颜色、装饰材料等进行地面装饰性铺装，其铺装方法参照前面章节有关内容。

四、假山

假山叠石工程（假山工程）指采用自然山石进行堆叠而成的假山、溪流、水池、花坛、立峰等工程。

1. 假山类型与材料

（1）假山类型。按照不同的分类标准，可将假山作如下分类。

1）按材料可分为土假山、石假山、石土混合假山。

2）按施工方式可分为筑山、掇山、凿山和塑山。

3）按假山在园林中的位置和用途可分为园山、庭山、池山、楼山、阁山、壁山、厅山、书房山和兽山。

假山种类的划分是相对的，在实际工作中经常是复合式的。

（2）假山材料的种类与性能。

1）素土。堆假山的素土主要有壤土、黏土、植物种植土等。素土假山一般坡度较缓，主要用于微地形的塑造。坡脚如果加入石头，可以节约土地，形成大型的假山。

2）人工仿石。主要用水泥、灰泥、混凝土、玻璃钢、有机树脂、GRC（低碱度玻璃纤维水泥）作材料，进行"塑石"，投资少，见效快。

3）山石。园林中用于堆山、置石的山石种类常见的有如下几种：太湖石、英石、房山石、黄石、青石、石笋、黄蜡石等。太湖石，又名窟窿石，因盛产于太湖地区而古今闻名，具有"涡、沟、环、洞"的变化和"瘦、皱、漏、透"的审美特征，是用来修筑叠石假山、园林古建不可多得的上等石材佳品。

2. 假山施工

（1）准备工作。假山施工前，应根据假山的设计确定石料，并运抵施工现场，根据山石的尺度、石形、山石皱纹、石态、石质、颜色选择石料，同时准备好水泥、石灰、砂石、钢丝、铁爬钉、银锭扣等辅助材料以及倒链、支架、铁吊架、铁扁担、桅杆、撬棒、卷扬机、起重机、绳索等施工工具，并应注意检查起重用具的安全性能，以确保山石吊运和施工人员安全。施工前的准备工作具体内容见表 9-1。

表 9-1　　　　　　　　　　　　施工前的准备工作

项目	内　　容
一般规定	（1）施工前应由设计单位提供完整的假山叠石工程施工图及必要的文字说明，进行设计交底。 （2）施工人员必须熟悉设计，明确要求，必要时应根据需要制作一定比例的假山模型小样，并审定确认。 （3）根据设计构思和造景要求对山石的质地、纹理、石色进行挑选，山石的块径、大小、色泽应符合设计要求和叠山需要。各种山石必须坚实，无损伤、裂痕、表面无剥落。特殊用途的山石可用墨笔编号标记。 （4）山石在装运过程中，应轻装、轻卸，有特殊用途的山石要用草包、木板围绑保护，防止磕碰损坏。 （5）根据施工条件备好吊装机具，做好堆料及搬运场地、道路的准备。吊具一般应配有起重机、叉车、吊链、绳索、卡具、撬棍、手推车、振捣器、搅拌机、灰浆桶、水桶、铁锹、水管、大小锤子、錾子、抹子、柳叶抹、鸭嘴抹、笤帚等
假山石质量要求	假山叠石工程常用的自然山石，如太湖石、黄石、英石、石笋及其他各类山石，其块面、大小、色泽应符合设计要求。孤赏石、峰石的造型和姿态，必须达到设计构思和艺术要求。选用的假山石必须坚实、无损伤、无裂痕、表面无剥落
假山石运输	假山石在装运过程中，应轻装、轻卸。对于特殊用途的假山石要轻吊、轻卸，如孤赏石、峰石、斧劈石、石笋等。在运输时，为防止损坏，还应用草包、草绳绑扎。假山石运到施工现场后，应进行检查，凡是有损坏或裂缝的假山石不得选作面掌石用
假山石选石	假山施工前，应进行选石。根据山石质地、纹理、石色按同类集中的原则进行清理、挑选、堆放，不宜混用
假山石清洗	施工前，必须对施工现场的假山石进行清洗，以除去山石表面积土、尘埃和杂物

（2）定位与放样。

1）审阅图样。假山定位放样前要将假山工程设计师的意图看懂摸透，掌握山体形式和基础结构。为了方便放样，需要在平面图上按一定的比例尺寸，依工程大小或平面布置复杂程度，采用 1m×1m 或 5m×5m 或 10m×10m 的尺寸画出方格网，以方格与山脚轮廓线的交点作为地面放样的依据。

2）实地放样。在设计图方格网上，选择一个与地面有参照的可靠固定点作为放样定位点，然后以此点为基点，按实际尺寸在地面上面画出方格网。并对应图样上的方格和山脚轮廓线的位置，放出地面上的相应的白灰轮廓线。

为了方便基础和土方施工，应在不影响堆土和施工的范围内，选择便于检查基础尺寸的有关部位，如假山平面的纵横中心线、纵横方向的边端线、主要部位的控制线等位置的两端，设置龙门桩或埋地木桩，以便在挖土或施工时放样白线被挖掉后，作为测量尺寸或再次放样的基本依据点。

（3）基础施工。

1）浅基础。浅基础是在原地形上略加整理、符合设计地貌并经夯实后的基础。此类基础可节约山石材料，但为符合设计要求，有的部位需垫高，有的部位需挖深以造成起伏。这样使夯实平整地面工作变得较为琐碎。对于软土和泥泞地段，应进行加固或清淤处理，以免日后基础沉陷。此后，即可对夯实地面铺筑垫层，并砌筑基础。

2）深基础。深基础是将基础埋入地面以下的基础，应按基础尺寸进行挖土，严格控制挖土深度和宽度，一般假山基础的挖土深度为 50～80cm，基础宽度多为山脚线向外 50cm。土方挖完后夯实整平，然后按设计铺筑垫层和砌筑基础。

3）桩基础。桩基础多为短木桩或混凝土桩，打桩位置、打桩深度应按设计要求进行，桩木按梅花形排列，称"梅花桩"。桩木顶端可露出地面或湖底 10～30cm，其间用小块石嵌紧嵌平，再用平整的花岗石或其他石材铺一层在顶上，作为桩基的压顶石或用灰土填平夯实。混凝土桩基的做法和木桩桩基的一样，也有在桩基顶上设压顶石与设灰土层的两种做法。

基础施工完成后，要进行第二次定位放线。在基础层的顶面重新绘出假山的山脚线，并标出高峰、山岩和其他陪衬山的中心点和山洞洞桩的位置。

（4）山脚施工。假山山脚直接落在基础之上，是山体的起始部分，假山山脚施工包括拉底、起脚和做脚等 3 部分。

1）拉底。拉底是指在山脚线范围内砌筑第一层山石，即做出垫底的山石层。一般拉底应用大块平整山石，坚实、耐压，不用风化过度的山石。拉底山石高度以一层大块石为准，形态较好的面应朝外，注意错缝。每安装一块山石，即应将刹垫稳，然后填馅，如灌浆应先填石块，如灌混凝土，混凝土则应随灌随填石块，山脚垫刹的外围，应用砂浆或混凝土包严。假山拉底的方式有满拉底和周边拉底两种。

满拉底是在山脚线的范围内用山石铺满一层，这种拉底的做法适宜规模较小、山底面积也较小的假山，或在北方冬季有冻胀破坏地区的假山。周边拉底则是先用山石在假山山脚沿线砌一圈垫底石，再用乱石碎砖或泥土将石圈内全部填起来，压实后即成为垫底的假山底层。这一方式适用于基底面积较大的大型假山。

拉底的技术要求：底层的山脚石应选择大小合适、不易风化的山石。每块山脚石必须垫平垫实，不得有丝毫摇动。各山石之间要紧密咬合。拉底的边缘要错落变化，以免做成平直和浑圆形状的脚线。

2）起脚。拉底之后，在垫底的山石层上开始砌筑假山山体的首层，叫作起脚。因为起脚石直接作用于山体底部的垫脚石，所以要选择和垫脚石一样质地坚硬、形状安稳实在、少有空穴的山石材料，以确保能够承受山体的重压。

假山的起脚安排宜小不宜大，宜收不宜放，土山和带石土山除外。起脚一定要控制在地面山脚线的范围内。即使因起脚太小而导致砌筑山体时的结构不稳，也可以通过补脚来加以弥补。如果起脚太大，砌筑山体时易造成山形臃肿、呆笨，没有一点儿险峻的态势，而且不容易补救。起脚时，定点、摆线要准确。先选出山脚突出点所需的山石，并将其沿着山脚线先砌筑上，待多数主要的凸出点山石都砌筑好了，再选择和砌筑平直线、凹进线处所用的山石。这样，既保证了山脚线按照设计而成弯曲转折状，避免山脚平直的毛病，又使山脚突出部位具有最佳的形状和最好的皴纹，增加了山脚部分的景观效果。

3）做脚。用山石砌筑成山脚即为做脚。它是在假山的上面部分山形山势大体施工完成以后，于紧贴起脚石外缘部分拼叠山脚，以弥补起脚造型不足的一种操作技法。

①山脚的造型。假山山脚的造型应与山体造型结合起来考虑，要根据山体的造型采取相应的造型处理方法，使整个假山的形象浑然一体，完整且丰满。山脚的造型有以下 6 种。

a. 凹进脚：山脚向山内凹进，随着凹进的深浅宽窄不同，脚坡做成直立、陡坡或缓坡都可以，如图 9-9（a）所示。

b. 凸出脚：山脚向外凸出，其脚坡可做成直立状或坡度较大的陡坡状，如图 9-9（b）所示。

c. 断连脚：山脚向外凸出，凸出的端部与山脚本体部分似断似连，如图 9-9（c）所示。

d. 承上脚：山脚向外凸出，凸出部分对着其上方的山体悬垂部分起着均衡上下重力和承托山顶下垂之势的作用，如图 9-9（d）所示。

e. 悬底脚：局部地方的山脚底部做成低矮的悬空状，与其他非悬底山脚构成虚实对比，以增强山脚的变化，如图 9-9（e）所示。

f. 平板脚：片状、板状山石连续地平放山脚，做成如同山边小路一般的造型，如图 9-9（f）所示。平板脚可突出假山上下的横竖对比，使景观更为生动。

不论采用何种造型的山脚，山脚在外观和结构上都应当是山体向下的延续部分，与山体是不可分割的整体。即使是采用断连脚、承上脚的造型，也要形断迹连，势断气连，在气势上连成一体。

②做脚的方法。

a. 点脚法：在山脚边线上，用山石每隔不同的距离作墩点，用片块状山石

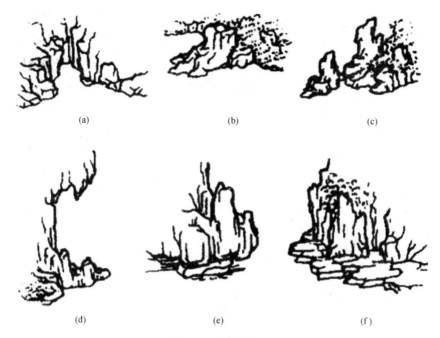

图 9-9 山脚的造型

(a) 凹进角；(b) 凸出脚；(c) 断连脚；(d) 承上角；(e) 悬底脚；(f) 平板脚

盖于其上，做成透空小洞穴。这种做法多用于透漏型假山的山脚。

　　b. 连脚法：按山脚边线连续摆砌弯弯曲曲、高低起伏的山脚石，形成整体的连线山脚线。这种做法各种山形都可采用。

　　c. 块面法：用大块的山石，连线摆砌成大凸大凹的山脚线，使凸出凹进部分的整体感都很强。这种做法多用于造型雄伟的大型山体。

　　(5) 山体堆叠。假山山体的施工主要是通过吊装、堆叠、砌筑操作来完成的。由于假山可以采用不同的结构形式，因此山体施工可相应采用不同的堆叠方法。而在基本的叠山技术方法上，不同结构形式的假山也有一些共同的地方。就山石相互之间的结合而言却可以概括为十多种基本的形式。也就是在假山师傅中流传的"字诀"。如北京的"山子张"张蔚庭先生曾经总结过的"十字诀"，即安、连、接、斗、挎、拼、悬、剑、卡、垂。

　　1) 安。将一块山石平放在一块至几块山石之上的叠石方法就叫作"安"。"安"字又有安稳的意思，即要求平放的山石要放稳，不能被摇动，石下不稳处要用刹石垫实刹紧。"安"的手法主要用在要求山脚空透或在石下需要做眼的地方。根据安石下面支承石的多少，又分为单安、双安和三安 3 种形式，如图 9-10 所示。

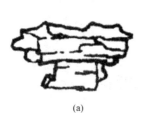 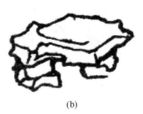 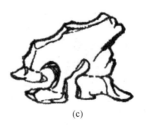

(a)   (b)   (c)

图 9-10　安的类型

（a）单安；（b）双安；（c）三安

2）连。山石之间水平向衔接称为"连"。"连"要求从假山的空间形象和组合单元来安排，要"知上连下"，从而产生前后左右参差错落的变化，同时又要符合皴纹分布的规律，如图 9-11 所示。

图 9-11　连

3）接。山石之间竖向衔接称为"接"。"接"既要善于利用天然山石的茬口，又要善于补救茬口不够吻合的所在。最好是上下茬口互咬，同时不因相接而破坏了石的美感。接石要根据山体部位的主次依皴结合。一般情况下是竖纹和竖纹相接，横纹和横纹相接。但有时也可以竖纹接横纹，形成相互间既有统一又有对比衬托的效果，如图 9-12 所示。

4）斗。置石成向上拱状，两端架于两石之间，腾空而起，若自然岩石的环洞或下层崩落形成的孔洞，如图 9-13 所示。

5）挎。如山石某一侧面过于平滞，可以旁挎一石以全其美，称为"挎"。挎石可利用茬口咬压或土层镇压来稳定，必要时加钢丝绕定。钢丝要藏在石的凹纹中或用其他方法加以掩饰，如图 9-14 所示。

6）拼。在比较大的空间里，因石材太小，单独安置会感到零碎时，可以将数块以至数十块山石拼成一整块山石的形象，这种做法称为"拼"，如图 9-15 所示。如在缺少完整石材的地方需要特置峰石，也可以采用拼峰的办法。

图 9-12 接

图 9-13 斗

图 9-14 挎

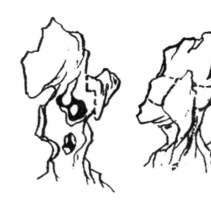

图 9-15 拼

509

7）悬。在下层山石内倾环拱形成的竖向洞口下，插进一块上大下小的长条形的山石。由于上端被洞口扣住，下端便可倒悬当空，如图 9-16 所示。多用于湖石类的山石模仿自然钟乳石的景观。

8）剑。以竖长形象取胜的山石直立如剑的做法，峭拔挺立，有刺破青天之势。多用于各种石笋或其他竖长的山石，如青石、木化石等。立"剑"可以造成雄伟昂然的景象，也可以做成小巧秀丽的景象。因境出景，因石制宜。作为特置的剑石，其地下部分必须有足够的长度以确保其稳定。一般石笋或立剑都宜自成独立的画面，不宜混杂于他种山石之中。就造型而言，立剑要避免"排如炉烛花瓶，列似刀山剑树"，忌"山、川、小"形的排列，如图 9-17 所示。

图 9-16　悬

图 9-17　剑

9）卡。下层由两块山石对峙形成上大下小的楔口，在楔口中插入上大下小的山石，这样便正好卡于楔口中而自稳，如图 9-18 所示。"卡"的做法一般用在小型的假山中。

10）垂。从一块山石顶面偏侧部位的企口处，用另一山石倒垂下来的做法称"垂"。"悬"和"垂"很容易混淆，但它们在结构上受力的关系是不同的，如图 9-19 所示。

图 9-18　卡

图 9-19　垂

（6）中层施工。中层是指底层以上、顶层以下的大部分山体。这一部分是掇山工程的主体，掇山的造型手法与工程措施的巧妙结合主要体现在这一部分。其基本要求如下。

1）堆叠时应注意调节纹理，竖纹、横纹、斜纹、细纹等一般宜尽量同方向组合。整块山石要避免倾斜，靠外边不得有陡板式、滚圆式的山石，横向挑出的山石后部配重一般不得少于悬挑重量的两倍。

2）石色要统一，色泽的深浅力求一致，差别不能过大，更不允许同一山体用多种石料。

3）一般假山多运用"对比"手法，显现出曲与直、高与低、大与小、远与近、明与暗、隐与显各种关系，运用水平与垂直错落的手法，使假山或池岸、掇石错落有致，富有生气，表现出山石沟壑的自然变化。

4）叠石"四不"与"六忌"。

①石不可杂，纹不可乱，块不可均，缝不可多。

②忌"三峰并列，香炉蜡烛"，忌"峰不对称，形同笔架"，忌"排列成行，形成锯齿"，忌"缝多平口，满山灰浆，寸草不生，石墙铁壁"，忌"如似城墙堡垒，顽石一堆"，忌"整齐划一，无曲折，无层次"。

（7）收顶。收顶即处理假山最顶层的山石，具有画龙点睛的作用。叠筑时要用轮廓和体态都富有特征的山石，注意主、从关系。收顶一般分峰、峦和平顶三种类型，可根据山石形态分别采用剑、堆秀、流云等手法。

顶层是掇山效果的重点部位，收头峰势因地而异，故有北雄、中秀、南奇、西险之称。就单体形象而言又有仿山、仿云、仿生、仿器设之别。掇山顶层有峰、峦、泉、洞等20多种。其中，"峰"就有多种形式。峰石须选最完美丰满石料，或单或双，或群或拼。立峰必须以自身重心平衡为主，支撑胶结为辅。石体要顺应山势，但立点必须求实避虚，峰石要主、次、宾、配，彼此有别，前后错落有致。忌笔架香烛，刀山剑树之势。其施工要点如下。

1）收顶施工应自后向前、由主及次，自下而上分层作业。每层高度在0.3~0.8m，各工作面叠石务必在胶结料未凝之前或凝结之后继续施工。万不能在凝固期间强行施工，一旦松动则胶结料失效，影响全局。

2）一般管线水路孔洞应预埋、预留，切忌事后穿凿，松动石体。对于结构承重受力用石必须小心挑选，保证有足够强度。

3）山石就位前应按叠石要求原地立好，然后拴绳打扣。无论人抬机吊都应有专人指挥，统一指令术语。就位应争取一次成功，避免反复。

4）掇山始终应注意安全，用石必查虚实。拴绳打扣要牢固，工人应穿戴防护鞋帽，掇山要有躲避余地。雨期或冰期要排水防滑。人工抬石应搭配力量，统一口令和步调，确保行进安全。

5）掇山完毕应重新复检设计（模型），检查各道工序，进行必要的调整补漏，冲洗石面，清理场地。

6）有水景的地方应开阀试水，统查水路、池塘等是否漏水。有种植条件的地方应填土施底肥，种树、植草一气呵成。

(8) 假山洞、假山磴道施工。假山洞结构形式一般分为"梁柱式"、"挑梁式"和"券拱式"，应根据需要采用。在一般地基上做假山洞大多满筑两步灰土，承重量特大的石柱可在灰土下加桩基。假山洞的叠砌做法与假山工程相同，应遵照假山工程操作工序。悬挑石体操作时须加临时保护支撑，待整体完成后方可撤除。假山洞有单洞与复洞，水平洞与爬山洞，单层洞与多层洞，旱洞与水洞之分。山洞应利用洞口、洞间天井和洞壁采光，兼作通风。

假山磴道是水平空间与垂直空间联系中不可缺少的重要构成部分，多用石块叠置而成。磴道高度一般在 12～15cm，最大不要超过 18cm。随山势而弯曲、延伸，并有宽窄和级差的变化。或穿过浓荫林丛，或环绕于树的盘根错节之处，或阻挡于峰石之后，给人一种深邃幽美的感觉。假山磴道要有相握而不及足、相闻而不及见、峰回路转、小中见大的艺术效果，同时又能与排水、瞭望、种植相结合。

五、置石

置石，在江南称为立峰，这是山石的特写处理，常选用单块、体量大、姿态富于变化的山石，也有将好几块山石拼成一个峰的处理方式。置石的主要形式有特置、对置、散置、群置、山石器设等。置石用的山石材料较少，施工较简单。

1. 基本原则

(1) 同质。同质指山石拼叠时，品种、质地要一致。有时叠山造石，将黄石、湖石混在一起拼叠，由于石料的质地不同，必然不伦不类，失去整体感。

(2) 同色。一般情况下，即使是品种相同的石材，其颜色也会有差异。叠石时，要力求色泽上的一致或协调。

(3) 合纹。纹是山石表面的纹理脉络。山石合纹不仅是指山石原有纹理的衔接，还包括外轮廓的接缝处理。当石料处于单独状态时，外形的变化是外轮廓，当石与石相互拼叠时，山石间的石缝就变成了山石的内在纹理脉络。所以，在山石拼叠技法中，以石形代石纹的手法就叫"合纹"。

(4) 接形。根据山石外形特征，将其互相拼叠组合，既保证变化又浑然一体，这就叫"接形"。

2. 施工流程

置石的施工流程为：定位放线→选石→置石吊运→拼石→基座设置→置石吊运→修饰与支撑。

选石是置石施工中一项很重要的工作，其要点如下。

(1) 选择具有原始意味的石材。如：未经切割过，并显示出风化的痕迹的石头；被河流、海洋强烈冲击或侵蚀的石头；生有锈迹或苔藓的岩石。这样的石头能显示出平实、沉着的感觉。

（2）最佳的石料颜色是蓝绿色、棕褐色、紫色或红色等柔和的色调。白色缺乏趣味性，金属色彩容易使人分心，应避免使用。

（3）具有动物等形象的石头或具有特殊纹理的石头最为珍贵。

（4）石形选择要选自然形态的，纯粹圆形或方形等几何形状的石头或经过机器打磨的石头均不为上品。

（5）造景选石时无论石材的质量高低，石种必须统一，不然会使局部与整体不协调，导致总体效果不伦不类，杂乱不堪。

（6）选石无贵贱之分，应该"是石堪堆"。就地取材，有地方特色的石材最为可取。

总之，在选石过程中，应首先熟知石性、石形、石色等石材特性，其次应准确把握置石的环境，如建筑物的体量、外部装饰、铺地、绿化等诸多因素。

六、塑石、塑山

1. 塑石、塑山的种类

根据材料的不同，塑石、塑山可分为砖骨架塑山和钢骨架塑山。砖骨架塑山以砖作为塑山的骨架，适用于小型塑山及塑石。钢骨架塑山以钢材作为塑山的骨架，适用于大型塑山。

2. 塑石、塑山的特点

塑石、塑山具有方便、灵活、省时、逼真的特点。

（1）方便。塑石、塑山所用的砖、水泥等材料来源广泛，取用方便，可就地解决，无须采石、运石之烦。

（2）灵活。塑石、塑山在造型上不受石材大小和形态限制，可完全按照设计意图进行造型。

（3）省时。塑石、塑山的施工工期短，见效快。

（4）逼真。好的塑山无论是在色彩还是质感上都能取得逼真的石山效果。

3. GRC 塑山施工

在园林工程中用 GRC 制作假山已成为一种常用造景手段。用 GRC 塑造假山，施工工艺较简单，造型也丰富多样，在自然色泽、质感及立体感上都能达到较高的仿真效果。GRC 塑山施工包括两大步骤：GRC 假山元件的制作、GRC 塑山施工。

（1）GRC 假山元件的制作。

1）制作 GRC 假山元件模型。制作模具的材料有聚氨酯膜、硅模、钢模、铝模、GRC 模、FRP 模和石膏模等。制模时，选择天然岩石皴纹好的部位为模本，制作模具。

2）制作 GRC 假山石块。其制作方法是将低碱水泥与一定规格的抗碱玻璃纤维以二维乱向的方式同时均匀分散地喷射于模具中，凝固后成型。在喷射时注意随吹射随压实，并在适当的位置预埋铁件。

（2）GRC 塑山施工。

1）立基。按照设计定点放线，以确定地锚的位置。根据假山的大小、高矮、重量以及地基的土质情况，确定地锚的规格。

2）布网。按照山体正投影的位置，焊接角铁方格网，角铁的规格应符合设计要求，方格网的规格一般为 800mm×800mm，方格网必须与地锚焊接牢固。

3）立架。根据山体高低起伏的变化，焊接立柱，柱与柱之间用斜拉角铁焊接，与基础方格网形成牢固的假山框架。

4）组装。将预制的 GRC 构件按照设计要求进行组装。注意构件逐一焊接牢固，需要加固的部位，在其背后敷挂钢丝（板）网，然后浇筑混凝土，以增强其强度。

5）修饰。塑山组装好后，用补、塑、刷等方法进行拼缝修饰，以使接缝与石面连接浑然一体，以假乱真。

4.GRC 塑山养护

（1）养护是使 GRC 制品在早期保持其中所含水分不蒸发，制品内所含水分用于水泥水化以发展其强度，降低渗透与收缩。由于水化受到温度的影响，因此在制品养护过程中应使周围空气保持适宜的温度。

（2）GRC 制品一般均是薄壁和低水灰比的，对 GRC 挂板而言则具有较大的表面积。为此应采用有效的养护制度以达到下列要求：①有合适的早期强度，以利于脱模和搬运；②保证设计强度；③限制收缩以防开裂。

对于上述①、②，养护可使水泥水化正常进行以增强强度与黏结。对于③，应最大限度地减少体积损失、收缩与可能的开裂。控制失去水分，换而言之，即补充水分是养护的基本点，此外还有温度的控制。

（3）工程实践可分成几个阶段并可用不同的方法。

1）脱模前与脱模时。在修饰后，通常用洁净而优质的聚乙烯薄膜将模具包住，以防止 GRC 中所含水分蒸发，同时也有助于保持水化热。在养护的初期应使 GRC 制品有足够的强度，使之在脱模与搬运时不致受到损伤。

2）主要养护。主要养护阶段是使脱模后的 GRC 制品继续得到保护，免受日光、风与空气低湿度的影响，一般情况下仍用塑料薄膜包住 GRC 制品以免受到阳光的直接照射。通过喷湿雾也可保持局部的湿度。

3）后养护。当制品在存放与使用时，其周围与养护阶段有明显差异时，采取有控制的后养护是必要的。可以采取一些简单的方法使制件在存放过程中免受阳光的直接照射。在存放阶段 GRC 应达到设计的强度，此阶段的保护在于限制其干缩。

在上述养护过程中，GRC 制品的强度得以进一步的提高。搬运与存放采取什么方法反映了制品可达到的强度水平。

（4）加速养护。

1）低压蒸汽养护。在冷天该法对于模具的周转使用是经济的，温度不宜超过 50℃，否则对长期强度是不利的。

2）使用化学早强剂。此种外加剂主要可提高早期强度、在寒冷条件下是有用的，并可使制品较早地脱模。

第十章

海 绵 城 市

第一节 海绵城市概述

一、海绵城市定义

海绵城市是新一代城市雨洪管理概念，是指城市在适应环境变化和应对雨水带来的自然灾害等方面具有良好的"弹性"，也可称为"水弹性城市"。下雨时吸水、蓄水、渗水、净水，需要时将蓄存的水"释放"并加以利用。

海绵城市的本质是解决城镇化与资源环境的协调和谐。传统城市开发方式改变了原有的水生态，海绵城市则保护原有的水生态；传统城市的建设模式是粗放式、破坏式的，海绵城市对周边水生态环境则是低影响的；传统城市建成后，地表径流量大幅增加，海绵城市建成后地表径流量能保持不变。因此，海绵城市建设又称为低影响设计和低影响开发。

二、海绵城市建设基本原则

海绵城市建设——低影响开发雨水系统构建的基本原则是规划引领、生态优先、安全为重、因地制宜、统筹建设。

1. 规划引领

城市各层级、各相关专业规划以及后续的建设程序中，应落实海绵城市建设、低影响开发雨水系统构建的内容，先规划后建设，体现规划的科学性和权威性，发挥规划的控制和引领作用。

2. 生态优先

城市规划中应科学划定蓝线和绿线。城市开发建设应保护河流、湖泊、湿地、坑塘、沟渠等水生态敏感区，优先利用自然排水系统与低影响开发设施，实现雨水的自然积存、自然渗透、自然净化和可持续水循环，提高水生态系统的自然修复能力，维护城市良好的生态功能。

3. 安全为重

以保护人民生命财产安全和社会经济安全为出发点，综合采用工程和非工程措施提高低影响开发设施的建设质量和管理水平，消除安全隐患，增强防灾减灾能力，保障城市水安全。

4. 因地制宜

各地应根据本地自然地理条件、水文地质特点、水资源禀赋状况、降雨规律、水环境保护与内涝防治要求等，合理确定低影响开发控制目标与指标，科学规划布局和选用下沉式绿地、植草沟、雨水湿地、透水铺装、多功能调蓄等低影响开发设施及其组合系统。

5. 统筹建设

地方政府应结合城市总体规划和建设，在各类建设项目中严格落实各层级相关规划中确定的低影响开发控制目标、指标和技术要求，统筹建设。低影响开发设施应与建设项目的主体工程同时规划设计、同时施工、同时投入使用。

三、海绵城市的建设途径

海绵城市的建设途径主要有以下几个方面。

1. 对城市原有生态系统的保护

最大限度地保护原有的河流、湖泊、湿地、坑塘、沟渠等水生态敏感区，留有足够涵养水源、应对较大强度降雨的林地、草地、湖泊、湿地，维持城市开发前的自然水文特征，这是海绵城市建设的基本要求。

2. 生态恢复和修复

对传统粗放式城市建设模式下，已经受到破坏的水体和其他自然环境，运用生态的手段进行恢复和修复，并维持一定比例的生态空间。

3. 低影响开发

按照对城市生态环境影响最低的开发建设理念，合理控制开发强度，在城市中保留足够的生态用地，控制城市不透水面积比例，最大限度地减少对城市原有水生态环境的破坏，同时，根据需求适当开挖河湖沟渠、增加水域面积，促进雨水的积存、渗透和净化。

第二节 海绵城市规划设计

城市设计的主要工作是对城市空间形态的整体构思与设计，其基本的要素是用地功能、建筑外观及开放空间。

城市设计应当全面地考虑城市与自然的共生，让雨水、阳光、风、植物与城市空间形态完美地融合，让城市在适应环境变化和应对自然灾害等方面具有良好的"弹性"，真正达到与自然和谐共处的目标。

一、海绵城市设计原则

1. 城市规划基本原则

（1）保护性开发。城市建设过程中应保护河流、湖泊、湿地、坑塘、沟渠等水生态敏感区，并结合这些区域及周边条件（如坡地、洼地、水体、绿地等）进行低影响开发雨水系统规划设计。

（2）水文干扰最小化。优先通过分散、生态的低影响开发设施实现径流总量控制、径流峰值控制、径流污染控制、雨水资源化利用等目标，防止城镇化区域的河道侵蚀、水土流失、水体污染等。

（3）统筹协调。低影响开发雨水系统建设内容应纳入城市总体规划、水系规划、绿地系统规划、排水防涝规划、道路交通规划等相关规划中，各规划中有关低影响开发的建设内容应相互协调与衔接。

2. 海绵城市应遵循的生态学原则

（1）生态优先。在进行海绵城市规划时应该将生态系统的保护放在首位，当生态利益与其他的社会利益和经济利益发生冲突时，应该首要考虑生态安全的需求，满足生态利益。

海绵城市应强调生态系统的整体功能，在城市中生态系统具有多种功能，但是生态系统的社会功能、经济功能、供给功能、支持功能以及景观功能均应该以生态功能为基础，形成生态优先，社会—经济—自然的复合生态系统。

（2）因地制宜。应根据当地的地理条件、水资源状况、水文特点情况以及当地内涝防治要求等，合理确定开发目标，科学规划和布局。合理选用下沉式绿地、雨水花园、植草沟、透水铺装和多功能调蓄等低影响开发设施。另外，在物种选择上，应该选择乡土植物和耐淹植物，避免植物长时间浸水而影响植物的正常生长，影响净化效果。

（3）保护城市原有的生态系统。最大限度地保护原有的河流、湖泊、湿地、坑塘及沟渠等水生态基础设施，尽可能地减少城市建设对原有自然环境的影响，这是海绵城市建设的基本要求。

采取生态化、分散的及小规模的源头控制措施，降低城市开发对自然生态环境的冲击和破坏，最大限度保留原有绿地和湿地。城市开发建设应保护水生态敏感区，优先利用自然排水系统与低影响开发设施，实现雨水的汇集、渗透、净化和可持续水循环，提高水生态系统的自我修复能力，维持城市开发前的自然水文特征，维护城市良好的生态功能。

（4）多级布置及相对分散。多级布置和相对分散是指在海绵城市规划过程中，要重视社区和邻里等小尺度区域生态用地的作用，根据自身性质形成多种体量的绿色斑块，降低建设成本，并达到分解径流压力，从源头管理雨水的目的。要将绿地和湿地分为城市、片区及邻里等多重级别，通过分散和生态的低影响开发措施实现径流总量控制、峰值控制、污染控制及雨水资源化利用等目标，防止城镇化区域的河道侵蚀、水土流失及水体污染等。保持城市水系结构的完整性，优化城市河湖水系布局，实现自然、有序排放与调蓄。

（5）系统整合。基于海绵城市的理念，系统整合不仅包括传统规划中生态系统与其他系统（道路交通、建筑群及市政等）的整合，更强调了生态系统内部各组成部分之间的关系整合。要将天然水体、人工水体和渗透技术等生态基础设施统筹考虑，再结合城市排水管网设计，将参与雨水管理的各部分整合起来，使其成为一个相互连通的有机整体，使雨水能够顺利地通过多种渠道入渗、储存、利用和排放，减小暴雨对城市造成的损害。

二、海绵城市专项规划

城市总体规划应创新规划理念与方法，将低影响开发雨水系统作为新型城镇化和生态文明建设的重要手段。结合城市生态保护、土地利用、水系、绿地系统、市政基础设施、环境保护等相关内容，因地制宜地确定城市年径流总量控制率及其对应的设计降雨量目标，制定城市低影响开发雨水系统的实施策略、原则和重点实施区域。

详细规划（控制性详细规划、修建性详细规划）应落实城市总体规划及相关专项（专业）规划确定的低影响开发控制目标与指标，因地制宜，落实涉及雨水渗、滞、蓄、净、用、排等用途的低影响开发设施用地；并结合用地功能和布局，分解和明确各地块单位面积控制容积、下沉式绿地率及其下沉深度、透水铺装率、绿色屋顶率等低影响开发主要控制指标，指导下层级规划设计或地块出让与开发。

生态城市和绿色建筑作为国家绿色城镇化发展战略的重要基础内容，对我国未来城市发展及人居环境改善有长远影响，应将低影响开发控制目标纳入生态城市评价体系、绿色建筑评价标准，通过单位面积控制容积、下沉式绿地率及其下沉深度、透水铺装率、绿色屋顶率等指标进行落实。

1. 城市水系规划

城市水系是城市生态环境的重要组成部分，也是城市径流雨水自然排放的重要通道、受纳体及调蓄空间，与低影响开发雨水系统联系紧密。具体要点如下。

（1）依据城市总体规划划定城市水域、岸线、滨水区，明确水系保护范围。城市开发建设过程中应落实城市总体规划明确的水生态敏感区保护要求，划定水生态敏感区范围并加强保护，确保开发建设后的水域面积应不小于开发前，已破坏的水系应逐步恢复。

（2）保持城市水系结构的完整性，优化城市河湖水系布局，实现自然、有序排放与调蓄。城市水系规划应尽量保护与强化其对径流雨水的自然渗透、净化与调蓄功能，优化城市河道（自然排放通道）、湿地（自然净化区域）、湖泊（调蓄空间）布局与衔接，并与城市总体规划、排水防涝规划同步协调。

（3）优化水域、岸线、滨水区及周边绿地布局，明确低影响开发控制指标。

519

城市水系规划应根据河湖水系汇水范围，同步优化、调整蓝线周边绿地系统布局及空间规模，并衔接控制性详细规划，明确水系及周边地块低影响开发控制指标。

2. 城市绿地系统专项规划

城市绿地是建设海绵城市、构建低影响开发雨水系统的重要场地。城市绿地系统规划应明确低影响开发控制目标，在满足绿地生态、景观、游憩和其他基本功能的前提下，合理地预留或创造空间条件，对绿地自身及周边硬化区域的径流进行渗透、调蓄、净化，并与城市雨水管渠系统、超标雨水径流排放系统相衔接，要点如下。

（1）提出不同类型绿地的低影响开发控制目标和指标。根据绿地的类型和特点，明确公园绿地、附属绿地、生产绿地、防护绿地等各类绿地低影响开发规划建设目标、控制指标（如下沉式绿地率及其下沉深度等）和适用的低影响开发设施类型。

（2）合理确定城市绿地系统低影响开发设施的规模和布局。应统筹水生态敏感区、生态空间和绿地空间布局，落实低影响开发设施的规模和布局，充分发挥绿地的渗透、调蓄和净化功能。

（3）城市绿地应与周边汇水区域有效衔接。在明确周边汇水区域汇入水量，提出预处理、溢流衔接等保障措施的基础上，通过平面布局、地形控制、土壤改良等多种方式，将低影响开发设施融入到绿地规划设计中，尽量满足周边雨水汇入绿地进行调蓄的要求。

（4）应符合园林植物种植及园林绿化养护管理技术要求。可通过合理设置绿地下沉深度和溢流口、局部换土或改良增强土壤渗透性能、选择适宜乡土植物和耐淹植物等方法，避免植物受到长时间浸泡而影响正常生长，影响景观效果。

（5）合理设置预处理设施。径流污染较为严重的地区，可采用初期雨水弃流、沉淀、截污等预处理措施，在径流雨水进入绿地前将部分污染物进行截流净化。

（6）充分利用多功能调蓄设施调控排放径流雨水。有条件地区可因地制宜规划布局占地面积较大的低影响开发设施，如湿塘、雨水湿地等，通过多功能调蓄的方式，对较大重现期的降雨进行调蓄排放。

3. 城市道路交通专项规划

城市道路是径流及其污染物产生的主要场所之一，城市道路交通专项规划应落实低影响开发理念及控制目标，减少道路径流及污染物外排量。

（1）提出各等级道路低影响开发控制目标。应在满足道路交通安全等基本功能的基础上，充分利用城市道路自身及周边绿地空间落实低影响开发设施，结合道路横断面和排水方向，利用不同等级道路的绿化带、车行道、人行道和停车场建设下沉式绿地、植草沟、雨水湿地、透水铺装、渗管/渠等低影响开发设施，通过渗透、调蓄、净化方式，实现道路低影响开发控制目标。

（2）协调道路红线内外用地空间布局与竖向。道路红线内绿化带不足，不能实现低影响开发控制目标要求时，可由政府主管部门协调道路红线内外用地布局与竖向，综合达到道路及周边地块的低影响开发控制目标。道路红线内绿地及开放空间在满足景观效果和交通安全要求的基础上，应充分考虑承接道路雨水汇入的功能，通过建设下沉式绿地、透水铺装等低影响开发设施，提高道路径流污染及总量等控制能力。

（3）道路交通规划应体现低影响开发设施。涵盖城市道路横断面、纵断面设计的专项规划，应在相应图纸中表达低影响开发设施的基本选型及布局等内容，并合理确定低影响开发雨水系统与城市道路设施的空间衔接关系。

有条件的地区应编制专门的道路低影响开发设施规划设计指引，明确各层级城市道路（快速路、主干路、次干路、支路）的低影响开发控制指标和控制要点，以指导道路低影响开发相关规划和设计。

三、排水规划与流域治理

1. 城市排水防涝综合规划

低影响开发雨水系统是城市内涝防治综合体系的重要组成，应与城市雨水管渠系统、超标雨水径流排放系统同步规划设计。城市排水系统规划、排水防涝综合规划等相关排水规划中，应结合当地条件确定低影响开发控制目标与建设内容。

（1）明确低影响开发径流总量控制目标与指标。通过对排水系统总体评估、内涝风险评估等，明确低影响开发雨水系统径流总量控制目标，并与城市总体规划、详细规划中低影响开发雨水系统的控制目标相衔接，将控制目标分解为单位面积控制容积等控制指标，通过建设项目的管控制度进行落实。

（2）确定径流污染控制目标及防治方式。应通过评估、分析径流污染对城市水环境污染的贡献率，根据城市水环境的要求，结合悬浮物等径流污染物控制要求确定年径流总量控制率，同时明确径流污染控制方式并合理选择低影响开发设施。

（3）明确雨水资源化利用目标及方式。应根据当地水资源条件及雨水回用需求，确定雨水资源化利用的总量、用途、方式和设施。

（4）与城市雨水管渠系统及超标雨水径流排放系统有效衔接。应最大限度地发挥低影响开发雨水系统对径流雨水的渗透、调蓄、净化等作用，低影响开发设施的溢流应与城市雨水管渠系统或超标雨水径流排放系统衔接。

（5）优化低影响开发设施的竖向与平面布局。应利用城市绿地、广场、道

521

路等公共开放空间，在满足各类用地主导功能的基础上合理布局低影响开发设施；其他建设用地应明确低影响开发控制目标与指标，并衔接其他内涝防治设施的平面布局与竖向，共同组成内涝防治系统。

2. 流域治理针对的问题

（1）洪涝问题。从大禹治水到四川都江堰，中国从未停止与河道洪水抗争，都江堰的建造摒弃对洪水采用"围堵"的方式，而是多以"疏洪"为主。但是，现如今河滨城市的发展与河道周边的土地存在不可避免的竞争关系，临河而建的城市为保护城镇居民活动在河道两侧修建人工堤坝。堤坝分隔了陆地生态系统与河道生态系统的联系，无法使河道实现天然滞洪、分洪削峰和调节水位等功能，且堤坝承受压力过大，遭遇重大洪水灾害的应对弹性低。

随着河岸两侧表土流失严重，河床逐渐垫高，河流变成天上河，呈现出"堤高水涨，水涨堤高"的恶性循环。另外，城市化进程加快，地面大量硬化，人口集聚，市政管道排涝能力滞后于城市进程，强降雨时城镇积水较为严重，逐渐形成城镇现有的突出问题——内涝灾害。

（2）干旱问题。城镇为避免内涝灾害，多以雨水"快排"的方式，使雨洪流入市政管道，保证地面干燥，久之则地下水位降低，出现旱季无水可用的现象。因此，补给地下水的需求尤为急切。

（3）污染问题。流域治理要将整个流域的生态系统与人体健康安全统筹考虑。地表径流具有"汇集"的特征，地表污染物随地表径流的汇集而进入江河湖泊。另外，早期中国工业化发展以及城镇建设多以牺牲环境为代价，污水处理厂的尾水排放标准不高，且存在企业为减少成本偷排污水的现象。

截污工程推进缓慢，河流被一污再污，黑臭现象突出，使城镇居民陷入水质型缺水危机。目前全国城市中有约三分之二缺水，约四分之一严重缺水，水资源短缺已成为制约经济社会持续发展的重要因素之一。随着工业化进程的不断加快，水资源短缺形势将更加严峻。

因此，对于流域的总体治理应该从城市的角度权衡，减少人类生产生活对生态环境的破坏，降低人为干扰因素。建设海绵城市正是从减少人为干扰出发，从源头控制污染，合理管理利用雨洪资源，补充地下水。

第三节　海绵城市建设的意义与管理

海绵城市建设是中央政府在城市雨水方面提出的一项战略性重大决策，该项工作的实施涉及水利、市政、交通、城建、国土、发改、财政、气象、环保、生态、农林及景观等多个领域的管理与合作。海绵城市的建设理念重新梳理了雨水管理与生态环境、城市建设及社会发展之间的关系，全方位解决水安全、水资源、水环境、水生态和水景观及水经济等相关问题，从而实现生态效益、社会效益、经济效益和艺术价值的最大化。

一、海绵城市的生态效益

通常来说，海绵城市建设可显著提高现有雨水系统的排水能力，降低内涝造成的人民生命健康及财产损失。透水铺装、下沉式绿地和生物滞留设施与普通硬质铺装及景观绿化投资基本持平，在实现相同设计重现期排水能力的情况下，可显著降低基础设施建设费用。

更重要的是，海绵城市建设可以最大限度地恢复被破坏的水生态系统。水生态系统的恢复必然影响整个生态系统的结构和功能，从而改变区域生态系统服务价值，带来显著的生态效益。下面以长春市绿园区合心镇为例，分析合心镇核心区海绵城市建设对区域生态系统功能的影响及其生态效益。

海绵城市建设可带来显著的生态效益。主要包括以下几个方面。

1. 控制面源污染

生物滞留设施、透水铺装和下沉式绿地等技术措施对雨水径流中 SS、COD 等污染物具有良好的净化能力，对城市水污染控制和水环境保护具有重要意义。

2. 建立绿色排水系统，保护原水文下垫面

植被浅沟等生态排水设施大量取代雨水管道，生物滞留设施、透水铺装、下沉式绿地、雨水塘和雨水湿地的应用，低影响开发与传统灰色基础设施的结合，形成了较为生态化的绿色排水系统，且有效降低城市径流系数，恢复城市水文条件。

3. 提升生态景观效果

海绵城市建设赋予城市公园绿地更好的生态功能，改善传统景观系统的层次感及其对雨水的滞蓄，以及下渗回补地下水的新功能。

4. 提升生态系统服务价值

海绵城市建设实施后，可以最大限度地恢复被破坏的水生态系统。水生态系统的恢复必然改善整个生态系统的结构和功能，从而提升区域生态系统服务价值。

二、海绵城市的社会效益

海绵城市的建设属于城市基础设施的一部分，是市民直接参与享用的公共资源。海绵城市的社会效益主要体现的是公共服务价值，具体分三个层面：一是丰富城市公共开放空间，服务城市各类人群；二是构建绿色宜居的生态环境，提升城市品质与城市整体形象；三是改善人居环境，缓解水资源供需矛盾。海绵城市社会效益的重点是海绵城市与城市公共开放空间的关系。

海绵城市的基本目的除雨洪资源的利用外，还有一个重要的社会目的，即

523

构建一个集展示、休闲、活动和防灾避难于一体的多功能城市开放空间。一方面，海绵城市建设的现有载体如河流、湖泊、沟渠和绿地等，在建设中要加以保护，利用好这些公共资源，给市民提供一个生态的公共空间。另一方面，建设的新载体如新建绿地、街道、广场、停车场和水景设施等，都要打造成可供市民活动的公共空间。

海绵城市丰富公共开放空间，广场作为城市的重要公共开放空间，不仅是公众的主要休闲场所，也是文化的传播场所，更是代表着一个城市的形象，是一个城市的客厅。公共绿地是城市生态系统和景观系统的重要组成部分，也是市民休闲、游览及交往的场所。

要通过城市规划和科普宣传让社会公众了解海绵城市，在全社会普及海绵城市及低影响开发的理念，让海绵城市建设成为既有规范要求又有公众参与的城市建设。让社会公众成为海绵城市建设的"参与者"和"支持者"，如屋顶花园、露台花园、社区雨水花园、绿色阳台及微型湿地等公众可直接参与建设，打造"海绵居住区"和"海绵建筑"。

海绵城市是新型城镇化发展的重要方向，将带来一系列综合效益，也是新型城镇化建设的迫切需求。今后城市基础设施建设中，应充分利用广场、公园、绿地、停车场、居民区和绿化带等公共设施，全方位打造"城市海绵体"。

三、海绵城市的经济效益

1. 新常态经济

中国经济经历了超高速增长阶段，逐步转向中高速和集约型增长，由"唯GDP论"进入可持续的关注综合价值的新发展阶段，新常态经济的时代已到来，并将在很长一段时间成为中国宏观经济格局的基本状态。

新常态下，经济发展方式将从规模速度型粗放增长转向质量效率型集约增长，经济结构将从增量扩能为主转向调整存量、做优增量并存的深度调整，经济发展动力将从传统增长点转向新的增长点。在宏观经济背景调整的大势下，海绵城市的产生和建设不是偶然，而是新常态下经济发展的必然诉求。

(1) 海绵城市是经济增长方式向集约型、再生型转变的典型代表。海绵城市建设将雨洪作为资源充分利用，是集约型发展的典范；同时，作为具有长期效益的基本建设投资，也符合再生型经济发展的基本规律。可以说，海绵城市顺应大势和符合国情，是新经济增长方式的代表。

(2) 海绵城市是新常态下金钱导向转变为价值导向的示范标杆。新常态经济的核心是价值，由单一的金钱导向转变为以人民幸福为中心、以综合价值为目标及以社会全面可持续发展为导向。海绵城市是最基础的公共服务类设施，不以盈利为目的，其关系民生福祉和百代生计，产生的综合效益和间接效益难以估量。

2. 新型城镇化

新型城镇化可概括为：基础设施的一体化和公共服务的均等化。海绵城市作为绿色基础设施和公共生态服务，是在中国城镇化进入相对成熟的发展阶段和转型重要节点上提出的，可以理解为是新型城镇化建设的重要组成部分，与新时期城镇化建设密不可分。

新型城镇化的"新"就是要由过去片面注重追求城市规模扩大和空间扩张，改变为以提升城市的文化和公共服务等内涵为中心，真正使城镇成为具有较高品质的适宜人居之所。

3. 海绵城市建设的市场分析

海绵城市建设涉及技术服务、材料、工程、仪器、管理及居民生活等多个领域，不是简单的传统的土建领域，不仅整合已有生态产业体系，还将催生新兴产业，是对整个产业的整合、细化和升级，推动"微笑曲线"向高价值端延展。海绵城市产业链及微笑曲线，如图 10-1 所示。

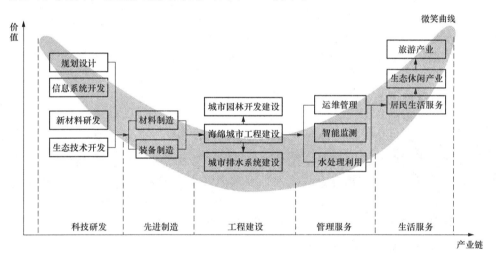

图 10-1　海绵城市产业链及微笑曲线

海绵城市建设本身，将带动生态工程开发和城市园林产业建设，加速推进城市排水系统升级改造。在上游端，将全面激活相关技术研发、规划设计和新材料新装备制造等研发制造环节；在下游端，将拉动运维管理、智能监测和居民生活休闲产业，向第三产业延展，从而形成一个带动力强劲的产业链体系，推动科技、制造业和服务业协同发展。

四、海绵城市的艺术价值

海绵城市是指城市像海绵一样，能够在适应环境变化和应对自然灾害等方面具有良性。其建设理念是将自然途径与人工措施相结合，对城市生态进行恢复性改造。从艺术的角度上评价海绵城市，作为一个低影响开发性的生态工程，其意义不仅在于对生态环境的保护和恢复，更是对景观艺术设计及美好城市形态建设等诸多方面的创新性影响。

它遵循着一个生态可持续的建设原则，而非人工地、强制性地改造。海绵城市的打造是基于尊重自然规律并且敬畏生态系统的理念，在改造和建设的同时，最大限度地保护城市原有生态系统。让水流动，让树生长，让万物依照大自然原有的系统规律，所有元素自行循环再生，最后归于初始。这是人类在审视过去的城市建设中出现的种种弊端后，重新向大自然学习，旨在恢复自然的生态之美。

因此，海绵城市的景观营造不是单方面的只注重观赏性，而是在景观设计的同时兼顾生态改造，做到功能与艺术并重，让一座城市既有实力又不失优雅。

海绵城市的艺术价值体现在创新和有效的景观设计中。许多低影响开发设施都兼有景观提升的作用，如湿地、坑塘、雨水花园和植被绿化带等，它们在改造城市的同时美化城市，点缀着一座钢铁水泥的城市，使整个城市更具生机，景观层次更为丰富多样。例如，天津桥园，它利用雨水细胞这一简单的模式，最大化地创造了丰富边缘的原生景观，造就了良好的景观设计感和视觉连续性。

这些设施生于自然并融于自然，相比较传统的景观设计，给人以新的景观感知与视觉感受，并创造一个全新的艺术享受。

海绵城市的艺术价值还体现在对空间形态的塑造上。不同形态的用地，其空间营造的手法也不同。如在打造生态驳岸的过程中，会通过湿生植被、灌木和常绿乔木的搭配种植起到稳固堤岸、削减污染及径流速度等作用。这三种类型的植被带，由于植物自身高度及形状等外在的差异，在空间上形成错落感，营造出了起伏的植被天际线。这在空间的塑造上形成了一种韵律感，给人带来了一种不同的视觉享受，即一种审美愉悦感。

五、海绵城市的管理机制

海绵城市的建设是一项系统工程，不仅涉及城市雨洪管理及水资源利用，更与城市空间结构、产业经济发展以及居民社会生活息息相关。海绵城市的建设与整个城市机体的关系，就好比毛孔和血管与人体的关系一样，它是城市的呼吸系统和血液系统，其设计、施工、维护与城市总体规划、产业发展、空间布局及社会管理等息息相关。因此，海绵城市的管理实施不仅是对城市生态基础设施建设与维护的管理，更应贯穿整个城市管理体系之中，包括顶层规划设计、建设实施和管理养护等各个阶段。

1. 设计阶段——顶层设计、统一规划

海绵城市建设主要是城市生态基础设施建设，不仅与城市绿地、管网、水系等息息相关，同时也涉及城市开发建设的各个方面，海绵城市建设只有从顶层设计着手，将海绵城市的理念融入城市总体规划中，才能保障与城市生态系统为城市发展长期有效地服务。

首先，从城市总体建设出发，需要统筹协调规划、建设、市政、园林、水务、交通、财政、发改、国土和环保等多个部门，最好建立以城市人民政府为责任主体的领导机构，将海绵城市的理念贯穿到城市规划的方方面面。

其次，由于各个城市的水系、生态、地理环境、人文景观和社会经济等千差万别，因此所需要采用的海绵城市措施也应该因地制宜，因此，为针对性地建设海绵城市，应通过专项规划来指导海绵城市的建设，成立海绵城市专项小组来具体设计。

2. 建设阶段——统筹建设、建立明确的标准规范指导建设实施

（1）统筹建设。海绵城市是城市开发建设的重要组成部分，与城市道路、园林和水系等建设相互关联，应当在城市总体规划的统一指引下，将海绵城市的建设与其他市政建设融合，同时施工、同时投入使用。

（2）建立技术标准体系。目前海绵城市建设还处于初级阶段，没有太多的成功的借鉴经验，行业内急需搭建可供参考的规范和标准来指导海绵城市的建设。为此，应加强海绵城市建设的标准指引，按照各项技术标准严格建设实施。

3. 维护阶段——目标控制、全民参与

海绵城市建成后应评价其建设效果并及时反馈修建，实时监控各项设备的使用情况，做好养护、维修和管理工作。

首先，因地制宜地构建符合城市发展需要的海绵城市测评体系与工具，研究制定有效的监测和评估措施，用现代化的信息技术提升监测效率，及时发现故障，使故障迅速排除，有效保证海绵城市的正常运行。

其次，鼓励社会公众参与维护。广泛在社会推广宣传海绵城市，使社会公众认识到海绵城市对社会生活的影响，鼓励社会公众主动参与到海绵城市的维护管理工作中。

第四节　生态基础设施设计技术

海绵城市通过对湿地、绿地以及可渗透路面等"海绵体"的生态基础设施建设，旨在解决城市雨洪调蓄、径流污染控制等问题。其设计理念可广泛应用于各类生态基础设施建设当中，保障可持续发展的多功能性。海绵城市建设理念在渗透铺装中应用极为广泛，对污水处理厂尾水处理及工程建设中水土流失防治也提供了新思路。

一、城市雨水管理系统设计

1. 城市水资源循环系统

城市水资源循环系统包括自然水资源循环系统和城市传统水循环系统。自然水资源循环系统是蒸发、水汽输送、凝结、降水、地表径流、下渗和地下径流的过程循环往复的自然过程，而城市传统水循环系统是指城市用水由区域打井或调水形式并采用集中水厂供水（供水系统），产生的污水采用统一的地下管道系统输送至污水处理厂净化后排放（污水排水系统），雨水则通过地下管道远距离排放至地表水系（雨水排水系统）。

与自然水资源循环系统相比，城市水资源循环系统采用基础设施集中布置模式以及快产快排的雨水排水模式，导致城市宏观层面的自然水循环模式被破坏。它直接造成了大规模集中式污水处理厂的建设，以及城市的内涝灾害。

2. 城市雨水管理系统设计

海绵城市雨水管理系统设计综合采用生态学以及工程学方法，针对雨水排放、雨水收集利用、雨水渗透处理和雨水调蓄等问题采取一系列低影响开发措施，以求实现城市防洪减灾，维护区域生态环境的目的。

（1）城市雨水管理系统设计理论依据。研读"可持续城市排水系统理论""低影响开发模式理论""水敏感性城市设计理论""城市基础设施共享理论"等基于径流源头治理的生态基础设施理论研究，可知这些理论强调雨水基础设施的分散化、源头处理、非共享、减量化、资源化和本地化等特征。

而基于上文分析的雨水基础设施规划现状问题，应结合径流源头治理的生态基础设施理论，在城市宏观层面提出"源头减排，过程转输，末端调蓄"的规划治理思路，在城市微观层面提出"集、输、渗、蓄、净"的设计治理手段。

（2）宏观层面上的城市雨水管理系统设计。依据"源头减排，过程转输，末端调蓄"的规划治理思路，结合城市绿地系统规划，将宏观层面上的城市雨水管理系统设计分为多级控制阻滞系统（居住区级雨水花园、小区级雨水花园游园和居住绿地级雨水花园）、滞留转输系统（下沉式道路绿地/植草沟和渗管/渠渗透）和调蓄净化系统（城市综合公园和湿地公园）。

将居住区公园、小区游园和居住绿地分级进行径流总量控制规划，外溢的雨水径流通过线状的下沉式道路绿地（植草沟）和渗管/渠渗透并输送至市区级的综合公园，综合公园由下凹绿地、雨水花园和透水铺装等滞留渗透系统，湿塘、雨水湿地、调节塘和容量较大的湖泊等受纳调蓄设施组成，城市综合公园应通过自然水体、行泄通道和深层隧道等超标雨水径流排放系统连通，将超标雨水通过该系统排至城市外。在城市下游，结合城市污水处理厂的中水排放设置湿地公园，在丰富城市景观的同时起到水质净化和削减洪峰的作用。

（3）微观层面上的城市雨水管理系统设计。依据"集、输、渗、蓄、净"

的设计治理手段，结合雨水链设计理念，可以设计构建从工程化硬质到生态化软质的一系列雨水管理景观设施，包括：

"集流技术"——绿色屋顶和雨水罐；

"转输技术"——植草沟和渗管或渠；

"渗透技术"——透水铺装、雨水花园、渗井；

"储蓄技术"——蓄水池、湿塘、雨水湿地；

"净化技术"——植被缓冲带、初期雨水弃流设施、人工土壤渗滤。

在建筑与小区用地中，从"集流技术"到"净化技术"设施的空间布局应该由建筑屋顶靠近建筑，再远离建筑依次分布。

二、海绵城市渗透铺装设计

透水铺装源于日本的混凝土铺装技术，是由一系列与外部空气相连通的多孔形结构组成骨架，可以满足交通使用及铺装强度和耐久性要求的地面铺装和护堤，通过合理的铺装基层施工加上高强度的透水技术，使透水性路面具有透水好、强度高、耐久强和景观好等特点。

1. 透水铺装于海绵城市的必要性

城市中大面积的地表硬化是城市化的特征之一，不透水铺装改变了土壤、植被和渗透层对水的天然循环属性，加速产生了热岛效应及洪涝灾害等一系列负面问题。近年来，城市建设已经意识到过度硬化产生的危害，逐步转向一种全新的，具有环境、生态和水资源保护功能的地面铺设——透水铺装。这不仅成为城镇发展的必要措施，也是海绵城市建设的重要课题之一，具有以下几个方面重要意义。

（1）透水铺装与雨水保持。透水铺装将会改变雨水从地面直接流失的状况，降低蒸发量，补充地下水，缓解地下水位下降，避免因过度开采地下水而引起地陷和房屋地基下沉等问题。

（2）透水铺装与污染防治。雨水通过透水铺装及下部透水垫层层层过滤和净化。同时，透水铺装下部土壤中丰富的微生物还能针对雨水中的有机杂质进行生物净化，使得下渗的雨水得到进一步净化。减少地表径流和路面污染物，利于降低二次污染。

（3）透水铺装与防洪安全。透水铺装通过雨水渗透，在暴雨季节或短时间强降雨时，有效缓解城市排水系统的压力，径流曲线平缓，峰值降低，流量缓升缓降。同时减缓路面积水、内涝的程度，保证道路行车和行人的安全性，防止形成有雨洪灾、无雨旱灾的矛盾局面。

（4）透水铺装与生态平衡。透水铺装最大限度地降低"城市荒漠"的比例，特别强调水循环的生态平衡，保持土壤湿度，维护地下水和土壤的生态平衡。

（5）透水铺装与热岛改善。透水铺装有利于地表上下空气流通和水分交换，有效调节空气温度、湿度和缓解城市病之一的"热岛效应"。

2. 透水铺装的技术原理

（1）透水铺装的基本原理。透水铺装最大优点是透水性好，其主要影响因素是孔隙率。根据透水铺装的沥青混合料的孔隙率与透水性的关系研究显示，8%的孔隙率是沥青路面透水性急剧增长的拐点。

透水铺装的孔隙率应大于8%，而根据实际应用状况及经验总结，透水铺装的孔隙率15%～25%比较合适，可以达到31～52 L/(m·h)，才能保证达到畅通透水的效果。基本步行道透水铺装示意，如图10-2所示。

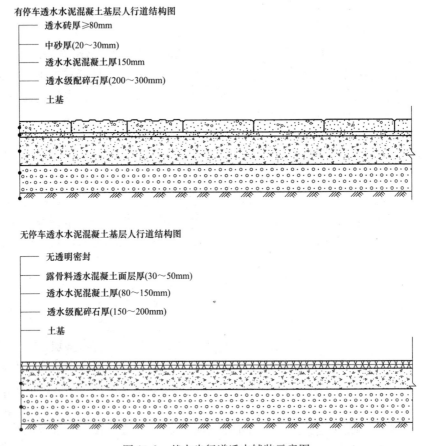

图 10-2　基本步行道透水铺装示意图

（2）透水铺装对选址条件的要求。透水铺装在室外地面的用途非常广泛，包括广场、自行车道、人行道、商业步行街和园路等。透水铺装对选址有一定要求，首先要进行评估，主要从气候条件、地质条件、人文条件和工程条件四大方面进行考察评估。

1）气候条件。参考发达国家"设计雨型"的概念，即综合考虑可能出现的典型暴雨的设计降雨量的时间分布、汛期降雨量及降雨强度，评估有无必要采用透水铺装，以及确定适宜的透水铺装类型。另外，要注意温度和湿度条件，对高温高湿的南方和寒冷的北方采用不同的透水铺装技术。

2）地质条件。主要指原地基土的性质，根据已有的国内外成熟经验，砂性土质的地基适宜采用透水铺装，而粉土、饱和度较高的黏性土或地下为不透水岩石层，则不适宜采用透水铺装。因此，根据基土的特质评估选择是否采用透水铺装至关重要。如果基土不符合但又必须采用透水铺装，就必须对地基进行加固处理甚至换土，同时应该与地面径流规划相结合，合理确定径流量与渗透率的比例，达到径流规划汇水与渗透铺装载水的完美融合。

3）人文条件。不同的区域如工业区、商业区、文体娱乐区以及一些交通停滞区段如停车场、交叉口和收费站等的空气环境、路面要求、交通量、交通轴载和使用强度等都相差很大，因此，在不同区域或地段应充分考虑人文条件，将透水铺装用于必要且适宜的地区。

4）工程条件。在具体的工程条件阶段，主要通过考虑透水的下渗方式（就地保留或下渗后排入固定区域保留）来选择透水铺装的材料以及全保水型、半保水型还是排水型的铺装方式。

透水铺装的选址条件评估需严谨细致，全面考虑自然条件和人文条件进行反复评估，最终做出合理可持续的决策，保证透水铺装的可行性、实用性与经济性。

（3）透水铺装的类型及特点。目前，透水铺装主要包括透水性混凝土铺装和透水性沥青铺装、透水性地砖铺装三类。

1）透水性混凝土铺装。透水性混凝土属于全透水类型，有很好的透水性、保水性和通气性，是将水泥、特殊添加剂、骨料和水用特殊配比混合而成，比其他地面铺装材料更优良、更生态。其路面结构形式自下到上依次是素土夯实、砂卵石或级配砂石、60～200mm 的透水混凝土、无色透明密封。该铺装可将雨水渗透至路基或是周围的土壤中加以储存，多数应用于园林绿地、公园和球场等。另外，针对不同区域的降雨水平，可适度增加附属排水系统，连通市政管网或蓄水系统。主要应用于道路、通道、人行道和广场等道路承载较大的地段，具体透水性混凝土铺装示意图，如图 10-3 所示。

2）透水性沥青铺装。透水性沥青属于半透水类型，其路面结构形式与普通沥青路面相同，只在道路表面层采用透水性沥青。该铺装需在底面层两侧增加碎石排水暗沟，以保证渗水通过路面底面层横向流入两侧的排水暗沟中。同时每隔一定距离需在路边设置渗水井，使雨水通过渗水井渗透到路基以下，或统一储存于蓄水池便于循环利用。同时，重点要求底面层施工时控制道路的横坡

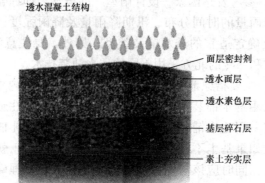

透水混凝土结构

面层密封剂
透水面层
透水素色层
基层碎石层
素土夯实层

图 10-3　透水性混凝土铺装示意

坡度，以保证道路的耐久性和安全性。透水性沥青铺装主要适用于园路、广场、人行道和车行干道。

　　3）透水性地砖铺装。透水性地砖从材质和生产工艺上分为两大类：一类以废弃工业料、生活垃圾和建筑垃圾等为主要原料，通过粉碎、筛留、成形和高温烧制而成的具有透水性能的陶瓷透水性地砖；另一类以无机的非金属材料为主要原料，通过成形及固化而制成的具有透水性能，无须烧成的非陶瓷透水性地砖。其中，陶瓷透水性地砖通过废物循环利用，减轻污染并节省能源，且该铺装具有高透水性和高摩擦系数，装饰效果与吸音效果也较好，具有很强的推广性。具体铺砖示意图，如图 10-4 所示。

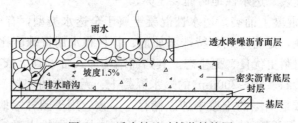

雨水

透水降噪沥青面层
坡度1.5%
密实沥青底层
排水暗沟
封层
基层

图 10-4　透水性地砖铺装结构图

　　另外，根据透水性地砖的构成原料，分为普通透水性地砖（用于一般街区人行步道和广场）、聚合物纤维混凝土透水性地砖（用于市政、重要工程和住宅小区的人行步道、广场和停车场）、彩石复合混凝土透水性地砖（用于豪华商业区、大型广场、酒店停车场和高档别墅小区）、混凝土透水性地砖（用于高速路、飞机场跑道、车行道，人行道、广场及园林建筑）和生态砂基透水性地砖（用于"鸟巢"、上海世博会中国馆、"水立方"、中南海办公区及国庆 60 周年长安街改造等国家重点工程）。

（4）透水铺装的基本流程。透水铺装作为海绵城市生态环保可持续的铺装工程，已经在实践中形成合理高效的施工流程。主要有：

1）材料准备。

2）材料搅拌。

3）湿润浇筑。

4）轻巧振捣。

5）多次辊压。

6）浇水维护。

（5）透水铺装的后期养护。对于透水铺装来说，由于存在空隙、摩擦系数大的问题，砂土、灰尘及油污等异物在路面长期堆积，同时渗透的雨水会过滤空气中的灰尘和道路上的杂物，也会在透水垫层中产生一定程度的吸附和沉淀，久而久之，透水孔隙容易被堵塞，造成透水率下降甚至失去透水能力。

通过对已有的一些透水铺装路面进行观察发现，一般具有良好透水功能的时间只有1年，两年后的透水性能降低了60％以上，使用4年后已基本不透水。因此，透水铺装的后期养护非常重要，必须充分考虑不同铺装材质的透水衰减率，采取相应的养护措施，定期或不定期对透水铺装进行高压冲水清洗，或采用专业设备进行清洗，将阻塞孔隙的颗粒和杂物冲走，保证透水率的可持续性，才能延长透水铺装路面的寿命。

三、分散式污水处理厂设计

污水处理厂将收集到的污水进行统一处理后，若无其他回用要求通常将达标水质直接排放。当污水处理厂大量排放尾水至自然水体时，受纳水体的环境承载能力及水体生态环境将受到很大的挑战。因此，对污水厂排放的污水进行进一步处理，使之不直接进入自然水体，可以有效减少水环境压力。一种有效的解决方法就是使污水处理厂的尾水流经人工湿地系统加以过滤再排放至水体，可大幅提高水质（最高可达Ⅲ～Ⅳ类水），尤其对氮和磷的去除起到很好的效果，使水体污染物变为植被营养物。

目前，污水处理厂主要有集中式污水处理厂和分散式污水处理厂两种。这两种处理厂存在其各自的优点和缺点，并适用于不同开发建设强度的地区。相对于集中式污水处理厂，分散式污水处理厂更加灵活且针对性强，能对不同的水质进行专门处理，更重要的一点是，分散式污水处理占地面积小，基建和运行投资均较小。

这意味着，对于分散式污水处理厂，只需修建小规模的绿地对尾水进行过滤消纳即可保证水质，而集中式污水处理厂则需要大面积的绿地过滤尾水，才能达到一定的水质标准排入自然水体。

基于目前城市的发展状况，污水产生量巨大，土地资源紧张，建设大面积的湿地系统有一定的困难（尤其是对建成度高的城市）。因此，"化整为零"和建设分散式污水处理厂，在保证水处理能力及尾水排放水质的基础上，更有利于土地资源的合理利用。

分散式污水处理厂污水处理规模不大，但可生化性好，通常采用小型污水处理装置进行处理，其处理常用工艺包括厌氧生物处理、好氧生物处理和自然生物处理等，在海绵城市的设计中，可采用湿地系统进行处理尾水的再净化。

分散式污水处理厂出水后连接的湿地尾水处理系统，即"海绵体"，它承担了海绵城市的"蓄水和净水"功能。处理厂将尾水排入湿地系统后，经过植物、微生物与土壤的过滤和沉淀，水质进一步被提升，达到更高的排放标准，然后排入自然水体，降低受纳水环境的消纳压力。

四、工程建设中水土流失防治

随着我国城市化的快速发展，各类建设项目不断增多，如房地产开发、道路建设及水电等工程，都会造成水土流失。在建设中，原有的地形地貌遭到破坏，一些建设活动导致土壤表土松动，并产生大量的废气废渣，严重影响了城市居民的生活环境质量。海绵城市的提出为城市水土保持工作提供了新的思路，即水土保持应尽量和海绵城市中的雨水控制管理理念有效结合起来，通过低影响开发技术，减少地表径流，有效控制水土流失。

1. 工程建设中水土流失的成因及其影响因素

总体来说，水土流失的成因可分为自然原因和人为原因两部分。

（1）自然因素。包括降水、地表径流冲刷、风力侵蚀、植被稀疏和土质疏松等。在工程建设中，自然因素是产生水土流失的先决条件。海绵城市建设能够有效地从源头上控制径流量，增加雨水下渗，减少水土流失。

（2）人为因素。包括场地平整、土方开挖回填等。人类活动加剧了水土流失的发展，加大了水土流失的强度。简而言之，工程建设中的水土流失是由自然因素和人为因素所共同作用的结果。

2. 工程建设中的水土流失的防治原则

（1）因地制宜，因害设防。应基于特定的环境、场地、施工方法和可能发生的灾害等，采用相应的保护措施，一定要有合理性以及可操作性，切忌生搬硬套。

534

（2）生态优先，方便经济。在建筑材料的选择方面，以就地取材、重复利用、生态经济为指导原则，选用合理的、生态经济的建筑材料。

（3）适宜当地环境，便于后期管理。一些临时用地如施工便道等，在其工程阶段结束之后除另有要求外，应恢复成原有土地利用类型。

3. 工程建设中的水土流失的控制

（1）前期分析及预测。在工程建设实施前期，对因工程建设所引起的水土流失的流失量进行科学合理的分析及预测是制订施工现场水土保持方案的重要参考依据。前期分析时应注意具体问题具体分析，对于特定的工程建设，首先应充分了解其项目类型，地质水文情况以及水土流失的现状、成因和特点等。其次选用合适的测定方法进行测定。目前常用的用以评估和预测工程建设产生的土壤侵蚀的方法有：实地测量法、数学模型法、经验法和通用土壤侵蚀方程（USLE）等。

（2）工程建设中的水土流失的防治的一般性措施。水土流失的防治措施主要采用植物护坡技术，将植物与土壤有效地融合起来成为一个具有渗、储、调和净等功能的海绵体。措施的选择应该因地制宜，同时应考虑实施的可行性、经济效益和景观效果。具体主要包括以下几个方面。

1）建筑及周边区域。该区域重点通过雨水收集、存储和下渗有效控制场地内的雨水径流洪峰，防止对土壤的冲刷造成的水土流失，并减轻雨水管网的压力。具体措施有雨水花园、植草沟和雨水湿地等。

2）城市道路。道路两侧绿化带应设计成下凹式，摆脱原来道路高出周围绿化带的模式。下凹式绿化带能有效地吸纳和净化雨水，并结合雨水口和连接管排入到市政管网中。其中，植物的选择应具备抗旱、耐湿、根系发达、净化能力强及景观效果好等特点。

3）河流、水库等生态敏感区。在河流、水库以及水源地等地区水土保持极为重要。以湖北十堰市泗河茅箭区为例，河岸采用生态护坡的方法，防止水土流失和径流污染。植物的选择因地制宜，以本地物种、耐水湿、净化能力强以及便于维护为主，种植模式主要采用乔—灌木—草本—湿地植物。

4）山体。根据不同的地区、坡度以及敏感性选择适宜的生态护坡方式。例如，坡度大于35°的区域属于敏感的防护区域。主要采用生态的护坡方法和喷浆、生态袋及石笼等工程做法相结合；坡度15°～35°的区域，利用植被结合梯田或置石等景观做法进行综合性护坡；坡度5°～15°的区域范围内，属于局部小面积水土流失区域，可采用生态砖、木护坡等自然材料的边坡防护措施；在坡度小于5°的区域，应该加强道路两边的边坡绿化，修建生态雨水汇水沟、边沟截水沟及急流槽等，减轻径流对边坡冲刷。

此外，护坡植物的选择主要以乡土植物和地带性植物为主，同时要考虑深根和浅根植物的合理搭配，乔灌草的有效结合，以及功能防护和景观视觉的结合。

535

第十一章

施 工 管 理

第一节　市政公用工程施工现场管理

一、施工现场布置与管理

1. 平面布置与划分基本要求

（1）在施工用地范围内，将各项生产、生活设施及其他辅助设施进行规划和布置，满足施工组织设计及维持社会交通的要求。

（2）市政公用工程的施工平面布置图有明显的动态特性，必须详细考虑好每一步的平面布置及其合理衔接。科学合理的规划，绘制出施工现场平面布置图。

（3）工程施工阶段按照施工总平面图要求，设置道路、组织排水、搭建临时设施、堆放物料和停放机具设备等。

2. 总平面图设计依据

（1）现场勘查、信息收集、分析数据资料。工程所在地区的原始资料，包括建设、勘察、设计单位提供的资料，工程所在地区的自然条件及技术、经济条件。

（2）经批准的工程项目施工组织设计、交通导行（方案）图、施工总进度计划。

（3）现有和拟建工程的具体位置、相互关系及净距离尺寸。

（4）各种工程材料、构件、半成品，施工机具和运输工具等资源需求量计划。

（5）建设单位可提供的房屋和其他设施。

（6）批准的临时占路和用地等文件。

3. 总平面布置原则

（1）满足施工进度、方法、工艺流程及施工组织的需求，平面布置合理、紧凑，尽可能减少施工用地。

（2）合理组织运输，保证场内道路畅通，运输方便，各种材料能按计划分期分批进场，避免二次搬运，充分利用场地。

（3）因地制宜划分施工区域的和临时占用的场地，且应满足施工流程的要求，减少各工种之间的干扰。

（4）在保证施工顺利进行的条件下，降低工程成本。减少临时设施搭设，尽可能利用施工现场附近的原有建筑物作为施工临时设施。

（5）施工现场临时设施的布置，应方便生产和生活，办公用房靠近施工现场，福利设施应在生活区范围之内，并尽量远离施工区。

（6）施工平面布置应符合主管部门相关规定和建设单位安全保卫、消防、环境保护的要求。

4. 平面布置的内容

（1）施工图上所有地上、地下建筑物、构筑物以及其他设施的平面位置。

（2）给水、排水、供电管线等临时位置。

（3）生产、生活临时区域及仓库、材料构件、机具设备堆放位置。

（4）现场运输通道、便桥及安全消防临时设施。

（5）环保、绿化区域位置。

（6）围墙（挡）与入口（至少要有2处）位置。

5. 施工现场封闭管理

（1）封闭管理的原因。未封闭管理的施工现场的作业条件差，不安全因素多，在作业过程中既容易伤害作业人员，也容易伤害现场以外的人员。因此，施工现场必须实施封闭式管理，将施工现场与外界隔离，以保护环境、美化市容。

（2）围挡（墙）。

1）施工现场围挡（墙）应沿工地四周连续设置，不得留有缺口，并根据地质、气候、围挡（墙）材料进行设计与计算，确保围挡（墙）的稳定性、安全性。

2）围挡的用材应坚固、稳定、整洁、美观，宜选用砌体、金属材板等硬质材料，不宜使用彩布条、竹篱笆或安全网等。

3）施工现场的围挡一般应不低于1.8m，在市区内应不低于2.5m，且应符合当地主管部门有关规定。

4）禁止在围挡内侧堆放泥土、砂石等散状材料以及架管、模板等。

5）雨后、大风后以及春融季节应当检查围挡的稳定性，发现问题及时处理。

（3）大门和出入口。

1）施工现场应当有固定的出入口，出入口处应设置大门。

2）施工现场的大门应牢固美观，大门上应标有企业名称或企业标识。

3）出入口应当设置专职门卫保卫人员，制定门卫管理制度及交接班记录制度。

　　4) 施工现场的进口处应有整齐明显的"五牌一图"。

　　①五牌。包括工程概况牌、管理人员名单及监督电话牌、消防保卫牌、安全生产(无重大事故)牌、文明施工牌。工程概况牌内容一般应写明工程名称、面积、层数、建设单位、设计单位、施工单位、监理单位、开竣工日期、项目负责人(经理)以及联系电话。

　　②一图。即施工现场总平面图。可根据情况再增加其他牌图,如工程效果图、项目部组织机构及主要管理人员名单图等。

　　5) 标牌是施工现场重要标志的一项内容,所以不但内容应有针对性,同时标牌制作、挂设也应规范整齐、美观,字体工整。

　　(4) 警示标牌布置与悬挂。

　　1) 施工现场应当根据工程特点及施工的不同阶段,有针对性地设置、悬挂安全警示标志。在施工现场的危险部位和有关设备、设施上设置安全警示标志,是为了提醒、警示进入施工现场的管理人员、作业人员和有关人员,要时刻认识到所处环境的危险性,随时保持清醒和警惕,避免事故发生。

　　2) 根据国家有关规定,施工现场入口处、施工起重机具(械)、临时用电设施、脚手架、出入通道口、楼梯口、电梯井口、孔洞口、桥梁口、隧道口、基坑边沿、爆破物及有害危险气体和液体存放处等属于危险部位,应当设置明显的安全警示标志。.

　　3) 安全警示标志的类型、数量应当根据危险部位的性质不同,设置不同的安全警示标志。如:在爆破物及有害危险气体和液体存放处设置禁止烟火、禁止吸烟等禁止标志。在施工机具旁设置当心触电、当心伤手等警告标志。在施工现场入口处设置必须戴安全帽等指令标志。在通道口处设置安全通道等指示标志。在施工现场的沟、坎、深基坑等处,夜间要设红灯示警。

　　4) 施工现场安全标志设置后应当进行统计记录,绘制安全标志布置图,并填写施工现场安全标志登记表。

　　6. 施工现场场地与道路

　　(1) 现场的场地。

　　1) 现场的场地应当整平,清除障碍物,无坑洼和凹凸不平,雨季不积水,暖季应适当绿化。

　　2) 施工现场应具有良好的排水系统,设置排水沟及沉淀池,现场废水未经允许不得直接排入市政污水管网和河流。

　　3) 现场存放的化学品等应设有专门的库房,地面应进行防渗漏处理。地面应当经常洒水,对粉尘源进行覆盖遮挡。

　　(2) 施工现场的道路要求。

　　1) 施工现场的道路应畅通,应当有循环干道,满足运输、消防要求。

2) 主干道应当平整坚实，且有排水措施，硬化材料可以采用混凝土、预制块或用石屑、焦渣、砂石等压实整平，保证不沉陷，不扬尘，防止泥土带入市政道路。

3) 道路应当中间起拱，两侧设排水设施，主干道宽度不宜小于 3.5m，载重汽车转弯半径不宜小于 15m，如因条件限制，应当采取措施。

4) 道路的布置要与现场的材料、构件、仓库等堆场、吊车位置相协调、配合。

5) 施工现场主要道路应尽可能利用永久性道路，或先建好永久性道路的路基，在主体工程结束之前再铺路面。

7. 临时设施搭设与管理

（1）临时设施的种类。

1) 办公设施，包括办公室、会议室、门卫传达室等。

2) 生活设施，包括宿舍、食堂、厕所、淋浴室、阅览娱乐室、卫生保健室等。

3) 生产设施，包括材料仓库、防护棚、加工棚〔站、厂，如混凝土搅拌站、砂浆搅拌站、木材加工厂、钢筋加工厂、机具（械）维修厂等〕、操作棚等。

4) 辅助设施，包括道路、停车场、现场排水设施、围墙、大门等。

（2）临时设施的搭设与管理。

1) 办公室。施工现场应设置办公室，办公室内布局应合理，文件资料宜归类存放，并应保持室内清洁卫生。

2) 职工宿舍。

①宿舍应当选择在通风、干燥的位置，防止雨水、污水流入。不得在尚未竣工建筑物内设置员工集体宿舍。

②宿舍必须设置可开启式窗户，设置外开门。宿舍内应保证有必要的生活空间，室内净高不得小于 2.5m，通道宽度不得小于 0.9m，每间宿舍居住人员不应超过 16 人。

③宿舍内的单人铺不得超过 2 层，严禁使用通铺，床铺应高于地面 0.3m，人均床铺面积不得小于 1.9m×0.9m，床铺间距不得小于 0.3m。

④宿舍内应设置生活用品专柜，有条件的宿舍宜设置生活用品储藏室。宿舍内严禁存放施工材料、施工机具和其他杂物。宿舍周围应当搞好环境卫生，应设置垃圾桶、鞋柜或鞋架，生活区内应为作业人员提供晾晒衣物的场地，房屋外应道路平整，晚间有充足的照明。

⑤寒冷地区冬季宿舍应有保暖措施、防煤气中毒措施，火炉应当统一设置、管理，炎热季节应有消暑和防蚊虫叮咬措施。

⑥应当制定宿舍管理使用责任制，轮流负责卫生和使用管理或安排专人管理。

3）食堂。

①食堂应当选择在通风、干燥的位置，防止雨水、污水流入，应当保持环境卫生、远离厕所、垃圾站、有毒有害场所等污染源的地方，装修材料必须符合环保、消防要求。

②食堂应设置独立的制作间、储藏间。食堂应配备必要的排风设施和冷藏设施，安装纱门纱窗，室内不得有蚊蝇，门下方应设不低于 0.2m 的防鼠挡板。食堂的燃气罐应单独设置存放间，存放间应通风良好并严禁存放其物品。

③食堂制作间灶台及其周边应贴瓷砖，瓷砖的高度不宜小于 1.5m。地面应做硬化和防滑处理，按规定设置污水排放设施。

④食堂制作间的刀、盆、案板等炊具必须生熟分开，食品必须有遮盖，遮盖物品应有正反面标识，炊具宜存放在封闭的橱柜内。

⑤食堂内应有存放各种佐料和副食的密闭器皿，并应有标识，粮食存放台距墙和地面应大于 0.2m。

⑥食堂外应设置密闭式泔水桶，并应及时清运，保持清洁。应当制定并在食堂张挂食堂卫生责任制，责任落实到人，加强管理。

4）厕所。

①厕所大小应根据施工现场作业人员的数量设置。

②施工现场应设置水冲式或移动式厕所，厕所地面应硬化，门窗齐全。蹲坑间宜设置隔板，隔板高度不宜低于 0.9m。

③厕所应设专人负责，定时进行清扫、冲刷、消毒，防止蚊蝇滋生。

5）仓库。

①仓库的面积应通过计算确定，根据各个施工阶段需要的先后进行布置。水泥仓库应当选择地势较高、排水方便、靠近搅拌机的地方。

②仓库内各种工具器件物品应分类集中放置，设置标牌，标明规格型号。

③易燃易爆仓库的布置应当符合防火、防爆安全距离要求。易燃、易爆和剧毒物品不得与其他物品混放，并建立严格的进出库制度，由专人管理。

（3）材料堆放与库存。

1）一般要求。

①由于城区施工场地受到严格控制，项目部应合理组织材料的进场，减少现场材料的堆放量，减少场地和仓库面积。

②对已进场的各种材料、机具设备，严格按照施工总平面布置图位置码放整齐。

③停放到位，且便于运输和装卸，应减少二次搬运。

④地势较高、坚实、平坦、回填土应分层夯实，要有排水措施，符合安全、防火的要求。

⑤各种材料应当按照品种、规格堆放，并设明显标牌，标明名称、规格和产地等。

⑥施工过程中做到"活完、料净、脚下清"。

2）主要材料半成品的堆放。

①大型工具，应当一头见齐。

②钢筋应当堆放整齐，用方木垫起，不宜放在潮湿处和暴露在外。

③砖应丁码成方垛，不准超高并距沟槽坑边不小于 0.5m，防止坍塌。

④砂应堆成方，石子应当按不同粒径规格分别堆放成方。

⑤各种模板应当按规格分类堆放整齐，地面应平整坚实，叠放高度一般不宜超高 1.6m。大模板存放应放在经专门设计的存架上，应当采用两块大模板面对面存放，当存放在施工楼层上时，应当满足自稳角度并有可靠的防倾倒措施。

⑥混凝土构件堆放场地应坚实、平整，按规格、型号堆放，垫木位置要正确，多层构件的垫木要上下对齐，垛位不准超高。混凝土墙板宜设插放架，插放架要焊接或绑扎牢固，防止倒塌。

3）场地清理。作业区内，要做到工完场地清，拆模时应当随拆随清理运走，不能马上运走的应码放整齐，模板上的钉子要及时拔除或敲弯，防止钉子戳脚。

8. 施工现场的卫生管理

（1）卫生保健。

1）施工现场应设置保健卫生室，配备保健药箱、常用药及绷带、止血带、颈托、担架等急救器材，小型工程可以用办公用房兼做保健卫生室。

2）施工现场应当配备兼职或专职急救人员，处理伤员和职工保健，对生活卫生进行监督和定期检查食堂、饮食等卫生情况。

3）要利用板报等形式向职工介绍防病的知识和方法，做好对职工卫生防病的宣传教育工作，主要是针对季节性流行病、传染病等。

4）当施工现场作业人员发生法定传染病、食物中毒、急性职业中毒时，必须在 2h 内向事故发生所在地建设行政主管部门和卫生防疫部门报告，并应积极配合调查处理。

5）现场施工人员患有法定的传染病或病源携带者时，应及时进行隔离，并由卫生防疫部门进行处置。

6）办公区和生活区应设专职或兼职保洁员，负责卫生清扫和保洁，应有灭鼠、蚊、蝇、蟑螂等措施，并应定期投放和喷洒药物。

（2）食堂卫生。

1）食堂必须有卫生许可证。

2）炊事人员必须持有身体健康证，上岗应穿戴洁净的工作服、工作帽和口罩，并应保持个人卫生。

3）炊具、餐具和饮水器具必须及时清洗消毒。

4）必须加强食品、原料的进货管理，做好进货登记，严禁购买无照、无证商贩经营的食品和原料，施工现场的食堂严禁出售变质食品。

二、环境保护管理

工程环境保护管理是施工组织设计的重要组成部分。

1. 管理目标与基本要求

（1）管理目标。

1）满足国家和当地政府主管部门有关规定。

2）满足工程合同和施工组织设计要求。

3）兑现投标文件承诺。

（2）基本要求。

1）市政公用工程常常处于城镇区域，具有与市民近距离相处的特殊性，因而必须在施工组织设计中贯彻绿色施工管理，详细安排好文明施工、安全生产施工和环境保护方面措施，把对社会、环境的干扰和不良影响降至最低限度。

2）文明施工做到组织落实、责任落实、形成网络，项目部每月应进行一次文明施工检查，将文明施工管理列入生产活动议事日程当中，做到常抓不懈。

3）定期走访沿线机关单位、学校、街道和当地政府等部门，及时征求他们的意见，并在施工现场设立群众信访接待站和投诉电话或手机号码，有条件的可留有 QQ 号码和微信号码，由专人负责沿线群众反映的情况和意见，对反映的问题要及时解答并尽快落实解决。

4）建立文明施工管理制度，现场应成立专职的文明施工小分队，负责全线文明施工的管理工作。

2. 管理主要内容与要求

（1）防治大气污染。

1）为减少扬尘，施工场地的主要道路、料场、生活办公区域应按规定进行硬化处理。裸露的场地和集中堆放的土方应采取覆盖、固化、绿化、洒水降尘措施。

2）使用密目式安全网对在建建筑物、构筑物进行封闭。拆除旧有建筑物时，应采用隔离、洒水等措施防止施工过程扬尘，并应在规定期限内将废弃物清理完毕。

3）不得在施工现场熔融沥青，严禁在施工现场焚烧含有有毒、有害化学成分的装饰废料、油毡、油漆、垃圾等各类废弃物。

4）施工现场应根据风力和大气湿度的具体情况，进行土方回填、转运作业。沿线安排洒水车，洒水降尘。

5）施工现场混凝土搅拌场所应采取封闭、降尘措施。水泥和其他易飞扬的细颗粒建筑材料应密闭存放，砂石等散料应采取覆盖措施。

6）施工现场应设置密闭式垃圾站，施工垃圾、生活垃圾应分类存放，并及时清运出场。施工垃圾的清运，应采用专用封闭式容器吊运或传送，严禁凌空抛撒。

7）从事土方、渣土和施工垃圾运输应采用密闭式运输车辆或采取覆盖措施。现场出入口处应采取保证车辆清洁的措施。并设专人清扫社会交通路线。

8）城区、旅游景点、疗养区、重点文物保护地及人口密集区的施工现场应使用清洁能源。施工现场的机具设备、车辆的尾气排放应符合国家环保排放标准要求。

（2）防治水污染。

1）施工场地应设置排水沟及沉淀池，污水、泥浆必须防止泄漏外流污染环境。污水应尽可能重复使用，按照规定排入市政污水管道或河流，泥浆应采用专用罐车外弃。

2）现场存放的油料、化学溶剂等应设有专门的库房，地面应进行防渗漏处理。

3）食堂应设置隔油池，并应及时清理。

4）厕所的化粪池应进行抗渗处理。

5）食堂、盥洗室、淋浴间的下水管线应设置隔离网，并应与市政污水管线连接，保证排水通畅。

6）给水管道严禁取用污染水源施工，如施工管段处于污染水水域较近时，须严格控制污染水进入管道；如不慎污染管道，应按有关规定处理。

（3）防治施工噪声污染。

1）施工现场应按照现行国家标准《建筑施工场界环境噪声排放标准》（GB 12523—2011）制定降噪措施，并应对施工现场的噪声值进行监测和记录。

2）施工现场的强噪声设备宜设置在远离居民区的一侧。

3）对因生产工艺要求或其他特殊需要，确需在22时至次日6时期间进行强噪声施工的，施工前建设单位和施工单位应到有关部门提出申请，经批准后方可进行夜间施工，并协同当地居委会公告附近居民。

4）夜间运输材料的车辆进入施工现场，严禁鸣笛，装卸材料应做到轻拿轻放。

5）对产生噪声和振动的施工机具、机具的使用，应当采取消声、吸声、隔声等有效控制和降低噪声。在规定的时间内不得使用空压机等噪声大的机具设备，如必须使用，需采用隔声棚降噪。

（4）防治施工固体废弃物污染。

1）施工车辆运输砂石、土方、渣土和建筑垃圾，要采取密封、覆盖措施，避免泄漏、遗撒，并按指定地点倾卸，防止固体废物污染环境。

2）运送车辆不得装载过满并应加遮盖。车辆出场前设专人检查，在场地出口处设置洗车池，待土方车出口时将车轮冲洗干净。应要求司机在转弯、上坡时减速慢行，避免遗撒。安排专人对土方车辆行驶路线进行检查，发现遗撒及时清扫。

（5）防治施工照明污染。

1）夜间施工严格按照建设行政主管部门和有关部门的规定，设置现场施工照明装置。

2）对施工照明器具的种类、灯光亮度应严格控制，特别是在城市市区居民居住区内，减少施工照明对城市居民的影响。

三、劳务管理

1. 分包人员实名制管理目的、意义

（1）目的。劳务实名制管理是劳务管理的一项基础工作。实行劳务实名制管理，使总包对劳务分包人数清、情况明、人员对号、调配有序，从而促进劳务企业合法用工、切实维护农民工权益、调动农民工积极性、实施劳务精细化管理，增强企业核心竞争力。

（2）意义。

1）实行劳务实名制管理，督促劳务企业、劳务人员依法签订劳动合同，明确双方权利义务，规范双方履约行为，使劳务用工管理逐步纳入规范有序的轨道，从根本上规避用工风险、减少劳动纠纷、促进企业稳定。

2）实行劳务实名制管理，掌握劳务人员的技能水平，工作经历，有利于有计划、有针对性地加强农民工的培训，切实提高他们的知识和技能水平，确保工程质量和安全生产。

3）实行劳务实名制管理，逐人做好出勤、完成任务的记录，按时支付工资，张榜公示工资支付情况，使总包可以有效监督劳务企业的工资发放。

4）实行劳务实名制管理，使总包企业了解劳务企业用工人数、工资总额，便于总包企业有效监督劳务企业按时、足额缴纳社会保险费。

2. 管理措施及管理方法

（1）管理措施。

1）劳务企业要与劳务人员依法签订书面劳动合同，明确双方权利义务、工资支付标准、支付形式、支付时间和项目。应将劳务人员花名册、身份证、劳动合同文本、岗位技能证书复印件报总包方项目部备案，并确保人、册、证、合同、证书相符统一。人员有变动的要及时变动花名册、并向总包方办理变更备案。无身份证、无劳动合同、无岗位证书的"三无"人员不得进入现场施工。

2）要逐人建立劳务人员入场、继续教育培训档案，记录培训内容、时间、课时、考核结果、取证情况，并注意动态维护、确保资料完整、齐全。项目部要定期检查劳务人员培训档案，了解培训开展情况，并可抽查检验培训效果。

3）劳务人员现场管理实名化。进入现场施工的劳务人员要佩戴工作卡，注明姓名、身份证号、工种、所属劳务企业，没有佩戴工作卡的不得进入现场施工。劳务企业要根据劳务人员花名册编制考勤表，每日点名考勤，逐人记录工作量完成情况，并定期制定考核表。考勤表、考核表须报总包方项目部备案。

4）劳务企业要根据劳务人员考勤表按月编制工资发放表，记录工资支付时间、支付金额，经本人签字确认后，张贴公示。劳务人员工资发放表须报总包方项目部备案。

5）劳务企业要按照施工所在地政府要求，根据劳务人员花名册为劳务人员缴纳社会保险，并将缴费收据复印件、缴费名单报总包方项目部备案。

（2）管理方法。

1）IC卡。目前，劳务实名制管理手段主要有手工台账、Excel表和IC卡。使用IC卡进行实名制管理，将科技手段引入项目管理中，能够充分体现总包方的项目管理水平。因此，有条件的项目应逐步推行使用IC卡进行项目实名制管理。IC卡可实现如下管理功能。

①人员信息管理。劳务企业将劳务人员基本身份信息，培训、继续教育信息等录入IC卡，便于保存和查询。

②工资管理。劳务企业按月将劳务人员的工资通过储蓄所存入个人管理卡，劳务人员使用管理卡可就近在ATM机支取现金，查询余额，也可异地支取。

③考勤管理。在施工现场进出口通道安装打卡机，劳务人员进出施工现场进行打卡，打卡机记录出勤状况，项目劳务管理员通过采集卡对打卡机的考勤记录进行采集并打印，作为考勤的原始资料存档备查，另作为公示资料进行公示，让每一个劳务人员知道自己在本期内的出勤情况。

④门禁管理。作为劳务人员准许出入项目施工区、生活区的管理系统。

2）监督检查。

①项目部应每月进行一次劳务实名制管理检查，检查内容主要如下：劳务管理员身份证、上岗证；劳务人员花名册、身份证、岗位技能证书、劳动合同证书；考勤表、工资表、工资发放公示单；劳务人员岗前培训、继续教育培训记录；社会保险缴费凭证。不合格的劳务企业应限期进行整改，逾期不改的要予以处罚。

②总包方应每季度进行一次项目部实名制管理检查，并对检查情况进行打

分,年底进行综合评定。适时组织对农民工及劳务管理工作领导小组办公室的抽查。

第二节 市政公用工程施工进度管理

一、施工进度计划编制方法的应用

施工进度计划是项目施工组织设计的重要组成部分,对工程履约起着主导作用。编制施工总进度计划的基本要求是:保证工程施工在合同规定的期限内完成;迅速发挥投资效益;保证施工的连续性和均衡性;节约费用、实现成本目标。

1. 施工进度计划编制的有关规定

(1) 符合国家政策、法律法规和工程项目管理的有关规定。

(2) 符合合同条款有关进度的要求。

(3) 兑现投标书的承诺。

2. 先进可行

(1) 满足企业对工程项目要求的施工进度目标。

(2) 结合项目部的施工能力,切合实际地安排施工进度。

(3) 应用网络计划技术编制施工进度计划,力求科学化,尽量在不增加资源条件下,缩短工期。

(4) 能有效调动施工人员的积极性和主动性,保证施工过程中施工的均衡性和连续性。

(5) 有利于节约施工成本,保证施工质量和施工安全。

3. 施工进度计划编制依据

(1) 以合同工期为依据安排开、竣工时间。

(2) 设计图纸、定额材料等。

(3) 机具(械)设备和主要材料的供应及到货情况。

(4) 项目部可能投入的施工力量及资源情况。

(5) 工程项目所在地的水文、地质及其他方面自然情况。

(6) 工程项目所在地资源可利用情况。

(7) 影响施工的经济条件和技术条件。

(8) 工程项目的外部条件等。

4. 施工进度计划编制流程

(1) 首先要落实施工组织。其次,为实现进度目标,应注意分析影响工程进度的风险,并在分析的基础上采取风险管理的措施。最后采取必要的技术措施,对各种施工方案进行论证,选择既经济又能节省工期的施工方案。

（2）施工进度计划应准确、全面地表示施工项目中各个单位工程或各分项、分部工程的施工顺序、施工时间及相互衔接关系。施工进度计划的编制应根据各施工阶段的工作内容、工作程序、持续时间和衔接关系，以及进度总目标，按资源优化配置的原则进行。在计划实施过程中应严格检查各工程环节的实际进度，及时纠正偏差或调整计划，跟踪实施，如此循环、推进，直至工程竣工验收。

（3）施工总进度计划是以工程项目群体工程为对象，对整个工地的所有工程施工活动提出时间安排表。其作用是确定分部、分项工程及关键工序准备、实施期限、开工和完工的日期。确定人力资源、材料、成品、半成品、施工机具的需要量和调配方案，为项目经理确定现场临时设施、水、电、交通的需要数量和需要时间提供依据。因此，正确地编制施工总进度计划是保证工程施工按合同期交付使用、充分发挥投资效益、降低工程成本的重要基础。

（4）规定各工程的施工顺序和开、竣工时间，以此为依据确定各项施工作业所必需的劳动力、机具（械）设备和各种物资的供应计划。

5. 工程进度计划方法

常用的表达工程进度计划方法有横道图和网络计划图两种形式。

（1）采用网络图的形式表达单位工程施工进度计划，能充分揭示各项工作之间的相互制约和相互依赖关系，并能明确反映出进度计划中的主要矛盾。可采用计算软件进行计算、优化和调整，使施工进度计划更加科学，也使得进度计划的编制更能满足进度控制工作的要求。

（2）采用横道图的形式表达单位工程施工进度计划可比较直观地反映出施工资源的需求及工程持续时间。

（3）图例。

1）图 11-1 为分成两个施工段的某一基础工程用横道图表示的施工进度计划。该基础工程的施工过程是：挖基槽→作垫层→作基础→回填。

2）图 11-2 为用双代号时间坐标网络计划（简称时标网络计划）表示的进度计划。

3）图 11-3 为用双代号网络计划表示的进度计划。

4）图 11-4 为用单代号网络计划表示的进度计划。

以上网络计划都是图 11-1 所示的用横道图表示的进度计划的不同表示方法。

二、施工进度计划调控措施

1. 施工进度总目标及其分解

（1）总目标对工程项目施工进度控制以实现施工合同约定的竣工日期为最终目标，总目标应按需要进行分解。

（2）按单位工程分解为交工分目标，制定子单位工程或分部工程交工目标。

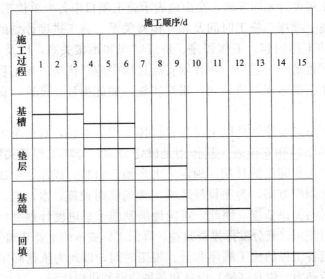

图 11-1　用横道图表示的进度计划

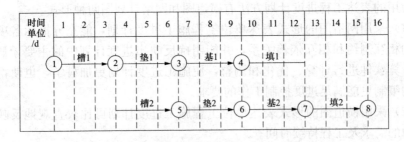

图 11-2　用双代号时间坐标网络计划表示的进度计划

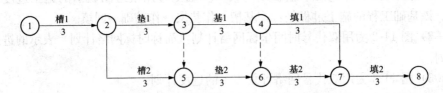

图 11-3　用双代号网络计划表示的进度计划

（3）按承包的专业或施工阶段分解为阶段分目标，重大市政公用工程可按专业工程分解进度目标分别进行控制。也可按施工阶段划分确定控制目标。

（4）按年、季、月分解为时间分目标，适用于有形象进度要求时。

2. 施工进度分包工程控制

（1）分包单位的施工进度计划必须依据承包单位的施工进度计划编制。

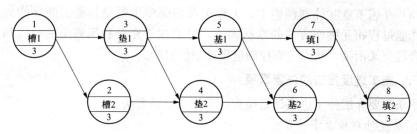

图 11-4 用单代号网络计划表示的进度计划

（2）承包单位应将分包的施工进度计划纳入总进度计划的控制范畴。

（3）总、分包之间相互协调，处理好进度执行过程中的相关关系，承包单位应协助分包单位解决施工进度控制中的相关问题。

3．施工进度计划控制

（1）控制性计划。年度和季度施工进度计划，均属控制性计划，确定并控制项目施工总进度的重要节点目标。计划总工期跨越一个年度以上时，必须根据施工总进度计划的施工顺序，划分出不同年度的施工内容，编制年度施工进度计划。并在此基础上按照均衡施工原则，编制各季度施工进度计划。

（2）实施性计划。月、旬（或周）施工进度计划是实施性的作业计划。作业计划应分别在每月、旬（或周）末，由项目部提出目标和作业项目，通过工地例会协调之后编制。年、月、旬、周施工进度计划应逐级落实，最终通过施工任务书由作业班组实施。

4．施工进度保证措施

（1）严格履行开工、延期开工、暂停施工、复工及工期延误等报批手续。

（2）在进度计划图上标注实际进度记录，并跟踪记载每个施工过程的开始日期、完成日期、每日完成数量、施工现场发生的情况、干扰因素的排除情况。

（3）进度计划应具体落实到执行人、目标、任务。并制定检查方法和考核办法。

（4）跟踪工程部位的形象进度，对工程量、总产值、耗用的人工、材料和机械台班等的数量进行统计与分析，以指导下一步工作安排。并编制统计报表。

（5）按规定程序和要求，处理进度索赔。

5．施工进度调整

（1）跟踪进度计划的实施并进行监督，当发现进度计划执行受到干扰时，应及时采取调整计划措施。

（2）施工进度计划在实施过程中进行的必要调整必须依据施工进度计划检查审核结果进行。调整内容应包括：工程量、起止时间、持续时间、工作关系、资源供应。

（3）在施工进度计划调整中，工作关系的调整主要是指施工顺序的局部改变或作业过程相互协作方式的重新确认，目的在于充分利用施工的时间和空间进行合理交叉衔接，从而达到控制进度计划的目的。

三、施工进度报告的注意事项

本条简要介绍施工进度计划检查、审核与总结方法。

1. 进度计划检查审核目的

工程施工过程中，项目部对施工进度计划应进行定期或不定期审核。其目的在于判断进度计划执行状态，在工程进度受阻时，分析存在的主要影响因素。为实现进度目标采取纠正措施及计划调整提供依据。

2. 进度计划检查审核主要内容

（1）工程施工项目总进度目标和所分解的分目标的内在联系合理性，能否满足施工合同工期的要求。

（2）工程施工项目计划内容是否全面，有无遗漏项目。

（3）工程项目施工程序和作业顺序安排是否合理，是否需要调整，如何调整。

（4）施工各类资源计划是否与进度计划实施的时间要求相一致，有无脱节，施工的均衡性如何。

（5）总包方和分包方之间，各专业之间，在施工时间和位置的安排上是否合理，有无相互干扰，主要矛盾是什么。

（6）工程项目施工进度计划的重点和难点是否突出，对风险因素的影响是否有防范对策和应急预案。

（7）工程项目施工进度计划是否能保证工程施工质量和安全的需要。

3. 工程进度报告目的

（1）工程施工进度计划检查完成后，项目部应向企业及有关方面提供施工进度报告。

（2）根据施工进度计划的检查审核结果，研究分析存在问题，制订调整方案及相应措施，以便保证工程施工合同的有效执行。

4. 工程进度报告主要内容

（1）工程项目进度执行情况的综合描述。主要内容是：报告的起止日期，当地气象及晴雨天数统计；施工计划的原定目标及实际完成情况；报告计划期内现场的主要大事记（如停水、停电、发生事故的概况和处理情况，收到建设单位、监理工程师、设计单位等指令文件及主要内容）。

（2）实际施工进度图。

（3）工程变更，价格调整，索赔及工程款收支情况。

（4）进度偏差的状况和导致偏差的原因分析。

（5）解决问题的措施。

（6）计划调整意见和建议。

5. 施工进度控制总结

在工程施工进度计划完成后，项目部应编写施工进度控制总结，以便企业总结经验，提高管理水平。

（1）编制总结时应依据的资料。

1）施工进度计划。

2）施工进度计划执行的实际记录。

3）施工进度计划检查结果。

4）施工进度计划的调整资料。

（2）施工进度控制总结应包括的内容。

1）合同工期目标及计划工期目标完成情况。

2）施工进度控制经验与体会。

3）施工进度控制中存在的问题及分析。

4）施工进度计划科学方法的应用情况。

5）施工进度控制的改进意见。

第三节　市政公用工程施工质量管理

通常，市政公用工程施工项目的质量计划即为施工组织设计中的质量保证计划。

一、质量保证计划编制原则

（1）质量保证计划应由施工项目负责人主持编制，项目技术负责人、质量负责人、施工生产负责人应按企业规定和项目分工负责编制。

（2）质量保证计划应体现从工序、分项工程、分部工程到单位工程的过程控制，且应体现从资源投入到完成工程施工质量最终检验试验的全过程控制。

（3）质量保证计划应成为对外质量保证和对内质量控制的依据。

二、质量保证计划主要内容

1. 明确质量目标

（1）贯彻执行企业的质量目标。

（2）兑现投标书的质量承诺。

（3）确定质量目标及分解目标。

2. 确定管理体系与组织机构

（1）建立以项目负责人为首的质量保证体系与组织机构，实行质量管理岗位责任制。

(2) 确定质量保证体系框图及质量控制流程图。

(3) 明确项目部质量管理职责与分工。

(4) 制定项目部人员及资源配置计划。

(5) 制订项目部人员培训计划。

3. 质量管理措施

(1) 确定工程关键工序和特殊过程,编制专项质量技术标准、保证措施及作业指导书。

(2) 根据工程实际情况,按分项工程项目分别制定质量保证技术措施,并配备工程所需的各类技术人员。

(3) 确定主要分项工程项目质量标准和成品保护措施。

(4) 明确与施工阶段相适应的检验、试验、测量、验证要求。

(5) 对于特殊过程,应对其连续监控。作业人员持证上岗,并制定相应的措施和规定。

(6) 明确材料、设备物资等质量管理规定。

4. 质量控制流程

(1) 实施班组自检、质检员检查、质量工程专业检查的"三检制"流程。

(2) 明确施工项目部内、外部(监理)验收及隐蔽工程验收程序。

(3) 确定分包工程的质量控制流程。

(4) 确定更改和完善质量保证计划的程序。

(5) 确定评估、持续改进流程。

三、质量计划实施

1. 基本规定

(1) 质量保证计划实施的目的是确保施工质量满足工程施工技术标准和工程施工合同的要求。

(2) 质量管理人员应按照岗位责任分工,控制质量计划的实施。项目负责人对质量控制负责,质量管理由每一道工序和各岗位的责任人负责。并按规定保存控制记录。

(3) 承包方就工程施工质量和质量保修工作向发包方负责。分包工程的质量由分包方向承包方负责。承包方就分包方的工程质量向发包方承担连带责任。分包方应接受承包方的质量管理。

(4) 质量控制应实行样板制和首段验收制。施工过程均应按要求进行自检、互检和交接检。隐蔽工程、指定部位和分项工程未经检验或已经检验定为不合格的,严禁转入下道工序施工。

(5) 施工项目部应建立质量责任制和考核评价办法。

2. 质量管理与控制重点

（1）关键工序和特殊过程：包括质量保证计划中确定的关键工序，施工难度大、质量风险大的重大分项工程。

（2）质量缺陷：针对不同专业工程的质量通病制定保证措施。

（3）施工经验较差的分项工程：应制订专项施工方案和质量保证措施。

（4）新材料、新技术、新工艺、新设备：制定技术操作规程和质量验收标准，并应按规定报批。

（5）实行分包的分项、分部工程：应制定质量验收程序和质量保证措施。

（6）隐蔽工程：实行监理的工程应严格执行分项工程验收制，未实行监理的工程应事先确定验收程序和组织方式。

3. 按照施工阶段划分质量控制目标和重点

（1）施工准备阶段质量控制，重点是质量计划和技术准备。

（2）施工阶段质量控制，应随着工程进度、施工条件变化确定重点。

（3）分项工程成品保护，重点是不同施工阶段的成品保护。

4. 质量管理控制方法

（1）制定不同专业工程的质量控制措施。

（2）重点部位动态管理，专人负责跟踪和记录。

（3）加强信息反馈，确保人、材料、机具（械）、方法、环境等质量因素处于受控状态。

（4）当发生质量缺陷或事故时，应按规定及时、如实上报。必须分析原因，分清责任，采取有效措施进行整改。

5. 质量计划的验证

（1）项目技术负责人应定期组织具备资质的质检人员进行内部质量审核，验证质量计划的实施效果，当存在问题或隐患时，应提出解决措施。

（2）对重复出现的不合格质量问题，责任人应按规定承担责任，并应依据验证评价的结果进行处罚。

（3）质量控制应坚持"质量第一，预防为主"的方针和实施 GB/T 19001—2008 族标准的"计划、执行、检查、处理"（PDCA）循环工作方法，不断改进过程控制。

四、施工准备阶段质量管理措施

1. 施工准备阶段质量管理要求

（1）市政公用工程通常具有专业工程多、地上地下障碍物多、专业之间及社会之间配合工作多、干扰多，导致施工变化多。项目部进场后应由技术负责人组织工程现场和周围环境调研和详勘。

（2）在调研和详勘基础上，针对工程项目不确定因素和质量影响因素，进

553

行质量影响分析和质量风险评估。

（3）在质量影响分析和质量风险评估基础上编制实施性施工组织设计和质量保证计划。

2. 施工准备阶段质量管理内容

（1）组织准备。

1）组建施工组织机构。采用适当的建制形式组建施工项目部，建立质量管理体系和组织机构，建立各级岗位责任制。

2）确定作业组织。在满足施工质量和进度前提下合理组织和安排施工队伍，选择熟悉本项工程专业操作技能的人员组成骨干施工队。

3）施工项目部组织全体施工人员进行质量管理和质量标准的培训，并应保存培训记录。

（2）技术管理的准备工作。

1）施工合同签订后，施工项目部及时索取工程设计图纸和相关技术资料，指定专人管理并公布有效文件清单。

2）熟悉设计文件。项目技术负责人主持由有关人员参加的对设计图纸的学习与审核，认真领会设计意图，掌握施工设计图纸和相关技术标准的要求，并应形成会审记录。如发现设计图纸有误或不合理的地方，及时提出质疑或修改建议，并履行规定的手续予以核实、更正。

3）编制能指导现场施工的实施性施工组织设计，确定主要（重要）分项工程、分部工程的施工方案和质量安全等保证计划。

4）根据施工组织，分解和确定各阶段质量目标和质量保证措施。

5）确认分项、分部和单位工程的质量检验与验收程序、内容及标准等。

（3）技术交底与培训。

1）单位工程、分部工程和分项工程开工前，项目技术负责人对承担施工的负责人或分包方全体人员进行书面技术交底。技术交底资料应办理签字手续并归档。

2）对施工作业人员进行质量和安全技术培训，经考核后持证上岗。

3）对作业人员中的特殊工种资格进行确认，无证或资格不符合者，严禁上岗。

（4）物资准备。

1）项目负责人按质量计划中关于工程分包和物资采购的规定，经招标程序选择并评价分包方和供应商，保存评价记录。各类原材料、成品、半成品质量，必须具有质量合格证明资料并经进场检验，不合格不准使用。

2）机具设备根据施工组织设计进场，性能检验应符合施工需求。

3）按照安全生产规定，配备足够质量合格的安全防保用品。

（5）现场准备。

1）对设计技术交底、交桩给定的工程测量控制点进行复测，当发现问题时，应告知建设单位，由建设单位与勘察设计方协商处理，处理结果应形成记录。

2）做好设计、勘测的交桩和交线工作，建立施工控制网并测量放样。

3）建设符合国家及地方标准要求的现场试验室。

4）按照交通疏导（行）方案修建临时施工便线、导行临时交通。

5）按施工组织设计中的总平面布置图搭建临时设施包括施工用房、用电、用水、用热、燃气、环境维护等。

五、施工质量控制要点

1. 施工人员控制

（1）项目部管理人员保持相对稳定。

（2）作业人员满足施工进度计划需求，关键岗位工种符合要求。

（3）按照岗位标准对项目部管理人员的工作状态进行考核，并记录考核结果。

（4）定期对项目部管理人员进行考核，根据考核结果进行奖罚。

（5）劳务人员实行实名制管理（参见 1K420063）。

2. 材料的质量控制

（1）材料进场必须检验，依样品及相关检测报告进行报验，报验合格的材料方能使用。

（2）材料的搬运和储存应按搬运储存有关规定进行，并应建立台账。

（3）按照有关规定，对材料、半成品、构件进行标识。

（4）未经检验和已经检验为不合格的材料、半成品、构件和工程设备等，必须按规定进行检验或拒绝验收。

（5）对发包方提供的材料、半成品、构配件、工程设备和检验设备等，必须按规定进行检验和验收。

（6）对承包方自行采购的物资应报监理工程师进行验证。

（7）在进场材料的管理上，采用限额领料制度，由施工人员签发限额领料单，库管员按单发货。

3. 机具（械）设备的质量控制

（1）应按设备进场计划进行施工设备的调配。

（2）进场的施工机具（械）应经检测合格，满足施工需要。

（3）应对机具（械）设备操作人员的资格进行确认，无证或资格不符合者，严禁上岗。

（4）计量人员应按规定控制计量器具的使用、保管、维修和验证，计量器具应符合有关规定。

4. 分项工程（工序）控制

（1）施工管理人员在每分项工程（工序）施工前应对作业人员进行书面技术交底，交底内容包括工具及材料准备、施工技术要点、质量要求及检查方法、常见问题及预防措施。

（2）在施工过程中，项目技术负责人对发包方或监理工程师提出的有关施工方案、技术措施及设计变更要求，应在执行前向执行人员进行书面交底。

（3）分项工程（工序）的检验和试验应符合过程检验和试验的规定，对查出的质量缺陷应按不合格控制程序及时处置。

（4）施工管理人员应记录工程施工的情况。

5. 特殊过程控制

（1）对工程施工项目质量计划规定的特殊过程，应设置工序质量控制点进行控制。

（2）对特殊过程的控制，除应执行一般过程控制的规定外，还应由专业技术人员编制专门的作业指导书。

（3）不太成熟的工艺或缺少经验的工序应安排试验，编制成作业指导书，并进行首件（段）验收。

（4）编制的作业指导书，应经项目部或企业技术负责人审批后执行。

6. 不合格产品控制

（1）控制不合格物资进入项目施工现场，严禁不合格工序或分项工程未经处置而转入下道工序或分项工程施工。

（2）对发现的不合格产品和过程，应按规定进行鉴别、标识、记录、评价、隔离和处置。

（3）应进行不合格评审。

（4）不合格处置应根据不合格程度，按返工、返修，让步接收或降级使用，拒收或报废四种情况进行处理。构成等级质量事故的不合格，应按国家法律、行政法规进行处理。

（5）对返修或返工后的产品，应按规定重新进行检验和试验，并应保存记录。

（6）进行不合格让步接收时，工程施工项目部应向发包方提出书面让步接收申请，记录不合格程度和返修的情况，双方签字确认让步接收协议和接收标准。

（7）对影响建筑主体结构安全和使用功能不合格的产品，应邀请发包方代表或监理工程师、设计人，共同确定处理方案，报工程所在地建设主管部门批准。

（8）检验人员必须按规定保存不合格控制的记录。

7. 质量管理与控制的持续改进

（1）预防与策划。

1）施工项目部应定期召开质量分析会，对影响工程质量的潜在原因，采取预防措施。

2）对可能出现的不合格产品，应制定防止再发生的措施并组织实施。

3）对质量通病应采取预防措施。

4）对潜在的严重不合格产品，应实施预防措施控制程序。

5）施工项目部应定期评价预防措施的有效性。

（2）纠正。

1）对发包方、监理方、设计方或质量监督部门提出的质量问题，应分析原因，制定纠正措施。

2）对已发生或潜在的不合格信息，应分析并记录处理结果。

3）对检查发现的工程质量问题或不合格报告提出的问题，应由工程施工项目技术负责人组织有关人员判定不合格程度，制定纠正措施。

4）对严重不合格或重大质量事故，必须实施纠正方案及措施。

5）实施纠正措施的结果应由施工项目技术负责人验证并记录。对严重不合格或等级质量事故的纠正措施和实施效果应验证，并应上报企业管理层。

6）施工项目部或责任单位应定期评价纠正措施的有效性，进行分析、总结。

8. 检查、验证

（1）项目部应对项目质量计划执行情况组织检查、内部审核和考核评价，验证实施效果。

（2）项目负责人应依据质量控制中出现的问题、缺陷或不合格，召开有关专业人员参加的质量分析会进行总结，并制定改进措施。

第四节　市政公用工程施工安全管理

一、施工安全风险识别与预防措施

1. 工程特点与安全控制重点

（1）市政公用工程施工有三大特点：一是产品固定，人员流动；二是露天高处作业多，手工操作体力劳动繁重；三是施工变化大，规则性差，不安全因素随工程进度变化而变化。基于上述特点，施工现场必须随着工程进度的发展、变化，及时调整安全防护设施，方能消除隐患，保证安全。

（2）按照企业职工伤亡事故分类标准，我国将职工伤亡事故分成 20 类，主要有：物体打击、车辆伤害、机械伤害、起重伤害、触电、淹溺、灼烫、火灾、高处坠落、坍塌、冒顶片帮、透水、放炮、火药爆炸、瓦斯爆炸、锅炉爆炸、容器爆炸、其他爆炸、中毒和窒息以及其他伤害。其中高处坠落、物体打击、触电、机械伤害、坍塌是市政公用工程施工项目安全生产事故的主要风险源。

1）高处坠落。作业人员从临边、洞口、电梯井口、楼梯口、预留洞口等处坠落；从脚手架上坠落；在安装、拆除龙门架（井字架）、物料提升机和塔吊过程中坠落；在安装、拆除模板时坠落；吊装结构和设备时坠落。

2）触电。对经过或靠近施工现场的外电线路没有或缺少防护，作业人员在搭设钢管架、绑扎钢筋或起重吊装过程中，碰触这些线路，造成触电；使用各类电器设备触电；因电线破皮、老化等原因触电。

3）物体打击。作业人员受交叉作业的同一垂直作业面和通道口处坠落物体的打击。

4）机械伤害。主要是垂直运输设备、吊装设备、各类桩机和场内驾驶（操作）机械对人的伤害。

5）坍塌。随着城市地下工程的发展，施工坍塌事故正在成为另一大伤害事故。施工中发生的坍塌事故主要表现为：现浇混凝土梁、板的模板支撑失稳倒塌，基坑沟槽边坡失稳引起土石方坍塌，施工现场的围墙及挡墙质量低劣坍落，暗挖施工掌子面和地面坍塌，拆除工程中的坍塌。

（3）影响施工安全生产的因素主要有：施工中人的不安全行为、物的不安全状态、作业环境的不安全因素和管理缺陷。项目部应从人、物、环境和管理等方面采取有针对性的控制，把好安全生产"六关"，即措施关、交底关、教育关、防护关、检查关、改进关。

人是生产活动的主体，人的素质是影响工程施工安全的一个重要因素。实行企业资质管理、安全生产许可证管理和各类专业人员持证上岗制度是保证人员素质的重要管理措施。

物的控制包括对施工机具（械）、材料、设备、安全防护用品等物资的控制，是工程建设物资条件和安全生产的基础。

环境条件往往会对工程施工安全产生特定的影响，环境因素包括：工程技术环境（如地质、水文、气象等），工程作业环境（如作业面大小、防护设施、通风、通信等），现场自然环境（如冬期、雨期等），工程周边环境（如邻近地下管线、建构筑物等）。针对环境条件，采取必要的措施，是控制环境对施工安全影响的重要保证。

管理的控制主要指加强施工安全管理，建立、持续改进和严格执行安全生产规章制度，这是安全生产的基本保证。

2. 危险源辨识

（1）施工现场生产的危险源是客观存在的。能量和危险物质的意外释放是伤亡事故发生的物理本质。这些可能释放的能量和危险物质属于第一类危险源。生产过程中的能量或危险物质受到约束或限制，不会发生事故。一旦约束或限制受到破坏或失效，就将发生事故。这些导致事故的因素属于第二类危险源，主要包括物的障碍、人的失误和环境因素。

1）物的障碍是指机具（械）设备、装置、元件等由于性能低下而不能实现预定功能的现象。

2）人的失误是指人的行为结果偏离了被要求的标准，而没有完成规定功能的现象。

3）环境因素指施工作业环境中的温度、湿度、噪声、振动、照明或通风等方面的问题，会促使人的失误或物的故障发生。

事故往往是两类危险源共同作用的结果。第一类危险源决定事故后果的严重程度，第二类危险源决定事故发生的可能性。危险源识别的首要任务是识别第一类危险源，在此基础上再识别第二类危险源。

（2）按照生产过程危险和有害因素分类，危险源可分为六大类：物理性危害，化学性危害，生物性危害，心理、生理性危害，行为性危害以及其他危害等。这些有害因素是导致生产安全事故的直接原因。

1）物理性危害包括：设备设施缺陷、防护缺陷、电、噪声、振动、电磁辐射、物体运动、明火、高温物质、低温物质、粉尘和气溶胶、作业环境不良、信号缺陷、标志缺陷等。

2）化学性危害包括：易燃易爆物质、自燃性物质、有毒物质、腐蚀性物质等。

3）生物性危害包括：致病微生物、传染病媒介等。

4）心理、生理性危害包括：负荷超限、健康异常、心理异常、辨识缺陷、禁忌作业等。

5）行为性危害包括：指挥错误、操作失误、监护失误等。

（3）项目部应根据工程的类型、特点、规模，结合自身管理水平，在充分了解现场危险源分布的情况下，识别各个施工阶段、部位和场所需要控制的危险源，列出清单。从范围上讲，危险源应包括施工现场内受影响的全部人员、活动和场所以及受到影响的周边环境。识别施工现场危险源有多种方法，包括：现场调查、工作任务分析、安全检查表、危险与可操作性研究、事件树分析（ETA）、故障树分析（FTA）等。项目管理人员主要采用现场调查的方法，通过询问交谈、现场观察、查阅有关记录来获取外部信息，加以分析研究，识别有关的危险源。

为使危险源辨识全面、客观,项目部应组织全员参与,广泛听取意见,包括分包商、供应商员工的意见和建议,征求上级单位、设计单位、监理单位、专家、社会和政府主管部门的意见。在危险源辨识过程中,应清楚危险源伤害的方式和途径,确认危险源伤害的范围,特别应关注重大危险源,对危险源保持高度警惕,持续进行动态识别。

3. 风险评价

风险评价的关键是围绕可能性和后果两方面来确定风险,估计其潜在伤害的严重程度和发生的可能性,然后对风险进行分级。评价方法主要有定性分析法和定量分析法(LEC)。其中,定性分析法主要是根据估算的伤害的可能性和严重程度进行风险的分级。具体见表11-1。

表 11-1 风险评价表

可能性 \ 伤害程度	轻微伤害	伤害	严重伤害
极不可能	可忽略风险	较大风险	中度风险
不可能	较大风险	中度风险	重大风险
可能	中度风险	重大风险	巨大风险

项目部应采用适当的方法,评价已识别的全部危险源对施工现场内外的影响,将其中导致事故发生的可能性较大,且事故发生会造成严重后果的危险源确定为重大危险源,建立危险源辨识、评价的管理档案。当条件变化时,项目部应对风险重新进行评价。

在评价过程中,评价人员应考虑控制的有效性和控制失败所造成的后果。一方面,考虑现有控制措施适宜的情况下,对危险源的安全风险进行主观评价。另一方面,在符合法律、法规、标准、规范和项目部自身管理要求的条件下,考虑现有控制措施能否把危险源控制住,据此对危险源安全风险的大小进行分类,确定重大危险源。

4. 预防与防范措施

针对评价中确定的重大危险源,项目部应对危险源的控制进行策划。编制安全生产保证计划、专项施工方案以及应急预案等。具体安全技术管理措施策划如下。

(1) 针对危险源,在安全危险源识别、评估基础上,编制施工组织设计和施工方案,制定相应的安全技术措施,制定出具体的安全技术、安全防护措施、临时用电方案和作业安全注意事项。

(2) 对于危险性较大的分部分项工程,如基坑工程、降水、模板与支撑体系、脚手架、起重吊装、拆除与爆破等,必须编制专项施工方案,制定详细的安全技术和安全管理措施。对于超过一定规模的危险性较大的分部分项工程（详见 1K420053），还应对专项施工方案进行专家论证。

（3）按照爆炸和火灾危险场所的类别、等级、范围选择电器设备的安全距离以及防雷、防静电、防误操作等措施。

（4）对高处、临边作业等危险场所、部位，以及冬期、雨期、高温天气等危险期间应采用的防护设备、设施等安全措施。

（5）针对重大危险源，如高处坠落、物体打击、坍塌、触电、中毒及其他群死群伤等可能发生的事故建立和制定应急救援预案，落实抢救、疏散和应急等措施。

针对各项控制措施，应重新评价其安全风险，并检查安全控制措施是否足以控制危险源，并符合法律、法规、标准、规范和其他要求，符合项目部自身要求，确保新的和现行的控制措施仍然适用和有效。

对于已经评审合格的控制措施具体落实到施工安全生产过程中。

工程实施过程中，一方面，要对各项安全风险控制措施计划的执行情况进行检查，评审各项控制措施的执行效果。另一方面，在工程实施的内外条件发生变化时，要确定是否需要制定新的风险控制措施。如当工程设计变更时、施工方案变更、法规修订或者发生安全事故时，应及时更新危险源辨识、评价和控制策划的结果。

二、施工安全保证计划编制

1. 安全保证计划的编制

安全保证计划是针对工程的类型和特点，依据危险源辨识、评价和控制措施策划的结果，按照法律、法规、标准、规范及其他要求，以完成预定的安全控制目标为目的，编制的系统性安全措施、资源和活动文件。主要内容包括：编制依据、项目概况、施工平面图、控制目标、控制程序、组织机构、职责权限、规章制度、资源配置、安全措施、检查评价、奖惩措施等。具体如下。

（1）工程项目安全目标及为安全目标规定的相关部门、岗位的职责和权限。

（2）危险源与环境因素识别、评价、论证的结果和相应的控制方式。

（3）适用法律、法规、标准规范和其他要求的识别结果。

（4）实施阶段有关各项要求的具体控制程序和方法。

（5）检查、审核、评估和改进活动的安排，以及相应的运行程序和准则。

（6）实施、控制和改进安全管理体系所需的资源。

（7）安全控制工作程序、规章制度、施工组织设计、专项施工方案、专项安全技术措施等文件和安全记录。

安全保证计划的编制是以安全管理为基础，对影响工程施工安全的各环节进行控制。一般由项目部组织编制，经上级部门审批后执行。其作用是向建设单位等做出安全生产保证，对内具体指导工程项目的施工安全管理和控制。

2. 施工安全过程控制

（1）项目负责人、技术负责人、安全员应对安全工作计划进行监督检查，关键工序应安排专职安全员对重点风险源进行现场监督检查和指导。

（2）发现施工中人的不安全行为、物的不安全状态、作业环境的不安全因素和管理缺陷，专职安全员应采取有针对性的纠正措施，及时制止违章指挥和违章作业，并督促整改直至消除隐患。

（3）对查出的安全隐患要做到"五定"，即定整改责任人、定整改措施、定整改完成时间、定整改完成人、定整改验收人。

（4）项目部应定期或不定期进行安全管理工作分析和安全计划总结改进。

（5）发生事故后应按规定及时、如实上报，并参与调查和处理。

3. 施工安全评估

项目部应定期对安全保证计划的适宜性、符合性和有效性进行评估，确定安全生产管理需改进的方面，制定并实施改进措施，并对其有效性进行跟踪验证和评价。发生下列情况时，应及时进行安全生产计划评估。

（1）适用法律法规和标准发生变化。

（2）企业、项目部组织机构和体制发生重大变化。

（3）发生生产安全事故。

（4）其他影响安全生产管理的重大变化。

4. 持续改进

（1）项目部应根据企业职业健康安全管理体系要求，及时将生产安全保证计划实施与改进情况报送企业。

（2）企业结合实际制定内部安全技术标准和图集，定期进行技术分析改造，改进施工现场安全生产作业条件，改善作业环境。

三、安全生产管理

1. 安全生产管理一般规定

（1）认真贯彻我国法律确立的"安全第一，预防为主，综合治理"的安全生产方针，正确处理安全与生产的关系。"生产必须安全，安全促进生产"，以预防为主，防患于未然。

（2）落实企业安全生产管理目标，项目部应制定以伤亡事故控制、现场安全达标、文明施工为主要内容的安全生产管理目标，兑现合同承诺。

（3）施工单位必须取得安全行政主管部门颁发的"安全施工许可证"后方可开工。总承包单位和各分包单位均应有"施工企业安全资格审查认可证"。

2. 安全生产管理体系

（1）施工单位应当设立安全生产管理机构，配备专职安全生产管理人员。

项目部应建立以项目负责人为组长的安全生产管理小组，按工程规模设安全生产管理机构或配置专职安全生产管理人员（以下简称专职安全员）。工程项目施工实行总承包的，应成立由总承包、专业承包和劳务分包等单位项目负责人、技术负责人和专职安全员组成的安全管理领导小组。

（2）专业承包和劳务分包单位应服从总承包单位管理，落实总承包企业的安全生产要求。

（3）总承包与分包安全管理责任。

1）实行总承包的项目，安全控制出总承包方负责，分包方服从总承包方的管理。总承包方对分包方的安全生产责任包括：审查分包方的安全施工资格和安全生产保证体系，不应将工程分包给不具备安全生产条件的分包方。在分包合同中应明确分包方安全生产责任和义务。对分包方提出安全要求，并认真监督，检查。对违反安全规定冒险蛮干的分包方，应令其停工整改。总承包方应统计分包方的伤亡事故，按规定上报，并按分包合同约定协助处理分包方的伤亡事故。

2）分包方安全生产责任应包括：分包方对本施工现场的安全工作负责，认真履行分包合同规定的安全生产责任。遵守总承包方的有关安全生产制度，服从总承包方的安全生产管理，及时向总承包方报告伤亡事故并参与调查，处理善后事宜。

3. 安全生产责任制

（1）安全生产责任制是规定企业各级领导、各个部门、各类人员在施工生产中应负的安全职责的制度。安全生产责任制是各项安全制度中最基本的一项制度，是保证安全生产的重要组织手段，体现了"管生产必须管安全""安全生产人人有责"的原则。

（2）企业安全生产管理机构主要负责落实国家有关安全生产的法律、法规和工程建设强制性标准，监督安全生产措施的落实，组织企业内部的安全生产检查活动，及时整改各种安全事故隐患及日常安全检查。

（3）项目部应建立安全生产责任制，主要包括项目负责人、工长、班组长、分包单位负责人等生产指挥系统及生产、安全、技术、机具（械）、器材、后勤等管理人员。安全生产责任制应由项目部相关责任人签字确认，并把责任目标分解落实到人。

1）项目负责人：是项目工程安全生产第一责任人，对项目生产安全负全面领导责任。

2）项目生产负责人：对项目的安全生产负直接领导责任，协助项目负责人落实各项安全生产法规、规范、标准和项目的各项安全生产管理制度，组织各项安全生产措施的实施。

563

3) 专职安全员：负责安全生产，并进行现场监督检查。发现安全事故隐患，应当及时向项目负责人和安全生产管理机构报告。对于违章指挥、违章作业的，应当立即制止。

4) 项目技术负责人：对项目的安全生产负技术责任。

5) 施工员（工长）：是所管辖区域范围内安全生产第一负责人，对辖区的安全生产负直接领导责任。向班组、施工队进行书面安全技术交底，履行签字手续。对规程、措施、交底要求的执行情况经常检查，随时纠正违章作业。经常检查辖区内作业环境、设备、安全防护设施以及重点特殊部位施工的安全状况，发现问题及时纠正解决。

6) 分包单位负责人：是本单位安全生产第一责任人，对本单位安全生产负全面领导责任，负责执行总承包单位安全管理规定和法规，组织本单位安全生产。

7) 班组长：是本班组安全生产第一责任人，负责执行安全生产规章制度及安全技术操作规程，合理安排班组人员工作，对本班组人员在施工生产中的安全和健康负直接责任。

（4）项目部应有各工种安全技术操作规程，按规定配备专职安全员。一般规定如下：土木工程、线路工程、设备安装工程按照合同价配备：5000 万元以下的工程不少于 1 人；5000 万～1 亿元的工程不少于 2 人；1 亿元及以上的工程不少于 3 人，且按专业配备专职安全员。

分包单位安全员的配备应符合以下要求：专业分包至少 1 人；劳务分包的工程 50 人以下的至少 1 人；50～200 人的至少 2 人；200 人以上的至少 3 人。

4. 安全教育与培训

（1）安全教育是项目安全管理工作的重要环节，是提高全员安全素质，提高项目安全管理水平，防止事故，实现安全生产的重要手段。项目职业健康安全教育培训率应实现 100%。

（2）施工单位的主要负责人、项目负责人、专职安全生产管理人员应当经建设行政主管部门或者其他有关部门考核合格后方可任职。教育与培训对象包括以下人员。

1) 施工单位主要负责人和安全生产管理人员初次安全培训时间不得少于 32 学时，每年再培训时间不得少于 12 学时。企业法定代表人、项目经理、专职安全员必须经过当地政府或上级主管部门组织的职业健康安全生产专项培训，经考核合格后持"安全生产资质证书"上岗。

2) 施工单位新上岗的从业人员，岗前培训时间不得少于 24 学时，每年再培训时间不得少于 8 学时。经考试合格后持证上岗。

3) 劳务队农民工首次岗前培训时间不得少于 32 学时，每年接受再培训时间不得少于 20 学时。

4）分包单位项目经理、管理人员：接受政府主管部门或总包单位的安全培训，经考试合格后持证上岗。

5）特种作业人员：必须经过专门的职业健康安全理论培训和技术实际操作训练，经理论和实际操作的双重考核，合格后，持"特种作业操作证"上岗作业。

6）操作工人：新入场工人必须经过三级安全教育，考试合格后持证上岗。

（3）教育与培训主要以安全生产思想、安全知识、安全技能和法制教育 4 个方面内容为主。主要形式有以下 8 个方面。

1）三级安全教育：对新入场工人进行公司、项目、作业班组三级安全教育，时间不少于 40 学时。三级安全教育由企业安全、劳资等部门组织，经考试合格者方可进入生产岗位。

2）转场安全教育：新转入现场的工人接受转场安全教育，教育时间不得少于 8 学时。

3）变换工种安全教育：改变工种或调换工作岗位的工人必须接受转岗安全教育，时间不少于 4 学时，考核合格后方可上岗。

4）特种作业安全教育：从事特种作业的人员必须经过专门的安全技术培训，经考试合格取得操作证后方准独立作业。

5）班前安全活动交底：各作业班组长在每班开工前对本班组人员进行班前安全活动交底。将交底内容记录在专用记录本上，各成员签名。

6）季节性施工安全教育：在雨期、冬期施工前，现场施工负责人组织分包队伍管理人员、操作人员进行季节性安全技术教育，时间不少于 2 学时。

7）节假日安全教育：一般在节假日前进行，以稳定人员思想情绪，预防事故发生。

8）特殊情况安全教育：当实施重大安全技术措施、采用"四新"技术、发生重大伤亡事故、安全生产环境发生重大变化和安全技术操作规程因故发生改变时，由项目负责人（经理）组织有关部门对施工人员进行安全生产教育，时间不少于 2 学时。

（4）企业应建立安全生产教育培训制度。施工单位应当对管理人员和作业人员每年至少进行一次安全生产教育培训，其教育培训情况记入个人工作档案。安全生产教育培训考核不合格的人员，不得上岗。职工教育与培训档案管理应由企业主管部门统一规范，为每位职工建立《职工安全教育卡》。职工的安全教育应实行跟踪管理。职工调动单位或变换工种时应将《职工安全教育卡》转至新单位。三级安全教育，换岗、转岗安全教育应及时做好相应的记录。

（5）持证上岗：从事建筑施工的项目经理、专职安全员和特种作业人员，必须经行业主管部门培训考核合格，取得相应资格证书，方可上岗作业。项目经理、专职安全员和特种作业人员应持证上岗。项目经理、专职安全员、特种作业人员应进行登记造册，资格证书复印留查，并按规定年限进行延期审核。

5. 安全生产管理制度

安全生产管理制度主要包括：安全生产资金保障制度，安全生产值班制度，安全生产例会制度，安全生产检查制度，安全生产验收制度，整顿改进及奖罚制度，安全事故报告制度等内容。

（1）安全生产资金保障制度。是指施工单位的安全生产资金必须用于施工安全防护用具及设施的采购和更新，安全措施的落实，安全生产条件的改善等。

（2）安全生产值班制度。施工现场必须保证每班有领导值班，专职安全员在现场，值班领导应认真做好安全值班记录。

（3）安全生产例会制度。解决处理施工过程中的安全问题，并进行定期和各项专业安全监督检查。项目负责人应亲自主持例会和定期安全检查。协调、解决生产和安全之间的矛盾和问题。

（4）安全生产检查制度。本制度是企业对安全检查形式、方法、时间、内容、组织的管理要求、职责权限以及对检查中所发现隐患进行整改、处置和复查的工作程序及要求的具体规定。

（5）安全生产验收制度。为保证安全技术方案和安全技术措施的实施和落实，必须严格坚持"验收合格方准使用"的原则，对各项安全技术措施和安全生产设备（如起重机械等设备、临时用电）、设施（如脚手架、模板）和防护用品在使用前进行安全检查，确认合格后签字验收，进行安全交底后方可使用。

（6）整顿改进及奖罚制度。对安全验收中发现的问题应根据其严重程度由项目部进行整改，达到验收标准方可进行生产和施工，对相关责任人员应执行项目奖罚制度，以提高项目安全生产管理人员的安全意识。

（7）安全事故报告制度。当施工现场发生生产安全事故时，施工单位应按规定及时报告，并按规定进行调查，按规定对生产安全事故进行调查分析、处理、制定预防和防范措施，建立事故档案。应依法为施工作业人员办理保险。重伤以上事故，按国家有关调查处理规定进行登记建档。

6. 安全技术管理措施

（1）根据工程施工和现场危险源辨识与评价，制定安全技术措施（详见1K420141），对危险性较大分部分项工程，编制专项安全施工方案。方案签字审批齐全。

（2）项目负责人、生产负责人、技术负责人和专职安全员应按分工负责安全技术措施和专项方案交底、过程监督、验收、检查、改进等工作内容。

（3）施工负责人在分派施工任务时，应对相关管理人员、施工作业人员进行书面安全技术交底。安全技术交底应符合下列规定。

1) 安全技术交底应按施工工序、施工部位、分部分项工程进行。

2) 安全技术交底应结合施工作业场所状况、特点、工序，对危险因素、施工方案、规范标准、操作规程和应急措施进行交底。

3) 安全技术交底是法定管理程序，必须在施工作业前进行。安全技术交底应留有书面材料，由交底人、被交底人、专职安全员进行签字确认。

4) 安全技术交底主要包括三个方面：一是按工程部位分部分项进行交底；二是对施工作业相对固定，与工程施工部位没有直接关系的工种（如起重机械、钢筋加工等）单独进行交底；三是对工程项目的各级管理人员，进行以安全施工方案为主要内容的交底。

5) 以施工方案为依据进行的安全技术交底，应按设计图纸、国家有关规范标准及施工方案将具体要求进一步细化和补充，使交底内容更加翔实，更具有针对性、可操作性。方案实施前，编制人员或项目负责人应当向现场管理人员和作业人员进行安全技术交底。

6) 分包单位应根据每天工作任务的不同特点，对施工作业人员进行班前安全交底。

7. 安全管理措施

项目安全管理应体现在对施工现场作业和管理活动的控制上，各种安全控制措施围绕着影响施工安全的因素进行。

（1）项目部针对工程特点、环境条件，采取适宜的劳力组织、作业方法、施工机具、供电设施等确保安全施工的管理措施。

（2）施工现场管理人员和操作人员，对其所需的执业资格、上岗资格和任职能力进行检查、核对证书。对进入施工现场的从业人员（含分包方）进行安全教育培训。

（3）对重大危险源、重点部位、过程和活动组织专人进行重点监控。

（4）配置符合施工安全生产和职业健康的机械设备和防护用品。

（5）监督指导各项安全技术操作规程落实与执行的专职安全员和项目检查机构。

（6）及时消除安全隐患，限时整改并制定消除安全隐患措施。

8. 设备管理

（1）工程项目要严格设备进场验收工作。中小型机械设备由施工员会同专业技术管理人员和使用人员共同验收。大型设备、成套设备在项目部自检自查基础上报请企业有关管理部门，组织企业技术负责人和有关部门验收。塔式或门式起重机、电动吊篮、垂直提升架等重点设备应组织第三方具有相关资质的单位进行验收。检查技术文件包括各种安全保险装置及限位装置说明书、维修保养及运输说明书、产品鉴定及合格证书、安全操作规程等内容，并建立机械设备档案。

（2）项目部应根据现场条件设置相应的管理机构，配备设备管理人员，设备出租单位应派驻设备管理人员和维修人员。

（3）设备操作和维护人员必须经过专业技术培训，考试合格且取得相应操作证后，持证上岗。机械设备使用实行定机、定人、定岗位责任的"三定"制度。

（4）按照安全操作规程要求作业，任何人不得违章指挥和作业。

（5）施工过程中项目部要定期检查和不定期巡回检查，确保机械设备正常运行。

9. 安全标志

（1）施工现场入口处及主要施工区域、危险部位应设置相应的安全警示标志牌：如施工起重机械、临时用电设施、脚手架、出入通道口、楼梯口、电梯井口、孔洞口、桥梁口、隧道口、基坑边沿、爆破物及有害危险气体和液体存放处等属于危险部位，应当设置明显的安全警示标志，对夜间施工或人员经常通行的危险区域、设施，应安装灯光示警标志。

（2）按照危险源辨识的情况，施工现场应设置重大危险源公示牌。

（3）施工现场应绘制安全标志布置图。安全标志设置后应当进行统计记录，并填写施工现场安全标志登记表。

（4）根据危险部位的性质不同分别设置禁止标志、警告标志、指令标志、指示标志，夜间留设红灯示警。应根据工程部位和现场设施的变化，调整安全标志牌设置。

10. 安全检查

安全检查是指企业安全生产管理部门和项目部对贯彻国家安全生产法律法规情况、安全生产情况、劳动条件、事故隐患等所进行的检查，是安全控制工作的重要内容。其目的是：消除隐患、防止事故、改善劳动条件，提高员工安全意识，验证安全保证计划的实施效果。

企业、项目部必须建立完善的安全检查制度。项目安全检查应由项目负责人组织，专职安全员和相关专业人员参加，定期进行并填写检查记录。发现事故隐患下达隐患通知书，定人、定时间、定措施进行整改，重大事故隐患整改后，应由相关部门组织复查。

11. 应急救援预案与组织计划

应急救援是指在危险源控制措施失效情况下，为预防和减少可能随之引发的伤害和其他影响，所采取的补救措施和抢救行动。应急救援预案是指事先制定的关于生产安全事故发生时进行紧急救援的组织、程序、措施、责任以及协调等方面的方案和计划。项目部在危险源识别、评价和控制策划时，应事先确定可能发生的事故或紧急情况，作为制定应急救援预案的依据。

（1）项目部制定施工现场生产安全事故应急救援预案。实行施工总承包的由总承包单位统一组织编制建设工程生产安全事故应急预案。

（2）工程总承包单位和分包单位按照应急预案，各自建立应急救援组织，落实应急救援人员、器材、设备，并定期进行演练。

（3）对项目全体人员进行针对性的培训和交底，定期组织专项应急演练。

（4）项目部按照应急预案明确应急设备和器材储存、配备的场所、数量，并定期对应急设备和器材进行检查、维护、保养。

（5）应根据应急救援预案演练、实战的结果，对事故应急预案的适宜性和可操作性组织评价，必要时进行修改和完善。

（6）发生事故及突发事件，接到紧急信息，及时启动预案，组织救援和抢险。

（7）配合有关部门妥善处理安全事故，并按照相关规定上报。

四、施工安全检查的方法和内容

安全检查是项目安全管理的重要环节。通过检查，可以发现施工中的不安全因素、职业健康和职业卫生问题，从而采取对策，消除不安全因素，保障安全生产。随着安全管理科学化、标准化、规范化，安全检查工作在不断改进，目前基本上都采用安全检查表和实测的检测手段，进行定性定量的安全评价。

1. 安全检查的一般要求

项目部要有安全检查制度，项目负责人应定期组织专职安全员等人员进行安全检查。明确检查负责人，制定明确的安全检查目标，对安全保证计划的执行情况进行检查、考核和评价。对施工中存在的不安全行为和隐患，项目部应分析原因，制定相应的整改防范措施。认真、详细地做好有关安全问题和隐患记录，安全检查后，对检查记录进行系统分析、评价，根据评价结果，进行整改并加强管理。

2. 安全检查主要内容

项目部应根据施工过程的特点和安全目标要求，确定安全检查内容，其内容包括：安全生产责任制，安全保证计划，安全组织机构，安全保证措施，安全技术交底，安全教育，安全持证上岗，安全设施，安全标识，操作行为，违规管理，安全记录等。具体如下。

（1）安全目标的实现程度。

（2）安全生产职责的落实情况。

（3）各项安全管理制度的执行情况。

（4）施工现场安全隐患排查和安全防护情况。

（5）生产安全事故、未遂事故和其他违规违法事件的调查和处理情况。

（6）安全生产法律法规、标准规范和其他要求的执行情况。

3. 安全检查的形式

项目部安全检查可分为定期检查、日常性检查、专项检查、季节性检查等多种形式。

（1）定期检查。是由项目负责人每周组织专职安全员、相关管理人员对施工现场进行联合检查。总承包工程项目部应组织各分包单位每周进行安全检查，每月对照《建筑施工安全检查标准》（JGJ 59—2011），至少进行一次定量检查。

（2）日常性检查。由项目专职安全员对施工现场进行每日巡检。包括：项目安全员或安全值班人员对工地进行的巡回安全生产检查及班组在班前、班后进行的安全检查等。

（3）专项检查。主要由项目专业人员开展施工机具、临时用电、防护设施、消防设施等专项安全检查。专项检查应结合工程项目进行，如沟槽、基坑土方的开挖、脚手架、施工用电、吊装设备专业分包、劳务用工等安全问题均应进行专项检查，专业性较强的安全问题应由项目负责人组织专业技术人员、专项作业负责人和相关专职部门进行。

企业、项目部每月应对工程项目施工现场安全职责落实情况至少进行一次检查，并针对检查中发现的倾向性问题、安全生产状况较差的工程项目，组织专项检查。

（4）季节性检查。季节性检查是针对施工所在地气候特点，可能给施工带来的危害而组织的安全检查，如雨期的防汛、冬期的防冻等。主要是项目部结合冬期、雨期的施工特点开展的安全检查。

4. 安全检查标准

（1）可结合工程的类别、特点，依据国家、行业或地方颁布的标准要求执行。

（2）依据本单位在安全管理及生产中的有关经验，制定本企业的安全生产检查标准。

5. 安全检查方法

（1）常规检查。常规检查是常见的一种检查方法。通常是由专职安全员作为检查工作的主体，到作业场所的现场，通过感观或辅助一定的简单工具、仪表等，对作业人员的行为、作业场所的环境条件、生产设备设施等进行的定性检查。安全检查人员通过这一手段，及时发现现场存在的安全隐患并采取措施予以消除，纠正施工人员的不安全行为。

（2）安全检查表法。安全检查表（SCL）是事先把系统加以剖析，列出各层次的不安全因素，确定检查项目，并把检查项目按系统的组成顺序编制成表，以便进行检查或评审。安全检查表是进行安全检查，发现和查明各种危险和隐患，监督各项安全规章制度的实施，及时发现事故隐患并制止违章行为的一个有力工具。

安全检查表应列举需查明的所有可能会导致事故的不安全因素。每个检查表均需注明检查时间、检查者、直接负责人等，以便分清责任。安全检查表的设计应做到系统、全面，检查项目应明确。

（3）仪器检查法。机器、设备内部的缺陷及作业环境条件的真实信息或定量数据，只能通过仪器检查法来进行定量化的检验与测量，唯有如此才能发现安全隐患，从而为后续整改提供信息。因此，必要时需要实施仪器检查。由于被检查的对象不同，检查所用的仪器和手段也不同。

6. 安全检查评价

安全检查后，要进行认真分析，进行安全评价。具体分析哪些项目没有达标，存在哪些需要整改的问题，填写安全检查评分表，事故隐患通知书、违章处罚通知书或停工通知等。

安全管理检查评分分为保证项目和一般项目。保证项目包括：安全生产责任制、施工组织设计或专项施工方案、安全技术交底、安全检查、安全教育、应急救援等。一般项目包括：分包单位安全管理、持证上岗、生产安全事故处理、安全标志。

存在隐患的单位必须按照检查人员提出的隐患整改意见和要求落实整改。检查人员对整改落实情况进行复查，获得整改效果的信息，以实现安全检查工作的闭环。

对安全检查中发现的问题和隐患，应定人、定时间、定措施组织整改，并跟踪复查。企业和项目部应依据安全检查结果定期组织实施考核，落实奖罚，以促进安全生产管理。

7. 安全检查资料与记录

（1）项目应设专职安全员负责施工安全生产管理活动必要的记录。

（2）施工现场安全资料应随工程进度同步收集、整理，并保存到工程竣工。

（3）施工现场应保存的资料如下。

1）施工企业的安全生产许可证，项目部专职安全员等安全管理人员的考核合格证，建设工程施工许可证等复印件。

2）施工现场安全监督备案登记表，地上、地下管线及建（构）筑物资料移交单，安全防护、文明施工措施费用支付统计，安全资金投入记录。

3）工程概况表，项目重大危险源识别汇总表，危险性较大的分部分项工程专家论证表和危险性较大的分部分项工程汇总表，项目重大危险源控制措施，生产安全事故应急预案。

4）安全技术交底汇总表，特种作业人员登记表，作业人员安全教育记录表，施工现场检查评分表。

5）违章处理记录等相关资料。

第五节　施工成本管理的应用

一、施工成本管理目的与主要内容

1. 施工成本管理目的

（1）面对竞争日益激烈的建筑市场，施工企业在向社会提供产品和服务的同时，也要获得最大的经济效益，必须追求自身经济效益的最大化。企业的全部管理工作的实质是运用科学的管理手段，最大限度地降低工程成本，获取较大利润。

（2）企业间的竞争已逐渐由产品质量竞争过渡到价格竞争，成本管理直接关系到企业的经济效益，直接关系到企业的生存、发展。加强成本管理，减支增效，已成为大多数企业的长期经营战略。

（3）施工项目管理的最终目标是建成质量高、工期短、安全的、成本低的工程产品，而成本是各项目标经济效果的综合反映。因此成本管理是项目管理的核心内容。

2. 施工成本管理主要内容

（1）按其类型分有计划管理、施工组织管理、劳务费用管理、机具及周转材料租赁费用的管理、材料采购及消耗的管理、管理费用的管理、合同的管理、成本核算等 8 个方面。

（2）在工程施工过程中，在满足合同约定条件下，以尽量少的物质消耗和工力消耗来降低成本。

（3）把影响施工成本的各项耗费控制在计划范围内，在控制目标成本情况下，开源节流，向管理要效益，靠管理求生存和发展。

（4）在企业和项目管理体系中建立成本管理责任制和激励机制。

二、施工成本管理组织与方法

1. 施工成本管理组织

施工成本管理必须依赖于高效的组织机构。企业和项目部应根据施工成本管理实际的要求，确定管理职责与工作协调的关系。施工企业要生存和发展必须通过建立责权分明、全员参与、全程控制、工作规范的成本管理体系和制度来加强施工项目的成本管理，同时还要开展开源节流、增收节支、精打细算，这样才能挖掘出更多的利润空间。管理的组织机构设置应符合下列要求：

（1）高效精干。施工成本管理组织机构设置的根本目的，是为了实现施工成本管理总目标。施工成本管理组织机构的人员设置，应以能实现施工成本管理目标所要求的工作任务为原则。施工成本管理需要内行来管理，因事而设岗。

（2）分层统一。施工项目的成本管理组织是企业施工成本管理组织的有机组成部分，从管理的角度看，施工企业是施工项目的母体。而施工项目成本管理实际上是施工企业成本管理的载体。施工项目成本管理要从施工作业班组开始，各负其责，上下协调统一，才能发挥管理组织的整体优势。

（3）业务系统化。施工项目成本管理和企业施工成本管理在组织上必须防止职能分工权限和信息沟通等方面的矛盾或重叠，各部门（系统）之间必须形成互相制约、互相联系的有机整体，以便发挥管理组织的整体优势。

（4）适应变化。市政公用工程施工项目具有多变性、流动性、阶段性等特点，这就要求成本管理工作和成本管理组织机构随之进行相应调整，以使组织机构适应施工项目的变化。

2. 施工成本管理方法的选用原则

国内外有许多施工成本管理方法，企业和施工项目部应依据自身情况和实际需求进行选用，选用时应遵循以下原则：

（1）实用性原则。施工成本管理方法具有时效性、针对性，首先应对成本管理环境进行调查分析，以判断成本管理方法应用的可行性以及可能产生的干扰和效果。

（2）灵活性原则。影响成本管理的因素多且不确定，必须灵活运用各种有效的成本管理方法（根据变化了的内部、外部情况，灵活运用，防止盲目套用）。

（3）坚定性原则。施工成本管理通常会遇到各种干扰，人们的习惯性、传统心理会对新方法产生抵触，认为老方法用起来顺手。应用某些新方法时可能受许多条件限制，产生干扰或制约等。这时，成本管理人员就应该有坚定性，克服困难，力争取得预期效果。

（4）开拓性原则。施工成本管理方法的创新，既要创造新方法，又要对成熟方法的应用方式进行创新，用出新水平，产生更大的效果。

三、施工成本管理的基础工作

要加强施工项目成本管理，必须把基础工作搞好，它是搞好施工项目成本管理的前提。

1. 施工成本管理流程

（1）施工成本管理的基本流程：成本预测（人工费、材料费、机具使用等）→管理决策→管理计划→成本过程控制（人力、物力、财力等）→成本核算（财务核算、统计核算、业务核算等）→分析和考核。

（2）施工项目管理的核心是施工成本管理，而施工项目成本管理是企业成本管理的基础和核心，根据企业下达的成本控制目标，管理控制各种支出，既要分析和考核消耗形成的成本，也要充分计入成本的补偿，从全面的角度完整地把握成本的客观性。

2. 施工成本管理措施

为做好施工成本管理工作，必须做好以下工作。

（1）加强成本管理观念。施工项目部是企业施工经营管理的基础和载体，成功的项目成本管理要依靠施工项目中各个环节上的管理人员，因此要树立强烈的成本意识，不断加强成本管理观念，使项目部人员自觉地参与施工项目全过程的成本管理。

（2）加强定额和预算管理。完善的定额资料、做好施工预算和施工图预算是施工项目成本管理的基础。定额资料包括：《全国统一市政预算定额》等国家统一定额，劳务与材料的市场价格信息，以及企业内部的施工定额。根据国家统一定额、取费标准编制施工图预算。依据企业的施工定额编制单位工程施工预算，通过两算对比，可以确定成本控制的重点和可控程度。

（3）完善原始记录和统计工作。原始记录应直接记载施工生产经营情况，是编制成本计划的依据，是统计和成本管理的基础。项目施工中的工、料、机和费用开支都要有及时、完整、准确的原始记录，且符合成本管理的格式要求，由专人负责记录和统计。

（4）建立健全责任制度。施工项目各项责任制度（如计量验收、考勤、原始记录、统计、成本核算分析、成本目标等责任制）是实现有效的全过程成本管理的保证和基础。

（5）建立考核和激励机制。施工企业的成本管理工作必须注重实效，对施工项目部应实行目标成本控制和考核。对于达到考核指标的施工项目部和项目部经理应兑现奖励承诺，以便推进项目成本管理工作。

3. 施工成本管理基本原则

施工项目经理部在对项目施工过程进行成本管理时，必须遵循以下基本原则。

（1）成本最低化原则。施工项目成本管理的根本目的，在于通过成本管理的各种手段，促使施工项目成本不断降低，以达到实现最低的目标成本的要求。但是，在实行成本最低化原则时，应注意研究降低成本的可能性和合理的成本最低化。一方面挖掘各种降低成本的潜力，使可能性变为现实；另一方面要从实际出发，制定通过主观努力可能达到的合理最低成本水平，并据此进行分析、考核评比。

（2）全面成本管理原则。长期以来，在施工项目成本管理中，存在"三重三轻"问题,即重实际成本计算和分析,轻全过程的成本管理和对其影响因素的控制;重施工成本的计算分析,轻采购成本、工艺成本、质量成本;重财会人员的管理,轻群众性的日常管理。因此,为了确保不断降低施工项目成本,达到成本最低化目的,必须实行全面成本管理。全面成本管理是全企业、全员和全过程的管理,也称"三全"管理。

(3) 成本责任制原则。为了实行全面成本管理,必须对施工项目成本进行层层分解,以分级、分工、分人的成本责任制作保证。施工项目经理部应对企业下达的成本指标负责,班组和个人对项目经理部的成本目标负责,要做到层层保证,定期考核评定。成本责任制的关键是划清责任,并要与奖惩制度挂钩,使各部门、各班组和个人都来关心施工项目成本。

(4) 成本管理有效化原则。所谓成本管理有效化,主要有两层意思:一是促使施工项目经理部以最少的投入,获得最大的产出;二是可以以最少的人力和财力,完成较多的管理工作,提高工作效率。提高成本管理有效性,可以采用行政方法,通过行政隶属关系,下达指标,制定实施措施,定期检查监督;也可以采用经济方法,利用经济杠杆、经济手段实行管理;还可以用法制方法,根据国家的政策方针和规定,制定具体的规章制度,使人人照章办事,用法律手段进行成本管理。

(5) 成本管理科学化原则。成本管理是企业管理学中的一个重要内容,企业管理要实行科学化,必须把有关自然科学和社会科学中的理论、技术和方法运用于成本管理。在施工项目成本管理中,可以运用预测与决策方法、目标管理方法、量本利分析方法和价值工程方法。

四、施工成本控制目标与原则

1. 施工成本目标控制目的

(1) 施工成本控制是企业经营管理的永恒主题,项目施工成本目标控制是项目部项目经理接受企业法人委托履约的重要指标之一。

(2) 施工项目成本控制是运用必要的技术与管理手段对直接成本和间接成本进行严格组织和监督的一个系统过程。其目的在于控制预算的变化,为项目部负责人管理提供与成本有关的用于决策的信息。

(3) 项目经理应对项目实施过程中发生的各种费用支出,采取一系列措施来进行严格的监督和控制,及时纠偏,总结经验,保证企业下达的施工成本目标实现。

2. 施工成本目标控制应遵循的基本原则

(1) 成本最低原则。掌握施工成本最低化原则应注意降低成本的可能性和合理的成本最低化,既要挖掘各种降低成本的能力,使其可能成为现实,也要从实际出发,制定通过主观努力达到合理的最低成本水平。

（2）全员成本原则。施工项目成本的全员，包括项目部负责人、各部室、各作业队等。只有做到成本控制全员参与，人人有责，才能使工程成本自始至终置于有效的控制之下。

（3）目标分解原则。应将项目施工成本的目标进行分解，分解责任到人、到位，分解目标到每个阶段和每项工作。

（4）动态控制原则。又称过程控制原则，施工成本控制应随着工程进展的各个阶段连续进行，特别强调过程控制、检查目标的执行结果，评价目标和修正目标。发现成本偏差，及时调整纠正，形成目标管理的计划、实施、检查、处理循环，即 PDCA 循环。

（5）责、权、利相结合的原则。在确定项目经理和各个岗位管理人员后，同时要确定其各自相应的责、权、利。"责"是指完成成本控制指标的责任。"权"是指责任承担者为了完成成本控制目标必须具备的权限。"利"是指根据成本控制目标完成情况给予责任承担者相应的奖惩。做好责、权、利相结合，成本控制才能收到预期效果。三者和谐统一，缺一不可。

在施工过程中，项目部各部门、各作业班组在肩负成本控制责任的同时，享有成本控制的权利。项目经理要对各部门、各作业班组在成本控制方面的业绩进行定期的检查和考评，实行有奖有罚。关键是将目标落实到人。

五、施工成本目标控制主要依据

1. 工程承包合同

施工成本控制要以工程承包合同为依据，围绕降低施工成本的目标，从预算收入和实际成本两方面，努力挖掘增收节支潜力，以求获得最大的经济效益。

2. 施工成本计划

施工成本计划是根据项目施工的具体情况制订的施工成本控制方案，既包括预定的具体成本控制目标，又包括实现控制目标的措施和规划，是施工成本控制的指导文件。

3. 进度报告

进度报告（详见 1K420073）提供了时限内工程实际完成量以及施工成本实际支付情况等重要信息。施工成本控制工作就是通过实际情况与施工成本计划相比较，找出二者之间的差别，分析偏差产生的原因，从而采取措施加以改进。

4. 工程变更

在工程实施过程中，由于各方面的原因，工程变更是很难避免的。工程变更一般包括设计变更、进度计划变更、施工条件变更、技术规范与标准变更、施工顺序变更、工程数量变更等。一旦出现变更，工程量、工期、成本都将发生变化，从而使得施工成本控制变得复杂和困难。项目施工成本管理人员应通过对变更要求中各类数据的计算、分析，随时掌握变更情况，包括已发生工程量、将要发生工程量、工期是否拖延、支付情况等重要信息，判断变更以及变更可能带来的索赔额度等。

六、施工成本目标控制方法

施工成本控制方法很多，而且有一定的随机性。

1. 理论上的方法

理论上的方法有制度控制、定额控制、指标控制、价值工程和挣值法等。

其中，挣值法主要是支持项目绩效管理，最核心的目的就是比较项目实际与计划的差异，关注的是实际中各个项目任务在内容、时间、质量、成本等方面与计划的差异情况，然后根据这些差异，可以对项目中剩余的任务进行预测和调整。

然而制度控制、定额控制、指标控制、价值工程均为理论方法，实际操作起来有一定难度。例如，对施工企业来说，挣值法使用起来不错，但操作上比较麻烦，而对于甲方业主，其实就控制两点——合同价款和施工过程中的变更。

2. 采用施工图预算控制成本

市政公用工程大多采用施工图预算控制成本支出，在施工成本目标控制中，实行"以收定支"，或者叫"量入为出"，是最有效的方法之一。可供借鉴的具体方法如下。

（1）人工费的控制。假定预算定额规定的人工费单价为 13.80 元，合同规定人工费补贴为 20 元/工日，二者相加，人工费的预算收入为 33.80 元/工日。在这种情况下，项目部与施工队签订劳务合同时，应将人工费单价定在 30 元以下（辅工还可再低一些），其余部分考虑用于定额外人工费和关键工序的奖励费。如此安排，人工费就不会超支，而且还留有余地，以备关键时的应急之用。

（2）材料费的控制。在实行按"量价分离"方法计算工程造价的条件下，水泥、钢材、木材等"三材"的价格随行就市，实行高进高出。"地方材料的预算价格＝基准价×（1＋材差系数）"。在对材料成本进行控制的过程中，首先要以上述预算价格来控制地方材料的采购成本，至于材料消耗数量的控制，则应通过"限额领料单"去落实。

由于材料市场价格变动频繁，往往会发生预算价格与市场价价差过大而使采购成本失去控制的情况。因此，材料管理人员有必要经常关注材料价格的变动，并积累系统的市场信息。企业有条件或有资金时，可购买一定数量的"期货"，以平衡项目间需求的时差、价差。

（3）支架脚手架、模板等周转设备使用费的控制。"施工图预算中的周转设备使用费＝耗用数×市场价格"，而"实际发生的周转设备使用费＝使用数×企业内部的租赁单价或摊销价"。由于二者的计量基础和计价方法各不相同，只能以周转设备预算收费的总量来控制实际发生的周转设备使用费的总量。

（4）施工机具使用费的控制。"施工图预算中的机具使用费＝工程量×定额台班单价"。由于施工的特殊性，实际的机具使用率不可能达到预算定额的取定水平。再加上预算定额所设定的施工机具原值、包括机具维修费和折旧率又有较大滞后性，因而使施工图预算的机具使用费往往小于实际发生的机具使用费，形成机具使用费超支。

由于上述原因，有些施工项目在取得发包方的谅解后，在工程合同中明确规定一定数额的机具费补贴。在这种情况下，就可以用施工图预算的机具使用费和增加的机具费补贴来控制机具费支出。

（5）构件加工费和分包工程费的控制。在市场经济体制下，木制成品、混凝土构件、金属构件和成型钢筋的加工，以及桩基础、土方、吊装、安装和专项工程的分包，都可能委托专业单位进行加工或施工，必须通过经济合同来明确双方的权利和义务。在签订这些经济合同时，特别要坚持"以施工图预算控制合同金额"的原则，绝不容许合同金额超过施工图预算。根据市政公用工程的资料分析测算，上述各种合同金额的总和约占全部工程造价的 55%～70%。由此可见，将构件加工和分包工程的合同金额控制在施工图预算内，是十分重要的。

除了以施工图预算来控制成本支出外，还有以施工预算控制人力资源和物资资源的消耗、以应用成本与进度同步跟踪的方法控制分部分项工程成本等。

七、项目施工成本核算

施工成本核算是按照规定的成本开支范围，对施工实际发生费用所做的总计；是对核算对象计算施工的总成本和单位成本。成本核算是对成本计划是否得到实现的检验，它对成本控制、成本分析和成本考核、降低成本、提高效益有着重要的积极意义。

1. 项目施工成本核算的对象

施工成本核算的对象是指在计算工程成本中，确定、归集和分配产生费用的具体对象，即产生费用承担的客体。成本计算对象的确定，是设立工程成本明细分类账户、归集和分配产生费用以及正确计算工程成本的前提。

单位工程是合同签约、编制工程预算和工程成本计划、结算工程价款的计算单位。按照分批（订单）法原则，施工成本一般应以每一独立编制施工图预算的单位工程为成本核算对象，但也可以按照承包工程的规模、工期、结构类型、施工组织和施工现场等情况，综合成本管理要求，灵活划分成本核算对象。一般而言，划分成本核算对象有以下几种。

（1）一个单位工程由几个施工单位共同施工时，各施工单位都以同一单位工程为成本核算对象，各自核算自行完成的部分。

（2）规模大、工期长的单位工程，可以将工程划分为若干部位，以分部位的工程作为成本核算对象。

（3）同一建设项目，又由同一施工单位施工，并在同一施工地点，属同一结构类型，开竣工时间相近的若干单位工程，可以合并作为一个成本核算对象。

（4）改建、扩建的零星工程，可以将开竣工时间相近，属于同一建设项目的各个单位工程合并作为一个成本核算对象。

（5）土石方工程、桩基工程，可以根据实际情况和管理需要，以一个单项工程为成本核算对象，或将同一施工地点的若干个工程量较少的单项工程合并，作为一个成本核算对象。

2. 施工成本核算的内容

对建筑企业而言，企业间竞争将逐渐由产品质量竞争过渡到价格竞争。加强项目成本核算，减支增效，将成为大多数企业的长期经营战略。

项目部在承建工程并收到设计图纸后，一方面要进行现场"三通一平"（北方谓之"七通一平"）等施工前期准备工作；另一方面，还要组织力量分头编制施工图预算、施工组织设计，降低成本计划和控制措施，最后将实际成本与预算成本、计划成本对比考核。

（1）工程开工后记录各分项工程中消耗的人工费（内包人工费、外包人工费）、材料费（将耗用的材料列一个总表以便计算）、周转材料费、机具（械）台班数量及费用等，这是成本控制的基础工作。

（2）本期内工程完成状况的量度。已完工程的量度比较简单，困难的是跨期的分项工程，即已开始且尚未结束的分项工程。由于实际工程进度是作为成本花费所获得的已完产品，其量度的准确性直接关系到成本核算、成本分析和趋势预测（剩余成本估算）的准确性。在实际成本核算时，对已开始但未完成的工作包，其已完成成本及已完成程度的客观估算比较困难，可以按照工作包中工序的完成进度计算。

（3）工程现场管理费及项目部管理费实际开支的汇总、核算和分摊。为了明确经济责任，分清成本费用的可控区域，正确合理地反映施工管理的经济效益，工地与项目部在管理费用上要分开核算。

（4）对各分项工程以及总工程的各个项目费用进行核算及盈亏核算，提出工程成本核算报表。在上述的各项费用中，许多费用开支是经过分摊进入分项工程成本或工程总成本的，如周转材料费、工地管理费和项目管理费等。

工地管理费按本工程各分项工程直接费总成本分摊进入各个分项工程，有时周转材料和设备费用也必须采用分摊的方法核算。由于它是平均计算的，所以不能完全反映实际情况。其核算和经济指标的选取受人为的影响较大，常常会影响成本核算的准确性和成本评价的公正性。所以，对能直接核算到分项工程的费用应尽量采取直接核算的办法，尽可能减少分摊费用及分摊范围。

3. 项目施工成本核算的方法

（1）会计核算。会计核算是以会计方法为主要手段，通过设置账户、复式记账、填制和审核凭证、登记账簿、成本计算、财产清查和编制会计报表等一系列有组织有系统的方法，来记录企业的一切生产经营活动，然后据以提出用货币来反映的有关综合性经济指标的一些数据。资产、负债、所有者权益、营业收入、成本、利润等会计六要素指标，主要通过会计来核算。会计记录具有连续性、系统性、综合性等特点，所以它是施工成本分析的重要依据。

（2）业务核算。业务核算是各业务部门根据业务工作的需要而建立的核算制度，它包括原始记录和计算登记记录。如单位工程及分部分项进度登记、质量登记、功效及定额计算登记、物质消耗定额记录、测试记录等。

业务核算的范围比会计、统计核算要广。会计和统计核算一般是对已经发生的经济活动进行核算，而业务核算，不但可以对已经发生的，还可以对尚未发生或正在发生的经济活动进行核算，看是否可以做，是否有经济效益。

（3）统计核算。统计核算是利用会计核算资料和业务核算资料，把企业生产经营活动客观现状的大量数据，按统计方法加以系统整理，表明其规律性。

统计核算的计量尺度比会计核算的计量尺度宽，可以用货币计算，也可以用实物或劳动量计算。统计通过全面调查和抽样调查等特有的方法，不仅能提供绝对数指标，还能提供相对数和平均数指标，可以计算当前的实际水平，确定变动速度，还可以预测发展的趋势。统计核算除了主要研究大量的经济现象外，也很重视个别先进事例与典型事例的研究。

施工成本核算通过会计核算、业务核算和统计核算的"三算"方法，获得成本的第一手资料，并将总成本和各个分成本进行实际值与计划目标值的相互对比，用以观察分析成本升降情况，同时作为考核的依据。

通过实际成本与预算成本的对比，考核施工成本的降低水平；通过实际成本与计划成本的对比，考核工程成本的管理水平。称之为两对比与两考核。

八、项目施工成本分析

施工成本分析，就是根据统计核算、业务核算和会计核算提供的资料，对成本形成过程和影响成本升降的因素进行分析，以寻求进一步降低成本的途径，包括成本中的有利偏差的挖掘和不利偏差的纠正；另一方面通过成本分析，可以透过账簿、报表反映的成本现象看到成本的实质，从而增强成本的透明度和可控性，为加强成本控制，实现成本目标创造条件。

1. 施工成本分析的任务

（1）正确计算成本计划的执行结果，计算产生的差异。

（2）找出产生差异的原因。

（3）对成本计划的执行情况进行正确评价。

（4）提出进一步降低成本的措施和方案。

2. 施工成本分析的内容

施工成本分析的内容一般包括以下三个方面。

（1）按施工进展进行的成本分析。包括：分部分项工程分析、月（季）度成本分析、年度成本分析、竣工成本分析。

（2）按成本项目进行的成本分析。包括：人工费分析、材料费分析、机具使用分析、其他直接费分析、间接成本分析。

（3）针对特定问题和与成本有关事项的分析。包括：施工索赔分析、成本盈亏异常分析、工期成本分析、资金成本分析、技术组织措施节约效果分析、其他有利因素和不利因素对成本影响的分析。

3. 成本分析的方法

由于工程成本涉及的范围很广，需要分析的内容很多，应该在不同的情况下采取不同的分析方法。

（1）比较法。比较法又称指标对比分析法，是通过技术经济指标的对比，检查目标的完成情况，分析产生差异的原因，进而挖掘内部潜力的方法。这种方法具有通俗易懂、简单易行、便于掌握的特点，因而得到广泛的应用，但在应用时必须注意各项技术经济指标的可比性。比较法的应用形式有：将实际指标与目标指标对比；本期实际指标与上期实际指标对比；与本行业平均水平、先进水平对比。

（2）因素分析法。因素分析法又称连锁置换法或连环替代法。可用这种方法分析各种因素对成本形成的影响程度。在进行分析时，首先要假定众多因素中的一个因素发生了变化，而其他因素则不变，然后逐个替换，并分别比较其计算结果，以确定各个因素变化对成本的影响程度。

（3）差额计算法。差额计算法是因素分析法的一种简化形式，是利用各个因素的目标值与实际值的差额计算对成本的影响程度。

（4）比率法。比率法是用两个以上指标的比例进行分析的方法。常用的比率法有相关比率、构成比率和动态比率三种。

第六节　事故应急与救援管理

一、应急救援的原则和任务

事故应急救援工作是在预防为主的前提下，贯彻统一指挥、分级负责、区域为主、单位自救和社会救援相结合的原则。除了平时做好事故的预防工作，避免和减少事故的发生，还要落实好救援工作的各项准备措施，一旦发生事故就能及时救援。由于重大事故发生的突然性，发生后的迅速扩散性以及波及范围广的特点，决定了应急救援行动必须迅速、准确、有序和有效。因此，救援工作只能实行统一指挥下的分级负责制，以区域为主，根据事故的发展情况，采取单位自救与社会救援相结合的方式，能够充分发挥事故单位及所在地区的优势和作用。在指挥部统一指挥下，救灾、公安、消防、环保、卫生、劳动等部门密切配合，协同作战，有效地组织和实施应急救援工作，尽可能地避免和减少损失。

事故应急救援的基本任务有以下几点。

1. 控制危险源

及时有效地控制造成事故的危险源是事故应急救援的首要任务，只有控制了危险源，防止事故的进一步扩大和发展，才能及时有效地实施救援行动。特别是发生在城市中或人口稠密地区的化学事故，应尽快组织工程抢险队与事故单位技术人员一起及时控制事故的继续扩展。

2. 抢救受害人员

抢救受害人员是事故应急救援的重要任务。在救援行动中，及时、有序、科学地实施现场抢救和安全转送伤员对挽救受害人的生命、稳定病情、减少伤残率以及减轻受害人的痛苦等具有重要的意义。

3. 指导群众防护，组织群众撤离

由于重大事故发生的突然性，发生后的迅速扩散性以及波及范围广、危害性大的特点，应及时指导和组织群众采取各种措施进行自身防护，并迅速撤离危险区域或可能发生危险的区域。在撤离过程中积极开展群众自救与互救工作。

4. 清理现场，消除危害后果

对事故造成的对人体、土壤、水源、空气的现实危害和可能的危害，迅速采取封闭、隔离、洗消等措施；对事故外溢的有毒有害物质和可能对人和环境继续造成危害的物质，应及时组织人员进行清除；对危险化学品造成的危害进行监测与监控，并采取适当的措施，直至符合国家环境保护标准。

5. 查清事故原因，评估危害程度

事故发生后应及时调查事故的发生原因和事故性质，估算出事故的危害波及范围和危险程度，查明人员伤亡情况，做好事故调查。

二、应急救援系统的组织结构

应急救援工作涉及众多的部门和多种救援力量的协调配合，除了应急救援系统本身的组织外，还应当与当地的公安、消防、环保、卫生、交通等部门建立协调关系，协同作战。应急救援系统的组织结构可分为以下 5 个方面。

1. 应急指挥机构

应急指挥机构是整个系统的核心，负责协调事故应急期间各个应急组织与机构间的动作和关系。统筹安排整个应急行动，避免因行动紊乱而造成不必要的损失。平时组织编制事故应急救援预案；做好应急救援专家队伍和救援专业队伍的组织、训练和演习；开展对群众自救和互救知识的宣传教育；会同有关部门做好应急救援的装备、器材物品、经费的管理和使用。多为各级政府领导人或政府的职能机关主要负责人。

2. 事故应急现场指挥机构

事故应急现场指挥机构负责事故现场的应急指挥工作，合理进行应急任务分配和人员调度，有效利用一切可能的应急资源，保证在最短的时间内完成现场的应急行动。指挥工作多由各级政府领导人、政府的职能机关或企业的主要领导来承担。

3. 支持保障机构

支持保障机构是应急救援组织中人员最多的机构。主要为应急救援提供物质资源和人员支持、技术支持和医疗支持，全方位保证应急行动的顺利完成。具体来说，它又可以分为以下专业队。

(1) 应急救援专家委员会（组）。在事故应急救援行动中，利用专家的专业知识和经验，对事故的危害和事故的发展情况等进行分析预测，为应急救援的决策提供及时的和科学合理的救援决策依据和救援方案。专家委员会成员由主管当局提名，经评议产生。专家委员会平时作好调查研究，参与应急系统人员的培训和咨询工作，对重大危险源进行评价，并协助事故的调查工作，当好领导参谋。

(2) 应急救援专业队。在应急救援行动中，各救援专业队伍应该在做好自身防护的基础上，快速实施救援。由于事故类型的不同，救援专业队的构成和救援任务也会有所不同。如化学事故应急救援专业队主要任务是快速测定出事故的危害区域，检测化学品和性质及危害程度；堵住泄漏源；清消现场和组织人员撤离、疏散等。而火灾应急救援专业队主要任务是破拆救人、灭火和组织人员撤离、疏散等。

(3) 应急医疗救护队。在事故发生后，尽快赶赴事故现场，设立现场医疗急救站，对伤员进行现场分类和急救处理，及时向医院转送。对救援人员进行医学监护，处理死亡者尸体以及为现场救援指挥部提供医学咨询等。

(4) 应急特勤队。负责应急救援的后勤工作，保证医疗急救用品和灾民的必需用品的供应，负责联系安排交通工具；运送伤员、药品、器械或其他的必需品。

4. 媒体机构

媒体机构是负责与新闻媒体接触的机构，处理一切与媒体报道、采访、新闻发布会等相关事务，保持对外的一致口径，保证事故报道的客观性和可信性，对事故单位、政府部门和公众负责，为应急救援工作营造一个良好的社会环境。

5. 信息管理机构

信息管理机构负责为应急救援提供一切必需的信息，在现代计算机技术、网络技术和卫星通信技术的支持下，实现资源共享，为应急救援工作提供方便快捷的信息。

三、应急救援装备与资源

应急设备与资源是开展应急救援工作必不可少的条件。为保证应急工作的有效实施，各应急部门都应制定应急救援装备的配备标准。我国的救援装备的研究与开发工作起步较晚，尚未形成完整的研发体系，产品的数量和质量都有待于提高。另外，由于各地的经济技术的发展水平和重视程度的不同，在装备的配备上有较大的差异。总的来说，大都存在装备不足和装备落后的情况。平时做好装备的保管工作，保证装备处于良好的使用状态，一旦发生事故就能立即投入使用。

应急救援装备的配备应根据各自承担的应急救援任务和要求选配。选择装备要根据实用性、功能性、耐用性和安全性，以及客观条件配置。

事故应急救援的装备可分为两大类：基本装备和专用装备。

1. 基本装备

（1）通信装备。目前，我国应急救援所用的通信装备一般分为有线和无线两类，在救援工作中，常采用无线和有线两套装置配合使用。移动电话（手机）和固定电话是通信中常用的工具，由于使用方便，拨打迅速，在社会救援中已成为常用的工具。在近距离的通信联系中，也可使用对讲机。另外，传真机的应用缩短了空间的距离，使救援工作所需要的有关资料及时传送到事故现场。

（2）交通工具。良好的交通工具是实施快速救援的可靠保证，在应急救援行动中常用汽车和飞机作为主要的运输工具。国外，直升飞机和救援专用飞机已成为应急救援中心的常规运输工具，在救援行动中配合使用，提高了救援行动的快速机动能力。目前，我国的救援队伍主要以汽车为交通工具，在远距离的救援行动中，借助民航和铁路运输，在海面、江河水网，救护汽艇也是常用的交通工具。另外，任何交通工具，只要对救援工作有利，都能运用，如：各种汽车、畜力车，甚至人力车等。

（3）照明装置。重大事故现场情况较为复杂，在实施救援时需要良好的照明。因此，需对救援队伍配备必要的照明工具，有利于救援工作的顺利进行。照明装置的种类较多，在配备照明工具时除了要考虑照明的亮度外，还应根据事故现场情况，注意其安全性能和可靠性，如工程救援所用的电筒应选择防爆型电筒。

（4）防护装备。有效地保护自己，才能取得救援工作的成效。在事故应急救援行动中，对各类救援人员均需配备个人防护装备。个人防护装备可分为防毒面罩、防护服、耳塞和保险带等。在有毒救援的场所，救援指挥人员、医务人员和其他不进入污染区域的救援人员多配备过滤式防毒面具。对于工程、消防和侦检等进入污染区域的救援人员应配备密闭型防毒面罩。目前，常用正压式空气呼吸器。

2. 专用装备

专用装备，主要指各专业救援队伍所用的专用工具（物品）。在现场紧急情况下，需要使用大量的应急设备与资源。如果没有足够的设备与物质保障，如没有消防设备、个人防护设备、清扫泄漏物的设备或是设备选择不当，即使受过很好的训练的应急队员面对灾害也无能为力。随着科技的进步，现在有不少新型的专用装备出现，如消防机器人、电子听漏仪等。

各专业救援队在救援装备的配备上，除了本着实用、耐用和安全的原则外，还应及时总结经验自己动手研制一些简易可行的救援工具。在工程救援方面，一些简易可行的救援工具，往往会产生意想不到的效果。

侦检装备，应具有快速准确的特点，现代电子和计算机技术的发展产生了不少新型的侦检装备，侦检装备应根据所救援事故的特点来配备。在化工救援中，多采用检测管和专用气体检测仪，优点是快速、安全、操作容易、携带方便，缺点是具有一定的局限性。国外采用专用监测车，除配有取样器、监测仪器外，还装备了计算机处理系统，能及时对水源、空气、土壤等样品就地实行分析处理，及时检测出毒物和毒物的浓度，并计算出扩散范围等救援所需的各种救援数据。在煤矿救援中，多采用瓦斯检测仪等。

医疗急救器械和急救药品的选配应根据需要，有针对性地加以配置。急救药品，特别是特殊、解毒药品的配备，应根据化学毒物的种类备好一定数量的解毒药品。世界卫生组织为对付灾害的卫生需要，编制了紧急卫生材料包标准，由两种药物清单和一种临床设备清单组成，还有一本使用说明书，现已被各国当局和救援组织采用。

事故现场必需的常用应急设备与工具有以下 7 种。

（1）消防设备：输水装置、软管、喷头、自用呼吸器、便携式灭火器等。

（2）危险物质泄漏控制设备：泄漏控制工具、探测设备、封堵设备、解除封堵设备等。

（3）个人防护设备：防护服、手套、靴子、呼吸保护装置等。

（4）通信联络设备：对讲机、移动电话、电话、传真机、电报等。

（5）医疗支持设备：救护车、担架、夹板、氧气、急救箱等。

（6）应急电力设备：主要是备用的发电机。

（7）资料：计算机及有关数据库和软件包、参考书、工艺文件、行动计划、材料清单等。

3. 现场地图和有关图表

地图和图表是最简洁的语言,是应急救援的重要工具,使应急救援人员能够在较短的时间内掌握所必需的大量信息。

地图最好能由计算机快速方便地变换产生,应该是计算机辅助系统的一部分,现在已有不少电子地图和应急救援计算机辅助决策系统成功开发并得以实施。所使用的地图不应该过于复杂,它的详细程度最好由使用者来决定,使用的符号要符合预先的规定或是国家或政府部门的相关标准。地图应及时更新,确保能够反映最新的变化。

图表包括厂区规划图、工艺管线图、公用工程图(消防设施、水管网、电力网、下水道管线等)和能反映场外的与应急救援有关的特征图(如学校、医院、居民区、隧道、桥梁和高速公路等)。

四、应急救援的实施

1. 事故报警

事故报警的及时与准确是能否及时实施应急救援的关键。发生事故的单位,除了积极组织自救外,必须及时将事故向有关部门报告。对于重大或灾害性的事故,以及不能及时控制的事故,应尽早争取社会救援,以便尽快控制事态的发展。报警的内容应包括:事故单位,事故发生的时间、地点、事故原因,事故性质(外溢、爆炸、燃烧等)、危害程度和对救援的要求,以及报警人的联系电话等。

2. 救援行动的过程

救援行动一般按以下的基本步骤进行。

(1)接报。接报是指接到执行救援的指示或要求救援的请求报告。接报是救援工作的第一步,对成功实施救援起到重要的作用。

接报人一般应由总值班担任,接报人应做好以下几项工作。

1)问清报告人姓名、单位部门和联系电话。

2)问明事故发生的时间、地点、事故单位、事故原因、主要毒物、事故性质(毒物外溢、爆炸、燃烧)、危害波及范围和程度、对救援的要求,同时做好电话记录。

3)按救援程序,派出救援队伍。

4)向上级有关部门报告。

5)保持与急救队伍的联系,并视事故发展状况,必要时派出后继梯队予以增援。

(2)设点。设点是指各救援队伍进入事故现场,选择有利地形(地点)设置现场救援指挥部或救援、急救医疗点。各救援点的位置选择关系到能否有序地开展救援和保护自身的安全。救援指挥部、救援和医疗急救点的设置应考虑以下几项因素。

1）地点。应选在上风向的非污染区域，需注意不要远离事故现场，便于指挥和救援工作的实施。

2）位置。各救援队伍应尽可能在靠近现场救援指挥部的地方设点并随时保持与指挥部的联系。

3）路段。应选择交通路口，利于救援人员或转送伤员的车辆通行。

4）条件。指挥部、救援或急救医疗点，可设在室内或室外，应便于人员行动或群众伤员的抢救，同时要尽可能利用原有通信、水和电等资源，有利于救援工作的实施。

5）标志。指挥部、救援或医疗急救点，均应设置醒目的标志，方便救援人员和伤员识别。悬挂的旗帜应用轻质面料制作，以便救援人员随时掌握现场风向。

（3）报到。报到是指挥各救援队伍进入救援现场后，向现场指挥部报到。其目的是接受任务，了解现场情况，便于统一实施救援工作。

（4）救援。救援是指进入现场的救援队伍要尽快按照各自的职责和任务开展工作。

1）现场救援指挥部。应尽快地开通通信网络；迅速查明事故原因和危害程度；制订救援方案；组织指挥救援行动。

2）侦检队。应快速查明危险源的性质及危害程度，测定出事故的危害区域，提供有关数据。

3）工程救援队。应尽快控制危险；将伤员救离危险区域；协助做好群众的组织撤离和疏散；做好毒物的清消工作。

4）现场急救医疗队。应尽快将伤员就地简易分类，按类急救和做好安全转送。同时应对救援人员进行医学监护，并为现场救援指挥部提供医学咨询。

（5）撤点。撤点是指应急救援工作结束后，离开现场或救援后的临时性转移。在救援行动中应随时注意气象和事故发展的变化，一旦发现所处的区域有危险时，应立即向安全区转移。在转移过程中应注意安全，保持与救援指挥部和各救援队的联系。救援工作结束后，各救援队撤离现场以前应取得现场救援指挥部的同意。撤离前要做好现场的清理工作，并注意安全。

（6）总结。总结是指每一次执行救援任务后都应做好救援小结，总结经验与教训，积累资料，以利再战。

3. 应急救援工作中需注意的有关事项

（1）救援人员的安全防护。救援人员在救援行动中，应佩戴好防护装置，并随时注意事故的发展变化，做好自身防护。在救援过程中要注意安全，做好防范，避免发生伤亡。

（2）救援人员进入事故区注意事项。进入事故区前，必须戴好防护用具并穿好防护服；执行救援任务时，应以 2～3 人为一组，集体行动，互相照应；带好通信联系工具，随时保持通信联系。

（3）工程救援中注意事项。

1）工程救援队在抢险过程中，尽可能地和单位的自救队或技术人员协同作战，以便熟悉现场情况和生产工艺，有利于工作的实施。

2）在营救伤员、转移危险物品和化学泄漏物的清消处理中，与公安、消防和医疗急救等专业队伍协调行动，互相配合，提高救援的效果。

3）救援所用的工具具备防爆功能。

参 考 文 献

[1] 张彬. 桥梁工程施工技术详解［M］. 北京：机械工业出版社，2012.

[2] 乌锡康. 难降解废水处理技术［M］. 北京：中国轻工业出版社，2010.

[3] 余丹丹. 道路与桥梁工程施工技术［M］. 北京：中国水利水电出版社，2010.

[4] 岳翠贞. 桥梁工程施工员入门与提高［M］. 长沙：湖南大学出版社，2011.

[5] 向中富. 新编桥梁施工工程师手册［M］. 北京：人民交通出版社，2011.

[6] 肖汝诚. 桥梁结构体系［M］. 北京：人民交通出版社，2013.

[7] 冯兆祥，钟建驰，岳建平. 现代特大型桥梁施工测量技术［M］. 北京：人民交通出版社，2010.

[8] 胡隽. 大跨度桥梁理论与分析［M］. 武汉：华中科技大学出版社，2012.

[9] 李亚东. 桥梁工程概论［M］. 3版. 成都：西南交通大学出版社，2014.

[10] 刘丽珍. 桥梁上部施工技术［M］. 北京：人民交通出版社，2011.

[11] 唐先习，梁金宝. 桥梁施工［M］. 北京：机械工业出版社，2014.

[12] 姜晨光. 桥梁建造技术指南［M］. 北京：化学工业出版社，2011.

[13] 项海帆. 高等桥梁结构理论［M］. 2版. 北京：人民交通出版社，2013.

[14] 龙惟定，白玮，范蕊. 低碳城市的区域建筑能源规划［M］. 北京：中国建筑工业出版社，2011.

[15] 李迅. 低碳生态引领城市发展新方向［J］. 环境保护与循环经济，2010，30（6）.

[16] 俞露. 低冲击开发模式综述［J］. 城市建设，2010（6）.

[17] 章如. 流域综合管理之面源污染控制措施研究［D］. 南昌：南昌大学，2010.

[18] 王红琴. 浅谈发展城市绿色交通［J］. 统计与管理，2011（2）.

[19] 俞东波，韩玉林，张万荣. 风景园林工程［M］. 重庆：重庆大学出版社，2011.

[20] 曹永先，孟丽. 市政工程施工组织与管理［M］. 北京：化学工业出版社，2010.

[21] 吴伟明. 建筑工程施工组织与管理［M］. 厦门：厦门大学出版社，2012.

[22] 徐哲民. 园林规划设计［M］. 北京：中国建筑工业出版社，2011.

[23] 李开然. 园林设计［M］. 上海：上海人民美术出版社，2011.

[24] 赵世伟. 园林工程景观设计植物配置与栽培应用大全［M］. 北京：中国农业科学技术出版社，2012.